现代园林绿化设计、施工与养护

(第二版)

主　编　王希亮
副主编　李端杰　徐国锋

中国建筑工业出版社

图书在版编目（CIP）数据

现代园林绿化设计、施工与养护/王希亮主编. —2版. —北京：中国建筑工业出版社，2022.4

ISBN 978-7-112-27234-1

Ⅰ.①现… Ⅱ.①王… Ⅲ.①绿化—园林设计②园林—工程施工 Ⅳ.①TU986

中国版本图书馆CIP数据核字（2022）第047668号

本书总结了我国园林绿化工作近年来的新理念、新技术、新设备、新材料、新工艺，并认真总结这些年来在城市园林绿化实践中的经验教训，是一本探讨现代城市园林绿化工作的应用型读物。全书共分为7章，分别讲述了组成园林绿地的物质要素、城市绿地的功能与城市绿地类型及指标计算、种植设计与居住区绿地设计、植树工程与有关工程的施工、园林绿地的养护管理、地被植物与草坪绿地、园林植物有害生物及其综合防治等方面的内容，并在书中以附录的形式提供了园林树木各论以及园林草本花卉、水生花卉、草坪禾草、观赏草各论等内容。

本书可作为广大园林绿化企事业单位从事设计、施工与养护工作者的参考用书，也可作为有关园林绿化的培训教材以及园林爱好者学习参考。

责任编辑：吴宇江 张 杭
责任校对：党 蕾

现代园林绿化设计、施工与养护（第二版）

主 编 王希亮

副主编 李端杰 徐国锋

*

中国建筑工业出版社出版、发行（北京海淀三里河路9号）

各地新华书店、建筑书店经销

唐山龙达图文制作有限公司制版

北京中科印刷有限公司印刷

*

开本：850毫米×1168毫米 1/16 印张：28¼ 插页：4 字数：753千字

2022年8月第二版 2022年8月第一次印刷

定价：**98.00**元

ISBN 978-7-112-27234-1

（38876）

第二版前言

2007年3月《现代园林绿化设计、施工与养护》第一版出版以来，历经十余年，深受广大读者的欢迎。有人说，这本书是集园林绿化设计、园林绿化工程施工、园林绿地养护管理以及病虫害防治于一书的国内第一本正式出版物。对此褒奖编者受宠若惊，深感不安。真是过奖了，谢谢大家。编者会以此激励鞭策自己，更好地为大家服务。

编者以为，这本书之所以深受广大读者的欢迎，在于这本书首先做到了“与时俱进”。这十余年，正是我国城镇园林绿化事业飞速发展的黄金时期，这期间国家的许多行业标准、行业规范也在密集修订中。这本书出版发行十余年，编者曾不辞辛苦多次修订，目的就是将修订后的新的国家标准、行业规范充实到书中，并及时地介绍给大家。再就是编者认为，这本书实用性强：园林绿化设计、园林绿化工程施工、园林绿地养护以及病虫害防治究竟怎样做，不该怎样做，书中讲解到位，道理浅显易懂。读者只要按照书中介绍的认真去做，必有收获。

现在，摆在大家面前的是《现代园林绿化设计、施工与养护》（第二版）。这第二版有什么变化呢？一是对第一版正文部分再次进行了必要的全面修订；二是删去了实用价值不高的文字部分及图片；三是按照新的国家标准行业规范进行了补充修订。文字部分尽量做到精益求精。再就是删除第一版附录，改为介绍园林植物，包括乔、灌、藤、花、草各论。这部分包括常用的园林植物材料，以及值得推荐的、有发展前途的园林植物材料。园林植物材料的主要特性之一就是“多样性”。作者尽量向读者介绍一些园林植物材料。但是由于篇幅所限，有的能够详细介绍，有的则只能简单介绍。读者可利用计算机、手机等智能设备搜索树木与花卉名称，即可得到大量的相关信息。这样既保证书本的篇幅不致过长，还可使读者通过网络得到大量的文字资料、图片资料以及园林植物的各种信息等。这样做何乐而不为？

至于这第二版究竟如何？还是要请大家认真评判。

在第二版即将付梓出版之际，特向为出版此书付出努力的各位朋友，以及广大读者，特别是中国建筑工业出版社的各位领导及同行，表示深深的谢意。

2020年12月

第一版前言

自 2001 年国务院召开中华人民共和国成立后第一次全国城市绿化工作会议以来，我国城市园林绿化工作进入了快速发展的黄金时期。本书试图总结我国园林绿化工作近年来的新理念、新技术、新设备、新材料、新工艺，对其加以概括、提炼，并认真总结这些年来在城市园林绿化实践中的经验教训。应该说，这些内容对于我国城市园林绿化的设计、施工与养护，都具有一定的指导意义！在国务院召开这次全国城市绿化工作会议五周年之际，本书能够正式出版，作为对此重要事件的献礼，是作者心中的良好愿望。

正文中的黑体字约有 300 余处，为新理念、新技术、新设备、新材料、新工艺以及特别需要强调的内容。

在附录中，常用园林植物 400 多种，这对于充分表现植物材料的多样性、丰富城市园林绿化的植物材料以及绿化苗木的生产都有很好的指导作用。

随着社会的发展，城市园林绿化工作也要**与时俱进、不断创新**。因此，本书是一本探讨现代城市园林绿化工作的应用型读物，它旨在给广大园林绿化设计人员、施工人员以及养护人员提供必要的现代理念和实践经验。如果读者朋友能够从中受益，作者将感到十分欣慰。本书希望得到广大园林绿化行业专家以及读者朋友的指正。

本书可作为园林绿化企事业单位设计、施工与养护等技术人员继续教育参考用书和有关园林绿化的培训教材使用，以及园林绿化爱好者自学之用。

现在许多高校都开设了物业管理专业。开设这个专业就要开一门《园林绿化》或《小区绿化》的课程。本书就是在为高校物业管理专业《园林绿化》课程授课的基础上，按照住房和城乡建设部的有关要求而写成的。因此，本书可以在开设物业管理专业的各级各类院校推广使用。同时也可作为园林专业《园林概论》的代用教材。不同层次的院校因培养目标不同，在使用本书时根据需要可繁可简。本书还可作为高校环境艺术、城市规划、风景园林、建筑学、林学、园艺等专业的教学参考用书。

借本书即将付梓之际，谨向所有关心与支持本书出版的同事、朋友致以诚挚的问候！向本书中有关文献及插图的作者表示诚挚的感谢！特别是山东师范大学樊守金教授对书中部分植物的拉丁学名进行了校改，对此表示衷心感谢！

2012 年元月 18 日

中华人民共和国住房和城乡建设部发布的行业标准《园林绿化工程施工及验收规范》CJJ 82—2012 已于 2013 年 5 月 1 日实施。借本书加印之际，按上述规范再次修订。

2014 年 6 月 18 日

目 录

绪 论

一、基本概况

(一) 游憩境域不同的名称

在我国历史上，游憩境域因内容和形式的不同用过不同的名称。殷周时期，以蓄养禽兽供狩猎和游赏的境域称为“囿”或“苑”。秦汉时期，供帝王游憩的境域称为“苑”或“宫苑”；而属于官署或私人的称为园、园池、宅园等。“囿”“苑”，可以说是我国园林的最原始的形式。

“园林”一词，最早见于西晋时期的诗文中。西晋张翰《杂诗》中有：“暮春和气应，白日照园林”的诗句。唐宋以后“园林”一词的应用更加广泛，常泛指以上各种游憩境域。

(二) 园林的功能

按照现代的观点，园林不只是作为游憩之用，还具有保护和改善人类生存环境的功能。植物吸收二氧化碳，放出新鲜氧气；植物在一定程度上吸收有害气体和吸附尘埃，减轻污染，净化空气；植物还可以调节空气的温度、湿度，改善小气候；植物还有减弱噪声和防风、防灾等防护作用。尤为重要的是，园林在人们的心理上和精神上的有益作用是不可忽视的。游憩在景色优美、静谧的园林之中，有利于人们消除长时间工作带来的紧张和疲劳，使脑力、体力得到恢复。园林中的游乐活动，还可以丰富人们的知识和充实人们的精神生活。

(三) 园林的开发方式

园林的开发方式，可分为两大类：一类是自然园林，是利用原有的自然风景，去芜理乱，修整开发，开辟路径，布置园林建筑，不费过多的人工就可以形成自然园林，如四川的九寨沟、湖南的张家界等。这种具有优美风景的大范围自然区域，略加建设、开发，即可利用的，称为自然风景区；而泰山、黄山等，开发历史悠久，有文物古迹、神话传说、宗教艺术等内容的，称为风景名胜区；另一类是人工园林，即在一定的地域范围内，为改善生态、美化环境，满足人们游憩和文化生活的需要而建造的环境，如公园、小游园、花园、居住区绿地、街头绿地等。**本书中所涉及的内容是属于人工园林的范畴**。

由此，园林包括公园、植物园、动物园、居住区绿地、小游园、庭院、宅院、花园等，也包括森林公园、风景名胜区、自然风景区、自然保护区或国家公园的游览区以及休养胜地等。

(四) 生态现状

建设一个优美、清洁、文明的现代化生态环境，是人们美好的愿望。但是，随着工业和城市化的发展，人口密集膨胀，工业大量集中且产生浑浊空气，并污染水质，而且噪声严重、住宅拥挤、绿地大量减少等，这些环境污染的阴影，严重威胁着全人类的生存和发展。

据科学家分析，自 2007 年起，地球有十大环境祸患。它们分别是：

1. 土壤遭到破坏

目前，有 100 多个国家的可耕地的肥沃程度在降低。在非洲、亚洲和拉丁美洲，由于森林植被的消失、耕地过分开发和过度放牧，土壤剥蚀情况十分严重。

2. 森林面积减少

据联合国粮农组织一项报告，世界森林资源正以惊人的速度减少。在过去数百年里，温带地区国家失去了大部分森林。最近几十年以来，热带地区森林面积大幅减少。按照目前这种速度，**预计几十年以后，一些国家和地区就难以见到森林了**。

3. 物种多样性迅速减少

种种原因导致生物存在的自然区域变得越来越小了，这就致使数以千计物种的绝迹，**物种绝迹的速度提高了100多倍**。

4. 气候变化和能源浪费

温室效应严重威胁着整个人类。**20世纪全球气候变暖现象正以近400年来最惊人的速度进行。目前全球气候变暖达2000年来最高温，到21世纪末可爱的北极熊将会绝迹**。海平面的升高，以及气温的升高将给农业和生态系统带来不可弥补的严重后果。

当今社会能源浪费极其严重，其后果不仅会造成能源短缺，而且会对我们赖以生存的地球产生不可估量的危害。

5. 极地臭氧层空洞

每年春天，在地球的两个极地的上空会形成臭氧层空洞，北极的臭氧层损失20%～30%，南极的臭氧层损失50%以上，臭氧的减少导致太阳辐射更容易射入地球。

6. 饮用淡水受到污染

在全世界范围内，水资源严重短缺。据2006年4月报道，英国缺水问题已十分严重。伦敦地下水储量已经降到正常储量的一半，迫于形势自来水公司不得不要求民众节约用水、保护环境——从2006年4月3日起伦敦地区限制供水。这是15年来首次实施的限制措施。也就是说，在伦敦有8万多居民不能像以前那样使用户外洒水器浇花、随便洗车了。另外，在发展中国家，90%的疾病和1/3以上死亡者的死因都与受到细菌感染或化学污染的水有关。

7. 空气污染、酸雨侵害严重

以前，酸雨问题只涉及欧洲和北美的老工业国，但现在亚洲和拉丁美洲的经济高速发展的部分地区也受到了酸雨的侵害。空气污染破坏生态系统的正常运转，加速房屋的损坏，致使气候反常变化。

8. 化学污染严重

工业带来的数百万种化合物存在于空气、土壤、水、植物、动物和人体中，即使是地球上最后的大型天然生态系统的冰盖也受到了严重的污染。

9. 混乱的城市化

人口的暴增、农业土地的恶化以及贫穷人口的增加，使数以千万计的农民聚集于大城市的贫民窟里，大城市里的生活条件进一步恶化。

10. 海洋的过度开发和沿海地带的污染

由于过度捕捞，海洋的渔业资源正在以令人可怕的速度减少，许多靠摄取海产品蛋白质为生的穷人面临饥饿的威胁。如果人类不从现在保护海洋环境，那么全球海产品可能在未来几十年内锐减。世界自然基金会（WWF）研究小组2006年11月在国际期刊《科学》发表文章指出：**预计几十年后人类可能没有海鱼可吃了。**

另外，沙尘暴频繁地发生，也敲响了生态危机的警钟！南极和北极，虽然人迹罕至，但是从这些地区的海豹和企鹅体中可以检测出含有致癌物质六六六、滴滴涕等有害物质；世界屋脊珠穆朗玛峰上的冰雪中也含有铅、镉等重金属元素，污染已经扩大到全球范围，环境问题已经成为全球重大的社会问题。

据报道：2018 年，希腊一研究所从一条死亡的鲸鱼腹部取出了 100 多个塑料袋。据联合国相关数据报告，现在全球海域中漂浮着的塑料垃圾约有 5 万亿件，塑料的污染已经非常严重。英国《每日邮报》曾援引数据称，如果一个人天天吃海鲜，有可能一年吞下多达 1.1 万个塑料微粒，而塑料是致人类癌症频发的罪魁祸首。

据中科院最新预测，目前我国因环境污染和生态破坏造成的损失已占 GDP 总值的 15%，其速度甚至超过了经济的增长，这是十分严峻的。这些可怕的数字告诉我们，物质财富的增长不能以牺牲环境为代价，更不应在能源使用上竭泽而渔，消费也不应以破坏生态文明为前提。党的十八大提出：建设生态文明，是关系人民福祉、关乎民族未来的长远大计。面对这严峻的形势，人们必须树立尊重自然、顺应自然、保护自然的生态文明理念，把生态文明建设放在突出地位，融入经济建设、政治建设、文化建设、社会建设各方面和全过程，努力建设美丽中国，只有这样才能实现中华民族永续发展。

在大自然中，最高级物种的人类与其他生物一样，是地球的产物，是同环境一起发展起来的，其吃、穿、住、用等都依赖于自然。自然环境孕育了人类，人类通过自己的生产和生活来改变、开发、利用环境。人与自然的关系应是：和谐、发展、统一，但人类在开发和利用自然资源环境时，单纯从眼前利益出发，过量而不合理地开发，并在开发过程中排出废水、废气、废料，进一步污染了人类赖以生存的环境，对人类的生存造成了极大的威胁。特别是近 20 年来，环境的恶化和生态的破坏超过了人类所能承受的能力。如果再不采取措施，**人类的生存将面临着危机**，因为**地球只有一个！人类违背了大自然的规律，必将会受到大自然的惩罚！**

（五）生态城市与生态园林

早在 1970 年联合国教科文组织就提出了**“生态城市”**这一概念。**生态园林**作为生态城市建设的主要技术与途径，是利用生态学原理**指导城市园林建设**，活用传统造园技术，**模拟再现自然树林景观，为居民提供接近自然的风景景观。**生态园林，不同于过去以观赏为主的公园形式，也不同于单纯提供娱乐游憩为主的文化公园形式，以上园林可归纳为“景观园林”概念。**以城市生态平衡为主导的园林绿地系统将代替以往的以视觉景观为主的园林绿地系统，是当今现代园林的发展方向。**因为，**生态园林的实质是从“保护环境，维护生态平衡，维护人类的家园”的观点出发，明确提出了园林建设应以植物造园、植物造景为主，改善城市生态环境的建设方针，**只有从这一观点出发，才能使城市环境更加接近自然景观，为提高人类生存环境质量、发挥生态效益起更大的作用，才更有利于人类的生存。应该说，城市生态园林是人类经历了漫长痛苦的探索并付出了沉重的代价之后而开拓的新生命之路。

（六）造园材料

造园材料，可分为两大类：一类是加工材料；另一类是自然材料。各种园林建筑、雕塑、人工喷泉等属于加工材料，它们都是造园上的辅助材料，在园林绿地中只占很小的比例；而自然材料却用量最大，也最重要。**一个造园设计的成败，很大程度上取决于植物材料的运用。**在植物材料中，木本植物寿命长、体形高大，其保护和改善环境的能力强，管理也容易。特别是园林树木，又各具典型的形态、色彩和风韵之美，可以说，**造园美几乎全由木本植物构成。**因此，园林树木构成了园林的骨架和基础，植物是园林的主体，它们在城市园林绿化中起到重要的主导作用。对人类生存来说，植物所起的作用是非常重大的，因为**没有了绿色植物也就没有了人类，而绿色植物所起的这个作用是任何事物都不能代替的。**

二、我国丰富多彩的园林植物资源

我国园林植物资源极为丰富，为世界植物重要的发祥地之一，并素有**“世界园林之母”**的称号。我国园林植物资源的特点简述如下：

(一) 种类繁多

原产我国的乔灌木树种共约7500多种，这在全世界树种总数中占有很大的比例。据统计，原产我国的乔灌木种类竟比全世界其他温带地区所有树种的总和还要多。非我国原产的乔木种类仅有悬铃木、刺槐、南洋杉、巨杉等十几个属。我国幅员辽阔、气候温和、地形地貌复杂等，这些都是导致园林植物种类繁多的重要原因。当然，更重要的、根本性的原因是地质历史的变迁。按地质年代，新生代是地质历史上最新的一代，这个代分为第三纪和第四纪。在第三纪之前，全球气候温暖湿润、林木茂密，如当时银杏科的树木有15个属，水杉分布也极为广泛，但是到了第四纪冰川降临，地球被冰雪覆盖，尤其严重的是中欧山脉地区，被整块冰雪覆盖，当时的树木几乎全部因冻害而灭绝，这是今天欧洲地区树木稀少的重要历史原因。当时，我国发生的是山地冰川，不少山区未受冰川的直接影响，成了树木的避难所。因此，许多在欧洲灭绝的树种，在我国仍能继续保存下来并生长到现在，如水杉、银杏、珙桐、银杉、鹅掌楸等，对于这些植物我们把它称作“活化石”，又称“孑遗植物”。

(二) 分布集中

地球上许多园林树木是以我国为世界的分布中心，并在我国相对较小的地区内集中有众多的原产种类。如山茶属，世界总数为220种，而原产我国的有195种，占世界总数约90%；再如丁香属，世界总数为30种，而原产我国的有25种，占世界总数约83%。像这样的例子，可以说是数不胜数。如刚竹属、杜鹃花属、槭树属、椴树属、苹果属、木犀属、绣线菊属等，原产于我国种类的总数都高于世界总数的一半以上。

(三) 丰富多彩

我国园林植物资源不仅丰富，而且常有变异，真是丰富多彩。如梅花，我国有300多个品种，它在枝态、花形、花瓣、花色等性状上均表现出形形色色、变化多端，真是琳琅满目、美不胜收。杜鹃花属植物，我国不仅有万紫千红、五彩缤纷的落叶杜鹃，还有千姿百态、变化万千的常绿杜鹃；既有巨型大树杜鹃高达25m、径围2.6m，又有小型植株矮小杜鹃，株高仅20cm以及平卧杜鹃高仅5～10cm。另外，这些杜鹃花的花序、花色、花香、花的大小等也千变万化。像这样的例子，同样可以说是数不胜数。

(四) 独特突出

有些园林植物的科、属、种是我国所独有的，是我国的特产，也是举世无双的，如杉科水杉属的水杉、银杏科银杏属的银杏、松科金钱松属的金钱松、珙桐科珙桐属的珙桐（中国鸽子树）、杜仲科杜仲属的杜仲、蜡梅科蜡梅属的蜡梅、夏蜡梅属的夏蜡梅等。再如，松科银杉属的银杉，是20世纪50年代的新属新种。我国发现银杉受到全世界植物学家高度重视，并被公认为世界上珍贵的植物之一，有“林海珍珠”之誉。金花茶花色独为金黄色。1965年我国正式发布金花茶，并在国际上引起轰动。

三、物业环境绿化的状况关系着人类的生存前途

城市是一个以人类社会活动为中心、以生产过程为主体的社会自然系统。城市园林绿化的

目的就是为改善城市的生态环境。在日常生活中，居民的身体健康是最基本的要求。因此，园林绿化的作用是不可忽视的。

城市园林绿化是以各类多年生乔木、灌木和花草等绿色植物构成具有明显的层次和纵横交错的生物群落。

园林树木永远是各类公园、绿地的主体。各地应根据具体的环境条件来选择适宜的树种。**而乡土树种，不仅适应当地的气候、土壤等条件，还便于养护；乡土树种生命长久，且所形成的植物群落相对稳定，有利于发挥地方特色。因此，应作为物业绿地树种的第一选择。**只有这样，园林树木才能充分地发挥其各种功能。在一定的程度上，各种树丛和树木覆盖区，能保持自然植被的状况，并产生特殊的小生境，其总体效应在改善城市气候方面起着决定性的作用。因此，在最需要园林树木发挥其效益的地域，特别是城市的中心、人口密集的居住区等地应多种植树木，绝不能把树木当作城市的点缀。如果在小片绿地的四周密布建筑群，则绿地的生态效益会大大降低。绿地中树木数量越少，其生态效益越低。因此，在城市规划中应合理地保留专门地段种植树木，并积极地创造条件开辟较大空地，并丛植群植树木，形成群植片林、树林，以获得显著的生态和景观效益。另外，园林绿化能提高环境质量，并使绿化好的地块周边的地价和房价随之升值，带来可观的经济效益。

2005年6月，国家环保总局公布的《中国城市环境保护》报告指出：我国城市环境保护工作面临三大新问题：一是城市环境污染边缘化问题日益显现；二是机动车污染问题更为严峻；三是城市生态失衡问题严重。城市自然生态系统受到了严重破坏，“城市热岛”“城市荒漠”等问题突出。

另外，由于近50年的大量砍伐，我国最大国有林区之一——**大兴安岭林区，其木材生产仅能维持16年，之后将出现36年“无林可采”的局面。**

由此可以看出，目前我国城市越建越大、聚集的人口越来越多，而物业绿化的状况令人担忧，不仅绿化面积小，而且绿化的质量也差。在绿地中，应少建建筑小品、假山、雕塑，建筑材料的铺装也要尽量的少。物业绿地要大量使用植物材料，以提高各类绿地的绿化水平。土地要用植物材料进行覆盖，尽量避免土壤裸露，就是说在绿地中尽量减少辅助材料地使用，而且要少占土地，只有这样才能提高绿地率，以增加绿地改善环境的生态效益和社会效益。

联合国生物圈生态与环境组织曾提出，居住环境中，城市人均公共绿化面积达到60m^2为最佳。目前世界上极个别城市达到或接近这一标准。我国城市人均公共绿地面积与以上这些世界城市的差距是相当大的！我国曾在1985年要求，到1990年城市人均绿地达到3～5m^2，2000年达到7～10m^2。经过多年努力，2019年我国人均公园绿地面积为14.36m^2，有了较大的增长，但是差距依然很大。物业绿化的状况关系到人类生存的前途，我们必须下大力气努力绿化祖国，创造美好的生态环境、创造美好的家园。

可喜的是，近年来全国各地，尤其是北京、上海等大中城市的物业绿地建设规模突飞猛进，许多项目在楼盘没有建成就提前规划了绿地。精明的开发商纷纷在环境绿化、住宅景观上做文章，并改变了以往“在建筑中堆砌绿化”的观念，创造性地提出**“在绿化中放置建筑”**的理念，为居住者营造“看得见风景”的居住环境和社区，从而提升人们的环境生态质量和生活质量。同时，也给开发商带来可观的经济效益。

四、物业绿化与建设生态园林城市

说到物业，我们往往把其涉及的范围局限于住宅小区，但是物业的含义是非常广泛的。

“物业”一词译自英语 property 或 estate，由香港特别行政区传入内地，其含义是指以土地及土地上的以建筑物形式存在的不动产。

物业是单元性的房地产，同时，既可指单元性的地产，也可指单元性的建筑物。它可以根据区域空间进行分割，整个居住区中的某住宅单位可作为物业，办公楼宇、商业大厦、酒店、厂房仓库也可被称为物业。

根据物业的内涵要求，我们可以狭义地理解为某个住宅区中的某住宅单位或住宅组团、居住小区等；广义的物业则可被理解为所有的政府机关、企业、事业、工厂、学校、商场、居住区等单元。因为物业服务管理是对各类房屋建筑、公共设施及区域环境进行科学的维护和经营的服务管理，所以政府机关、企业、事业、工厂、学校、商场、居住区等单元内的各类房屋建筑、公共设施及区域环境管理，包括其中的园林绿地的养护管理，都可以由物业服务公司进行科学地服务管理和维护。

由此看来，物业服务管理的覆盖面可延伸到很广的范围，甚至涉及各个方面。

我国的物业与物业服务管理可以说是刚刚起步，是朝阳产业，前途辉煌。当然，正是因为刚刚起步，所以还有不少问题和不足之处有待进一步完善、提高。

“生态城市”这一概念是在联合国教科文组织（UNESCO）发起的，在“人与生物圈（MBA）计划”研究过程中提出来的，与“绿色城市”“健康城市”“山水城市”“环保模范城市”“园林城市”等概念虽有联系，但又有区别。生态城市可以理解为与生态文明时代相适应的人类社会活动的新的空间组织形式，是一定地域空间内人与自然系统和谐、持续发展的人类居住区，是城市发展人类居住区的高级阶段、高级形式，强调城市建设和发展要充分融合社会、文化、生态和经济等因素，通过物质、能量、信息的高效利用，实现城市生态的良性循环和人居环境的持续改善，自然、经济、社会三者之间既相互制约又互为补充，达到人与人、人与自然、自然与自然的充分和谐。

我国正积极地开展创建生态园林城市活动。住房和城乡建设部提出了建设生态园林城市的新标准，旨在落实以人为本，全面、协调、可持续的科学发展观，促进我国城市的可持续发展。住房和城乡建设部《国家园林城市系列标准》中对创建国家生态园林城市提出了要求，其中包括建成区绿化覆盖率不低于45%，建成区绿地率不低于35%，人均公共绿地面积根据人均建设用地小于105m^2 和大于105m^2 分别提出了不低于10.0m^2/人和12m^2/人的指标，综合物种指数不低于0.5，以及本地木本植物指数不低于0.8的生物多样性的指标。

物种多样性是国家生态园林城市的重要条件，是衡量一个地区生态保护、生态建设与恢复水平的重要指标。综合物种指数选择鸟类、鱼类和植物作为衡量城市物种多样性的标准，其中，鸟类、鱼类均以自然环境中生存的种类计算，人工饲养的不计。

本地植物指数是指城市建成区内全部植物物种中本地物种所占比例。本地植物指数不低于0.7，意味着乡土植物的种类在城市建成区内至少要达到70%，这一指标的真正意义在于重视乡土植物的应用和推广。

我们说，**建设人工园林绿地应侧重生态设计**。这里所说的生态不仅是人类生存的生态环境，还包括其他物种如鸟类、青蛙等，以及昆虫类如蜻蜓、萤火虫等的生长环境。

说到物种多样性，我们人类要善待其他生命，因为其他生命都是我们人类的朋友。随着人们环保意识的提高，一些可喜又令人敬佩的做法不断出现，如我国著名的海滨城市大连提出城市高层建筑要给麻雀留窝，尽早建成适合麻雀栖息的**“麻雀屋顶”**。据2006年6月的一个报道，

英国伦敦周围大面积的房屋建造计划被冻结，约 2 万间房屋的建设受到影响。采取这一措施是为了保护 3 种稀有鸟类。原来在这个区域分布着大量的石楠树，物种丰富并非常适宜鸟类栖息、繁衍。但是由于人类活动的影响，该地域生态恶化，对刺嘴莺、森林云雀和夜莺的生存造成威胁。**在经济发展与保护生态环境之间，英国政府选择暂时放弃经济利益，换取长远的生态效益。**环境保护绝不是一句空话，而是要有实实在在的内容。2006 年德国世界杯足球赛运动员驻地有许多青蛙，它们的叫声影响了运动员的休息。德国环保官员对此表示同情，但强调绝对不能动这些青蛙，因为它们是受保护的动物。

但是，不和谐的事件也不时传来，如“**虐待植物者**”。据报道，哥伦比亚对“虐待植物者”判刑坐牢，开创了“植物”与人打官司的世界第一案例。被告是一家庭主妇，原告是当地“园艺爱好者协会”主席。原告指控被告半年多以来，虐待 120 株品种极高贵的花草树木，不浇水、不施肥，致使这些植物全部枯萎。不但如此，被告还故意火烧、刀砍植物，致使这些美丽的名花异草变成残枝败叶。法庭审理时，被告哑口无言，供认不讳。主控法官在法庭上说：“我们需要向人们显示，任何人皆不可如此虐待一切生存着的、对人类有益的东西，即使是一株植物，它也是有生命的。”随即法官宣判被告坐牢 6 个月，并让她出狱后到一个植物培植场义务劳动一段时间。

看到这条消息，大家一定有所感触、震惊！在国外关于“虐待动物”吃官司，我们已经有所了解，而在国内关于“动物福利”的事情刚刚听说。现在关于“虐待植物”而被判刑坐牢，在国外已经开创先例。过去我们把外国的一些我们不理解或者暂时不理解的事情，解释为国情不同，而不屑一顾。但是随着时间的变迁，那些我们不理解或者暂时不理解的一些事情逐渐可以理解了，甚至我们也已经开始学习他们的做法了。这也充分说明我们的思想意识落后、差距之大是显而易见的。

2001 年 3 月，国务院召开全国城市绿化工作会议，并且下发了《关于加强城市绿化建设的通知》红头文件，这是中华人民共和国成立 50 多年来的第一次。时任中共中央政治局委员、书记处书记、国务院副总理温家宝出席会议并讲话。他指出，搞好城市绿化对于改善城市生态环境和人居环境、提高人民群众生活质量、促进城市经济社会的可持续发展，具有重要作用。城市绿化工作要科学规划、因地制宜、讲求实效，切实抓紧抓好，力争用五到十年或更长一些时间，使全国城市的绿化水平得到显著地提高。环境改善了就可以提高人们的自信心、自豪感，进而促进人们素质的提高。

城市规划中有建筑红线、道路红线，而随着时代的发展，现在又出现了**城市绿线**之说。建设部于 2002 年 11 月颁布的《城市绿线管理办法》指出，**城市绿线是指城市各类绿地范围的控制线，是加强城市生态环境建设、创造良好人居环境、促进城市园林绿化可持续发展的一条重要措施。**无论红线还是绿线，这些都是法定的界线，不允许随便占用或超越。我们要普遍建立城市红线、绿线管制制度。

国家对国土绿化工作，特别是对城市绿化工作提出了新要求。国家下了决心要尽最大努力，改善我们生存的环境，过去由于思想意识严重落后、欠账太多，我们的生态已然十分脆弱。我们要完成以上的目标，任务十分繁重，形势依然严峻。

五、我国城市化进程的加快，有力地促进物业绿化的建设

随着我国现代化建设的深入、人民生活水平的进一步提高，房地产业和随之产生的物业管

理行业蓬勃发展。我国城市化进程在近十年内进一步加快，甚至飞速发展，这将有力地促进房地产业的发展。随之，居住区的建设必将加快，物业管理事业也必将飞速发展。居住区绿地在改善和提高环境质量方面具有直接影响房地产价格的作用。“绿化就是高价格的房地产”，这一观念已被房地产市场和那些居住、生活在城市的人们所认可。

“2005 年中国城市论坛北京峰会”指出，1998 年至 2025 年，我国进入城市化加速时期，我国城市人口增加了 1.2675 亿，城市化率从 33.35%提高到 41.8%。目前仍是我国城市化快速发展的重要阶段，我国将有 2 亿～3 亿农民迁入城镇居住，截至 2020 年末全国常住人口城镇化率达到了 63.89%，我国城市化发展是 21 世纪人类史上的一个重大事件。

截至 2002 年底，山东省全省的城市人口占全省总人口的 38.15%，这比我国沿海发达地区还落后。山东省人民代表大会已做出决定，要进一步加快山东省的城市化进程。到 2025 年，山东新型城镇化将初步实现智慧化、绿色化、均衡化、双向化，常住人口城镇化率达到 68%左右；到 2035 年，常住人口城镇化率达到 75%左右，新型城镇化建设将走在全国前列。济南市到 2022 年，将新建各类公园 411 个，建成城市绿道 700km 以上，打造花卉景观大道和花漾街区 300 条（处），建成区绿地率达到 37%以上，人均公园绿地面积达到 13.7m^2，创建 1 个省级森林城市；到 2025 年进一步优化公园绿地布局，提升绿地景观品质，建成城市绿道网络系统；到 2025 年，力争再创建 1 个省级森林城市。城市物业绿化将有一个大的发展，随之物业绿地的养护管理工作也应立即跟上，使得城市园林绿地发挥出最大的生态效益、社会效益。为使城市居民就近享受绿色，山东省有关部门要求，今后各城市在片区改造或产业结构调整中应**坚持“多拆少建、少拆不建、只拆不建”的原则，腾出用地来搞绿化**。同时要加大违法违规查处力度，对侵占绿地的违法违章建筑，要分期分批予以拆除，还建绿地。在城市绿化过程中，要采取见缝插绿、灵活布局的原则，以 500m 为服务半径，建设一批规模不大但功能齐备、设施齐全的街头绿地，以满足居民休憩健身的需求。村镇绿化要按照建成区绿化覆盖率每年提高一个百分点的要求，制定本辖区村镇年度的绿化指标，促进村镇绿化水平的提高。

我国第一部《物业管理条例》于 2003 年发布并实施，这充分体现了“公平交易、诚实信用”的原则，它对维护业主权益具有重要意义。这标志着我国物业管理步入法治化、规范化发展的新时期，走上了可持续发展的道路。

2007 年实施的我国第一部《物权法》引起社会各界的极大关注。许多群众表示《物权法》草案关于业主建筑物区分所有权的规定非常先进，解决了实践中不少有争议的问题，有利于保护业主的合法权益；同时，也对物业管理机构的名称提出疑义。不少群众认为，物业公司是商业服务公司，而其中的“管理”二字容易产生误解，建议将“物业管理机构”改称为“物业服务机构”。这将对我们的物业管理工作，起到转折性的影响。正如某些物业公司提出的口号，**物业管理第一是服务，第二是服务，第三还是服务，是专业的服务，是完善的服务，是尽可能无瑕疵的服务**。服务体现了物业管理的宗旨和基本属性，物业管理只有以服务为中心，不断开拓各项业务，这才具有无穷的活力。

我国《民法典》于 2021 年 1 月 1 日起实施，同时《物权法》废止。《民法典》是我国第一部以" 法典" 命名的法律。坚持依法行政，私法自治原则，尊重和保障民事权利。只有充分保证私权才能全面保障和维护公民的切身利益，并有利于规范公权。因此，《民法典》的实施具有重大的实际意义。《民法典》中的“物权”在《物权法》基础上，进一步完善产权保护制度，健全归属清晰、权责明确、保护严格、流转顺畅的现代产权制度。

六、一点建议

本书可作为园林绿化企事业单位设计、施工与养护技术人员的参考用书和有关园林绿化工作的培训教材使用，也可作为中高等职业院校物业管理专业教材使用，还可作为高校环境艺术、城市规划、风景园林、建筑学、林学、园艺等专业的教学参考用书。在教学时，应采取课堂教学、现场教学、实践性教学等多种教学方法，以进一步提高教学质量。在第一章之后，应根据本书附录一、附录二，选择在当地有代表性的园林树木和花卉进行讲解，让学生对园林树木花卉有所识别。这种讲解不必在课堂上而应当到植物园、花卉市场或园林树木花卉种类比较多的地域进行现场教学。这样面对实物进行讲解，有利于学生记忆，提高学生的实践能力，增加学习兴趣，展示教学效果。

在教学实践中，还可大量地运用现代化教学手段，播放有关章节内容的光盘软件，如居住区绿地设计、各类园林绿地、园林树木花卉、绿地养护管理、植物病虫害防治等内容，以良好的视觉效果进一步活跃教学气氛，甚至让学生亲自动手种植树木花草，以增加学生的学习兴趣，拓宽知识面。

第一章 组成园林绿地的物质要素

园林绿地是现代城市必不可少的、不可替代的重要基础设施。它如同城市的供水、供电、供气、供暖一样重要。我们之所以这样强调园林绿地是城市的基础设施，就在于它是人类社会经济和政治发展的必然产物，是人类社会文明的重要标志，它是城市居民生活中不可缺少的内容，是现代社会文明不可或缺的公共设施。

城市园林绿地种类繁多，大至风景名胜、城市综合性公园，小到小游园、庭院绿化，其功能效果虽然各不相同，但都是由山、水、土地、植物、建筑、道路等组成，它们是构成园林绿地的物质要素。

第一节 园林地形及山水

一、园林地形的功能与类型

地形是指地球表面在三维方向上的形状变化，一般说来，凡是园林建设必先通过土方工程对原地形进行改造，以满足人们的各种需要。地形是构成园林实体非常重要的物质要素，也是其他诸要素的依托基础和底界面，是构成整个园林景观的骨架。

（一）园林地形的功能

1. 骨架作用

地形是构成园林景观的骨架，是园林中所有景观元素与设施的载体，它为园林中其他景观要素提供了赖以生存的基面。地形对建筑、水体、道路等的选线、布置都有重要的影响。地形坡度的大小、坡面的朝向决定建筑的选址及朝向。因此，在园林设计中，要根据地形合理地布置建筑、配置树木等。

2. 空间作用

地形具有构成不同形状、不同特点园林空间的作用，地形因素直接制约着园林空间的形成。地块的平面形状、地块的竖向变化等都影响园林空间的状况，甚至起到决定性的作用。如在平坦宽阔的地形上形成的空间一般是开敞空间；而在山谷地形中的空间则必定是闭合空间等。

3. 景观作用

（1）背景作用。作为造园诸要素载体的底界面，地形具有背景角色，如一块平地上的园林建筑、小品、道路、树木、草坪等形成一个个的景点，而整个地形则构成此园林空间诸景点要素的共同背景。

（2）造景作用。地形还具有许多潜在的视觉特性，通过对地形的改造和组合，以形成不同的形状，可以产生不同的视觉效果。

4. 工程作用

（1）改善小气候。地形可以改善局部地区的小气候状况，如朝南的坡向可使冬季阳光直接照射；可在场所中，面向冬季寒风的那一边砌景墙或堆土，以阻挡寒风的侵袭。同时，地形也可用来改善通风条件以降低温度等。

（2）地表排水。地形对于地表排水有十分重要的意义。地形影响地表径流的流量、方向以及速度等。地形过于平坦则不利于排水而易积涝，当地形坡度太陡时，又易引起地面的冲刷和水土流失。因此，要创造一定的地形起伏，合理安排地形的分水和汇水线，既使地形具有较好的自然排水条件，又不造成水土流失，是充分发挥地形排水工程作用的有效措施。

（二）园林地形的类型

园林绿地中地形的状况除了能构成不同的景观效果外，还与容纳人的数量的多少有密切关系，一般来说，平地容纳的人的数量较多，山地及水面则受到一定的限制，一般比较理想的比例是：水面约占总面积的1/4～1/3，陆地约占2/3～3/4，在陆地中平地应占到约2/3以上，山地丘陵应少于1/3。

园林陆地一般可分为平地、坡地和山地三类。

1. 平地

园林中坡度比较平缓的用地称为平地可更准确的描述为园林地形中坡度小于4%的为较平坦的用地。平地可作为绿地、交通集散广场、游憩活动广场等用地，便于群众性的文体活动，便于人流集散，并能形成开阔的园林绿化景观空间，便于人们游览休息、欣赏景色；平地在视觉上空旷、宽阔、视线遥远、不被遮挡，具有强烈的视觉连续性，因此园林中都有较大比例的平地。

平地按地面材料可分为绿化种植地面、土地面、砂石地面和铺装地面，为了有利于排水，一般要保持0.5%～2%的坡度。

（1）绿化种植地面。绿化种植地面因种植的树木花卉的不同形成不同的景观或大片开阔的草地。绿化种植地面应占相当大的比例，是园林绿化中非常重要的内容，可供人们文体活动和坐卧休息。种植的花坛、花境可供人们驻足观赏，形成的树林也可供人们观赏游憩之用。

（2）土地面。如在林中的场地即林中空地，可用作文体活动的场地，有树荫的地方宜于夏日活动和游憩。在城市园林绿化中应尽量使用地被植物覆盖土地面，以减少裸露的地面。

（3）砂石地面。有些地面有天然或人工铺设的卵石、砂砾或岩石，可视情况用作风景游憩地或各种活动的场地。

（4）铺装地面。铺装地面是用片石、砖、预制块、瓷砖、花岗石等材料铺装的地面，可以结合自然环境做成规则式或自然式不同的形式。铺装地面可用作人们的集散广场、观赏景色的停留地点或进行文体宣传活动的场地。

2. 坡地

倾斜的地面就是坡地，园林中通过改造地形，使地面产生明显起伏的变化，以增加园林艺术空间的生动性。因倾斜的程度不同，可分为缓坡、中坡和陡坡。缓坡坡度大约在4%～10%之间，适于运动和一般活动之用，在缓坡上可修建游憩草坪、疏林草地和活动场地；中坡坡度大约在10%～25%之间；陡坡坡度大约在25%～50%之间，陡坡因坡度较大，有不安全因素，不适合作活动场地，可作为绿化用地。

变化的地形可以从缓坡逐渐过渡到陡坡与附近的山体相连接，在临水面可以缓坡逐渐深入水中，以形成良好的亲水效果。

3. 山地

与坡地相比，山地的坡度更大，一般在50%以上。山地包括人工叠石堆山和自然山地。园林中的山地往往是利用原有的地形，适当改造而成。山地地形起伏变化能构成景观效果、组织空间，以起到丰富园林景观的作用，因此，在平原城市，常常以挖湖堆山的手法造园，重塑地形，以增加空间的艺术效果。

山地按主要材料，可分为土山、石山和土石混合的山体。

二、假山与置石

假山与置石，在我国自然山水园林中占有重要的位置，是表现我国自然山水园林的重要特征。

（一）假山

1. 假山概说

园林中以造景、游览、登高远眺为主要目的，人工创造的，用土、石等材料构筑的山水景物称为假山。我国在园林中造假山始于秦汉，从"筑土为山"到"构石为山"，直至现代的塑山、塑石的出现，都形成很好的景观效果。假山虽不同于自然风景中的雄伟挺拔或苍穹奇秀的真山，但是它以独有的风姿，在园林中起到骨干作用。假山作为我国自然山水园林的组成部分，对于形成我国园林的风格有着重要的作用。

园林中的假山，每一堆山、每一组石都是模拟真山的特征，加以人工提炼、概括，使之具有典型化，进而使自然界中的真山在园林中得以艺术再现，它与自然界中的真山相比，体量不是很大，然而却有植被沧桑、石骨嶙峋的特征，加之独立或散点的置石，会使人们自然地联想起深山幽林、奇峰怪石等自然景观，使人们体验到自然山林之意趣。

2. 假山的功能

假山具有造景功能、骨架功能、空间功能和工程功能等多方面的功能。假山是以造景、游赏为主要目的。假山可以构成园林的主景或地形骨架，划分和组织园林空间，布置庭院、驳岸、护坡、挡土，设置自然式花台；还可以与园林建筑、园路、场地和园林植物组合成富于变化的景致，借以减少人工气氛，增添自然生趣，使园林建筑融会到山水环境之中。

园林中堆叠假山，往往受空间的限制，在假山的总体布局和造型设计上应根据需要做到平远、深远或高远，"以咫尺之幅，写千里之遥"。平远，表现逶迤连绵、起伏多变的低山丘陵的效果，给人以千里江山不尽之感；深远，表现山势连绵，或两山并峙、犬牙交错的山体，但应具有丰富层次、景色幽深的景观；高远，采用仰视手法，创造出峭壁千仞、雄伟险峻的山体景观，如图 1-1～图 1-3 所示。

图 1-1 假山的平远感示意

图 1-2 假山的深远感示意

另外，景观较好的假山，多半是土石相间、花木繁盛、山水相依、再现自然。北京北海公园琼岛的后山是现存最大、最宏伟而富自然山色的假山，被园林专家称为"其假山规模之大、艺术之精巧、意境之浪漫，不仅是全国仅有的孤本，也是世界上独一无二的珍品"。假山上可适当设置**人工岩洞**，再加上**人造雾系统**，形成朦胧的意境效果，不仅可以突出观赏性，还具有保健功能。

3. 假山的分类

假山按使用的材料可分为土山、石土山、土石山和石山 4 种。按施工方式可分为筑山（以土为主，附以山石筑成的山）、掇山（传统选用太湖石或黄石，掇合成的山）、凿山（开凿自然岩石成山）和塑山（用雕塑艺术的手法仿造自然山石而建造的园林假山，传统往往是用石灰浆塑成，而现代是用水泥、砖、钢丝网等塑成假山）等，在居住区绿地内的假山往往是掇山和塑山制成的。

图 1-3 假山的高远感示意

4. 常用的假山石料

常用的假山石料可以分为湖石、黄石、青石、石笋以及木化石、松皮石等，如图 1-4 所示。

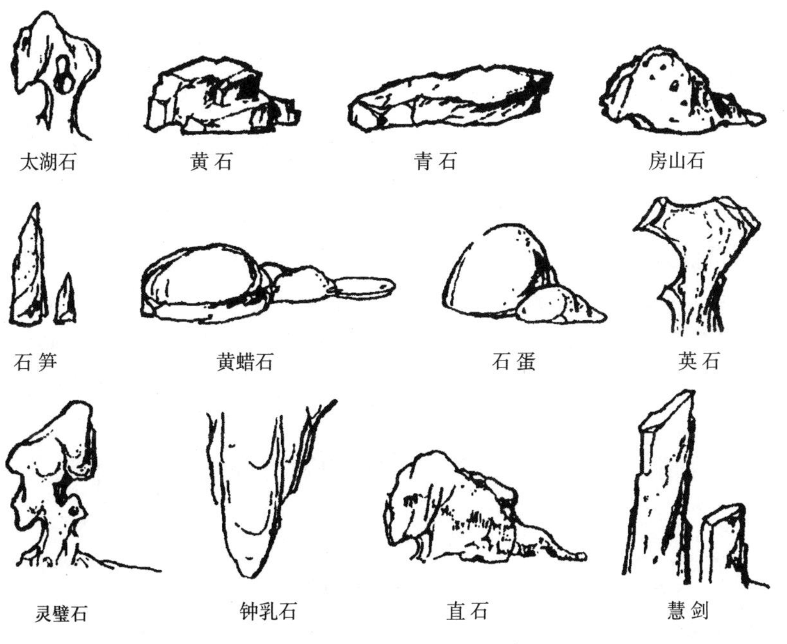

图 1-4 常用的假山石料

（1）湖石。湖石是溶蚀后的石灰岩，在我国分布很广，只不过在色泽、纹理和形态方面有些差异。湖石又分为太湖石（产于太湖一带）、房山石（产于北京房山）、英石（产于广东英德）、宣石（产于安徽宁国）、灵璧石（产于安徽灵璧）等。这类山石的特点是纹理纵横、脉络起隐，石面上多坳坎，很自然地形成洞、穴、缝、沟窝且窝洞相套、玲珑剔透、甚为奇特。

（2）黄石。黄石是一种橙黄色的细砂岩，产于苏州、常州、镇江等地，以常熟虞山为著。该类山石形体顽劣、见棱见角、节理面近乎垂直，雄浑沉实、平正大方、块钝而棱锐，具有强烈的光影效果。

（3）青石。青石是一种青灰色的细砂岩，其形体多呈片状，故又称为“青片石”，产自北京西郊。

（4）石笋。石笋是指外形修长如竹笋一类的山石总称，产地较广，这类山石又有白果笋、乌炭笋、慧剑笋、钟乳石笋等种类。

（5）其他石品。常用的假山石料还有木化石、松皮石、石珊瑚、石蛋等。

5. 园林塑山、塑石

应用水泥、石灰、砖等非石材料，经过人工塑造的园林假山，包括塑山和塑石。它们具有方便、灵活、逼真、工期短、见效快等特点。园林塑山有砖骨架塑山和钢骨架塑山两类。

近年来塑山、塑石新工艺不断出现。**抗碱玻璃纤维强化水泥**（Glass Fiber Reinforced Cement，CFRC），是一种含氧化锆的抗碱玻璃纤维与低碱水泥砂浆通过机械高压混合、GP 离子隔离后形成的一种高强复合物。与传统水泥、玻璃钢造假山相比，GFRC 人造山具有自身重量轻、强度高、可塑性强、抗老化、耐腐蚀、易施工等特点，能充分发挥艺术家的想象力，完美再现天然山石的各种肌理与皴纹。

我们在堆砌假山时，一定要注意假山的体量应与周围环境的大小相协调，不要过大，否则往往造成空间的闭塞或拥挤，让人感到郁闷而压抑。

（二）置石及布置形式

1. 置石概说

园林中用零星山石为材料作独立的或附属性的造景布置，不加堆叠的，称为置石。置石主要表现山石的个体美或局部的组合，而不具备完整的山形。“园无石不秀，室无石不雅”，有了石这一元素，院子就多了古朴厚重的气场。石材的美观、耐用性和耐寒性，随着时间的推移，成为一种永恒力量和希望的象征。千百年来，赏石清心、赏石怡人、赏石益智、赏石陶情、赏石长寿……已成为中华传统文化非常宝贵的一部分。设置的山石半埋半露，以点缀局部景点，别有风趣，如在建筑的基础、抱角镶隅、水畔、护坡、庭院、墙角、土山、路旁、树池一侧、花台中心等处，皆可点缀，以作为观赏、引导和联系空间之用。置石用料不多，体量较小而分散，且结构简单，所以与假山相比容易实现，再加上置石造景的目的性明确，因此置石格局要严谨、手法要洗练、寓浓于淡，只要安置得合适，就能点石成景、别有风韵，就能给人留下“以片山多致，寸石生情”的深刻感受。

在高档或有特色的物业环境绿地中，一般都有置石以构成景观或成为标志性景观，如图 1-5 所示。

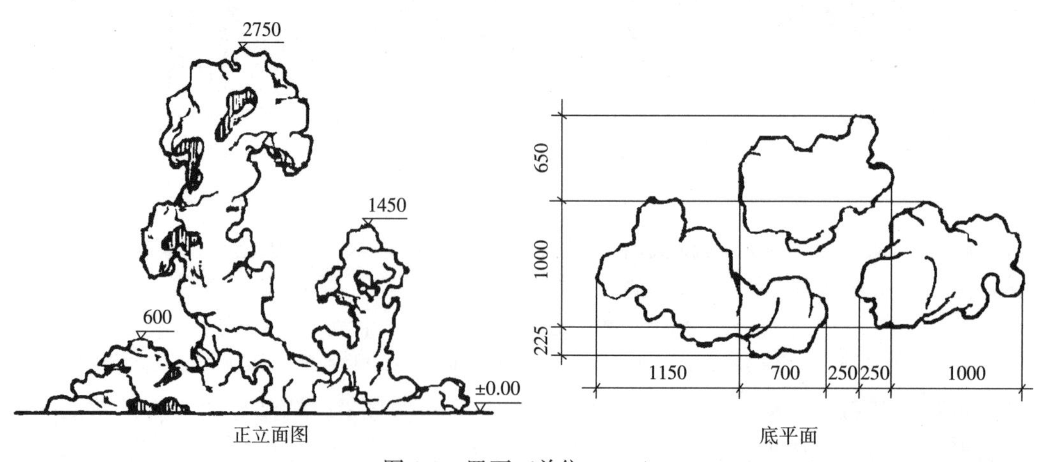

图 1-5 置石（单位：mm）

2. 置石的布置形式

（1）特置。山石特置是指造型玲珑、奇巧或古拙的单块山石立置而成，这样的山石又叫奇石或景观石，再起一个雅致的名字，以增加浓厚的人文气息。特置常出现于园林中作为局部构图的中心或作小景，多用湖石，可设置基座，亦可半埋于土中，显露自然。特置多设置在正对大门的广场上、门内前庭中或别院中、小径的尽头、佳树一侧、路旁等处，作对景、点景之用。

山石是大自然的产物，其本身具有自然美。衡量山石美的传统标准，我国古代造园专著《园冶》（明末著名造园家计成于公元1631年成稿）一书中称："瘦漏生奇，玲珑安巧。"后人又总结成"透、漏、瘦、皱、丑"五个字。为什么"丑"成了审美的标准？"丑石也，丑而雄，雄而秀。""怪石以'丑'为美，丑到极处，便是美到极处。"其实，这是一种高层次对美的欣赏与追求。按照上述标准，人们推选出置于上海"豫园"玉华堂前的"玉玲珑"、置于杭州西湖花圃盆景园中的"绉云峰"和置于苏州原织造府的"瑞云峰"为"江南三大名石"，这三大名石都是置石中的特置石峰。

山东省省会济南趵突泉公园内的"龟石"（**彩图1**），号称"齐鲁第一石"，已有600多年的历史，几经沧桑，历尽磨难，"文革"时险遭毁坏，能留存至今，实属万幸。**这些置石造型奇特，是我国园林中不可多得的资源，是无价之宝**。一块造型奇特的山石，就像一幅立体的图画，一首无声的诗，是宇宙间天然、古老、高雅的艺术品。它有自然之美、无声之妙、个性之奇、永恒之贵，真是令人遐思、令人陶醉！

（2）对置。两块山石布置在相对的位置上，呈对称或对立、对应状态的置石方式为对置，如图1-6所示。对置的石头一般是一大一小，一高一低，而造型相呼应，布置的位置一般在庭院门前两侧、园林主景的两侧、园路两侧等地。

（3）散置。山石散置是指将山石"攒三聚五""散漫理之"的布置形式，就是将大小不等的3～5块山石按照艺术美的规律和法则搭配组合，有聚有散、有立有卧、或大或小、顾盼呼应、主次分明，从而使之成为一个不可分割的有机整体，以取得较好的整体效果，而毫无零乱散漫的感觉，也毫无整齐呆板的感觉，如图1-7所示。散置的石姿没有特置那样严格，它的布局也无定式，通常布置在廊前、粉墙前、水畔、山脚、林下、花境旁、路旁等处，亦可就势散置。近年来，还有林下散置和路边、草坪等地散置造景。

图1-6　对置置石　　　　图1-7　散置置石

（4）群置。山石群置是指几块山石排列在一起，作为一个更大的群体来表现，如图1-8所示，要求石块大小不等、体形各异。其设计手法及位置布局与散置基本相同，只是所在空间比较大，以较大体量的材料堆叠，就其布置的特征而言仍是散置，只不过以大代小，以多代少，形成高低错落、疏密有致的景观效果。

用山石可散点于建筑基础、抱角镶隅、门前蹲配、墙面装饰、花台边缘，可结合水景、散点护坡，配合雕塑、代替桌凳等，既有景观效果，又有实用功能。

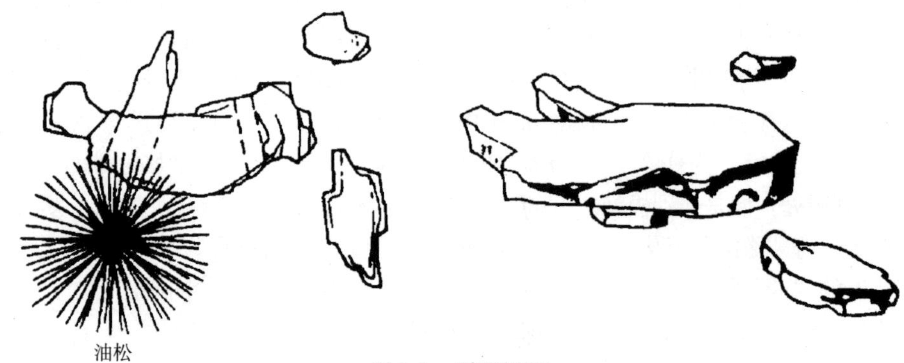

图 1-8 群置置石

(5) 山石、器设。用山石作室内外的家具或器设，这也是我国园林中的传统做法。山石、器设一般有以下几种：石桌、石凳、石室、石门、石屏、名牌、花台、踏跺（台阶）等，以自然山石代替建筑的台阶，随形而做，自然活泼。

三、水体与喷泉

我国园林以山水为特色，“山无水不灵，水无山不秀”“水随山转，山因水活”，水体能使园林产生很多生动活泼的景观，从自然山水风景到人工造园，山水始终是景观表现的主要素材。园林中的理水和掇山一样，不仅是对自然风景的简单模仿，更多的是对自然风景作抒情写意的艺术再现，经过园林艺术的加工而创造出不同的水体景观，给人以不同的情趣感受。园林中的水体多为天然水体略加人工改造或人工掘池而形成。在水体的周围或水底，设置彩色灯光，以增加观赏和夜景的使用功能。

（一）水体

1. 水的特性与作用

(1) 可塑性。水本身无固定的形状，其形状是由容器的形状而决定的。不同的容器形状、大小、色彩和质地，将造就丰富多彩的水体姿态。

(2) 音响效果。水无论是流动、撞击还是跌落，都可发出各种不同的声音，由此可以创造出多种多样的音响效果。水的音响还可直接影响人们的情绪，或使人激动兴奋，或使人平静温和，让人们在听觉和心理上得到享受。

(3) 提供灌溉。需要给园林绿地上生长的园林植物提供灌溉，只有这样才能使园林植物正常地发挥其生态功能及其他功能。

(4) 改善小气候。大面积的水域能够影响其周围环境的湿度与温度，因而影响小气候。夏季，水面周围的人感觉凉爽宜人，而冬季水面附近地区则相对温暖；较小的水面也有着同样的效果。

(5) 增加娱乐内容。有了水面，就可进行钓鱼、游泳、划船、赛龙舟、赛摩托艇以及滑冰等娱乐游戏和体育活动项目。

(6) 具有美学观赏功能。水面以其优美的形态、美妙的声音，给人以视觉、听觉上的美学享受。在水面上可以看到岸上的景观倒影，微风吹拂，水面倒影则泛起涟漪，好似一幅抽象派画作。

2. 水体的类型

水体的形式相当丰富。

（1）按水体的状态分：

1）平静水景。静态水景面平如镜，给人以宁静、安详、轻松、温和之感。

2）流动水景。潺潺流水，波光晶莹，色彩缤纷，令人欢快；而奔腾澎湃的动态水景往往给人以活泼、奔放、兴奋、激昂的感觉。

3）跌落水景。从一定的高差处跌落而下，包括跌水和瀑布。

A. 跌水。水位相差不大的瀑布称为跌水，如图 1-9 所示。跌水既可防止水的冲刷，又是连续落水组景的手段，一般在坡面陡峻、易被冲刷或景致需要的地方设置。园林跌水人工化明显，其供水管、排水管应蔽而不露。跌水多布置于水源源头，往往与泉结合，水量较瀑布小。有单级式跌水、二级式跌水、多级式跌水、悬臂式跌水和陡坡跌水等（**彩图 2**）。

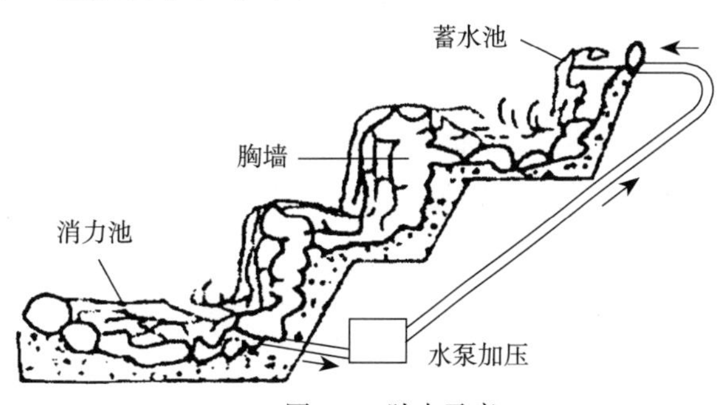

图 1-9　跌水示意

B. 瀑布。在自然界中，从河床的横断面陡坡或悬崖处倾斜而下的水称为瀑，因遥望如布下垂，故称瀑布。人工瀑布常以山体上的山石、树木为背景，上游集聚的水（或水泵提水）流至落水口，瀑身是观赏的主体，落水后形成深潭接小溪流出。

4）喷涌水景。水从地下喷涌而出。园林喷涌水景往往与喷泉结合，可形成很好的景观。

常见的园林水体，有流动的河水、水帘，以及大小不同的跌水、瀑布等。也可将静态与动态的水景相结合，在静态水景中，安装一些喷泉，这些喷泉有规律地进行喷涌，形成不断变化的水姿，给人们留下深刻的印象。

（2）按水体的形式分：有自然式水体、规则式水体和混合式水体。

（3）按水体的使用功能分：

1）观赏水体。主要为构景之用，一般较小，水面有波光倒影，又能开辟开阔的风景透视线，在水体中可设置岛、堤、桥、置石、水生植物、雕塑、喷泉等，岸边可作不同的处理，以构成不同的景色。

为了增加水体的景观效果，可在水体内设置**人工生物漂浮岛**（**彩图 3**）。在质地多样、形状各异的能够漂浮在水面上的人造漂浮体上栽培芦苇、芦竹等水生植物或菖蒲、美人蕉等喜水的陆生植物，不仅可以有效地增加景观效果，而且可以创造鸟类、鱼类等生物的栖息空间，还具有净化水质、提高水的透明度等方面的作用。

2）开展水上活动水体。一般水面较大，有适当的水深，可开展活动与观赏相结合，如举行自由划船、龙舟赛，可划出一定的区域或定时开展摩托艇航行等活动，使平静的水面活跃起来，既有使用性，又有观赏性，可大大地丰富游园的内容；再如在潺潺流水中，人们坐在小船里，借助水的流动，使小船在水中慢慢划行等，但是一定要注意安全。

水体工程构成的水景大体包括河流、溪涧、瀑布、湖池、喷泉等，这要根据地域的大小和需要等进行建设。一般物业环境较大的可以考虑设置湖池和喷泉等。有的在掇山上理水形成相适应的瀑布、小溪，效果极佳。在这里特别提示的是，**设置水体应当特别注意安全问题。**在水体周围应当设置有效的安全护栏，并要有一定的高度，而无护栏水体水深不得超过 0.5m。无论什么样的水体，都要有醒目的安全提示。

3. 水源的种类

在建造水体之前首先要考虑水源的问题，**我国是贫水国家，应充分地考虑这一国情**。水源的种类有，引用原河湖的地表水、利用天然涌出的泉水、利用地下水以及人工水源，也可以用经过处理的生活污水，或者以上几种水源相结合再利用水泵循环多次使用。要根据水源的富有或贫乏，灵活地、因地制宜地建造水体，水体可深可浅，深的可达 2m，可在里面种植一些水生植物，可设置游船，以及进行一些活动；浅的甚至可以只有 30cm，形成“清泉石上流”的意境，效果也很好，夏日小孩在里面戏水，别有一番趣味。

在进行人工挖湖时，一定要在保证质量的同时做好防渗漏工作，否则将会对水资源造成极大的浪费。**为提高景观水体的透明度，抑制有害微生物生长，消除水体黑臭现象，应定期净化水体，持续改善水质。**

4. 驳岸与护坡

(1) 驳岸。有水体就应设置驳岸，驳岸是一面临水的挡土墙，是支持陆地和防止岸壁坍塌的水工构筑物。园林水体边缘必须建造驳岸与护坡，作为水景组成的驳岸还直接影响园林景观，因此在作驳岸时，一定要将实用、经济、美观统筹考虑，力求成景，而不致为劣景。驳岸有规则式驳岸、自然式驳岸和混合式驳岸之分。

(2) 护坡。护坡是保护坡面、防止雨水径流冲刷以及防止风浪拍击的一种水工措施。护坡与驳岸均为护岸形式，两者极为相似，没有严格划分界限，主要区别是驳岸多采用岸壁直墙，有明显的墙身，岸壁大于 45°；而护坡则是在土壤斜坡（45°以内）上采用铺设护坡材料的做法。护坡主要防止滑坡、减少地面水和风浪的冲刷，以保证岸坡稳定。常见的护坡类型有草皮护坡、灌木护坡和铺石护坡等，如图 1-10 所示。

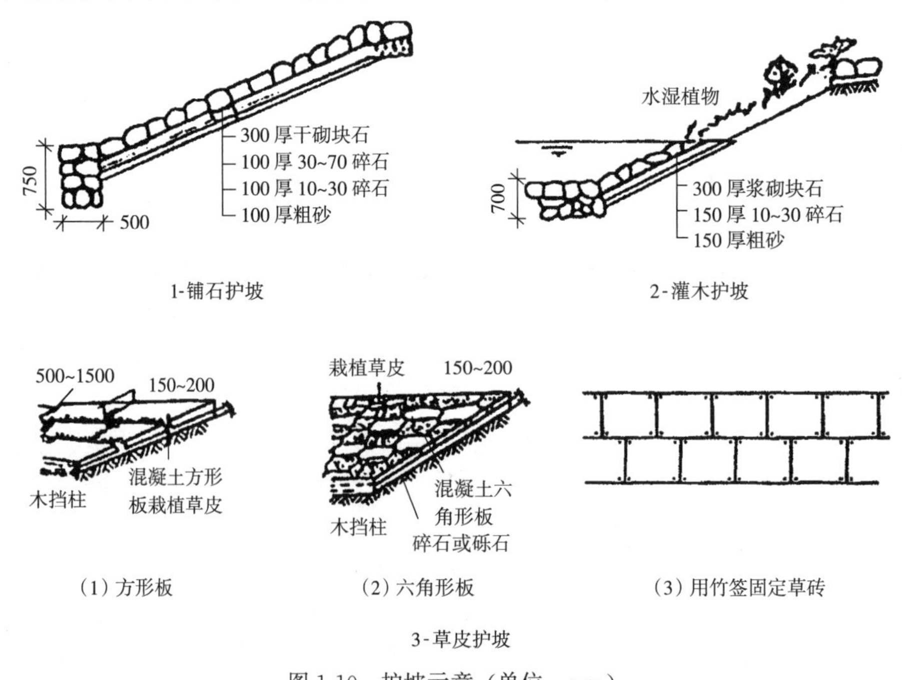

图 1-10　护坡示意（单位：mm）

（二）喷泉

1. 喷泉概说

喷泉是由人工构筑的整形或天然泉池中，以喷射优美的水姿，供人们观赏的水景。喷泉是园林中的重要组成部分。现代园林中，除了植物景观以外，喷泉也是重要的景观，它既是一种水景艺术，体现了动静结合，形成明朗活泼的气氛，给人以美的享受；同时，**喷泉还可以增加空气中的负离子含量，起到净化空气、增加空气湿度、降低环境温度等作用，**因此深受人们喜爱。喷泉一般多置于建筑物前、广场中央、主干道交叉口或一个地域的主轴线等处。为使喷泉喷射的线条清晰，常以深色景物为背景；为便于人们观赏喷泉的水姿，其周围一般要有比较开阔的观赏区域。在园林中，喷泉常作为局部的构图中心，它常与水池、彩色灯光、花坛、雕塑等组合成景。

2. 喷泉的种类

现代喷泉的种类很多，大体可分为以下几类：

（1）普通装饰性喷泉。由各种花形图案组成固定的喷泉。

（2）与雕塑结合的喷泉。喷泉与雕塑等共同组成景观。

（3）水雕塑。由人工、机械塑造出各种大型水柱的姿态，形成景观。

（4）自控喷泉。利用电子技术，按照设计程序控制水、光、音、色等，形成奇异、变幻的景观。

（5）其他类型。除了以上类型以外，还有高喷泉、旱喷泉、叠泉、音乐喷泉、跑泉、跳泉、浮动喷泉、小品泉、意动泉、音乐跑泉等，还可通过喷雾形成独特的水景（**彩图 4**）。

3. 喷头

喷头是完成喷泉艺术造型的主要工作部件，具有一定压力的水经过造型的喷头，能够形成绚丽的水花，喷射在水面的上空。各种不同的喷头组合配置，更能创造出千姿百态的水景景观，令人兴奋、激动，产生奇妙的艺术效果。经水泵加压喷头喷出各种水姿，水花四溅，观赏者无不精神为之一振，尤其炎夏季节，喷出的水花令人心脾清凉、心情舒畅。喷泉喷出的水花还能使空间的湿度大大增加，为周围的人们、植物创造良好的生活、生长环境。**要注重安装强力负离子喷头，每秒可产生 100 万亿个负离子，有利于人们的身心健康**。

喷泉喷头的种类很多，按照结构形式不同，可分为直射、旋转、水膜、吸力、雾化等多种类型；按照所喷水流的花形可分为蒲公英、喇叭花、牵牛花、蘑菇、冰塔、银缨、开屏以及喷雾喷头等多种类型，如图 1-11～图 1-14 所示。

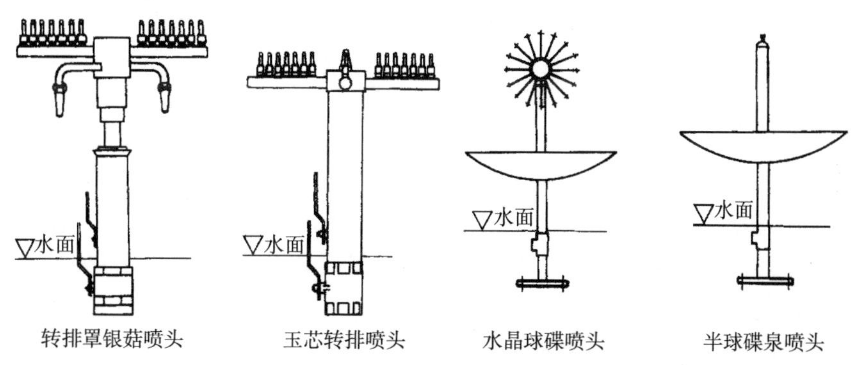

图 1-11　部分复合造型喷头

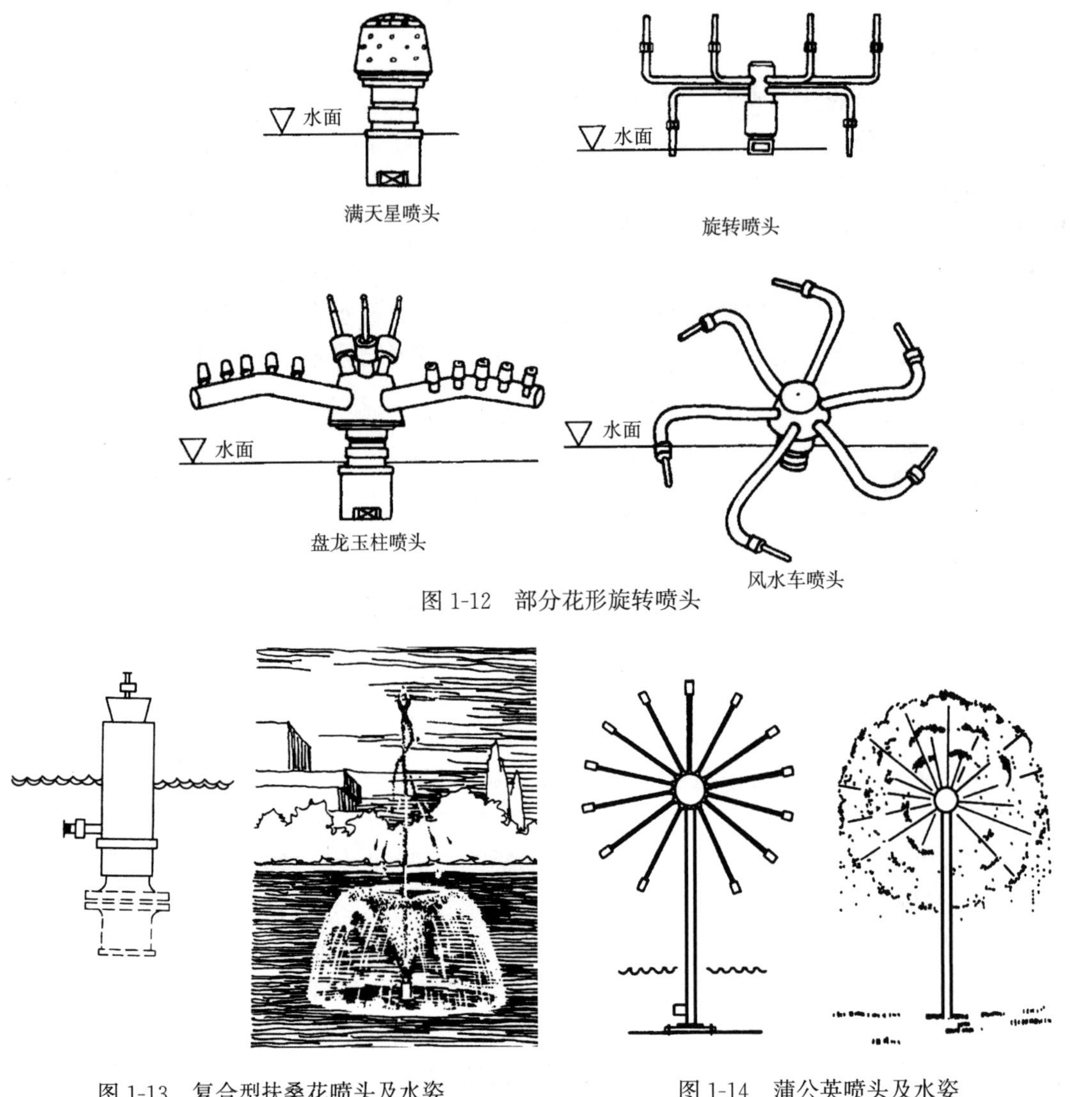

图 1-12 部分花形旋转喷头

图 1-13 复合型扶桑花喷头及水姿

图 1-14 蒲公英喷头及水姿

随着光、电、声及自控装置在喷泉上的应用，音乐喷泉、间歇喷泉、声控喷泉、激光喷泉等新形式的出现，丰富了喷泉的内容，更加丰富了人们在视觉、听觉上的双重感受。我国历史上著名的喷泉，如北京圆明园大水法喷泉群、北京天安门两侧的喷泉以及国庆节天安门广场上的临时喷泉群都非常雄伟壮观，博得中外游人的好评、喝彩。

4. 喷泉的供水形式

(1) 直流式供水。将自来水供水管道接入喷水池内与喷头相接，喷射后即经过溢流管排走。该供水系统简单、造价低，缺点是水不能重复利用，耗水量大、运行费用高。一般适用于小庭院、室内大厅和临时场所。

(2) 水泵循环供水。该供水系统复杂且造价高，需要另设水泵房和循环系统。优点是水可以重复循环利用，耗水量小、运行费用低。

(3) 潜水泵循环供水。特点是潜水泵安装在水池内与供水管道相接，可充分循环利用水。该系统简单、布置灵活、造价低、耗水量小，但需要调整水形时则难度很大。

第二节　人工加工设施

在园林绿地中，园林建筑、园林雕塑、园林小品以及园桥、园林广场、园路等，都是人工加工设施。它们的功能既有实用的一面，又有供人们游览观赏的一面，同时与园林绿地中的山、水、植物一样，都是构成园林景观的重要物质要素。

这些人工加工设施的使用功能，主要表现在满足人们游览、娱乐、文化、休息、宣传等活动的要求，如儿童游戏场地或儿童公园需要设置适合儿童活动特点的，满足不同年龄段儿童活动需要的建筑、雕塑以及小品等设施；文化休息场地或文化休息公园需要设置文娱体育、文教宣传方面的建筑、雕塑以及小品等设施；国家森林公园或重点风景区需要设置旅游展览等方面的建筑、雕塑以及小品设施等。

园林建筑、雕塑以及小品等设施除了为人们提供游览娱乐活动的场所外，其本身也是重要的景观，人们在建筑内外均能体会它们对环境景观的影响作用，如图 1-15、图 1-16 所示。雕塑和小品等还具有体量小、数量多、分布广等特点，其内容丰富，造型美观别致，在园林中起着点缀景观、丰富景观、烘托气氛、加深意境等作用。

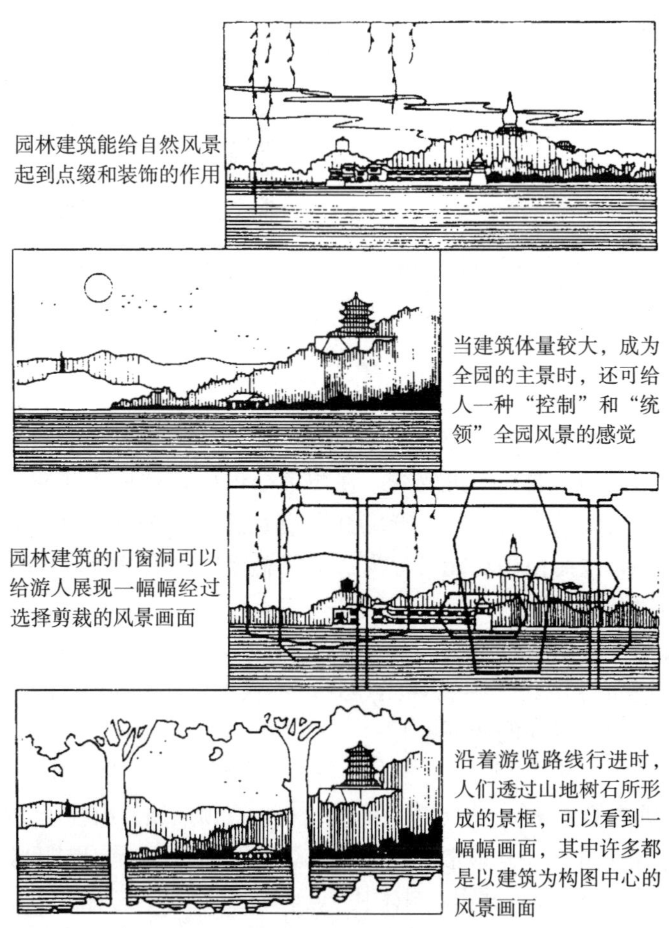

图 1-15　园林建筑的作用（一）

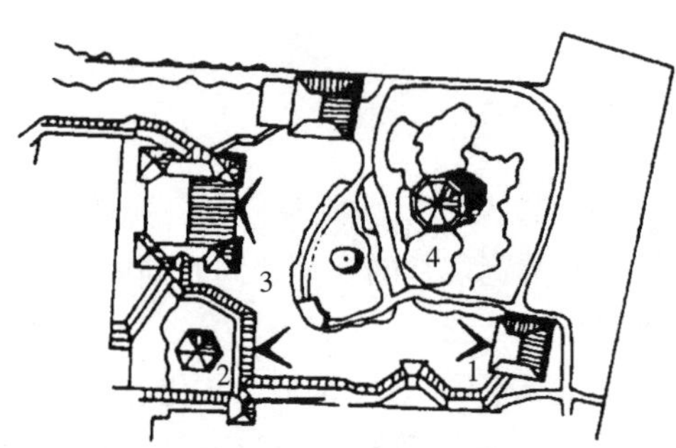

以苏州拙政园西部庭园空间为例，看各园林建筑之间观赏和被观赏的关系

1—倒影楼；2—宜两亭；3—卅六鸳鸯馆；4—浮翠阁

从倒影楼望宜两亭

从卅六鸳鸯馆外眺浮翠阁

从宜两亭前空廊眺望倒影楼

图 1-16 园林建筑的作用（二）

一、园林建筑

园林中有造景作用，同时供人们游览、观赏、休息的建筑称为园林建筑。园林建筑在现代园林中虽然是配角，但它的重要性不可忽视。在城市绿地中，这些人工设施宜小不宜大，宜分散不宜集中。这样绿地空间就会更加宽广舒坦且有空灵感，使绿地开阔，富有自然情趣。园林建筑的形式和类型很多，按照使用功能可分为：游憩类园林建筑设施与其他类园林建筑设施。

（一）游憩类园林建筑设施

游憩类建筑设施是非常重要的一类园林建筑，它包含的内容很多，有游览观光建筑、科普展览建筑、文体娱乐建筑等，其中游览观光建筑，不仅给人们提供赏景、游览、休息的场所，而且其本身也是景点，成为景观的构图中心。

1. 园亭

（1）亭的功能。亭是建在路旁或花园里、面积较小、有顶无墙、由柱子支撑的供人们休息用的建筑物。我国传统园林建筑中，亭是最常见的一种形式。园亭的特点是周围开敞，相对较小，因此园亭常与山、水、绿化结合起来组景，并作为园林中“点景”的一种手段，如图 1-17 所示。传统中亭的作用，如《园冶》中所说：“亭者，停也，所以停憩游行也”，可见亭是供人们休息、观景之用的。

亭以玲珑美丽、丰富多彩的形象与园林中的其他建筑、山水、绿化等相结合，构成生动的

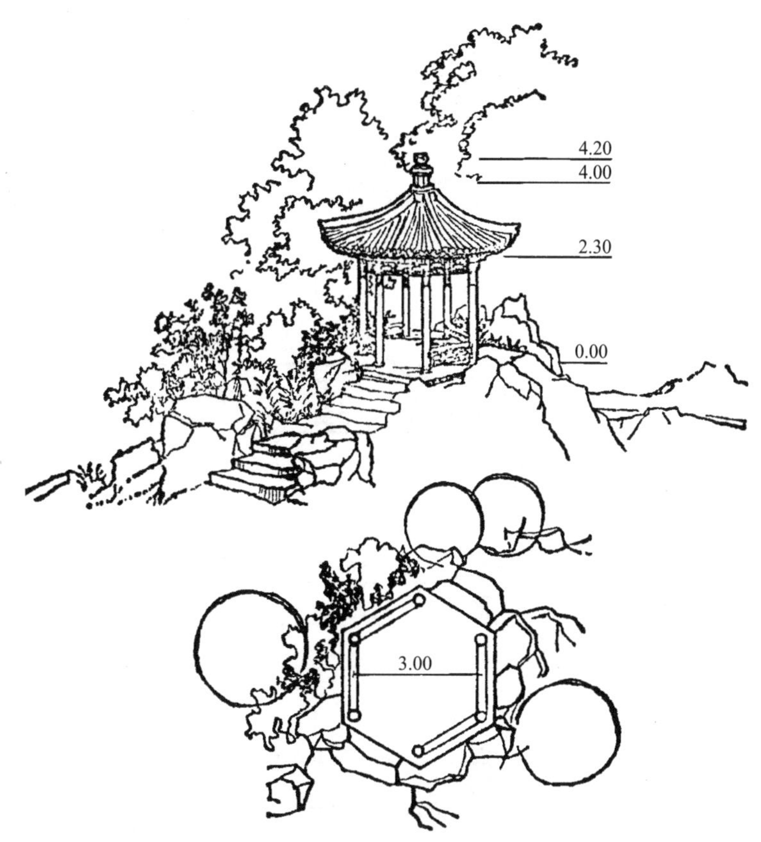

图 1-17 园亭及平面图（单位：m）

画面。亭作为园林中的景观之一，首先应与环境取得协调，使其与周围的山、水、桥、屋、树、石等形成一个统一完美的景观，亭往往起到画龙点睛的作用。

（2）亭的形式。亭的形式很多，从平面上分有单体式、组合式和与廊墙结合的形式。有正多边形亭，如正三角形亭、正方形亭、正五角形亭、正六角形亭、正八角形亭等；有圆亭、伞亭、蘑菇形亭、扇形亭等；有组合式亭，如双三角形亭、双方形亭、双圆形亭等；有与墙、廊、石壁结合的亭，如半亭等。从屋顶形式上分有单檐、重檐、平顶、硬山顶、悬山顶、歇山顶、单坡顶、卷棚顶等；从布局位置分有山亭、半山亭、桥亭、沿水亭、凉亭、靠墙的半亭、廊间亭、路中亭等，见表 1-1。设计者应当创造出更多的新颖而又与绿地和谐的其他式样的亭子。由于种种原因，我国南北各地亭的形式与风格迥然不同，一般北方的亭稳重、端庄，而南方的亭活泼、轻巧。

在现代园林中，有一种类似亭的设施——**空间膜**，它的出现使人们有一种新鲜感、时代感，其特点是轻巧、灵活、形式多样、造价低（**彩图 5**）。

2. 园廊

（1）廊的功能。廊是屋檐下的过道或独立有顶的过道，无墙或一侧有墙的园林建筑。廊在传统园林中被广泛应用，它本身就能构成很好的景观效果，还有供人们休息、遮阴、防雨等使用功能。廊按照园林构图来说，其作用还在于能够把分散的景点联系成一个整体，能组织人们的观赏游览路线。廊还可以起到透景、隔景、框景等作用，使园林空间层次丰富多变。廊尤其是观景廊宜长而曲，忌短直；宜开朗，忌闭锁，应以其活泼多变的形体，使人感到新颖、舒畅。

亭的各种形式举例　　表 1-1

编号	名称	平面基本形式示意	立面基本形式示意	平面立面组合形式示意
1	三角亭			
2	方亭	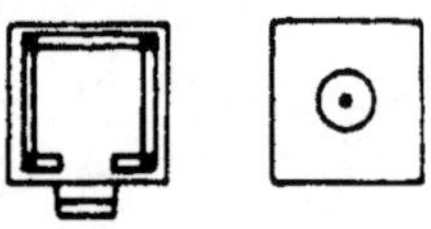	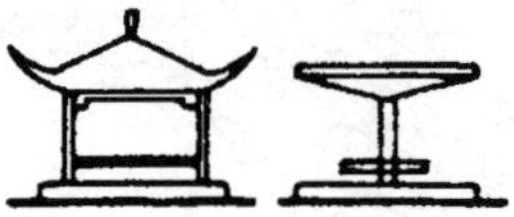	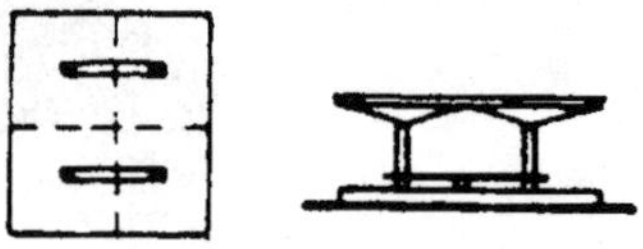
3	长方亭			
4	六角亭	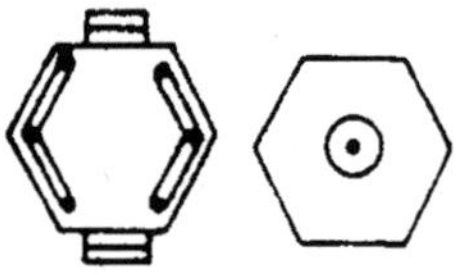		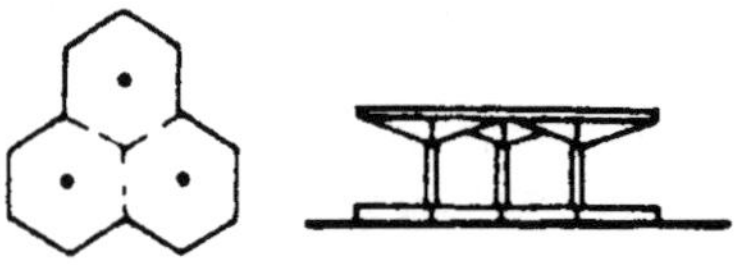
5	八角亭	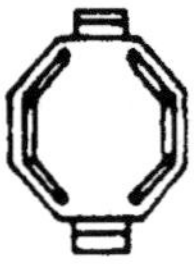		
6	圆亭	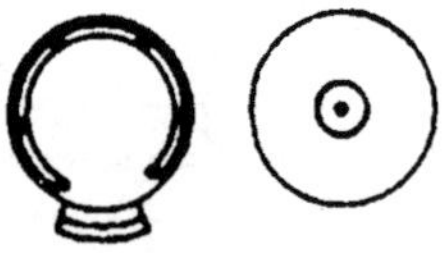		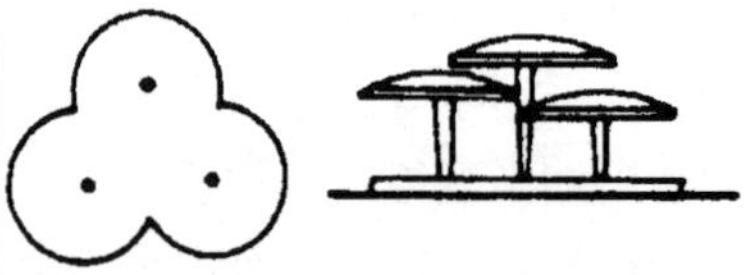
7	扇形亭		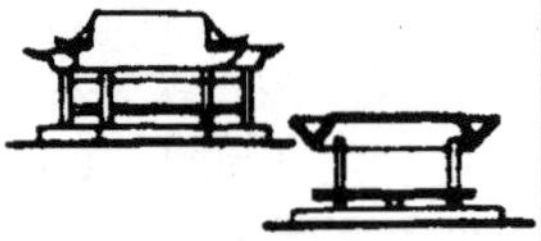	
8	双层亭	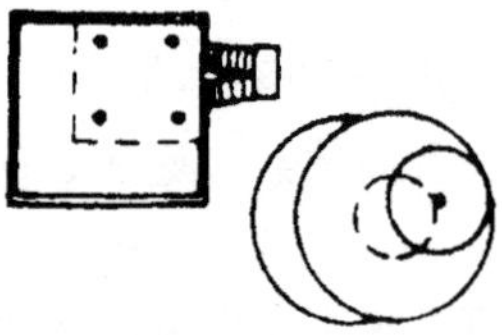	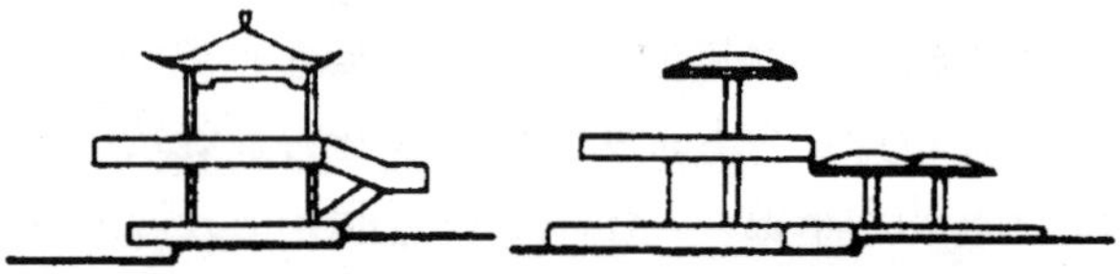	

廊是长形景观园林建筑，因此要考虑游览路线上的动态效果。廊的各组成部分是根据廊外的自然景观，通过廊内的游览观赏路线来布置安排，以形成廊的对景、框景，使空间的静与动、延伸与穿插有机地联系在一起，再加上道路的曲折迂回，形成有规律的重复和变化、形成韵律、产生美感。

（2）廊的基本形式。有双面空廊、单面空廊、复廊和双层廊等。最基本、运用最多的是双面空廊形式。从廊的总体造型及其与地形、环境的结合角度来考虑，又可把廊分成直廊、曲廊、圆廊、爬山廊、水廊、桥廊、叠落廊等，如图 1-18 所示。

1. 廊的位置与形式

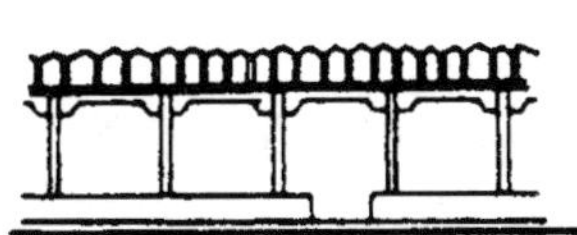

平地廊　可沿墙建廊，亦可为附属于建筑的廊和独立廊

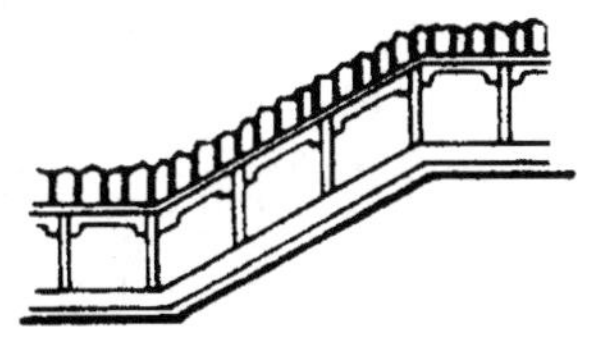

爬山廊　廊内可设踏步或斜坡，用廊联系山坡上下建筑，可组成山坡庭园

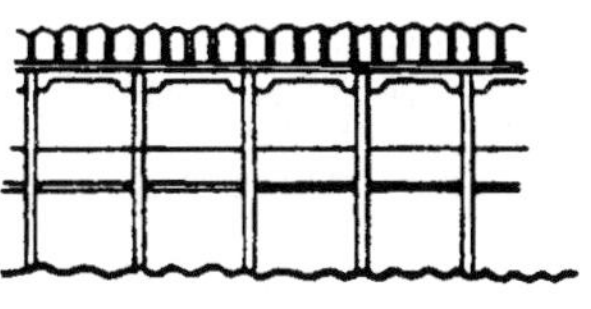

水　廊　在水边或水上建廊，供游人观赏水景

2. 廊的平面形式

直　廊　常与亭、榭等其他建筑组合在一起避免单调

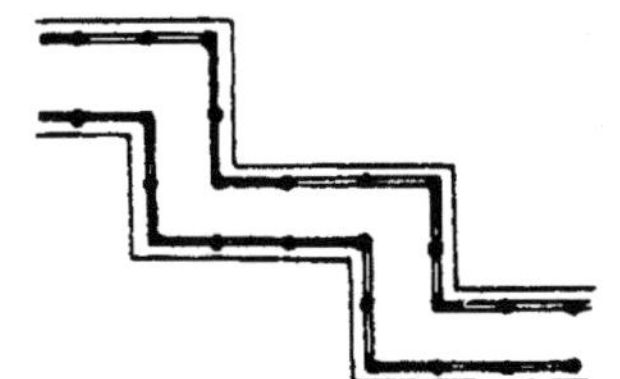

曲　廊　引导游人行进时不断改变角度，以变换景色

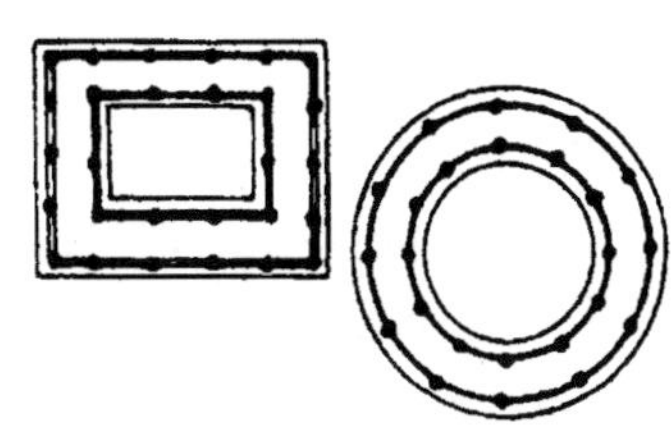

圆　廊　可建在建筑物、大树或水池周围

3. 廊的内部空间形式

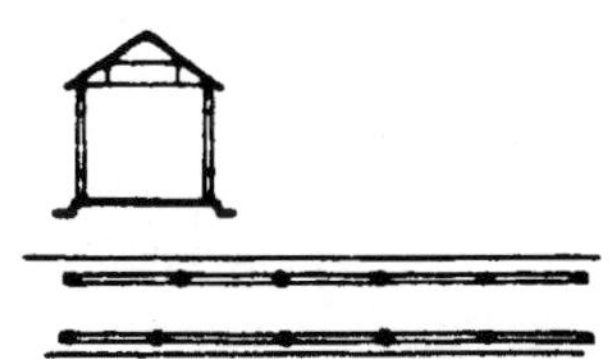

空　廊　用于划分庭园空间时，使庭园景色既有联系又有分隔

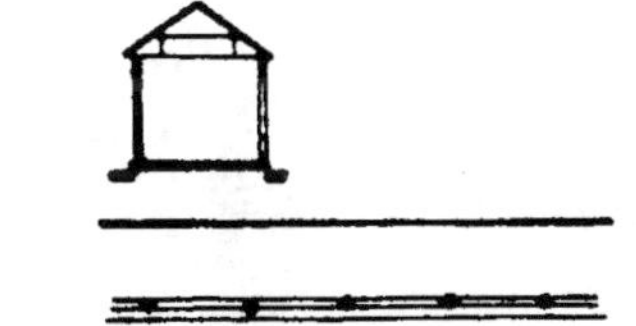

半　廊　一面朝向庭园，另一面为墙或漏花墙

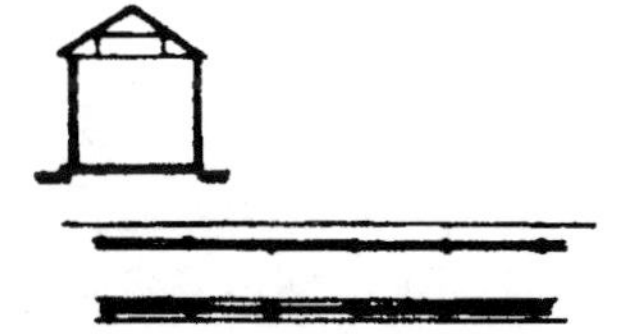

暖　廊　窗扇可以开闭，以适应气候变化

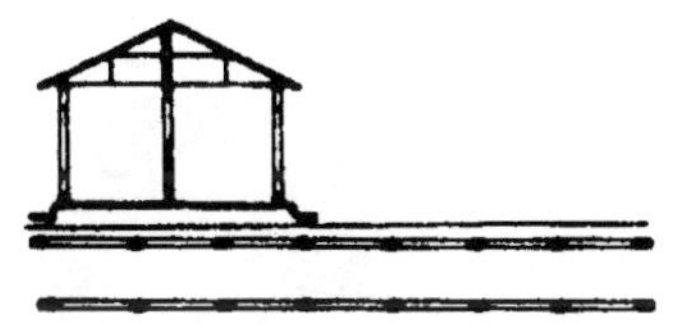

复　廊　中间隔一道墙的廊，墙上多开有漏窗，使窗外景物隐约可见

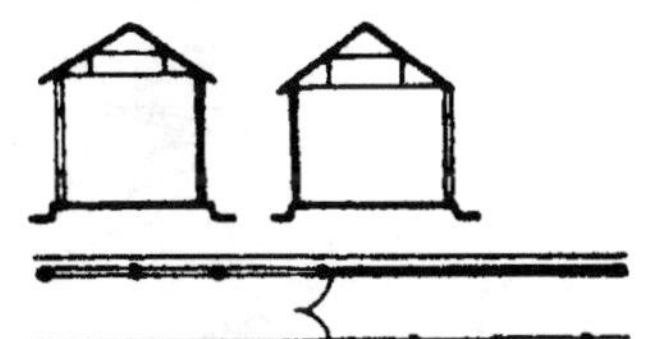

里外廊　同一走廊，一面为空廊，一面为实墙，实墙沿廊的纵向左右相错

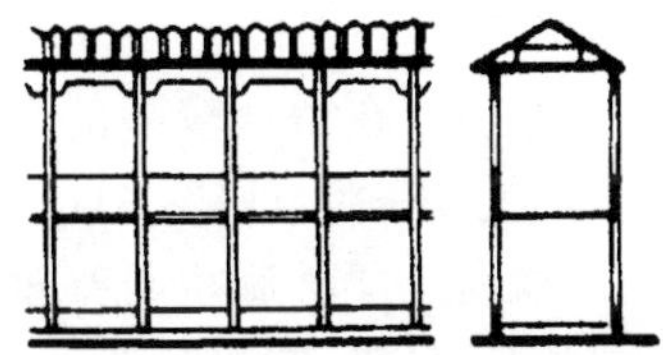

双层廊（阁道）　适于登高眺望

图 1-18　廊的几种形式

3. 水榭

《园冶》云："榭者，藉也。""藉"是依靠或借助的意思，就是说榭是凭借周围的景色而构成的一种建筑物，榭与周围的景色两者结合，相得益彰。所以，榭"或水边，或花畔"，借周围的园景之助，随环境而设立。在花木深处设榭，即所谓"花间隐榭"。榭的主要功能是以观赏为主，兼有休息、社交活动等功能。

建立在水边的榭，称为水榭。现今园林中的榭，大都是水榭。水榭是临水园林建筑，往往是在水边架起一个平台，部分伸向水面，平台常以低平栏杆相围，设置凳、椅，供人们休憩眺望或凭栏倚水观荷、数鳞；有的在榭上建有单体长方形建筑，四面开敞通透或落地长窗，显得畅达、空透，其屋顶卷棚歇山顶，檐角低平，显得轻巧、玲珑、简洁大方。

水榭可供人们站在其上观赏远处水面的景色或园内的景色。现代园林的水榭，有的形体简洁、功能简单，仅供人们观赏之用；有的功能丰富，可作为游船码头、茶室、接待室等。物业环境中，如建有水榭，则属前者。

4. 园桥

园林绿地内若有较大的水面，一般应设立园桥。

（1）园桥的作用：

1）道路作用。园桥是水面上悬空的道路，是为了方便人们通过水面、游览观赏和组织交通而设置的。

2）分隔空间作用。园桥在路与水面之间起到中介、联系的作用，水面空间往往被园桥分隔成一大一小两个部分，以增加景观层次。

3）景观作用。园桥是凌空的建筑，具有很高的观赏价值，其本身就是园林一景，以点缀水景，增加景观效果。

（2）常见的园桥种类（图 1-19）：

1）平桥。桥面紧贴水面、简朴雅致，便于观赏水中倒影、水中游鱼，或平中有险，别有一番乐趣。

2）曲桥。桥面曲折多姿，或三折、五折，或七折、九折，为人们提供了不同角度的视点，又为水面增添了景致。

3）拱桥。桥面拱起，造型优美，成玉带的形式，圆润而富有动感。拱桥既丰富了水面的立体景观，又便于桥下通船，多置于较大的水面。

4）亭桥。在桥面较高的平桥或拱桥上建亭子，就是亭桥（**彩图 6**）。

5）廊桥。这种廊桥与亭桥相似，只不过其建筑是采用长廊的形式。

6）汀步。汀步是一种没有桥面，只有桥墩的特殊的桥，或者说是特殊的路。在浅水区、草坪、沙滩上设置，形成能够行走的

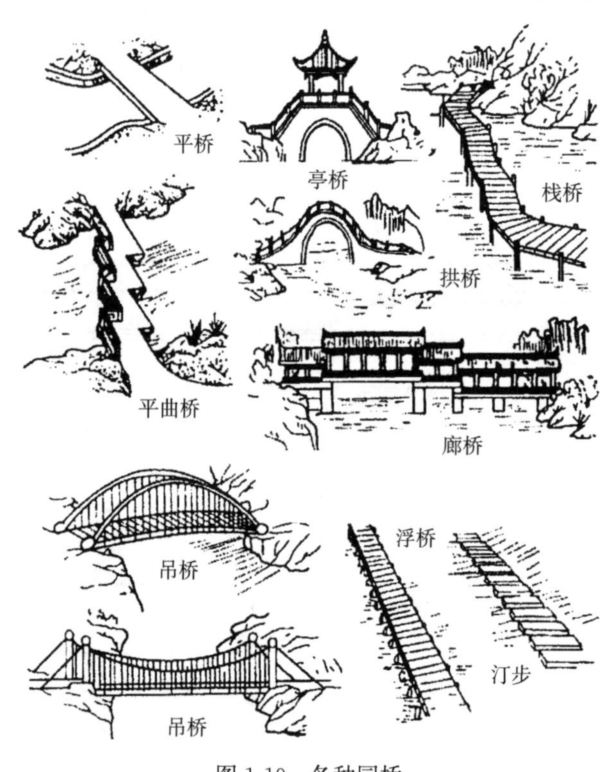

图 1-19 各种园桥

通道，如图 1-20 所示。

另外园桥的种类还有吊桥、浮桥、栈桥等。

园桥的设置要因地制宜，其体量应注意与周围的空间、其他景物相协调，形成我们常说的“小桥流水”的意境。园桥大都有行走功能，但要考虑安全问题，也有的园桥只为观赏而不准行走。水面较小又浅的水体一般不架设园桥，有的往往设置汀步，以满足人们的亲水习性，便于人们亲近水面，游玩、戏水，以增加趣味性。

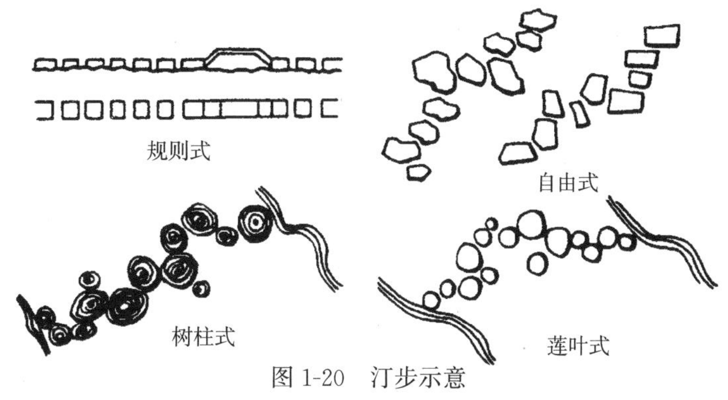

图 1-20　汀步示意

5. 坊表

坊即牌坊，表即华表，是我国传统具有表彰、纪念、导向或标志作用的，体量不大的建筑物。

牌坊是一种只有单排立柱，起到划分或控制空间而本身又具有景观效果的建筑，亦有门的功能。

华表为成对的立柱，具有标志或纪念性的作用，一般为石制，下面有基座，在其四周往往围以石栏。华表和石栏上施以精美的浮雕，多设于路口、大门或桥头等醒目的地方。由于华表的体量相对比较小，有人也把它列入园林建筑小品。现在在高档、大型、有特色的居住区里往往设有牌坊、华表或雕刻石柱，以显示其豪华、尊贵或成为独特的标志。

提到园林建筑，在印象中，往往以为是那种大型、功能比较齐全的单体建筑，其实在城市园林绿地中，那样的园林建筑很少，甚至几乎没有，在大型的风景名胜区才会出现。在城市园林绿地中，比较多的园林建筑就是上面我们讲到的亭、廊、榭、桥、坊表等。园林建筑在园林中，应当少而精，起到画龙点睛的作用，一般园林建筑占地不要超过园林地域总面积的 1%～3%，甚至应更少。

（二）其他类园林建筑设施

其他类园林建筑设施含公用类（主要包括停车场、游船站、书刊亭、供电及排水设施以及饮水站、厕所等建筑设施）、服务类（主要包括餐厅、酒吧、茶室、小卖部、摄影部、售票房等建筑设施）和管理类（指公园、风景区的管理设施，主要包括办公室、广播站、食堂、医疗站、垃圾污水处理场、温室、阴棚等建筑设施）等建筑设施。

因城市公共绿地接近居民区，公用类、服务类和管理类园林建筑设施一般较少或不必设置。可以根据人的流量状况，设置临时性的公用或服务建筑设施，**必要时可设置临时性的生物环保免水冲厕所，以体现人文关怀，但要进行适当遮障**。

二、园林建筑小品

园林建筑小品是指园林中功能简明、造型别致、体量小巧、数量多、分布广，具有较强的装饰性，富有情趣的精美设施。园林绿地中的园林建筑小品虽小，但往往是绿地中的亮点。建筑小品的内容丰富而广泛，布局要突出实用价值，又必须富有艺术装饰性，要考虑不同年龄段居民活动的特点和需求。在物业园林绿地中园林建筑相对较少，而园林建筑小品则较多。园林小品虽然小巧，但是其实用性、装饰性都较强，对园林绿地的景色影响有重要的作用。园林建筑小品按其功能，往往分为以下5类。

（一）功能性小品

功能性小品，如供人们休息和游戏用的园桌、座椅、园凳和儿童游戏设施等。

1. 园桌、座椅、园凳等

包括各种造型的园桌、座椅、园凳、遮阳伞、罩等，是园林中不可缺少的供人们赏景、休息用的设施，如图1-21、图1-22所示。设计时，可将园桌、座椅、园凳单独设置，也可组合设置，又可与园灯、假山组合在一起，美化环境。一般将其布置在人们经常停留的地方，即安静休息区且有景可赏的地方。在满足功能和美观的前提下，结合植物、山石、栏杆、花台、挡土墙等处设置，如在树荫下、水边、路边等地方设置。特别是设置在为老年人开辟的活动场地，

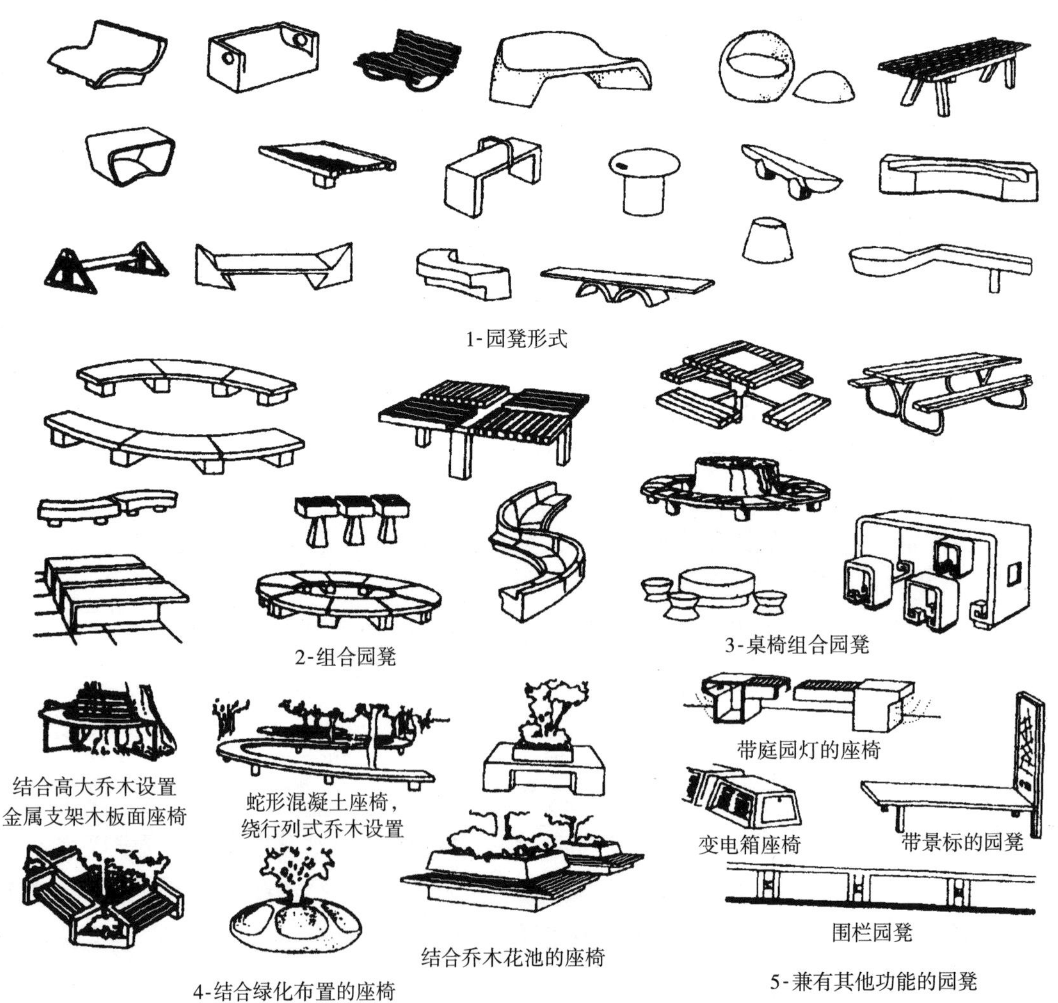

图1-21 各式园凳、座椅（一）

要尽可能多地设置座椅供老年人聚集、活动、休息、赏景之用。园桌、座椅、园凳虽是功能性小品但它的造型也要别致，要力求美观、简洁大方、舒适耐用，还要构造简单、易清洁，其色彩、风格要与环境协调。过去，往往是石质、铸铁或混凝土制作的一些园桌、座椅、园凳等。现在的制作工艺更加精细，有**户外防腐木、特种混凝土仿木**工艺，由此制作的各种园桌、座椅、园凳等，让人有一种回归自然的亲切感。

传统防腐木由无机砷铬铜复配的化学混合物（CCA）进行木材化学防腐，但研究表明，砷是一种致癌物，接触后对人尤其是对儿童有潜在的致癌危险。**新工艺是由有机碱（ACQ）处理达到防腐（防真菌、防虫蚁、防腐烂）的目的，是目前唯一既能在防腐性能上跟 CCA 一样，又对环境和人体无害且寿命能达 40 年以上的防腐材料。**

在物业居住区绿地内，应多设置一些木面座椅，以免人们忍受石质或铁质座椅的“冬冷夏热”之苦。

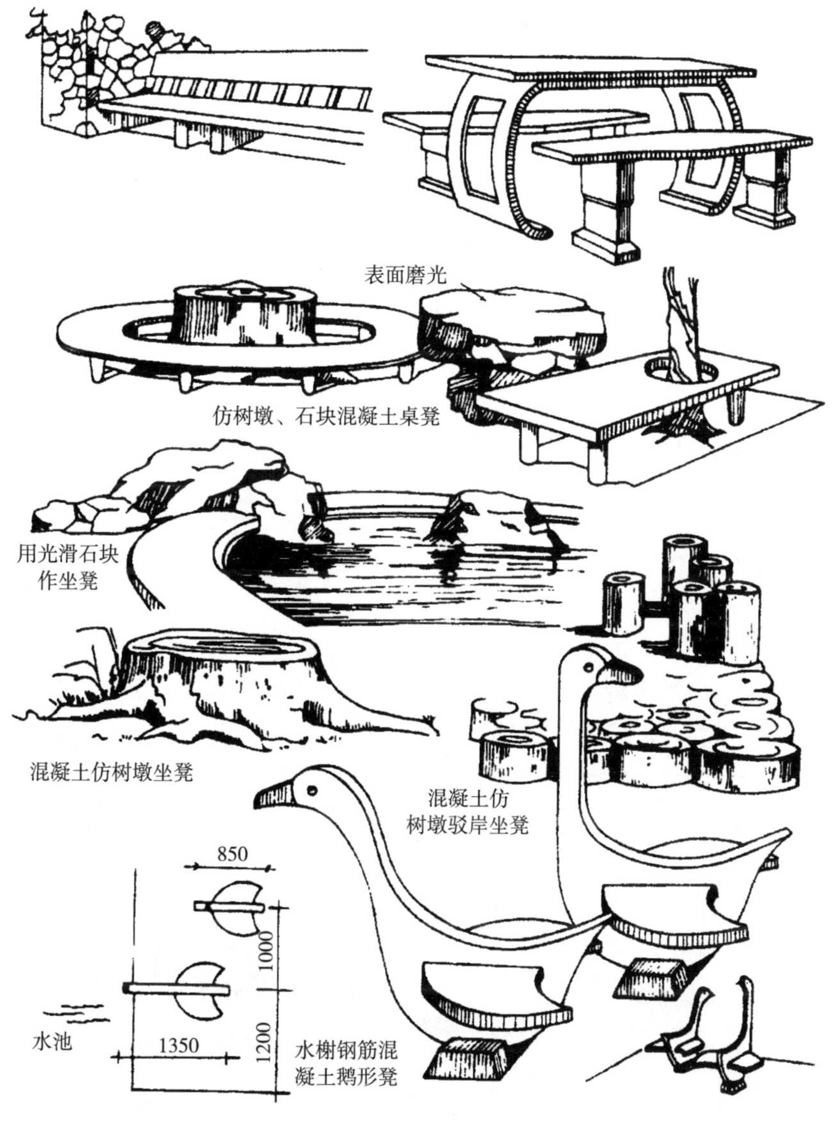

图 1-22　各式园凳、座椅（二），单位：mm

2. 儿童游戏设施

在居住区绿地中应开辟一部分作为儿童游戏场地，设置秋千、滑梯、沙坑等设施，供儿童游戏之用。

（二）装饰性小品

具有较强的观赏性，如花架以及各种固定的和可移动的花钵、饰瓶、花盆，可经常更换栽植在其中的花卉；装饰性的水缸、香炉、日晷；各种景墙、景窗等，在园林中起点缀作用。

1. 花架

花架是指攀缘植物的棚架，供植物攀缘用，同时也可供人们赏景、休息之用，因此也可以说，花架是园林中用植物材料作顶的廊，是园林中最接近自然的建筑小品。

花架的造型要灵活、轻巧，其本身就是很好的景观；花架有直线式、折线式、曲线式、单臂式、双臂式等多种形式。花架与亭、廊、榭等园林建筑的组合往往能使园林空间更加丰富多变，人们在其中活动、休息、赏景，心情舒畅，极为自然。花架还具有组织空间、划分景区、增加风景深度、联系景观等作用。花架可以设置成花廊、花甬道，环绕或半环绕于花坛、水池以及湖石的单挑花架等处。

布置花架时，一是要格调清新，二是要与周围的建筑、植物、环境等在风格上协调统一；不宜太高，一般高度在2.5～2.8m，开间为3～4m；不宜过短，结构不宜过繁，构筑物不宜过粗、过笨，要轻巧且花纹简洁。当然还要注意的是不同的植物要求其花架的坚固性有所不同，如紫藤为大型藤木，本身较重且寿命又长，为了安全起见，就要求**花架坚实而坚固，还要定期地、有目的性地检查其安全性，以消除安全隐患**。

2. 大型装饰性花盆

节日期间，在广场的适当位置，摆放一些临时性大型花盆，亦可长期设置，根据不同的季节栽植不同的花卉，以起到装饰作用。可摆放单个大型花盆，亦可搞立体组合花盆，通过各种不同的组合造型，极大地增加观赏效果。

花盆可用花岗石、混凝土、塑料、玻璃钢或木、竹制作，但这些往往不透气，不太适合花卉的生长。现在有一种**透气塑木花盆**，有较强的透气作用，有利于花卉的生长。

3. 景墙

园林内部的墙称为景墙，是园林空间构图的重要因素之一，其主要功能是分隔空间，还有衬托景观、装饰美化、组织导游以及遮挡视线的作用。景墙的形式有云墙、弧形墙、波形墙、镂空墙、白粉墙（图1-23、**彩图7**）、花格墙、虎皮墙、漏明墙等。

景墙上常设空窗、漏窗（**彩图8**）、花窗、门洞等形成虚实、明暗的对比，产生丰富的变化。空窗易形成框景、漏窗易形成漏景，而花窗窗花玲珑剔透自成景观（有几何花窗和主题花窗等）。带有透空花格的墙，有分隔空间、遮阴和通风的功能，又富有装饰性。景墙由多种材料制作成各种形式，一般采用既有规律、又有变化的图案，有的还在景墙上有浮雕作品，内容多为人物故事、传说等，以增加园林

图1-23 景墙之一——白粉墙

的文化内涵。景墙根据材料可分为：黏土制品景墙（砖砌景墙、瓦砌景墙、琉璃景墙），彩色水磨石花格砌块景墙，带有透空花格的景墙（有木花格、竹花格、金属花格、玻璃花格等）。

（三）展示性小品

包括各种导游图板、道路指示牌、宣传牌、展览牌、公示牌、阅报栏等，对人们有提示、宣传、教育的功能。

导游牌、指示牌、宣传牌、展览牌等是引导人们赏游，同时可进行科普宣传和进行精神文明教育、政策教育的设施。有接近群众、利用率高、灵活多样、占地少、造价低和美化环境等优点。一般常设在园林中各种广场边、道路旁或结合建筑、游廊、围墙、挡土墙等处灵活布置，夏日最好有树木庇荫。根据具体环境情况，可作直线形、曲线形或弧线形的，其断面有单面、双面或三面、多面的形式，也有平面和立体等多种形式。

应当注意的是尽量不要在导游牌、指示牌等上面书写文字，以绘图、图示的形式效果为佳；在宣传牌、展览牌等上面书写的文字注重措词，而应当多一些人性化、温情，**以体现人文关怀和爱护**，不应有禁止性、教训人的言词。即使是禁止性的劝告，其语言也应当婉转、温柔，如草坪在休养生息养护阶段，不准人们进入，可在宣传牌上写“珍爱小草生命”“小草正在睡觉，请勿打扰，谢谢合作”等字样。

（四）结合照明的小品

园林照明除了创造一个明亮的园林环境，满足夜间游园活动、节日庆祝活动，以及保卫工作需要等功能要求之外，最重要的是园林照明与园林景观密切相关，是创造园林新景观的重要手段之一。提供园林灯光可强调突出主景，用彩色光可渲染氛围。物业居住区绿地一般都是开放性绿地，这里几乎全天都有人来人往，所以夜间的照明很重要。路灯是不可缺少的，而路灯本身的造型十分重要，不仅夜间照明效果要好，而且白天园灯本身的造型也很别致。其实白天路灯应当被看作是一件绿地中的小品，如园灯的基座、灯柱、灯具等都有很强的装饰作用。现在有不少安装**太阳能系列景观灯、LED 灯**，如围栏灯、庭院灯、路灯、路钉灯、水下灯、嵌地灯、壁灯、草坪灯等，这些灯不仅造型新颖，而且照明颜色有白、红、黄、绿、蓝、红蓝和红绿等颜色，极为丰富。这种单晶硅板太阳能灯是光能灯，哪怕白天不出太阳，只要有弱光，一个白天储存下来，晚上照样能亮灯 8h，完全能够满足夜间发光的需要，且光线柔和，并达到节能的效果。

（五）服务性小品

为保护园林设施的花墙、花格、花坛绿地的边缘装饰栏杆以及为保持环境卫生设置的废物收集箱，为人们服务的洗手池、饮水泉、时钟塔等。

1. 花格

用于花墙、露窗、棚架、屋脊、室内装饰和空间隔断等，以形成透景、框景效果的一种装饰形式。根据制造花格的材料和花格的功能不同，可分为混凝土花格、砖花格、瓦花格、水磨石花格、木花格、竹花格、琉璃花格、铁花格、铝花格以及博古架等。

2. 护栏、栏杆

护栏、栏杆主要起防护、隔离的作用，也起装饰美化的作用，座凳式栏杆还可供人们休息。栏杆常见于草坪、花坛、水池、园桥、平台、广场、挡土墙之周边，道路两旁、踏步石级两侧等处。园林中栏杆必不可少，但栏杆的高低虚实也需注意。虚则有通透感，实则有阻挡感，各有其空间效果。栏杆的设置一般不宜过高。为了安全起见，在水面周围有危险的地方设置栏杆应有一定的高度要求，应高于成人的重心高度 1.05m 以上甚至 1.2m 以上，并确实起到防护、隔离的作用；应当尽量把防护、隔离的作用巧妙地与绿化、美化、装饰结合起来。广场与物业环境绿地往往把座凳与栏杆结合起来，以增加其实用功能。

传统常用的栏杆材料有钢筋混凝土、石、钢筋、铸铁、砖木等材料。钢筋混凝土栏杆可预制各种花纹，经久耐用，但显得粗老笨壮；石制栏杆坚实、朴素、自然、粗壮，但造价高；钢筋或铸铁栏杆占地面积少、布置灵活，但应注意防锈。

现在常见的**彩色 PVC 栏杆**其优点很多。彩色 PVC 栏杆色彩鲜艳、表面光滑、品质卓越、风格高雅、造型现代；与木质栏杆相比不退色、不腐蚀、不发黄，无须刷漆；与钢筋、铸铁制栏杆相比不生锈、不伤人畜，无须年年刷漆维护；与石质栏杆相比轻便、彩色丰富，造价低、安装便捷。由此来看，彩色 PVC 栏杆，必将大有作为。

在栏杆上，应当适当地配以**太阳能彩色围栏灯**，不仅可增加夜间的色彩，而且对夜间游玩的人们有很大的好处。

3. 废物收集箱

废物收集箱是不可缺少的卫生设施，但是在其外部造型上应注意多样化和装饰性。虽然设在路旁和广场的一角，但是从远处望去，是一座美观、小巧、积木垒起的造型别致的小品，如小木屋、果品造型等。

三、园林雕塑

（一）园林雕塑概说

园林雕塑是指园林中具有观赏性的小品雕塑，它是现代园林中不可缺少的内容，如图 1-24 所示。雕塑多位于室外，题材广泛，有助于表现园林主题、点缀风景、丰富游览内容。雕塑一般可分立体雕塑与平面浮雕，其内容往往是细腻的具体形象和简洁抽象的形体。细腻的具体形象雕塑一般取材于人物、植物、动物、器物等自然界中的有形之体，给人一种真切、贴近的艺术感受，其材料大多采用大理石、汉白玉、花岗石、铸铁、铸铜、玻璃钢或钢筋混凝土制作而成；而简洁抽象的形体雕塑一般具有规则的或不规则的几何形体，以优美、简洁的形体，给人以无限的遐想，其材料大多采用彩色不锈钢、铸铁、铸铜或玻璃钢等制作而成。浮雕往往与景墙相结合，一般作为主题雕塑的配景处理，亦可作为主景，起到装饰作用。

（二）园林雕塑的功能性质

近几年，各地在建设的城市广场中，大都竖立不少雕塑，有些已经成为该城市的标志。

雕塑从功能性质来分，可分为纪念性雕塑（如杭州西湖的岳飞塑像）、主题性雕塑（如广州的五羊雕塑就是以羊城神话传说为主题而塑造的）和装饰性雕塑（如青岛五四广场的“五月的风”雕塑，济南泉城广场的泉标雕塑（**彩图 9**）、荷花喷泉雕塑等既有装饰性又有主题性）三类。现代环境中，雕塑被运用在园林绿地的各个领域之中。

（三）布置

园林雕塑的布置，应考虑四周的环境条件，不仅要与周围的环境相协调，而且要有适宜的观赏视距。园林雕塑与所在地域的空间大小、尺度要有恰当的比例，并需考虑雕塑本身的朝向、色彩以及背景关系，特别要处理好雕塑的背景，只有这样才能使雕塑与园林环境互相衬托，相得益彰。雕塑一般设立在规则式园林的广场、花坛、草坪、林荫道等主轴线上，也可点缀在自然式园林的草地、山坡、桥头旁、山麓等风景透视线上，或池畔或水中或历史故事发源地等。

园林雕塑或栩栩如生，或传神入微，为城市增添独特的风采。雕塑的运用与精神文明息息

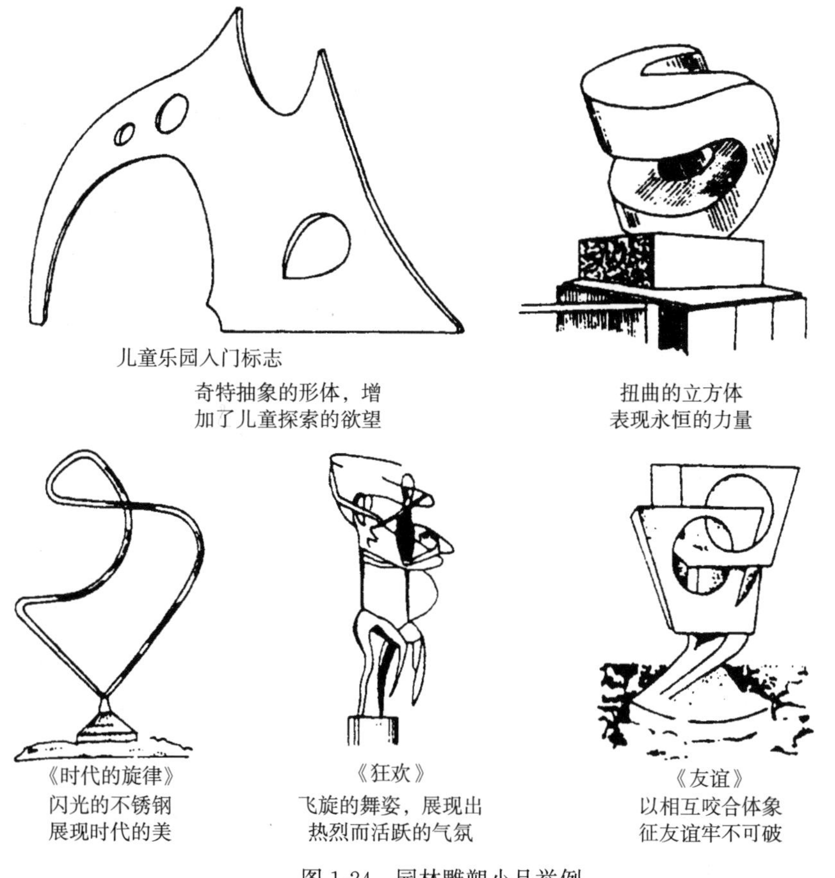

图 1-24 园林雕塑小品举例

相关，它意味着艺术、文化的发展，也是文明进步的体现。因此，在今后的园林建设中，要大量提倡雕塑与造景相结合，增加园林的文化内涵。

在这里介绍几种建筑材料：**玻璃砖**，虽是早期发明，但直到近代才被广泛使用。它是一种用透明或颜色玻璃料压制成形的块状或空心盒状、体形较大的玻璃制品。它具有隔声、隔热、防水、节能、透光等特性。适用于各种营造琳琅满目的环境或高端时尚的环境。值得一提的是，2008 年北京奥运会主游泳馆水立方就是采用了玻璃砖材料，一度让玻璃砖材料迎合了时代特色。**耐候钢**，是近年来新的钢铁材料。耐候钢又名耐腐蚀钢，是介于普通钢和不锈钢之间的低合金钢系列。在自然气候下，耐候钢通过加入耐候性元素，从而大大提高了耐腐蚀能力。近年来，在园林景观中，大放异彩。**透光混凝土**的出现，充分体现了混凝土的极致应用之美，也体现其装饰的多样性。这些新材料的应用将大大增加园林景观效果。

四、园路与园林广场

（一）园路和铺地

园路和铺地是园林平面构图的重要元素，与人们在园林中的活动密切相关。园路是在园林中起引导游览、组织空间、构成景色、组织交通等作用的狭长形硬质地面；而铺地则是专指相对较为宽广，提供人流集散、休憩等功能的硬质铺装地面。

1. 园路的作用

园林道路作为园林交通的脉络，是贯穿全园的交通网络，是联系各景点、景区的纽带且组成园林景观。园路具有导游、组织交通、划分空间界面、构成园景的艺术作用，如图 1-25 所示。

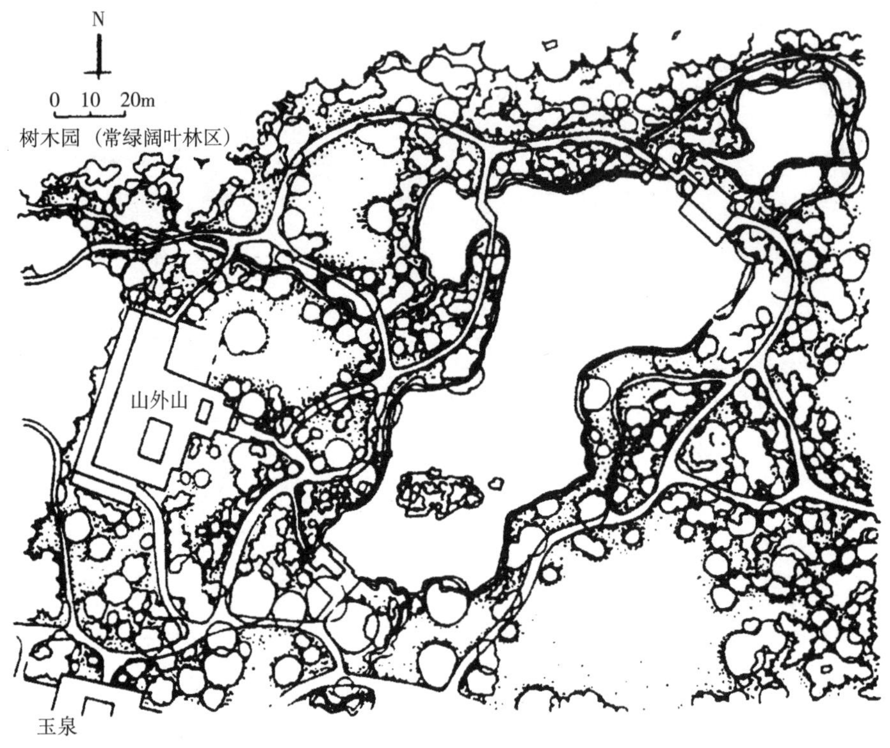

图 1-25 杭州植物园山水园的园路布置

(1) 引导游览。园林道路就是人们的观赏路线，人们沿着园路行走就是最佳的游览路线，可观赏到沿路展开的园林景观序列，从而获得步移景异、景观连续多变的感受。

(2) 组织空间。园路既是园林分区的界线，又能把各分区联系起来，因此，园路能起到组织空间和分景的作用。

(3) 构成景色。通过对园路的平面线形、铺装材料、图案色彩的精心设计与施工，园路本身就是优美的园林景色。

(4) 组织交通。园路对人们的集散、疏导有重要作用，并应满足平时管理、运输、消防及病虫害防治等对道路的需要。

(5) 组织排水。道路可借助其路缘或边沟组织排水。

物业居住区绿地，应扩大老年人与残疾人的可达性，如老年人需要更多的是安全、清静和舒适，就应**适当增加平坦的道路系统和多种类型的无障碍设施，应充分考虑这类人群的使用和观景需求**。

2. 园路布局

园路布局应与园林构图形式相一致。在规则式园林中，园路布局应庄重严整，往往是直线形园路。如从园景的中部通过，人们在路上行进的视线对着景观的方向，首先看到景观的全貌，随着向前行进，再看到景观的主体，最后看到的是景观的细部。通过从整体到局部再到细部的赏景过程，使人们获得赏景的满足。故此路段的长度与景观画面的宽度及高度，要适合人们行进时赏景的距离和速度，太长则不够紧凑，而太短则不能满足赏景需要。园路两侧的景观常作对称的布局，以衬托主景，以显示主景雄伟庄重的氛围。但是这样的园路起点和终点不可互换，就是说，从终点向起点行走看到的景观，其效果往往不如从起点向终点行走看到的景观效果好。在自然式园林中，园路布局应自然流畅此时园路往往设计为曲线形。自然式的曲线园路多呈S形，实际上往往是由几个长短不同的直线或缓弯连续构成的，在每一段直线的终端要有一个景观。在一个空间中自然曲线有几个曲折，就有几个相同数量的景观。这些景观就组合成该空间的主体景观。曲线形的园路，其起点与终点可以逆转互换，故景观有更多的变化，且有更多的趣味。现代园林往往是以上二者的混合式园林，应合理布置。

在美好景观之处，要满足人们欣赏的要求，要开辟人们滞留的空间，如在路边设置地坪、安置座椅，以供人们赏景和小憩。另外，采用多曲折的园路可以放慢赏景的行进速度或延长赏景的时间，如设置在湖面上的九曲桥能使通过湖面的时间延长，又能增加人们的容量。具有高差的台阶和拱桥也可放慢赏景的速度。在地形有高差处设置台阶既为安全行走，又可放慢行进的速度。

园路布局要疏密适度，在较大的园林中应有内环、外环以及游步路连接，穿插全园，但又要避免过于繁杂。通常园路的占地面积以10%左右为宜。

园林中的排水、供电系统往往是利用园路系统而建设的。路面排水或在园路下面铺设排水管道，或使供电系统沿园路布置，这样设计既合理又降低成本，还便于施工。

3. 园路的分类

(1) 主要园路。主要园路即园中的主干道，是指从园林入口处通向全园各景区中心、各主要建筑、主要景点、广场的道路。它是园林中大部分人们行走的路线，亦应考虑少量管理用车的通行。在较大面积的园林中，主干道路宽为4～6m，一般不小于3.5m，道路两旁应充分绿化，以便于使两侧树木形成树冠郁闭的庇荫效果。另外，主干道坡度不宜太大，一般不设台阶，便于通车运输。

(2) 次要园路。次要园路即园中的次干道，它分散在各景区，连接景区内的各景点，通向各主要建筑，并与相邻景区相通，一般要求能单向通行轻型机动车辆，一般路宽2.5～3.5m。

(3) 游憩小路。游憩小路主要供人们步行、散步之用，引导人们探幽寻胜之步道，可深入到达园林各景区的各个角落，一般布置在山林、水边，布局曲折自然。路宽应满足二人行走，一般为1.5m左右。

(4) 小径。小径用于深入园林细部，作细致观察的小路，多布置在各种专类园中，宽度一般为0.6～1m，供单人行走。在自然式园林中，将人们引向景点的小径，宜曲不宜直，以免一眼看尽景致，营造“曲径通幽”的效果 **(彩图10)**。

园林中道路的设计，要使人们只要沿着道路行走就可观赏到各个景点，而且不走回头路，也没有死路。只是人们根据自己时间的多少，选择粗略浏览还是细细地品味罢了。

(5) 台阶。当路面坡度超过12°，为了便于人们行走，在不通行车辆的路段上就可设置台阶。台阶除了实际的使用功能以外，它有富于节奏的外形轮廓，赋于台阶美化装饰的作用，以构成园林小景。台阶常附设于建筑入口、陡峭狭窄的坡地、山地和缓坡向下的水边等处，它与假山、雕塑、花台、栏杆、挡土墙、水池、园路、座凳等结合，形成生动的园林景观。

台阶设计应结合具体的地形地貌灵活进行，如图1-26所示。台阶的宽度应与路面相同，每级台阶的高度与踏面宽度应适当，高度不宜过高也不宜过低，一般高度为12～17cm、踏面宽度为30～38cm，其中以38cm×12cm的台阶较多见。台阶的设置，一般不宜连续设置，如地形许可，每10～18级台阶后应设一段平坦的地段，便于人们恢复体力。如果高差不大的就不应设置台阶，应用缓坡来解决高差问题，这样才能保证人们行走的安全，不应在较长的平路中突然出现一两个台阶，这

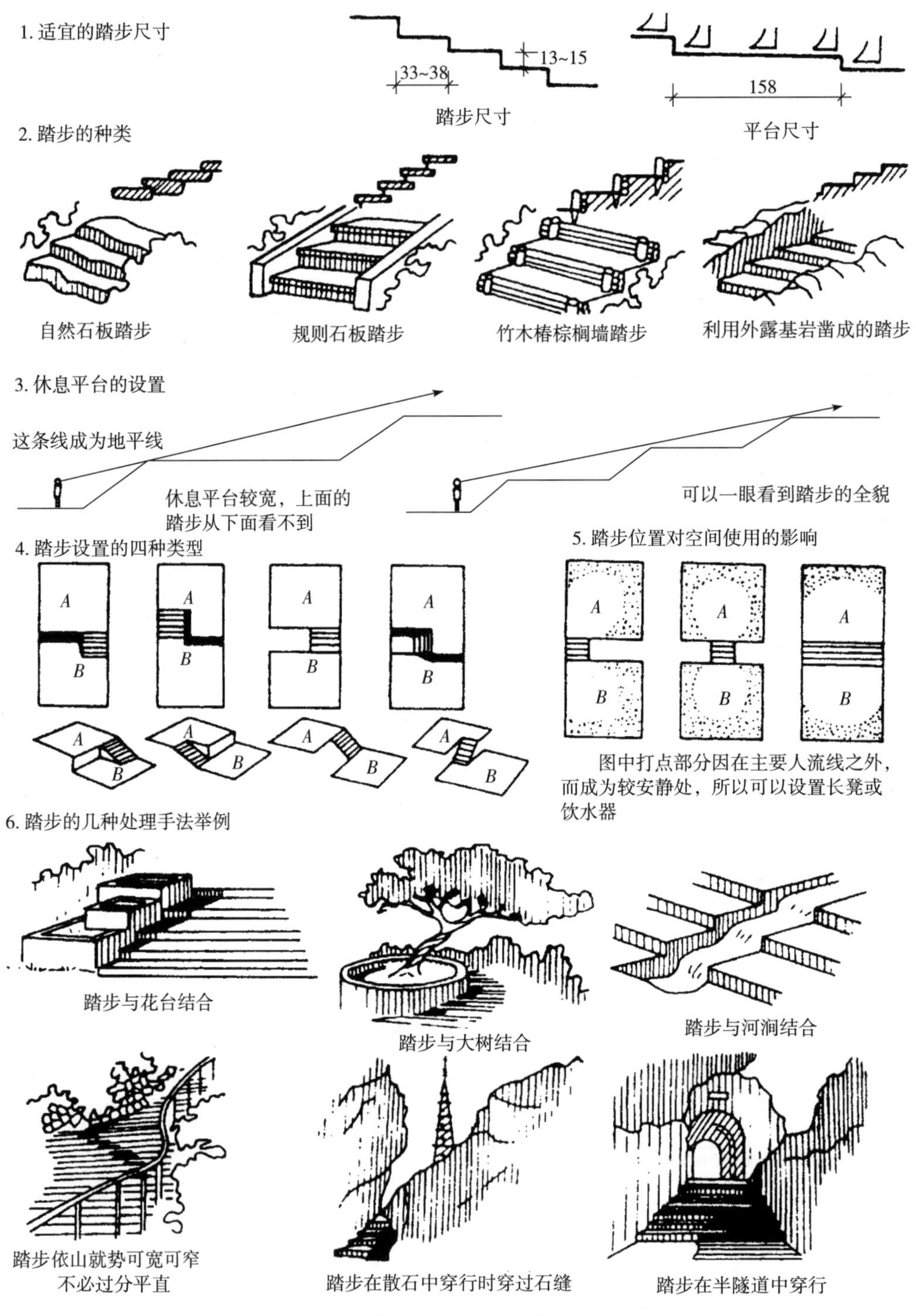

图 1-26 台阶踏步

样往往不安全。**特别是老弱残疾人群，需要无障碍园路，**所以园路的设计应将安全、方便放在首位。

4. 园路的铺装

（1）铺装的原则。园路（含园林广场）的主要功能就是引导人们行走且要舒适、安全，因而园路、园林广场的铺装应按照实用第一、美观第二的原则进行。应在满足一般道路要求的坚

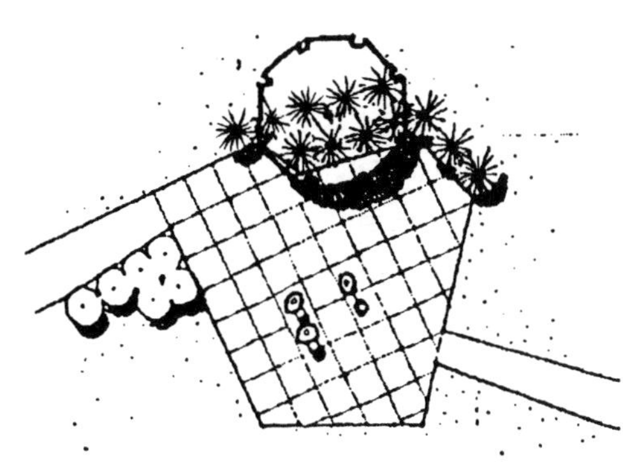
图 1-27 暗示休憩场地的铺装

固、耐磨、平稳、防滑和易于清洁等条件下，再考虑丰富园林景色、方向识别、引导游览等方面的作用。铺装地面还能够提供方向性，引导人们的视线从一个目标移向另一个目标。而**铺装地面以相对较大并无方向性的形式出现时，会暗示静态的停留感，无形中创造一个休憩场所**，如图 1-27 所示。

（2）主次分明。园林道路的铺装要主次分明。主要园路、次要园路、游憩小路以及园林广场在铺装形式上应有所区别，并应与周围的景观协调一致，如梅林小径，可采用预制梅花块构成，再如竹林小径，可采用预制竹叶、竹竿块构成，这样景色上下呼应、浑然成趣。在人们停留、休息较多的场地，铺装应细致美观，以供人们驻足细细品味。

（3）铺装材料。按照装饰材料的不同，园路的铺装分为以下几种，如图 1-28 所示。

1）整体铺装路面。有现浇混凝土路面、沥青路面和三合土路面等。混凝土路面和沥青路面，耐压力强、清洁平整，适用于主要园路。混凝土路面，也要做成艺术地面，形成仿石花纹。三合土路面耐压小，可用于次要园路或游憩小路。**必要时，应铺设渗透、消噪混凝土或沥青路面，以吸收减轻噪声。彩色沥青路将成为亮丽的风景线。**

2）块状铺装路面。由块石、片石、鹅卵石、**混凝土仿石板砖、仿自然石板釉面砖**等铺装的路面。主要用于次要园路与游憩小路。这样的路面装饰性较强，可构成不同的图案花纹，景观效果好，但较费工。

另外，透水砖铺装，因据有良好的透水性能，而被广泛应用。

鹅卵石镶嵌的路面可按摩脚底，是一种良好的**保健路面**。据一项研究成果显示，60 岁以上的人每天在圆滑的鹅卵石路上行走半小时，连续 4 个月后，其高血压会显著降低，而且身体的平衡能力与协调性也都有明显提高，因而可以推迟或预防人体老化。必要时可采用负离子瓷砖铺装，以利于人们健康保健。

3）简易路面。有砂石路面、煤渣路面等，是适于游人较少的次级步行小路，这种路面质量差，易起灰尘，但造价低廉。

4）生态停车场。我们可以将停车场设置成生态停车场，即不用现行的水泥花砖铺装，而是用**草坪格**铺装，在栽草格的空间部分种植上草坪草，使草在停车场中生长。目前，市场上有采用德国技术，用 100%高密度塑料制成的草坪格，该产品符合环保要求，又可循环利用，坚固轻便、便于安装，植草区域可承重 200t/m^2，铺装后的绿化面积可达到 90%以上。过去，虽然有时也有镶草路面，但是植草在不久后便全部死亡，而且植草面积仅为 30%以下。值得借鉴的传统的道路施工的常规方法是在路面铺装材料的下面有一层三合土夯实的基础，采用这样的施工方法，植草无法生长。在具体施工中一定要注意改变传统道路原有的施工方法，不仅能够承受足够的承重压力，还应使植草的根系扎入土层的深处，使其正常生长、持续生长，这样才能成功 **（彩图 11）**。

据报道，日本开发出表面可以长草的**环保混凝土**。这种混凝土内混有大量植物纤维，吸水量最多可达自身重量的 35%，具有高度的渗透性，其重量减轻了约 35%，但强度不变。通过试验证明，用这种混凝土构筑河堤，两个月后混凝土表面就生长出杂草和水草，还有螃蟹等水生生物栖息。这种环保混凝土，可用作建筑物墙壁和屋顶绿化等设施，在城市园林绿化等方面有广阔的应用前景。

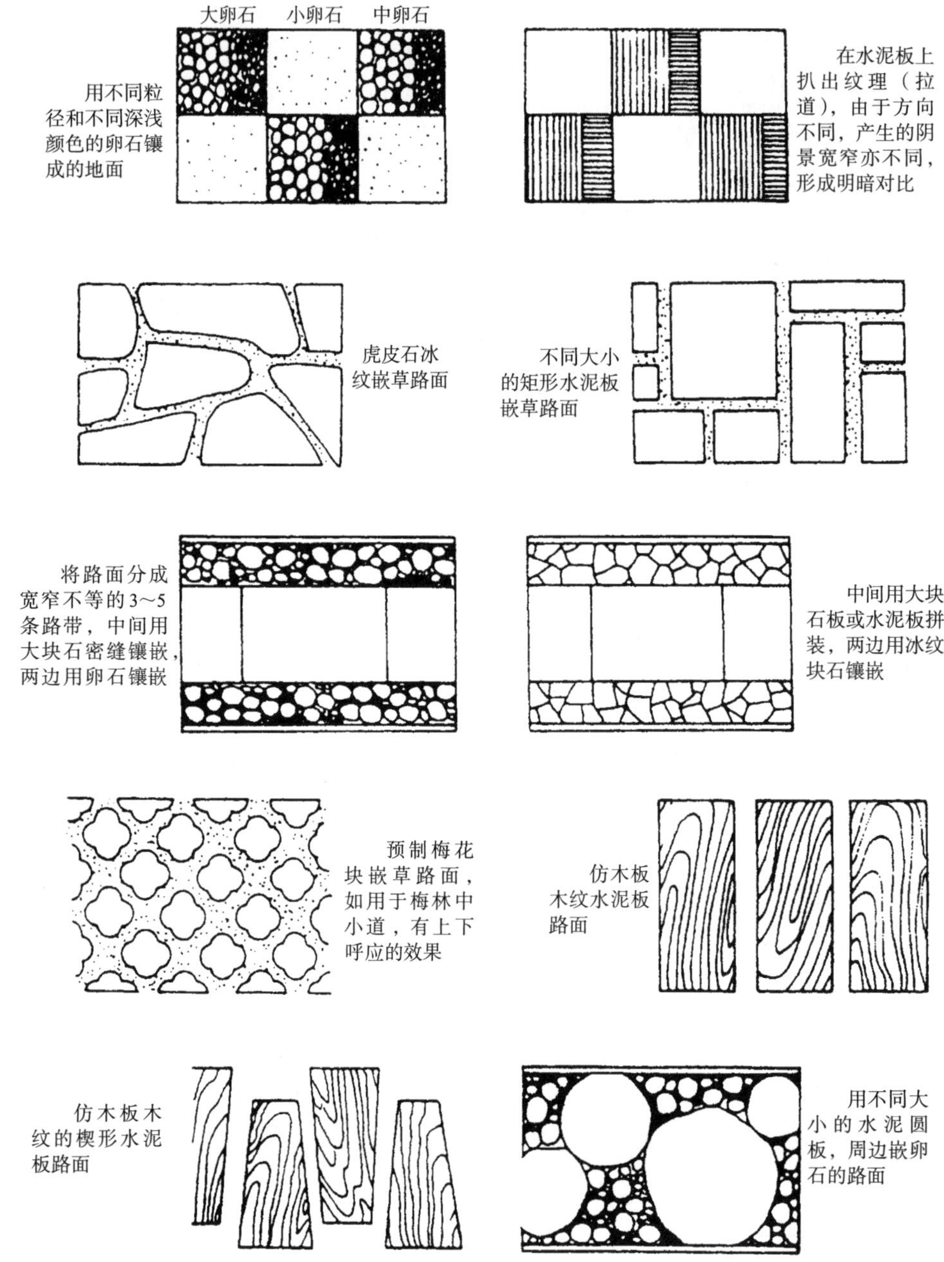

图 1-28　园路铺装举例

(4) 其他铺装材料

1) 木材铺装

防腐木是指经过特殊处理后，具备防真菌、防腐烂等功效的木材，能直接和土壤、水体等接触，是室外木栈道、园林景观地板的首选材料。碳化木是指在缺氧条件下，经过 180～250℃热处理而形成的耐腐蚀性较强、尺寸稳定的一类木材，通常没有任何特殊气味，也不会对金属构件、连接件等造成负面影响。木塑是 50%的木屑和 50%的塑料融合在一起制成的材料，其主要优势是具备较低的热胀冷缩性及较强的抗紫外线功能，而且加工操作简单，在园林铺装中备受欢迎，园林中的亭子、栏杆、栈道等也经常用到木塑。

2）玻璃铺装

近年来，玻璃也成为铺装的材料，应用于栈道路面。它的特点是：增加通透性，有利于采光；便于人们在上面展示和观察玻璃地面下的物品；增加玻璃地面所在环境的通透美感，美化环境。但是，由于成本较高，因此要慎重使用。

（二）园林广场

扩大的道路就是广场，广场不仅是城市不可缺少的有机组成部分，还是一座城市、区域或居住区标志性的主要公共空间载体。拿破仑曾把意大利的圣马可广场誉为“欧洲最美丽的客厅”。

各种广场的大小和布置方式都应与周围建筑的体量、风格相协调，广场中的景物如喷泉、雕塑、纪念碑、标志等周围应有开阔的视野，要有较好的观赏视距，便于人们充分观赏、尽情地享受。

园林广场（铺地）的形式一般分为游憩活动、交通集散和生产管理广场三类，如图 1-29 所示。

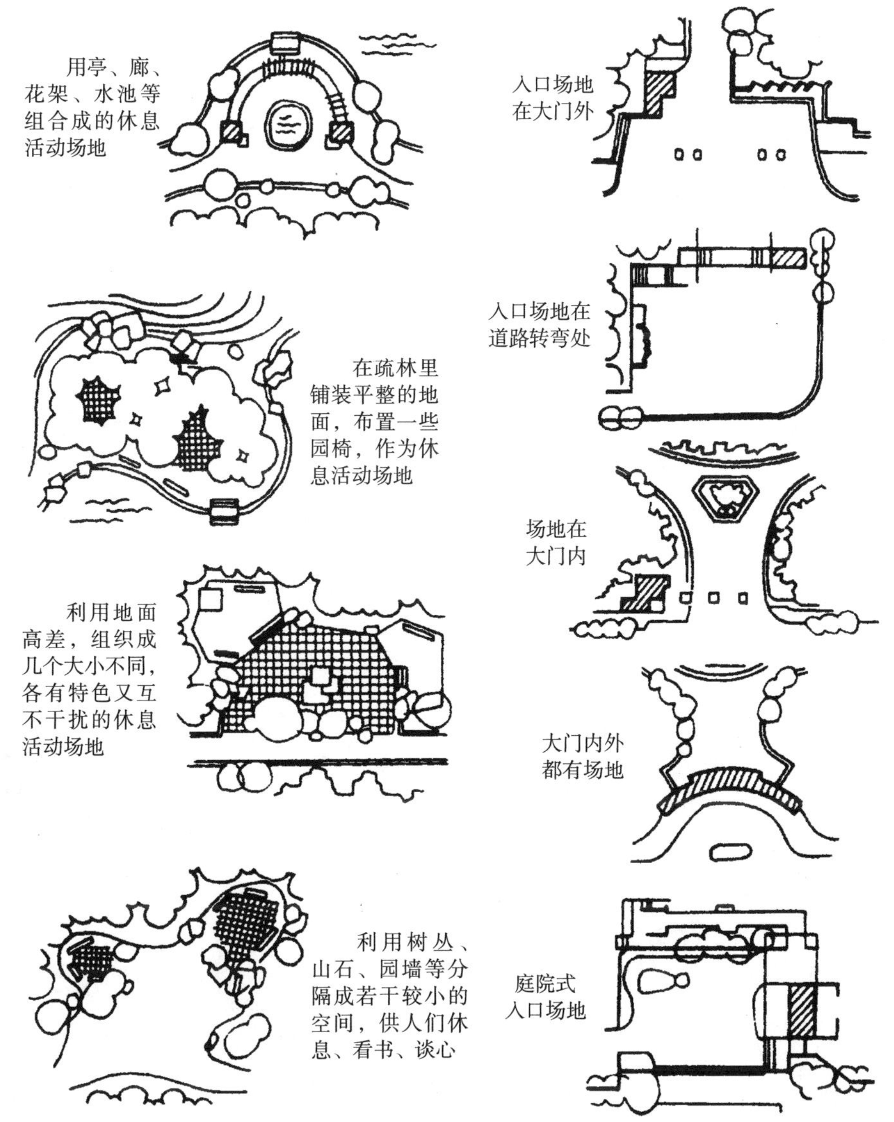

图 1-29　休息活动场地与交通集散场地

1. 游憩活动广场

游憩活动广场主要供人们游览、观赏、休息、散步、集体活动、儿童游戏等使用。在这类广场中，通过游览、观赏、休息、散步等，可有效地缓解人们工作带来的身心疲劳和精神压力。因此，根据不同的活动内容和要求，游憩活动广场应适用、美观、各具特色，如儿童活动场地应多布置在树林里，在遮阴的条件下以便进行各种活动，这在炎热的夏季特别重要。游憩活动广场也可布置在阳光充足、视野开阔、风景优美的草坪内外，以便进行各种活动，也可通过借景布置在有景可观、有景可赏的地方，并结合一些园林小品供人们休息、观赏之用。

游憩活动广场在园林中经常运用，物业居住区要有游憩活动广场，它可以是疏林、草地及各种铺装地面，其外形轮廓为规整的几何图形，也可为自然曲线，可与花坛、花架、亭廊、雕塑、水池等共同组成，为人们创造良好的户外游戏活动场地。

近年来，在居住区广场中，设置了不少健身设施，亦可称其为**健身广场**，是游憩活动广场的一种，突出健身功能。游憩活动广场的绿地率应达到 65%以上。

2. 交通集散广场

由于人流较多而且集中，为了便于组织和分散人流，特设置交通集散广场，如物业居住区、公园的出入口等处设立的广场即是交通集散广场。其功能是尽可能地对大量集中的人流进行组织、分散、疏导，并处理好停车、候车、进园、出园等事宜，以便安全、迅速地集散人群，如图 1-30 所示。

交通集散广场的构图应具有艺术性，要精心设计出入口的大门建筑，巧于安排草坪、花坛、雕塑、山石、树木、园灯、围栏、停车场、厕所以及地面铺装等造园要素，使之具有能够反映该园、该地域特点的独特风貌。

园林绿地入口的艺术布局一般有以下几种形式：

（1）开门见山式。入口处不设屏障、不设障景，呈现在人们面前的就是一幅具有丰富层次的开朗画面，以吸引人们进入。

（2）先抑后扬式。采取各种手段，在入口处设置园林障景用以遮挡人们的视线，激发人们的好奇，以吸引人们进入。

（3）外场内院式。出入口以大门为界，分为外部广场和内部小院，人们在大门内院聚散，以减少对城市干道的干扰和车流对人们的干扰。这种布局形式是先抑后扬式的进一步发展。

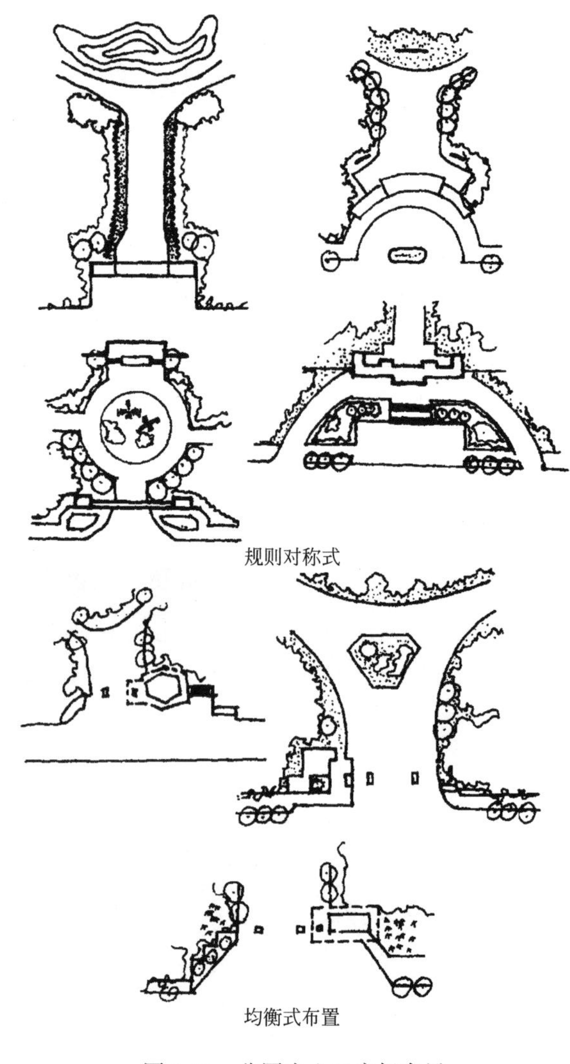

图 1-30 公园出入口广场布局

（4）“T”字障景式。进门后内院广场与主要的园路呈“T”字形连接，设置障景加以引导，这也是一种常用的手法。

3. 生产管理广场

主要供物业绿化服务生产需要之用，如停车场、堆物场等。

4. 广场、人行道、绿地的现代铺装

广场、人行道、绿地的铺装一般都是预制水泥花砖，而这种预制水泥花砖最大的缺陷是不透水，雨水不能渗透到地下，而是顺着铺装面到雨水管道流失了。现在在我国园林资材市场出现了一种完全拥有自主知识产权的原创性发明产品——**透水铺地砖**。这种新产品是以沙漠中的风积沙为原料，免烧结成形（节约资源、有利于生态），粘结强度高；它表面致密，耐磨防滑，具有良好的自洁功能，还可再生循环利用；**它最大的特点是具有良好的透水、透气、保湿、降温、融雪且渗水时效长，雨水可完全渗透到地下，真正实现对雨水及洪水的利用，有效补充地下水**。这种新产品完全符合建设节约型社会的要求，节约资源且有利于生态保护。

第三节　园林植物

园林植物是指园林中作为装饰、观赏组景、分隔空间、庇荫、防护、覆盖地面等用途的各类植物。园林植物是组成园林绿地中极为重要的物质要素，它是园林绿地的主体。**因为没有园林植物，就不成其为园林，就不成其为园林绿地**。

园林植物有其独特的体形美和色彩美，能适应当地的气候和土壤等环境条件，在一般管理条件下能充分发挥上述功能。园林植物经过选择、种植、栽培后，在生长适宜的阶段和季节，能够成为园林中主要的观赏内容，有的还能生产副产品。

一、园林植物的分类

（一）按观赏部位分

1. 观叶植物

观叶植物主要观其叶色、叶形，如红枫、紫叶李、紫叶小檗、银杏、鹅掌楸、金叶女贞、黄栌、花叶芦竹、花叶蔓长春、五色草、彩叶草等。

2. 观花植物

观花植物主要观其花大、色艳，如牡丹、梅花、茶花、杜鹃、玉兰、广玉兰、榆叶梅、棣棠、月季、玫瑰、芍药、虞美人、矮牵牛、一串红等。

3. 观果植物

观果植物主要观其果色、果形，如山楂、柿子、柑橘、柚子、木瓜、木菠萝、石榴、核桃、火棘、金银木、天目琼花、板栗、木瓜海棠等。

4. 观枝干植物

观枝干植物主要观其枝干的色、形等，如白皮松、白桦、棣棠、梧桐、红瑞木、悬铃木、木瓜、榕树、山桃、青檀、榔榆、黄檀、金枝槐、卫矛等。

5. 观树形植物

观树形植物主要观其树形雄伟、壮丽，如雪松、云杉、油松、桧柏、水杉、柳杉、龙爪槐、垂柳、馒头柳、楸树、榕树、香樟、悬铃木、皂荚等。

（二）按植物生长习性分

1. 草本园林植物

（1）草花：

1）一二年生花卉。当年播种、开花、结种子后死亡的草本花卉称为一年生花卉，一般用种子繁殖，如鸡冠花、凤仙花、一串红等；当年秋播；次年开花结种子后死亡的草本花卉称为二年生花卉，一般也用种子繁殖，如羽衣甘蓝、金盏菊、瓜叶菊等。

2）多年生花卉。可以连续多年生长，冬季地上部分枯萎，次年继续萌芽生长的草本花卉称为多年生花卉，又称为宿根花卉，如芍药、鸢尾、萱草、菊花、蜀葵、玉簪、荷包牡丹、耧斗菜、荷兰菊、羽扇豆、白芨等。

3）球根花卉。地下部分均有肥大的变态茎、变态根，形成各种球状、块状、鳞片状的根或茎的草本花卉统称为球根花卉，这类花卉利用地下膨大的根或茎贮藏养分供下一年生长，也属于多年生花卉。球根花卉种类繁多且花朵美丽，栽培又比较容易，是城市园林绿地中常用的花卉种类，常混植于其他花卉种类中，或散植于草地中，常见的如水仙花、风信子、郁金香、百合、唐菖蒲、香雪兰、大岩桐、马蹄莲、美人蕉、鸢尾、大丽花、花毛茛、仙客来等。

4）水生花卉。能够生长在水中或十分喜湿的草本花卉称为水生花卉，大多数水生花卉有艳丽的花朵。它们有的根生于水下的泥中而植株挺立出水面，如荷花、菖蒲、千屈菜等，为挺水植物；有的根生于水下泥中而茎不浮出水面，仅叶、花浮在水面上，如睡莲等，为浮生植物；还有的全株漂浮在水面或水中，如浮萍等为漂浮植物。

（2）地被植物。地被植物是植株低矮，能够迅速覆盖地面的各种植物。

1）双子叶地被植物。双子叶地被植物，如三叶草属、景天属、美女樱属、堇菜属、百里香属的植物，植株较低矮，可以用来覆盖地面，起到保持水土和装饰的作用，但是这些植物一般不耐践踏，不耐修剪。

2）单子叶地被植物。单子叶植物中的禾本科、莎草科植物植株较矮小，生长密集，耐修剪，耐践踏，叶片绿色期较长，能很好地覆盖地面，有一些特称为草坪植物。草坪植物也属于地被植物，但因其有独特的管理措施，往往将其单列，这些草坪植物又称草皮植物。

栽植这些地被植物（含草坪植物），可使园林中不致暴露土面，减少粉尘的污染，增加空气的湿度，降低温度，改善人类生存的环境。

2. 木本园林植物

（1）针叶树种，又称针叶树。

1）乔木树种。针叶乔木，一般树形挺拔秀丽，在园林中有独特的装饰效果。这类树种，又分为常绿针叶乔木和落叶针叶乔木两类。

常绿针叶乔木，如雪松、南洋杉、云杉、冷杉、柳杉、日本金松、巨杉等，都是世界著名的观赏树。它们的叶色常年浓绿或灰绿，生长缓慢、寿命长久，其体形与叶色给人以安详、宁静的感觉，往往用来点缀寺庙、陵园，可形成肃穆、庄严的氛围。在园林中，适当配置一些常绿针叶树种，不仅可以形成很好的景观效果，还可以形成一定的氛围，尤其是在北方的冬季，由于这些常绿树种的存在，可以大大削弱冬季凋零、萧条的景色，使环境显得生机昂然。

落叶针叶乔木，如金钱松、水杉、落叶松、落羽杉等，相对于常绿针叶树种来说，它们生长较快，较喜空气湿润，一般到秋季叶色变为黄色或黄褐色，而后再落叶，给园林增添明显的季相色彩变化。

2）灌木树种。针叶树种中有一些天然的矮生习性的树种，如圆柏属、紫杉属、侧柏属的树种中，有的树形低矮甚至匍匐生长，在园林中是很好的地被植物，常用作护坡或装饰在林缘、路旁、屋角等处。圆柏属的矮生栽培品种已有几百个，其中大部分的亲本是原产我国的圆柏，如铺地龙柏、铺地柏、沙地柏、龙柏、鹿角桧、扫帚柏、洒金柏等，都是很优良的灌木树种。

（2）阔叶树种。在园林中占有很大的比重，生长较快、体形高大，往往用以形成园林的骨架。

1）乔木树种。在南方园林中常栽植常绿阔叶乔木，如广玉兰、榕树、香樟、青冈、枇杷等，有的冠大荫浓，适宜作庇荫树，有的是观花树、观果树，在园林中配置效果极佳。

在北方园林中，大量栽植落叶阔叶乔木，如杨属、柳属、槐属、榆属、栾属等树木。有一部分是小乔木，如樱花、玉兰、海棠、二乔玉兰、石榴、文冠果等树种，有艳丽的花朵或果实，也是园林中常用的观赏树木。

2）灌木树种。植株较低矮、丛生，枝、叶、花、果可供人们观赏，这些树种，与人们高矮相差不大，使人感到亲近、愉快，是增添园林美景的主要树种。南方常见的有扶桑、夹竹桃、杜鹃、海桐、瑞香、八角金盘等，为常绿阔叶灌木；北方常见的有连翘、榆叶梅、棣棠、贴梗海棠、蜡梅、郁李、茶藨子、结香、红瑞木等，为落叶阔叶灌木，这些花灌木在园林中用量较多。无论是常绿阔叶灌木还是落叶阔叶灌木，在园林中都能起到很好的装饰作用，同各种常绿、落叶乔木合理地配置在一起，效果更佳。

3）藤本植物。能够攀附于棚架、墙壁或大树上生长的木本植物，又叫藤木，是园林中垂直绿化的优良材料。它具有长长的茎蔓或枝条，有的有艳丽的花朵。这些藤本植物，有的有吸盘构造，如爬墙虎，可利用吸盘吸附于墙壁、他物向上生长，形成绿色挂毯；有的有卷须构造，如葡萄，可利用卷须攀附他物向上生长；有的有气生根，如凌霄，可利用气生根攀附他物向上生长；有的则必须依靠人工引导、支撑才能向上生长。这些植物为建筑物或其他立面形成绿色的挂毯，这不仅装饰了环境，丰富了园林构图的立面景观，还能够大大地增加单位土地面积的绿量，以产生巨大的环境生态效益。

特殊空间的绿化是指城市各类建筑与构筑物所形成的表面和空间的绿化，俗称垂直绿化或构筑物墙面绿化。研究表明，在充分利用建筑空间的绿化小区中，**立体绿化面积可达到地面绿化用地面积的15倍**，临街两侧的建筑经绿化后可使街上尘埃减少到原来的1/3～1/4，这样被植物覆盖的建筑物的表面（顶面或侧面），夏季可降低温度3～7℃，人们在该建筑物的里面，夏季高温时节倍感凉爽宜人。这种绿化具有较高的生态效益和景观效益。构筑物墙面绿化的种植形式，大体分为两种：一种是地栽，一般是沿墙体地面种植，土层厚50～60cm，宽度为50～100cm，植物根系距墙面15cm，藤木苗稍向外倾斜；另一种是**在墙面附有支架以放置种植槽或容器，有喷灌排水装置，在种植槽或容器里栽植草花，以美化绿化墙面（彩图12）**。

藤木种类繁多，生态习性各异，要根据园林地域和条件，因地制宜地选择适合的种类进行种植。有的茎蔓可攀缘20m以上，如凌霄；有的只能达到1～2m长，如金银花等。它们有的耐干旱、瘠薄，如爬山虎等；有的则喜肥水，如葡萄等。总之，这些藤木观赏特性各有特点，生态习性各不相同，我们应该充分地了解它们的特性，适地适树地种植好、栽培好，以充分发挥它们的优势。

园林中常见的常绿藤木有络石、常春藤、叶子花、薜荔等；落叶藤木有爬墙虎、紫藤、凌霄、葡萄、猕猴桃、金银花、野蔷薇、南蛇藤、葛藤、蔓长春花等；还有草本藤蔓植物如牵牛花、茑萝、香豌豆、葫芦、栝楼、丝瓜、扁豆等。

园林绿化中攀缘植物的应用形式，有垂挂式、立柱式、蔓靠式、附壁式、凉廊式、篱垣式；也可在庭院绿化、墙面垂直绿化、屋顶绿化、枯树绿化、陡坡和假山石垂直绿化等方面发挥作用。

（三）按园林利用方式分

1. 花坛植物

花坛植物适合布置在花坛中的植物，如矮牵牛、一串红、金盏菊、鸡冠花、三色堇、五色草、小菊、万寿菊、翠菊、藿香蓟等。

2. 花境植物

花境植物适合布置在花境中的植物，如芍药、大花萱草、鸢尾、蜀葵、石蒜、玉簪、荷包牡丹、耧斗菜、荷兰菊、羽扇豆、白芨等。

3. 绿篱植物

绿篱植物是将植物密密地栽植，像篱笆一样，起到隔离、维护和美化作用的植物，如大叶黄杨、小叶黄杨、女贞、珊瑚树、桧柏等。

4. 地被植物

地被植物是植株矮小、能够迅速覆盖地面的植物，如铺地柏、沙地柏、紫花地丁、美女樱、地被月季、白三叶、垂盆草、蔓长春花等。

5. 防护植物

防护植物是适合种植成林带状、片林状，以起到防风沙等作用的植物，如毛白杨、旱柳、栾树、臭椿、刺槐、国槐、钻天杨、榆树等。

6. 庇荫树木

庇荫树木是树冠宽大、枝叶致密，树荫浓郁的树木，如悬铃木、黄葛树、银杏、国槐、广玉兰、香樟、榕树、枫杨、青冈栎、青檀等。

7. 垂直绿化植物

垂直绿化植物是可依附在垂直于地面的建筑物或构筑物上绿化的植物，这类植物占地面积小，而绿化效果好。有缠绕类，如牵牛花等；有卷须类，如葡萄等；有吸附类，如爬墙虎等；有钩刺类，如蔷薇等；有攀缘类，如铁线莲等。

8. 行道树

行道树是适合在公路或道路两旁栽植的树木，如悬铃木、七叶树、榆树、椴树、国槐、银杏、白蜡、合欢、臭椿、海棠、广玉兰等。

9. 盆栽与盆景植物

盆栽，凡是在花盆内栽植的植物统称为盆栽植物，如所有植株不很高的植物都可作盆栽，草本的如瓜叶菊、郁金香、仙客来、红掌、菊花、含羞草、一串红、金鱼草、兰花、大岩桐等；木本的如梅花、杜鹃、山茶、一品红、月季、橡皮树、铁树、棕榈等。

盆景的要求较高，要经过严格的选材、造型修剪，配以合适的山石、建筑、人、兽等大小适宜的配件，组成一幅立体的山水园林图画，常用的盆景植物材料有五针松、榕树、福建茶、黄荆、榔榆、海棠、梅花、雀梅、紫薇、六月雪、火棘、南天竹等。

10. 室内装饰植物

能适宜较长时间在室内栽植、摆放和观赏的植物，这类植物大都是观叶植物，比较耐阴、喜温暖、管理简单，较适合室内的环境条件而能正常生长。近年来，国内外流行用观叶植物装饰室内，在室内能长期生机盎然，给人以美的享受，如巴西木、发财树、绿萝、富贵竹、海芋、龟背竹、文竹、吊兰、棕竹、铁树、橡皮树、棕榈、红宝石、蓝宝石、喜林芋等。

(四) 按栽培要求分

1. 露地栽培植物

露地栽培植物，是指全周期或主要发育周期在吉地上的花卉。它包括露地春播、秋播或早春需用温床、冷床育苗的一二年生草本花卉及多年生宿根、球根花卉。如长春花、百日草、石竹、金鱼草、萱草、彩叶草、唐菖蒲、鸢尾等。有些木本花卉可露地栽植并在露地越冬，或稍加防寒即可过冬；如龙柏、翠柏、银杏、紫薇、玉兰、月季、牡丹、榆叶梅、藤萝、紫藤、凌霄、金银花等。露地栽培是相对于保护地种植而言，即在温室外或无其他遮盖物的土地上种植花木。

2. 温室栽培植物

温室栽培植物是指当地常年或在某段时间内，须在温室中栽培的观赏植物。如茉莉在中国南方为露地花木，而在华北、东北地区则为温室花木。

温室栽培，是园艺作物的一种栽培方法。用保暖、加温、透光等设备（如冷床、温床、温室等）和相应的技术措施，保护喜温植物御寒、御冬或促使生长和提前开花结果等。

二、园林树木的整体形态美学特性

园林树木的整体美学特征，包括树木的体量、冠形、叶形及其色彩以及与园林的总体布局和周围环境的关系等。

(一) 园林树木的整体形态

1. 体量

园林树木的体量直接影响空间的范围、结构关系以及设计的构思与布局，因此它是树木重要的美学表现之一。

(1) 大中型乔木。大乔木的高度在 12m 以上，而中乔木的高度为 8～12m。因为大中型乔木构成园林环境的骨架，形成较好的立体轮廓，所以高度和体量是显著的观赏因素之一。在园林布局中，大中型乔木居于较小植物之中，将占有突出的地位，可以充当视线的焦点。在广场上或空旷地，首先进入人们的眼帘的是大乔木，因此一定要设计好大中型乔木的位置。但是在小的庭院中，应慎重使用大乔木，否则易造成空间拥堵。

(2) 小乔木。小乔木高度一般为 4.5～8m，高于人的高度，当树冠挡住视平线时，形成了封闭的效果。如离地面 3～4.5m，且树冠边缘有收有放变化时，这样的空间往往使人们感到欢快、亲切。当视线能透过树干和枝叶，这些小乔木就像景前的漏窗一样，使空间给人深远感。小乔木特别适合受面积限制的小空间或要求较精细的地方进行布置。

(3) 大灌木。大灌木高度为 2.5～4.5m。在景观中，大灌木犹如一堵堵围墙，构成空间闭合，被围合的空间四面封闭而顶部开敞，这种空间具有积极、向上的趋向性，因此给人以明亮、欢快感，如构成长阔形的空间，可将视线和行动直接引向终端。

(4) 中小灌木。中灌木高度在 1～2.5m，小灌木在 0.3～1m。中小灌木在不遮挡人们视线的情况下，限制或分隔空间。中小灌木尤其是小灌木，从视觉上具有连接其他不相关因素的作用。小灌木由于体量小，应大面积地使用才能获得较好的效果。

(5) 地被植物。地被植物高度一般不超过 30cm，它们能够在地面上形成各种生机、活泼的图案。当地被植物与具有对比色彩或质地的材料配置在一起，构成的景观往往引人入胜。地被植物还能从视觉上将其他孤立的因素联系成一个整体；不相关的各组乔灌木，可以在地被植物层的作用下，形成统一布局而相互联系。

2. 冠形

园林树木的树冠形状，是由园林树木的枝、叶、花、果组成的，其形状是主要的观赏特性之一，尤其是乔木的冠形，在园林构图中具有重要的意义，如图 1-31 所示。无论周围的环境如何，如与具有不同冠形的树木相配置，可产生不同凡响的园林艺术效果。因此，在进行园林设计时，必须考虑园林树木的冠形。

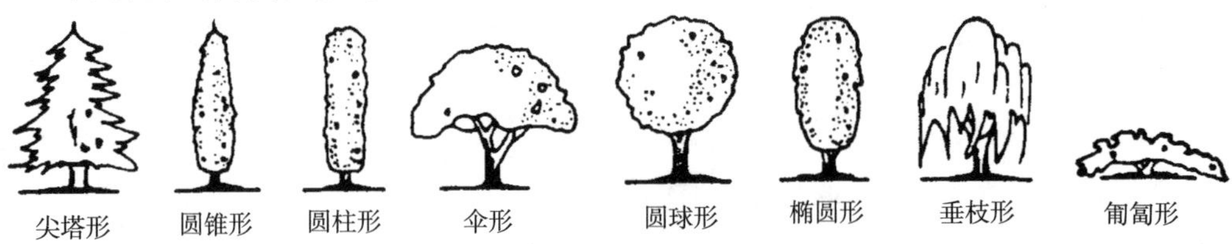

图 1-31 树冠形状

（1）圆锥形。包括尖塔形以及整体从底部向上收缩，最后在顶部形成尖头的树形。此类冠形个性强，易引人注目，能引导人们的视线向上，产生高耸的感觉，且总体轮廓鲜明，故可作为视觉景观的重点，作为主景树使用，如在花坛的中心使用雪松、云杉、落叶松、水杉、桧柏、池杉、毛白杨、鹅掌楸等。

（2）立柱形。包括圆柱形、纺锤形等高大通直的各种树形，能引导人们的视线向上，突出空间的垂直面，突出垂直感和高度感。大量使用这类冠形的乔木树种，则显得比实际高度更高。但是，园林内过多地使用这类冠形的乔木树种，易使人们的视线分散，难以集中或统一，如钻天杨、新疆杨、桧柏（幼龄和青年期）、塔柏、龙柏、美杨等。

（3）展开形。包括卵形、卵圆形、伞形、倒卵形、扁球形等较低矮而开阔的各种树形。这类树形会引导人们的视线沿水平方向移动，使构图相对亲切、安定，有水平韵律的宽阔感，可与平展的地平线、平坦的地形和低矮水平延伸的建筑物相协调，也适合于在平缓的草坪上作庇荫树，如合欢、苦楝、老龄的油松、桧柏（壮年期）、加杨、千头柏等。

（4）圆球形。包括丛生形、球形、馒头形等较低矮的各种树形。该类树形在引导人们的视线方面无方向性、无倾向性，就是说，这类树形圆柔温和，而且可以调和、相容其他外形较强烈的形体，这类树种在园林中最为常见，如国槐、元宝枫、栾树、海桐、白桦、榆树、朴树、枫杨、旱柳、梧桐、重阳木、乌桕、刺槐、无患子、三角枫、海桐、黄刺玫、玫瑰、棣棠等。

（5）垂枝形。此类树形具有明显的枝条悬垂下弯，可引导人们视线向下。因此，可在引导人们视线向上的树形之后，使用垂枝形树种，以增加视线起伏的情趣。此类树形的树种常植于池边、湖边、堤岸，其枝条垂于水中，往往与水波相协调，易随风摇曳，产生美妙的动感效果，如垂柳等；也可栽植在出入口内外，排成两列，似欢迎人们的到来，如龙爪槐、垂枝榆等。

（6）特殊形。指有特殊自然造型的树形，可以作为孤植树使用，配置在突出的位置，构成独特的景观效果。

3. 叶

树木的叶大体有三类，落叶类、针叶常绿类和阔叶常绿类。

（1）落叶类。在我国大部分地区，落叶类植物占优势，属于多用途植物，其最大的美学特性就是能突出强调季节的变化，使春、夏、秋、冬四季分明，直接丰富了景区的风景内容。可与针叶常绿类、阔叶常绿类树种相互衬托对比，更能表现落叶类树种的冬态美。

（2）针叶常绿类。这类树种叶片常年不落，但没有艳丽的花朵。特别是冬天，叶色相对暗绿，显得端庄厚重，通常在布局中用以表现沉实、稳重的视觉特征，但这类树种配置过多又给人以阴森、悲哀的感觉。

（3）阔叶常绿类。与针叶常绿类树种一样，叶片终年常绿，且都是深绿色，不同的是有许多树种的叶片具有反光效果，在阳光下显得光亮，且这类树种有一些是春季开出艳丽的花朵，形成更好的景观效果。在我国北方，常绿阔叶类树种较少，如适生应尽量选用。

（二）植物的色彩

1. 色彩基础知识

我们知道红、黄、蓝为三原色，由这 3 种颜色可以调配产生出其他颜色。由红、黄、蓝 3 色中的任意两种颜色按照 1∶1 等量调和后，可以产生另外 3 种颜色，即红＋黄为橙，红＋蓝为紫，黄＋蓝为绿，这样就有了 6 种颜色。如果把三原色中的任意两种颜色按照 2∶1 的比例调和，又可以产生另外 6 种颜色，如 2 红色 1 黄色为红橙，而 1 红色 2 黄色为黄橙等。我们把这 12 种颜色在圆周按照一定的顺序均匀地排列起来就形成了 12 色相环。这样的 12 色相环，其颜色顺序为红色、紫红、紫、蓝紫、蓝、蓝绿、绿、黄绿、黄、黄橙、橙、橙红。

在色相环上，相邻两色称为邻近色，距离小于 120°的两种颜色称为类似色，距离相差 120°以上的两种颜色称为对比色，距离互为 180°的两种颜色称为补色。从中我们不难看出，邻近色最为相近，如红与橙红；类似色颜色类似，如红与橙；而对比色的两种颜色就有了差异而产生对比，如红与黄；互为补色的两种颜色对比性最为强烈，如红与绿。

2. 园林植物色彩构图

（1）单色处理。在园林中以一种色彩布置，可以通过多个个体的姿态、大小，形成对比，以取得较好的效果。如在开阔的草坪中配置的孤植大树，虽均为绿色，但在体量上、姿态上形成强烈的对比，也能取得很好的效果。

1）叶色。植物美最主要的表现是植物的叶色，绝大多数植物的叶片是绿色的，虽然都是绿色，但又有深绿、浅绿、墨绿、草绿之分，同样可以产生对比的效果。草本绿色观叶植物的颜色也是很丰富的，如玉簪、萱草的叶色是黄绿色的，香石竹与马蔺花的叶色是粉绿色的，葱兰与麦冬的叶色是暗绿色的等。总之，叶色虽以绿色为主，但通过对比还是有差异的。

2）叶色变化。植物的叶色还随着季节的变化而变化。如垂柳春发嫩叶，由黄绿逐渐变为淡绿，夏秋则变为浓绿。春季银杏和乌桕的叶子为绿色，到了秋季银杏叶则为黄色、乌桕叶则为红色。鸡爪槭叶子在春天先红后绿，到秋季又变成红色，这些色叶树随季节的不同色彩变化丰富，形成最佳的观赏效果。

园林植物中有春色叶植物、秋色叶植物，还有常年异色叶植物，特别是落叶树种，有明显的四季变化，给园林景观带来新鲜的动感变化，使人们不时地产生清新感。

（2）两种色彩配置在一起。植物是多姿多彩的，同一种植物有的在开花、结果时，其色彩就更加丰富。

在大面积的绿色草坪中，配置少量红色或金黄色的花卉植物具有良好的对比景观效果，因为红色与绿色的配合给人以刺眼、醒目的强烈感觉；并以此配置成大色带、大色块，面积越大形成的视觉冲击力也就越强烈。

3. 园林植物的配色

园林植物是园林色彩中最活跃的因素，也是园林色彩构图的主要骨干，运用得当能产生美妙的效果。许多自然景观中，因为有园林植物四季变化的色彩，从而构成大自然天然的美丽图画。花坛中常用多种颜色的花卉配置于一起，即通过园林植物的配色，产生一种欢快的氛围，因为多种色彩的配合易形成活泼、欢快、生动的气氛。

观赏植物在园林中的配色方法，有以下几种：

（1）暖色花卉与冷色花卉的运用。在标准色中，红、橙、黄三色能让人联想起阳光与火，这些颜色能使人具有温暖的感觉，为暖色；蓝色、紫色能使人产生阴凉的感觉，为冷色；而绿色、白色则属于中性色。

寒冷地区，春季使用暖色花卉，宜给人以温暖的感觉，就是使用冷色花卉也不宜单独栽植，最好与其他颜色的花卉混合栽植，避免使人感觉过于寒冷。

炎热的夏季，要多利用冷色花卉，给人以凉爽的感觉。花卉中，青紫色与蓝色的花卉冷感最强，但是这些颜色的花卉种类较少，常见的有：大八仙花、蓝雪花、风信子、矮牵牛、美女樱、长春花、半边莲、铁线莲、西番莲、乌头花、飞燕草、鸢尾等，可适当配置。

冷色花卉与暖色花卉合理的配置，可使配置的画面更加活跃、悦目，使冷色更冷、暖色更暖，使人们产生强烈的刺激感。

（2）观赏植物邻近色对比。在色相环上相邻的基础色为邻近色，如红与橙红、黄与黄绿、橙与黄橙，这种邻近色对比，属色相弱对比范畴。这是因为在红与橙红对比中，橙红已带红色；在黄与黄绿对比中，黄绿已带有黄色，它们在色相因素上自然有相互渗透之处；但它们仍有明显的相貌特征，仍具清晰的对比关系。邻近色对比的最大特征是具有明显的统一协调性，或都为暖色调，或都为冷暖中调，或都为冷色调，同时在统一中仍不失对比的变化。

如矮牵牛不同品种的花朵色彩为邻近色的，通过配置在一起，同样可以产生对比协调的效果。

（3）观赏植物类似色的配合。在色相环中，以色相接近的某类色彩，如红与橙、橙与黄、蓝与紫、紫与红等，称为类似色。类似色的配合主要靠类似色之间的共同色来产生作用。在观赏植物中，金盏菊有金黄色与橙色两个品种，如大片栽植单一色品种就没有对比与变化，而显得单调，如把这两种色彩的金盏菊配合栽植，则色彩显得格外华丽、活跃。再如黄色与橙色的万寿菊、橙色与红色萱草、紫色的半边莲与红色的矮牵牛等都是很好的类似色配合。

秋色叶树种，因秋季的到来而引起叶色极为丰富的变化，给园林景观带来新鲜的动感变化。北方秋季，五角枫、元宝枫叶色变为橙红色或黄褐色，黄栌变为暗红色，火炬树为鲜红色，白蜡为黄色，银杏为柠檬黄色等，以及南方秋季，乌桕变为红色，枫香变为暗红色，这些都是富于变化的类似色。我们了解了这些配色效果，就能使色彩配合更加鲜明，更具观赏性。如**北京的香山红叶（约 400 亩）、济南的红叶谷（约 4000 亩），都是以秋色叶树黄栌为主。**秋季来临艳丽红叶如火如荼，十分壮观，使人流连忘返，记忆深刻。

（4）观赏植物补色对比的应用。园林中花卉所占比例较小，为了使少量的花卉发挥最大的艺术效果，应多用花卉的补色对比组合，相同数量的补色对比花卉较单色花卉在色彩效果上要强烈得多，尤其是在灰色建筑前更为明显。

最基本的三对补色对比，是黄与紫、橙与蓝、红与绿。黄与紫由于明暗对比强烈，个性悬殊，因此是三对补色中最冲突的一对；橙蓝色的明暗对比居中，而冷暖对比最强，是最活跃生动的色彩对比；红绿色明暗对比近似，冷暖对比居中，在三对补色中显得十分优美，且有炫目的效果。

将同时开花的黄色与紫色的、橙色与蓝色的花卉配合在一起，如黄刺玫或金盏菊与紫藤、黄色金盏菊与紫色三色堇、黄水仙与蓝色风信子、黄波斯菊与桔梗等，形成黄与紫色、橙与蓝色的补色对比，能起到强烈的对比效果。在绿色的草地上，栽植大红美人蕉、大红紫薇、大红碧桃等形成红与绿的补色对比，也可以起到很好的对比效果。

因为补色有强烈的分离性，在适当的位置恰当地运用补色，不仅能加强色彩的对比，拉开距离感，还能表现出特殊的视觉对比与平衡的效果（彩图 46）。

（5）白色花卉的特殊用途。白色花卉和花木，在观花植物中所占比重很大，白色使人感到明快、圣洁。园林景色的布置讲究明快，如在暗色调的花卉中，混入大量的白花可使色调明快起来。在补色对比花卉的配合中，混入大量的白花，可使强烈的对立缓和而趋向为调和的明快色调。春秋季节，在暖色花卉中，混入大量的白色花卉则不削弱温暖的感觉；夏季，在冷色花卉不足的情况下，可混入大量的白色花卉则不削弱其寒冷之感。

大红的花卉有暗绿色的树丛背景，色调不鲜艳或不够调和，则宜用白色花卉来调和，如早春大红贴梗海棠与白色白鹃梅配置、大红碧桃与白色碧桃配置、玉兰与大红山茶配置都能取得很好的观赏效果。

（6）夜晚的花卉配置。月光下，红花显为褐色，黄花显为灰白，白色则似青灰色，而淡青色和淡蓝色的花卉则比较清楚。因此举行一些月光晚会的夜花园，应该首先选用夜间开花的花卉，而后多用色彩亮度较强，明度较高的花卉，如淡青色、白色和淡黄色的花卉，如玉簪、月见草、紫茉莉等。另外，为了使月夜的景色迷人，补救花卉色彩的不足，宜多运用具有强烈芳香的植物。“疏影横斜水清浅，暗香浮动月黄昏”就是古人描写梅花的芳香与月光相结合的美景佳句。如果再有彩色灯光的照耀，可使景观效果更佳。

总之，园林设计者必须细致地记录当地各种植物花卉的花色和叶色表现的时期，因为不同植物的花、叶颜色在一年四季中变化是很大的。在不同的季节和时令，必须把同时开花的植物花色，或保持一定色相差异的植物叶色作为色彩构图的组合记录下来，以便设计时应用。若仅知道色彩，而不了解植物季相的表现时期，即使有很好的色彩构图也很难达到预期的景观效果。

三、园林植物的繁殖

园林植物的繁殖，是育苗生产中最基本的生产环节。繁殖工作做得好与差、优与劣，直接影响苗木的质量与数量，因而也就大大影响城市的绿化工作。园林植物的繁殖，一般分为有性繁殖和无性繁殖两类。

（一）有性繁殖

1. 有性繁殖的概念

通过植物的雄蕊、雌蕊、子房等繁殖器官，进行授粉、受精、结实、传播种子等过程，以达到繁殖的目的，称为有性繁殖，又叫种子繁殖。利用种子繁殖培育的苗木称为实生苗或播种苗。

播种方法一般是撒播、点播、条播，如图 1-32 所示。现在比较先进的方法是在保护地进行**穴盘容器育苗**，如图 1-33 所示。穴盘育苗最大的好处是移植时不伤根、不缓苗，育出的苗壮生长旺盛还便于机械化播种（**彩图 13、彩图 14**）。

新颖的育苗技术——**双容器育苗**自应用以来已经取得明显的社会效益和经济效益。双容器育苗除了具备容器育苗的特点外，还具有缩短育苗周期，减轻起苗繁杂的过程，苗木培育过程便于机械化、自动化的特点，苗木成活率可达 100%。

图 1-32 播种

2. 有性繁殖的特点

(1) 繁殖系数高。有性繁殖获得种子比较容易，采集、贮藏、运输较为方便，利用种子繁殖一次可以获得大量苗木。但有的种粒很小，对育苗技术要求很高。

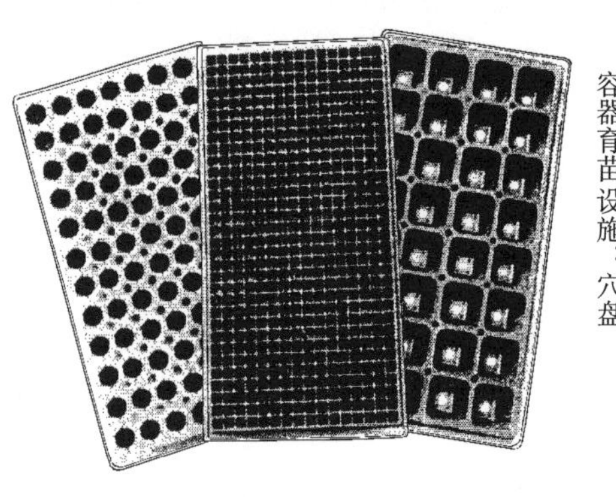

图 1-33 育苗穴盘

(2) 抗逆性较强。实生苗的根系是由种子的胚根发育而成的，具有完整的根系，生命力强，因此对不良环境，如寒冷、干旱、大风等的抵抗能力强。

(3) 可塑性强，容易驯化。用种子繁殖的幼苗，特别是杂种幼苗的遗传保守性小、可塑性强、易于驯化，可改变原有树种的特性，因此可自然选育出一些新类型的品种，这在杂交育种及引种驯化上有重要的意义。如**黄金槐就是从播种繁殖苗自然变异而选育出来的国槐新变种**。

(4) 遗传变异性大。播种苗不易保持树种原有的特性，容易退化，所以对一些观赏价值较高或需保持原有特性的珍贵树种，不能用种子繁殖。如用龙柏的种子育苗出的树种往往形成大量的桧柏苗；用龙爪槐的种子育苗出的树种往往退化为国槐。

(5) 发育阶段完整、寿命长。实生苗从幼苗、幼树、青年、壮年到衰老死亡所经历的时间长，比无性繁殖苗年轻，发育阶段完整，故开花结实较晚，树龄长、寿命长。

(二) 无性繁殖

1. 无性繁殖的概念与原理

(1) 无性繁殖的概念是利用植物的根、茎、叶等营养器官的一部分繁殖新植株的方法，又叫营养繁殖。利用营养繁殖方法培育的苗木称为营养苗或营养繁殖苗。

(2) 无性繁殖的原理是利用植物的再生能力、分生能力，以及两种植物嫁接合为一体的亲和力进行繁殖。

2. 无性繁殖的特点

(1) 繁殖效率低。大面积育苗受到限制；适于不结种子，结种子较少或种子小、难于播种育苗的树种，如毛白杨、迎春花、竹类等。

(2) 抗逆性较差。营养繁殖苗的根系是由不定根形成的，不如实生苗的根系发达强壮，因此抵抗不良环境的能力较差。

(3) 保持母本原有的优良性状。无性繁殖的植株其遗传信息与母本完全一致，故能够保持母本原有的优良性状，可以避免种子繁殖产生的性状分离的现象，达到保存和繁育良种的目的。

如需得到重瓣大红的山茶花只有通过无性繁殖。

（4）有些树种久用营养繁殖则会发生退化，长势逐渐衰弱。如备受人们喜爱的香蕉，进行无性繁殖已有千余年，由于基因多样性较低的问题，致使由真菌引起的香蕉叶斑病较为严重。这种病害自 1963 年在斐济首次出现，现在全球流行，得此病的香蕉叶片会枯萎、腐烂，果实不能成熟，产量大大下降。有专家指出，如果不能控制该病害，**香蕉可能会绝种**。

（5）发育阶段不完整，寿命较短。无性繁殖苗的发育阶段是在母体发育基础上进行的，所以发育阶段不完整而且较老，成苗快，植株能提早开花结实，但寿命较短。

3. 无性繁殖的类型

（1）扦插繁殖是利用植物的再生能力，将植物营养器官（根、茎、叶）的一部分插入土壤中，其他部分再生，形成一棵完整植株的繁殖方法。扦插繁殖有多种形式：

1）枝插。枝插为有茎（枝条）但缺少根系的类型，枝插使枝条生出不定根、形成根系，枝条萌发芽，生成枝、叶，长成完整的植株。枝插又分硬枝扦插和嫩枝扦插，如图 1-34 所示。

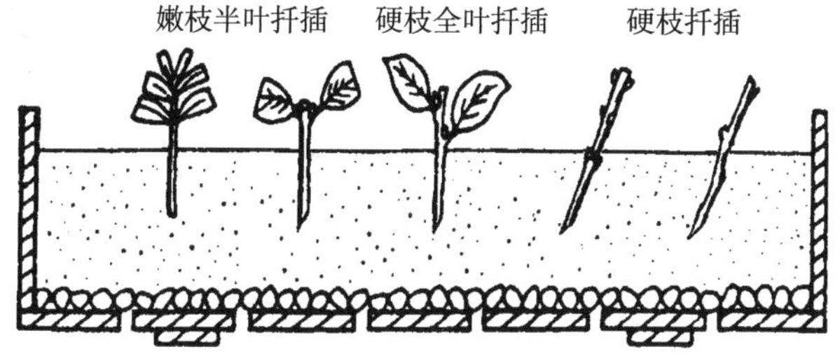

图 1-34　枝插

2）根插。根插为有根但缺少茎的类型，根插使根萌发不定芽，形成茎，进而形成枝、叶，长成完整的植株，如下图 1-35 所示。

3）叶插。叶插为缺少根系和茎的类型，切断叶面上的叶脉，叶脉向下生长形成根系，向上生长形成茎、叶，长成完整的植株，或取下叶片与叶腋处的芽进行扦插，如图 1-35 所示。

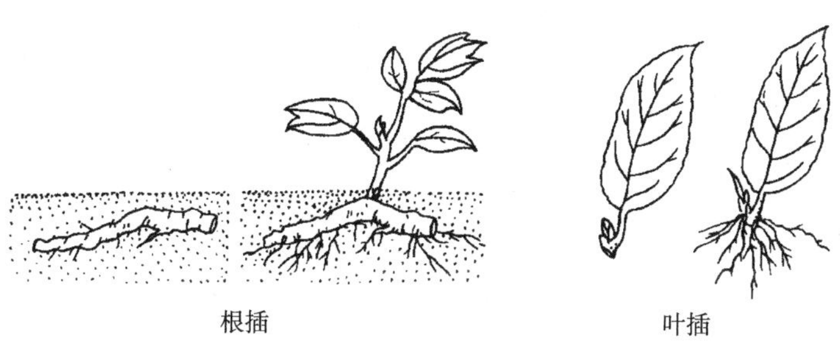

图 1-35　根插、叶插

在生产上，枝插应用最广、根插次之、叶插较少，叶插只在个别的花卉生产中应用。

（2）嫁接繁殖是将优良植株的枝或芽接到另一植株上，使两者愈合生长形成一株新苗的繁殖方法。嫁接时所使用的枝或芽称为接穗，承受接穗的带根植株称为砧木，嫁接繁殖成活的苗称为嫁接苗。接穗为枝条的称为枝接，如图 1-36 所示；接穗为芽的称为芽接，如图 1-37 所示。接穗与砧木之间要有一定的亲缘关系，才能嫁接成功。

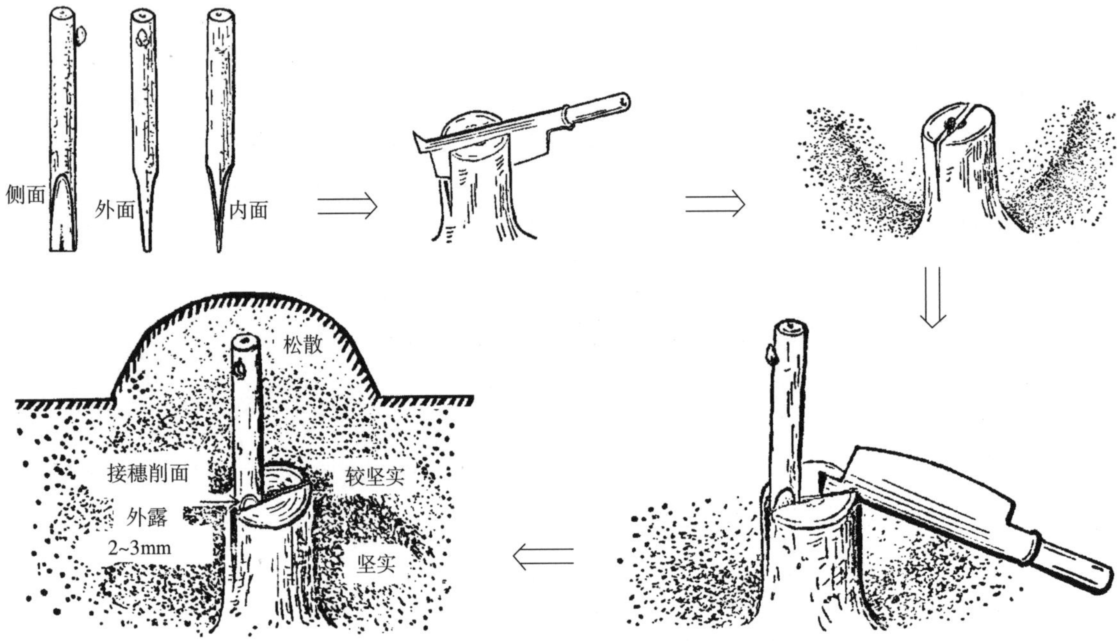

侧面 外面 内面

松散 接穗削面 较坚实 外露 2~3mm 坚实

图 1-36　枝接之一——劈接

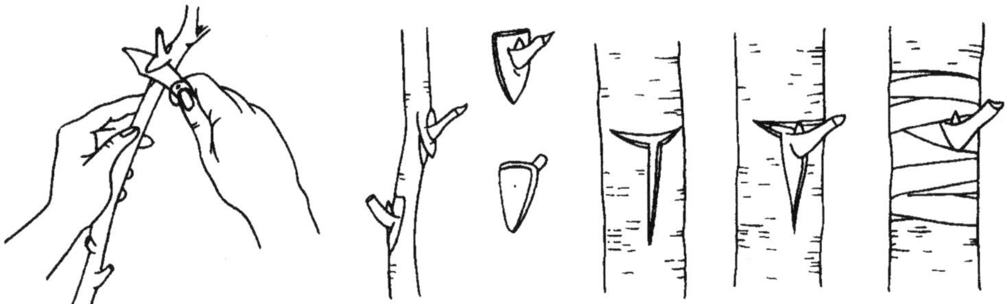

削芽片 切砧木 插芽片 绑扎

图 1-37　丁字形芽接

嫁接是营养繁殖的一种，在园艺中应用广泛，在城市园林绿化中也有广泛应用。

嫁接繁殖除具备营养繁殖的一般特点外，还具有另外一些特点：

1）保持母树品种原有的优良特性。如用大红色、重瓣的榆叶梅作接穗，嫁接成活后生长出来的仍然是大红色、重瓣的，不会退化。

2）提高观赏价值。如碧桃嫁接在山桃上，可使花期短、单瓣、色浅的山桃花变为花期长、重瓣、色彩艳丽的碧桃花；龙爪槐嫁接在国槐上，使国槐的姿态变得更加优美，甚至可进行两次、三次嫁接，以形成新颖的**多层龙爪槐**，如图 1-38 所示。

图 1-38　通过嫁接形成双层龙爪槐

3）增加抗性和适应性。利用实生砧木对接穗的生理影响，可提高嫁接苗对环境的适应能力，因为砧木一般是实生苗，根系完整，因此其抗旱、抗寒、抗风、抗盐碱、抗病虫害能力强。如梨嫁接在杜梨上，可提高抗盐碱能力；苹果嫁接在海棠上可提高抵抗棉蚜的能力；柿子嫁接在君迁子上能提高抗寒能力等。

4）园林树木中有一些优良树种或品种不结种实，或很少结种实，因此不宜种子繁殖，如无核葡萄、无核柿子、无核柑橘等，只能利用嫁接方法解决繁殖的问题。

5）园林中有很多古树生长衰弱，或需要更新品种的，可以利用嫁接中的桥接、高接或根接等方法，以达到调整树形、恢复树势、补充缺枝、救治创伤、更新品种的目的，使树木生长更加健壮、丰满、美观，如图 1-39 所示。

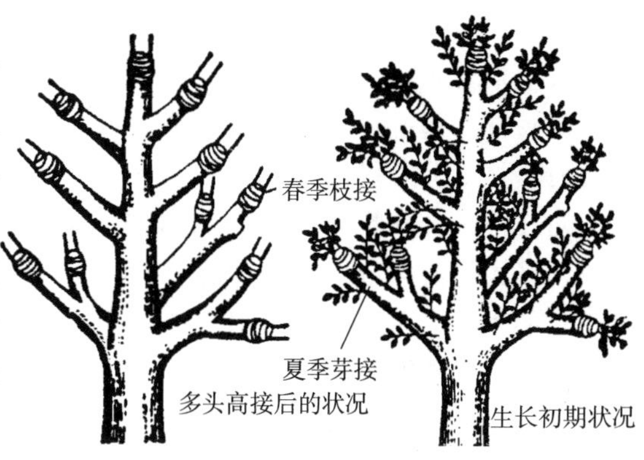

图 1-39 高接换头

6）嫁接使用的砧木一般为实生苗，实生苗可通过种子繁殖获得而接穗仅需要一小段枝条或一颗芽，其使用的植物材料较经济，短期内可繁殖较多苗木，比其他营养繁殖方法的繁殖系数要高许多。

7）嫁接繁殖与其他营养繁殖方法比较，嫁接技术要求高、手续繁杂，操作熟练后成活率较高。

（3）压条繁殖是将未脱离母树的枝条埋压在土壤中，使之生根后再与母树分离，成为独立的新植株的繁殖方法。

被压枝条在生根期间不与母树分离，其生长所需的养分、水分由母树供给，因此生根可靠、成活率高。各种压条方法比较简单，勿需特殊养护，如图 1-40 所示。

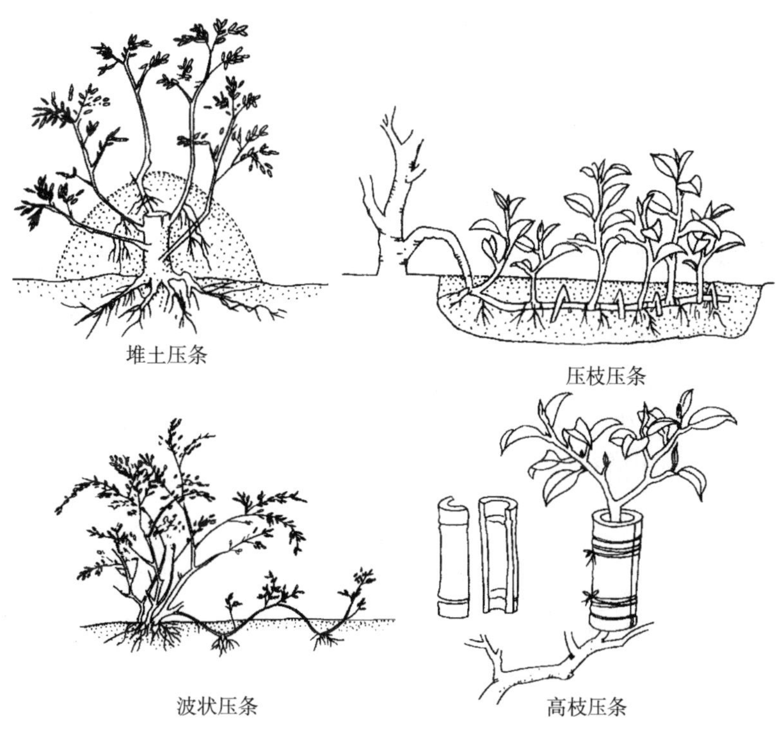

图 1-40 压条繁殖

压条繁殖适用于丛生植物、枝条较长的匍匐性植物以及扦插生根较困难的植物，但这种繁殖方法生根时间长，繁殖数量较少，其中高空压条较费工。

（4）分株繁殖。有些植物的根茎交界处的分生能力较强，有大量的不定芽，且易于萌发形成大量的枝条。分株繁殖就是利用这些植物丛生的枝条，将大丛植株分割成若干个小丛，再分别栽植，以形成若干新植株的繁殖方法，如图 1-41 所示。这种分株繁殖苗由于具有完整的根茎，故成活率很高，但繁殖数量有限。在园林生产中，一些丛生花灌木，如珍珠梅、牡丹、黄刺玫、连翘、迎春花、紫穗槐等都可采用分株繁殖。分株繁殖可春季进行或秋季进行。具体应根据不同树种而定，春季开花的植物，可在秋后分株繁殖，而夏季、秋季开花的植物可在早春萌芽前进行分株繁殖。

图 1-41 分株繁殖示意

（5）分蘖繁殖。有些树木的根系有大量的不定芽而且容易萌发，分蘖繁殖就是将这些树木根系的不定芽萌生的幼苗，从母树上分离下来并栽植成独立植株的繁殖方法。

园林中根蘖能力强的树种很多，如毛白杨、银杏、香椿、桑树、刺槐、枣树、火炬树等，皆可利用分蘖的方法进行繁殖。

（6）组织培养。从植物体上取出一个器官、组织甚至单个细胞，放在玻璃容器里，给予其适宜的环境条件与营养物质，使其得以生存、生长，这样培育出的无菌、独立植株的繁殖方法，称为组织培养。在实践中，往往取植物茎尖的生长点进行培养容易成活。植物组织培养是建立在植物细胞全能性学说的理论基础上，经过长期反复科学实验实践，逐步发展形成一套较完整的技术体系。如今几乎所有的植物细胞与组织材料通过组织培养均可以成活。

植物组织培养，除具有营养繁殖的特点外，还具有以下独特的特点：

1）生长周期短，繁殖系数特别高。植物组织培养的人为培养条件通常以 20～30 天为一个周期，可培育成独立的植株，因此培育效率特别高。虽然组织培养的一次性设备投入和能源消耗较高，但是由于能以几何级数的速度繁殖植物材料，因此总体来说成本还是低廉的，且培育出来的是规格一致的优质种苗或脱病毒种苗。

2）管理方便，利于工厂化生产和自动化控制。植物组织培养是在一定的场所和环境下，人为提供适宜的环境条件，如温度、光照、湿度、营养、激素等，极利于高度集约工厂化、自动化生产，可以省去一系列繁杂的劳动，大大节省资源。

3）培养条件可控。植物组织培养能够免受大自然四季、昼夜的变化以及灾害性气候的不利影响，便于稳定地进行周年培养生产。

四、园林树木的生态环境

每一种园林树木都生长在一定的地域环境之中，因此园林树木与环境之间有着极其密切的关系。园林树木的生态环境因子主要是气候，如光照、温度、水分、空气以及土壤、地形地势、生物和人类活动等。

（一）光照因子

根据园林树木对光照的需求，可将园林树木分为三类：

1. 阳性树种（即喜光树种）

这类树种不耐阴，在弱光照条件下生长不良，而在强光照的条件下才能正常生长发育健壮，如松、杉、银杏（济南市园林局在树种调查中发现银杏耐阴性还是很强的）、杨树类、柳、白桦、麻栎、板栗、桉树、银桦以及许多落叶阔叶树种和观花树种。

2. 中性树种

这类树种在充足的光照条件下生长最好，稍受阴蔽亦可，或在幼苗期较耐阴，而随着树龄的增长逐渐表现出不同程度的喜光习性。大多数树种都是中性树种，如桧柏、侧柏、元宝枫、七叶树、香樟、榕树、核桃、椴树、竹类等。

3. 阴性树种

这类树种有较高的耐阴能力，是在光照较弱的背阴条件下生长发育良好的树种，如云杉类、金银木、八角金盘、八仙花、常春藤、枸杞、大萼金丝桃等。

（二）温度因子

由于园林树木长期生长在一定的地域，因而对环境温度形成了一定的适应范围。温度是园林树木重要的生态环境因子，它不仅影响园林树木的分布，而且也影响园林树木生长发育的每一个生理过程。

根据园林树木天然分布区温度高低的状况，往往将园林树木分为热带树种、亚热带树种、温带树种和寒带树种。通常，热带和亚热带树种属喜温树种，而温带和寒带树种则耐寒能力较强。园林树种的选择要根据适地适树的原则，选用能适应当地气候条件的树种栽植，就是说多用**乡土树种**。

所谓乡土树种就是当地原有天然分布的树种。乡土树种因长期生长在分布区内，对本地区的气候、土壤等条件极为适应，抗逆性强，有地方特色，不仅栽植容易成活，且在低成本的管理条件下就可长期稳定良好生长，发挥最大的生态效益。乡土树种又因其适生而可以达到自然生长的寿限，即其生命周期相对于不适生的树种要长得多，这也符合可持续发展的理念。另外，也可适当使用经过驯化的**边缘树种**，但是不要使用未经驯化的边缘树种，更不能选用**远缘树种**。

在园林树木中，耐寒观花树种较少，在适宜的地域应尽量使用，如蜡梅、郁香忍冬等。在草本花卉中，也有一些耐寒的种类，如二年生花卉羽衣甘蓝、虞美人、红叶甜菜（紫菠菜）、水飞蓟以及矮金盏等，为适生地域传统的冬季花坛花卉。

（三）水分因子

水分是园林树木生长所必需的物质条件，由于园林树木长期生长在不同的降水量环境中，从而形成了对水分不同的适应性。园林树木就土壤含水量多少的适应情况来说，可分为以下三种：

1. 旱生树种

具有较高的耐旱能力，能够栽植在干旱地区的树种，如沙地柏、沙棘、柽柳、文冠果、木麻黄、骆驼刺、山杏、拐枣等。

2. 湿生树种

能够在非常潮湿的环境中生长，甚至能耐长期水淹的树种，如落羽杉、水松、池杉、柳树、枫杨、桤木等。

3. 中生树种

大多数树种是中生树种，是介于旱生树种与湿生树种之间的树种。但这类树种对水分的反应相差较大，有的耐水涝，浸水长达 60 天仍能正常生长，如绒毛白蜡；而有的如女贞、梧桐等在短期水淹后就会死亡。

另外，不同的树种对于空气湿度也有不同的要求。有的比较耐空气干燥，如生长在北方的一些树种能耐较强的空气干燥；而有的则喜空气湿度大，如水杉、杜鹃、山茶和生长在南方的一些树种以及一些观叶植物等，这些树种若栽种在空气干燥的地域则生长不良，可造成早期落叶，甚至死亡。

选择树种时应选择适应性比较强的树种，例如选择比较耐旱的树种，这种耐旱树种又称**节水型树种**，如文冠果等，可降低日常的养护管理成本。在日常养护管理时，应根据不同树种的习性和生长特点进行水分的控制和调节。

（四）空气因子

空气是园林树木生存必需的生态条件，没有空气树木就会死亡。自然界中的空气成分是氮气占78%，氧气占21%，二氧化碳占0.03%，另外还有一些惰性气体。自然界中，影响园林植物生长的气体主要是氧气和二氧化碳，氧气是植物呼吸作用的原料，二氧化碳是植物进行光合作用的原料。一般情况下，自然界中的氧气和二氧化碳能够满足植物生长的需要。但是随着工业的发展，许多工业废气、尘埃、煤烟等排入大气中，使很多地区的空气受到不同程度的污染，严重地影响着园林树木的生长和人类的健康。在城市或工矿区，尤其是在空气污染源附近绿化植树时，应根据树种对有害气体的抵抗能力和敏感度来选择适宜的树种。

（五）土壤因子

1. 土层的厚度

土壤是园林植物生长的基础，是园林植物生长发育必需的重要条件，除了阳光之外，土壤为园林植物提供了温度、水分、空气和养分等条件供其根系吸收和利用。土壤的水、肥、气、热以及酸碱度等状况对园林植物的生长有极其重要的影响。因此，一般对土层有一定的厚度及质量要求，若达不到这些要求，就应当进行人工客土加厚土层，以保证种植的园林植物能够正常生长，且发挥其各种功能。土壤有效土层厚度影响园林植物的根系生长和成活，因此应满足植物生长所须的最低土层厚度，见表1-2。

绿化栽植土壤有效土层厚度　　**表1-2**

绿化类别	植被类型		土层厚度（cm）
一般栽植	乔木	胸径≥20cm	≥180
		胸径≤20cm	≥150（深根） ≥100（浅根）
	灌木	大、中灌木、大藤本	≥90
		小灌木、宿根花卉、小藤本	≥40
	棕榈类		≥90
	竹类	大径	≥80
		中、小径	≥50
	草坪、花卉、草本地被		≥30
设施顶面绿化	乔木		≥80
	灌木		≥45
	草坪、花卉、草本地被		≥15

2. 土壤的酸碱度

园林树木不能在过酸或过碱的土壤中生长。根据园林树木对土壤酸碱度的适应能力，通常把园林树木分为以下几类：

（1）耐酸树种。耐酸树种是在呈或轻或重的酸性土壤中生长最多、最旺盛的一类树种。这类土壤的 pH 值小于 6.5，如马尾松、杜鹃花、山茶、栀子花、红松等，若把这些树种栽种在碱性土壤中会产生黄化病害、生长不良、甚至死亡。

（2）中性土树种。中性土树种是适宜在 pH 值为 6.5～7.5 的土壤中生长的树种，大多数树种为中性土树种、其中有些树种也略能耐酸或耐碱。

（3）耐碱树种。耐碱树种是能够在 pH 值大于 7.5 的碱性土壤中生长的树种，这种土壤往往含有一定量的盐分，所以对这一类树种又叫作盐碱土树种。这样的树种相对比较少，如柽柳、胡杨、榆树、沙枣、芦苇、单叶蔓荆、白刺、沙棘、杠柳、绒毛白蜡、文冠果、枸杞、枣树、石榴、紫穗槐、滨海盐松、四翅滨藜等。

（4）耐盐树种。通常包括盐生树种和耐盐树种两类。在土壤盐分超过 0.2%的土壤中生长良好，而离开盐土反而不能生存的植物为盐生树种；在盐土及非盐土中都能正常生长的树种统称为耐盐树种。

（5）钙质土树种。钙质土树种是喜生长在钙质土或石灰性土壤上的树种，如侧柏、柏木、南天竹、乌桕、竹叶椒、棕竹等都是钙质土树种。

另外，种植地的土壤含有建筑废土及其他有害成分，以及强酸性土、强碱土、强盐土、重黏土、沙土等，均应根据要求采用客土或改良土壤等技术措施加以改良。对于种植绿地应施足基肥、翻耕 25～30cm、搂平耙细、去除杂物，平整度和坡度等均应符合设计要求。

3. 园林植物栽植土及其他

（1）园林植物栽植土应包括客土、原土利用、栽植基质等，栽植土的理化性质影响园林植物的生长。

（2）绿化栽植的土壤含有害的成分（特别是化学成分）或栽植层下有不透水层，影响植物根系生长或造成其死亡。因此必须清除土壤中有害物质。必须处理不透水层，否则影响园林植物扎根及土壤通气，使其通透。

（3）栽植土的表层应整洁，石砾中粒径大于 3cm 的不得超过 10%，粒径小于 2.5cm 的不得超过 20%，杂草等杂物不应超过 10%。土块粒径要求见表 1-3。

栽植土表层土块粒径要求 **表 1-3**

绿化类别	栽植土粒径(cm)
大乔木、中乔木	≤5
小乔木、大中灌木、大藤本	≤4
竹类、小灌木、宿根花卉、小藤本	≤3
草坪、草花、地被	≤2

上海迪士尼游乐场建设，把园中的植物看得很重，不惜重金打造，园内外的植物生长都特好，的确让同行业参观者羡慕与思考。

从上海市园林绿化工程安全质量监督站提供的上海迪士尼游乐园土壤专项质量检测与相关费用的数据来看，他们的土壤处理费用占全部绿化工程费用 40%以上。但甲方讲，至少应达到香港园的 50%，他们才可放心。可见“土壤”在整个工程乃至在无边无际的后期管理养护中的重要性。我们讲差距，其实从一开始就落下了一大截。试想一下，没有良好的生存环境，你再用心设计、用心选苗、用心栽植，不都是应付差事吗？

（六）生物因子

园林植物在生长的环境中，除了自己本身，还有许多其他生物，如各种低等、高等动物以及其他植物等，它们相互间均有着直接或间接、或大或小的影响。

1. 动物方面

众所周知，土壤中蚯蚓的活动能够显著地改善土壤的肥力，但是土壤中也有一些对植物生长有害的生物，如有些象鼻虫可使豆科植物的种子几乎全部毁坏而无法萌发，大大地影响这类植物的繁衍。一些高等动物，如鸟类、单食性兽类等对植物有很大的影响，如许多鸟类对散布植物的种子有利，但是鸟类却可以吃掉植物大量的嫩芽，松鼠可以吃掉大量的种子，兔子等食草动物也可以吃掉植物大量的幼芽或嫩枝。

我们应当正确看待这一现象并从维护生态平衡、从物种多样性出发来考虑这一问题，这一类动物只要不对其他生物造成严重的危害，应当允许它们自由存在，因为物种多样性是维护生态平衡很重要的因素。

2. 植物方面

植物方面相互间的影响也很大，直接影响的有寄生、共生、附生以及相邻株间的机械摩擦、缠溢等而影响植物的生长，甚至造成死亡。间接影响的如豆科植物的根瘤菌，可以固氮以增加土壤的肥力，促进其他植物的生长。不同的植物间还有相生、相克的现象。

3. 生物物种入侵

值得注意的是**生物物种入侵**的问题。什么是生物物种的入侵？一些生物在原产地，由于气候、环境以及天敌的存在，不会造成泛滥性的繁殖。但是，当这些生物被引种到外地，在新的环境中，由于气候条件的变化或不存在天敌等状况，即新的环境消除了对该物种的控制因素，将会使其造成泛滥性的繁殖，并对其他生物造成威胁甚至灭绝，从而造成生态的破坏甚至毁灭，这就是生物物种的入侵。近年来，外来物种在我国酿成生态灾害的事件屡见不鲜。

水葫芦在100年前作为花卉引入我国，曾作为猪饲料推广种植并成为野生物种，现在水葫芦疯狂肆虐我国江河湖泊，特别是在我国南方各省水域危害严重，泛滥成灾。**目前水葫芦已成为世界十大害草之一。**例如云南昆明著名的风景区滇池，曾经由于水葫芦的疯长，已成为臭水塘，原先在滇池生长的几十种高等植物几近灭绝。由此对农业灌溉、交通、水产养殖、旅游等造成巨大的经济损失。据不完全统计，我国每年打捞水葫芦人工费高达亿元以上，造成其他方面的损失就更大了。

从山东大米草的疯长到新疆引进河鲈导致大头鱼的灭绝，从小银鱼的泛滥到餐桌上常见的福寿螺危害稻田，深圳、福建沿海薇甘菊的入侵，加拿大一枝黄花疯狂的蔓延，无不说明了这一点。然而这些有害外来生物是怎样引进来的呢？答案是，大多是我们人为引进的。这应当值得我们深思！

国家环保总局于2002年公布了首批16种入侵我国的外来物种名单。它们是紫茎泽兰、薇甘菊*、空心莲子草、豚草、毒麦、互花米草、飞机草、凤眼莲*（水葫芦）、假高粱、蔗扁蛾*、湿地松粉蚧*、强大小蠹*、美国白蛾*、非洲大蜗牛*、福寿螺、牛蛙（其中注有*者，系与园林植物关系密切的有害生物）。

目前，我国已发现660多种外来入侵生物，每年造成的经济损失高达数千亿元。**生物安全应尽快提到议事日程上。**

我们必须有防范生物入侵的意识。我国目前面临物种大引进的历史时期，但是一定要警惕生物物种的入侵，要多一点生态意识、环保意识，不要再做“引狼入室”的事情，一定要做好事前生物物种的检疫工作，以保护我们的家园不受侵害。

（七）城市环境

同一地理位置上的城市与其他地区相比，环境条件有很大的变化，因此在城市园林绿化工作中，应当考虑城市环境的特殊情况并根据具体情况具体处理。

1. 城市气候条件

（1）易形成热岛效应，昼夜温差减小。

（2）有害气体和烟尘污染较严重，并导致酸雨、多雾现象。

（3）云多、降雨多，但空气湿度较低。

（4）太阳辐射强度减弱，日照持续时间减少。

（5）在高层建筑林立的城市易形成城市风。

2. 城市土壤

（1）大量的建筑垃圾混入土壤。

（2）过量采集地下水，易导致地面沉降，暴雨后排水不畅，甚至造成水淹。

（3）因路面铺装和人们的踩踏，造成土壤板结、透气性差。

（4）土壤中混入大量不易降解的塑料制品和其他污染物。

（5）沿海城市若地下水位高，易使土壤含盐量增加；北方寒冷地域因撒盐融雪，同样易使土壤含盐量增加。

3. 建筑方位

（1）东面。我国大部分地区，在下午 3 时前有充足的光照，下午 3 时后庇荫，光照比较柔和，适合一般园林植物的生长。

（2）南面。背风向阳，白天全天都有直射光，墙面辐射热强、背风、空气不通畅、温度偏高，致使园林植物生长季延长。此处春季物候早，适于喜光和喜温暖的园林植物生长。

（3）西面。与东面相反，上午为庇荫地，下午光照强烈，时间虽短，但是温度高、空气干燥，环境条件变化剧烈。此处宜栽植耐炎热干燥、不怕日灼的园林植物。

（4）北面。背阴，以漫射光、散射光为主，夏季午后傍晚有少量的直射光，温度较低，冬季寒冷、风大。此处宜选择耐寒、耐阴的园林植物栽植。

（5）建筑物下。由于城市中高架路、立交桥等建筑越来越多，这些建筑下层的绿化越来越重要，其特点是四季无直射光，以漫射光、散射光为主，且光照弱、温度低、风大，有害气体、烟尘污染严重。此处需栽植耐阴和抗污染、抗烟尘能力强的园林植物。

我们在进行城市园林绿化工作时，应当针对城市环境的特点因地制宜地进行管理，使城市绿化发挥应有的功能效益。

第二章 城市绿地的功能与城市绿地类型及指标计算

第一节 城市绿地的功能

随着科学技术的飞速发展以及城市化进程的加快，城市绿地的功能已由单一的游乐功能发展为现代的生态园林多种综合功能。城市绿地具有其他任何事物不可替代的特殊功能，即具有突出的生态效益功能、社会效益功能和经济效益功能，为人民提供生活、生产、工作和学习的良好环境，有效地促进了环境的可持续发展。

一、生态效益功能

城市绿地对保护环境、维护生态平衡具有极其重要的作用，如图 2-1 所示。主要表现在以下几个方面：

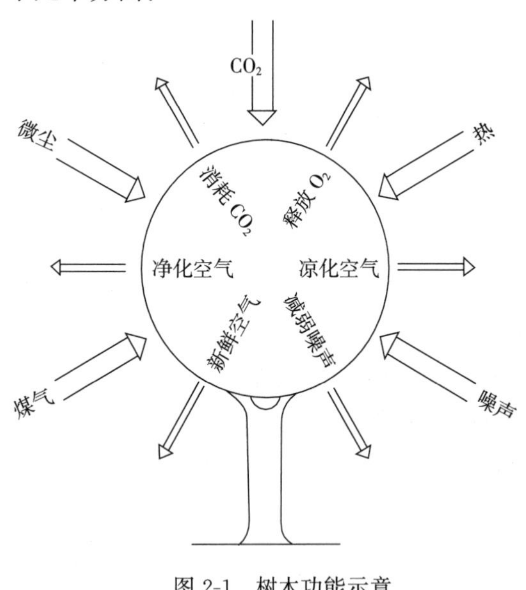

图 2-1 树木功能示意

（一）城市绿地是自然界中最大的“空气净化器”

1. 吸收二氧化碳、放出新鲜氧气

人类和其他众多的生物每时每刻都在呼吸，即呼出二氧化碳，吸进氧气；煤炭、石油等矿物燃料的燃烧同时也在消耗氧气，增加二氧化碳。据测定，正常情况下空气中的二氧化碳含量是0.03%，氧气的含量是21%。当二氧化碳的含量增加至0.4%～0.6%时，威胁人类的健康，就会使人出现头痛、耳鸣、呕吐、血压增高等症状，当二氧化碳含量增加至8%时，就能置人于死地。

二氧化碳等气体的增多，不仅危害人类的健康，而且使地球的温室效应进一步增强，造成地球气温升高，引起海平面上升。1998 年 9 月召开的第 22 届世界国际科学协会理事会指出：到 21 世纪中叶，全球平均气温将升高 2℃～4℃，海平面将上升 40～140cm，占世界人口 1/3 的 35 个世界大城市中的 20 个沿海城市将会被淹没。**专家们惊呼：温室效应对全世界的冲击，将不亚于爆发一场全球性核战争！**

植物是环境中氧气和二氧化碳的调节者，植物的光合作用放出新鲜氧气、吸收二氧化碳。二氧化碳是植物光合作用的主要原料，并且随着二氧化碳浓度的增加，植物光合作用的强度也相应增加，氧气是植物光合作用的产物。因此，我们说植物是二氧化碳的消耗者、新鲜氧气的生产者。地球上，空气中60%的氧气来自陆地上的绿色植物，所以人们称绿色植物为“氧气制造厂”“新鲜空气的加工厂”，将城市中的绿地比作城市的“绿肺”，绿色植物对于人类的生存具有重要的价值。

植物的生长和人类的活动保持着生态平衡的关系，氧气的重要性是众所周知的。据测算，每公顷绿地每天可吸收900kg二氧化碳并生产600kg氧气；每公顷阔叶林在生长季节每天可吸收二氧化碳1000kg，生产氧气750kg，可供1000人呼吸所需；白天有25m^2的草坪就可以吸收一个人一天呼出的全部二氧化碳。可见，在城市中，如果人均有10m^2的树林或25m^2的草坪，就能自动调节空气中氧气和二氧化碳的平衡，保持空气清新。

当前，地球上温室效应、空气污染等环境问题威胁着全人类。人类和植物是相互依存的，没有植物的世界对于人类来说是无法生存的。**城市园林植物具有吸收二氧化碳、释放氧气，能够维持地球上碳氧平衡的特殊作用，是任何先进科学手段都不能代替的。**

2. 吸收有害气体

随着工业的发展，向大气中排放的物质种类越来越复杂、体量越来越大，会对人类和其他生物产生有害的影响。大气污染包括有多种有害气体，其中二氧化硫是大气污染的元凶，另一方面还有一氧化碳、二氧化氮、氟化氢、氟化氯、氯气等，以及汞、铅蒸气、臭氧等致癌物质甚至含有安息香吡啉等多种气体，这些有害气体极大地影响人类的健康。**城市园林植物能够吸收这些有害气体、有害物质，还具有抵抗和吸收光化学烟雾污染的能力。**

防治有害气体污染的途径有很多，大体有以下几种：

（1）减少工业有害气体源，采取工业防治措施；

（2）城市规划布局时，有污染的厂矿选址应远离市区；

（3）推广环保产品，淘汰污染严重的产品；

（4）利用植物能够吸收有害气体的特点，进行植物防治。

应当采取以上多种方法，综合治理有害气体的污染，这样才能取得良好的治理效果。植物吸收有害气体，可以大大降低空气中有毒气体的浓度，从而达到净化空气的作用，这个方法既经济又有成效；因为，几乎所有的植物都能吸收一定量的有害气体而不受其害，园林树木防止有害气体污染的能力最强，效果最明显。

植物吸收有害气体的能力因植物种类不同而异。据测试，合欢、构树、紫荆、木槿等具有抗氯和吸氯的能力；泡桐、女贞、刺槐、大叶黄杨等吸氟能力较强；夹竹桃、桑树、棕榈等能在汞蒸气下生长良好；悬铃木、榆树、石榴、女贞、大叶黄杨等在铅蒸气下均无受害症状；银杏、槐树、臭椿等对硫的同化转移能力较强。**红豆杉树易吸收甲醛、苯等**。另外，植物吸收有害气体的能力，还与植物的年龄、生长季节、有害气体的浓度、污染时间长短、叶片的质地以及其他环境因素如温度、湿度等有关。一般成熟叶片与老叶对有害气体的吸收能力高于嫩叶；在春夏生长季节，植物的吸收能力较强，植物吸收的有害气体会随着植物叶片的衰老凋落。随着树木叶片的生长、凋落，有害气体不断地被吸收。在有害气体的污染源附近，栽植与其相应的具有吸收和抗性强的树种，对防止污染、净化空气是十分有益的。

另外，**城市园林植物在评价监测环境质量方面起到重要的作用。不少树木对环境污染的反应比人和动物要敏感得多。这种反应以各种形式显现出来，成为环境受污染与否的信号标志**。我们可以利用这些树木作为环境污染的指示植物，既准确可靠又简便。如被二氧化硫污染时，植物叶脉之间就会出现点状伤斑；如悬铃木树皮变为浅红色、叶子变黄，往往在其地下能够找到煤气泄漏点；雪松、葡萄等是氟化氢监测植物，桃树等是氯化氢监测植物。

3. 有效的防尘、降尘效果

大气中除有害气体外，还有粉尘、烟尘等污染，这些粉尘因颗粒大小轻重不同，有的在污染源附近降落的，称为降尘；有的飘浮到很远的地方才降落的，称为飘尘。

城市建设中产生的粉尘、工厂燃烧的煤炭，以及没有绿色植物覆盖的裸露土壤地面是城市中产生粉尘、烟尘的主要原因。据统计，每年工业产生的平均降尘量为 500～1000t/km^2，这些粉尘降低了太阳的照明和辐射强度、削弱了紫外线。飘尘被人们呼吸进入肺部，易引起人们呼吸道疾病，如气管炎、矽肺、尘肺等。

植物，特别是树木、树林能够减少粉尘的污染，其效果是非常明显的。一方面是由于树叶的表面不平且多毛，有的还能分泌黏性油脂及汁液，可以吸附大量的飘尘；另外，由于树林具有减缓风速的作用，随着风速地减缓，空气中的大粒粉尘也会下降。园林树木浓密的枝叶如一个滤尘器，对烟尘及粉尘有明显的阻滞、吸附和过滤的作用，可减少空气中的尘埃，蒙尘的枝叶经过雨水冲刷又能恢复滞尘、吸尘的功能，从而使空气变得清洁。因此，城市绿地上空的尘埃含量比非绿地的街道要少 1/3～2/3。据测定，某市矿区的降尘量为 1.52g/m^2，而附近公园仅有 0.22 g/m^2，减少了 6/7，铺草坪的足球场比未铺草坪的上空含尘量少 2/3～5/6。1hm^2 松树林每年可吸滞尘埃能力达 34t。

植物滞尘量的多少与树冠的大小、枝条的疏密有关，还与叶片的形态结构、粗糙程度、着生角度等有关。一般树冠宽大、枝条疏密适宜的，以及叶片宽大、平展、硬挺而不易被风抖动的，叶面粗糙、树皮凹凸不平且能分泌树脂黏液的植物，其滞尘能力普遍较强，如悬铃木、泡桐、刺楸、榆树、刺槐、臭椿、女贞、侧柏、圆柏、梧桐、桑树等，防尘的效果好。

4. 减弱城市噪声，起到消声、隔声的良好作用

在人们的生活中离不开声音，我们依靠它来传递信息、交流感情。很难想象，如果没有了声音我们的生活将会变得怎样的枯燥、单调！但是，噪声是一大公害，是一种特殊的空气污染，是导致人类慢性病的一种因素，其危害现在越来越为人们所重视。度量声音的单位是分贝（dB），当噪声强度低于 50dB 时，是人们可以忍受的，但是当超过 70dB 时，就会对人体产生不良的影响；80dB 的噪声使人感到疲倦和不安。若长期处于 90dB 及以上的环境中，人们就会产生失眠、神经衰弱，严重时可使人的动脉血管收缩，引起心脏病、动脉硬化等。120dB 的噪声为听力痛苦的极限，180dB 的噪声则会致人死亡。城市中噪声主要来源于汽车、火车、飞机以及工厂和工程建设的轰鸣声，有时噪声还是人为制造的。

城市园林植物是天然的“消声器”。园林植物，特别是园林树木，对减弱噪声的作用是很明显的。据测定，城市街道上的行道树可以减弱一部分交通噪声，如快车道上的汽车噪声，穿过悬铃木树冠、到后面的三层楼窗户，与同距离空地相比能减少 3～5dB；在公路两旁设有乔、灌木混植搭配的林带，可减弱噪声一半；40m 宽的林带可减弱噪声 10～15dB。

树林之所以能够减弱噪声，一方面是因为噪声声波使得树叶枝条产生微振而消耗声音，另一方面是因为噪声声波经过树叶向各个方向不规则反射而减弱声音，如图 2-2 所示。因此，噪声的减弱与林带的宽度、高度、位置、配置的疏密以及树冠、树叶的形状、大小、厚薄等因素密切相关。一般认为，常绿树种比落叶树种减噪效果好，分枝低的乔木比分枝高的减噪效果好，枝叶茂密的比稀疏的减噪效果好。植物群落复式结构比单一结构减噪效果好，绿地宽的要比窄的减噪效果好。

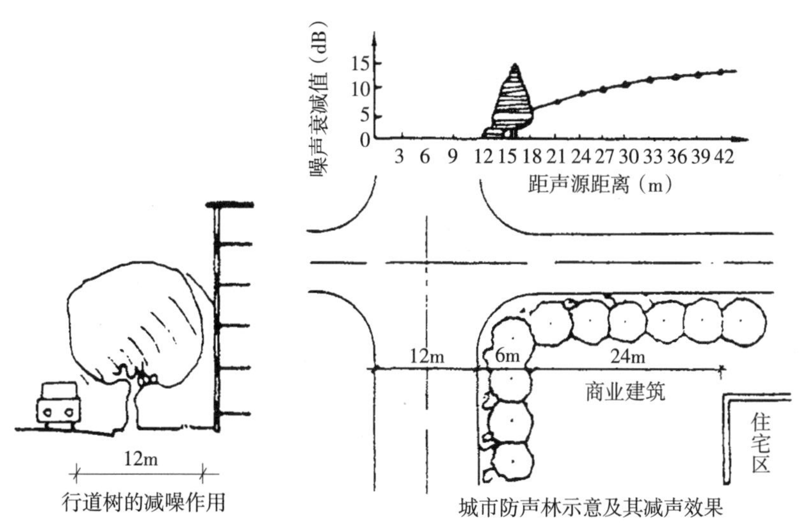

图 2-2　园林树木减低噪声示意

5. 良好的杀菌、灭菌效果

城市的空气中散布着各种细菌微生物，其中不少是对人体有害的病菌，有的是可传染人的呼吸系统疾患。城市绿地可以减少细菌载体，从而使大气中细菌数量锐减，这是因为植物的芽、叶和花所分泌的挥发性物质如有机酸、酒精和萜类等强烈芳香物质——植物杀菌素，能够杀死空气和水中的球菌、杆菌、丛状菌等多种病菌、真菌以及原生动物。可以说**绿色植物是空气中病菌的“天敌”，城市园林植物是天然的“卫生防疫消毒站”**。

据调查，城镇绿地上空的细菌比闹市街道上空，仅为其 1/7～1/10。以南京为例，城市公共场所每立方米空气中含菌量：火车站为 49700 个，无绿化的繁华街道为 44050 个，绿化好的繁华街道为 24480 个，公园为 1372～6980 个，郊外植物园只有 1046 个，相差 2～25 倍。据试验，$1hm^2$ 松柏林中每天能分泌 30～60kg 的杀菌素，可以杀死肺结核、白喉、伤寒、痢疾等病菌。悬铃木、雪松、柳杉等树种分泌的杀菌素，在 5～10min 内就能杀死病菌。据研究，白皮松分泌的挥发性物质对葡萄球杆菌的杀菌效果高达 99.8%，而其他如油松、桧柏、侧柏等对葡萄球杆菌的杀菌效果也分别达 99.2%、68.8%、36%。

杀菌能力较强的常见树种有：松、冷杉、侧柏、雪松、柳杉、黄栌、盐肤木、锦熟黄杨、大叶黄杨、沙枣、核桃、合欢、广玉兰、柠檬桉、悬铃木、丁香、樟树、臭椿等。

由此可见，就净化空气中的病菌来说，树种选择的优与劣，对城市环境卫生具有重要的意义。

(二) 改善城市小气候

城市形成了城市特有的气候，如气温较高的热岛效应、特殊的下垫面等，因此容易形成一些极端的天气。气候是影响人们生活舒适程度的重要因素之一，气候的炎热、寒冷、干燥、潮湿等都会让人感到不适，气候的急剧变化让人难以适应，甚至会引发疾病。因此，除了合理地进行城市规划和建设外，科学、合理、大面积的绿化，对改善城市小气候、提高舒适度有着积极的作用。

1. 改善空气温度

城市绿地中，园林树木的树冠能遮挡阳光，吸收太阳的辐射热，起到降低小环境气温的作用。所以夏天人们在树荫下会感到凉爽。行道树、庭荫树的一个重要的功能就是遮阴、降温。据测定，我国常用的行道树种一般能降低温度 2.3℃～4.9℃，其中悬铃木、银杏、刺槐、枫杨等最明显。当绿地中的树木成群、成丛栽植时，不仅能降低林内的气温，而且林内、林外因气温差而形成对流微风，从而使降温作用影响到林外的环境。城市中，不同类型的绿地其降温作用也不相同。表 2-1 表明，绿地面积越大，降温效果越明显。

北京某地不同类型绿地降温作用比较 **表 2-1**

绿地类型	面积（hm^2）	某年 8 月 1 日平均气温（℃）
大型公园	32.4	25.5
中型公园	19.5	25.9
小型公园	4.9	26.4
城市空旷地	—	28.2

据测定，**夏季，每公顷园林绿地通过蒸腾作用，每天要吸收 81.8MJ 的热量，相当于 189 台空调机的制冷量。**据测定，炎热的夏季树荫下的气温比无绿地的要低 3℃～5℃，与建筑物地区相比甚至可低 10℃左右。

冬季，由于树木的受热面积比无树地区大，且树木能阻挡寒风，造成空气流动慢、散热慢，从而使树木较多的环境中空气温度较无树木空旷的地区要高。当然，树木夏季的降温效果要比冬季的增温效果明显得多。

2. 调节空气湿度

绿色植物对调节空气的相对湿度也有较为重要的作用。园林树木像一台台巨大的抽水机，根系不断地吸收土壤中的水分，再通过蒸腾作用将体内的水分以水汽形式从叶片散布到大气中，使大气湿度增加。如种植 $1hm^2$ 的松树林，每年可蒸腾水分近 500t；每公顷生长旺盛的森林每年可蒸腾掉 8000t 水分。因此，一般树林中的空气湿度比空旷地要高 7%～14%，同时有林地比无林地的雨量多 20%以上。据测定，$1hm^2$ 的阔叶林夏季能蒸腾 200t 水分，比同等面积的裸露土地蒸发量高 20 倍。一般森林中的相对湿度比城市高 36%以上，公园的相对湿度比城市其他地区高 27%，即使在树木蒸发量少的冬季，绿地的相对湿度也比非绿化区高 10%～20%，行道树也能提高相对湿度 10%～20%。由于空气湿度的增加，从而使人们切实感觉到凉爽、舒适。

3. 良好的防风、通风作用

（1）良好的防风作用。城市中大片的园林绿地，特别是大片的树林可以降低风速，起到良好的防风作用，如图 2-3 所示。因此，在风灾严重的地区，人们往往种植大片树林以减低风的灾害；特别是在冬季，这种防护林带的作用更大，防护林带应当垂直于冬季的寒风方向，这样设置的防护林带的作用最为明显，可以大大地减低冬季的寒风和风沙对城市的不良影响。在风灾较多的地区或有条件的，在城市的四周设置环城防护林带，其防护的效果更加显著。

另外，目前我国荒漠化面积已达 263.6 万 km^2 以上，占国土面积的 27.5%，而且荒漠化土地面积仍以每年 $2460km^2$ 的速度扩展。我国受荒漠化影响的已有 18 个省区，其中不仅有新疆、西藏等边境地区，还包括山东、天津、北京等经济发达地区。我国是世界上受荒漠化危害最严重的国家之一，荒漠化已给许多地区的生态环境、人们的生活与生存和经济的发展造成巨大的危害，治理荒漠应引起全社会的高度重视。

防风固沙最有效的方法就是植树造林、建立防护林带。森林可减少风速的35%～40%，防护林有效的防护距离约是树高的20倍。树冠窄、叶片小、根深、枝韧的树种防风的能力较强。

(2) 良好的通风作用。城市的道路、水系等带状绿地是构成城市绿色的通风渠道，特别是这种带状绿地与该城市的夏季的主导风向相一致时，可将郊区的气流引入城市的中心地区，从而大大改善市区的通风条件，如图2-4所示。

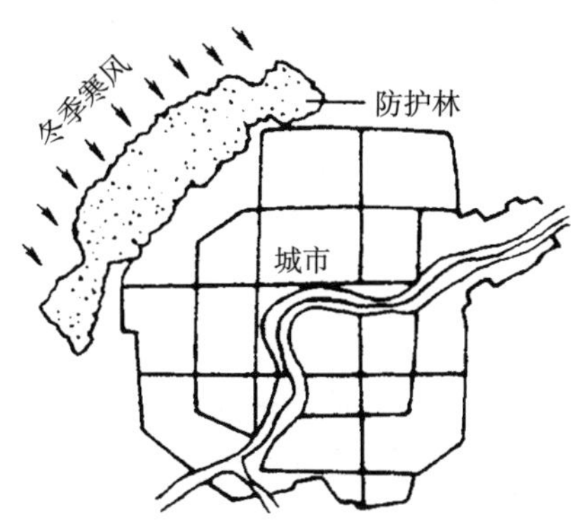

图2-3　城市绿地的防风作用

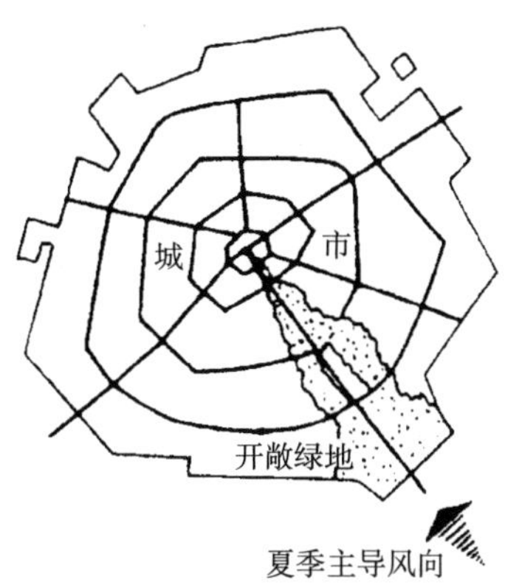

图2-4　城市绿地的通风作用

城市中的大片园林绿地，由于温差的作用，可以形成局部的微风循环。一般来说夏季城市中心的路面和建筑群等，受到太阳的辐射热量急剧增加，再加上人们的呼吸、燃料的燃烧等影响，造成热空气上升，而大片的绿地气温相对较低，冷空气下降，不断地向市区吹凉爽的新鲜空气。在炎热的夏季人们感觉凉爽宜人，这是由于绿地内外温差形成的气体环流的缘故，如图2-5所示。

图2-5　城市建筑地区与绿地之间的气体环流示意

4. 控制水土流失，净化水体

(1) 控制水土流失方面，山青才能水秀。过去乱砍滥伐森林、不合理地开荒等严重破坏了国土上的植被，在雨水的冲刷下山地表土流失严重、石头裸露，水土的流失又造成河床增高，蓄水的能力减弱。我国水土流失面积已达150万km^2，每年损失的土壤达50亿t。

树林具有很强的保水能力，其参差的树冠可滞留雨水，减弱雨水对地面的冲刷；树林内良好的土壤结构、庞大的根系、疏松的枯枝落叶层都有利于水分的渗透及蓄积，能有效地防止水土径流和对地表的冲刷。**据测定，在森林中雨水冲刷 17.78cm 厚的土壤需要 57.5 年，在不毛之地是 15 年，而在荒山坡地只需八九年**。可见树木对保持水土所起的作用是多么巨大！

另外森林涵养水源的能力也是惊人的，3333hm^2 森林的保水量相当于一座 100 万 m^3 的水库容量。森林能够涵养水源、保持水土。在树木配置时，我们应选择树冠浓密、郁闭度强、截留雨水能力强、能形成吸水性落叶层、根系发达的树种，如柳树、核桃、枫杨、水杉、池杉、云杉、冷杉等。

（2）净化水体方面。在城市中由于工厂的废水和城市居民生活污水的排放，使城市水体受到不同程度的污染。植物具有一定的净化污水的能力。植物，特别是树木可以吸收水中的溶质，减少水中的含菌量。沼生植物和水生植物净化污水的效果更加明显。据报道，种芦苇的水池比一般水草水池中的悬浮物减少 30％、氯化物减少 90％、总硬度降低 33％；芦苇还能吸收酚，一年中每平方米芦苇可集聚 6kg 的污染物，并杀死水中的大肠杆菌。水葱也可吸收污水中的有机化合物，水葫芦也可吸收污水中的汞、铅、金、银等金属物质，以及具有降低酚、镉、铬等化合物的能力。

5. 净化土壤

植物不仅能够净化水体，也可以吸收土壤中大量的有害物质并分泌有机物质从而净化土壤。植物根系分泌的有机物质可杀死土壤中的大肠杆菌，而且促进枯死枝叶的腐烂分解，从而提高土壤的理化性质以及生物性状。研究表明，凡有植物根系分布的土壤，好气性细菌比没有植物根系分布的土壤要多几百倍以至几千倍，含有好气性细菌的土壤可以吸收空气中一氧化碳。

因此，城市园林植物不仅可以改善地上的环境状况，而且也可以净化地下的土壤，以提高土壤的肥力。

总之，城市园林植物为人们创造了有益的生态环境，使我们的生存环境更加优越、更加舒适，使我们能健康、愉快地生活。

二、社会效益功能

城市园林绿化不仅可以改善城市环境、维护生态平衡，还可美化城市、陶冶人们的情操以及防灾避难等，人们生活在这种和谐的环境、和谐的社会中，充分体现了城市园林绿地具有明显的社会效益功能。

（一）美化作用

园林植物的美化作用，表现在直观美、寓意美和抽象美几个方面。

1. 直观美

园林植物特别是园林树木的直观美，是指人们通过园林植物的形体、色彩等特征而感受到的美。从园林植物的形体、叶形、叶色、花色、花香、果实等，处处表现出其直观美。

（1）形体。园林植物，尤其是园林树木有其独特的形态，是构成园林景观的基本因素之一。

（2）叶。园林植物的叶变化极大，大小、形状、颜色、质地等各异，不仅具有美的观赏价值，还是识别植物的主要特征。

1）叶形：

A. 单叶。针形、条形、鳞形、刺形、钻形、披针形、圆形、卵形、三角形、卵圆形以及奇异形等。

B. 复叶。羽状复叶、掌状复叶、一回复叶、二回复叶、三回复叶等。

2）叶色：植物的叶色一般为绿色，虽同为绿色，但又有各种差别，将不同绿色的植物树木配置在一起，形成美丽的色感，如在暗绿色的针叶树丛之前，配置叶片为黄绿色的植物会形成满树黄花的效果。另外，有不少植物的叶色不是绿色，有的叶色随季节的变化而变化，其观赏价值就更高。

A. 春色叶类。早春叶色萌发时不为绿色，一般为红色，后渐变为绿色，如山麻杆、臭椿、石楠、元宝枫、月季等。

B. 秋色叶类。秋季叶色有变化，一般变为红色或紫红色的，如黄栌、乌桕、枫香、火炬树、爬山虎等；变为黄色或金黄色的，如银杏、白蜡、鹅掌楸、柳树、白桦、加杨、麻栎、落叶松、金钱松、元宝枫等。

C. 常年异色叶类。叶片常年红色的有红枫、紫叶李、紫叶小檗、红花檵木、紫叶矮樱等；叶片常年黄色、金黄色的有金叶桧、金叶鸡爪槭、金叶女贞、金叶小檗等。

D. 双色叶类。叶的正面与背面颜色明显不同，在微风中形成特殊的闪烁变化效果，如银白杨、胡颓子、沙枣、油橄榄等。

E. 斑色叶类。绿叶上具有异色的斑点或花纹，如金心大叶黄杨、金边大叶黄杨、银边常春藤、洒金珊瑚等。

（3）花。园林植物的花具有极高的观赏价值，花色、花香、花形、花序等千变万化。

1）花色：

A. 红色花系。如山茶、石榴、毛刺槐、蔷薇、月季、紫荆、合欢、贴梗海棠、木瓜、红花碧桃、牡丹、红花檵木、海棠等。

B. 黄色花系。如黄刺玫、迎春、连翘、蜡梅、金丝桃、黄蝉、金钟花、桂花、十大功劳、茶藨子等。

C. 白色花系。如白玉兰、白鹃梅、梨、白丁香、珍珠梅、栀子、刺槐、绣线菊、白花碧桃、茉莉、石楠等。

D. 蓝紫色花系。如紫藤、紫玉兰、醉鱼草、泡桐、紫丁香、杜鹃、锦带花、胡枝子、葛藤等。

另外，有些植物的花在开放过程中，花色还会变化，如文冠果、海桐、金银花、金银木、海仙花等以及牵牛花等。

2）花香：花的香味有甜香，如桂花等；有清香，如梅花、茉莉等；有幽香，如丁香等；有浓香，如白兰花、栀子；有淡香，如玉兰；有奇香，如米兰等。我们可以充分利用植物的花香这一特点，建立芳香植物花园。

另外，我们把植物的花或花序着生在树冠上的整体表现，称为“花相”。园林树木的花相，以树木开花时有无叶簇的存在而异，分为两种形式：一类是“纯式花相”，指开花时，没有叶片的出现，全树只见花不见叶的一类；另一类是“衬式花相”，指在展叶后开花，全树的花有叶相衬。了解园林树木开花的这些特性，我们进行植物配置时就能够得心应手。

（4）果实。“一年好景君须记，正是橙黄橘绿时”。许多园林植物，特别是园林树木的果实既有很高的经济价值，又有很好的观赏价值。园林中选择观果树种时，应突出色彩鲜艳、果形奇特、果大或果小而数量众多，其观赏效果特别显著。

1）红色果实。如山楂、火棘、构骨、老鸦柿、冬青、桃叶珊瑚等。

2）黄色果实。如木瓜、梨、贴梗海棠、梅、杏、柚子、佛手、枸橘、南蛇藤、银杏等。

3）蓝紫色果实。如紫珠、蛇葡萄、葡萄、十大功劳、桂花、李子、流苏等。

4）白色果实。如红瑞木、湖北花楸等。

5）黑色果实。如小叶女贞、小蜡、爬山虎、刺楸、五加、鼠李、君迁子等。

2. 寓意美

园林植物的寓意美是需通过联想才能感受到的美。寓意是一种境界、层次更高的美。这与各地的风俗、民族文化的传统、社会的发展等有着密切的关系。我国园林中，寓意深刻、内涵丰富，大都来源于植物材料的寓意美。如一看到油松、樟子松的树形和针形叶，就把人的思绪带到北国的冰雪世界；一看到椰子、棕榈、蒲葵的树形与大型的掌状复叶，很容易使人联想到南国风情的热带雨林。再如竹子，人们直接感受到的是：修长的姿态、青翠的枝叶；通过联想，人们又能感受到被赋予人格化的美：虚心有节、刚正不阿、清高风雅，故自古文人雅士无不钟爱竹子，感叹“无竹令人俗”“不可居无竹”，认为幽篁环绕宅旁，则更雅、更幽、更韵、更有趣。松、竹、梅的配置被尊称为“岁寒三友”；梅、兰、竹、菊被尊称为“四君子”。我国古代就有将百年的柏树与柿子树配置在一起，寓意百（柏）事（柿）如意、百年好合的做法。

再如，梅花寓意高洁，桃花、李花寓意门生，牡丹寓意富贵，红豆寓意相思，桃寓意高寿，石榴寓意多子多孙，橄榄枝寓意和平，桑梓寓意故乡，月桂寓意光荣等。通过配置这些树种，使人们产生深远的寓意美。

3. 抽象美

园林植物的抽象美是指人们通过感官接触绿色时，产生的一种心理方面的效果反应。过去，人们往往忽视园林植物在这方面的作用，如今人们越来越远离大自然，城市的居民生活在水泥“丛林”中，置身于充塞着霓虹灯、广告牌的空间，生存环境遭到破坏，心理得不到平衡。人们渴求回归自然，希望返璞归真。

植物的绿色象征着生命、青春、活力和希望，其对人们良好的生理、心理作用具有不可替代的功能，人们感受植物的绿色能够消除疲劳，使人产生清新感，更能使人们体会到旺盛的生命力。

（1）消除疲劳。当人们从喧闹的城市环境移身于静谧的植物环境中，人们的脑神经系统就从刺激性的紧张、压抑中解脱出来而感到宁静安逸、心情格外舒畅。

据科学家试验证明：在很大程度上，**疾病是由于人体内色谱失衡或缺少某种颜色而造成的**。绿色植物具有独特的重要地位。绿色是希望的象征，给人以宁静的感受，可以降低眼内的压力、减轻视觉疲劳、安定情绪，使人呼吸变缓、心脏负担减轻、降低血压且稳定血压。日本在城市规划中提出“绿景观”，是由绿量、绿视率等构成，要求在人们的视野中有一定的绿量，一般情况下，**进入人们的视线的绿视率占25%时，人们的感觉较为舒适**。植物的花朵中，以红色偏多，红色、鲜红色象征烈火、生命和爱情，能促进人们血液流动、加快呼吸并能够治疗抑郁症，对人体循环系统和神经系统有明显的调节作用。

（2）清新感。水是生命的基础，没有水生命就不存在。绿色植物的60%～70%由水构成，所以人们把植物的绿色作为水和生命的象征。在茫茫的大沙漠中，找到了绿色就意味着水的存在、生命的希望。晨曦挂在枝叶上晶莹的露珠；阳光下郁郁葱葱的绿色植物无不使人感受到清新。

（3）生命力。园林树木一年四季有规律地生存：萌芽、展叶、孕蕾、开花、结果，始终给人一种勃勃的生机。古代人们认为，树木是一种不可思议的超越自然的物体。树木在秋季逐渐“死亡”，冬季肃穆伫立，春季又复苏再生。这一切都使人们感到树木的神秘莫测。在西方，远古时代的人们以朴素的情感来认识树木，他们认为树木的根能深达“地狱”，绿色树冠伸入“天堂”，只有树木才能把“天堂”、“人间”和“地狱”紧紧地联系在一起；只有通过树木，上“天堂”的夙愿才能实现。在我国古代也有类似的传说，如人类的生命是由于树木的萌芽生长而产生的。所以人们在墓地种植树木，以显示生命并未因死亡而终结。树木成了命运之树、生命之树。因为**“树木是生命的象征，它代表了赋予生命的宇宙，宇宙也因它而获得新生”**。在西方，圣诞节因圣诞树而五彩缤纷、富有生气。圣诞树作为全世界树木的代表，象征着永不枯竭的生命源泉。

（二）陶冶情操

城市园林绿地不仅给城市增添生机与活力，而且能陶冶人们的审美情趣和情操，给人以美的享受。园林植物的形体线条、色彩是人们视觉享受的艺术；鸟鸣啾啾、泉水淙淙、雨打芭蕉是一种听觉的享受；而嗅觉同样能享受到艺术——花香袭人，令人陶醉。

城市园林绿地，特别是公园、小游园、居住区绿地等，是人们开展多种活动和社交的场所，人们在游玩中，提高文化素养、增长知识。在优雅的环境中，人们精神振奋、心情舒畅，使人延年益寿，所以城市园林绿化对于陶冶人们的情操，提高人们的素质，促进精神文明建设，建设和谐社会，推进社会生产力水平的提高具有重要的作用。

（三）防灾避难

有人认为城市绿地、城市广场就是为了好看才建设的，这种认识是不充分的。**这些公共设施是非常必要的城市减灾防灾设施**。

1908 年，美国旧金山因为地震引发了一场城市大火。地震造成道路毁坏、房屋倒塌，救火人员无法扑救，也没有水源，人们几乎束手无策，眼看就要大火连城。时任市长下令将城市中一条主要街道两旁的房屋全部拆掉，开辟一条隔火道。由此救了旧金山的半座城。从这以后，全世界的城市规划师认识到，城市应当有能够起到隔火、避难等作用的开阔街道和广场，同样，城市绿地也能起到这样的作用。

过去几十年中，无论是我国的唐山大地震还是日本的神户大地震、美国的洛杉矶大地震，多少血的教训证明，如果城市中没有避难空间，造成的人员伤亡甚至比地震要多得多。

2001 年 9 月 11 日，美国纽约世贸大厦遭恐怖袭击而倒塌，周围建筑几乎都遭到了不同程度的毁坏，只有圣保罗教堂幸免于难。原来是教堂前面的一棵 70 年生的美国梧桐即一球悬铃木（*Platanus occidentalis*）用庞大的身躯遮挡了爆炸的冲击波。这棵树倒下了，教堂却安然无恙。当“9・11”四周年之际，设计师以这棵树的树根为原型，创作了一尊**棕红色的青铜雕像以纪念这棵大树（彩图 15）**。

类似的例子还有不少，在第二次世界大战中，欧洲绿化树木茂密的城市地段遭受的损失要轻得多。这是因为城市绿地能过滤、吸收和阻隔放射性物质，降低光辐射的传播和冲击杀伤力，还能阻挡弹片的飞散，也能对重要的军事设施起一定的隐蔽作用。

无论是 1923 年的日本关东大地震，还是 1976 年的我国唐山大地震，城市公园都成为人们的避难所，为减少灾害，疏散安置居民起到重要的作用。

园林中的许多植物含有大量的水分，一旦发生火灾可阻止火势蔓延，如珊瑚树，即使叶片全部烤焦，也不会被烧着。厚皮香、海桐、山茶、白杨等都是很好的防火树种。园林绿地中的水面则是天然的消防用水池。

由此可见，城市园林绿地具有防御战争、防震防火、蓄水保土、保护城市居民生命财产安全的重要功能。

三、经济效益功能

（一）直接的经济效益

城市园林与旅游业相结合，可实现它们的“产业链”效应。近年来，为配合城市旅游业的发展，游乐园、缩景园、民族风情园、科普园、滨海休闲园、观赏植物科技示范园等在各地应运而生。随着我国旅游业的迅速发展，有的几年甚至当年就收回建设投资，其直接经济效益非常可观。

居住区绿地在提高和改善环境质量方面，具有直接影响房地产价格的作用。**“绿化就是高价格的房地产”**，这一观念已被房地产市场和人们所接受。曾有景观设计专家算过一笔账，如果**开发商每平方米花 50 元的景观设计费，其开发的物业房价每平方米就可提升 250 元，将给开发商带来可观的经济效益**。

（二）间接的经济效益

间接的经济效益是指，园林绿化所形成良性的生态环境效益和社会效益。据研究表明，搞好绿化间接的环境和社会经济价值是其本身直接经济价值的 18～20 倍，这是非常重要的无形资产。

按照每人每天呼吸氧气 750g，呼出二氧化碳 900g；每天生活用煤气消耗氧气 629.26g，释放二氧化碳 358.385g，合计每人每天共需氧气 1379.26g，放出二氧化碳 1258.38g。我国 14 亿人口每天共需氧气 18.2 亿 kg，一年共需 6643 亿 kg，即 66430 万 t 氧气，按照医用氧气 2005 年的市场价格（人民币 5000 元/t）计算，则共需要 33215 亿元人民币，**这个费用比我国 2005 年全部财政收入（31649.29 亿元）还要多**，这是多么大的一笔开支啊！这就是绿色植物为我们节省下来的间接经济效益。除此以外，园林绿化为我们人类带来的还远远不只这一些。

美国 2005 年研究报告显示，华盛顿市区的树木每年为该市节约数百万美元的费用。华盛顿市区的森林覆盖率为 28.6%，城市被称为“树木之城”。周围居民时常在树下休憩、野餐，特别是夏日炎炎的时候，树荫下更是“宝地”。居民们往往只看到了树木美观的一面和遮阴的功效，事实上它们的经济价值还要大得多。几乎所有的树木都可以通过树叶的网状纤维吸收和过滤有害气体和粉尘，达到净化空气的目的。以华盛顿常见的榆树为例，一棵高约 12m，树干直径 0.45m，树冠半径约 3m 的榆树，一年可吸收臭氧 198.7g，氮氧化物 66.2g，粉尘微粒 121.1g，二氧化硫 66g。如用其他方法治理上述有害物质，则需要投入至少 2.46 美元的成本。换句话说，一棵城市常见的榆树每年可至少为市政减少 2.46 美元的开支。华盛顿共有 192.8 万棵树，每年为城市节约的费用则高达 400 多万美元。

对于居民来说，树木的存在也可节约家庭开支。参加研究的一志愿者表示，他的住所前原有一棵约 18m 高的橡树，即使在最热的天气每天早晨家里的空调原本 9 点钟才需要打开。自从那棵树被伐掉，每天早上 7 点钟就需要打开空调。能源公司的调查表明，有树木遮阴的房子，每年可为房主省下至少 80 美元的电费。

也有环保组织指出，**保护树木、保护城市绿地应该和改善交通状况、提高学校质量等问题一样，引起人们充分的重视**。

我们往往只看到树木被砍伐后加工成的各种产品的价值，但是据研究表明，树木加工后产品的价值与树木形成的生态效益相比是微不足道的。

由此，我们必须从更高的层次来看待园林植物，特别是园林树木对我们人类生存空间所起的重要作用。园林植物给我们带来的不仅是粮食、木材、鲜花和工作，更重要的是它们对于人类赖以生存的环境产生的重大的生态效益，这是任何其他事物都做不到的，是任何其他事物都不能代替的。如果毁坏园林植物、园林树木、城市绿地，那就是毁坏我们人类自己的家园。

第二节　城市绿地类型及指标计算

城市绿地建设要从实际出发、因地制宜、合理布局、符合国家规定的绿地，并创造具有特色的绿地系统。城市绿地是由一定的量与质的各类绿地相互联系、相互作用而组成的绿色有机整体。它具有城市其他系统不能代替的特殊功能，并为其他系统服务。

一、城市绿地的类型及特征

（一）城市绿地的类型

住房和城乡建设部颁发的行业标准**《城市绿地分类标准》CJJ/T 85—2017** 已于 2018 年 6 月 1 日施行。根据该标准城市绿地（以下简称“绿地”）应按主要功能进行分类，并采用大类、中类、小类三个层次。绿地分类有 5 个大类、16 个中类、11 个小类。这 5 个大类分别是：公园绿地 G1（G 为类别代码，下同）、防护绿地 G2、广场用地 G3、附属绿地 XG、区域绿地 EG。这种分类方法比过去的更加详细，基本上满足了我国城市发展的需要。《城市绿地分类标准》CJJ/T 85—2017 适用于绿地的规划、设计、建设、管理和统计等工作。

（二）城市各类绿地的特征

1. 公园绿地 G1

公园绿地是城市绿地中重要的类型，面积大、功能全，是供居民使用的绿地；是具有一定设计内容，经过艺术布局建成的绿地；是向公众开放，以游憩为主要功能，并兼具生态、警告、文教和应急避险等功能，有一定游憩和服务设施的绿地，规模宜大于 $10hm^2$。公园绿地又分为 4 个中类。综合公园 G11：内容丰富，适合开展各类户外活动，具有完善的游憩和配套管理服务设施的绿地，规模宜大于 $10hm^2$。社区公园 G12：用地独立，具有基本的游憩和服务设施，主要为一定社区范围内居民就近开展日常休闲活动服务的绿地，规模宜大于 $1hm^2$。专类公园 G13：具有特定内容或形式，有相应的游憩和服务设施的绿地。专类绿地又分为 6 个中类。动物园 G131、植物园 G132、历史名园 G133、遗址公园 G134、游乐公园 G135（单独设置，具有大型游乐设施、生态环境较好的公园）、其他专类公园 G139（除以上各种专类公园外，具有特定主题内容的绿地）。主要包括儿童公园、体育健身公园、滨水公园、纪念性公园、雕塑公园以及位于城市建设用地内的风景名胜公园、城市湿地公园和森林公园等。游园 G14：除以上各种公园绿地外，用地独立，规模较小或形式多样，方便居民就近进入、具有一定游憩功能的绿地。

2. 防护绿地 G2

防护绿地是用地独立，具有卫生、隔离、安全、生态防护功能，游人不宜进入的绿地。

3. 广场用地 G3

广场用地是以游憩、纪念、集会和避险等功能为主的城市公共活动场地。

4. 附属绿地 XG

附属绿地是附属于各类城市建设用地（除“绿地与广场用地”）的绿化用地。这些绿地不再重复参与城市建设用地平衡。附属绿地又分为 7 个中类：居住用地内的配建用地 RG、公共管理与公共服务设施用地内的绿地 AG、商业服务业设施用地内的绿地 BG、工业用地内的绿地 MG、物流仓储用地内的绿地 WG、道路与交通设施用地内的绿地 SG 和公共设施用地内的绿地 UG。

5. 区域绿地 EG

区域绿地是位于城市建设用地之外，具有城乡生态环境及自然资源保护、游憩健身、安全防护隔离、物种保护、园林苗木生产等功能的绿地。这些绿地不参与建设用地的汇总，不包括耕地。区域绿地又分为 4 个中类：风景游憩绿地 EG1、生态保育绿地 EG2、区域设施防护绿地 EG3 和生产绿地 EG4。风景游憩绿地又分为 5 个小类：风景名胜区 EG11、森林公园 EG12、湿地公园 EG13、郊野公园 EG14 和其他风景游憩绿地 EG19。

二、城市绿地计算原则与方法

（一）城市绿地指标的作用

城市绿地指标反映城市绿地的质量与绿化效果，是评价城市环境质量和居民生活福利保健水平的重要指标；由此也可看出城市的经济发展状况；统一全国的计算口径，也为城市规划提供可比的数据。

（二）城市绿地指标计算原则要求

绿地应以绿化用地的平面投影面积为准，每块绿地只应计算一次。绿地计算的所用图纸比例、计算单位和统计数字精确度均应与城市规划相应阶段的要求一致。计算城市现状绿地和规划绿地的指标时，应分别采用相应的城市人口数据和城市用地数据；规划年限、城市建设用地面积、规划人口应与城市总体规划一致，统一进行汇总计算。

（三）绿地的主要统计指标计算

1. 人均公园绿地面积 A_{glm}（m^2/人）

$$A_{glm}=A_{gl}/N_P$$

式中：A_{gl} 为公园绿地面积（m^2）；N_P 为城市人口数量（人）。

2. 人均绿地面积 A_{gm}（m^2/人）

$$A_{gm}=(A_{g1}+A_{g2}+A_{g3}+A_{xg})/N_P$$

式中：A_{g1} 为公园绿地面积（m^2）；A_{g2} 为生产绿地面积（m^2）；A_{g3} 为防护绿地面积（m^2）；A_{xg} 为附属绿地面积（m^2）；N_P 为城市人口数量（人）。

3. 绿地率 λ_g（%）

$$\lambda_g(\%)=[(A_{g1}+A_{g2}+A_{g3}+A_{xg})/A_c]\times 100\%$$

式中：A_{g1} 为公园绿地面积（m^2）；A_{g2} 为生产绿地面积（m^2）；A_{g3} 为防护绿地面积（m^2）；A_{xg} 为附属绿地面积（m^2）；A_c 城市的用地面积（m^2）。

第三章　种植设计与居住区绿地设计

第一节　种植设计

园林植物的种植设计是园林绿化设计的重要环节和内容。园林植物的种植设计就是根据园林布局的艺术要求，按照植物的生态习性合理地配置园林中的各种植物，包括乔木、灌木、藤木以及花卉、草皮、地被植物等，以便充分发挥它们的园林功能和观赏特性。而园林植物的分布有其重要的地域性，因此，在进行种植设计选择园林植物时，应当首先考虑是否适合当地的气候条件和土壤条件等，只有这样园林植物才能正常生长，才能发挥其重要的生态作用，进而展现其园林艺术效果，为人们创造优美的生活环境。

一、园林植物的艺术功能

在园林中，园林植物这一重要的园林构成要素以其不同的姿态、色彩、气味等供人们欣赏，使人赏心悦目或让人感觉柳丝拂面或芳香扑鼻。人们在游览过程中通过视觉、听觉、嗅觉、触觉等可获得对大自然的审美享受。园林植物有其独特的形体美和色彩美，还有其风韵之美。园林植物的艺术功能有不同于其他构成园林物质要素的独特的时空表现和重要作用。

（一）拓展空间，隐蔽景观

有人说，**园林艺术在一定意义上是一种空间艺术。**通过植物材料的配置可使园林的空间更加丰富。

园林植物构成的空间，从形式上看有：开敞空间（人的视线高于四周景物、植物的空间，如开阔的草坪、水面等）**（彩图 16）**、半开敞空间（四周不全开敞，部分空间以植物阻挡人的视线，起到“障景”的效果。这是从开敞空间到封闭空间的过渡空间）、封闭空间（人们处在的区域由植物材料围合，人的视线受到阻挡、视距缩短，近景感染力加强，私密性较强）、垂直空间（用植物材料封闭两侧立面而顶平面开敞的空间。垂直空间的两侧几乎完全封闭，视线的上方与前方较开敞，极易产生“夹景”的效果）、覆盖空间（通常位于树冠下与地面之间，通过树木的分枝点高低，浓密的树冠来形成的空间，为人们提供较大的活动空间和遮阴休息区域。与封闭空间相比，四周可开辟透景线，以观望远处的景观）以及季相空间（随季节而变化的空间以及树木年生长周期动态变化的空间，如“春花含笑”“夏绿浓荫”“秋叶硕果”“冬枝傲雪”的四季景象变化）。

园林植物构成的空间，从功能上分有：游戏空间（常见的有绿色迷宫，以及由绿色植物围合或覆盖的儿童游乐区域）、休息空间（是一种静态空间，为人们安静休息、静坐、冥想、思考、交谈而设立的空间，多半由植物材料围合、半围合）、活动空间（适合于中青年动态活动的空间，植物材料的配置宜自然式，丰富多样，植物层次不宜过高以免阻挡视线，一般与开敞空间、半开敞空间对应）以及**感知空间**（感知是通过人们的感觉器官去领会、理解、体会、感悟而完成的。感知空间有静态与动态之分，也有视觉感知、听觉感知、触觉感知等空间类型）。植物材料总是直接或间接地给人们以不同的感受。通过植物的季相、质地、色彩、形姿、声响、味道等，给人们心灵上的体会和感悟。但是在雕塑与小品突出的境域，植物只是起到烘托或衬托的作用。

（二）衬托建筑，装点山水

叠石、堆山之间以及各类池水的岸畔或水面，常常用园林植物配置或自然植被美化。在景观构图上，特别是在主要景观的重点观赏面，更需要重点配置树木花草。这里，园林植物往往起到加强和补充山水气韵的作用。一些园林建筑，如亭、廊、榭等的内外空间，往往也依靠园林植物的衬托而显示它与自然的关系。园林建筑的设计，在体量与空间上，应该考虑与周围园林植物的综合构图关系，不仅在庭院空间如此，在建筑的主要观赏面也应重点做好园林植物的景观构图。

（三）含蓄景深，分隔联系

园林中划分空间的手段，可利用建筑或园林植物材料等，我们首先应当选用植物材料来划分空间、组织空间。园林中的园林建筑毕竟只是少量的，因此用园林建筑来划分空间不可能大量运用。在不宜采用建筑手段划分空间的情况下，或者说除了用园林建筑划分空间之外，用植物材料划分空间、组织空间，更能体现出自然之美，使构图更为活跃，显得生机勃勃，且产生一些意境。

以自然的植物材料分隔空间，因其疏密程度不一样，可以形成不同的效果。如用密植的乔木、灌木高低搭配或用竹丛分隔空间，可以达到阻挡视线的效果。利用稀疏的植物材料分隔空间，可以取得似隔非隔、似透非透的效果，并与相邻景观产生互相渗透、似乎连接的效果或以更为疏朗的配置略施掩映，使深处的景观更含蓄，以增加景深层次。如上海植物园的盆景园，利用珊瑚树自然绿篱分隔联系，形成园中有园的内部结构，而全园被分隔成若干个不同的山水、建筑的景区，形成含蓄景深的效果，又通过植物材料加强彼此的联系，使自然与人工的因素统一在绿色的网幕之中。

（四）突出季相，渲染色彩

在园林设计中，植物材料不仅是绿化的“颜料”，也是园林渲染的重要手段。人工园林就是再现大自然的景观，因此它应同大自然的自然现象一样具备四季的变化，表现季相的更替，这是植物材料所特有的作用。开花结果的园林树木春花满枝、夏绿成荫而秋实累累，季相变化更替不已。一般落叶树的色形，也是随季节而变化的：春花烂漫、劲发嫩枝，夏被浓荫、绿叶满树，秋叶红艳似火、胜似春花，冬季则有枯木寒林的诗情画意。著名风景区杭州的“花港观鱼”景区的芍药、牡丹，“曲院风荷”景区的荷花，“平湖秋月”景区的桂花等，都有力地烘托了景点的气氛。

（五）招蜂引蝶，散布芬芳

体验一个园林作品，对于观赏者来说，是由多种感官综合来感受的，既要有视觉、触觉的感受，也要有听觉、嗅觉的感受。园林艺术空间的感染力，不仅是由植物与其他要素的色彩、造型来表现的，还要由多方面的因素构成，如各种要素形成的气味与音响等效果。园林产生的嗅觉效果主要是有香味的园林植物起的作用，如桂花、荷花、蜡梅、罗勒、驱蚊香草等。如著名的苏州拙政园的“远香堂”景点，每当夏日荷风扑面、清香满堂；留园“闻木犀香轩”景点，因香花树种桂花遍植，秋季开花时散布芬芳、异香袭人，并且香味能够飘散到邻近的景点，招蜂引蝶，人们也可依香味寻到“闻木犀香轩”景点。园林中，花草的芬芳使园中空气更清爽宜人；一些园林树木花卉在以树干、树叶、花、果等作为观赏对象的同时，又是散布馨香的源泉，起到招蜂引蝶、沁人肺腑的作用。

二、园林植物种植设计的基本原则

各类园林绿地大至风景名胜区，小到庭院绿化，均由园林植物、山石水体、园路广场、建筑小品等物质要素所构成。从维系生态平衡和美化城市环境角度来看，园林植物是园林绿地中最主要的构成要素。通常情况下，园林绿地应以植物造景为主，以小品设施为辅；园林绿地观赏效果和艺术水平的高低，在很大程度上取决于园林植物的配置。因此，合理配置园林植物，搞好园林植物造景设计是园林绿地建设的关键。

园林植物种植设计的基本形式实际上就是园林植物的配置方式。无论从生态效益还是从视觉景观来看，园林树木是园林植物的主体，它占据了园林中的绝大部分空间，因此要搞好园林植物的配置，关键是要搞好园林树木的配置。

在具体进行园林树木配置时，一般应遵循以下几个原则：

（一）满足园林树木的生态要求

各种园林树木在生长发育过程中，对光照、土壤、水分、温度等环境因子有不同的要求。在进行园林树木配置时，只有满足园林树木的生态要求才能使园林树木正常生长并保持稳定，进而充分体现设计意图。

1. 在树种选择上，要因地制宜、适地适树

适地适树就是把树木栽植在适合它生长的地域环境中，园林植物栽植的环境条件满足树木的生长习性，以达到地和树的统一，这样不仅有利于树木的成活，还能使园林树木更好地生长，就可长期发挥其各种功能效益。**适地适树的“地”应包括光照、温度、水分、空气和土壤等综合环境条件**。

城市有其特殊的生境条件，且城市内不同的地域其生境条件也不相同，因此无论是外来引进树种还是本地乡土树种，在复杂的城市生境条件中都有能否成活和适应的问题。当然外来引进树种的适应问题更为严重，即使本地乡土树种未经分析研究和实践，也不能贸然大量引入城市。从另一个角度来看，园林树木的种类很多，不同的树种对生境的要求、适应能力以及忍耐能力也不相同，因此我们首先要掌握各种树种的生态习性，了解城市的生境特点，以及各种特定的生态环境，总可以找到与之相适应的特定树种进行绿化。因此我们也可以这样说，**只有做到“识地识树”，才能做到“适地适树”**。

（1）就地选树。根据园林绿地的生态环境条件，选择与之相适应的园林树木种类，只有这样才能使园林树木本身的生态习性与栽植地点的环境条件一致或基本一致，这就是就地选树，如水边绿化就要选择耐水湿的树种；山上绿化就要选择耐干旱的树种等。

（2）就树选地。我们首先确定想使用的树种，然后选择这些树种适合生长的地域进行栽植，这就是就树选地。如想栽植常绿松树类树种，则应选择在地势较高的位置栽植，绝不能在低洼地、地下水位高或盐碱地上栽植。

（3）改地适树。为了突出景观效果，我们不能仅要做到就地选树或就树选地，还要做到改地适树。如果我们想使用的树种，在绿化地内找不到适合它们生长的地域，我们可以通过整地、改良土壤、换土以加厚土层或进行地形改造等措施，抬高种植地、降低地下水

位等，改变栽植地环境，通过这些措施可以使树种适应生长环境，这就是改地适树。如原栽植地比较低洼不适合常绿裸子树种的生长，我们通过加厚土层以抬高栽植地的高度，使环境满足树种的生长。因此适地适树，不仅含有就地选树、就树选地，还应包括改地适树等各个方面。

(4) 多选用乡土树种。乡土树种不仅适应当地的土壤、气候条件，而且苗源多、易成活，抗病虫能力强、耐粗放管理，可大大降低栽植和养护成本，还能突出地方特色，因此应作为园林绿化的主要树种来使用。

(5) 色叶树种的运用。近年来，一些地方对色叶树种尤其是色叶灌木的需求日益增长，如金叶女贞、红叶小檗等。以金叶女贞为例，它只有在光照条件充足时，才能表现出叶色金黄的特点，若在遮阴条件下则无法体现这一特色。因此，配置时必须注意满足金叶女贞的光照条件，才能达到理想的效果，否则金叶转绿，无法体现这一特色。

(6) 适当体现植物材料的多样性。**多样性是植物材料的特点之一**，这一特点应体现在园林绿化中，特别是当今气候转暖、生态出现一些变化，可以适当地引进一些本地缺少、可适应当地环境条件、观赏价值又高的近缘树种，但要防止盲目引种。

通过物种多样性，以丰富绿地景观。一般要求每 $1000m^2$ 绿地的乔木栽植种类不应少于 7 种，灌木不应少于 8 种，常绿树不应少于 3 种，落叶树不应少于 7 种，地被植物或一二年生草花不应少于 5 种。

(7) 选择树种还要注意**树种间“相生相克”现象**。某些树种间存在“相生相克”现象，如松树与杨树、松树与赤杨、刺槐与杨树混栽，二者能互相促进生长，比它们单独栽植生长要好得多。再如松树与云杉是相克的，将其栽种在一起生长都不良；白榆与杨树也相克，将其栽种在一起杨树会生长不良；还有刺槐会抑制林下的草本植物生长，松树抑制桦木的生长，松树与接骨木、榆树与栎树都是相克的等。

2. 合理的种植结构

园林树木种植的密度直接影响绿化功能的发挥，因此要注意合理的种植结构。

(1) 水平方向上合理的种植密度，即平面上种植点的确定。从长远考虑，平面上种植点位置一般应根据成年树木的冠幅大小来确定，但也要注意近期效果和远期效果相结合。**如想在短期内就取得好的绿化效果，就应适当加大密度。**一般用速生树和慢生树搭配配置的办法来解决近期与远期过渡的问题。在造价限制的情况下或大树、大苗供不应求时，适当加大主栽树种的密度或采用增添种植**“填充树种”**的办法来解决树种过稀的问题，但同时也要考虑到若干年甚至十多年以后树木的生长问题，预先确定分批处理树种。在不影响主栽树种生长的前提下让“填充树种”起到填充的作用；之后当主栽树种受到压抑或抑制时，应及时地对填充树种进行**限制性修剪**或移出填充树种，为主栽树种创造良好的生长环境与种间关系以充分发挥其各项功能。

(2) 垂直方向上适宜的混交类型，即竖向上的层次性。竖向上亦应考虑树种的生物学特性，注意将喜光与耐阴、深根性与浅根性、速生与慢生、乔木与灌木等不同类型的树种相互搭配，避免竞争。在满足植物的生态条件下创造稳定的人工复层绿化效果。只有这样，才能最大限度地发挥园林树木的各项功能效益，创造人们美好的生活和居住环境。

园林树木的配置使得园林空间在平面上前后错落、疏密有致，在立面上高低参差、断续起伏。植物造景在空间的变化是通过人们的视点、视线、视域而产生“步移景异”的景观变化。植物配置犹如写诗要有韵律、音乐要有节奏，曲折有法、前呼后应，与环境相协调。植物配置体现在空间的变化，一般应在平面上注意配置的疏密以形成树林的**林缘线**，在立面上注意**林冠线**的变化，在树林中还要注意开辟风景透视线等，尤其要处理好远近观赏的质量和高低层次的变化，形成“远近高低各不同”的艺术效果。

林缘线是指树丛、树林边缘上树冠投影在地面的连线。林缘线是树木配置的设计意图在平面构图上的形式，它是植物空间划分的重要手段。**林缘线要有收有放、有凸有凹，丰富曲折、疏密有致。**园林空间的大小、景深，透景线的开辟、气氛的形成等，大多依靠林缘线。

林缘线还可以把面积相等、形状相仿的草坪地形、功能要求等结合起来，以创造不同形式的空间。如杭州西湖花港观鱼公园的 4 块面积相近（约 2400m^2）的绿地，但由于林缘线处理不同、树种不同，形成了 4 个完全不同形式的空间。在图 3-1 中，1、2 均为半开朗空间，前者朝向牡丹园，后者朝向鱼池，虽林缘线不长，但感觉很开阔。图 3-1 中，3 的地形向南缓缓倾斜，东西长、南北短，而林缘线则形成南北长、东西窄的空间，加强了地形的倾斜感。图 3-1 中，4 的中心部分地势较高，形成林缘线短而完全封闭的空间，所以给人感觉空间很小，犹如一块林中空地。

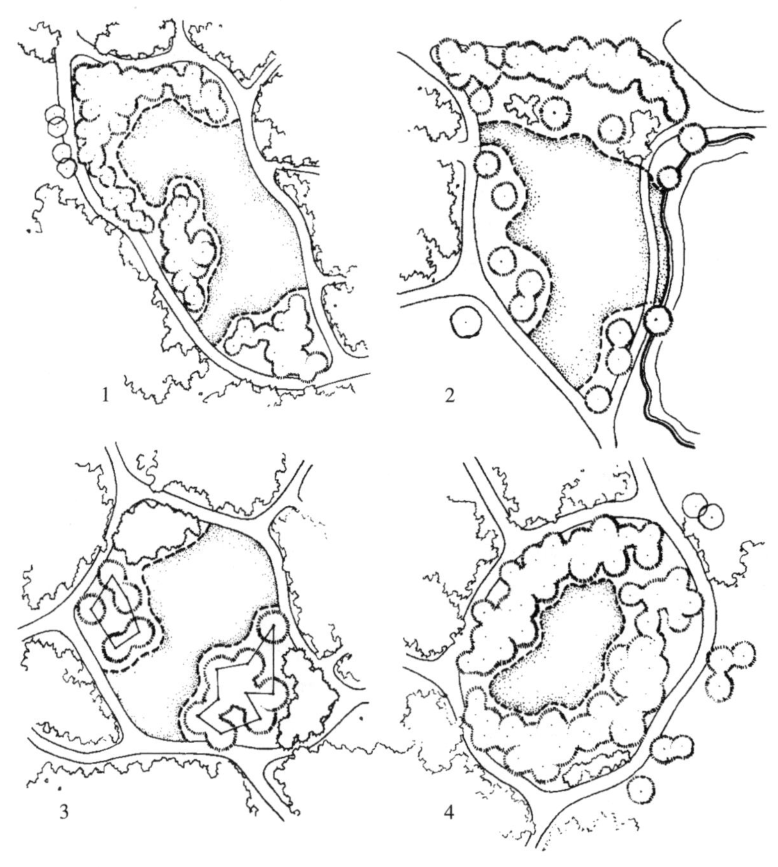

图 3-1　草坪树丛林缘线分析

而林冠线则是指树丛、树林空间立面顶端上构图的轮廓线。平面上的林缘线并不能体现空间感，**但不同高度的树木组合在立面的顶端形成丰富多变、参差错落的林冠线，给人以美的享受**（图 3-2）。

同一高度的树木配置形成等高的林冠线这种林冠线比较平直、单调，但更易体现雄伟。不同高度级的树木配置能够产生起伏的林冠线。在起伏不大的树群中，突出一株特高的孤植树，有时也能产生很好的艺术效果。即使同一高度级的树木配置，由于地形高低不同，也可形成丰富多变、高低曲折的林冠线。

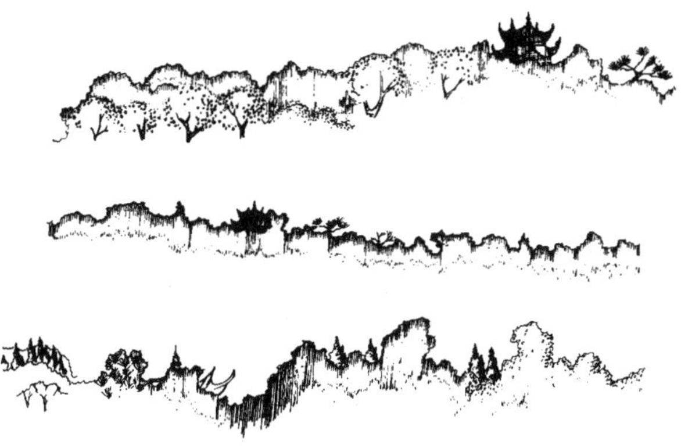

图 3-2　丰富的林冠线

（二）符合园林绿地的功能要求

1. 选择树种时，应注意考虑园林绿地的性质和功能

如为体现烈士陵园的纪念性质要营造一种庄严肃穆的氛围，在选择园林树木种类时，应选用冠形整齐、寓意万古流芳的青松翠柏；在配置方式上也应多采用规则式配置中的对植和行列式栽植。

2. 选择树种时，要注意发挥其主要功能

我们知道园林绿地的功能很多，但就某一绿地而言，则有其主要的功能：园林树木具有改善、防护、美化环境以及经济生产等方面的多种功能，但在树木配置中应发挥该树木的主要功能。如街道绿化中行道树的主要功能是庇荫减尘、美化市容和组织交通，为满足这一具体功能要求，在选择树种时除了考虑树形美观，也要发挥树冠高大整齐、叶密荫浓、生长迅速、根系发达、抗性强、抗污染、病虫害少、耐土壤板结、耐修剪、发枝力强、不生根蘖、寿命又长的主要功能。应首先选择具有这些特征的树种。

再如，城市综合性公园，从其多种功能出发，应当有浓荫蔽日、姿态优美的孤植树和色彩艳丽、花香果佳的花灌丛，以及为满足安静休息需要的疏林草地和密林，还要有供集体活动的大草坪等。总之，园林中的树木花草都要最大限度地满足园林绿地实用和防护功能上的要求。

3. 选择树种时，需要注意掌握和发挥与其主要功能直接有关的生物学特性

以庭阴树为例，不同树种遮阴效果的好坏与其阴质的优劣和阴幅的大小成正比，阴质的优劣又与树冠的疏密、叶面的大小和叶片不透明度的强弱成正比。其中树冠的疏密度与叶片的大小起主要作用。如银杏、悬铃木等阴质好，而垂柳、槐树等阴质差。前二者的遮阴效果约为后二者的两倍。

4. 树木的搭配方式

树木的卫生防护功能，除树种之间有差异外，还和其搭配方式与林带的结构有关。如防风林带以半透风结构效果最好，而滞尘则以紧密结构最为有效。

当然，要做好园林树木的配置就必须要掌握好各种园林树木，首先是常见的园林树木的生物学特性和生态习性以及园林栽植地的生态环境；在此基础上做到适地适树，合理搭配处理好树种之间的关系，树种与环境因子之间的关系，这样就能搞好园林树木的配置。

（三）考虑园林绿地的艺术要求

园林融自然美、建筑美、绘画美、文学美等于一体，是以自然美为特征的一种空间环境艺术。因此，在园林植物配置时，不仅要满足园林绿地实用功能上的要求，取得“绿”的效果，而且应按照艺术规律的要求，给人以美的享受，以此来选择树种和确定配置方式。

1. 园林树木配置要充分体现自然美

城市中的园林绿地，通常面积较大且有大量人流，因此在管理上除重点分区及主景附近外，不可能花费过多人工进行精雕细刻。因此，人工整形造型的树木应该在园林中只起点缀作用。这就要求做到正确选用树种，妥善加以安排，不用过多地修剪、整形或养护，就能使其在生物学特性和艺术效果上各得其所，充分发挥其特长与典型之美。

2. 进行树木配置时要先在大处着眼的基础上再安排细节问题

通常园林树木配置中的通病是：

(1) 过分追求少数树木之间的搭配关系，而较少注意整体、大片的群体效果；

(2) 过多考虑各株树木之间的外形配合，而忽视了适地适树和种间关系等问题；

(3) 过多注意到局部，而忽略了主体安排。这样做的结果往往是烦琐支离、杂乱无章。

为此，在树木配置时首先要考虑整体之美，多从大处着眼，从园林绿地自然环境与客观要求等方面做出恰当的树种规划，确定主要树种的比例，如乔木与灌木、常绿与落叶的比例，以及确定适当的草坪面积等，而后再从细节上安排树种的搭配关系。

3. 为满足园林绿地的艺术要求

在选择树种时，应着重考虑：

(1) 确定全园基调树种和各分区的主调树种、配调树种以及转调树种，以获得多样统一的艺术效果，如图 3-3 所示。**多样统一是形式美的基本法则**，以形成丰富多彩而又不失统一的效果。在园林布局中，主调树种应当突出，配调和基调树种应起到衬托作用。在植物配置选择树种时，应确定全园有 1～2 个树种作为基调树种，使之广泛分布于整个园林绿地。园林布局多采用分区的办法，还应视不同分区，选择各分区的主调树种，以造成不同分区的不同风景主体，如杭州花港观鱼公园的几个景区，在树种选择时，牡丹园景区以牡丹为主调树种，杜鹃等为配调树种；鱼池景区以海棠、樱花为主调树种；大草坪景区以合欢、雪松为主调树种；花港景区以紫薇、红枫为主调树种等；而全园又广泛分布着广玉兰为基调树种。这样，全园因各景区主调树种不同而丰富多彩，又因基调树种一致而协调统一。

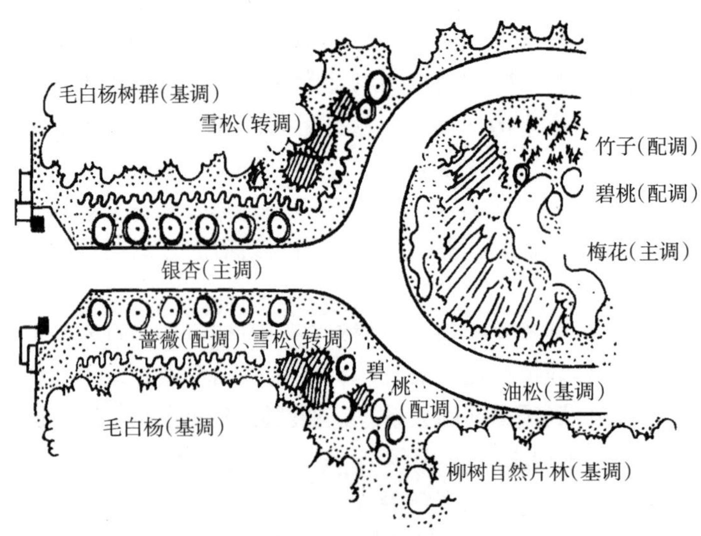

图 3-3　主调、基调、配调和转调树种示意

（2）注意选择不同季节的观赏植物，构成具有季相变化的时序景观。

1）植物是园林绿地中具有生命活力的构成要素，随着植物物候的变化，其形态、色彩、景象表现各异，从而引起园林风景的季相变化。因此，在树木配置时，要充分利用植物物候的变化，通过合理的布局，组成富有四季特色的园林艺术景观。设计时，可分区或分段配置，以突出某一季节的植物景观，形成季相特色，如春花、夏荫、秋色、冬姿等，如图 3-4 所示。

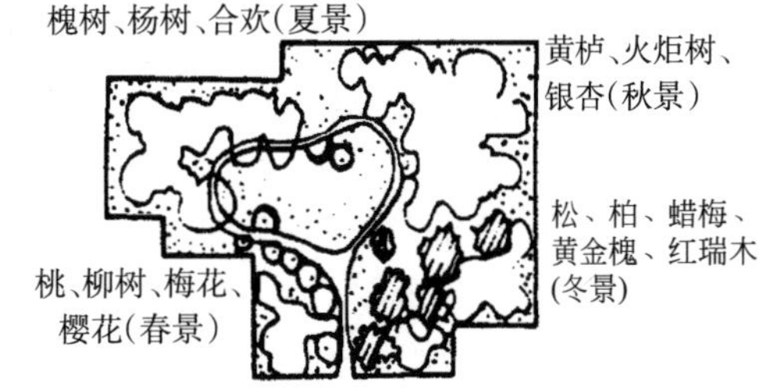

图 3-4 园林植物季相景观序列示意

扬州个园利用不同季节的观赏植物，配以假山，构成具有季相变化的时序景观。个园中春梅翠竹，配以笋石，寓意春景；槐树、广玉兰，配以太湖石，构成夏景；枫树、梧桐，配以黄石，构成秋景；蜡梅、南天竹，配以雪石和冰纹铺地，构成冬景。春、夏、秋、冬四季景观分明，同时四景分别布置在游览路线的四个角落，在咫尺庭院中创造了四季变化的景观序列。

2）在主要景区或重点地段应做到四季有景可赏。如以桃红柳绿表春，浓荫白花主夏，黄叶红果属秋，梅竹松树为冬。当然，在某一季节景观为主的区域，也应考虑配置其他季节植物，避免一季开花、一季萧瑟、偏枯偏荣的景象，避免形成某个时段景色单调或无景可赏。在开花季节要花开不断。如宋代欧阳修诗云：**“浅深红白宜相间，先后仍须次第栽；我欲四时携酒去，莫教一日不花开!”“红白相间，次第花开”的植物配置是值得我们学习的。**

3）在树木配置时尤其值得注意的是，要有季节上的重点，特别是要注意安排“五一”劳动节、“十一”国庆节等重大节日有花果供观赏，有景色供游览，也可以通过布置一些临时性花坛以活跃节日气氛。在布置临时性花坛时，特别是在坡度大、台阶多的地方，**布置盆花应避免使人产生歧义的图案（如大的圆形图案等）**。

（3）注意选择树种的多方面的特殊观赏效果。要选择观形、赏色、闻香、听声等各方面有特殊观赏效果的树种，以满足人们不同感官的审美要求。人们对植物景观的欣赏，往往要求五官都获得不同的感受，而能同时满足五官愉悦要求的植物是极少的。因此，应注意将在姿态、体形、色彩、芳香、声响等方面各具特色的树种，合理地予以配置，以满足不同感官欣赏的需要。如：

1）雪松、龙柏、桧柏、金钱松、垂柳、龙爪槐等主要是观其形。

2）樱花、海棠、玉兰、榆叶梅、紫荆、红枫、金叶女贞、黄栌等主要是赏其色。

3）桂花、蜡梅、丁香、郁香忍冬等主要是闻其香。

4）“万壑松风”“雨打芭蕉”，以及响叶杨等主要是听其声。

5）“疏影”“暗香”的梅花则兼有观形、赏色、闻香等多种观赏效果。

巧妙地将这些植物树种配置于一园，可同时满足人们五官的愉悦。

赏色还包括应用色叶树种的配置，如紫叶李、金叶女贞、紫叶矮樱、红叶小檗、金叶小檗、金山绣线菊、花叶芦竹等，特别要运用一些色叶灌木或乔木，形成大色块、常年的色彩对比，使人赏心悦目、心旷神怡。

（4）注意选择我国传统园林树种，使人产生比拟联想，形成意境深远的景观效果。

1）自古以来，诗人画家常把松、竹、梅喻为“岁寒三友”，把梅、兰、竹、菊比为“四君子”，这都是利用园林植物的姿态、气质、特性给予人们的不同感受而产生的比拟联想，将植物人格化了，从而在有限的园林空间中创造出无限的意境。如扬州个园，因竹子的叶形似“个”字而得名。园中遍植竹，以示主人之虚心有节、清逸高雅、刚正不阿的品格。

2）我国有些传统植物树种还寓意吉祥、如意。如扬州个园分植白玉兰、海棠、牡丹、桂花于园中，以显示主人的财力，寓意“金玉满堂春富贵”；还在夏山鹤亭旁配置古柏，寓意“松鹤延年”等。

3）在植物配置时，我们还可以利用古诗词中的诗情画意来造景，以形成具有意义深远且大众化的景观效果。如苏州北寺塔公园梅圃的设计，取宋代诗人林和靖咏梅诗句“疏影横斜水清浅，暗香浮动月黄昏”的意境，在园中挖池筑山，临池植梅，且借北寺塔倒影入池，将古诗意境实景化。

（5）不同树龄树木的布局。自然丛生树群，由于树龄和树体大小的不同而构成复层结构，形成了丰满而富有生气的景观。但人们往往只能建造相同树龄的人工林，这既不能满足美学要求，从生态观点来看也是不足取的。相反，在自然林区内，由于树木的年龄不同，可形成丰富多彩而又符合美学要求的景色。除此以外，不同树龄树木抗病虫能力增强，而同龄树林病虫害则较严重。因此，要注意不同树龄树木的配置，以增加景观的自然属性。

（四）结合园林绿地造价的经济要求

城市园林绿地在满足使用功能保护城市环境、美化城市面貌的前提下，应做到节约并合理地使用名贵树种。除在重要风景点或主建筑物迎面处合理配置少量名贵树种外，应避免滥用名贵树种。这样既降低了成本又保持了名贵树种的身价。当然最重要的还是要强调多用乡土树种，各地乡土树种适应本地环境、气候的能力最强，而且种苗易得，短途运输栽植成活率高，成本低，又可突出本地园林地方色彩，因此须多加利用。当然，优良的近缘树种在经过引种驯化成功后，也可与乡土树种配合应用。但是，**低价中标建设不出高质量的园林工程。**这是必须要注意的。

此外还可结合生产，增加经济收益。园林树木配置应在不妨碍满足功能、生态及艺术上的要求时，可考虑选择对土壤要求不高、养护管理简单的果树，如柿子、枇杷、山里红等；还可选择核桃、油茶、樟树等油料树种；也可选择观赏价值和经济价值均很高的芳香树种，如桂花、茉莉、玫瑰等；亦可选择具有观赏价值的药用树种，如杜仲、合欢、银杏等；此外，还有既可观赏又可食用的水生植物，如荷花等。**选择这些具有经济价值的观赏植物，设立果树专类园，人们自己采摘，可以增加人们游园的趣味性，**充分发挥园林植物配置的综合效益，达到社会效益、环境效益和经济效益的协调统一。

（五）特殊原则

在有特殊要求时，要有创造性，不必拘泥于树木的自然习性，应综合地运用现代科学技术知识、采取相应的工程技术措施来保证树木的配置效果符合主要功能的要求。经典的例子就是北京天安门广场的绿化。中华人民共和国成立10周年时，在许多绿化方案中选用大片油松林来烘托人民英雄纪念碑，表现中华儿女的革命精神万古长青和坚贞意志。现在来看对宏伟、端庄、肃穆的毛主席纪念堂也是很好的陪衬。从内容到形式上这个配置方案是成功的，从选用油松来讲也是正确的。但是如果仅从树种的习性来考虑，则侧柏及圆柏均比油松更能适应广场的生境，也不会有现在需更换一部分生长不良的枯松的麻烦，在养护管理上也省事和经济得多。但是天安门广场绿化的政治意义和艺术效果是第一位的，油松的观赏特性比侧柏、圆柏更能满足这第一位的要求，所以即使其适应性不如后二者，仍然被选中。从几十年的实践来看，效果是良好的。这就是遵循了这一特殊原则的结果。

现在，在一些高级居住区中可运用这一原则。但是，在应用这一特殊原则时，一定要慎重，**要充分考虑经济承受能力。**

另外，园林植物的配置还应充分体现城市的文化。植物的分布有其地域性特征，不同的城市有不同的城市文化内涵。如北京香山的红叶、苏州光福的香雪海、杭州的十里荷风，这些著名的植物景观已经和这些城市的历史文化紧紧联系在一起。无论新城还是古城，植物总可以记载一个城市的历史，见证一个城市的发展过程。因此在植物种类的选择上，**应体现城市的文化特征，应充分使用市树、市花，要充分使用乡土树种，对古树名木要充分保护**；还要充分使用具有明显科技价值、科学意义的树种，如榕树的气生根以及独木成林，雌雄异株的银杏、杨树等，松与柏的不同，裸子植物的球果不是真正的果实，既古老又年轻的水杉，薜荔与榕小蜂的共生关系等。

三、园林树木的种植设计

园林树木种植的基本形式，就是指在园林绿化工作中搭配园林树木的样式，又称作园林树木的配置方式。总的来说，园林树木的配置方式有规则式、自然式和这两种形式相结合的类型。

（一）园林树木的规则式配置

在规则式园林中，园林树木搭配的样式往往是规则式配置。规则式配置，就是园林树木按照一定的几何图形栽植，又称整形式配置。这种配置方式以对称式、行列式为主，即按照固定方式排列，有一定的株行距。这种配置方式往往显得整齐、严谨、庄重、端正。有的需要进行整形修剪，模拟建筑形体、立体几何图形或各种动物形态等。这种配置方式如果处理不当，则显得呆板、单调。规则式配置，有以下几种形式：

1. 中心植

中心植是指体量较大的一棵树在中心或在轴线上的栽植方式。往往在广场、花坛等中心地点或主建筑物、出入口形成的轴线上栽植。应选用树形整齐、轮廓严整、生长缓慢、四季常青且有一定体量的园林观赏树木，多采用雪松、桧柏、云杉、整形大叶黄杨球、苏铁等。中心植包括单株乔木种植和单丛灌木种植。

中心植的主要功能是构成主景，供人们观赏，因此其周围要有开阔的空间，这一空间不仅要求保证树木充分发挥其特色，还要留有适当的观赏视距，以便于人们欣赏。观赏视距一般为树高的 3～5 倍，而主观赏面要更大些。

2. 对植

对植就是两株或两丛相同的树在一定的轴线关系下，左右对称的种植方式。常在建筑物门前、大门入口等处，用两株树形整齐美观的相同树种，左右相对种植，使之对称呼应。主要用于强调建筑物、各类入口等处，同时有结合装饰美化、庇荫的作用，在构图上形成配景。

对植之树种，不仅要求外形整齐美观，还要求两株是同一树种，且其形状、体量、高矮、风格等特点均大体一致。通常多用常绿树种，也可用落叶树种，如桧柏、龙柏、云杉、海桐、桂花、水杉、银杏、龙爪槐、垂柳、柳树、毛白杨、榆叶梅、连翘、迎春等。对植只作配景布置，不作为主景处理。灌木作对植时，应抬高栽植地，以避免灌丛太小之不足。如用迎春对植，不仅要抬高栽植池，还要与同属相近的迎夏混植栽在一起，以形成大丛且可使花期大大延长，形成较好的观赏效果。

对植要与邻近建筑物的形体、色彩有所变化，且要协调一致。

3. 列植

列植就是将乔木、灌木按照一定的直线或缓弯线以等距离或在一定变化规律下成排成行的栽植方式。通常为单行或双行列植，多用一种树种栽植，可两种间植搭配，也可多行栽植。列植以取得整体效果为主，因此所用树木的树形、体量、高矮等应大体相同，不要差异过大。我国有一株桃树、一株柳树的传统栽植方式，以形成桃红柳绿的春景特色，非常成功。

列植宜选用冠形比较整齐的树种，如卵圆形、侧卵形、椭圆形、圆柱形等。列植的株行距取决于树种习性、规格大小与园林用途等。一般乔木树种的株距宜3～8m，灌木一般为1～5m，不可过密，过密就成了篱植。列植多用于建筑周边、道路两侧等地。列植与道路配合，可起夹景作用，有时具有极强的导向性。

常见的列植有，单一树种单行列植、单一树种双行列植、两种树种交替单行列植、两种树种双行分别列植、两种树种交替双行列植等形式，其中有的株行距可有所变化。最常见的列植是行道树栽植，以及在水边的列植等。

4. 环植

环植就是，在明显可见的同一视野内，把园林树木环绕一周的栽植方式。有时仅有一个圆环或椭圆环，有时仅有半个圆环，有时则是多个同心圆环等。环植一般处于陪衬地位，用以突出圆环中心的景物，因此一般多用矮小的常绿观叶植物或花灌木，如黄杨、雀舌黄杨、小龙柏等。一般株距很小或密集栽植，以切实形成“环”的效果。

5. 篱植

篱植即灌木密集列植的特殊类型。规则式篱植强调要进行整形修剪，要形成一定的几何形状。常用大叶黄杨、黄杨、千头柏、小叶女贞、小蜡、珊瑚树等植物材料进行篱植。

篱植可起到分隔空间、保护景区等作用。篱植可作雕塑、喷泉、花境的背景，也可作装饰图案。但是，在公共绿地使用篱植要适当，不要过滥使用，不要将公共绿地变成公共禁地。

按照高度不同，篱植可分为：

（1）矮篱。高度小于0.5m的篱植，起到分隔空间的作用，园林中常用。

（2）中篱。高度在0.5～1m之间的篱植，具有较强的防护作用，明显地表示不让人们进入，园林中常用。

（3）高篱。高度在1m以上的篱植，不阻挡人的视线，但也不能跳跃而过。

（4）绿墙。高度在1.7m以上的篱植，阻挡人的视线，形成封闭的绿墙。这种绿墙可以起到很好的隔离防护作用。

（二）自然式配置

自然式配置就是不按照一定的几何形状栽植园林树木，又叫作不整形配置。这种配置方式好像是树木自然生长在森林原野中的自然群落一样，形式不定，因地制宜，力求自然，给人以活泼变化的感觉，城市园林再现自然，顺乎自然，使人们居城市而享有园林之乐。自然式配置，有以下几种形式：

1. 孤植

孤植就是园林中的孤赏树，它不是在中心或轴线上，而是在角落、转折处、关键的地方，起到画龙点睛的作用。孤植一般是指只栽植一棵树，但是为了增加其雄伟感，有时也将两株或三株同一树种栽植在一起，形成一个紧密的单元，更好地起到孤植的效果。孤植树，应当位于自然式园林的构图中心，要与周围的环境、景物互为配景而相协调。

孤植是为了突出个体美，不论其功能主要是为了观赏还是庇荫与观赏相结合，都要求树木具有突出的个体美。孤植树栽植的地点，应有开阔的空间，不仅应有足够的空间容纳庞大的树冠，还要有足够的空间供人们欣赏。孤植树是自然式园林中的景观焦点，以致成为焦点树、诱导树，以更好地将人们吸引、诱导过来，或进入另一个景区，如图 3-5 所示。

图 3-5 孤植示意

成为孤植树主要的因素是，形体壮伟、树大荫浓，如悬铃木、银杏、雪松、白皮松、毛白杨、橡栎树等；或体态潇洒、秀丽多姿，如金钱松、南洋杉、合欢、垂柳、喜树、槭树、白桦等；或树冠丰满、花繁色艳，如玉兰、海棠、樱花、紫薇、广玉兰、桂花、木瓜等，而其中具有浓香者如桂花等，既有色又有香，更是理想的孤植树。

凡庇荫与观赏兼用的孤植树，最好选用乡土树种，可望叶茂荫浓，树龄长久。

选用孤植树，要有一定的体量，还要雄伟壮观。树木独有的风姿特色，往往需要经过一定的年代才能充分体现出来。生长几十年甚至上百年的壮龄树，才有突出的风姿特色，树龄越长就越有价值。孤植包括单株或单丛种植，或多株多丛而形成单株单丛的种植效果皆可。

2. 丛植

丛植就是按照一定的构图要求，将两三株至十几株同种或异种树木组成一个树丛的栽植方式，这是自然式配置中的一个重要类型。丛植必须符合多样统一的原则，既要有对比，又要有调和，如图 3-6 所示。

图 3-6 七株丛植示意

丛植与孤植的相同点是都要考虑个体美，不同的是，丛植还要处理好株间关系和种间关系，要兼顾整体美。所谓株间关系，是指株间疏密远近等因素的相互影响，应注意整体上适当密植，使树丛及早郁闭；而局部疏密有致，以避免机械呆板。所谓种间关系，主要指不同乔木或不同乔灌木之间的搭配比较复杂，要考虑它们的生物学特性和生态学特性，合理安排使之长期稳定生长，以形成相对稳定的人工栽培群落，充分发挥其多种功能效益。

（1）单一树种的丛植。庇荫为主，兼顾观赏的树丛，可由单一乔木树种组成，应该做到：

1）统一。统一形态、风格和特色是单一树种丛植取得整体效果——整体美的首要条件。若缺乏这种统一性，就不协调，也就丧失了单一树种丛植的构图意义了。

2）平面。平面上要疏密有致，这是树丛平面上要遵循的主要原则。整体上要适当密植，以促使树丛及早郁闭，但是局部上要有疏有密，使树丛树冠的正投影的外缘有曲折变化，以免过于机械呆板，且要注意与周围环境协调，并要开辟透视线。

丛植是以不规则的多边形顶点为栽植点的配置，或称“星火点散式栽植”，以呈现出自然树丛的外观曲折多变，方显得构图生动活泼。

3）立面。立面上要参差错落，这是树丛立面上要遵循的主要原则。树木在体量上要有大有小，高矮搭配要协调，层次要鲜明，绝对不可等高等粗过于机械呆板，但又不要高矮悬殊太大。

4）观赏视距。要有一定的观赏视距，单一树种的丛植主要在于体现某一特色的集体效果，因此要有让人欣赏这一整体效果的视距空间。

（2）乔灌木结合的丛植。在自然式布局中应用比较广泛，是应用不同的植物材料取得构图效果的主要类型。以观赏为主的丛植可采用乔灌木混交且可与宿根花卉相配合。它与单一树种丛植的区别在于能够发挥多种植物材料在形体、色彩、姿态等多方面的美，以体现树木群落的整体美，在景象和季相上比较丰富（**彩图17**）。在其组合中，应注意以下几点：

1）突出主栽树种。要突出主栽树种，要主次有别，树种不宜过多，2～3种即可，主栽树种要突出、所占比例要大，数量、体量均应占优势。其余是陪衬树种。

2）树种搭配。树种搭配要协调，要做到树种体量上相称，形态上协调，习性上融洽等。

3）平面与立面的要求。平面上要有疏有密，立面上要错落相宜，切忌呈现出左右对称过于呆板的现象，或将立面划分为若干个水平层次过于机械等现象。

（3）几种丛植的要点

1）两株树木的丛植。两株树木的丛植，应该说比较难，必须做到既对比又调和，成为对立的统一体。两株树木丛植，首先应选用同一树种，但是如果这两株相同的树木其体量、高低完全相同，则又会过于呆板。因此，这两株树木在姿态、大小、高低上应有一定的差异，但又不能差异过大，这样才能使两者既有对比，又有调和，使树丛生动活泼。古人曰：两株一丛，必须一俯一仰，一倚一直，一向左一向右……另外要注意，两株丛植树木的距离应小于较小树冠直径的长度。否则，易产生彼此分离松散之感，不能成为一个树丛。两株树木的丛植，必要时也可由外形十分相似的两个树种进行配置，做到有差别，又要调和统一，以产生生动的配置效果。

2）三株树木的丛植。三株树木的丛植，最好为同一乔木（同为常绿或同为落叶）或同一灌木，但是树木的大小、姿态要有对比和差异。三株丛植的树种搭配最多为两种，并且单棵树的体量应大小适中，不应为最大或最小；三株树木的丛植，一般忌用3个不同的树种。三株树木的丛植不应在一条直线上，也忌设置在等边三角形顶点。三株的距离以不相等为宜。三株中体量最大的应与最小的靠近一些，且设置在不等边三角形顶点处，动势上要相互呼应。选择树种时要避免姿态对比过于强烈，避免体量差距过大，否则易造成构图不统一。因此，三株树木的丛植，最好选择体形、姿态有差异的同一树种进行配置。如采用两种树种，最好某些方面类似而又有一定的差异，这样配置的效果较好，如水杉与落羽杉，樱花与碧桃，石楠与红叶李，桂花与山茶等。如果选择棕榈、马尾松，或圆柏、龙爪槐配置在一起，对比过于强烈，则易成为不协调的景观，如图3-7、图3-8所示。

3）四株树木的丛植。四株树木的丛植，最好是同一树种，但姿态、体形上应有所不同；如是两种不同树种，应同为乔木，或同为灌木，其树冠形状应相似，否则外形差异较大，配置后不协调。四株树木的丛植，树种相同时，最大的一株要在其他三株之中。当树种不同时，其中三株为一种，另一株为其他树种，但是这一株不能最小也不能最大，必须要与另一种树种的两

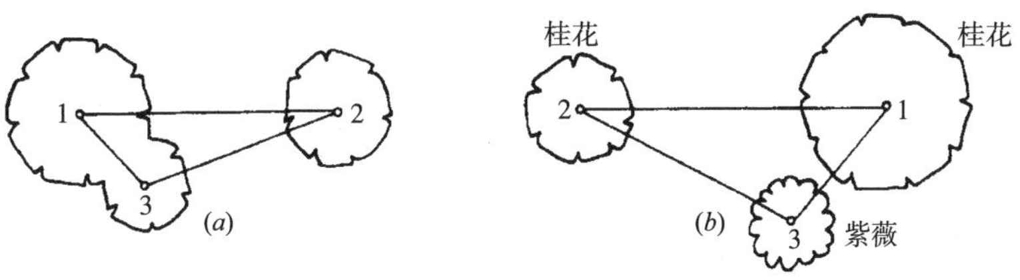

图 3-7 三株丛植多样统一的形式

(a) 同一树种，但大小、高低、姿态不同，最大的与最小的成一组，中等大小的成另一组，三株不在同一直线上，成不等边三角形；(b) 三株两个不同的树种，由桂花和紫薇组成，最大的桂花与最小的紫薇成一组，两组成多样统一的树丛

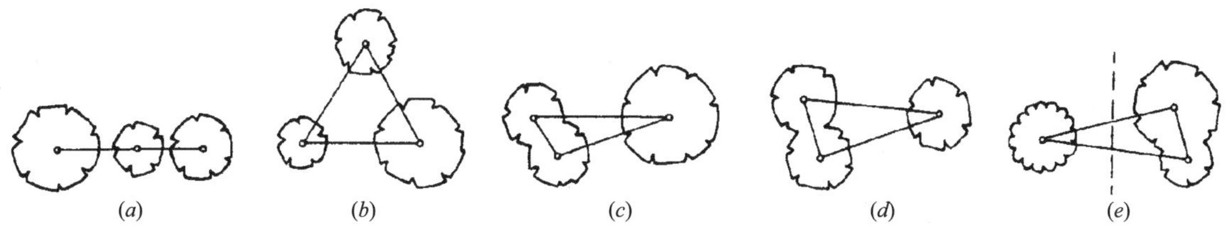

图 3-8 三株丛植应避免的几种形式

(a) 在同一直线上；(b) 成等角三角形；(c) 最大的为一组，其余为一组，两组构图机械；(d) 大小、姿态相同；(e) 两个树种各自构成一组，构图不统一

株组成一个三株的混交树丛，且与另一株靠近，就是说这单独一株的树木应在整个树丛之内，而不能游离出去。

四株树木的丛植类型，可设置在不等边四边形顶点，或设置成不等边三角形，呈 3∶1 的组合，四株中最大的一株应在三角形之内设置。四株树木的丛植，不应使用三种及四种树种，一般不要乔木灌木混用，也不应呈直线排列，其中也不能有任何三株呈直线排列；不应设置在规则的几何图形的顶点。如图 3-9～图 3-12 所示。

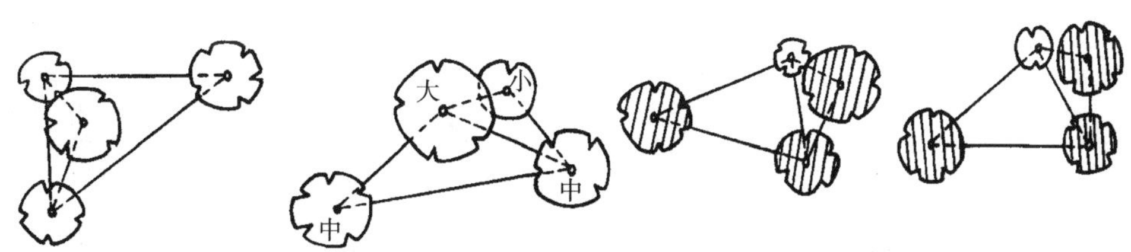

图 3-9 四株树木丛植示意

4）五株树木的丛植。五株树木的丛植，其数量组合可以是 1∶4 或 2∶3。在 2∶3 配置中，体量最大的一株应在三株的一组中。三株的这一组，应按照前面介绍的三株树木的丛植原则进行，两株的这一组，也应按照前面介绍的两株树木的丛植原则进行。但是这两组必须要取得和谐。在 1∶4 组合中，其体量应注意单独的一株不应是最大的，也不应是最小的。其树种可以是同一树种，也可以是两种，最多是 3 种不同的树种。如果是两种树种，则一种树种为两株，另一种树种为三株，而不能一种树种为一株，另一种树种为四株，否则易造成不均衡。在以上这两种组合中，同一树种不能全放在一组中，这种设置没有变化，过于单调，这两组不易呼应，

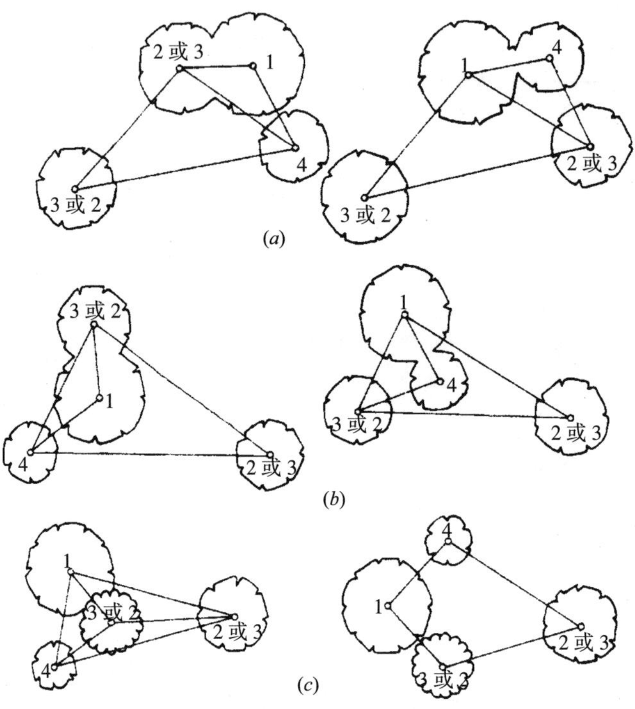

图 3-10 四株丛植多样统一的形式

（*a*）同一树种成不等边四边形组合；（*b*）同一树种成不等边形组合；（*c*）两种树种，单株的树种位于三株树种的构图中心

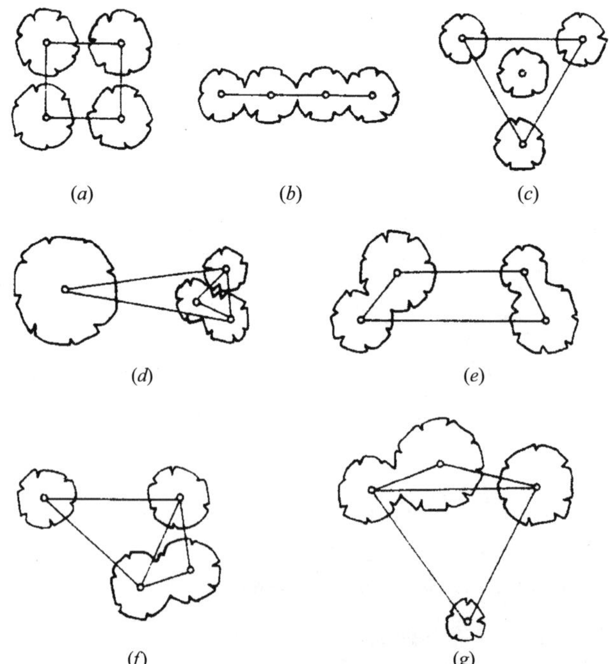

图 3-11 四株丛植应避免的几种形式

（*a*）正方形；（*b*）直线；（*c*）等边三角形；（*d*）一大三小各成一组；（*e*）双双成组；（*f*）大小、姿态相近；（*g*）三大一小分组

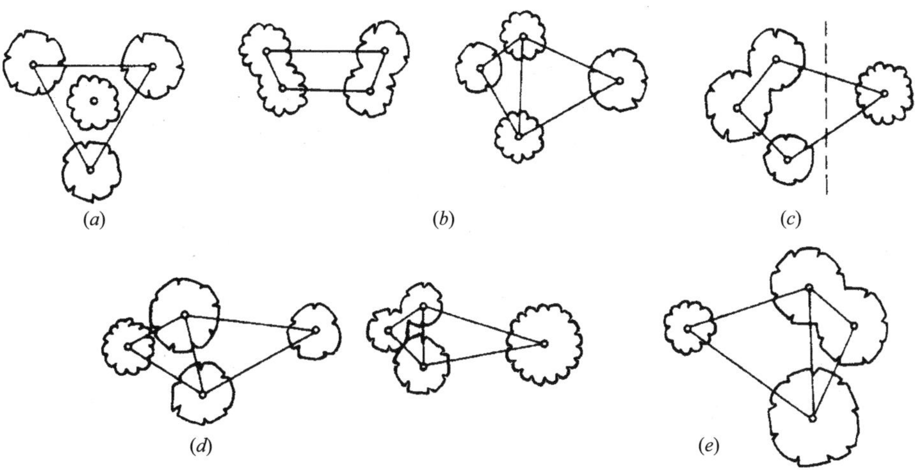

图 3-12 四株两种树种丛植应避免的几种形式

（a）几何中心；（b）每种树种各为两株；（c）两种树种分离；（d）一种树种偏于一侧；（e）一株的树种最大或最小，且各成一组

容易让人们产生这是两个分离的树丛的感觉。在具体配置时，可为不等边三角形、四边形、五边形，可以全为常绿树组成稳定的树丛，或以常绿和落叶树组成半稳定的树丛，或以全为落叶树组成不稳定的树丛，如图 3-13～图 3-16 所示。

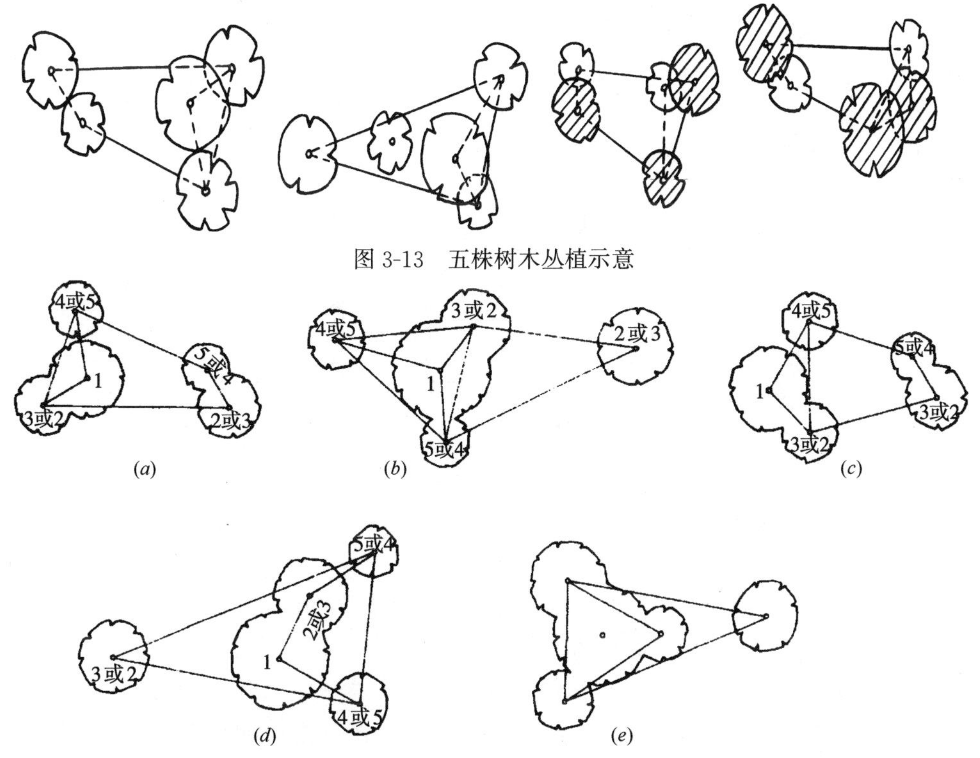

图 3-13 五株树木丛植示意

图 3-14 五株丛植的基本形式

（a）不等边四边形构图之一；（b）不等角四边形构图之二；（c）不等边五边形构图；

（d）不等边三角形构图之一；（e）不等边三角形构图之二

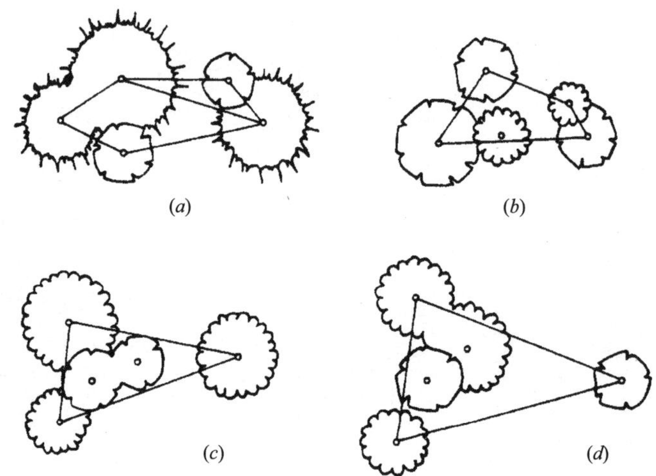

图 3-15　五株两种树种丛植多样统一的形式

（a）不等边五边形构图；（b）不等边四边形构图；（c）三角形构图之一；（d）三角形构图之二

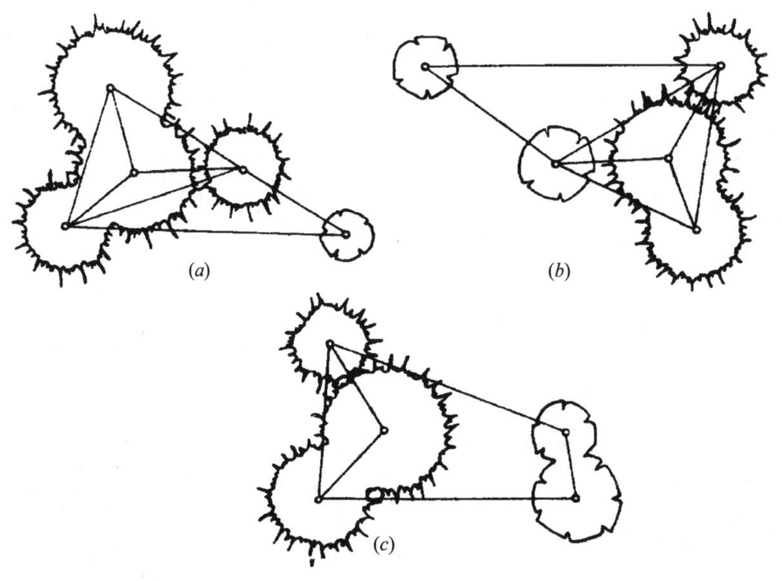

图 3-16　五株丛植不妥的几种形式

（a）一种树种四株，另一树种一株，分别组合；（b）两个单元不紧密；（c）构图分割，不统一

5）五株以上的丛植。园林树木的配置，株数越多就越复杂。六株及六株以上的树丛的配置，一般是由两株、三株、四株、五株等丛植的基本形式交互搭配而成的。如两株与四株，则成六株的组合；两株与五株的搭配、三株与四株的搭配，就成了七株的组合，等等。它们一般是几个基本形式组合而成。因此树木株数虽多了，仍可遵循基本的配置形式进行。其中，应当注意的是，在调和中要有对比，差异中要有稳定；树木的株数较多时，树种可适当增加，可乔木灌木相结合，但树种的外形不要差异过大。一般来说，一个树丛为七株以下时，树种不宜超过 3 种；八九株以上的丛植，树种不宜超过 5 种。

3. 群植

群植是指 20 多株以上至百株左右的乔灌木成群栽植的方式，如图 3-17 所示。与丛植相比，群植树木株数多，面积大，且与周围园林环境发生较多的关系，树群内不同树种之间互为条件，以表现整体美。群植可作为主景或背景处理。

图 3-17 群植示意

有时根据需要栽植单一树种的纯林，如在广场、陵墓或其他需要表现庄严、肃穆的地方，常用纯林，可栽植油松、马尾松、桧柏、侧柏、雪松等。同时，亦可以三四种或最多五六种乔灌木组成，但主栽树种要突出。群植要满足树种的习性要求，要处理好种间、株间关系。为达到长期相对稳定，可适当密植，以及早达到郁闭。亦可采用复层混交形式，即垂直混交形式，从立面上看一个树群有上木、中木、下木、地被几个层次，以增加树丛的绿量。

4. 林植

林植系在更大的范围内成片成带栽植，以形成林地森林景观的栽植方式。栽植的数量更多，是为了防护功能或某些特定功能的需要进行的。因此，林植不强调配置上的艺术性，只是体现总体的绿貌，其林冠线丰富、高低错落；林缘线有收有放、曲折多变。因其栽植的密度不同，可形成疏林或密林。疏林郁闭度在 0.4～0.6 之间，疏林常与草地结合，即疏林草地。这种形式在园林中应用较多，是人们活动、休息、游戏、观景的好去处。因此，疏林中的树种应具有较高的观赏价值，常绿树与落叶树要搭配合理，构图上要生动活泼。密林又分为纯林、混交林等。

林植在总面积不大的小型绿地、公园、居住区绿地中，很少采用，在大型园林中或城市的周边才有。

5. 篱植

自然式篱植不进行整形式修剪，形成自然式花篱、果篱或刺篱。植株不过密，每丛有一定的株距。每株冠丛的轮廓线隐约可见，而又浑然一体。

6. 附植

附植是指应用藤本植物、攀缘植物等材料，依附于建筑物或支架上的栽植方式，是一种垂直绿化的形式。通过附植可使单调的建筑物墙体变得生动活泼，使墙面形成绿色的挂毯效果，在不增加绿地面积的前提下，可大大增加城市的绿量，极具生态效益和美化作用。为了解决高层建筑绿化的问题，**在进行建筑设计时就应考虑好植物材料栽植池的设计与施工，**以便于日后进行绿化，否则高层绿化只是一句空话。如每 3 层就设置一个种植池，并做好防渗漏等工作，真正将这一工作落实好。

（三）混合式

混合式即规则式与自然式相结合的形式。园林植物配置方式要与园林绿地的总体布局形式一致，与环境相协调。园林绿地总体布局形式通常可分为规则式园林和自然式园林两种形式。一般来说，在规则式园林绿地中，应多采用中心植、对植、列植、环植、篱植、花坛、花台、规则式草坪等配置形式；在自然式园林绿地中，应多采用孤植、丛植、群植、林植、花丛、自然式花篱、草地等配置形式。配置方式还要与环境相协调；通常在大门两侧、主干道两旁、整形式广场周围、大型建筑物附近等，应多采用规则式配置方式。在自然山水园的草坪、水池边缘、山丘坡面、自然风景林缘等环境中，应多采用自然式配置方式。在实际工作中，配置方式如何确定，要从实际出发，因地制宜，合理布局，强调整体协调一致，并要注意做好从这一配置方式到另一配置方式的过渡。

这里需要强调的一点是，**乔灌木栽植地点应避开沟渠及地下窨井，**否则，不仅乔灌木生长受阻，乔灌木的根系还可能破坏沟渠、窨井，甚至堵塞窨井或下水道，给后期管理造成诸多不便。因此在种植设计时，就应充分考虑这一问题。

从历史的观点来看，植物配置在尺度上属于微观或者是更适合写意园林中的私家小庭院植物景观，就目前园林建设来说，是有局限性的。随着改革开放不断深入，园林绿化建设日益受到重视，被认为是城市有生命的不可缺少的基础设施。园林绿化建设项目也逐渐向国土治理靠近而搞大环境绿化，在建设中，植物景观的尺度和范围也大大提高了。现在的很多园林绿化项目面积越来越大，甚至达到上百公顷。因此植物配置往往是粗线条的，宜采用林植配置，就是**大面积的不规则的块状混交**。这不仅仅是因为混交林能够形成很好的景观效果，还因为混交林有较强的抗病虫性。

在大自然中，所形成的天然植物群落是不同植物之间以及植物与周围环境之间长期相互作用的结果，最终形成群落中各植物树种之间的和谐共处以及群落与环境因子之间的和谐共处。**我们建设城市园林绿地搞树木配置、丛植、群植甚至林植，就是建设人工植物群落。**建设人工植物群落就应当**深入调查天然植物群落，要借鉴大自然的经验，模拟自然群落。**要大量使用乡土树种，把生态要求不同的各种植物树种安排好各自的生态位置，这样才能创造出既能满足人们的观赏要求，又能改善生态环境，还能长期稳定生长的人工植物群落以及城市园林绿地。只有这样，我们建设的人工植物群落才能产生良好的生态效益和景观效益。

根据以上论述，选择在我国华北地区、华东地区北半部适宜生长的人工植物群落各种类型，以供参考。

（1）**极耐干旱型臭椿、雪松群落：**

常绿乔木：雪松、侧柏。

落叶乔木：臭椿、榔榆、黄栌、山桃。

常绿灌木：大叶黄杨、千头柏。

落叶灌（藤）木：紫穗槐、小檗、紫藤、锦鸡儿、雪柳、木槿、紫薇。

地被植物：沙地柏、枸杞、凌霄。

此群落可在风景区绿地、公园绿地、道路绿地、厂区绿地、居住区绿地中使用。

（2）**较耐干旱型国槐、白皮松群落：**
常绿乔木：白皮松、蜀桧。
落叶乔木：国槐、黄连木、流苏、黄栌。
常绿灌木：大叶黄杨、千头柏、凤尾兰。
落叶灌木：紫穗槐、金银木、丁香、蜡梅、木槿、连翘。
地被植物：迎春、小叶扶芳藤、平枝栒子。
此群落可在城市公园绿地、居住区绿地、道路绿地、庭院绿地中使用。
（3）**较耐湿涝型枫杨、铅笔柏群落：**
常绿乔木：铅笔柏。
落叶乔木：枫杨、水杉、樟树。
常绿灌（藤）木：小蜡、扶芳藤。
落叶灌木：醉鱼草、石榴、紫穗槐、沙棘、桂香柳、垂丝海棠、紫玉兰、蔷薇。
地被植物：金银花、小叶扶芳藤、凌霄。
此群落可在风景区绿地、公园绿地、居住区绿地中使用。
（4）**较耐碱涝型杜梨、桧柏群落：**
常绿乔木：桧柏。
落叶乔木：杜梨、垂柳、栾树。
常绿灌（藤）木：小叶女贞、扶芳藤。
落叶灌（藤）木：柽柳、紫藤、紫穗槐、醉鱼草、石榴、蔷薇、沙棘、红瑞木。
地被植物：金银花、凌霄、枸杞。
此群落可在风景区绿地、公园绿地、专用绿地、居住区绿地中使用。
（5）**耐贫瘠、土质恶劣型国槐、桧柏群落：**
常绿乔木：桧柏。
落叶乔木：国槐、栾树、丝棉木、紫叶李。
常绿灌（藤）木：千头柏、扶芳藤。
落叶灌木：连翘、紫荆、木槿、海州常山、金银木、紫穗槐、蔷薇、猬实、红花锦带。
地被植物：沙地柏、凤尾兰、杠柳、小叶扶芳藤。
此群落可在风景区绿地、道路绿地、厂区绿地中使用。
（6）**耐酸性土类型槲树、油松群落：**
常绿乔木：油松、赤松。
落叶乔木：槲树、刺槐、山桃。
常绿灌木：龙柏球、大叶黄杨。
落叶灌木：连翘、麻叶绣线菊、金银木、紫穗槐、欧李、山楂、石榴、蜡梅。
地被植物：金银花、探春、南蛇藤。
此群落可在风景区绿地、公园绿地、居住区绿地中使用。
（7）**济南地方特色型垂柳、白皮松群落：**
常绿乔木：白皮松。
落叶乔木：垂柳、绒毛白蜡、毛白杨、海棠花。
常绿灌木：千头柏、大叶黄杨。

落叶灌木：金银木、连翘、丁香、棣棠、枸橘、紫穗槐、蜡梅、紫薇。

地被植物：金银花、枸杞。

此群落可在风景区绿地、公园绿地、道路绿地、居住区绿地、庭院绿地中使用。

(8) **济南地方特色普通型国槐、雪松群落：**

常绿乔木：雪松。

落叶乔木：国槐、栾树、黄栌、海棠花。

常绿灌（藤）木：凤尾兰、扶芳藤。

落叶灌（藤）木：石榴、珍珠梅、紫穗槐、红瑞木、锦带花、紫藤、扁担木、黄金槐（培养成灌木丛状）。

地被植物：沙地柏、小叶扶芳藤。

此群落可在风景区绿地、公园绿地、道路绿地、居住区绿地、庭院绿地使用。

(9) **耐干旱、土质恶劣、贫瘠型榆树、桧柏群落：**

常绿乔木：桧柏。

落叶乔木：榆树、毛白杨、山杏。

常绿灌（藤）木：凤尾兰、扶芳藤。

落叶灌木：蔷薇、天目琼花、珍珠梅、红瑞木、紫薇、寿星桃。

地被植物：铺地柏、金银花。

此群落可在风景区绿地、道路绿地、厂区绿地中使用。

(10) **较好小气候环境型苦楝、广玉兰群落：**

常绿乔木：广玉兰、龙柏。

落叶乔木：苦楝、全缘栾树、无花果。

常绿灌木：石楠、海桐、火棘、洒金柏。

落叶灌木：紫玉兰、云实、天目琼花、猬实、糯米条、蜡梅、棣棠、珍珠梅。

地被植物：金丝桃、花叶蔓长春花、常春藤。

此群落可在风景区绿地、公园绿地、居住区绿地、庭院绿地中使用。

在建设人工植物群落时，根据实际情况与需要，可建成密林密缘型、密林疏缘型、疏林密缘型、疏林疏缘型等各种形式，以创造出良好的生态景观效果。

四、园林花卉的种植设计

草本花卉种类繁多、色彩艳丽、生育周期短，是园林绿地中重点装饰和色彩构图的植物材料，常用作强调广场的构图中心、出入口的装饰，也可作为公共建筑物附近的陪衬和道路两旁的点缀。在丰富景色、烘托气氛方面有独特的景观效果。草本花卉也常在重大节日使用，进行临时性摆花，组成各种图案，以烘托节日气氛。但是草本花卉是一种费工、成本较高的种植材料，其寿命较短，观赏期有限，而且养护管理要求精细，所以在使用草本花卉时，一定要从实际出发，根据人力、物力适当地使用，应多选用费工较少、寿命较长、管理较粗放的花卉种类，如宿根花卉和球根花卉等。

（一）花坛

花坛是在一定范围的畦地上，按照整形或半整形的图案栽植花卉等观赏植物，以表现花卉群体美的园林设施。

1. 花坛的分类

（1）按栽植材料分。可分为一二年生草花花坛、球根花卉花坛、水生花卉花坛、专类花坛（如郁金香花坛、菊花花坛、翠菊花坛等）。

（2）按观赏季节分。可分为春花花坛、夏花花坛、秋花花坛和冬花花坛。

（3）按形态分。可分为平面花坛和立体花坛。平面花坛又可按构图形式分为规则式、自然式和混合式。

（4）按表现形式分。可分为模纹花坛、花丛花坛和混合花坛，还有固定花坛和临时性花坛之分。

临时性花坛又叫作活动花坛，在花圃内将花卉种植在预制的容器中，即将开花时运到城市广场、街头绿地、居住区绿地、城市公园等适宜的地点摆好，使城市及园林面貌为之一新；也可将在花圃中培育即将开花的花卉，种植在城市广场、街头绿地、居住区绿地、城市公园等地或临时摆放的容器中。每年国庆节，北京天安门广场都要摆放大型的临时性花坛，深受国内外游人的喜爱（**彩图 18**）。

活动花坛的容器要经久耐用、造型美观、移动轻便，色彩单一或暗淡，不与花卉争奇斗艳，可以拼成图案或单独摆放等。容器制作的材料有钢筋混凝土、也有泡沫塑料、玻璃纤维、玻璃钢、实木、仿木质的等。其中，尤以**玻璃钢移动花盆**为好，不仅造型新颖多样、结构合理、工艺先进，而且不退色、不开裂、光洁度高，又轻便，其颜色一般为白色或灰色，可单独摆放，也可根据场地随意组合，起到独特的广场流动花台的作用。

（5）按花坛的运用方式分。可分为单体花坛、连续花坛和组群花坛。

2. 常见的花坛形式与特点

（1）独立花坛。独立花坛具有一定的几何轮廓，是作为园林局部构图的一个主体而独立存在的花坛。通常布置在广场的中央、道路交叉口，有的在由树墙或花架组织起来的绿化空间的中央，以及相对独立的空间的中央等地方。

独立花坛的平面外形往往是对称的几何图形，有的是单面对称的，有的是两面对称的，有的是辐射对称的。花坛内没有通道，人不能进入，所以它的面积不能太大，一般它的长轴长度不超过短轴长度的 3 倍。这种独立花坛如果面积太大，远处的花卉显得模糊，人们就看不清，就失去了艺术的感染力；如果过长，某种程度上会限制人们行走的随意性。

独立花坛可设置在平地上，也可设置在坡地上，独立花坛因其表现的内容主题及材料的不同，有以下几种形式：

1）模纹花坛。又叫图案花坛、毛毡花坛，它是用不同色彩的观叶或观花或花、叶兼美的矮小植物，组成华丽图案为主题的花坛，如图 3-18 所示。一般用五色草、四季海棠、矮牵牛、一串红、景天类或矮小木本植物（如小叶黄杨）等材料进行配置。这些材料一般具有萌蘖力强、

图 3-18　模纹花坛示意

分枝密、叶子小、生长慢、耐修剪等特点，组成的图案其色彩应有强烈的对比，以求图案明晰，最宜居高临下观赏；也有做成立体造型的，如花篮、瓶饰、宝塔、动物造型等。

2）花丛花坛。是以观赏草本花卉花朵盛开，表现华丽色彩为主题的花坛。所选用的花卉必须是植株高矮一致、相对较矮且开花繁茂、整齐一致且花期较长，花朵盛开时最好是达到只见花不见叶的效果（**彩图19**）。花丛花坛多采用一二年生花卉或球根花卉，很少用宿根花卉、木本植物或观叶植物；可采用同一种花卉，也可由同一种不同品种的花卉组成简单的图案，在这里图案居于次要的地位。若用几个品种，则要内高外低；圆形的花坛则要圆心高向四周逐渐降低，但是高差不宜太大。

3）混合花坛。同一花坛中，既有花丛式布置，又有模纹式布置，兼有华丽的色彩和精美的图案的花坛就是混合花坛。如中心是花丛式布置，周围则是图案式布置。这类花坛一般比较大，布置效果更加华丽壮观。

（2）花坛群。由2个以上的花坛组成一个不可分割的构图整体的，称为花坛群。花坛群的中心可以是花坛，也可以是喷泉、雕塑、纪念碑等。这些花坛的排列组合往往是规则式的。

花坛群宜布置在大面积的广场中央、大型公共建筑的前方或在规则式园林的构图中心。花坛群内部有铺装的道路，应允许人们进入活动，有的还可以设置座椅，供人们休息，以便仔细观赏。

单面对称的花坛群，是由许多花坛对称排列在中轴线的两侧，其横轴与纵轴的交叉点即是花坛群的构图中心，让人们从一侧观赏。

（3）带状花坛。宽度在1m以上，长度为宽度的3～5倍的长形花坛为带状花坛。带状花坛常设置于道路的一侧或两侧，或作为装饰设置于建筑物墙基，也可作为花坛的镶边或草坪的边饰物。

3. 花坛设计的原则与要点

（1）花坛设计的原则：

1）美学原则。花坛主要为了表现美，因此美是花坛设计的关键。花坛无论从形式到内容，包括色彩、风格等都要遵循美学原则。特别是花坛的色彩，既要协调又要有对比。对于花坛群既要统一又要有变化。如在1999年昆明世界园艺博览会上，上海明珠园布置的花坛真是独具匠心：一个盛开各种草花的泥坛倾倒了，从泥坛里流出了各种色彩的花卉，形成壮观的花卉彩带。这个花坛创意新颖、造型别致，受到高度的评价（**彩图20、彩图21**）。

2）主题原则。花坛设计主题要突出，主景花坛要充分体现其美化、文化、教育、保健等多方面的功能，如花钟等。陪衬花坛应与对应的主景主题统一协调，不能喧宾夺主，如雕塑与喷泉周围的花坛等。

3）文化原则。花坛的设计是一种文化体现，它同样给人们以文化的享受，如用不同色彩的植物以突出主题中文字、口号等，以增加景观效果。

（2）花坛设计的要点：

1）花坛植物的选择。因花坛类型和观赏时期的不同而选择不同的植物，花丛式花坛是以花卉色彩构图为主，宜选用一二年生草花，也可以应用一些球根花卉，很少应用宿根花卉、更少应用木本花卉。因为一二年生草花或一些球根花卉，特别是 **F_1 代杂交种**，生长比较整齐、相对较矮，且盛开时花朵繁茂，易于达到只见花不见叶的景观效果，而一些宿根花卉，特别是一些木本花卉往往生长不整齐，植株较高而散乱，不易形成较好的繁花景观效果。因此，在花坛花卉中，株型整齐、开花繁茂、花期一致且花期较长、花色艳丽的矮生品种符合花丛花坛的要求，如矮牵牛、四季海棠、鸡冠花、金盏菊、一串红、羽衣甘蓝、三色堇、金鱼草、翠菊、万寿菊、雏菊、石竹、百日草等。

模纹花坛是以表现图案纹样为主的花坛，应选择生长缓慢的观叶草本植物为主，也可少量应用生长缓慢的木本观叶植物。这些植物应矮小，最好生长高度能够控制在 10cm 左右为好，还应萌蘖性强、分枝密、叶子小。不同的图案纹样要选用色彩上有明显对比或有差异的植物，以求图案纹样明晰，最常用的是各种五色草、雀舌黄杨、小叶黄杨、景天类植物等。

2）花坛床地的土壤要符合种植花卉的需要。花坛栽植床一般都高于地面，这是为了突出表现花坛的轮廓变化以及防止人们的践踏。为了防止花坛土壤因冲刷而污染路面，花坛的边缘往往用一些建筑材料围边，如用大理石、卵石等，可就地取材，形式要简洁、色彩要朴素，应服从或突出花坛花卉的色彩美。花坛围边应高于花坛种植床面，一般高出 10～15cm。花坛中的种植土的厚度根据种植花卉种类而异，一般种植一二年生草花，土层的厚度应至少 30cm，多年生花卉及灌木应至少 40cm，其下面也不应有建筑垃圾，必要时可以过筛和客土。为了便于排水，也可以抬高花坛的中心形成中间高四面低的形式，一般以 5%的坡度为宜。此外，根据需要亦可利用盆花来布置花坛，摆放盆花以组成临时性花坛，这一做法灵活多变不受场合的限制。

3）花坛布置的形式应与环境协调统一。花坛在园林中，不论是作主景还是配景，都应与环境尽量取得协调统一，如在自然式园林布局中就不适合用规则的几何图形作独立的花坛，尤其是忌用数个不同的规则几何图形的花坛拼凑在一起。作为主景的花坛，在色彩、构图、体量等方面都应突出一些。但是，在主题雕塑或在装饰性喷泉周围布置的花坛，花坛就成了配角，其色彩和图案都要居于从属地位，其布置要简洁，以充分发挥陪衬主景的作用，不要喧宾夺主。布置在广场的花坛，其面积要与广场成一定的比例，一般为广场的 1/5～1/3，不宜过大，其平面轮廓也要和广场的外形统一协调；如广场较大也可将花坛分散安置在广场的中心和四周，形成一个既分散又统一的花坛群，同时还应注意广场的交通功能，设置的花坛不得妨碍人流交通等的需要。

（二）花境与草境

1. 花境概说

花境也称境界花坛，意即沿着花园的边界或路缘种植花卉，有花径之意，是用比较自然的方式种植宿根花卉及灌木，呈长带状，主要是供人们从一侧观赏。花境中花卉的布置往往采取自然式块状混交，以表现花卉群体的自然景观，如图 3-19 所示。

图 3-19　花境示意

花境是园林中从规则式构图到自然式构图的一种过渡的种植形式。一般植床的两边是平行的直线或有一定几何规则的曲线。花境的长轴很长，如宽度较窄的，则可用矮小的草本植物；如宽度较宽的，则可用高大的草本植物或灌木。花境的构图是沿着长轴的方向演进的连续构图，是竖向和水平方向上的组合景观。花境所选用的植物，以能够在当地越冬的宿根花卉为主体，可点缀一些经过整形修剪的低矮灌木，要求四季美观又能季相明显，一般栽植后若干年无须更换，也要适当配置一些一二年生草花和球根花卉。一般将较高的植物种类种植在后面远处，矮的种植在前面近处，但要避免呆板的高矮前后列队，偶尔也可以将少量高株略向前突出，形成错落有致的自然情趣。为了加强色彩效果，各种花卉应成丛种植，并应注意各丛间花色、花期的配合，在整体上形成自然的协调美。

2. 花境的类型

花境可分为双面观赏和单面观赏两种。双面观赏的花境多布置在道路的中央，高的花卉种植在中央，但是中央最高的部分不要超过人们的视线高度，可偶有花灌木适当超过；在其两侧种植矮些的花卉，这样可形成两面观赏的效果。单面观赏的花境多布置在道路的两侧或建筑、草坪的四周，应把高的花卉种植在后面远处，高度可以略微超过人们的视线；在其前面近处可种植一些矮生的花卉，以形成有层次的单面观赏效果。

3. 花境在园林中的应用

(1) 在道路中央或两侧布置花境。在道路中央布置的花境是双面观赏的花境，即在道路的两侧人行道上都可观赏；在道路的两侧各布置一列花境是单面观赏的花境，虽然这两列花境离得较远，但它们必须是对应演进的，构图统一。在较宽的道路上，也可以同时布置以上两种形式的花境。

(2) 在建筑物与道路之间布置花境。利用花卉作基础装饰，这种花境可以使建筑与地面的强烈对比得到缓和。这是单面观赏的花境，植物高度不宜超过窗台。

(3) 与绿篱配合布置花境。在规则式园林中，整形式绿篱的前面布置花境可以装饰绿篱单调的下半部，绿篱可作为背景，二者交相辉映。这也是单面观赏的花境，在花境的前方布置园路，供人们行走、欣赏。

(4) 与游廊、花架配合布置花境。游廊、花架等建筑物一般都建有高出地面 30～50cm 的台基，台基立面的外侧可以布置花境，花境外布置园路，人们沿着游廊、花架散步，可欣赏两侧的花境。同时，花境装饰了台基，人们在园路上可同时观赏游廊、花架。

(5) 与挡土墙、围墙配合布置花境。庭院阶地的挡土墙和围墙立面往往生硬单调，可以利用宿根花卉或藤本植物作为基础种植绿化这些墙面，也可以在围墙的前方布置单面观赏的花境，墙面可以作为花境的背景。挡土墙的正面布置花境，可以使挡土墙变得有生气、更加美丽。

4. 草境简介

草境就是将花境中种植的花卉改为观赏草，以充分体现植物的多样性和野趣。近年来，观赏草已悄悄出现在一些公园与绿地中。有的观赏草颜色还能随季节而变化，从春季的淡绿到冬季的金黄，极大地丰富了景观色彩。到了冬天，观赏草不会像花儿那样枯萎，这些观赏草傲立霜雪的姿态，比任何植物景观都更有意境。因观赏草具有其他观赏植物所不具备的优点，而备受设计师和游客的青睐。只要配置得当，观赏草不同的形态、颜色和高差，会让层次更加丰富，同时还给人一丝不羁和自由的感觉。

(三) 花池与花台

1. 花池

花池是种植床与地面高程相差不大的种植花卉的一种设施，它的边缘一般用砖石干茬或砌成，以起到花池内外的分界作用。在花池中，常灵活地种植花木或配置山石。这是我国庭院中一种传统的花卉种植形式。

2. 花台

花台是我国古典园林中特有的一种高型的花坛，往往高出地面 50～80cm，周边用砖石砌成。花台因抬高了种植床，因而缩短了观赏视距，宜选用适于近距离观赏的花木。花台不是让人们观赏其细致的图案花纹，而是让人们平视其内园林植物的优美风姿，赏其艳丽的繁花，闻其浓郁的花香，观其婀娜风韵之姿。因而，花台内花木的布置宜高低参差、错落有致。梅花、牡丹、杜鹃、蜡梅、红枫、五针松、翠柏等，均为我国花台中传统的观赏植物，在花台中也可配以山石、树木做成盆景式造型。位于建筑物出入口两侧的小型花台，宜选用一种花木栽植，一边一株，这两株体量、形态、大小要协调，但不宜用植株高大的花木。

在我国古典园林中，花台常设于后院或书斋前后，多采用自然山石沿粉墙而筑，犹如在白墙上有一幅美丽的立体图画。现代园林中，花台常见于广场、道路交叉口、建筑物入口的两侧以及廊及花架之旁等处。

(四) 花丛

几株或十几株以上的花卉成丛种植的形式称为花丛。花丛常布置在树林边缘、疏林草坪之中、自然式道路两旁、草坪的四周等处。花卉的诸多配置形式中，花丛是最简单、管理粗放的一种形式，因此在大面积的园林绿地中可以广泛应用，是花卉的主要布置形式。花丛常选用多年生宿根花卉，如美人蕉、大丽花等，也可选用植株相对较高、自播性强的一二年生花卉。

花丛是花卉自然式布置的形式，同一花丛可以是同一种花卉，也可以是两三种花卉混交配置，但种类不宜过多。混交花丛以块状混植为多，要有疏密、大小、断续的变化，以及形态、色彩上的变化对比，使在同一地区间断出现的花丛各具特色，以丰富园林景观。

(五) 花海

近年来出现的花海，是一种开满鲜花的园林景观，由很多开花密集的花草组成，有的也由花灌木组成。远远望去看不到边际，如同海洋一样广阔无垠，风吹时，花浪起伏，如同大海的波涛翻滚，故名花海景观，要突出主题。要通过植物配置，丰富花海景观。花海虽然要有一定的规模，但也不在于大小，而是在于内容的丰富度，在于规划建设的精致度。

第二节　居住区绿地设计

居住区绿地既是城市绿地系统中重要的部分，又是城市人工造园生态平衡系统中的重要一环。居住区绿化的优劣，对居民的身心健康与幸福指数有很大的影响。

一、居住区绿化美化的意义与功能

(一) 居住区绿化美化的意义

居住区环境绿化美化，是指在居住区物业管理的范围内，以种植绿色植物为技术手段，对室外环境与室内环境所进行的人工培育、修饰与装饰点缀。

今天，人们在追求物质文明与精神文明的同时，要求环境美已成共识。绿化美化我们的城乡环境和居住区物业环境，自然也就具有十分重要的社会意义。城乡环境的优美可以反映一个城市的精神风貌和文明程度。居住区环境是城市社区的重要组成部分，是居民长期居住的地方，营造居住区物业室外环境主要是靠环境工作者的“妙手回春”，模拟大自然绿色环境，再现大自然精美的设计与施工，再加上居住区物业员工付出辛勤的劳动，依靠环境绿化美化技术的运用，使居住区环境绿化美化和谐其间的园林意境得以充分发挥。当然，美的环境还要靠居住区全体业主的共同爱护和维护。居室内美化绿化的装饰点缀，让人们充分享受回归大自然的快乐和幸福，人们的这一享受与原来室内单一硬质物体所产生的效果是无法比拟的。

总之，**居住区物业环境的绿化与美化，不仅是时代的需要，也是现代人生活的需要，更是现代物业及其物业管理不可缺少的重要内容。人们生活在这样的优美环境中，心情舒畅、健康长寿，居住区环境绿化美化的意义是极其深远的。**

（二）居住区绿化美化的功能

以居住区环境绿化美化的技术手段，提高居住区的生态环境质量，可以充分地满足人们各层次的心理需求。

美国现代心理学家马斯洛把人的需求分成由低到高的5个层次：

第一层次，生理需求。是指人对食品、空气、水、睡眠等的生理需求。这是人生存最基本的需求。

第二层次，安全需求。是指人要求安全、稳定、受到保护、消除恐惧等的需求。如人希望有较稳定的职业、有健全的医疗保障等。

第三层次，归属和爱的需求。是指人要求与其他人建立感情的联系需求。如人要结交朋友，追求友谊和爱情等。

第四层次，尊重与被尊重的需求。这包括自尊与被人尊重两个方面。一个人缺少自尊与被人尊重，就会缺少自信，生活中就会变得软弱无力。

第五层次，自我实现的需求。这是指人在追求实现自己的能力或潜能并使之完善的寻求。在人生道路上，自我实现的形式是不一样的，不管什么人都有机会完善自己的能力，满足其自我实现的价值。

不难看出，现代人在满足了从生理到心理，从低层次到高层次的追求之后，与此相匹配的需求就是希望其居住的环境幽雅、安静、美丽、舒适。

就居住区而言，人的生理物质需求有园林绿地、基础设施、景观生态、交流游憩、居住交通等，而人的心理精神需求有文化历史、风俗习惯、地区特色、道德标准、宗教哲学等。以上这些都应在居住区的建设中有所体现，以满足居民的生理物质需求和居民各层次的心理需求。

二、居住区用地的组成、居住区绿地的分类与定额指标以及居住区环境绿化的基本要求

（一）居住区用地的组成

1. 居住区建筑用地

居住区建筑用地，是居住区住宅建筑的基础占有的土地和住宅前后左右必须留出的空地，包括通向住宅入口的小路、宅旁绿地等。居住区建筑用地是居住区用地中占有比例最大的用地，一般占居住区用地的50%左右。

2. 居住区绿地用地

居住区绿地用地，是指居住区公园、小区游园、组团绿地、花园式林荫道以及小块公共绿

地及防护绿地等。居住区绿地面积仅次于居住区建筑用地，位居第二，一般占居住区用地的30%～40%。

3. 其他用地

包括公共建筑和公共设施用地（含停车场）、道路及广场用地等。

（二）居住区绿地的分类与居住区绿地定额指标

1. 居住区绿地的分类

（1）居住区公园。居住区公园是按居住区规模建设的，为居住区居民服务的，较大面积又具有一定活动内容和设施的配套公共绿地。为了减小服务半径，居住区公园常常规划安置在居住区的中心地段，服务半径在1000m左右，步行约10min可以到达。居住区公园内应有各个年龄段人们的游戏用地、休息用地、体育活动场地、服务设施用地和用量最大的绿化种植用地。

（2）小区游园。小区游园是为一个居住小区配套建设服务的，具有一定活动内容和设施的集中绿地。它应包括儿童活动场地、青少年活动场地和老年人休息活动场地，以及绿化种植用地等。小游园的位置也常常规划在居住小区的中心地段，服务半径500m左右，步行约5min可以到达。

（3）住宅组团绿地。住宅组团绿地是直接靠近住宅建筑，结合居住建筑组群布置的、具有一定休憩功能的公共绿地。它包括一般活动场地和绿化种植用地。

（4）宅旁绿地。宅旁绿地是指住宅建筑四周或住宅内院的绿地。通常以封闭式观赏绿地为主。

（5）建筑基础绿地。建筑基础绿地是在居住区内各种建筑物、构筑物散水以外，用于建筑基础美化和防护的绿化用地。

（6）道路绿地。道路绿地是为居住区交通服务，并用于划分和联系居住区内各个小区道路的绿地，即居住区主要道路及次要道路上的沿街绿地以及小区内联系住宅组群之间的道路和通向各户或各居住单元门口小路的绿化用地。

（7）屋顶绿化。屋顶绿化是居住区内各种建筑屋顶上的绿化，不单独占有居住区的用地。屋顶绿化是城市园林绿化的新亮点，是城市绿化可持续发展的产物。

综上可知，居住区绿地的种类主要有：居住区公共绿地（公园）、小区游园、住宅组团绿地、宅旁绿地、建筑基础绿地、道路绿地以及屋顶绿化绿地等，如图3-20、图3-21所示。

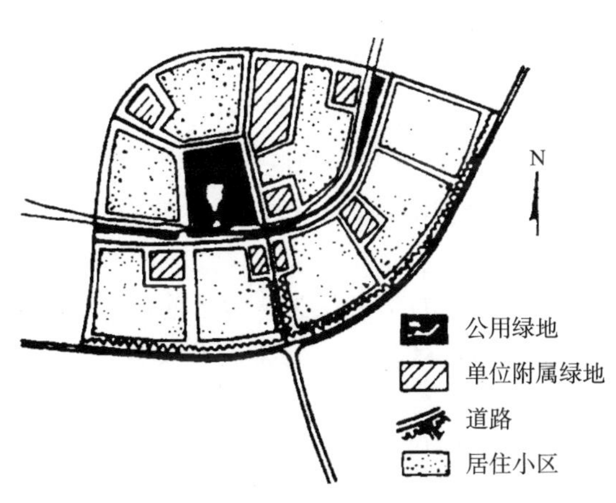

图3-20 居住区各类绿地布置示意

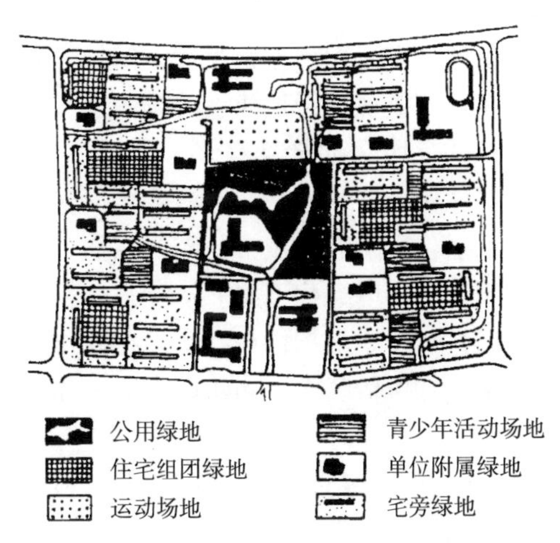

图3-21 居住小区各类绿地布置示意

2. 居住区公共绿地与定额指标

（1）居住区公共绿地设置。居住区公共绿地设置根据居住区不同的规划组织结构类型，设置相应的中心公共绿地，包括居住区公园（居住区级）、小区游园（小区级）和组团绿地（组团级），以及儿童游戏场和其他的块状、带状公共绿地等。

（2）联合国及我国对城市绿地的要求。人均绿地面积是衡量一个城市现代文明的标志之一。联合国要求城市居民每人平均应有 60m^2 的绿地，见表 3-1 所列。

联合国建议的城市绿地标准 **表 3-1**

<table>
<tr><th>级 别</th><th>绿地类型</th><th>距住宅距离（km）</th><th>面积（hm^2）</th><th colspan="2">人均（m^2/人）</th></tr>
<tr><td>1</td><td>住宅公园（庭院绿地）</td><td>0.3</td><td>1</td><td>4</td><td rowspan="4">60</td></tr>
<tr><td>2</td><td>小区公园（居住小区游园）</td><td>0.8</td><td>6～10</td><td>8</td></tr>
<tr><td>3</td><td>大区公园（居住区公园）</td><td>1.6</td><td>30～60</td><td>16</td></tr>
<tr><td>4</td><td>城市公园（市级公园）</td><td>3.2</td><td>200～400</td><td>32</td></tr>
<tr><td>5</td><td>郊区公园（远郊风景区）</td><td>6.5</td><td>1000～3000</td><td colspan="2">65</td></tr>
<tr><td>6</td><td>大都市公园（远郊风景区）</td><td>15.0</td><td>3000～30000</td><td colspan="2">125</td></tr>
</table>

但是，现实是多数城市人均绿地不足 20m^2。目前我国要求以旅游业为主的城市，人均绿地要达到 20～30m^2，以工业生产为主的城市人均绿地不少于 10m^2。

（3）我国的现状。虽然近年来我国在城市园林绿化建设方面取得很大成绩，但我国人均公共绿地面积仍较低，这与我国人口众多，基础底子薄弱有关，经济发展重点往往以建设为主，无暇顾及绿化美化环境事宜。但从 20 世纪 90 年代末期开始，在经营城市的方针指导下，各级政府越来越重视城市的绿化美化工作，人均绿地面积逐年增长，2002 年达到人均 5.36m^2（但还有 20%的城市人均绿地不足 3m^2）。根据国务院 2001 年《关于加强城市绿化工作的通知》，到 2005 年，全国城市规划建成区绿地率达到 30%以上，绿化覆盖率达到 35%以上，人均公共绿地达到 8m^2 以上（实际上 2006 年 3 月全国绿化委员会公布的数据为 7.39m^2/人），城市中心区人均公共绿地达到 4m^2 以上。到 2010 年，上述 4 项指标分别达到 35%、40%、10m^2 和 6m^2 以上。

虽然现实与理想差距很大，但是随着经济的发展和人们环境意识的提高，建设和保护绿地越来越受到重视，绿地建设的投入逐年加大。人们迫切需要改善居住的环境，要分阶段逐步达到理想的人均绿地指标。

居住区公共绿地在一定程度上反映了绿化的情况，但是它并不完全反映居住区绿化的水平，如有的居住区附近有城市公园，在居住区内就不一定另设公共绿地，其指标当然就为 0，但是这并不说明环境绿化不好。

（4）具体 3 个指标与绿量。在评价居住区绿化水平时，有的学者认为，为了使居住区的绿化水平能在居住区规划和建设中得以如实地反映，根据各居住区绿化的分类，可以用 3 个指标来表示。

1）居住区绿地率。居住区内绿地面积占居住区总用地面积的百分比。新区建设应大于 30%，旧区改造要大于等于 25%。

2）居住区内人均绿地面积。居住区内的所有绿地，包括公共花园、儿童游戏场、道路交叉口绿地、广场绿地以及宅旁绿地、公共建筑绿地、临街绿地、结合山丘河流的成片的绿地，以及设置在居民区内的苗圃、花圃等，以居住区内人均占有面积（m^2/人）来表示。这个指标反映了居住区内的绿化水平。

3）绿化覆盖率。包括居住区用地栽植的全部乔木灌木的垂直投影面积，以及花卉、草坪等地被植物覆盖的地面面积，以居住区总面积的百分比来表示。这个指标反映了居住区绿化的环境保护效果。

4）绿量。有学者认为，只有以上3个定额指标是不够的，还应有“绿量”这一要求，“绿量”是否充足更为关键。因为植物的生态功能是通过“绿量”的多少而发挥作用的。“绿量”是单位面积上的绿化程度，又称为叶面积系数，是指在绿地单位面积上生长的活的绿色植物总的叶面积数量。绿地中仅有单一的草皮植物，绿量少，不仅生态不稳定，维护成本还高；如果绿地中既有草坪地被，又有中层灌木，再配以高层乔木，形成多层次立体混交，就可形成符合自然规律的立体园林，绿量指标就会大大提高。这种立体园林若配置得当，所形成的群落不仅生态稳定，而且生态效益高，这样的绿地才是人类需要的最佳环境。

北京市园林科研所从植物改善功能和叶面积系数的关系入手，按照每人每天呼吸氧气750g、呼出二氧化碳900g；每天生活用燃气消耗氧气629.26g、释放二氧化碳358.385g，合计每人每天共需氧气1379.26g、释放出二氧化碳1258.38g。满足一个人对氧气的需要就需要一定的绿地面积，经计算，不同植物结构组成的绿地维持人生存所需要的最小的人均绿地面积，见表3-2所列。

不同绿地结构维持人们生存所需要的最小的人均绿地面积 **表3-2**

绿地结构	人均绿地（理论数值）（m^2）
乔木＋灌木＋草（含地被、绿篱）	9.64
乔木＋灌木	12.20
乔木＋草（含地被、绿篱）	12.83
乔木	17.47
灌木＋草（含地被、绿篱）	20.06
草（含地被、绿篱）	21.51

由此可知，利用绿色植物的叶片释放氧气以满足居民呼吸及弥补燃气消耗的氧气计算，人均绿地面积至少应达9.64m^2，且应为“乔木＋灌木＋草（含地被、绿篱）”的绿化结构类型。实际上，在城市中人均实际需要的氧气量还要高得多。由此还可得出，**城市绿地最佳生态效益结构——“乔木＋灌木＋草（含地被、绿篱）”的种植比例为乔木：灌木：草（含地被、绿篱）：绿地＝1：6：20。其含义是，每29m^2的绿地中，应有乔木树种1株，灌木（不含绿篱）6株，草（含地被、绿篱）20m^2。**这样的绿地群落空间结构较为合理：乔木、灌木与适量的空旷草坪相结合，落叶与常绿、季节与空间相协调充分利用了立体空间，大大增加了绿地的绿量。居住区绿地内一定要有高大的乔木为人们遮阴，但为了通风，遮阴的比例也不应过大，绿地内灌木要占一定的比例，地面力争全部由草坪或地被植物所覆盖，以增加绿视率。**这样的种植结构既可节省土地，又能在环境的生态效益上产生最佳效果，是最佳绿化种植结构。**

（三）居住区环境绿化的基本要求

1. 居住区绿化规划的基本要求

（1）根据居住区的居住功能和业主对绿地的使用要求，可采取集中与分散、重点与一般相结合的原则，以形成完整统一的居住区绿化系统，并与居住区周围的绿化系统相协调。

(2) 要充分利用土地、节约土地，尽可能地利用条件相对较差的劣地、坡地、洼地以及墙面、屋顶等空闲位置进行绿化。原有绿化、河湖水面要尽量保留利用。

(3) 在保证质量的前提下，力求降低成本，见效快，便于管理，有效期长。

2. 居住区绿化树种和植物配置的基本要求

(1) 对于绿化树种，应选易长、易管、修剪量小、病虫害少、有特色的优良树种，一般应以乔木为主，可考虑一些有经济价值的树种。重点绿化地段如居住区出入口、公共活动中心，可选用一些观赏性强的乔灌木或少量草花。

(2) 行道树宜选用遮阴能力强的落叶乔木，老年人、儿童休憩游戏活动场所忌用带刺或能分泌毒素的植物，运动场地应避免种植会大量扬花、落果、落花的树木。

(3) 以乡土树种为主，多用乡土树种，可选择速生树种和慢生树种相结合，以速生为主，以尽快形成绿化效果。

(4) 应考虑一年四季的景色变化，采用常绿与落叶、乔木与灌木，不同树姿和色彩变化的树种相互搭配，力求四季常绿，鲜花常开，以丰富居住区的环境。

3. 绿色健康理念

世界卫生组织对健康的定义是：**健康就是指人在身体上、精神上、社会上完全处于良好的状态。**但是随着现今社会竞争压力的增大、人际关系的困扰，人们很难做到真正意义上的健康。为此，园林工作者应当努力为人们创造一个理想的人居环境，从单纯的对艺术形式和视觉的追求中走出来，应注重对人们身心的调剂功能，将自然引入居住区，引入每个居民的身边，尽最大努力为人们真正意义上的健康创造条件。

一项研究显示，城市住宅周边植被显著关联早逝风险降低。住宅周边 500m 范围内植被面积每增加 10%，居民早逝风险人均降低 4%。这项研究数据涉及我国以及许多国家，总计超过 800 万人。

(1) 充分发挥植物的各种优势。要充分发挥植物的自身优势，提升居住区健康指标。基于居民对健康的要求，居住区绿化的树种在保证四季常（有）绿的基础上，应选择无毒、无害的乔灌木。多种香化、果化、药化、美化等各种生长快、管理粗放的植物。

1) 香化。香化是指种植的植物有吸引人的香气，包括花香、叶香、果香等，如桂花、蜡梅、杜鹃、碧桃、丁香、核桃、梅花、栀子、茉莉以及草本植物薰衣草、迷迭香、百里香、牛至等。

2) 果化。果化是指种植的植物有较为明显的且色艳的果实，如石榴、枇杷、柑橘、文冠果、核桃、金银木、葡萄、柿子等。

3) 药化。可尽量栽培有一定药用价值的植物，如驱蚊虫的香樟、南天竹，以及草本的荆芥、迷迭香、罗勒、薄荷、藿香、益母草、射干、桔梗、麦冬、鸢尾、粘虫菊等。

4) 美化。有艳丽的花朵，如牡丹、碧桃、白玉兰、广玉兰、合欢、紫薇、凌霄、樱花、榆叶梅等以及彩叶植物鸡爪槭等。

(2) 季相的变化。要注意季节性，不同的季节都要有丰富的景观，应尽量做到四季常（有）绿、三季有花，挖掘夏、秋甚至冬季开花的植物或冬季观干的树种，如红瑞木、棣棠、木瓜、黄金槐、竹类等，都应尽量布置，做到季相变化明显，多用一些色彩对比度较大的树种，使居住区的绿化一年四季都生动、活泼、可爱。

4. 加强园林文态建设

重视生态建设十分重要，同时还要加强园林文态建设。城市园林绿化不只是单纯的种树造林，要有丰富的文化内涵。加强园林文态建设，就是在生态建设的基础上，充分挖掘园林文化内涵，营造园林文化气息，使之更具有内在的韵味。具体做法：

（1）突破时空界限。将传统的造园理论、手法运用到现代园林之中，使居民通过对居住区绿地景观和小品的欣赏，联想到古代先人的遗训智慧、风俗习惯，充分体现园林植物的寓意美。

（2）借景生情。通过借景生情、托物言志，使居民的思想感情寓园林景观和花草树木之中，同时结合诗词曲赋，产生高于自然景观的人生感悟以及对园林意境的遐想。

（3）合理运用园林小品、雕塑等艺术表现形式突出主题，让居民散步、休憩的同时欣赏艺术作品，揣摩其表达的文化内蕴，以及建设体现人文精神的乡土文化景观，使居民回归"心灵家园"。

（4）运用现代科技及新材料。将现代科学技术和新材料融入居住区的景观之中，以展现现代科技水平和特色，同时体现人文关怀。

需要强调的是，人类的所有活动区域都需要设计，园林景观设计是其中一部分，而所有设计都应是为人服务的。设计的原则是**"安全、适用、经济、绿色、美观"**十字方针。首要原则是安全。如居住区路旁栽植有刺植物，就易造成人们受伤，再如过度密植的高大乔木遮挡居民的阳光、小区和建筑中各种道路上的"门槛"、绿地尖锐的栅栏、园路中光滑的铺装等，都可能给人们的居住生活带来不便和风险。这是必须要特别强调的。

三、我国传统的造景手法与居住区绿地总体设计原则

（一）我国传统的造景手法

园林造景，即人为地在园林绿地中创造一种既符合一定使用功能，又有一定意境的景区。我国传统造景手法简介如下：

1. 突出主景

就整个园林来说，主景是全园或被分隔局部的重点景观，是空间构图的中心，体现园林的功能与主题，是全园或被分隔局部视线的焦点。突出主景的方法有：位置升高或增大体量以突出主景（一些大型雕塑以及建筑，如北京北海公园的白塔等），把主景布置在中轴线或风景透视线的焦点处（如北京天安门广场建筑群等），适当增大体量，以及与"一览无余"相反的先抑后扬等造园手法以强调主景、突出主景，可大大提高园内景观的感染力。

2. 对景、添景、夹景

（1）对景。位于风景透视线或园林绿地轴线端点的两个相对景观称为对景。一般选在园内透视景观最为精彩的地方，可在人们休息逗留的地方设置一个景点，以吸引人们前来观赏，而这个观赏景点的对面不远处又有一个景点，即两个景观相对，相互观望、相互衬托，以丰富园林景色。对景一般为正对景，也可偏对景。

（2）添景。当两对景之间距离较远时，容易缺乏联系或层次感，为了克服这一缺陷，常用添景的手法处理加以弥补。所添之景，可以是建筑的一角，也可以是树木花丛等，以增加景观的趣味性，并将较远的两个对景联系起来。

（3）夹景。当远景较远且视线区域又较宽，此时远景往往不被人们注意，可利用树木丛林、

建筑物或土山等将两侧屏障起来，只留一定宽度的夹道视线，让人们通过这一夹道自然地将视线集中到远处的景观，这称为夹景。夹景还可增加远景的深度感。

3. 借景

把园林范围之外的景观“借”到园内来，通过视觉感受到这个景观好像是在本园内，就称为借景。一般居住区园林绿地的范围是有限的，但是运用借景的手法，可起到收无限于有限之中的效果。借景可借形、声、色、香等，可远借、近借、仰借、俯借或应时而借等。

4. 框景、漏景

(1) 框景。框景就是把真实的自然风景用类似画框的门、窗洞、框架等框起来，或由乔木等的树冠环抱而成的空隙把景框起来，形成类似于“画”出来的一幅美丽的风景图画，供人欣赏。框景是常用的造景手法之一，如图 3-22 所示 **(彩图 22)**。

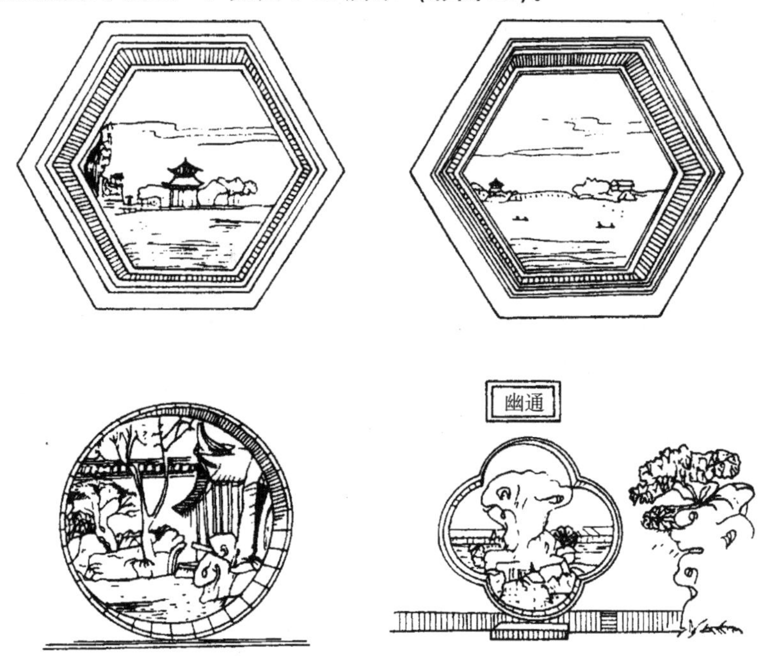

图 3-22 各式框景示意

(2) 漏景。漏景是由框景发展而来，框景能够看清景观的全部而漏景则若隐若现。漏景是通过园墙或走廊的漏窗来透视景观的，如图 3-23 所示。

图 3-23 漏窗示意

5. 障景

我国传统园林往往忌讳“一览无遗”，而多含蓄有致，所谓“景愈藏，意境愈大；景愈露，意境愈小”。为此，我国传统园林往往分隔空间，形成分景，使之园中有园，景中有景，园景虚虚实实，实中有虚，虚中有实，空间变化多样，景色丰富多彩。我国传统园林常用“障景”的手法来分隔空间。通过抑制视线，造成“山重水复疑无路”的感觉，然后豁然开朗，形成“柳暗花明又一村”的境界。

在园林中，由于周围环境的影响，有时能看到园外一些不雅致的景观，与园内风景格格不入。此时可采用障景的手法把这些劣景屏障起来，屏障材料可以是树木、土山等。

6. 点景

通过对景观的高度概况，做出意境深、诗意浓或形象化的园林题咏，用以点出景观的主题，给人以无限的遐想，有时还具有宣传或装饰的作用，这种方法称为点景。点景的形式有匾额、对联、石刻、石碑等，如匾额“爱晚亭”、石刻“南天一柱”、石碑“迎客松”等。著名的天下第一泉——山东济南趵突泉的楹联“云雾润蒸华不注；波涛声震大明湖”，把趵突泉的特色意境高度地概括出来（彩图 23）。

7. 景的层次

在绿化种植设计中，往往以常绿的龙柏或桧柏丛作为背景，衬托以元宝枫、海棠等形成中景，再以月季引导作为前景，即组成一个近景、中景、远景完整统一的景观。这样的景观富有层次的感染力，给人以丰富的感受，如图 3-24 所示。

图 3-24 近景树、中景树、远景树示意

（二）居住区绿地总体设计原则

1. 就近利于人们主动消闲

利用闲暇时间去城市公园绿地活动，已经成为人们生活的一部分。但是与居民日常生活息息相关、使用率高的不是城市大公园，而是居住区绿地或居住区附近的小游园。美国城市规划专家研究表明，**虽然城市公园对居民的需要来说是十分重要的，但是只有离公园不超过几分钟到十几分钟步行距离的人才会经常使用它。**那些居住在距公园十几分钟步行距离的城市居民并非不需要它，是距离使他们却步。居住区内的绿地正好适应人们的这一需求，因此，搞好居住区内的绿地建设是十分重要的。

居民对绿地主要是消闲需求。在现代生活中，个人所支配的时间中生产劳动、工作、学习、吃饭、睡觉等生存所必需的这一过程是无法避免的，且是被动的；而**人们的消闲却是主动的，**人们可以充分、自由、多种选择地进行消闲，使物质和精神生活丰富多彩。

2. 维系亲情，体现以人为本、崇尚自然

我们在进行居住区绿地规划设计时，要**注意体现“以人为本、崇尚自然，营造和谐的人居环境”的理念，**以住宅为中心，维系和增进家庭亲情、邻里亲情、社区亲情，营造绿色社区。我们从人的心理、生理角度考虑出发，可以将居住区、小区中心景观绿地设计成向心式布局，以建筑为背景、休闲广场为核心，布置树木花卉、桥廊花架，游赏步道穿插其间，建有休闲广场、游乐园、亲水戏水场所、活动场地以及散步步道等具有各种功能的区域。如居住区有条件的可以设置小型水景——人工湖，在湖边栽植上春天发芽早、秋季落叶晚的垂柳，这不仅可以形成景观、调节小区内的小气候，在夏天还可以吸引儿童到水边嬉戏，给老年人创造一个与儿童、青年人交往的机会与空间。也可以将园区的活动空间划分为公共活动空间、儿童活动场地以及老年人休闲活动场所，以充分体现现代人居的情感需求。

3. 体现老龄社会的需求

住宅是人们工作之后回家与家人团聚、休息、放松的地方，因此这与商业区、办公区的环境应有所不同。人们对环境的追求是要求舒适、可轻松随意地进入绿色空间。在景观设计中不能千篇一律，要考虑到环境具有可识别性、有特色，让居民在小区中有归属感。各景点的具体设置，或可远观，或可近玩，或林间散步，或河岸戏水，充分体现人与自然共融的良好生态环境。我国即将进入老龄社会。**老年人特有的活动方式和行为方式，决定了他们对其居住、环境的特殊要求，**如老年人喜欢看儿童活动，喜欢被人关注、害怕孤独，不愿孤零零地坐在角落里。在一个活动空间中，老少三代尤其是隔代之间能够产生许多倾听和观察他人的机会，其中儿童的天真会传递给老年人。许多老年人在闲暇时间多自发地聚集在一处谈天闲聊，小区应该更多地提供一定的设施为他们服务，如凉亭、活动室、水景、座凳、草坪、绿化带等。

4. 居住区绿地要吸引人们到绿地活动，必须具备的条件

（1）就近可达。居住区绿地无论集中设置或是分散设置，都必须尽可能地接近住所，设在居民经常经过并可自然到达的地方，便于居民就近随时进入。

（2）亲密融合。为了让居民在绿地内感到亲密和谐，居住区绿地一般面积不宜太大。必须处理好绿化与各项公共设施、小品的尺度，使它们平易近人，有吸引力，使人们在其中感到亲密融合，防止在这样的绿地内设置体量过大的小品。

（3）功能突出。居住区绿地要讲究实用并尽量做到**“三季有花，四季常（有）绿”**。在北方，常绿树种应有一定的比例，约占30%，当然更多地应选择生长快、夏日遮阴降温、冬天不遮挡阳光的落叶树种，应多选用乡土树种。功能性小品如园桌、座椅、园凳、果皮箱、休息亭等应妥善设置。

（4）系统完整。通常情况下，居住区的各种绿地要统一布局、合理安排，能让居民方便地使用，使各种绿地的分布形成集中与分散、重点与一般相结合的形式，并突出本居住区的特色。

（5）综合全面。居住区绿地要满足各类居民的不同需求，绿地内必须设置各种不同的设施。一般来说，大多数居民的共同要求是居住区内要多种树木花草，室外空间要以绿为主，少搞或不搞不必要的亭台楼阁，要使环境安静幽雅。具体到每一个人，因年龄的不同要求也不一样。儿童需要有游戏玩耍设施，青少年需要有宽敞的活动场地，老年人则需要有锻炼身体的场所和

必要的健身器材设备。因此，居住区绿地应根据不同年龄段的居民的需要和使用程度，做出恰当的安排。

（6）美化艺术。**居住区绿地的设计要有独创性，比起建筑来，园林特别是园林绿地有较大的随意性，要有个性，要有创造性，不应与其他绿地设计雷同。**要利用植物材料的多样性美化环境，要突出美学特点，讲究植物配置上的艺术性，将我国传统的造景手法运用到居住区绿化中，以提高居住区绿化的艺术水平。

（7）光环境和声环境方面。光环境方面，居住区休闲空间应争取良好的采光环境，这不仅有利于居民户外活动，也有利于园林植物的生长。但是，由于历史原因或特殊地形因素或某些特殊环境下，个别居住区或绿地特别是冬天得不到充足的光照，我们可以**制作一个大小适宜的镜子，挂在合适的位置，并通过电脑控制，根据太阳的升降轨道使镜子转动，便可把阳光带进居住区或绿地。**

声环境方面，城市居住区白天噪声允许值宜小于 45dB，夜间宜小于等于 40dB。靠近噪声源的居住区应通过植物种植、水景造型、建筑屏障等进行防噪。

四、居住区绿地总体设计

（一）居住区公园、小游园的设计

1. 规模

在居住区（居住小区）内，应集中整块较大面积建设居住区公园，其用地的大小应与该居住区总用地面积、居民总人数相适应。目前，我国新建居住区（居住小区）公共绿地面积要求人均 1～2m^2。如果居住区内人口为 5 万人，则居住区公共绿地应为 5 万～10 万 m^2，其中以 3 万～6 万 m^2 地块建设居住区公园；根据情况，没有大型地块的，也可将居住区内公共绿地分散为 3～5 块，建设小游园。一般 1 万人左右的小区应有一个大于 5000m^2 的小游园。

2. 居住区公园用地比例与位置的选择

（1）居住区公园用地比例。居住区公园用地比例一般应掌握的原则是，绿化用地不少于 75%，园路、广场用地一般为 10%～20%，游憩及服务设施用地不大于 2%，管理设施用地不大于 0.5%，亦应根据具体情况适当、灵活调整。

（2）位置的选择。居住区（居住小区）公园的位置，应选择在居民经常来往的地方或商业服务中心的附近，既交通方便又要注意保持安静的环境，应避免成为交通通道，也可结合自然的地形进行选择，选择地形起伏的山地高程处或河湖坑洼地等不便于搞建筑而适宜建园林绿地的地方。

为方便居民，居住区公园的服务半径以不超过 1000m 为宜，居住小区游园服务半径不超过 500m。在规模较小的小区中小游园可在道路的转弯处两侧沿街布置，或在小区的一侧沿街布置，宜形成绿化隔离带，不仅便于居民游玩，还可以减弱噪声、尘土的影响，起到更积极的美化作用。

3. 内容

（1）居住区公园。居住区公园是为整个居住区的全体居民服务的，是居民观赏、社交游乐、休息的重要场所。居住区公园面积较大，其布局应与城市小公园相似，设施应比较齐全，内容应比较丰富，要有一定的地形地貌，最好要有适宜的水体；要有功能分区、景色分区，除尽量保留原有的大树外，还要种植大量的园林树木花草，以及要有适当的园林建筑、园林小品、休息设施、活动场地等。居住区公园布局要紧凑一些，各功能分区或景区间的节奏变化要快一些**（彩图 24）**。

居住区公园应考虑满足各类居民的多方需求，但应以老年人和少年儿童的需求最为重要，因为他们在居住区内的时间最长，游玩时间比较集中，多在每天早、晚活动，特别是夏季的夜晚是游玩的高峰，因此应加强夜间照明设施、灯具造型以及傍晚夜间开花或香花植物的配置，用以突出居住区公园的绿化特色。

（2）居住小区游园。居住小区游园是为居民饭后、工作之余活动散步休息的场所，利用率较高。为方便居民前往，位置应适中，尽可能与小区商业服务中心结合起来布置，使居民游憩与日常生活结合起来。居民购物之余，即可到游园内游玩、休息或游玩后顺便购物，使居民游憩、购物两便。如与公共活动场所结合，同样可以有好的效果。

小游园仍以绿化为主，多设一些座椅等园林小品，适当开辟铺装地面的活动场地，也可有一些简单的健身设施和儿童游戏设施。

小游园布置形式有：

1）自由式。自由式布局灵活，体现我国传统园林的特点，以获得良好的绿化与观赏效果，要充分利用自然地形、山地、坡地、池塘等，由灵活曲折的小路贯穿起来，其间体现休闲的氛围，给人以自由活泼、富于自然气息的感觉。

2）规则式。有明显的中轴线，为规整的几何图形，有规则对称和不规则对称之分，给人以明快、整齐的感觉，但有时也会造成严肃的氛围。

3）混合式。以上自由式与规则式两种相结合的布置方式，既有自由式的灵活布局，又有规则式的整齐效果。

4. 居住区公园与小游园的具体安排（图 3-25）

（1）地形。地形应因地制宜地处理与塑造，要因低挖湖、就高堆山，或根据功能分区造景的需要适当塑造地形，有高有低，增加观赏效果。塑造地形时应注意排水系统，以便于雨后能够及时恢复使用。

（2）入口。入口应方便人进入，数量为 2～4 个，具体的位置要与周围的建筑、道路结合起来考虑。入口内外应有小型广场以便于集散。入口两侧植物一般为对植，其内侧可建小型假山、花坛、置石、雕塑、观赏植物等对景。

（3）活动场地。居住区公园应设置各类人群的活动功能分区，要有儿童游戏场地、青少年活动场地和中年人、老年人活动场地。各场地之间可利用道路连通、用植物或地形分隔，使各活动场地既有联系，又有独立性。

1）儿童游戏场地。其位置要便于儿童进入和家长照顾，一般设在居住区公园入口附近的独立地块处。在活动场地应铺设草坪或用海绵塑胶铺地或用持水性较小的沙粒铺地，以柔性铺装为主。一般应设置一些常见的儿童游戏设施，旁边设置座凳供家长使用。儿童游戏场地应种植高大乔木以便遮阴乘凉，用植物材料与其他场地隔开，以免干扰周围居民。

常见的儿童游戏设施有各种儿童滑梯、儿童攀岩、儿童淘气堡、组合秋千、儿童组合健身器等。设置这些儿童游戏设施的场地都应铺设塑胶地垫，以防儿童跌伤。

2）青少年活动场地。应设在居住区公园深处，要设置一些健身、体育活动器械与座凳，如可设置沙袋、空中单杠、缅甸桥、断桥、天梯、信任背摔、空中相依、罐头鞋、逃生墙、孤岛，甚至设置人工攀岩等，地面应以硬质铺装为主。

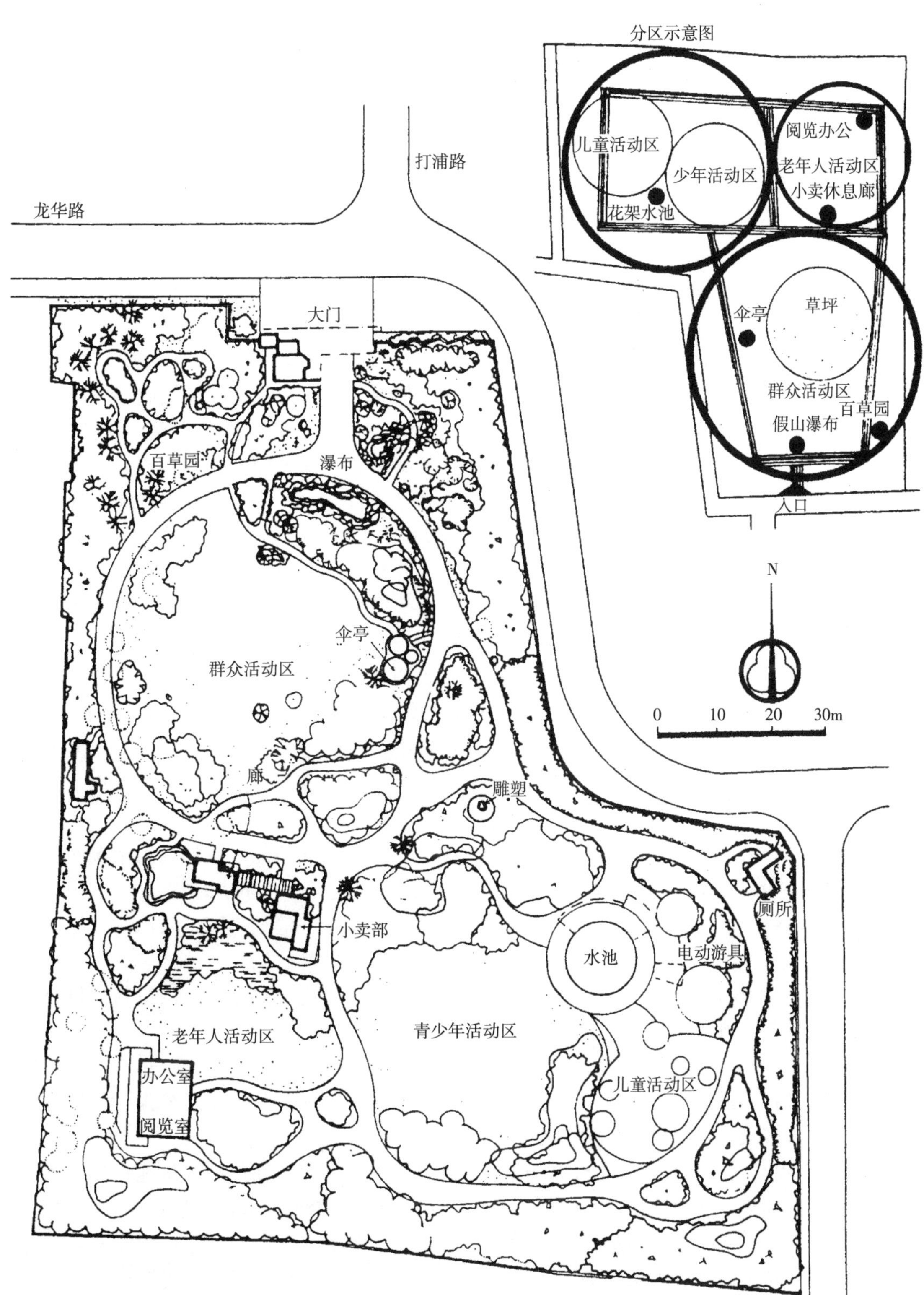

图 3-25 上海南园各类活动分区布置

3）中老年人游憩活动场地。其设置的位置可靠近儿童游戏场地，也可单独设立；应设置一定的适合老年人特点的健身器械，如漫步机、梅花桩、俯卧撑架、组合单杠、双杠天梯、步行软梯、秋千、伸背器、左右侧摆器、扭腰器等；亦可多设置一些桌椅座凳，以便于中老年人聊天、下棋、打牌等使用。桌椅座凳，可采用钢心塑料环保木制作，具有美观大方、舒适、耐腐蚀、耐酸碱、不龟裂的特点，有实木的感觉。

总之，各类活动场地以及设置的器械要有特色，突出其使用功能，总体上要充分地绿化，多种植一些大型乔木，提供夏季遮阴，创造优雅的活动环境。

（4）园路、广场。园路是居住区公园、小游园连通各活动场地及景点的脉络，又是分隔空间的界线，其最大的功能是居民在其上游憩散步。园路应随景观的需要而转折、弯曲，随地形的起伏而变化。在路旁，应适当设置树丛、小品、山石等，以增加趣味性。

广场是居民游览、活动、休息的场地，为造景应设置花架、花坛、雕塑、喷泉、座椅、小品、亭、廊等，或设置其中的一部分，供人们赏景、休息之用。在居住区绿地中，应设置健身广场，里面应设有健身器材，除去前面提到的一些健身器材外，还有如肋木架、悬挂攀高器、太极推揉器、仰卧滚筒、跑跳横梁、休闲荡椅、平衡滚筒、腿部按摩器、蹬力器、摸高器、上肢牵拉器、健骑器、呼啦桥、摇摆马压腿器、仰卧起坐平台等，可从中有针对性地选择一些既安全又简易的设施，以增加居民的健身活动内容，吸引人们前往，如图 3-26 所示。

广场的标高一般应与园路相同，但有时也可高于园路地面，或低于园路地面而成下沉式广场。下沉式广场要充分考虑排水问题，以防积水被淹。园路与广场要硬质铺装，要防滑，要有花纹图案，要有变化，要提高铺装地面的艺术效果。

（5）园林小品、园林建筑及其他设施。适当布置园林小品、园林建筑，以丰富园林绿地的内容、增加游憩趣味，使空间富于变化，起到点景的作用，也为居民提供停留休息观赏的场所。但是如果居住区公园面积不大，尤其是小游园面积较小，其周围有住宅建筑所包围，因此其内的小品尤其是园林建筑要有适当的尺度感，体量不宜大，应宜精不宜粗，宜轻巧不宜笨拙，使之起到画龙点睛的观赏效果。

1）亭、廊、榭。亭一般应设在广场上，地势较高的地方或园路的对景处。廊用来连接园中各建筑物。榭一般设在水边。亭与廊有时结合在一起建造，也可单独建造。

2）山石。在广场的主景面、大树下、道路转折处、花坛中心等处，可点缀山石，尽量体现自然美。

3）栏杆。一般设置在分区边界或绿地边界处，宜低矮、通透，要尽量利用植物材料分隔空间。水边要设置安全有效的栏杆。

4）花坛。一般宜设置在广场中心、园路的对景等处，花坛可抬高 30～40cm，这样花坛边缘的石料护围既可当座凳，又可减少水土流失。在重要的节假日，也可摆设布置一些临时性花坛，以提高观赏效果。

5）水池、喷泉。一般自然式水体常与地形和山体结合在一起，而规则式水池常与广场、建筑物配合应用。喷泉与小水池结合，应便于人们靠近喷泉，以增加趣味性和景观效果。

水池内可养一些水生植物和鱼类，以增加趣味性。水池不宜过深，在适宜的地方可设置小桥、汀步，在汀步上设置小喷泉开关，当人们踩到喷泉开关时，有小股的水流喷出，可引起人们的浓厚兴趣和满足人们的亲水感。也可以设置水深为 20～30cm 的流动水池，以形成“清泉石上流”景观，便于夏季炎热时期，儿童在家长的陪同下在水中戏耍。但是，为安全起见，装

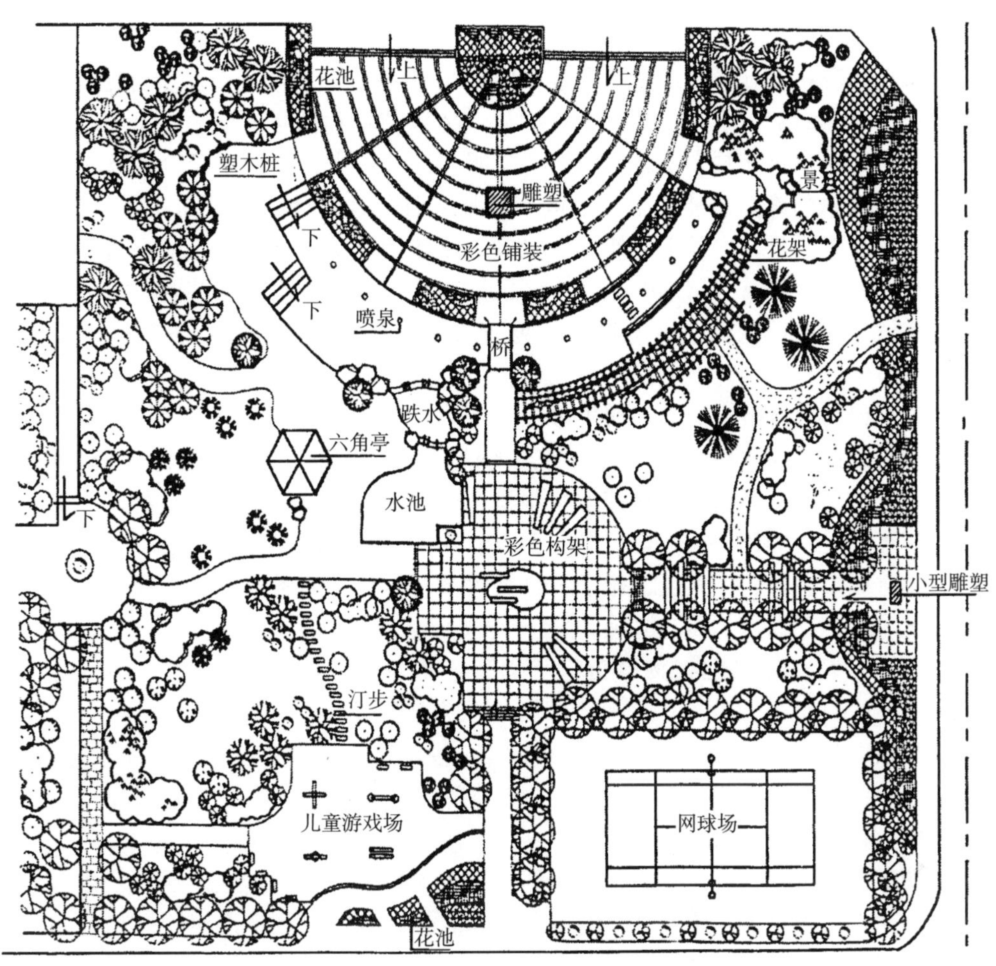

图 3-26　某小区广场设计

饰性小桥，只允许观赏不能登上行走。

6）桌、椅、座凳。可适当地多设置一些桌、椅、座凳，一般宜设在有景可观之处，或建筑物附近的树荫下、水边或铺装场地花坛周围，不影响人们活动的地方。还有园灯、宣传栏等视情况设置。

7）花架。花架可单独设置，也可与亭、廊、墙体结合设置，花架可联系一些园林建筑与小品，既可分隔空间，又可供人们游憩。

8）景墙。常与花架、花坛、座凳、亭、廊等组合而成，也可单独设置，可分隔空间和增添景观效果。在景墙上可开各种形状的漏窗，以框景的形式通视远处的景观，也可以实墙的形式出现。景墙的顶面可以是波浪形等形式。

9）挡土墙。一般在地形起伏的绿地内设置挡土墙，高度在 40cm 以下时，可当座凳使用。高度一般不应高于视线，或通过处理做成多层。可用植物材料如宿根花卉等种植在挡土墙前，以进行装饰。

（6）种植。一般来说，常绿树种与落叶树种应有一定的比例。华南地区，常绿树占 70％～

80%，落叶树占20%～30%；华中地区，常绿树占50%～60%，落叶树占40%～50%；华北地区，常绿树占30%～40%，落叶树占60%～70%。

居住区绿地的种植设计要注意避免“重草轻树”，要乔、灌、藤、花、草合理优化配置；要“小树林”取代“大草坪”。现在有不少小区绿化单纯以花草和低矮灌木来争奇斗艳，就是乔木也多采用小树型、小树冠而缺少树荫，因此**要克服“绿地不少，绿荫不足”的现象**，应多植庭荫树，还要发挥树木的遮挡功能。虽然小区有造型优雅的住宅建筑，有秀丽宜人的花园庭院，更有依山傍水的合理借景，但是不能使小区景观臻于尽善尽美，进入眼帘的也有“煞风景”的不良和不宜景观。尤其是跻身市区的住宅小区，这种与小区氛围很不协调的不良和不宜景观就更多，用高大树木来进行遮挡应该是最佳的处置方案。另外，树木的减噪功能也可得到充分发挥。

绿色植物不仅可以缓解人们心理或生理上的压力，植物释放的负离子及抗生素还能够提高人们的免疫力。因此，在居住区公园或小游园的植物配置，应设置一些**生态保健型植物群落**。生态保健型植物群落有许多类型：**体疗型植物群落**，如松柏丛林以及银杏丛林，中老年人在进行体育锻炼时可到这些群落中去，健身效果更佳；**芳香型植物群落**，如玉兰、桂花、蜡梅、丁香、紫藤、木香以及香樟、广玉兰、栀子、含笑等都可以作为嗅觉类芳香型保健群落的首选树种，在居住区小型活动场所周围最适宜设置芳香类植物群落，为人们提供一个健康而又美观、芳香宜人的自然环境；**触摸型植物群落、听觉型植物群落**等，都利于人们与绿色植物亲近、和谐。

当然，居住区公园面积大，其内容应当丰富一些，设置应当齐全一些；而小游园面积小，其内容应当少一些、简洁一些。这些应当根据具体的实际情况而定。

（二）住宅组团绿地的设计

住宅组团绿地是直接靠近住宅的公共绿地，服务对象是组团内居住的居民，主要为老年人和儿童就近活动、游憩提供场所。可采取集中与分散相结合的原则，以组团绿地为主，与林荫道、防护林带以及宅旁和庭院绿化形成一个完整的绿化系统。每个组团一般由6～8栋住宅楼房组成，每个组团的中心有大约1300m^2的绿化空间，形成家家开窗能见绿、出门人人可踏青的富有生活情趣的生活环境。由于组团建筑的布置形式多样，组团绿地的布置形式也应多样（**彩图25**）。

1. 位置

（1）周边式建筑形成的院落绿地。周边式建筑形成的院落绿地，不受道路车辆的影响，环境封闭、相对安静，有较强的庭院感。大部分居民都可以从窗户看到绿地，有利于家长照看幼儿玩耍，但是噪声对居民的影响较大。这种形式，由于将楼与楼之间的庭院集中在一起，所以在建筑密度相同的情况下，可以获得较大面积的绿化用地，如图3-27所示。

（2）行列式住宅扩大山墙间距设置绿地。行列式布置的住宅，对于居民干扰少，但是缺少空间变化，显得单调；适当拉开山墙间距，开辟组团绿地，打破了行列式山墙间形成的狭长胡同的感觉，同时组团绿地的空间又与住宅间的绿地相互渗透，丰富了空间变化，为居民提供了一个阳光充足的公共活动空间，如图3-28所示。

（3）扩大住宅的间距设置绿地。在行列式布置中，如果适当地将住宅间距扩大到原来的2倍，就可以在扩大的住宅间距中布置组团绿地，并能产生新颖的空间变化，如图3-29所示。

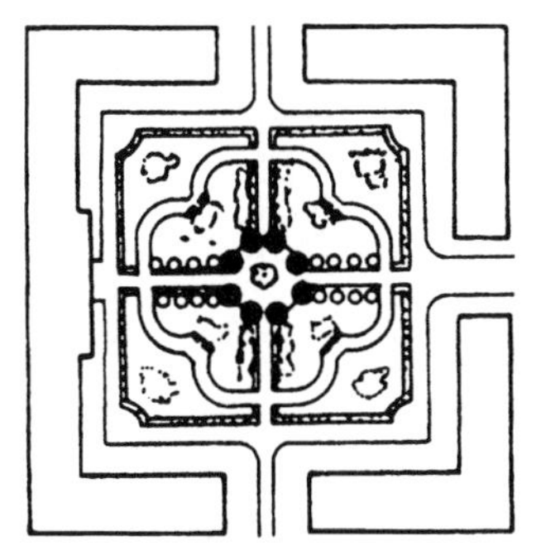

图 3-27　周边式住宅组团绿地设置

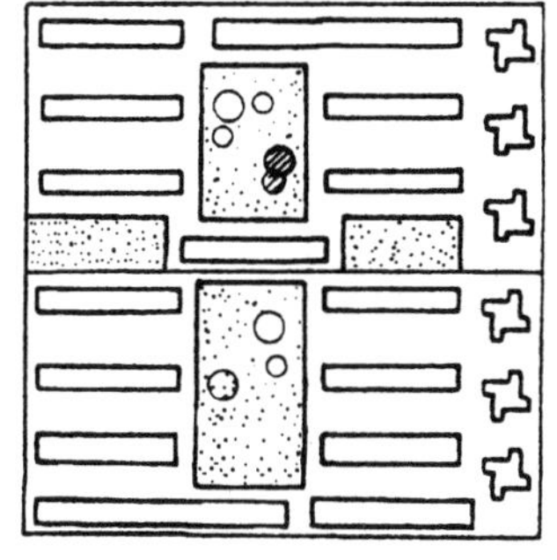

图 3-28　住宅山墙间设置绿地

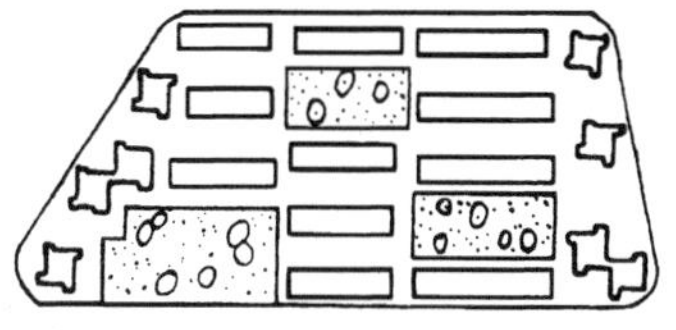

图 3-29　扩大住宅间距设置绿地

(4) 住宅组团的一角设置绿地。在不规则的地形地段，将不便于布置住宅建筑的角隅空地来布置绿地，这样可合理地利用土地，但是服务半径加大了，如图 3-30 所示。

(5) 两组团之间设置绿地。由于组团内用地受到一定的限制，可在两组团之间布置绿地。这样在相同的用地指标下所建的绿地面积较大，有利于绿地内布置更多的设施和活动内容，如图 3-31 所示。

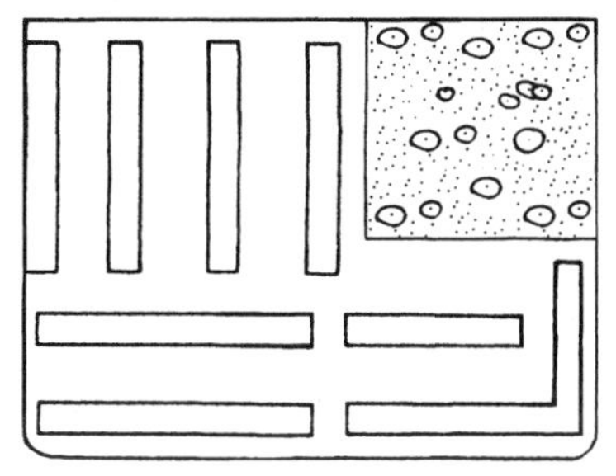

图 3-30　组团一角设置绿地

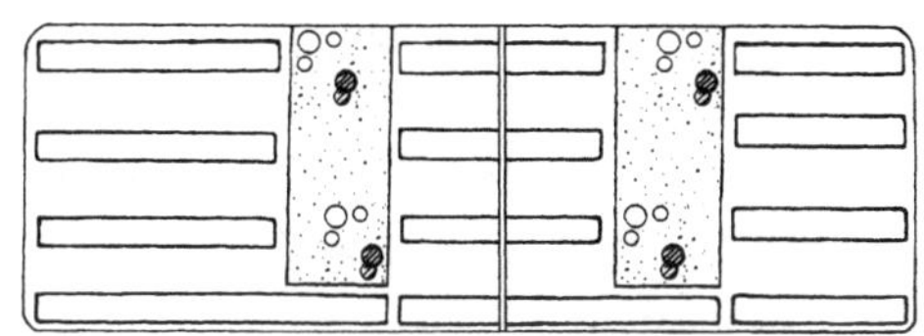

图 3-31　两组团之间设置绿地

(6) 结合公共建筑设置绿地。将组团绿地与公共建筑旁的专用绿地连成一片，以扩大绿化的空间。

(7) 临街设置绿地。一面临街或两面临街设置绿地，这样可充分利用居住建筑与道路之间的绿地，使绿化空间与建筑产生高低、虚实的对比，绿化与建筑互相衬映，丰富了街道的景观，使过往行人有歇脚之地，如图 3-32 所示。

(8) 自由式住宅设置绿地。打破以往住宅建筑坐北朝南的形式，而进行住宅自由式布置的，其组团绿地可穿插其间，不仅组团绿地与宅旁绿地、庭院绿地结合，还使构图显得活泼自由，如图 3-33 所示。

(9) 沿河带状分布。当住宅区邻河流而建时，绿地可与水体绿化结合，以形成丰富的滨河景观及良好的居住生活环境，但要清除安全隐患。

由于住宅组团的位置不同，组团绿地对住宅组团的影响也有很大的区别。一般来说，临街的绿地和位于山墙的绿地效果较好。

2. 布置方式

(1) 封闭式。一般只供观赏，居民不能进入绿地，也无活动、游憩场地，可望而不可即。

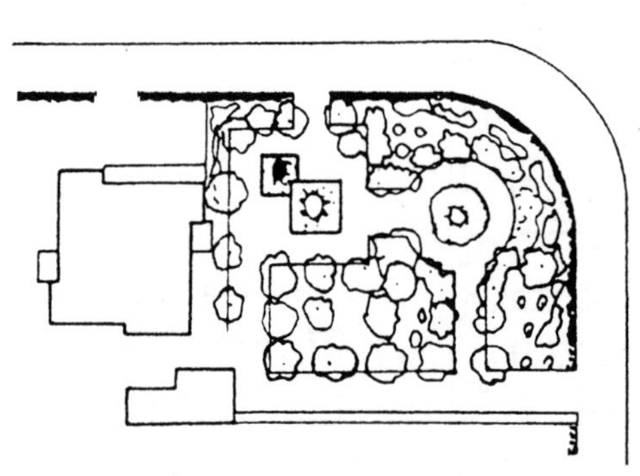

图 3-32 临街设置绿地

图 3-33 自由式组团绿地设置

（2）开敞式。无绿篱、栏杆等分隔，居民可以自由进入绿地活动与游憩。

（3）半封闭式。除留有多个出入口、游憩小路和小广场外，其他绿地一律以绿篱与栏杆分隔，阻挡居民进入绿地内。

从使用与管理方面看，其中半封闭式的绿地使用效果较好，而封闭式使用效果较差。

3. 组团绿地的内容

组团绿地一般有绿化种植、游戏活动和安静休息等内容，必要时还要有建筑小品与各种活动设施。究竟是以游戏为主还是以休息为主，以及这些场地的布置，均要按照居住区的总体规划统一考虑。

（1）绿化种植部分。绿化种植部分应该说是组团绿地的主要内容。通过植物造景，形成有特色的不同季相的景观变化。植物材料可以丰富一些，可种植乔木、花灌木、草坪、花坛或设置棚架种植藤本植物，于水池种植水生植物等。如在铺装场地上可适当种植落叶乔木，以便夏季遮阴；在入口、休息设施的对面，可丛植花灌木或常绿植物，以形成对景效果；需要障景的则可密植乔、灌木或设置高、中绿篱，以营造相对安静的空间。所选用的园林植物应是抗性强、管理相对粗放的种类。

（2）安静休息部分。该部分可作为老年人下棋、打牌、闲谈、保健等场地，可设置棚架、亭、廊等小型建筑以及小型雕塑和桌椅座凳等休息、健身设施或观赏景点，供人们游憩、健身活动等。具体设置地点应在组团绿地中远离道路、相对安静的地方。

（3）游戏活动部分。在组团绿地中可分别设置幼儿和少年活动场地，供儿童、少年进行游戏性或体育性活动，如沙坑、滑梯，以及蹦跳、攀爬等游戏设施。具体位置应在远离住宅的地段，其周围应用密林隔离，防止噪声的传播。

（三）宅间绿地的设计（彩图 26）

宅间绿地是指在行列式建筑的前后住宅间的空地上的绿地，其宽度和大小与楼房间距有关，如图 3-34 所示。这类绿地只供本幢楼房的居民使用，是居民每天必见之景、必经之处。另外，宅间绿地直接关系住宅的通风透光以及室内的安全等，因此备受重视。

1. 几种绿化形式

（1）行列式住宅低层绿化。行列式住宅楼房，按要求每幢楼房之间要有一定的间隔距离，一般是向阳一侧种植落叶乔木，在夏季取得较好的遮阴效果，而冬季不影响采光；背阴一侧应选用耐阴常绿乔灌木，以防冬季寒风。东西两侧多种植落叶大乔木，以减少夏季东西日晒，特

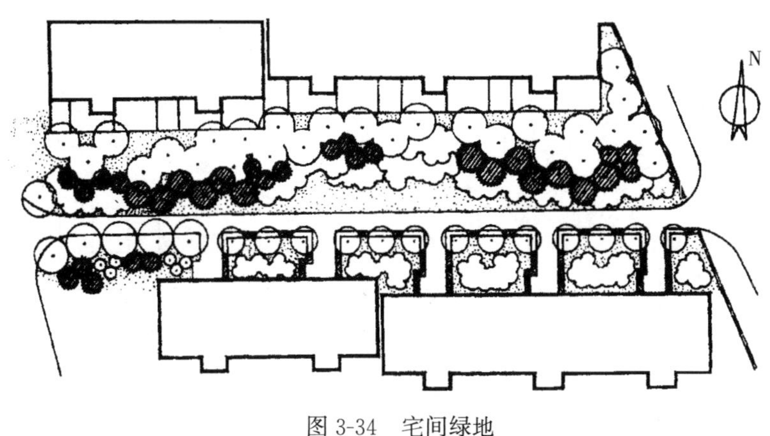

图 3-34 宅间绿地

别是在西山墙处，可种植爬山虎等以形成绿色的“挂毯”，这对降低强烈的西晒起到良好的作用。此种绿化形式也适合多单元式住宅四周的绿化。

（2）底层住户小院绿化。宅前自墙面起一般留出 3m 距离的空地，划为底层住户小院，该小院是底层住户的专用小院。小院边界可用绿篱围起，内植花木，其绿化形式与植物种类的选择随住户喜好自定。

（3）庭院绿化。在比较高档的别墅住宅区，一户或两户一座别墅，每户都有较大面积的庭院。因有较好的绿化空间，其庭院绿化多以布置花木为主，辅以山石、花坛、水池、园林小品等，形成幽静、自然的居住环境，甚至可以依据住户的喜好栽植名贵花木及经济林木，也可以草坪为主，栽植树木花草，形成开敞而恬静的居住环境，使住户在赏景的同时，感受到浓浓的生活气息，如图 3-35、图 3-36 所示。

（4）住宅建筑旁的绿化。住宅建筑旁的绿化应与建筑风格、庭院绿化等相协调。目前，住宅单元绝大部分是北（西）入口，而底层在夏天则可是南（东）入口。北入口以对植、丛植的方式栽植耐阴的乔灌木，如女贞、石楠、云杉、海桐、珍珠梅、桃叶珊瑚、金丝梅、金银木等，以突出强调入口。南入口则须配置阳性类植物，如海棠、樱花、石榴、山楂、紫薇、夹竹桃等，亦可栽植常春藤、紫藤、金银花、花叶蔓长春、络石、凌霄等，或攀扎成拱门。但是，一定不要在入口处栽植有刺植物，如蔷薇、凤尾兰、云实等，以免造成人身伤害。

（5）生活杂物场地绿化。生活杂物场地一般设在宅后较隐蔽处，四周应用高绿篱加以遮挡，以免有碍观瞻。

2. 几点原则

宅旁绿地的布置形式千变万化，有花园型、庭院型、树林型等，如图 3-37 所示。有几点原则应注意：

（1）植物种类应选择抗性强、病虫害少、寿命长的乡土树种，以降低养护成本而又可发挥较大的生态与景观效益。植物材料要乔木灌木、落叶常绿、慢生速生相结合，种类不宜繁杂，但也要避免单调，更要防止配置形式单调，要多样统一。应有适量的冠大荫浓、枝叶茂密的落叶乔木，如悬铃木、槐、杨、椿、榉、樟等，应避免绿地不少、绿荫不足的现象。但也要注意避免高大乔木过多而影响居民采光。**在常绿的雪松周围配置红瑞木、黄金槐、棣棠，可形成很好的景观效果，特别是冬季景观。**

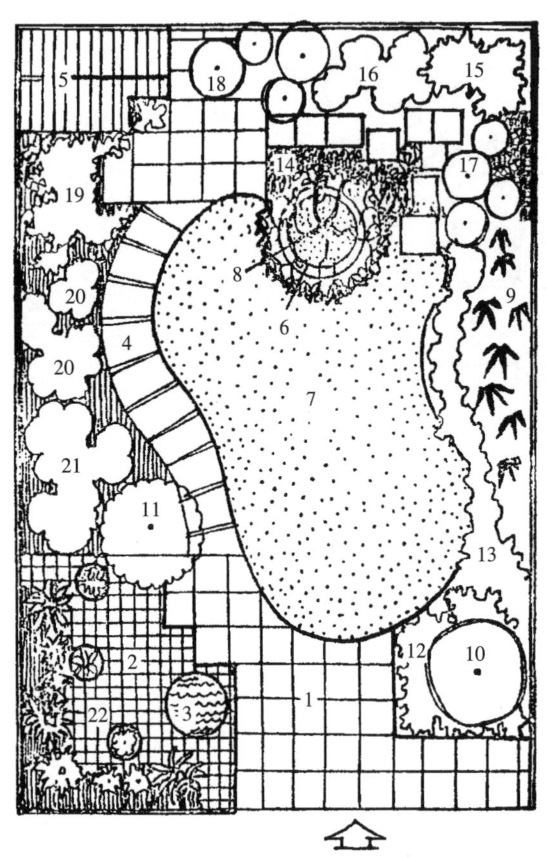

图 3-35 庭院绿化（一）

1—铺装；2—平台摆盆花；3—水池；4—小路；5—杂物角；6—座凳；7—草地；8—玉兰；9—竹子；10—海棠；11—石榴；12—紫茉莉；13—萱草；14—玉簪；15—丁香；16—榆叶梅；17—玫瑰；18—太平花；19—向日葵；20—月季；21—珍珠梅；22—各种盆花

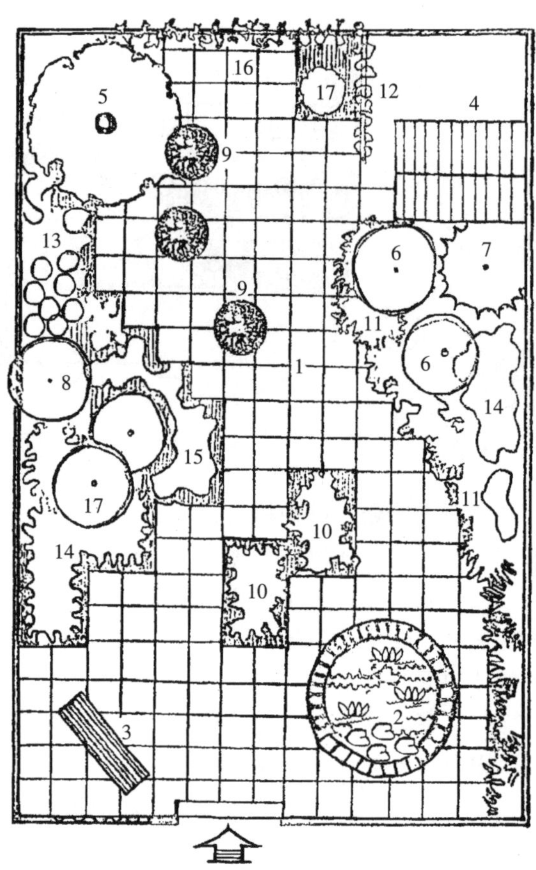

图 3-36 庭院绿化（二）

1—铺装；2—荷花池；3—座凳；4—杂物角；5—香椿；6—枣；7—圆柏；8—海棠；9—碧桃；10—丁香；11—卷丹；12—豆荚；13—向日葵；14—紫茉莉；15—月见草；16—地锦；17—石榴

（2）住宅旁有许多地下管网，绿化时应按照有关规范保持一定距离，以免相互影响。植物种植点，乔木应距楼房南向 5～8m 以上，距楼房的其他方向 3～4m 以上；灌木距楼墙 2m 以上，且不要正对窗口，以免影响室内的采光与通风。

（3）出入口视线所及之处应为绿化的重点，突出美化效果。除必要的行列式栽植外，要避免等高、等距的栽植，可多采用丛植、孤植、群植等形式，适当运用框景、对景等造园手法，创造出千变万化的景观。单元入口要有各自的特色，防止雷同。

（4）除留足活动用的铺装场地外，其他一律都应铺种地被植物或草坪，以减少尘土飞扬。

（5）有条件搞垂直绿化的地方，应尽量搞好垂直绿化，或应当创造条件搞垂直绿化，不仅美化建筑物，还有利于吸附尘土，夏季降低温度，创造舒适的居住环境，并节约能源。

（6）住宅建筑的墙角、基础等，要尽量用植物材料美化、遮挡起来。

（7）通过种植不同的植物材料，作为不同的标志，以便于区分、识别住宅。

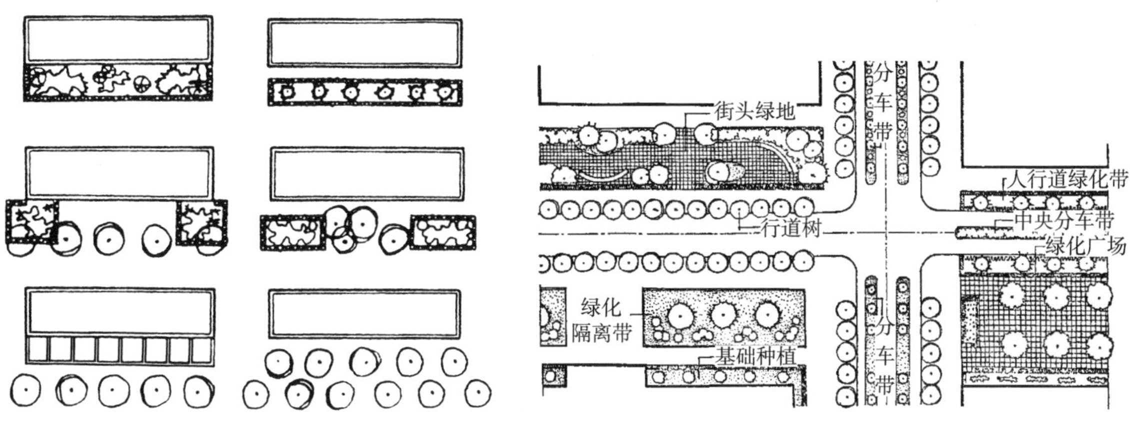

图 3-37 宅前绿地的几种形式

图 3-38 街道绿化示意

(四) 道路绿地的设计

居住区内的道路，由于交通、人流量不大，所以道路的类型较少、宽度较窄，除去居住区内主干道较宽，分设车行道与人行道外，其余的道路往往车行、人行合在一起而不单分。

居住区的道路是居住区交通的网络，道路绿化就形成了居住区绿色的网络，如图 3-38 所示。这绿色的网络将居住区各类绿地联系起来，这些道路也是居民日常生活、上下班的必经之地，往往也是居民散步的场所；这些道路还有利于居住区的通风，改善小气候，减少交通噪声的影响，美化街景，保护路面等。因此，居住区道路的绿化对居住区的绿化面貌有极大的影响。

根据居住区规模的大小以及功能要求，往往把居住区的道路分为 4 级或 3 级，其绿化情况，因道路不同而有所变化。

1. 居住区主干道

居住区主干道是居住区的主要道路，它是联系居住区内外和联系各小区的主要道路，除人行外，车辆运行相对频繁，道路也比较宽。道路两旁栽植的行道树要考虑交通安全和对行人的遮阴，道路交叉口及转弯处的绿化不要影响行驶车辆的视线，要依照安全三角视距要素设计绿化，以保证行车安全；所选择的行道树应是体态雄伟、树冠宽阔的乔木，如悬铃木、国槐、女贞、栾树、银杏等，这样可使道路绿树成荫。

图 3-39、图 3-40 分别是道路绿化 3m 宽和 6m 宽绿化带设计，供参考。

2. 居住区次干道

居住区次干道是居住区内的次要道路，联系居住区各部分之间的道路。在居住区的这种道路上，行驶的车辆虽然相对较少，但是还是有一定量的车辆行驶，因此绿化时应首先考虑交通安全，再满足其他功能。行道树的选择应视同上述居住区主干道行道树的条件进行选择。在人行道与居住建筑之间，可列植多行或丛植乔灌木，以起到隔声和防尘等多种功能，如栽植柳树、桧柏、紫薇、海棠等，配以连翘、棣棠、月季等，使街景层次分明、花团锦簇，富于季相变化。

3. 居住小区主要道路

居住小区主要道路是联系各住宅组团之间的道路，是组织小区内各类绿地的纽带，以通行非机动车或人行为主，也往往是居民散步的场所。其绿化布置与居住建筑较为密切，可丰富建筑的面貌。因此树木配置要活泼多样，树种可适当多选用一些开花繁密或叶色富于变化

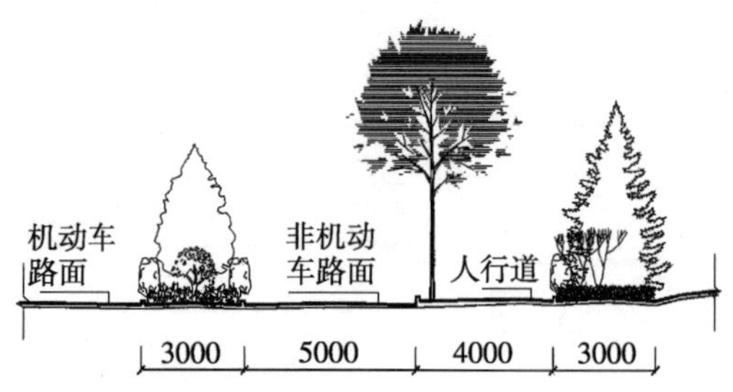

立面图

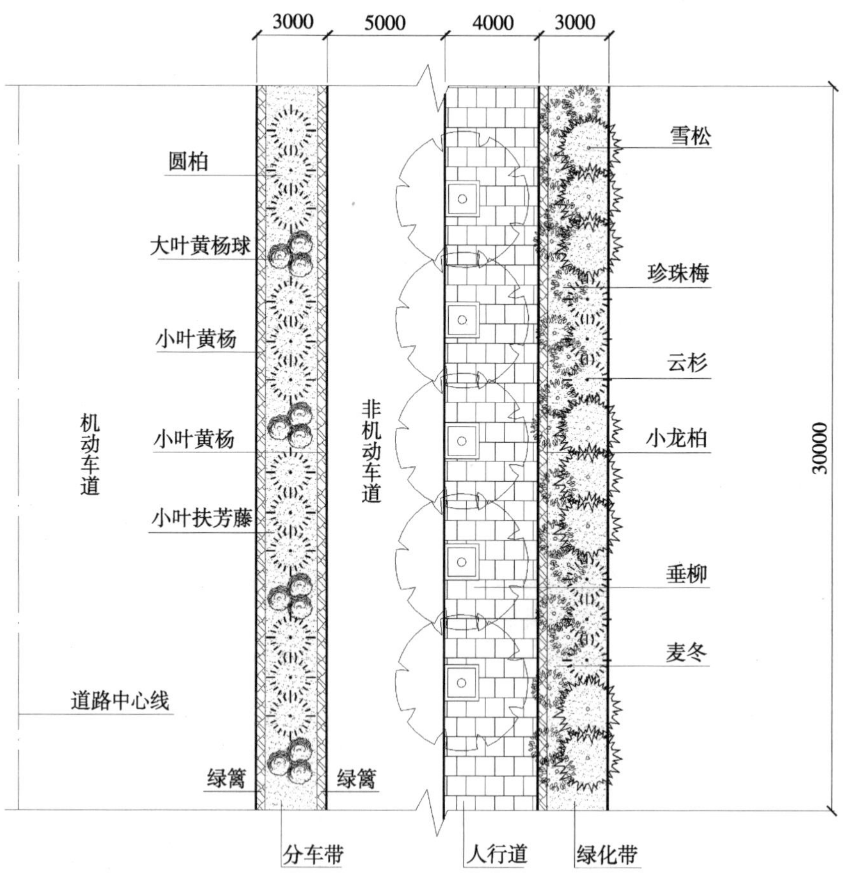

平面图

图 3-39 3m 宽道路绿化带种植设计（本图所标尺寸均为 mm）

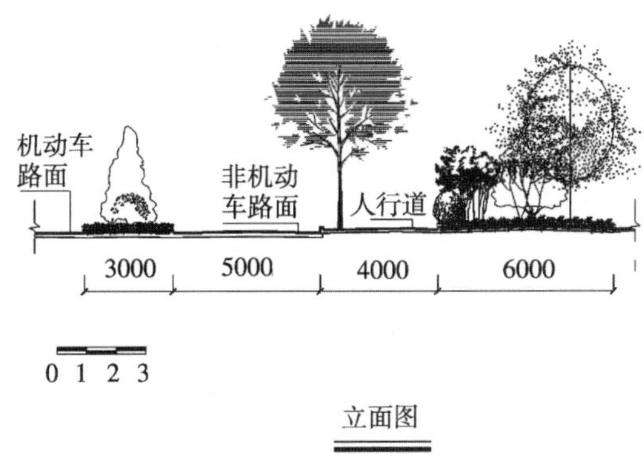

立面图

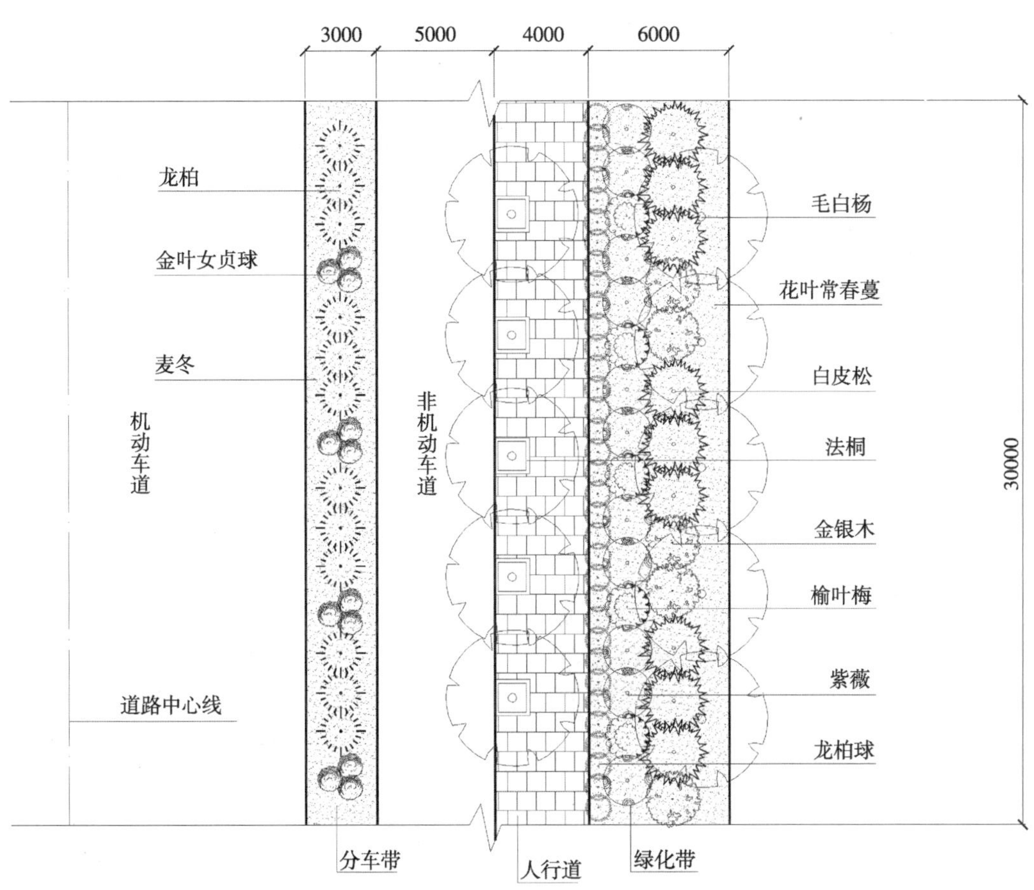

平面图

图 3-40 6m 宽道路绿化带设计（本图所标尺寸均为 mm）

的中小乔木及花灌木和地被植物，如樱花、元宝枫、海棠、合欢、全缘栾树、白蜡、乌桕、紫叶李、丁香、石榴、金枝国槐、紫薇、榆叶梅、连翘、迎春、红瑞木、棣棠、月季、锦带花、铺地蜈蚣等。**每条道路应选择不同的树种，使每条道路各有特色，形成一街一树一景，**如海棠路、丁香路、石榴路、樱花路、紫薇路等，做到既能美化环境，又能注意隔声、防尘，还便于人们识别道路。

应注意的是，这一级道路还应满足消防、救护、运货、清理垃圾及搬家运输等车辆的行驶通行要求。当车道为尽端式道路时，绿化要与回车场地相结合，使之有充足的活动空间，不仅绿化自然优美，而且行走自如。

4. 住宅小路

住宅小路是联系各居住单元门前或各住户的小路，供人行走，一般宽 2m，但也应考虑必要时急救车辆、搬运车辆的行驶。因此，绿化布置时道路两侧的种植要适当后退 1m 左右，步行道路与交叉口可适当放宽，亦可与休息活动场地相结合，显得灵活多样，丰富道路景观。路旁的植树不必拘泥于行列式栽植，可以断续、成丛地灵活配置，与宅旁绿地、公共绿地有机地结合起来，形成一个相互关联的整体。在各住宅楼房的端头以及各住宅用户的门口附近，**选择的树种要有所不同，以形成不同的景观效果，甚至形成标志性的效果，以便于识别住户家门。**如在居住小区形式相同的住宅建筑间的 10 条小路上，可分别栽植海棠、樱花、紫薇、元宝枫、石榴、合欢、全缘栾树、白蜡、金枝国槐、柳树等 10 种不同的园林树木，形成不同的景观，既便于识别住宅，又丰富了景观。

（五）设计成果

（1）绿化设计图（含彩色平面图），比例 1∶200～1∶300，1 号或 2 号图纸。

（2）小游园及整体鸟瞰图（含彩色图）。

（3）小游园园路、广场、水池构造的技术设计图。

（4）植物目录及其他材料统计表。

（5）设计说明书。

（6）工程预算方案。

2007 年 10 月 1 日起施行的国家标准**《城市绿地设计规范》GB 50420—2007，**已于 2016 年 6 月 28 日部分修订并公布为 2016 年版。有关人员应认真学习执行。

园林绿地设计完成之后，应进行园林绿化工程预算，以便顺利施工。

第四章　植树工程与有关工程的施工

第一节　植树工程概述

一、植树工程概念

植树工程是指按照正式的园林规划设计内容，完成其中有关植树绿化的内容，包括按要求起树苗、运输、挖树坑、栽植，并通过科学的养护管理，使栽植的园林树木成活以及为达到这一目的而进行的一系列的工作。

植树工程是绿化工程重要的组成部分。而**绿化工程是以活的、有生命的绿色植物为主要对象的工程，这项工程与建筑工程不同，受地域与自然条件的制约。**建筑工程竣工后即可交付使用，而绿化工程要求栽植的园林植物应有较高的成活率，而且竣工后需要养护，持续养护到一定的年限才见成效。植树工程施工与草坪施工、花坛施工、屋顶绿化施工有所区别，也不同于林业生产的植树造林，我们研究并掌握植树工程的规律，熟悉其特点，按照客观规律办事就能做好这项工作。

（一）种植、定植、移植

1. 种植

进行植树工程时，经常提到“种植”一词，种植的含义应包括起、运、栽 3 个环节。

（1）起，即起树苗。将树苗从苗圃地连根起出的操作叫作起树苗。起树苗时要求树苗的根系尽量完整，不受伤害，这样才能保证下一步栽植成活。

（2）运，即运树苗。把起出的树苗及时运送到指定的地点叫作运树苗。运树苗时一般要使用一定的交通工具，运输途中要采取一切措施尽快到达以减少苗木的损伤。

（3）栽，即栽树苗。按要求将树苗栽植到指定的绿地土壤内叫作栽树苗，又叫栽植。栽树苗时要符合设计的要求和技术规范，并应保证其成活。

2. 种植的目的性

根据种植的目的性，可分为定植和移植。

（1）定植。将苗木栽植在绿地中，叫作定植。苗木一旦栽植到园林绿地中，就应称为“幼树”。为了使它更好地生长，对幼树进行的作业为养护。

（2）移植。将园林树木从一个地方起出移栽到另一个地方并使其继续生长的操作，叫作移植。

（二）假植、补植

进行植树工程时，还经常提到“假植”“补植”这些词。

1. 假植

假植是指将苗木或树木起出后不能立即运出，或运送到目的地后因某种原因不能及时栽植时，为了保护好根系、维持其生命活动，而采取的将根系埋入湿润土壤中的临时性措施。一旦条件成熟，应立即运出或定植。这项工作对于以后能否栽植成活关系重大，**假植不是植树工程中必须经过的阶段，应尽量做到不假植，起苗后立即运出且直接定植为好。**

2. 补植

补植是指在园林绿地中原先栽植的园林树木因某种原因死亡而缺株时重新补充栽植的操作。

（三）树木栽植成活的原理

我们在园林绿地中栽植的苗木或树木，是为了它们成活且生长得更好，以充分发挥其各种功能。要保证树木栽植成活，必须掌握树木生长的规律和生理特性，了解树木栽植成活的原理。

一株正常生长的树木，其根系与土壤密切接触，根系从土壤中吸收水分和无机盐并运送到树体的地上部分，供给枝叶进一步制造有机物质。这时，树体的地上部分与地下部分的生理代谢是平衡的。栽植树木，首先要起苗、起树，运输，然后栽植，这一过程不仅使树体的根系与原有土壤的密切关系遭到了破坏，降低了根系对水分和营养物质的吸收能力，而且树体的地上部分仍然不断地蒸腾水分，生理平衡遭到了严重破坏。此时，树木可能会因失去水分而死亡。这就是人们常说的“人挪活，树挪死”中“树挪死”的道理。但是并不是说树挪一定会死。因为树木的根系断了，还可以再生，根系与新栽植地土壤的密切关系可以重新建立。一切有利于根系恢复再生能力和尽快使根系与土壤紧密接触的技术措施，都有利于新栽植树木的成活，做到树挪而不死。

由此可见，如何使新栽植的树木与新环境迅速建立密切关系，及时恢复树体以水分代谢为主的生理平衡是栽植树木成活的关键。这种新的平衡关系建立的快慢与不同树种的习性、年龄段以及外界环境因子有着密切的关系。当然，**人们的责任心与栽植技术同样非常重要。**一般来说，再生能力与发根能力强的树种，幼、青年期的树木以及处于休眠期的树木都容易栽植成活，适宜的气候条件和充足的土壤水分成活率就高。因此**高度的责任心和科学的栽植技术，可以弥补许多不利的因素而大大提高栽植的成活率。**

二、施工原则

（一）必须符合园林绿地规划设计的要求

要建设园林绿地，首先要进行园林绿地的规划设计，而园林绿地的规划设计是设计者根据园林事业的发展，按照艺术原则构思出的美好意境，融会了诗情画意的精神内容，因此，施工人员必须充分了解设计意图，熟悉设计图纸，严格按照设计要求进行施工，不能随意更改设计内容。如果发现设计与现场实际不符，应及时向设计人员提出。如需变更，必须征求设计人员的同意，绝不可自行其是。这就是人们常说的：**按设计施工，一切符合设计意图，**否则的话，设计就没有意义了。在施工中，不可忽视施工建造过程中的再创造，应在遵从设计原则的基础上，不断提高，以取得最佳效果。

（二）必须符合园林树木的生活习性

园林树木除了有共同的生理特性外，各种树种都有它本身的习性。不同的树种，对环境条件的要求和适应能力有很大的差异。发根能力和再生能力强的一些阔叶树种，如杨、柳、槐、榆、椿、泡桐、枫杨、黄栌、槭、椴树等栽植容易成活，一般可在适宜的植树季节采用裸根方法栽植，苗木的包装、运输以及栽植技术可简单粗放些。而一些常绿树以及发根能力和再生能力较差的阔叶树种，则要求必须带土球，栽植技术要严格要求，应细致一些。

面对不同生活习性的树种，施工人员必须要了解各自的特性，以采取相应的技术措施，保证植树成活，在高质量完成植树工程的同时，要尽量降低成本。

（三）在最适宜的植树季节施工

我国幅员辽阔，不同地区的树木最适宜种植的时期也不相同。同一地区，不同树种其生长习性不同，施工当年的气候变化适宜种植期也有差异。从移植树木成活的基本原理来看，**如何确保移植苗木根部完整、尽量缩短移植时间、尽快恢复树体水分代谢的平衡，是移植成活的关键**，因此，**必须要合理地安排好施工时间，尽量把移植、栽植树木的时间控制好、衔接好，一定要安排在最适宜的植树季节进行这项工作。**

（四）栽植顺序与“四随”

1. 栽植顺序

在植树适期内，合理地安排不同树种的栽植顺序是十分重要的。原则上讲，**落叶树春季栽植宜早，而常绿树栽植可适当晚一些；发芽早的树种要早栽植，发芽晚的可适当晚一些。**要符合不同树种的习性要求，成活率才高。

2. “四随”

在植树工程中，**要做到随起、随运、随栽、随浇水，起、运、栽、浇水一条龙，环环相扣，一气呵成。要做到“四随”，就要事先做好一切准备工作，一切可能发生的问题要预先考虑周到细致，做到有备无患。**这样再加上栽植后及时的养护管理工作，可大大提高成活率。

（五）园林工程施工，应先绿化后景观

绿化和景观作为园林工程的重要组成部分，两者相辅相成、缺一不可。在园林绿化工程验收工作中，常发现园林施工单位为赶进度、抢效果，施工时先做景观及小品后进行绿化，或景观、绿化同步，这样绿化基础施工的土壤、泥浆随处可见，搞得园景、小品污迹斑斑、模纹砖石缺角少棱，景观路面污痕遍地，严重影响了绿化景观的效果。

新建居住区的园林工程施工，应尽量先搞绿化基础，栽好树木花草后，再着手景观工程及其装饰部分的施工，以确保景观设施、园景小品、道路铺装等装饰部分验收交付时清洁亮丽。

三、适宜与非适宜的植树季节

（一）如何确定适宜的植树季节

适宜的植树季节就是，栽植的树木所处的状况与外界环境条件是最有利于栽植成活而花费人力、物力较少的时期，即栽植树木时对树木影响最小的时期。此时植树有利于成活。由此可得出，**最适宜的植树季节是早春、晚秋和雨季。**具体究竟是采取春植、秋植还是雨季栽植，要根据具体的地域、树种等情况而定。

（二）各适宜植树季节的特点

1. 春季

春天土壤化冻后，至树木发芽前，该时期树木即将解除休眠状态，这时气温低、蒸发量小、水分消耗也少，树木栽植后容易达到树体的地上部分与地下部分的生理平衡；此时土壤也有一定的水分条件，便于起苗、挖坑。春季栽植适合于大部分地区和几乎所有的树种，对植树成活最有利，故有**“春季是植树的黄金季节”**之说。但是在春季多风的西北、华北的部分地区，春季气温回升很快，蒸发量大，就是俗话说的“春脖子短”，适宜栽植的时间较短，根系往往来不及恢复，地上部分就已发芽，这将大大影响成活，这些地区不适合春栽，或者要抓紧有利时机适当早栽。

2. 秋季

秋季树木落叶后至土壤封冻前，该时期树木逐渐进入休眠状态，生理代谢转弱，营养物质消耗少，这时气温逐渐降低、蒸发量小，树木栽植后有利于维持树体的生理平衡。由于该时期树体内贮存的营养物质丰富，有利于栽植根系伤口的愈合，如果地温合适，还可发出新根。再经过一个冬天根系与土壤的密切结合，易于春季早发根，这符合树木先生根后发芽的物候特性，因此从某种意义上说，**“秋植优于春植”**。但是秋植后，苗木要经过漫长的冬季，易受外界不良条件的影响，如风袭、冻伤，再加上人为破坏等，一定程度上影响成活。

3. 雨季

雨季空气湿度大、水分条件好，但是雨季植树只适合于某些地区和某些常绿树种，主要用于山区小苗造林，特别是春秋冬也干旱的西北地区。雨季植树最好赶在连阴雨的有利时机进行，**“栽后下雨最为理想”**。

另外，冬季植树一般只适合于冬季基本不冻结的华南和华东南部地区。

总之，对于落叶树要按照**“春栽要早，雨栽要巧，秋栽以落叶后为好”**的原则进行，以尽可能地提高植树的成活率。掌握了各植树季节的特点，我们就能根据各地的条件因地、因树种不同，安排好施工时期和进度，圆满地完成植树工程。

（三）非适宜季节植树的技术要点

植树工程施工很少单独进行，往往与其他工程交错进行。一般要求是建筑物、道路、管线等基础工程建成后再进行植树工程，而上述工程一般无季节性。如按这种顺序进行，需要植树时，不一定是植树的适宜季节。此外，对于一些重点工程，为了绿化早见效果，往往也不在最适宜的植树季节进行而是在其他季节植树，即**反季节植树**。我国古代曾对植树提出过这样的观点：**“种树无时，唯勿使树知”**。只要做到使树木不知不觉就移走、栽好，何时都可以栽植成活。但要想使树木不知不觉就移走、栽好，那是需要加大各项措施才行的，就是说非适宜季节植树往往费工、费力、成本高，而成活率又较低，为了提高非适宜季节的植树成活率，必须要严格按照技术规程进行才行。

1. 有预先移植计划的

预先可知，由于其他工程影响不能在适宜的季节植树的，仍可于适宜季节进行起挖苗木、包装，并运送到施工现场进行假植养护，待其他工程完成后立即栽植。

（1）落叶树的移植。于早春树木萌芽前，带土球一起挖好苗木，并适当进行重剪树冠。所带土球的大小规格可仍按一般规定或稍大一些。但包装要比一般的加厚、加密。同时在距施工现场较近、交通方便、有水源、地势较高、不积水的地方，挖好假植沟（坑）。将运来的苗木按树种与品种、大小规格分类放入假植沟中带包装一起假植。假植期间，适当进行浇水、防治病虫害、雨季排水、剪枝、去蘖、控制徒长枝等工作。

待施工现场能够栽植时，将假植的苗木挖出立即进行栽植，经灌水、遮阴等一系列细心养护，成活后酌情施肥等，再进行正常的养护。

（2）常绿树的移植。应于适宜季节之前将苗木带土球起挖且包装好，及时运到施工现场带包装一起假植。包装可用较大的箩筐，土球直径超过 1m 的应用木箱包装。假植时，将筐、箱放在假植沟内，筐、箱外培土，进行假植养护待植。

2. 临时特需的移植技术

应当尽量避免非适宜季节无预先移植计划的移植。在非适宜植树季节临时特殊需要移植的，移植树木的技术要点是：

（1）常绿树的移植。起挖时应带较大规格的土球，对其树冠要进行疏剪或摘掉部分树叶，要做到“四随”。运输途中要用苫布盖好树冠，以减少树冠的水分蒸发，栽植后应及时灌透水，对叶面要经常喷水喷雾，要对树冠进行遮阴，以降低温度和减少水分的蒸发，并**向树冠喷洒抑制蒸腾剂**、对树干缠草绳并喷水，精心进行养护。

（2）落叶树的移植。应选择春梢已停止生长的树种，疏剪正在生长的徒长枝以及花、果等；对于萌芽力强、生长迅速的树种可重修剪，带土球移植。运输中要做到护根保湿、用苫布盖好树冠，做到“四随”，栽植后灌足水，并在水中适当配以生长激素，这样可尽快促发新根的生长。必要时，对树冠遮阴并喷水加湿、降温，喷洒抑制蒸腾剂或对树干缠草绳并喷水，以后适当追肥，剥除萌蘖枝芽，精心进行养护。

无论是进行常绿树还是落叶树的移植，都要做到随起、随运、随栽、随浇水，一气呵成，而且**进行这一系列的操作均应在太阳西下以后或挑灯夜战进行。**目的是避开高温，减少蒸腾、减少蒸发，以提高成活率。进行这项工作时，照明器材应齐全到位，运输车的路况应事先探测好。具体实施时，还需有人持灯观察，特别是通过横穿道路的管线时，还需有人辅助，使大树枝叶安全通过。

另外，还应对修剪造成的伤口进行消毒，易日灼的地域应用草绳缠绕树干，入冬要注意防寒。只要在最短的时间内，环环相扣，完成植树任务，并用心养护，根据当时当地的气候条件，随时调整养护方案，还是能够保证成活的；如果其中一环掌握不好，就可能失败。

近些年来，各地绿化不少是在非适宜的植树季节进行，取得了不少经验，也有不少教训，应当及时总结经验教训。作为专业人员应当掌握非适宜的植树季节进行植树的技术要领，尽量提高植树的成活率，但是**从科学的态度、从降低成本、从符合树木的生长习性来说，应尽量不在非适宜的植树季节进行植树**。

四、树种与种苗的选择

城市园林绿化工作，必须慎重地选择树种苗木，因为如果选择不当，可能造成绿化工作的重大损失。

（一）城市园林树木的栽植环境与适地适树

树木的生长受环境和地域的限制，只有在一定的地域环境下才能正常生长发育，因此适地适树是选择树种的总原则。

如前所述，适地适树就是把树木栽植在适合它生长的地域环境中，使树木的生长习性与园林栽植地域的环境条件相一致，以达到地和树的统一。这样不仅利于树木栽植成活，还能使园林树木长期发挥其各种功能效益。

如何做到适地适树，设计人员在进行种植设计时选择树种是关键，但施工人员也有一定的责任。设计人员应当了解当地的植被情况，尽量选用乡土树种，经过多年驯化成功的近缘树种可适当使用、驯化不成功或没有经过驯化的远缘树种坚决不用。施工时如果发现某些不适合的部分，施工人员可以通过改造栽植地的环境，创造条件满足其基本的树种习性的要求，也属于适地适树范畴。

（二）园林树木栽植对苗木的选择

在园林绿化施工中，必须十分重视对苗木的选择，因为苗木的质量直接影响栽植的成活和以后的绿化效果。

1. 对苗木的质量要求

（1）苗木植株健壮。苗干通直圆满，枝条茁壮、不徒长，组织充实、木质化程度高，无病虫害和机械损伤。在相同树龄和高度下，干径越粗苗木的质量越好，地上部分的高度与地际直径之比（高径比）越小越好。

（2）根系发达。根系完整而发达，有主根，近根颈处有较多的侧根与须根，起苗后大根无劈裂伤害。

（3）顶芽健壮。除顶芽自剪的树种外，要具有健壮的顶芽，并要保护好顶芽，这对于常绿针叶树更为重要。

2. 对苗木冠形以及规格的要求

（1）孤植树。要姿态优美，端庄，有特色。庭荫树树干高至少 2.5m；常绿树基部枝条丰满，枝叶茂密。

（2）行道树。树干的高度和胸径要合适。速生树如杨、柳等胸径应在 6cm 以上；国槐、元宝枫、银杏以及慢生树胸径应在 8cm 以上。分枝点高度要一致，要具有 3～5 个分布均匀、角度合适的主枝。树冠完整，枝叶茂密。

（3）花灌木。冠形要丰满，高 1m 左右，有主干或主枝 3～6 个，分布均匀。

（4）藤木。要有 2～3 个多年生的主蔓，无枯枝。

（5）绿篱。株高至少 50cm，个体要一致，下部不秃；球形苗木枝叶要茂密丰满。

3. 对苗木产地和繁殖方法的选择

（1）选择本地产的苗木。本地产的苗木适应当地气候状况，就近用苗运输距离短，栽植成活率高且成本低。

（2）选择实生苗木。实生苗适应性强，寿命长，有较强的抵抗病虫害的能力，除观花、观果特殊用途外，应选实生苗。

4. 对移植苗、起挖苗的质量和保存状况的要求

（1）选择移植苗。在苗圃内经过多年多次移植断根的培育，苗木易形成紧凑丰满的根系，且须根多，栽植易于成活。

（2）注意起挖苗木的质量。起挖苗木时，如造成根系劈裂、伤根多以及土球小，包装不牢易散坨的，栽植成活率没有保证，因此要尽量提高起挖苗木的质量是保证成活的关键。**现在往往是苗木公司起挖苗木，一般土球较小，应加大土球的规格，才能确保质量要求。**

（3）保存良好。如果起挖苗木后不注意保护根系，或在运输途中保护不利，致使苗根失水，质量降低，甚至使苗木奄奄一息，则不能使用。

五、选用适宜的苗龄

绿化苗木的苗龄对于栽植成活率以及工程的造价有很大的影响。不同年龄段的苗木生理活动的特点不同，对外界环境的适应性也不同，对栽植技术繁简的要求也大不一样，同时对于工程的造价有很大的影响。当然，栽植后发挥绿化功能的快慢也显著不同。为此必须根据工程的需要合理地选用适宜的苗龄。

（一）树木生命周期的各个阶段时期

园林树木一生中个体发育的全过程，称为树木的生命周期，即从种子萌发成幼苗，逐渐长

成大树，开花结果，到衰老、不断更新，最后死亡的全部生活史。树木生命周期的节律变化受其遗传基因所控制，同时也受环境条件的制约。

根据树木一生的生长发育规律，树木的生命周期大致可划分为以下 5 个时期。

1. 种子时期

树木的种子时期：从受精形成合子到胚具有萌芽能力以种子形态存在的时期。

2. 幼年时期

树木的幼年时期：从种子发芽形成幼苗起，到植株第一次开花前夕为止。幼年时期的长短除与树种有关外，栽植环境、养护技术等也是非常重要的影响因素。

这一时期，树木离心的营养生长非常旺盛，地上与地下部分迅速扩大，开始形成树冠和骨架枝，逐步形成树体结构，为第一次开花做好形态和内部营养物质的准备。幼年时期对于外界条件有高度的适应能力，因此这一时期对控制园林树木、定向培育有重大的意义。对于大多数的乔木树种而言，在亚热带地区的幼年时期大致是 5～10 年，温带地区的幼年时期大致是 15～20 年；而多数灌木则只有 2～5 年，个别的灌木当年播种当年即可开花。

3. 青年时期

树木的青年时期：从植株第一次开花至花果的性状逐步稳定，树木生长进入旺盛阶段为止，常为开花结实的最初 5～15 年或 30 年。

这一时期，树木生长旺盛，生命力强，愈合再生能力强，开花结实繁茂，对不良的环境因子抗性增强。在适宜的环境条件下，高生长、粗生长加速、旺盛。根系和树冠均逐渐达到最大限度。

4. 壮年时期

树木的壮年时期：从树木的生长势减慢到树冠的外缘出现干枯时为止。

树木的根系和树冠均达到了最大限度，而后由于树冠顶端小枝的衰亡或通过回缩修剪逐渐缩小，根系的末端须根也有大量的死亡现象，树冠内部开始发生少量生长旺盛的更新枝条，树木的骨干枝离心生长结束，而向心更新生长开始。这样缩短了叶与根的距离，有利于提高合成的代谢速度。树木的这一时期一般要经过 10～50 年甚至 80 年。

这一时期的园林树木因树冠已定形，它是最佳观赏时期，特别是果树的花果产量稳定。如加强养护管理，可使此时期不断延长。

5. 衰老更新时期

树木的衰老更新时期：从树木的生长发育出现明显的衰退，到多次自然更新，再到个体死亡为止。

这一时期的园林树木，其离心生长日趋衰弱，甚至出现树冠的外缘干枯现象。而具有潜伏芽寿命长的树种，常于主枝弯曲的高位处，萌生直立旺盛的徒长枝，并开始进行树冠的更新。随着徒长枝的扩展加速了树木的中心干和主枝先端的枯梢，全树由许多徒长枝形成新的小树冠，逐渐代替原来衰退的树冠。有些实生树能够进行多次这样的更新，但树冠一次比一次矮小，直至死亡。这种树冠的更新与衰亡，一般是由树冠外向内（膛）、由上（顶部）向下（底部）进行的，所以称为向心更新和向心枯亡。这种向心更新、向心枯亡延续的时间长短与不同的树种、环境条件和栽培养护技术有很大的关系，良好的栽培养护管理可使这一阶段延续较长的时间，一般树种延续的时间大约 40～100 年，甚至更长。

以生产木材和果实为目的的树木进入衰老更新期后，一般来说在栽培上已没有经济价值，但是**以观赏为主要目的的风景园林中的古树名木则仍具有进一步保留的价值**，研究树木这一时期的特点，有利于古树名木的保护。

（二）城市绿化用苗的规格要求

一般**城市绿化工程多需用较大规格的幼年时期的苗木，或较小规格的青年时期的树木。**这些苗木或树木生命力旺盛，愈伤能力强，适应环境的能力强，移栽较易成活，成活后恢复生长快，绿化效果好。

园林植树工程选用的苗木规格一般是：落叶乔木选用胸径 4cm 以上的，行道树和人们活动频繁的地方还应更大些，要求胸径 6～8cm 以上；常绿乔木应选用树高 2m 以上的苗木。

总之，城市绿化用苗木的规格应掌握**“规格太小的幼苗莫用，壮年期及之后的大树慎用，幼年期的后期以及青年期前期的苗木最为适宜”**这一原则。

第二节 植树工程施工

园林绿化工程施工程序分为施工准备阶段、施工阶段、工程竣工验收阶段、养护阶段。当施工合同签订后，施工单位首先应建立施工现场项目管理机构，施工人员应具备相应资格、资质。建立健全质量、技术、安全、文明施工管理体系及各项管理制度，并配备满足施工质量需要的检测工具，使施工管理进一步规范化、科学化。

一、施工准备阶段

绿化施工单位在工程开工之前，应做好一切准备工作，以确保高质量按期完成植树工程。

（一）了解掌握工程资料

应了解掌握工程的有关资料，如用地手续、上级批示、工程投资来源、工程要求等。

（二）熟悉设计，了解设计意图

施工单位应组织有关施工人员熟悉、审查施工图，掌握设计意图，参加设计交底，了解工程的重点和难点，加强工程质量管理。如发现施工图中出现差错、疑问，应提出书面建议；如需变更设计，应按照相应程序报审，经相关单位签证后实施，使工程质量事前得到控制，并通过熟悉了解施工图，编制好施工组织设计（即施工方案），对工程项目进行质量、进度、投资控制及加强合同、信息、安全和文明施工的管理，搞好现场施工协调工作。

（三）初步了解

施工人员应了解施工合同，掌握建设单位对工期、质量、投资控制的要求；了解现场，以便于掌握地上和地下障碍物、管网、地形地貌、绿化种植的土壤、水质等，以及控制桩点设置、红线范围、周边情况，还有现场路道、水通、电通、施工现场平整的状况以及安排生产、生活设施的地点位置等。

（四）制定施工方案

施工方案就是根据工程设计制定的施工计划，又称为施工组织设计。

1. 施工方案的主要内容

（1）工程概况：建设该工程的意义及指导思想，工程的内容、范围、项目、工程量以及工程的有利或不利条件。

（2）施工方法：确定采用人工施工和机械施工，以及劳动力的来源等。

（3）施工进度：包括总进度和单项进度，并弄清工程的开始、竣工日期和总进度要求，以便安排施工进度。绿化种植原则上应在主要建筑物、地下管线、市政道路工程等基础工程完成后进行。应特别强调：**植树工程进度的安排必须以不同树种的最适宜栽植时期为前提，其他工程项目应围绕植树工程来进行。**工期紧的，必要时可倒排工期安排施工进度。

（4）施工组织：包括指挥系统、部门分工、职责范围、施工队伍的建立等。

（5）制定安全措施：包括技术规范、质量标准和成活率指标等。

（6）**尽量避免交叉施工，**如必须进行交叉作业的，应服从统一指挥，合理安排各项施工时间，尽量做到不窝工、不返工。

（7）编制施工程序和进度计划：包括绘制现场平面布置图等，做到文明施工。

（8）制作施工附属计划表格：含用电、用水、劳动力、进度、苗木、材料、机械运输、防尘降尘等。

（9）编制施工预算：根据设计概算、工程定额和现场施工条件、施工方法等，编制施工预算。

2. 植树工程主要技术项目的确定

为确保植树工程质量，还要对植树工程的主要项目确定具体的技术措施和质量要求。

（1）定点放线。定点、放线就是把绿地设计的内容，包括种植设计、建筑小品、道路等按比例放样于需要进行施工的地面上，将苗木栽植地点以及园林建筑、小品、道路等安排在图纸上标明的准确的位置上。为此，施工人员必须应当看懂、读懂图纸及图纸上的图例。

（2）挖树坑。根据不同树种苗木的规格大小，分成几个级别，分别确定相应树坑的规格大小（直径×深度），并进行编号，以利于操作和确定完成挖树坑的时间等。

（3）换土。换土的方法有成片换和单坑换两种。如需换土，要确定客土的来源，计算出客土量，并且确定渣土的去向。

（4）起挖苗木。确定不同树种的起挖方法、包装方式，确定哪些树种需带土球、土球的大小及包装要求；确定哪些树种裸根起挖以及保留根系的规格要求等；确定起挖苗木的时间等。

（5）运苗。明确运苗的方法和时间。车辆、机械、行车路线、遮盖物料及押运人，以及途中保养措施等都要落实。

（6）假植。明确是否需要假植，需假植的应落实假植地点、方法、时间、养护管理等措施。

（7）修剪。确定不同树种苗木的修剪方法和要求等。栽种乔木一般应于栽种前先修剪，灌木、绿篱可栽种后修剪。

（8）栽种。确定不同树种、不同地段的栽植的时间及顺序，是否需要对苗木根部消毒、如何消毒，以及是否需要施肥、施何种肥，还有施肥量、施肥方法等都要确定落实。

（9）立支撑。立支撑是为了防风刮歪刮倒，要明确是否需要立支撑，以及立支撑的形式、材料和方法等。

（10）浇水与喷水。确定浇水与喷水的方法、时间、次数和数量等，以及制作、撤除围堰和中耕的要求等。

（11）清理现场。应做到文明施工，工完场净。

（12）其他技术措施。遮阴、喷雾、防治病虫害等以及灌水后发生倾倒的要扶正等。

（五）施工现场的准备

1. 场地清理

在绿化工程地界之内，如有妨碍施工的市政、农田设施，以及房屋、坟墓和违章建筑等，一律拆除或迁移。应将现场内的渣土、工程废料、宿根性杂草、树根和有害污染物清除干净。填垫范围内不应有坑洼、积水。对软泥和不透水层应进行处理。有各种管线的区域、建（构）筑物周边的整理绿化用地，应在其完工并验收合格后进行。场地标高及清理程度应符合设计和栽植要求。

对于现有树木的处理要持慎重态度，对于生长衰老的树木和病虫害严重的树木应予砍伐。凡能结合绿化设计可以保留的树木应尽量保留，实在无法保留的要进行迁移。

2. 地形塑造

地形塑造是指在绿化施工用地范围内，根据绿化设计的要求塑造出一定起伏的地形。地形塑造应自然顺畅，并做好土方的合理调度。要先挖后填，缺多少补多少，回填土壤应分层适度夯实或自然沉降达到基本稳定，严禁用机械反复碾压。在地形塑造的同时要注意绿地的排水问题。绿地的排水一般是依靠地面的坡度，以地表径流的形式排到路旁的下水道或排水明沟。因此，要根据本地排水的大趋势将绿化地块适当加高，再整理成一定的坡度，使其与本地的排水趋势一致。还要做好绿地与四周的道路、广场的标高合理地衔接，做到排水通畅。低洼地填土或大量客土回填时应注意对新填土分层夯实，并适当增加填土量，以免雨后自行下沉，造成低洼不平排水不畅，影响树木的生长。

3. 整理地面表层土壤

地形塑造完成之后，还要在绿化地块上整理表层土壤。栽植土表层不得有明显低洼和积水处。原为农田地的一般土质较好、土层较厚，只要略加平整即可。如果在有建筑遗弃物、工程遗址、矿渣、化学废弃物等地修建绿地的，需要彻底清除渣土，按要求换上好土并达到应有的厚度且深翻。**对符合质量要求的绿化地表土应尽量利用和复原，**为绿化创造良好的生长环境。在确保地下没有其他障碍物时最好施足有机肥，应用深（旋）耕机对种植地面进行 1～2 次的全面拌和、翻耕、耙碎、整平。

栽植土土块粒径要求：栽植大中乔木的土块粒径应≤5cm，栽植小乔木、大中灌木、大藤本的应≤4cm，栽植竹类、小灌木、宿根花卉、小藤本的应≤3cm，栽植草坪、草花、地被植物的应≤2cm；而且栽植土的表层所含石砾的粒径 3cm 以上的不得超过 10%，粒径 2.5～3cm 的不得超过 20%，杂草等杂物应清除。栽植土表层整地后应清洁且平整略有坡度，当无设计要求时，其坡度宜为 0.3%～0.5%。

4. 其他

要做到“三通一平”，即通电源、通水源、通道路，施工地面要达到设计要求。另外，还要搭建临时工棚，安排好施工人员的生活等。

（六）进行技术培训

正式开工前，应安排一定的时间对施工人员进行技术培训。通过学习绿化技术知识、当地的有关绿化技术规范标准，以保证植树工程顺利进行。

二、植树工程施工的主要工序

（一）施工前的土壤处理

土壤是植物生长的基础，土壤质量的好坏关系到今后植物生长的状况。因此，要非常重视绿地土壤的质量状况。

在绿化栽植或播种前应对该地区的土壤理化性质进行化验分析，根据化验结果采取相应的土壤改良、施肥、消毒和置换客土等措施，以改善土壤理化性质，并达到满足园林植物生长成活的最低土层厚度。栽植土应符合下列要求：土壤 pH 值应符合本地区栽植土标准或按 pH 值 5.6～8.0 进行选择调整；土壤全盐含量应为 0.1%～0.3%；土壤容重应为 1.0～1.35g/cm^3；土壤有机质含量不应小于 1.5%；土壤块径不应大于 5cm。

（二）定点放线

工程定位是园林绿化工程施工的先决条件，施工单位进场时应编制测量控制方案。根据建设单位提供的现场工程控制点及坐标建立工程测量控制网，设置永久性的经纬坐标及水平基桩，并保护好原工程控制点及控制坐标。各个单位工程应根据建立的工程测量控制网进行测量放线。栽植穴、槽定点放线应符合设计图纸要求，位置应准确，标记要明显。应标明栽植中心点位置，栽植槽应标明边线。定点标志应标明树种名称（或代号）、规格。树木定点遇有障碍物时，应与设计单位取得联系，进行适当调整。

1. 规则式种植的定点放线

多见于行道树、花坛等绿地，应以地面固定设施为基准进行，要求做到横平竖直、整齐、美观。其中，行道树可按照道路设计断面图的中心线为基准进行定点放线。道路已经建成的应依据路牙距离定出行道树行位，再按照设计定出株距，用白灰作出标记。为有利于栽植行笔直，可每隔 10 株于株距间钉一木桩作为行位控制标记。具体栽植时一定要有专人冲行使栽植行笔直。如果按照设计要求定点放线遇到障碍（地物障碍、地下管线等）时，应与设计人员和有关部门联系以协商解决。定点放线后应由主管人员查点验收后方可进行下一步工作。

2. 自然式种植的定点放线

（1）网格法。多见于公园绿地。如果在较大范围内、地势平坦的环境中定点放线，可采用网格法，即按比例在设计图纸上和相应的现场分别画出相应且距离相等的方格（如 20m×20m）。定点时先在设计图上量好树木在某个方格的纵坐标和横坐标，在现场相应的方格中确定好位置，撒白灰或钉木桩加以标明。

（2）交会法。如果面积不大，施工现场有与设计图纸位置相符的固定地物（如电杆、建筑物等），可采用交会法定点放线，以定出种植点。交会法是以地面标的物的两个固定位置为依据，根据设计图纸上与该两点的距离为半径相交会，定出种植位置。对于测量基点准确的较大范围的绿地，也可用平板仪定点，依据基点将单株位置及片林范围的外缘线按设计依次定出，并撒白灰或钉木桩加以标明。

以上网格法和交会法都是传统的自然式种植定点放线方法。下面介绍一种**利用计算机测出极坐标定点放线的方法**。

（3）极坐标法。极坐标系是由极点及极轴构成。从极点出发向右水平方向为正方向，并有长度单位。用一对数表示平面上点的极坐标（ρ，θ），ρ 为极点到这个点的距离即极径，θ 为这个点的极角，即从极轴按照逆时针方向旋转的夹角。选择施工现场有与设计图纸位置相符的固定地物为极点建立极坐标系，通过计算机测算出自然式种植各栽植树木位置点的极坐标，由此可以进行准确的定点放线。

定点时，对孤植树、列植树应定出每株种植的位置，并用白灰或木桩标明，应记清该种植的树种名称、规格以及挖穴的规格。对自然式丛植和群植的应依照图纸按比例测出其范围，并用白灰标画出范围线。除了主景树需要精确定点并标明外，其他次要树种可用目测法确定种植点，但要注意树种、数量都要符合设计要求。从植片林树种位置要注意层次，以形成中心高、边缘低或由高渐低的有变化曲折的林冠线。树林内应注意配置自然，切忌呆板，尤应避免平均分布、距离相等，邻近的几棵不要成机械的几何图形或者成一条直线。否则，就失去了自然式配置的灵魂。

采用**新设备 GPS 定位测量仪（或北斗定位仪）进行坐标定位、放线、控制网布设**等，相比较常规测量，具有测量距离远、定位准确的优势，还能节省大量的人力和时间。因此，具有积极推广的价值。

（三）挖栽植树坑

1. 事先应了解地下情况

为防止挖掘栽植穴、槽时损坏地下管线等设施，栽植穴、槽挖掘前必须要向有关部门了解地下管网和隐蔽物埋设情况。同时，栽植穴、槽与各种管线外缘应保持一定距离，既不影响树木正常生长，又不造成地下管线损坏。

2. 挖树坑的规格

栽植苗木的土坑一般为圆柱形，绿篱栽植应为长形种植槽，成丛成片栽植的小株灌木则采用大片浅坑栽植。栽植穴、槽的规格主要根据土球或裸根苗根系展幅再加大 40～60cm，确定穴的直径。穴深为穴径的 3/4～4/5，既保证苗木生长需要，也便于施工操作。常用刨坑规格见表 4-1、表 4-2。

栽植乔木、灌木、常绿树刨树坑规格 **表 4-1**

乔木胸径（cm）	灌木高度（m）	常绿树高度（m）	树坑径×坑深（cm）
		1.0～1.2	50×30
	1.2～1.5	1.2～1.5	60×40
3～5	1.5～1.8	1.5～2.0	70×50
5～7	1.8～2.0	2.0～2.5	80×60
7～10	2.0～2.5	2.5～3.0	100×70
		3.0～3.5	120×80

栽植绿篱刨种植槽规格 **表 4-2**

苗木高度（cm）	单行栽植（宽 cm×深 cm）	双行栽植（宽 cm×深 cm）
≤40	30×30	30×30
≤60	30×30	35×30
≤80	35×35	40×35
≤100	40×35	50×40
≤120	45×40	55×45
≤150	50×45	60×50

3. 挖树坑操作规范

（1）树坑位置与形状。树坑的位置要符合设计要求。以定植点为圆心，按照规定的大小在地面画圆，从其周边垂直下挖，按照要求深度要垂直到底，上口下底应相等呈圆柱形，或沿底面的圆周再往下适当地挖一些，呈反锅底形，一定不能成为上大下小的锅底形。必要时可在**树坑的底下铺设排水层**，或用钢钎在树坑底部打洞，填入砾石、珍珠岩等，以起到利于排水的作用。

（2）挖出的土壤堆放。挖树坑时，被挖出的土壤其表层土和底层土应分别堆放。栽种时，将表层的熟土、好土填在根部，底层的生土、差土可填在接近地表处。栽植穴、槽挖出的底部应施基肥并回填表土或改良土。

绿地内土壤质量的好与差，极大地影响绿地内园林树木花草的生长状况。绿地土壤过差的，如有大量的建筑垃圾、生活垃圾、石块等应当全面彻底地换土。如只有较多的石块，则可把石块刨出去掉，补充一部分新土；如绿地中有大量的浆沟子石，则要进行全面的过筛，去掉浆沟子石，再填以好土；如土壤过于黏重的应当加入一些沙土进行改良；如土壤沙性较强，则应当掺入一些黏土进行改良；如土层太薄，达不到种植规范要求的，则应当客土以加厚土层等。

总之，在施工前应多下一点功夫，把绿地的基础打好，使绿地内的土壤变成能够让园林植物旺盛生长的基地，其上的园林植物必定能旺盛生长，并可起到事半功倍的效果。

（3）地下物的处理。刨挖树坑时，如发现有管道、电缆等应立即停止操作，及时与有关部门协调解决，防止野蛮施工。地下如有严重影响操作的障碍物时，经设计人员同意，可适当改动自然式配置的位置，而规则式配置的应通过协商解决。

（4）栽植穴、槽的处理。栽植穴、槽底部如遇有不透水层及重黏土层时，应进行疏松或采取排水措施。土壤干燥时，应于栽植前灌水浸穴、槽。当土壤密实度大于 1.35g/cm^3 或渗透系数小于 10^{-4}cm/s 时，应采取扩大树穴、疏松土壤等措施。

挖树坑的质量好与差，对于栽植后的树木生长有很大的影响，有条件的可用**机械挖树坑**，如图 4-1、图 4-2 所示，可以大大提高工作效率。城市绿化植树必须做到保证质量、位置准确、符合设计要求。应当强调的是，要预先挖好树坑，再起挖苗木；要树坑挖好等树苗，不要树苗已经挖出并运达目的地而树坑还没有挖好。这就是说，**要“树坑”等树苗，而不能树苗等“树坑”**，这样才能提高栽植的成活率。

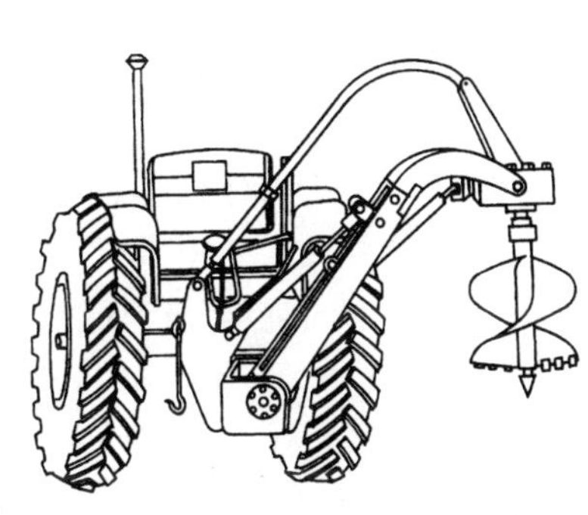
图 4-1 挖坑机

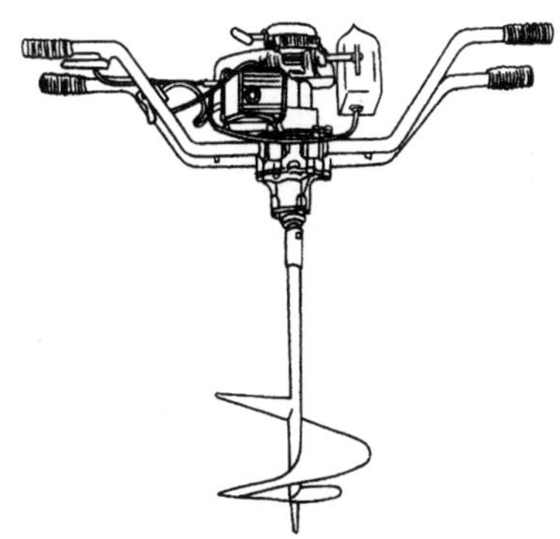
图 4-2 双人手提式挖坑机

（四）对植物材料的要求

植物材料的质量直接影响景观效果，其品种规格必须符合设计要求，这是工程质量控制的关键。**严禁使用带有严重病虫害的植物材料，非检疫对象的病虫害危害程度或危害痕迹不得超过树体的 5% ～ 10%。**植物材料带有病虫害影响苗木质量，易引起扩散，为防止危险病虫害的传入，对国外及外省市的苗木必须进行检疫，提供检疫证明。

植物材料的外在质量主要表现为姿态和生长势，冠形、土球、裸根苗的根幅及病虫害等方面则作为验收的依据。植物材料外观质量要求，见表 4-3。

植物材料外观质量要求 表 4-3

植物材料类型		质量要求
乔木灌木	姿态和长势	树干符合设计要求，树冠较完整，分枝点和分枝合理，生长势良好
	病虫害	危害程度不超过树体的 5%～10%
	土球苗	土球完整，规格符合要求，包装牢固
	裸根苗根系	根系完整，切口平整，规格符合要求
	容器苗木	规格符合要求，容器完整，苗木不徒长，根系发育良好不外露
棕榈类植物		主干挺直，树冠匀称，土球符合要求，根系完整
草卷、草块、草束		草卷与草块长宽尺寸基本一致、厚度均匀，杂草不超过 5%，草高适度、根系好、草芯鲜活
花苗、地被、绿篱及模纹色块植物		株型茁壮，根系基本良好，无伤苗，茎、叶无污染，病虫害危害程度不超过植株的 5%～10%
整型景观树		姿态独特，曲虬苍劲，质朴古拙。株高不小于 150cm，多干式桩景的叶片托盘不少于 7～9 个，土球完整

（五）起挖苗木

起挖苗木是植树工程施工的关键工序之一，起挖苗木质量的好坏直接影响植树的成活率以及绿化成果。正确、合理的起挖苗木的时间和方法，以及认真负责的组织操作，是保证苗木质量的关键。起挖苗木前应充分做好各项准备工作，如圃地土壤含水状况、工具锋利与否、包装材料等的准备工作。

1. 起挖苗木的主要方法

（1）裸根起挖苗木。此方法适用于在休眠期大多数阔叶落叶树的起挖。其保存根系比较完整，也便于操作，并节省人力、物力，但是由于根系裸露，容易失水损伤须根。因此，其操作要快，应当将起挖出来的苗木在最短的时间内运出、栽植，以减少损伤。

（2）带土球起挖苗木。将苗木一定范围内的根系，连土一起挖出，将所带之土整理成球形，再进行包装起出苗木，这就是带土球起挖苗木法，**俗称“带老娘土”起挖苗木法**。这种方法可使土球范围内的须根受到保护而不损伤，且带有部分原土，在移植过程中水分不易损失，对成活、恢复生长有利，但技术要求高、操作繁杂、成本高。因此，凡是用裸根起挖能够成活的，尽量不带土球。现在，起挖部分常绿树、竹类、珍贵树、大树以及在生长季节起挖落叶树的，为了保证成活必须带土球起挖，并且在起挖、运输、栽植的整个过程中必须使土球完好、不散、不碎，才能保证其成活。

2. 起挖苗木的规格

起挖苗木时，要求根部大小范围或土球大小规格参照苗木的干径和高度来确定的。落叶乔木起挖根部的直径范围常以乔木树干胸径的 6～10 倍为准；落叶花灌木起挖根部的直径一般为苗木高度的 1/3 左右。分枝点高的常绿乔木，其起挖的土球直径为胸径的 7～12 倍；分枝点低的常绿苗木，为苗高的 1/2～1/3。攀缘类藤木，其起挖规格可参照灌木的起挖规格，或根据苗木的根际直径和苗木的年龄来确定。上述起挖苗木的规格，要根据一般正常生长状态来确定。具体操作时，还要根据不同树种和根系生长形态的不同来处理。

树木根系的生长分布形态，大体上可分为三类：第一类是斜生根系，这类树木的根系斜着生长与地面呈一定的角度，如国槐、柳树、栾树等，起挖苗木时可参照表 4-4 的要求进行；第二类是直生根系，这类树木的主根发达，主根、侧根向下向深处发展，如白皮松、桧柏、侧柏等，在起挖苗木时可按照表 4-4 的要求相应减小土球的直径而加大土球的深度；第三类是平生根系，这类树木的根系向四周横向生长分布较多，离地面较近，如雪松、油松、刺槐、实生樱花以及毛白杨、加杨等，在起挖苗木时可按照表 4-4 的要求相应加大根系或土球的直径，而适当减小其深度。

各类苗木起挖规格　　**表 4-4**

常绿乔木（针叶类）起挖及种植穴规格　　单位：cm

树　高	土球直径	种植穴直径	种植穴深度	打包方式
150	40～50	80～90	80	单股双轴，间隔 6cm
150～250	70～80	100～110	100	双股双轴，间隔 4cm
250～400	80～100	120～150	110～130	双股双轴，间隔 2cm 或不间隔
400 以上	140 以上	180 以上	130 以上	双股双轴，不间隔

常绿乔木（阔叶类）起挖及种植穴规格　　单位：cm

树　高	胸　径	土球直径	种植穴直径	种植穴深度	打包方式
150	3～5	40～50	80～90	50～60	单股双轴，间隔 6cm
150～250	6～8	70～80	100～110	80～90	双股双轴，间隔 4cm
250～400	9～10	80～100	120～150	100～110	双股双轴，间隔 2cm 或不间隔
400 以上	11 以上	140 以上	180 以上	120 以上	双股双轴，不间隔

落叶乔木类起挖及种植穴规格　　单位：cm

胸　径	根　幅	种植穴直径	种植穴深度
3～5	30～40	60～80	40～60
6～8	50～60	90～100	70～80
8～10	60～80	110～120	90～100
11～15	90～110	130～150	110～140
16～20	120～160	160～200	150～170
21 以上	160 以上	200 以上	180 以上

花灌木类起挖及种植穴规格　　单位:cm

冠　径	土球直径	种植穴直径	种植穴深度
100	60～70	70～90	60～70
200	70～90	90～110	70～90

注：1. 胸径为乔木主干高度在 1.3m 处的树干直径。

2. 球状灌木土球直径一般为冠幅的 2/3。

竹类种植穴规格　　单位：cm

种植穴直径	种植穴深度
大于根盘或土球直径 40～60	大于根盘或土球高度 30～40

续表

篱类种植槽规格

单位：cm

种植高度	单　行	双　行
30～50	30×40	40×60
50～80	40×40	40×60
80～120	50×50	50×70
120～150	60×60	60×80

3. 起挖苗木前的准备

（1）选好苗木。为提高栽植成活率，最大限度地满足设计要求，起挖苗木前必须在苗圃内对苗木进行严格选择，即选苗。在选好的苗木上做出明显的标记如涂色、拴绳、挂牌等，这为号苗。

（2）圃地准备。苗圃地的土壤过于干燥或过于潮湿，对起挖苗木都不利。因此，起挖苗木前，应将苗圃地土壤的干湿状况调整好。如土壤过于干燥，应提前灌水润地；如土壤过于潮湿，则应设法排水、划锄等，使土壤水分散失一些，以利于起挖苗木。

（3）拢树冠。常绿树，尤其是分枝低，主枝、侧枝开张角度大的常绿树，如雪松、白皮松、云杉、桧柏等，起挖前应用草绳将树冠枝条围拢，围拢时应松紧适度，这样不仅利于起挖操作，而且不至于损伤树冠枝条。

（4）工具、包装材料的准备。应提前备好适用的工具和包装物料。工具要锋利，包装物料要适用，如蒲包、草绳等应提前在水中浸泡湿透，便于使用。

4. 裸根手工起挖苗木的进行与质量要求

（1）操作：

起挖苗木前，先以树干根颈处为圆心，按规定直径在地面画圆圈，然后在圆圈以外向下开挖，挖够深度后再向内掏底。起挖时，遇到根系要用锋利的工具切断，不能用工具翘断根系，以免造成根系劈裂；圆圈内的土壤可边挖边轻轻松开去掉。掏底后，将植株轻轻地放倒，不能在根部还没有完全断离后就生推硬拔，以免拉伤根系、损伤树冠。根部的大部分土壤可去掉，但是如果根系稠密，能带有护心土的，则应尽量保留。

（2）质量要求：

1）保留根系的大小应按规定起挖，如遇大根应酌情保留。

2）要保持苗木的根系丰满，不劈不裂，对于劈裂伤根及过长的主根、侧根可适当进行修剪，并平滑伤口。

3）起挖苗木完成后应及时装车运走，并立即栽植。如实在一时不能运走，可在原坑埋土临时性假植，假植时间也不宜过长。

5. 带土球手工起挖苗木及质量要求（图 4-3）

（1）画线。以树干的根颈处为圆心，按照比规定的土球规格稍大一些，在地面上画一圆圈，作为向下起挖土球的依据。

（2）去表土。因表层土中很少有根系，为了减轻土球的质量，起挖前应将划定范围内的表土去掉一层，其厚度约为 5～10cm。

（3）起挖土坨。沿地面上画的圆圈外缘向下垂直挖沟，宽度以便于操作为准，一般约 50～80cm，所挖的沟的宽度不可上宽下窄，应上下基本一致。随挖随修好土球表面，所挖土球

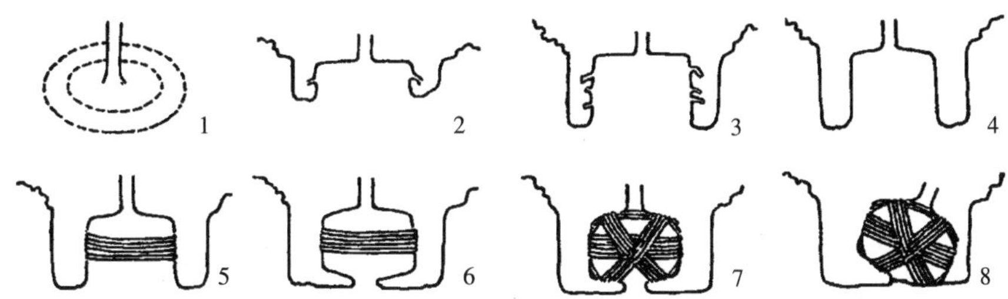

图 4-3 带土球起挖全过程

1—定线；2—初挖；3—深挖；4—修整；5—系腰线；6—收底；7—捆扎；8—断底

的下部可稍微缩小一些，即挖到土球的下半部分，随挖随收到规定的土球的深度，即达到土球的高度为止。

(4) 修平。起挖到规定的深度后，土球底部暂不挖断。用工具将土球表面轻轻修平，可上口稍大、下部渐小，如图 4-4 所示。

(5) 掏底。土球表面修整完好后，再慢慢由底面向中心掏挖，直径小于 50cm 的，将底土掏空，将土球抱到坑外进行包装；而土球大于 50cm 的，则应将底土中心保留一部分，暂不挖断，以支撑土球，在坑内进行包装。

(6) 土球包装：

1) 缠内腰绳。如所挖出的土球土质松散的，应在土球修整的同时拦腰横捆几道草绳。若土质坚硬，可省略此步骤。

2) 包装。取浸透水湿润的、大小适宜的草包或蒲包片，覆盖土球。

3) 捆纵向草绳。用浸透水湿润的草绳，先在树干基部缠绕几圈并固定牢固，然后沿土球垂直方向稍倾斜大约 30°角，缠捆纵向草绳，随缠随拉紧草绳，随用木槌敲打草绳，以勒紧草绳，捆得一定要牢固。每道草绳间相隔 6～8cm，直到把整个土球捆完。

土球直径小于 40cm 的，可用一道草绳缠捆一遍，称为“单股单轴”；土球较大的，可用一道草绳在同一方向缠捆两道，称为“单股双轴”；必要时，可用两根草绳并排缠捆两道，称为“双股双轴”，如图 4-5 所示。

4) 缠外腰绳。规格较大的土球，此时还应在土球的中腰横向并排缠捆 3～10 道草绳。具体操作是，用一整根草绳在土球的中腰部位排紧横绕几道，可将草绳与纵向草绳交叉连接，牢牢地捆结实。

5) 封底。凡在坑内包装的，以上工序完成后将树苗顺势推倒，用蒲包片将底部堵严，并用草绳缠捆牢固。

6) 出坑、平坑。以上工序完成后立即抬出坑外，集中待运，并将土坑大体填平。

(六) 苗木运输与假植

苗木的运输是植树成活的重要环节，应做到随起随运，环环相扣，一气呵成，这样才能保证植树的成活率。**苗木运输量应根据现场栽植量确定，苗木运到现场后应及时栽植，确保当天栽植完毕。**

1. 苗木装车

(1) 装车前的检验。苗木运输的起吊设备和车辆涉及安全问题，必须满足苗木起吊、运输的要求。装车前，应仔细核对树种、品种、规格、质量、数量等，凡不符合要求的应由苗圃单位予以更换。外地苗木应事先办理苗木检疫手续。

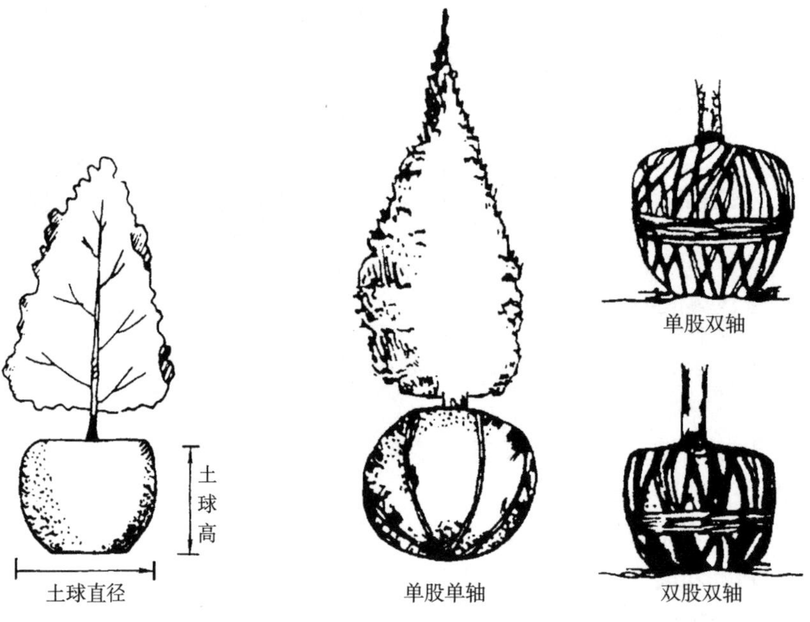

图 4-4　土球样型

图 4-5　土球纵向捆扎法示意

1）常绿树。主干不弯曲，无蛀干害虫，主轴明显的树种必须要有中央领导干。树冠匀称茂密，有新生枝条，不焦膛。土球结实，草绳不松脱。

2）落叶乔木：

A. 树干。主干不得过于弯曲，无蛀干害虫，有明显主轴的树种应有中央领导干。

B. 树冠。树冠茂密，各方枝条分布均匀，无严重损伤及病虫害。

C. 根系。有良好的须根，大根不得有严重损伤，根际无肿瘤及其他病害。带土球的苗木，土球必须结实，捆绑的草绳不松脱。

3）落叶灌木或丛木。灌木有短主干或灌丛有主茎 3～6 个，分布均匀。根际有分枝，无病虫害，须根良好。

（2）装运裸根苗木：

1）车后挡板上应铺垫好蒲包、草包等物料，以防硌伤树皮。

2）装运乔木苗木，应根朝前，顺序排好；不要超高，不要压得太紧。

3）树梢不得拖地，可用绳子围拢、吊装起来，捆绳子的地方应铺垫好蒲包、草包。

4）装车、运输、卸车时不得损伤苗木。

5）装完后，要用苫布将树根盖严捆好，应保持根部湿润，防止树根失水。

（3）装运带土球苗木。苗木的排列顺序应合理，捆绑稳固，卸车时应轻取轻放，不得损伤苗木及散球。

1）高度 1.5m 以下的苗木，可以立装；而高于 1.5m 的苗木必须平放装车，土球朝前，树梢朝后，用支架将树梢架稳。

2）土球直径大于 60cm 的只装 1～2 层，小土球的可以排放多层。**土球之间必须排好挤紧，以防止摇动造成土球散坨**，将苫布盖严，并用绳子刹紧。

3）无论何种方法排放，土球上不准站人和放置重物。

2. 苗木运输

运输途中要经常检查苫布是否漏风掀开。短途运输要一气呵成，直到目的地。长途运输必要时应向根部喷水，如途中需要休息，则应找阴凉之处。

3. 苗木卸车

卸车时，要轻拿轻放。裸根苗木要按顺序卸车，不准乱抽乱取或整车推下。带土球苗木，卸车时不要提拉树干，应用绳编网兜将土球吊起，不得直接用绳索绑缚苗木树干起吊。土球较大的，可用长条木板从车厢上斜放至地面，将土球自木板上顺势慢慢滑下，不可滚动土球，以防止散坨。起吊重量超过 1t 的大型土球苗木，应在其外部套宽带大绳吊起。

4. 苗木假植

苗木运到后应当天栽植完毕。苗木晾晒时间过长则易失水，影响成活率。当天不能栽植的，应及时进行假植。

（1）带土球苗木的假植。在不影响施工的地方将苗木排放整齐，土球四周培土，喷水保持土球湿润；树干用草绳围拢，以防风倒，必要时应向苗木叶面喷水。

（2）裸根苗木的假植。短期假植的，在栽植现场附近选择适宜的地点，根据根幅大小挖一浅沟，深度能将苗木的根系埋严即可，长度视苗木的多少而定。将苗木的根系放置沟内排紧，在紧靠苗根处再挖一同样的平行沟，将挖出的土覆盖在第一行苗木的根部、埋严，挖完后再排一行苗木，如此循环直至将苗木全部假植完，如图 4-6 所示。假植时间较长时，根系应用湿土埋严，不得透风，根系不得失水。

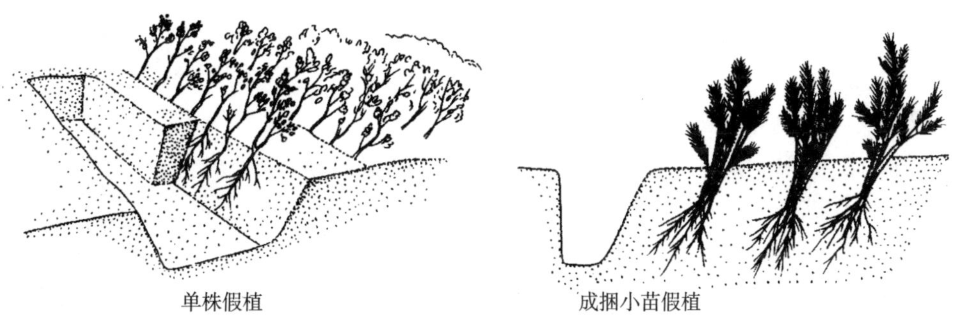

图 4-6 假植示意

（七）栽植修剪

免修剪栽植能使树木得到较好的景观效果，应积极推广。但挖掘苗木根系受到损伤时，栽植前对苗木的根部和树冠进行适当修剪，可促进树木生长，提高栽植成活率。苗木栽植前的修剪应根据各地自然条件，推广以抗蒸腾剂为主体的免修剪栽植技术或采取以疏枝为主，适度轻剪，以保持树体地上地下部位生长平衡。

1. 修剪的目的

（1）提高成活率。

（2）推迟物候期，增强生长势。

（3）减少伤害。

（4）对树冠进行整形。

2. 修剪的原则

对树木修剪应了解不同树木的生长习性，了解不同树种对不同修剪的反应而进行。

（1）常绿阔叶乔木具有圆头形树冠的可适量疏枝。枝叶集生树干顶部的苗木可不修剪。具有轮生侧枝，作行道树时，可剪除基部 2～3 层轮生侧枝。

（2）松树类苗木宜以疏枝为主，应剪去每轮中过多主枝，剪除重叠枝、下垂枝、内膛斜生枝、枯枝及机械损伤枝；修剪枝条时基部应留 1～2cm 木橛。因松树类往往是大枝轮生，因此若需要提高分枝点时，应注意避免造成伤口相连、类似环状剥皮状，以免影响正常生长。

柏树类苗木不宜修剪，但具有双头或竞争枝、病虫枝、枯死枝应及时控制或剪除。

（3）落叶乔木。

1）具有中央领导干、主轴明显的落叶乔木应保持原有主尖和树形，适当疏枝，如银杏、杨树、悬铃木等，应尽量保护好主轴的顶芽，以保证中央领导干直立向上生长。对保留的主侧枝应在健壮芽上部短截（银杏树除外），可剪去枝条的 1/5～1/3；若主轴顶端折伤或顶芽受损，则应选择中央领导干上饱满的侧芽以代替顶芽生长，并通过修剪控制与其竞争的其他侧芽和侧枝，以保证这类树木的高生长，如图 4-7 所示。

2）无明显中央领导干、枝条茂密的落叶乔木，如槐树、柳树等，应选择比较直立的枝条代替领导枝直立生长，通过修剪控制与其竞争的枝条；可对主枝的侧枝进行短截或疏枝并保持原树形。

3）行道树乔木定干高度宜 2.8～3.5m，第一分枝点以下应全部剪除，同一条道路相邻的树木分枝高度应基本一致。片林宜为树高的 1/2～1/3。

（4）灌木及藤本类的修剪。

1）有明显主干型灌木，修剪时应保持原有树形，主枝分布均匀，主枝短截长度不宜超过 1/2。

2）丛枝型灌木预留枝条宜大于 30cm。多干型灌木不宜疏枝。

3）绿篱、色块、造型苗木，在种植后应按设计高度整形修剪。

4）藤本类苗木应剪除枯死枝、病虫枝、过长枝。

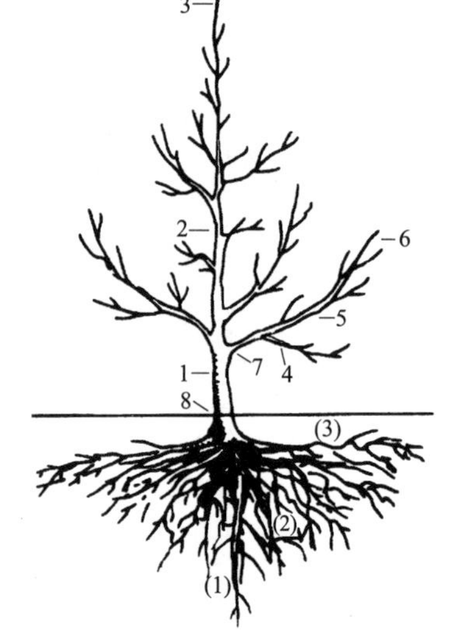

图 4-7 树体的组成

1—树干（主干）；2—中心干（中央领导干）；3—中心干延长枝；4—主枝；5—侧枝；6—主枝延长枝；7—根颈；8—根系

（1）主根；（2）水平根；（3）垂直根

3. 对苗木修剪的一般要求

（1）剪口要平滑整齐。修剪枝条留下的伤口为剪口，剪口下面的第一个芽为剪口芽。剪口要平滑整齐，以便于剪口尽快愈合，修剪时要做到不得劈裂损伤树皮。

（2）短截剪口部位要正确。要选饱满且萌发方向符合要求的芽为剪口芽。剪口位置与剪口芽一般距离为 0.5～1cm，剪口要成 45°斜面，如图 4-8 所示。

（3）疏枝剪口部位要适当。疏枝一般是疏除弱枝、枯枝或无用的一年生萌蘖枝，此剪口较小，可齐枝条的基部剪去。若疏除粗壮的主枝，此时如果紧贴树干剪除，则会形成较大的伤口，将影响树干的正常生长；如果距离树干较远，则会留有树橛残桩，不易愈合，且不符合修剪的要求，因此剪口要微靠树干，以不留树橛残桩为宜，如图 4-9 所示。

（4）修剪时应先剪除枯枝、劈裂枝、破皮枝、有病虫害的枝条等，要控制过长的徒长枝、竞争枝。修剪直径 2cm 以上大枝及粗根时，剪口应削平并涂抹防腐剂。

（5）高大乔木应于栽植前修剪，较矮的以及灌木可于栽植后修剪。

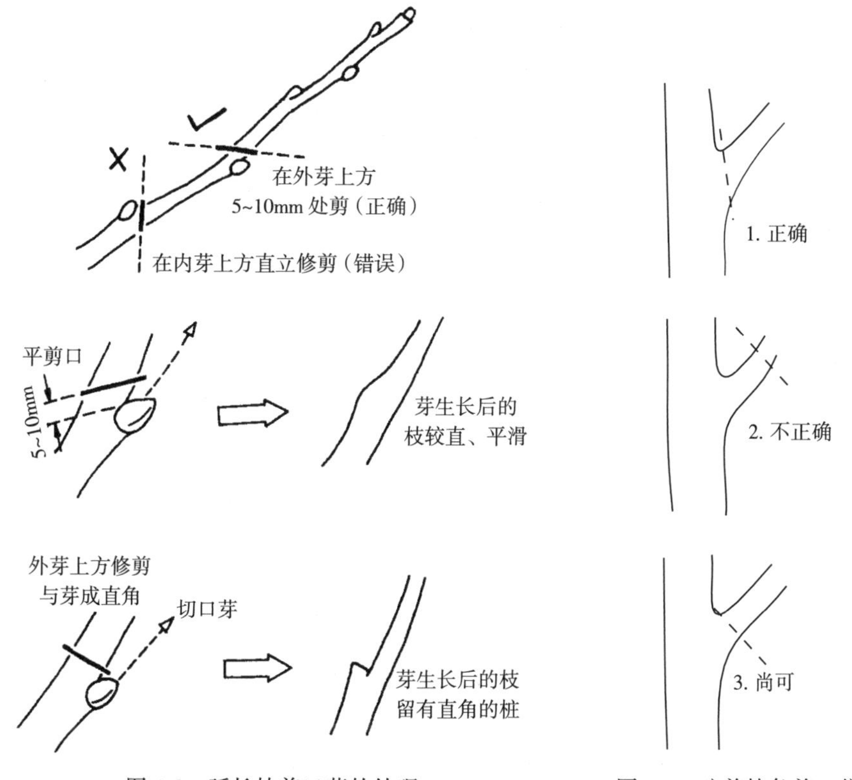

图 4-8 延长枝剪口芽的处理　　图 4-9 疏剪枝条剪口位置

（6）苗木整形修剪应符合设计要求，当无要求时，应保持原树形。

（7）非适宜栽植季节，栽植落叶树木，应根据不同树种的特性，保持原树形，宜适当增加修剪量，可剪去枝条的 1/2～1/3。

近来发现，有的地方栽植前的修剪采用“平头修剪”，也有的地方对建成多年的绿地中的大树也采用“平头修剪”。这样做甚至使树木失去了生态价值，是不对的。（详见附录三）

（八）栽植

树木栽植的注意事项及质量控制的要求，是提高树木成活率的保证。树木栽植应根据树木种类的习性和当地气候条件，选择最适宜的栽植期进行栽植。

1. 散苗

按照设计或定点木桩的要求，将不同的苗木散放在各自的栽植坑旁，为散苗。在整个施工过程中，运用**绿化万能工程车**操作，既节省人力又十分方便（**彩图 27**）。

2. 栽种

散苗后将苗木按照适宜的深度埋土压实、固定的过程，为栽种或栽植。

（1）核对。埋土前仔细核对图纸，树种、规格要正确，否则应立即纠正。

（2）朝向。树形及生长势最好的一面应朝向主观赏方向，除特殊景观树外，树木栽植应保持直立，不得倾斜；如果树干弯曲，弯曲应朝向当地主导风方向。

（3）深浅。**栽种苗木的深度，一般乔灌木应保持土壤下沉后，苗木根际线与原种植线等高**

持平，个别生长快、易生不定根的树种可较原土痕深 5～10cm，**常绿树种栽植时土球应略高于地面 5cm，**灌木也不得过深或过浅，否则影响生长或不利于成活。有些树种浅栽容易成活的，应适当浅栽。

（4）标样树。行道树或行列栽植的树干应在一条直线上，相邻植株规格应合理搭配；亦可用皮尺测量好先栽种标样树，大约相隔 10～20 株栽种一株标样树，然后以标样树为准，三点一线进行栽种。

（5）栽植裸根苗木。首先将种植穴底填土呈半球状土堆，置入树苗深浅合适、定好方位，扶正立直，回填的土应分层踏实；均匀填土至 1/3～1/2 时，将苗木轻轻向上提拉使根系舒展、不窝根、不曲根，并充分接触土壤，然后继续边填土边夯实，待与地面平时，用余土筑起 15～20cm 的树穴围堰，如图 4-10 所示。

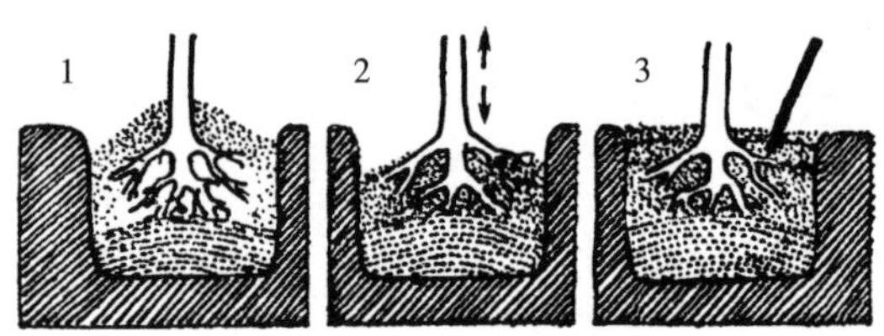

图 4-10　裸根苗栽植过程

1—碎土、覆盖；2—手握树干稍向上提；3—分层填土捣实

（6）栽植带土球的苗木。栽植前，先踏实穴底预垫的松土，保证栽种深度适宜。土球入坑放稳、树干直立，定好方向。初步覆土塞实土球后，将土球包装材料自下而上小心解除，尤其是不易降解的包装物一定要取出；当土球松碎时，不宜强行抽取包装物料，可将包装物料剪断、彻底松绑。随后继续填土，分层夯实，但不得夯砸土球，最后用余土筑起高 15～20cm 的树穴围堰，如图 4-11 所示。

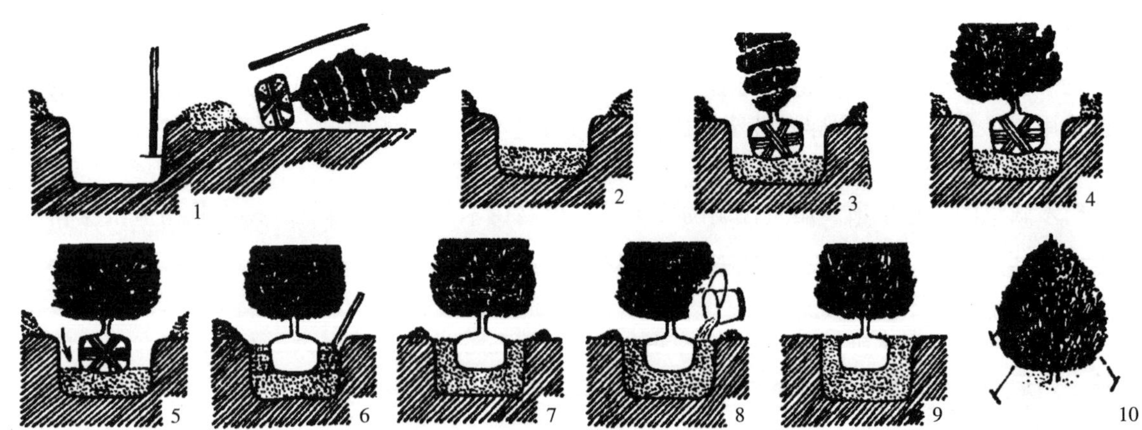

图 4-11　带土球栽植全过程

1—定深度；2—填底土；3—土球落坑；4—解草绳，调方向；5—垫底土、正树冠；6— 解包扎，填土，捣实；7—填平土，筑围堰；8—浇透水；9—平围堰，覆土；10—立支架

（7）栽树促活法。

1）土壤干燥或低墒时，应于栽植前灌水浸穴。

2）要利于树坑通气、透水。对于土壤过于黏重、通透性差的，在栽植之前，**应预先埋好竖直的 4 根通向坑顶的通气管，以利于通气，**亦利于透水、排水，如图 4-12 所示。

3）注意树坑排水。树坑底部要挖成反锅底形，在栽植坑下面如有风化岩、重黏土的，**应在坑底下面设置 10～20cm 的排水透气层，**或用钢钎在底部打 4～8 个排水洞、深度 30～40cm，在排水层或排水洞内灌入石砾、珍珠岩等，以起到排水的作用，如图 4-12 所示。

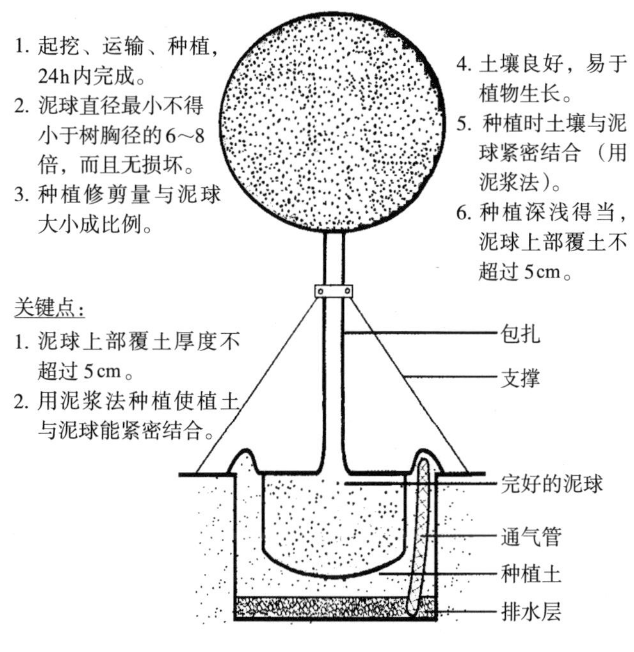

图 4-12　乔木标准栽植示意

4）苗木根系蘸磷肥。磷是植物细胞核的重要组成部分，又是细胞分裂不可缺少的物质，移植树木的**根系蘸磷肥溶液能使树木新根增多生长加快，扩大根系吸收营养的范围，从而有效地增强苗木的抗寒和抗旱能力。**据试验，苗木蘸磷后其成活率可大大提高。方法：用过磷酸钙 5kg，加水 100kg，再加细黄土 20kg，充分搅拌成糊状即可蘸根。

（8）再次核对。栽种完毕后，再次与设计图纸核对无误后，将捆拢的树冠草绳解开，使枝条自然舒展。

对于裸子树种无论是起苗、运输还是栽植的过程中，一定要保护好其顶芽，切不可使其损伤，否则就破坏了树形，就没有观赏价值了，如雪松、油松、云杉等。

3. 非种植季节栽植树木

非种植季节栽植树木，因成活率较低，应根据不同情况采取下列措施：对苗木可提前环状断根处理或在适宜季节起苗，用容器假植，带土球栽植；落叶乔木、灌木类应适当进行修剪并应保持原树冠形态，剪除部分侧枝，保留的侧枝应进行短截，并适当加大土球体积；可摘叶的应摘去部分叶片，但不得伤害幼芽；苗木栽植宜在阴雨天或傍晚进行；夏季可采取遮阴、树木裹干保湿、树冠喷雾或喷施抗蒸腾剂，以减少水分蒸发；冬季应采取防风防寒措施；掘苗时根部可喷布促进生根激素，栽植时可加施保水剂，栽植后对树体可滴注营养液。

干旱地区或干旱季节，树木栽植应大力推广抗蒸腾剂、防腐促根、免修剪、营养液滴注等新技术，采用土球苗，加强水分管理等措施。

（九）栽植后的工作

树木栽植后应及时立支撑、围堰、浇水才能提高栽植成活率。

1. 立支撑，防风倒

高大的树木，特别是带土球栽植的树木应立支撑，这在多风的地区尤其重要。不立支撑的，新栽植的树木浇水后，容易被风吹倾斜，而立支撑的，可防止这一现象的发生。

立支撑的材料，北方地区多用坚固的竹竿及木棍或用绳索牵拉；沿海地区为防台风的袭击，也有用钢筋水泥桩的。不同地区运用不同的支撑材料，既要牢固适用，又要注意美观。

新栽树木支撑多为三角支撑、四柱支撑、联排支撑及软牵拉；一定要绑扎牢固。为此，要注意以下几点：

（1）支撑物、牵拉物的强度能够保证支撑有效；用软牵拉固定时，应设置警示标志。

（2）连接树木的支撑点应在树木主干上，其连接处应衬软垫，并绑缚牢固。

（3）支撑物、牵拉物与地面连接点的连接应牢固；支撑物的支柱应埋入土中不少于 30cm。另外，为了保证上下支撑点的牢固，最好**要有辅助立桩固定或支撑到牢固的固定设施上（彩图28）**。不要使支撑流于形式，而起不到应起的作用。

（4）同规格同树种的支撑物、牵拉物的长度、支撑角度、绑缚形式以及支撑材料宜统一。

（5）针叶常绿树的支撑高度应不低于树木主干的 2/3，落叶树支撑高度为树木主干高度的 1/2。

（6）去除支撑。苗木栽植后，支撑不能长期不拆，但是也不能拆除太早。拆除过早，苗木的根系尚未完全恢复，起不到支撑的作用；拆除过晚，则容易造成根系生长能力变弱、捆扎物嵌入树干等现象。因此，苗木支撑的拆除时间十分重要。一般来说，苗木栽植后拆除支撑的时间需要根据树木的品种、大小、长势以及当地的气候条件和土壤情况等因素确定。**大多数情况下，支撑在苗木栽植 2 年之后拆除为宜。**对于尚未到拆除期的支撑架，要定期进行巡查，对于破损支撑，要及时进行修复。

2. 筑围堰、浇水

（1）筑围堰、作畦。

1）筑围堰。单株树木栽植后，在树坑的外缘用土培起 10～20cm 高的土梗，称筑围堰。围堰应筑实，以防止漏水。

2）作畦。连片栽植、株距较近的树木，如丛植片林、灌木丛、绿篱等，可将成片的几棵树联合起来集体筑围堰，这比上面所说的围堰要大得多，称为作畦。畦内地表应平坦，以确保畦内树木吸收水分均匀，畦埂牢固不跑水。

（2）浇水。保证栽植的成活率，水是重要的条件。栽植后要连续几次浇水，在蒸发量大、气候干旱的北方尤为重要。**树干栽植浇水时，必须要保证水质，并应在穴中放置缓冲垫。**

1）华北地区，树干栽植后一般需连续浇水 3 次，以后视情况而定。

第一次浇水，应于栽种后当天进行，此次水量不宜过大，以浸入土内 30cm 左右深度即可。其主要目的是通过浇水使土壤缝隙充水填实，保证树根与土壤紧密结合。常用浇水量见表 4-5、表 4-6。

栽植乔木、灌木浇水量 表 4-5

刨树坑直径（cm）	围堰直径（cm）	每坑浇水量（kg）
50	70	75
60	80	100
70	90	120
80	100	160
100	120	220
120	140	300

栽植绿篱浇水量 表 4-6

绿篱种植槽宽度（cm）	围堰宽度（cm）	种植槽长度每米浇水量（kg）
40	60	60
50	70	70
60	80	80
80	100	100
100	120	120
120	140	140

第一次浇水后，应进行检查，如树干歪斜应立即扶正，围堰、畦埂如漏水亦应及时修补。第二次浇水应在第一次浇水后 3～5 天进行，浇水量仍以压土填缝为主，浇水后应扶正及修补。第三次浇水应在第二次浇水后 7～10 天内进行，此次应浇透灌足，应使水分渗透到全坑土壤和坑周围的土壤，浇水后应及时扶正和修补。

新栽树木在第三次浇水完全渗透后应及时封堰，以后要根据植物习性和墒情及时浇水。对浇水后出现的树木倾斜，应及时扶正并加以固定。

2）浇水的年限。树木定植后，要精心管理，乔木树种浇水年限 3～5 年，灌木最少 5 年。土质差的或树木因缺水而生长不良的，以及干旱年份，则应延长浇水的年限，直到树木的根系与地上部分的树冠不再浇水也能正常生长为止。

（3）埋设给水管道及喷头。必要时，在绿地内埋设人造雨给水管道及喷头。在干旱季节通过人造雨，不仅缓解旱情、节约水资源，还可增加空气的湿度，为植物生长创造良好的环境。

3. 其他

（1）透气铺装与护栏。广场、人行道栽植树木的树池因践踏的频率较高，土壤密实度加大，不利于树木生长，种植池应铺设透气铺装，如图 4-13 所示，并加设护栏。

园林绿地中林下、树穴、树坛的裸露地面的覆盖手法和材料有多种。现在有一种**复合松树皮覆盖新材料**已进入园林应用。该材料取自长白山原始森林中多年生松树的外皮，以樟子松、红松为主。通过熏蒸、炭化等严格处理，使产品质量完全符合安全要求，无病无菌，可用于公共绿地林下、树坛、花坛覆盖。这不仅防止扬尘和水土流失，减少地面水分蒸发和杂草的生长，还有效改善土壤结构，增进园林绿地和谐统一的美观效果。

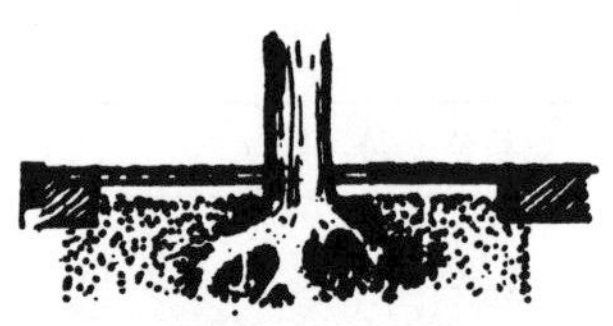

图 4-13 树穴盖

在秋季植树的，应在树的根颈处堆土，一般要堆 30cm 高的土堆，以减少蒸发，保证墒情，并保护根颈，防止风吹摇动以及冻伤，利于成活。

行道树栽植成活之后，在树坛地表密密种植矮小常绿灌木或在成片栽植的树丛、树林内种植地被植物以覆盖地面，可起到很好的绿化效果，但是在树木栽植成活前不可急于进行。

(2) 复剪。必要时进行复剪，对于栽种前修剪不理想的枝条以及受伤枝条要进行复剪。

(3) 搭遮阴篷。**对于比较珍贵的园林树木，或者在反季节栽种的园林树木，还要为其搭设遮阴篷，或对其树冠的叶面喷洒蒸腾抑制剂，以减少叶面过度蒸腾，提高成活率。**

(4) 清理施工现场。栽植浇水 3 次后，应将施工现场清理干净，做到地净场光，文明施工。

(5) 继续加强管理。加强病虫害观测，控制突发性病虫害发生，主要病虫害防治应及时；还要结合中耕除草，平整树台；根据植物生长情况应及时追肥、施肥；树木应及时剥芽、去蘖、疏枝整形。草坪应适时进行修剪；花坛、花境应及时清除残花败叶，植株生长健壮；绿地应保持整洁；做好维护管理工作，及时清理枯枝、落叶、杂草、垃圾；对树木应加强支撑、绑扎及裹干措施，做好防强风、干热、洪涝、越冬防寒等工作。应设有专人及时加强巡查看管，避免人为有意无意的破坏，以巩固绿化成果。

(十) 关于竹类与棕榈类树种的栽植

竹类与棕榈类树种的栽植，有与前述不同的一些特点，所以单独介绍如下：

1. 关于竹类的栽植

(1) 竹类的茎。竹类的茎一般分为地上茎和地下茎两部分。地上茎又叫作竹竿，竹竿由节与节间组成，节内有横隔板，节间中空，节上常有两个环：上为竿环、下为箨环（是竿箨脱落后留下的痕迹），两环之间是节内，其上生芽，芽萌发小枝。小枝上生叶。地下茎又叫作竹鞭，亦有节。

根据竹竿与竹鞭的特点，可分为三种类型（图 4-14）：

1) 单轴散生型，简称散生型，地下茎呈圆筒形，其直径通常小于由它生出的竹竿，其节常隆起。通常侧芽出土长成竹竿，顶芽延伸成地下茎——竹鞭。竹鞭细长横走，蔓延生长。竹鞭上有节，节向下生根、向上生芽即竹笋。竹竿在地面呈散生状。竹竿最下一节与竹鞭连接，但连接处极小，起挖时稍不注意，即可折断。该类型的竹在偏北地区（黄河流域）分布较多。

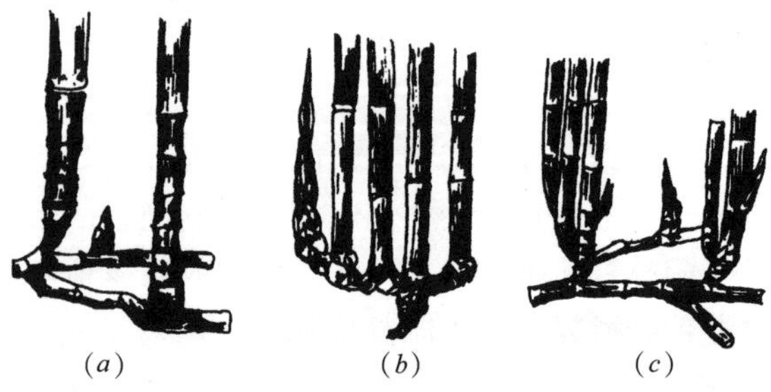

图 4-14 竹形态

(a) 单轴散生型；(b) 合轴丛生型；(c) 复轴混生型

2) 合轴丛生型，简称丛生型，其地下茎粗短，呈纺锤形，实心，其节不隆起，侧芽单一。通常是顶芽出土长成竹竿，侧芽在顶芽分化后萌发演变成另一段地下茎，竹鞭极短，节间更短。竹竿在地面呈密集丛生状。该类型的竹一般分布在偏南地区，如华中、华南一带。

3）复轴混生型，简称混生型，兼有单轴散生型和合轴丛生型两种类型的特点，在地面则亦有散生型竹和丛生型竹。这种类型的竹分布区为以上两种类型竹分布区之间，即长江流域。

（2）竹类的挖掘与运输：

1）散生型竹的挖掘。应选择一二年生、健壮无明显病虫害、分枝低、枝繁叶茂、鞭色鲜黄、鞭芽饱满、根鞭健全、无开花枝的作为母竹；起挖前，应先判断竹鞭的走向，一般竹子的最下一盘枝条所指引的方向与竹鞭的方向大致平行。母竹必须带鞭，中小型宜带来鞭 20～30cm，去鞭 30～40cm；切断竹鞭截面应光滑，不得劈裂；应沿竹鞭两侧深挖 40cm，截断母竹底根，挖出的母竹与竹鞭结合应良好，根系完整。起挖过程中，不能摇动竹竿，以免损伤竹竿与竹鞭的连接处（俗称“螺丝钉”），否则栽植后不易发笋或不易成活。竹类栽植季节，长江流域以南地区以冬季为宜，北方地区在早春或雨季进行。

2）丛生型竹的挖掘。应选择竿基芽眼肥大充实、须根发达的一二年生竹丛。母竹应大小适中，大竿竹竿径宜为 3～5cm；小竿竹竿径宜为 2～3cm，竿基应有健壮芽 4～5 个。挖掘时应在母竹 25～30cm 的外围，扒开表土，由远至近逐渐挖深，应严防损伤竿基部芽眼，竿基部的须根应尽量保留。在母竹一侧应找准母竹竿柄与老竹竿基的连接点，切断母竹竿柄，连蔸一起挖起，进行切断时，不得劈裂竿柄、竿基。每蔸分株根数应根据竹种特性及竹竿大小确定母竹竿数，大竹种可单株挖蔸，小竹种可 3～5 株成墩挖掘。

3）竹类的包装与运输。竹苗应采用软包装进行包扎，并应喷水保湿；长途运输时应用篷布遮盖竹苗，中途应喷水或于根部置放保湿材料；竹苗装卸时应轻装轻放，不得损伤竹竿与竹鞭之间的着生点和鞭芽。

4）竹类的修剪。散生竹竹苗修剪时，挖出的母竹宜留枝 5～7 盘，将顶梢剪去，剪口应平滑；不打尖修剪的竹苗栽后应进行喷水保湿。丛生竹竹苗修剪时，竹竿应留枝 2～3 盘，应靠近节间斜向将顶梢截除；切口应平滑呈马耳形。

（3）竹类栽植。栽植时应做到竹类材料品种、规格符合设计要求；放样定位准确。栽植地应选择土层深厚、肥沃、疏松、湿润、光照充足、排水良好的壤土（华北地区宜背风向阳）。对较黏重的土壤及盐碱土应进行换土或土壤改良。竹类栽植地应进行翻耕，深度宜 30～40cm，清除杂物，增施有机肥，并做好隔根措施。栽植穴的规格及间距可根据设计要求及竹蔸大小进行挖掘，丛生竹的栽植穴宜大于根蔸的 1～2 倍；中小型散生竹的栽植穴规格应比鞭根长 40～60cm，宽 40～50cm，深 20～40cm 为宜。栽植时，应先将表土填于穴底，深浅适宜，拆除包装物，将竹蔸入穴，根鞭应舒展，竹鞭在土中深度宜 20～25cm。覆土深度宜比母竹原土痕高 3～5cm，进行踏实及时浇水，渗透后覆土。

（4）竹类栽植后的养护。栽植后应立柱或横杆互连支撑，严防晃动；栽后应及时浇水；发现露鞭时应进行覆土并及时除草松土，严禁踩踏根、鞭、芽，以保证竹苗茁壮生长。

2. 关于棕榈类树种的栽植

棕榈类树种只有顶芽而无侧芽，因此这类树种的生长没有分枝的习性，是单干生长类型。这类树种的叶丛往往集生在树干的顶端，而根系浅、须根发达，在土壤内的分布相对较浅。

这类树种一般生长缓慢，特别是移栽以后的最初几年生长更加缓慢，所以移栽后应加强管理，使其尽快恢复树势，正常生长。对于这类树种的移栽，一般都要带土球包装好，要注意栽植前应适当修剪叶片，或从底部向上疏剪一部分或剪除叶片的1/2～2/3；将叶片顺势向上围拢包扎，以保护好叶片；要适当浅栽，覆土至原状即可，以免烂根。栽植前，应在栽植坑中施入足够的腐熟有机肥，但是肥料不能与根系接触。栽植后应立支撑或搭设遮阴篷遮阴，以保证成活。现在市面上有棕榈、加那利海枣等**袋栽苗**，移植时不伤根，成活率极高，值得推广。

这类树种一般原产热带、亚热带，其耐寒能力有很大的差异，因此应根据“适地适树”的原则，适当选择树种进行绿化栽植。

（十一）工程质量验收

1. 一般规定

2013年5月1日实施的**行业标准《园林绿化工程施工及验收规范》CJJ 82—2012**规定，工程质量的验收均应在施工单位自行检查评定的基础上进行。园林绿化工程的质量验收，应按检验批、分项工程、分部工程、单位工程的顺序进行。分项工程的质量应按主控项目和一般项目验收。隐蔽工程在隐蔽前应由施工单位通知有关单位进行验收，并形成验收文件。如，植物栽植点的定点放线应在挖穴前进行；更换栽植土和施肥的，应在挖穴后进行；挖栽植穴应在栽植前进行；草坪和花卉整地，应在播种或花苗栽植前进行。而关系到植物成活的水、土、基质等，应按规定进行见证取样检测。植物材料、工程物资进场时应先检查验收，并经监理工程师核查确认，形成相应的检查记录。工程竣工验收后，建设单位应将有关文件和技术资料归档。

园林绿化工程的分项、分部、单位工程的划分举例。单位工程：绿化工程可划分为若干分部工程，如栽植工程，有常规栽植、大树移植、水湿生植物栽植等。其中，分部工程大树移植，又可分为若干分项工程，如大树挖掘与包装、大树吊装运输、大树栽植等。

2. 质量验收

分项、分部、单位工程质量等级均应为“合格”。《园林绿化工程施工及验收规范》CJJ 82—2012规定了检验批、分项、分部、单位工程质量验收的要求以及质量验收记录的要求。该规范还特别提到，植物材料的观感质量验收应符合要求。

当园林绿化工程质量不符合要求时，经返工或整改处理的检验批应重新进行验收。而通过返修或整改处理仍不能保证植物成活、基本的观赏和安全要求的分部工程、单位工程，严禁验收。

《园林绿化工程施工及验收规范》CJJ 82—2012还规定了质量验收的程序和组织，以及工程质量竣工验收记录、抽查记录、验收报告等，应严格按照要求进行验收。

第三节 盐碱地绿化施工

一、盐碱地以及盐碱地对植物的影响

（一）碱土、盐土与盐碱土

在滨海地区由于土壤中盐分浓度很高，随着土壤水分的蒸发或者咸水灌溉和海水倒灌等，都可使土壤表层（耕作层）的盐分升高到0.3%以上；另外在地势低洼地下水位高的地区，

由于降雨量少，气候干燥，蒸发强烈，随着地下水的蒸发把盐分也带到土壤表层（耕作层），造成土壤盐分过多。钠盐是形成盐分过多的主要盐类，习惯上把以碳酸钠、碳酸氢钠（弱酸强碱盐）为主要成分的土壤叫作碱土，而把以氯化钠与硫酸钠（强酸强碱盐）为主要成分的土壤叫作盐土，但是二者常同时存在，不能绝对划分，因此把盐分过多的土壤统称为盐碱土。

世界上盐碱土面积很大，估计占灌溉农田的1/3，而且随着灌溉农业的发展，盐碱土面积还会扩大。我国盐碱土总面积约14亿亩，大约涉及100多个城市，而且这些地区都属平原。一般盐碱地土层深厚，含有丰富的植物营养成分，但是盐碱对植物的危害相当严重。俗话说，盐碱地十年九不收，收一秋吃几秋。"春天白茫茫，夏天水汪汪，植树树不活，种草草不长"，栽树则呈现出"一年青，二年黄，三年进灶膛"的景象。如能对盐碱地进行有效的改良、减少盐碱危害，从各方面说都具有重要的意义。

（二）盐碱地对植物的影响

土壤盐分过多，对植物生长的影响是多种多样的，重要的危害有以下几点：

1. 生理干旱

盐碱地中的水分不少，但是植物不能吸收利用，因为盐碱地的水分中盐浓度过高，不但植物吸收困难，甚至还要夺取植物体中的水分，因而植物生长受到抑制，造成生理干旱，严重时可使植物致死。

2. 影响植物吸收营养

由于植物吸收某种盐分（Na^{+}）过多而排斥对另外一些营养元素的吸收，例如生长在盐碱地的植物往往出现缺钾症、缺磷症、缺钙症，植物生长受到抑制。

3. 影响植物气孔的关闭

在高浓度盐类的作用下，气孔保卫细胞内的淀粉形成受到抑制，致使气孔不能关闭，因此植物容易失水枯萎。

4. 破坏正常代谢

盐分过多可抑制植物叶绿素的合成，影响各种酶的发生，尤其影响叶绿-蛋白的形成；还会影响植物的呼吸作用，使呼吸作用降低；大大影响蛋白质的代谢，抑制合成提高分解，对植物生长影响极大。

5. 伤害植物组织

土壤盐分过高，常常伤害植物组织，如土壤含盐量过高或植物体内聚集过多的盐，伤害植物胚轴或使细胞内原生质受害等，从而影响植物的正常生长。

由此，对于重盐碱、重黏土地不进行土壤改良，不采取排盐及渗水措施，园林植物难以成活。所以，应对土壤全盐含量大于等于0.5%的重盐碱地和土壤重黏地区的绿化栽植工程实施土壤改良。重盐碱、重黏土地土壤改良的原理和技术措施相同且专业性强，为保证工程质量，应由有相应资质的专业施工单位施工。

二、盐碱地改良的方法

对盐碱地应首先进行化验，以得到比较准确的化验数据，如含盐量、pH值等，还要弄清地下水位的高低、土壤结构等，以便于有针对性地进行改良。

（一）盐碱地传统的改良方法

1. 物理改良法

（1）挖排碱沟。挖排碱沟应视盐碱地的实际状况而定，一般每 30～50m 宽挖一条宽 2～3m，深要低于盐碱地地下水临界水位的沟，以便于灌水洗盐，或大雨过后冲盐。

（2）深耕晒垡。凡质地黏重、透水性差、结构不良的盐碱地，特别是原始盐碱荒地，要进行翻耕，在雨季到来之前更应该进行翻耕，能疏松表土、增强透水性阻止盐分上升，这样还能提高地温。

（3）及时中耕松土。松土能够切断土壤中的毛细管，从而控制盐分上升以起到保墒的作用。

2. 水利改良法

（1）灌水洗盐。引来淡水漫灌洗盐压盐，促使加快土壤脱盐。

（2）蓄淡压碱。在降水条件好的地方，贮存降水，以便于灌水压碱，加快土壤脱碱。

（3）安装渗水管道排盐。在盐碱地下铺设暗管，这样不仅能把土壤中的盐分随水排走，还能将地下水位控制在临界深度以下，以达到盐碱地脱盐和防止盐渍化的效果，这在已进行客土地域效果尤其明显。但是其中渗水管的渗水系数决定了其使用的效果，如果渗水系数过大会造成较多的客土形成稀薄的泥浆而流失，使客土裂缝甚至形成空洞；若渗水系数过小，则不能及时排除客土层下部多余的水分，也同样起不到降水排碱洗盐的效果。在生产实践中，**选用适宜的渗水管和按照有效渗水幅度摆放渗水管正在规范化。**

3. 生物改良法

种植耐盐碱的绿肥植物，如田菁、草木樨、紫花苜蓿、紫云英等对盐碱地的改良有积极的作用。

以上这些植物以及紫穗槐等都是豆科植物，豆科植物的根系常有固氮的根瘤，对盐碱地的改良有积极的作用。在城市绿化中，我们可以选择这一类的植物作为地被植物栽培，既能改良土壤，又有景观效果。

（二）盐碱地园林绿化施工，应注意的一些问题

1. 常规注意事项

（1）就地选树。就地选树要对当地条件测土测水，取得科学的数据以更好地选择树种。在盐碱地植树绿化，要选择既耐盐碱，又适合当地生长的树种。在高水位盐碱地，还要注意选择耐水湿的树种。适合于北方盐碱地的树种主要有：黑松、白皮松、侧柏、绒毛白蜡、白蜡、国槐、毛白杨、加杨、银白杨、枣树、垂柳、法桐、合欢、刺槐、毛刺槐、红花刺槐、榆树、沙枣、沙棘、石榴、西府海棠、大叶黄杨、紫薇、月季、抗盐玫瑰、金丝柳、栾树、构树、紫叶小檗、杜梨、臭椿、葡萄、冬枣、无花果、欧洲红柳、滨海木槿、蒙古沙冬青、火炬树、桑树、苦楝、泡桐、杜仲、盐肤木、文冠果、山桃、榆叶梅、皂荚、车梁木等。耐盐的草坪高羊茅品种有猎狗五号、沸浪、凌志、回报，早熟禾品种有优异、康尼，黑麦草品种有尤文图斯、托亚，匍匐剪股颖品种有开拓、蟒蛇，另外还有白三叶的瑞文德品种等。能够在盐碱地生长的地被植物，木本的有柽柳、滨海盐松、紫穗槐、单叶蔓荆（马鞭草科）、白刺（蒺藜科）、枸杞（茄科）、木地肤（藜科）等；草本的有罗布麻（夹竹桃科）、滨旋花（旋花科）、针线包（萝藦科）、二色补血草（矶松科）、沙打旺（豆科）、马蔺（鸢尾科）、草麻黄（麻黄科）、牛蒡（菊科）、马齿苋（马齿苋科）、菊芋（菊科）等。

因为一般的盐碱地地下水位较高，故在选择树种时还要注意不要选择树体高大的乔木，而选择小乔木或大灌木。同时还要选用在苗圃地经过多次移植培育的苗木，这样的苗木根团紧凑，栽植后成活率高。

（2）适时栽植。适时栽植就是在栽植最佳时期进行栽植，有些地区春季较短，应抓紧有利时机进行栽植。春季栽植宜早，华北地区通常以 3 月上旬至 4 月上旬栽植为宜。不同的树种最宜栽植时间早晚也不同。一般可按下列顺序栽植：柳树、杨树、国槐、泡桐、火炬树、毛白杨、千头椿、法桐、合欢、刺槐、白蜡。除春季植树外，也应提倡秋季植树。秋季土壤脱盐之后盐分比春季低，栽种后土壤即封冻，不致产生返盐，此时水分条件也好，而且比春季地温高易发新根，次年早春根系发育早，顺应了树木先生根后发芽的生长规律，提高了树木成活率。落叶树栽植，华北地区以 11 月份为佳。

（3）抬高种植池。抬高种植池可以相对地降低地下水位从而降低了地下水位的上升高度，减少危害。通过人工整理地形抬高种植池，还能利于排水。

抬高种植池理想的高度，是使地下水位控制在临界深度（一般在 2～2.5m 左右）以下。种植池加高高度的计算公式为：$X=H-h$（其中，X 为抬高地面的高度，H 为地下水临界深度，h 为年平均地下水位埋藏深度）。一般抬高种植池 25～50cm 即可。

（4）适当浅栽。因盐碱地地下水位高且黏重，为减少伤害，经验证明，除杨柳少数树种外其他树种均以浅栽为好。栽植深度比苗木原土痕深 1～2cm 为宜。浅栽可以有效地控制水渍烂根，又能保证根系有良好的透气性。

2. 设施措施

（1）设置隔盐层。为了有效地控制地下盐分的迅速上升，切断底层的毛细管，可**在树穴底层铺设“隔盐层”，在“隔盐层”以上必要时进行客土，使用优质壤土更好。**这样至少减缓了客土返碱的速度，延长了客土生命周期。适合作隔盐层的材料，有炉灰渣、麦糠、锯末、树皮、马粪、碎石子、卵石、稻草、土杂肥、石膏粉、塑料薄膜等，一般炉灰以 20cm，麦糠以 5cm，锯末树皮以 10cm 左右为宜。但是在生产实践中观察到，铺设塑料薄膜容易造成土壤积水而导致苗木窒息死亡；单一铺设稻草、炉灰渣、石子、石膏粉、土杂肥以及单一设置渗水管均达不到较理想的效果。其中石子的漏水与返水速度最快，尽管在其上部再铺设一些未粉碎的稻草，其效果也不很理想。若在底部铺设一层石子，上部铺设一层炉灰渣和一层稻糠或者只在炉灰渣上铺设一层稻糠效果较好。若在铺设渗水管、炉灰渣、稻糠的基础上，将有机肥料掺入客土层的栽前土壤中，其效果更好一些。应注意隔盐层之上与根系之间要有保护性隔离土层。以有机物作为隔盐层的，经腐烂分解产生有机酸，既能降低土壤的 pH 值又能增加土壤肥力，效果更好。

（2）透气及控水管理。高水位盐碱区的树木要时刻注意土壤的适宜湿度。一般土壤水分过多，易造成根系被迫无氧呼吸，严重时根系窒息而腐烂造成植株死亡。因此，在栽培过程中要注意控制水分。如发现因为地下水渍造成黄叶的就要开穴透气。每株开穴 2～4 个，穴径 20cm、深 20～40cm，微微露出根系晾晒 2～5 天，穴中可竖埋小捆树枝或填入大粒炉灰渣；也可以竖埋通气管，用直径 10cm、长 1m 左右的硬塑料管或马粪纸筒，内装蛭石或珍珠岩，在树冠冠幅内外埋入地下，效果良好。

（3）隔盐层、隔离板、大穴换土综合运用。隔盐层是设置在树穴底部水平的隔离带，意在防止下部土壤盐分的上升。在盐碱地栽植大树时，如果再加大树穴，**在树穴的四周竖直设置隔离板，意在防止四周盐碱土的侵袭，在隔离板里面全部客土换上优质肥沃的好土，这样树木就像生长在一个大花盆似的容器中，**可取得良好的效果。这样做可确保成活且生长旺盛，但是这样做成本高，一般可在大树移植时使用。

(4) 水质改良。土质碱性大，不宜就地取水浇地，宜选用自来水浇灌绿地，或进行水质改良，成效才明显。在浇灌水的时候，加入浓度为0.2%**碱性水改良剂**，可使pH值为8.2的水变为6.4，不仅巩固盐碱地改良的效果，还有效控制植物的黄化病。

(5) 防止植物缺铁失绿。将有机肥与硫酸亚铁以5∶1的比例混用，可有效防止植物缺铁失绿。如追施棉籽饼5份，硫酸亚铁1份，防治悬铃木黄化病效果明显。施用0.5%尿素、0.3%硫酸亚铁追肥或浇灌也会取得较好的效果。

(6) 盐碱土改良肥的应用。**园艺盐碱土改良肥**是有机-无机型复合改碱肥，由16种原料组成；内含腐殖酸"钠离子吸附剂"、土壤酸化剂、土壤调理剂等；pH值为5.0；利用离子吸附、酸碱中和、盐类转化等改良盐碱土三大原理且全元营养供肥，以降低盐碱土pH值及含盐量，可大大提高园林植物栽植成活率，延长绿色期；并对改良碱斑及缺铁黄化有特效。该盐碱土改良肥适用于表土耕作层含盐量0.4%以下的盐碱土，特别适合雪松、黑松、白皮松、云杉、竹子、银杏、玉兰、樱花等花木的改碱栽培，也可用于盆栽改碱。乔木、灌木每株施0.5～1.5kg，绿地0.5～1kg/m^2，可将该盐碱土改良肥施入地表以下10～20cm，或与种植土拌匀，或撒于地表松土后浇大水，配合淋盐；也可与有机肥配合施用，重盐碱地配合暗管排盐效果更好。

另外，还有盐碱地草坪专用肥、苏打盐土改良剂配套肥料等，效果明显。

凡栽培的树种都要首先研究它的生态习性、生长规律，对不同的树种应采用不同的改良措施，如耐水湿的要增加浇水量与次数，耐旱的要控水管理，不能对不同的树种简单地采取"一刀切"一个模式的管理措施，只有这样才能取得事半功倍的效果。

小节：采取敷设排盐管（渗水管）、隔淋（渗水）层是重盐碱、重黏土土壤改良的有效方法，是多年实践的经验总结。重盐碱、重黏土地的排盐（渗水）、隔淋（渗水）层工程应注意做到：

排盐（渗水）管沟、隔淋（渗水）层开槽应按下列方式进行：开槽范围、槽底高程应符合设计要求，槽底应高于地下水标高；槽底不得有淤泥、软土层；槽底应找平和适度压实，槽底标高和平整度应在允许偏差范围内。

排盐管（渗水管）敷设应按下列方式进行：排盐管（渗水管）敷设走向、长度、间距及过路管的处理应符合设计要求；管材规格、性能符合设计和使用功能要求，并有出厂合格证；盐（渗水）管应通顺有效，主排盐（渗水）管应与外界市政排水管网接通，终端管底标高应高于排水管管中15cm以上；排盐（水）沟断面和填埋材料应符合设计要求；排盐（渗水）管的连接与观察井的连接末端，排盐管的封堵应符合设计要求；排盐（渗水）管、观察井应在允许偏差范围内。

隔淋（渗水）层应按下列方式进行：隔淋（渗水）层的材料及铺设厚度应符合设计要求；铺设隔淋（渗水）层时，不得损坏排盐（渗水）管；石屑淋层材料中石粉和泥土含量不得超过10%，其他淋（渗水）层材料中也不得掺杂黏土、石灰等粘结物。

排盐（渗水）管的观察井的管底标高、观察井至排盐（渗水）管底距离、井盖标高应在允许偏差范围内。

排盐隔淋（渗水）层完工后，应对观察井主排盐（渗水）管进行通水检查，主排盐（渗水）管应与市政排水管网接通。对雨后24h仍有积水地段应通过增设渗水井与隔淋层沟通进行处理。**土工布**是环保型新材料，具有良好的渗透性，并有助于环境保护，可更经济、有效、持久地解决隔盐碱问题。

盐碱土绿化的改良措施，要因地制宜、灵活实施、综合运用，效果才会明显。无论是传统的改良方法还是园林绿化施工中进行的设施措施都应综合运用，并坚持不懈，只有这样才会取得好的效果。如不坚持进行则会半途而废。

第四节　五色草花坛与花境的施工以及绿化装饰

一、五色草花坛

五色草花坛是以五色草（图 4-15）为主和一些低矮的一二年生草花或盆花及修剪整齐的灌木等配置在花坛中，使之具有风格独特、造型别致、色彩明快、形象动人等特点的图案花坛，这是城镇园林绿化中不可缺少的内容。近年来，大有进一步发展之趋势。

图 4-15　五色草

（一）五色草花坛的种类与设计

1. 五色草花坛的种类

（1）平面式。平面式五色草花坛，其花坛表面是平的，有时为便于排水，要有 2%的坡度。一般设置在较开阔的场地，整个图案一览无余，这样才有较好的观赏效果。

（2）土丘式。土丘式五色草花坛，其花坛表面中间高，周围低，形成一个底为圆形或椭圆形的土丘，中间的垂直高度应按花坛形状、大小来确定。坛面坡度不应大于 25%。这种土丘式五色草花坛适用于细致的辐射对称的图案，虽只看到花坛图案的局部但总使人们有一种延伸连续下去的感觉，似乎看到了一个完整的图案花坛。

（3）立体式。立体式花坛是以钢结构和竹木结构为骨架的各种泥制造型，表面栽植五色草的一种立体装饰物，这是一种或抽象或写实的艺术造型。但因施工管理复杂、造价高，一般仅在少数重点地方设置，起到画龙点睛的作用。

2. 五色草花坛的设计

五色草花坛图案的设计，除了立体式要绘制立面图外，一般只按一定的比例画出平面图和彩色效果图即可。设计五色草花坛时应注意做到：

（1）五色草花坛的观赏效果：

1）观赏内部纹样。五色草花坛是以观赏内部纹样为主，因此线条轮廓要简洁清晰，不宜过分烦琐，否则不仅施工困难，在观赏效果上也会显得杂乱。用五色草组成的线条宽度最少要栽植 2 行，否则效果不明显。

2）突出主题、与环境协调。五色草花坛的纹样设计应与周围的环境、建筑风格相协调，要突出主题。

（2）土丘式五色草花坛的式样。土丘式五色草花坛的一般式样是在中央最高部位摆放高度适宜、轮廓清晰、体形优美、姿态端正，具有一定特色的盆栽植物，俗称“花坛顶子”。一般采用棕榈类、龙舌兰类、苏铁类等盆栽材料进行布置。

(3) 五色草花坛的图案纹样，大体有：

1) 具有民族风格的云卷为纹样的主要组成部分。

2) 以圆内接正多边形、正多角形为基本轮廓略加变化而成。

3) 以模仿植物花朵的形状为纹样的基本轮廓。

4) 以交叉变化的圆或弧作为纹样的基本轮廓。

5) 以中、西文字为主，配以简单图案。

6) 具有代表意义的徽章、标志或制作成具有动态的造型，如时钟、日历等。

7) 立体花坛可做成花瓶、花篮和各种动物的或抽象或写实的艺术造型。

(二) 五色草花坛的施工

1. 平面式、土丘式五色草花坛的制作与施工

(1) 松土整地。花坛内以肥沃沙质壤土为宜。松土的前1～2天要对花坛充分灌水，以保持花坛内土壤湿润且有利于放样画线。花坛的土层厚应至少30cm为宜，施足腐熟的有机肥，松土应深约25cm，然后将花坛表面整平或按要求整成土丘式。大型花坛要留出用作栽苗及日常管理的人行作业步道，其宽度以20～25cm为宜。

(2) 上顶放样。有花坛顶子的放样应在“上顶”之后进行。栽摆顶子时，要把冠形良好的一面朝向主要的人流方向，连盆栽下，深度要使盆边与土面平齐为好。圆形花坛无论什么样的纹样都要首先进行等分圆周或圆面积，然后再在坛面上按比例进行放样，用白灰画线。放样画线要仔细认真，必须准确无误。对称的图案一定要做到对称，不应偏斜。也可用胶合板、钢丝等制成纹样，再在花坛地表面放样。

(3) 栽五色草。按照设计要求栽植不同颜色的五色草。栽植时，用直径2cm的尖头小木棍扎孔，将小苗根系放入孔中栽好，要用手捏好栽植孔口。栽苗的顺序一般是由中央向四周、自上而下、自左向右逐次进行。如花坛面积较大，栽草时，可搭隔板，操作人员踩在隔板上，以免踩踏坛面土壤。在栽植每个纹样细部时，要先镶边、后栽心，这样可以保证纹样轮廓线的清晰、平直。栽植密度，原则上既要有利于五色草的生长，又要覆盖坛面。一般纹样的栽植要求250～400株/m^2，栽文字的要求500株/m^2，栽立体花坛的要求600株/m^2。栽植其他花卉的，应根据该种花卉的冠幅大小以及对栽植后的效果等确定其栽植密度。

(4) 养护。一个小单元栽完之后要立即进行轻修剪并且要喷水，以保持湿润，促其成活并正常生长。过一段时间后，必要的时候，应更换植物材料，以保持较长时间的美化绿化效果。

在两种颜色的五色草分界处应剪得重一些，以形成凹下的分界边缘，使花纹明显突出，以产生良好的浮雕效果。

2. 五色草立体花坛的制作与施工

立体花坛是园林艺术的一朵奇葩，**立体花坛国际委员会**发起的**国际立体花坛大赛**是一项国际性的立体园艺造型大赛。人们非常重视立体花坛的造型与制作（**彩图29**）。五色草立体花坛的制作较为复杂，技术要求高，其制作工序如下：

(1) 制作构架。构架的制作是立体花坛成败的关键。要用轻质钢材、钢管、铁管焊接而成，要解决构架承受力问题。构架固定要牢固而简单，要利用力学三角形稳定性原理固定，一般不宜使用挖掘地基灌注混凝土的方式固定。要充分考虑构架的安全性，复杂造型的还要考虑构架的组合拼装形式或焊接或螺栓拼接组装等，以便于安装和搬运。

(2) 中间要有立柱。一般圆柱形造型的中间要有立柱，以保持重心稳定和支撑。其他造型

只要不影响造型都应有加固中柱。造型形体的主要轮廓线要用钢筋或角铁焊接并与中柱连接，表面用钢筋以网状形式焊接，钢筋间距以 12～18cm 为宜。构架表面要充分显现作品“凸”“凹”特色，达到设计的生动效果。

由于是在构架上栽种植物材料，成型后轮廓会放大，与原有参照物有一定的差异，所以在制作时要充分考虑放大比例后结构造型的视觉尺度，以提高作品的整体协调性，避免造型失真而变得肥胖臃肿，影响观赏效果。

(3) 设置防沉降带，中空内胆造型构架内部填充培养基质。为防止浇水后培养基质下沉而造成膨胀变形，在构架内部高度每 30～50cm 要设置一层固定在钢筋骨架上的防沉降带，间距 20cm×20cm，用麻布片隔断固定。另外，填充的基质厚度一般约为 15cm，太薄易失水干燥、太厚易积水，都不利于植物生长。因此，体量较厚的作品还应制作中空内胆，用无纺布等绑扎隔离，以避免基质过厚 (**彩图 30**)。

(4) 制作种植被。在构架表面铺设的遮阴网或麻布为种植被，用钢丝绑扎固定。可用遮光率 80%以上的遮阴网作为种植被。遮阴网一般每 15cm×15cm 扎一道钢丝，以绷紧防止膨胀。

(5) 填充培养基质。在中空内胆与种植被之间应填充无土栽培基质，一般为泥炭土+珍珠岩+其他，参照比例为 7∶2∶1，pH 值 5.5～6.0，EC 值 0.55 左右；也可为矿棉等无机材料。需要安装喷灌设施的，此时应同步进行。如安装自动控制系统以及雨量传感器，可自动调节湿度。

(6) 栽植植物材料。用木棍在种植被上挖孔将穴盘苗栽植好并挤紧。根据需要可用不同规格的穴盘苗，每平方米种植 500～900 株即可，既利于植物生长和养护管理，又利于显示景观效果。栽植植物材料时，同品种不同颜色的应靠近布置在一起以形成对比。在立体花坛的上部宜栽喜干植物，下部宜栽喜湿植物，且喜干和喜湿的、速生和慢生的应相对集中，以便于管理。这在设计时就应考虑到。

(7) 养护管理。如合理浇水、施肥补液、定期修剪、病虫防治、补栽植物以及环境整洁等。人工浇水宜采用喷雾，视天气情况而定。尤其气温较高、蒸发量大的季节应适当增加喷水次数。喷水时不要把喷枪直冲五色草面，以免压力过大冲坏坛面，应注意在五色草花坛周围适当喷雾以形成湿润的小环境。采用喷灌或滴灌设施的，调节好程序可自动喷灌。应及时补栽并清除枯萎花蒂、黄叶和杂草。

另外，还可以在钢筋骨架上直接铺设小孔钢丝网并固定好，然后往上铺置厚 10～15cm、干湿相宜拌制好的泥浆，并及时找平 (**彩图 31**)。这种传统制作方法简单，但效果不十分理想。

近年出现的镶嵌式立体花坛值得推广。在钢筋骨架表面焊接放置花钵的支撑架，以便安置花钵。这样制作的立体花坛，景观效果良好。

二、花坛、花境的施工

(一) 整畦床放线

花坛、花境建成后可应用多年，因此需要有良好的种植畦床。通常土层厚度要求至少 40cm，要深翻 30cm（**研究显示，土壤耕作层每增加 10cm，每亩地可增加蓄水能力 20 余立方米**)，下面要施足腐熟的有机肥。整地时，要筛出石块，对土质差的地段应客土。但应注意，表层的熟土与深层的生土要分别放置，回填时应恢复原状。然后整平畦床面，稍加镇压。

按照设计图纸的要求，用白灰在畦床内准确放线。对于土壤有特殊要求的，可在种植时采用局部换土，以加深土层，使其符合要求。对于排水有特殊要求的植物，应在种植区土壤的下层铺加石砾，以便于迅速排水。对于某些根蘖性强、侵占性强，易于侵扰到其他花卉的植物，应在种植区边沿挖沟，埋入瓦砾、石块等或**利用植物隔离板进行隔离。**

（二）栽植

一般花坛、花境中可栽植多种植物材料，花卉栽植应按照设计要求进行定点放线，在地面准确画出位置轮廓线，以确定各种花卉栽植的位置，这样才能达到栽植后层次分明，保证栽植的景观效果。花卉栽植面积较大时，可用方格网法，按比例放大到地面。绿篱及色块栽植时，株行距、苗木高度、冠幅大小应均匀搭配，树形丰满的一面应向外。栽后应及时浇水，并保持一定的土壤湿度，直到成活。

1. 花坛的栽植

大型花坛宜分区、分规格、分块栽植；独立花坛应由中心向外顺序栽植；模纹花坛应先栽植图案的轮廓线，后栽植内部填充部分；坡式花坛应由上向下栽植；高矮不同品种的花苗混植时，应先高后矮的顺序栽植；宿根花卉与一二年生花卉混植时，应先栽植宿根花卉，后栽一二年生花卉。

花卉栽植应做到：株行距均匀，高低搭配恰当；栽植深度适当，根部土壤压实，花苗不得沾泥污；栽植后应及时浇水，并应保持植株茎叶清洁。花苗应覆盖地面，成活率不应低于95%。

2. 花境的栽植

单面花境应从后部栽植高大的植株，依次向前栽植低矮植物；双面花境应从中心部位开始依次栽植；混合花境应先栽植大型植株，定好骨架后依次栽植宿根、球根及一二年生的草花；设计无要求时，各种花卉应成团成丛栽植，各团、丛间的花色、花期搭配要合理。

一般花境可保持3～7年较好的景观效果。花境种植后，随时间的推移，会出现局部生长过于密集或过于稀疏的现象，应及时调整。早春或晚秋可补栽或分株以进行更新。管理中应注意除草和适时灌溉。花境中的花灌木，应及时修剪，以利于更新复壮，花期过后应及时剪去残花，这样不仅提高观赏效果，还可节省养分，以利于下一茬花的形成，使花繁叶茂。如果生长过于衰退时，可将灌木起出，经分株整理后再行栽植，或全部更换新的植物种类。

三、绿化装饰

我们一提到物业，往往就与房地产、居住区、商铺等联系起来。如果某一房地产或商品居住楼开盘或商铺开张搞庆典之类的活动，不巧正赶上秋末至初春，此时广阔的北方地区万物凋零，显然这时的自然环境不利于搞这种活动。此时就需要进行一番绿化装饰。应该说，我们所进行的环境绿化建设也是绿化装饰，这种绿化装饰都是用真正的、有生命的绿色植物布置，而且是长久性的。我们这里所说的绿化装饰是指在不利的环境条件下，为了完成某种喜庆、庆典活动，人们所进行的一种临时性的绿化装饰，所用的绿化材料可以不完全是真正的绿色植物，里面可掺杂一些**仿真植物、仿真花卉、仿真树木、仿真藤木、仿真果实**等或**吹气薄膜仿植物造型**，以起到较好的观赏性和热烈、喜庆气氛。这在冬季显得尤其重要。

具体布置时，可在近处或主席台摆放一些真正耐寒的盆栽绿色植物和花卉，或者用一些商用插花、艺术插花作品，形成一种活泼、热烈、兴奋的氛围，如盆栽大叶黄杨、海桐、铁树、橡皮树、南洋杉、散尾葵等较为耐寒的大型盆栽观叶植物，以及盆栽茶花、杜鹃、代代橘、紫菠菜、羽衣甘蓝等较为耐寒的观花、观果、彩叶花卉植物。而在远处可以布置一些仿真植物、仿真花卉、仿真树木、保鲜棕榈等，上面再挂上一些仿真果实，其间再有仿真藤木连接，亦可租用各种球形、圆锥形、圆台形等立体仿真花卉造型吊挂或地面摆放的形式以活跃气氛。另外，还可提前10～15天用草坪植生带铺设地面，使其长出绿色的草坪来，或者撒播麦种以麦苗代替草坪；必要时，在远处地面上可**喷洒草坪增绿剂**，使周围的环境呈现出一片绿色，有利于消除冬季一片枯萎凋零的景象。必要时，可在户外庆典场所设置**户外临时取暖器**，虽在严寒的冬季使人感受到春天的温暖，以增加庆典的气氛和效果。

但是在常规绿化装饰中一定不要使用仿真植物，毕竟仿真植物不是有生命的、能够起到生态作用的植物，而且可能污染环境，污染视觉。使用仿真植物与生态园林的宗旨相矛盾，是不可取的。

第五节 屋顶绿化——园林绿化的新亮点

由于城市化的进程进一步加快，现代社会迅猛发展，城市人口越来越多，建设用地紧张，地价飞涨，城市绿化必须要进入一个新的发展阶段——向屋顶绿化、垂直绿化、立体绿化方向发展。屋顶绿化是社会经济发展到一定程度时的必然产物。北京于2005年5月10日发布并实施的《屋顶绿化规范》DB11/T 281—2005是我国第一个关于屋顶绿化的规范性文件，它对于指导屋顶绿化起到很重要的作用；2006年植树节之日**我国成立了全世界第一个屋顶绿化协会**，大力推广我国屋顶绿化的建设。屋顶绿化的建设速度将大大加快，成为园林绿化行业可持续发展的一个亮点。

一、屋顶绿化的定义与特点

（一）屋顶绿化的定义

屋顶被称为建筑的第五立面，屋顶绿化是运用植物材料来覆盖平台屋顶的一种绿化形式。这一特定区域的特点是高出地面以上，周边不与自然土层相连接。例如住宅公用屋顶、地下车库顶部、裙楼等，对屋顶进行绿化不仅增加了绿地面积，改善人类生存的环境，还可为建设节约型社会立头功——屋顶绿化后，能够使顶层居室冬暖夏凉，大大节约了能源。

（二）屋顶绿化的特点

1. 屋顶绿化的优越性

屋顶绿化可以有效地抑制城市热岛效应，改善空气质量、促进城市环境保护。夏季水泥屋顶的温度比绿化屋顶要高出约20℃，而冬季又要低至少10℃。由于屋顶绿化所使用的人工土壤具有良好的保温性与保水性，可有效地降低室内空调负荷，形成冬暖夏凉的效果，因此，屋顶绿化有较好的节能作用。另外，由于屋顶绿化植被层的作用，可阻留10%以上的雨水量，对缓解城市洪涝、防风滞尘具有积极的作用。屋顶绿化最重要的是节约土地，使土地资源再生利用。屋顶绿化相比拆迁房屋营造地面绿地，既节约了城市用地，又极大地降低了成本，其造价仅为拆迁费用的1%，而产生的巨大的生态效益是无法估算的，因而缓解了城市发展与生态建设用地的矛盾。

2. 屋顶绿化的难度

屋顶与自然的大地土层隔离，因此供屋顶绿化的土壤，不能与地下毛细管水连通。没有地下水的上升作用，由于建筑荷重的限制，屋顶供种植的土层厚度较薄，土壤有效水的容量小，土壤易干燥。屋顶绿化种植的植物所需水分完全依靠自然降水和人工浇灌。由于屋顶种植土层薄，热容量小，土壤温度变化幅度大。植物根部冬季易受冻害，夏季易被灼伤。

屋顶风力比平地要大得多，故屋顶绿化栽植的植物所受风害的可能性比平地要大。较大乔木及不抗风的植物在高层屋顶上种植受到一定限制。由于屋顶绿化种植层的土壤易失水，浇灌相对频繁，因而易造成养分流失，故需补充肥料。除排水良好不易引起涝灾、昼夜温差较大对植物营养积累有利外，总的来说，屋顶绿化的栽植环境是不够理想的。

二、屋顶绿化的形式

现在，屋顶绿化一般有简单式和花园式两种形式。

（一）简单式屋顶绿化与轻型简单式屋顶绿化（彩图 32）

利用低矮灌木或草坪、地被植物进行屋顶绿化，一般不设置园林小品等设施，一般不允许非维修人员进入屋顶绿化区域的绿化，为简单式屋顶绿化，又称地毯式屋顶绿化。现状建筑静荷载大于等于 $100kg/m^2$ 而小于 $250kg/m^2$ 的，皆可进行简单式屋顶绿化。简单式屋顶绿化植物的基质厚度要求为 20～50cm，以低成本、低养护为原则，所用植物的滞尘和控温能力要强。根据建筑自身条件，应尽量达到植物种类多样、绿化层次丰富、生态效益突出的效果。这种屋顶绿化造价较低。

有人认为原先的建筑没有考虑屋顶绿化这个问题，是不能搞绿化的。这类屋顶我们称为轻型屋顶，就是现状建筑静荷载一般小于 $100kg/m^2$ 的屋顶，然而佛甲草**轻型屋顶绿化**却解决了这个问题。轻型屋顶绿化种植的植物材料为佛甲草（*Sedum Iineare* Thunb.）或垂盆草（*Sedum sarmentosum*）等景天科景天属的一些植物。这些植物极耐干旱和高温又抗低温，无须厚的基质就可种植。以每立方米土重 2t 计，一般屋顶只能放置 5cm 的土层，种植佛甲草等已经足够，每平方米增加负荷小于 40kg，适用于现有的各类轻型屋顶的绿化，且无须对屋顶进行特殊处理，不渗水的屋顶都可进行，一次建植立即成景，且根系无穿透力，基本无须管理可自生自繁。建成后，可以在不浇水、不修剪、不施肥、不除草等情况下，也能保持常年景观效果。如稍加管理，景色会更好。**为了解决其色彩单调，可于生长季节种植马齿苋科有艳丽花朵的草花，以增加色彩效果。**

（二）花园式屋顶绿化

根据屋顶具体条件，选择配置小型乔木、低矮灌木和草坪、地被植物进行屋顶绿化，并设置园路、座椅和园林小品等，提供一定的游览和休憩活动空间的较为复杂的绿化，为花园式屋顶绿化。要进行花园式屋顶绿化，在进行建筑设计时就应统筹考虑，以满足不同绿化形式对于屋顶荷载和防水的不同要求。建筑静荷载大于等于 $250kg/m^2$ 的现状建筑，根据具体情况，可以考虑进行花园式屋顶绿化。其内容有：通过适当的微地形处理，以植物造景为主，采用乔、灌、草相结合的复层植物配置方式，有适量的乔木、园亭、花架、山石等园林小品，以产生较好的生态效益和景观效果。而乔木、园亭、花架、山石等较重的物体应设计在建筑承重墙、柱、梁的位置之上，以利于荷载安全。花园式屋顶绿化植物基质厚度要求大于等于 60cm。这种形式的屋顶绿化造价较高。

三、屋顶绿化应注意的问题

（一）屋顶承重的问题

这是一个极其重要的安全问题。建筑物的承重能力受制于屋顶下面的屋梁、屋板、屋柱的基础以及基础、地基的承重能力。由于房屋造价等原因，屋顶绿化允许荷载只能在一定的范围内，特别是对原来没有考虑屋顶绿化的楼房进行绿化时更要注意这一问题。屋顶绿化施工前的检测、加固、培养土的选择与厚度、植物材料的选择、建成后的养护等都要充分考虑这一安全问题，要选用轻质地的人工基质，尽量减轻屋顶的承重。同时还要考虑积雪、暴雨、建筑物修缮等特殊情况下的承重。

（二）屋顶的渗漏问题

植物生长，其根系需长期保持一定程度的湿润，且有酸、碱、盐等的腐蚀，会对屋顶的防水层造成一定的破坏，而且植物的根系会侵入防水层，破坏屋顶的结构从而造成渗漏，不仅如此，如屋顶发生渗漏很难发现渗漏点在哪里，难以根治。**避免此类问题发生，关键还是屋顶绿化的基础处理要十分重视。**屋顶种植地要预留排水缝，使渗水通过排水系统顺利排出。绿化防水材料应耐腐蚀、抗老化及防止植物根系的侵入；种植土最好选用防渗的营养土。进行屋顶绿化时，应特别重视这些问题。

（三）屋顶绿化的设计

屋顶绿化的设计手法与地面庭院绿化大致相同，都是运用植物材料、建筑小品、山石等要素组织空间；运用组景、点景、借景和障景等基本技法去创造空间，但屋顶绿化也有其特殊性，如屋顶绿化地处高空，应发挥它的视点高、视域广的高空特点。设计时，宜敞则敞，鸟瞰四周，“俗则屏之，嘉则收之”。另外，屋顶绿化的设计，除了考虑造价、承重、防渗漏、供水排水等事项外，还应对特殊的位置、严酷的生态、恶劣的天气以及以后的养护等方面都要考虑周全。

（四）屋顶绿化严酷的生态

屋顶绿化的位置特殊、生态严酷，再加上极端恶劣的天气出现时，更是难以想象。这样的生态条件与普通地面有较大的差距，日光、温度、湿度、风力等因子随层高而有较大的变化，特别是太阳辐射强、暴冷暴热、昼夜温差大、风力较强，在这样的环境下，植被难以成活，养护难度大且养护成本也必然要加大。因此，屋顶绿化植物材料的选择必须要适地适树而且是要按“地”选树。要选择耐热、耐旱、耐寒、耐瘠薄、耐昼夜温差大且耐风，生命力旺盛的植物。

（五）选择植物的原则

应遵循植物多样性和共生性原则，以生长特性和观赏价值相对稳定、滞尘控温能力较强的本地常用植物为主。以低矮灌木、草坪、地被植物和攀缘植物等为主，原则上不宜用大型乔木。**乔灌木应首选耐旱节水、再生能力强、抗性强的种类和品种。**应选择须根发达的植物，不宜选用根系穿刺性较强的植物，防止植物根系穿透建筑防水层。选择易移植、耐修剪、耐粗放管理、生长缓慢的且抗风、耐旱、耐高温的植物。适当增加色彩明快的植物种类，利用丰富的植物色彩来渲染建筑环境。如地被植物：玉簪类、马蔺、小菊类、石竹类、芍药、随意草、鸢尾类、铃兰、萱草类、五叶地锦、白三叶、景天类（佛甲草、垂盆草、费菜）、小叶扶芳藤、砂地柏等。灌木类：珍珠梅、碧桃类、迎春、小叶黄杨、凤尾兰、金银木、金叶女贞、花石榴、红叶小檗、紫荆、矮紫杉、平枝栒子、连翘、海仙花、榆叶梅、黄栌、锦带花类、丁香类、海州常山、木槿、红瑞木、月季、黄刺玫、猬实等。乔木类：油松、垂枝榆、白皮松、紫叶李、柿树、龙柏、桧柏、鸡爪槭、龙爪槐、樱花、银杏、海棠类、栾树、山楂、黄金槐、文冠果等。

（六）日常养护

屋顶绿化建成后必须立即进行日常的养护工作。屋顶绿化的日常养护需要水电设施、排水设施等，日常养护要由专人进行，分工负责。由于屋顶绿化养护的特殊性，一般应由经过培训的专业人员按照屋顶绿化养护规程进行养护。另外，还要制定好紧急情况下的抢救预案，以应对一些紧急特殊情况的出现，如停水、停电，或遇到大风、暴雨等。

（七）屋顶防护安全

屋顶绿化应设置独立出入口和安全通道，必要时应设置专门的疏散楼梯。为防止高空物体坠落和保证人们安全，还应在屋顶周边设置高度在 80cm 以上的防护围栏。不仅施工过程中要注意安全，还要注意植物和设施的固定安全，并定期安排专人检查。

（八）提高认识，搞好屋顶绿化

其实有关屋顶绿化的一些技术性的问题，以现在的技术都能够解决，最重要的还是认识问题。现在是大力发展屋顶绿化的时期，但有的城市还在一味地提倡“平改坡”，并没有把屋顶绿化摆在议事日程上。表 4-7 是屋顶绿化美化各种方案效果、费用对比。

屋顶绿化美化各种方案效果、费用对比（仅供参考） **表 4-7**

屋顶治理方案	成本费用（元/m^2）	效 果	有效期	费用[元/(年·m^2)]
平改坡	500～800	美观，无生态效果	长期（按 30 年算）	17～27
刷涂料	30～60	一般，无生态效果	2 年左右	10～20
绿色塑料垫	30～60	一般，无生态效果	2 年左右	10～20
花园式屋顶绿化	500～800，维护费用 50 元/（年·m^2）	美观有生态效果，需管理	长期（按 30 年算）	67～77
简单式屋顶绿化	200～300，维护费用 10 元/（年·m^2）	美观有生态效果，稍需管理	长期（按 30 年算）	17～20

据计算，用佛甲草进行轻型简单式屋顶绿化 1 万 m^2 屋顶，造价小于 150 万元（仅供参考），其生态价值是不可估量的无形资产，至少可高达 3.3 亿元，用征地拆迁的老路子绿化，费用则高达 4.6 亿元。

四、屋顶绿化施工

（一）屋顶绿化施工流程

（1）简单式屋顶绿化施工流程，如图 4-16 所示。

（2）花园式屋顶绿化施工流程，如图 4-17 所示。

（二）屋顶绿化施工

屋顶绿化构造层由下至上分别为原屋顶、防水层、分离滑动层、隔根层、排（蓄）水层、隔离过滤层、基质层、植被层等，如图 4-18 所示。

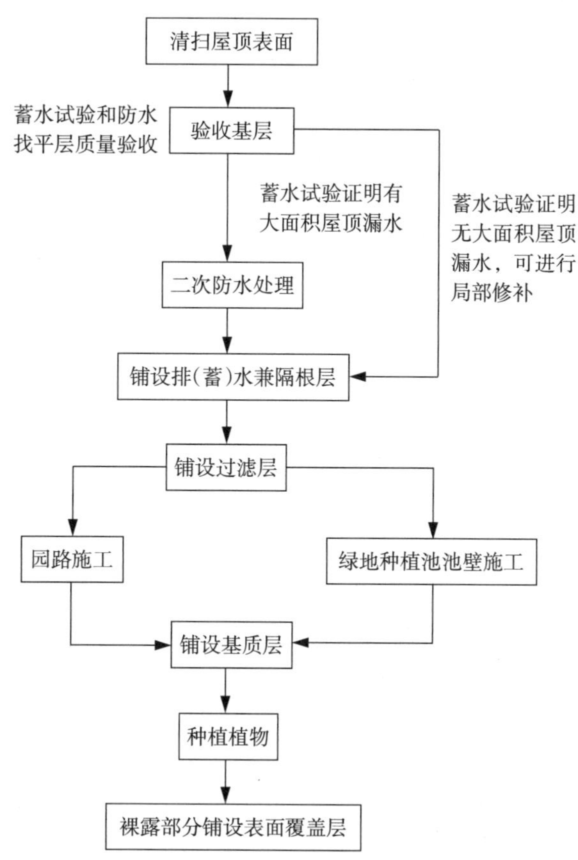

图 4-16　简单式屋顶绿化施工流程示意图

现按照屋顶绿化构造层由下往上的顺序，介绍如下：

1. 屋面防水层

绿化施工前应进行防水检测。施工时，首先要对屋顶进行清理，平整顶面，有龟裂或凹凸不平的地方应修补平整，并及时补漏，必要时做二次防水处理。选择耐植物根系穿刺的防水材料。铺设防水材料应向建筑侧墙面延伸，应高于基质表面 15cm 以上。原屋顶为预制空心板的应先在其上铺三层沥青、两层油毡，以防渗漏。**立面防水层应收头入槽，封严。**

当前最先进的高效硅基防水渗透剂可与基材形成永久坚固的环保防水层，有效抑制渗水、返潮，防止混凝土钢筋因渗水生锈引起膨胀产生的开裂，且使用方便、寿命长、成本低，市场前景看好。

2. 分离滑动层

一般采用玻纤布或无纺布等材料，用于防止隔根层与防水层材料之间产生粘连现象。分离滑动层搭接缝的有效宽度应达到 10～20cm，并向建筑侧墙面延伸 15～20cm。

3. 隔根层

一般有合金、橡胶、聚乙烯（PE）和高密度聚乙烯（HDPE）等材料类型，用于防止植物根系穿透防水层。隔根层搭接宽度不小于 10cm，并向建筑侧墙面延伸 15～20cm。

4. 排（蓄）水层

一般包括排（蓄）水板、陶砾（荷载允许时使用）和排水管（屋顶排水坡度较大时使用）

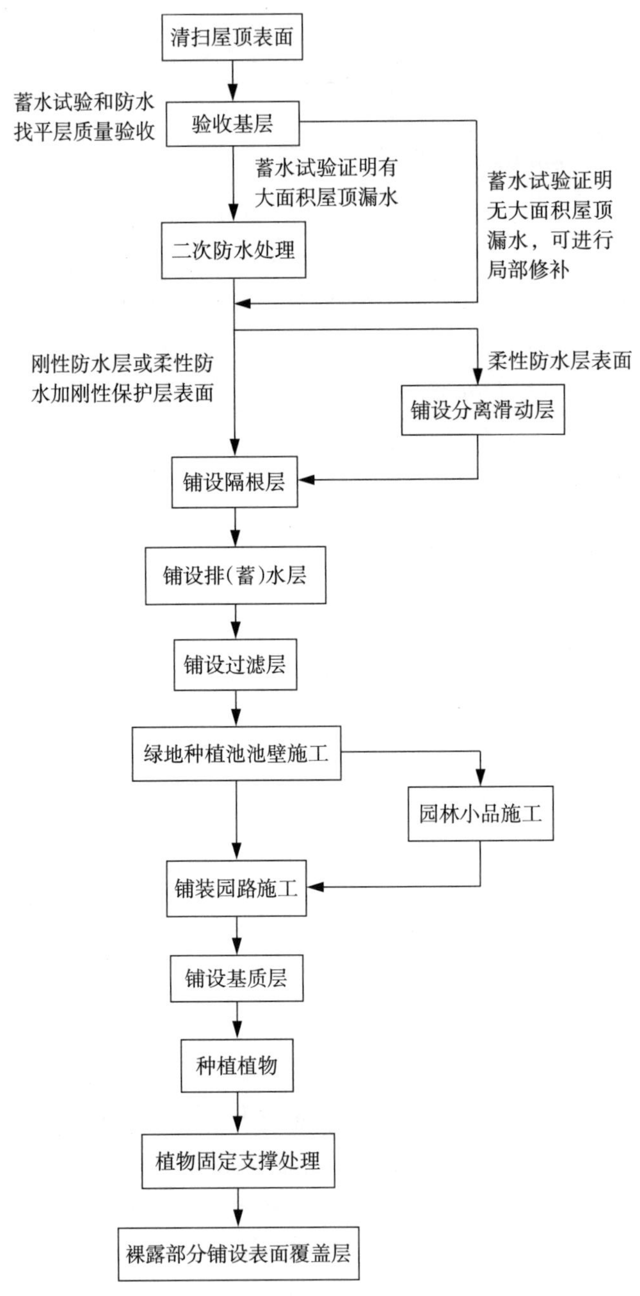

图 4-17　花园式屋顶绿化施工流程示意图

等不同的排（蓄）水形式，用于改善基质的通气状况，迅速排出多余水分，有效缓解瞬时压力，并可蓄存少量水分。排（蓄）水层应向建筑侧墙面延伸至基质表层下方 5cm 处。**排蓄水层应使栽植土层透气保水，以保证植物能正常生长。**

施工时，各个花坛、园路的出水孔必须与女儿墙排水口或屋顶天沟连接成一整体，使雨水或灌溉多余的水分能够及时顺利地排走，减轻屋顶的荷重且防止渗漏；还应根据排水口设置排水观察井，并定期检查屋顶排水系统的通畅情况。及时清理枯枝落叶，防止排水口堵塞造成壅水倒流，如图 4-19 所示。

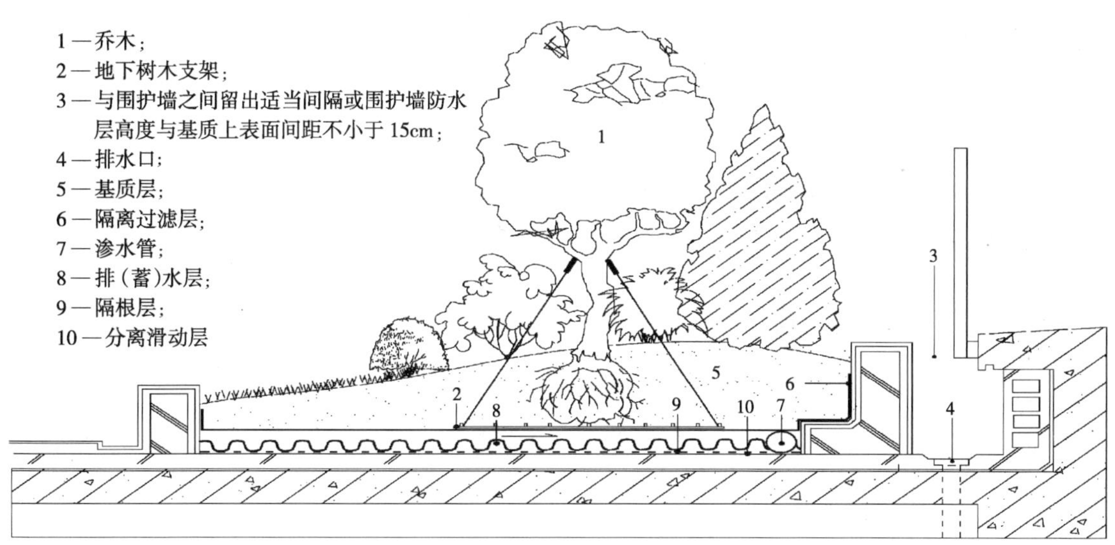

图 4-18　屋顶绿化种植区构造层剖面示意

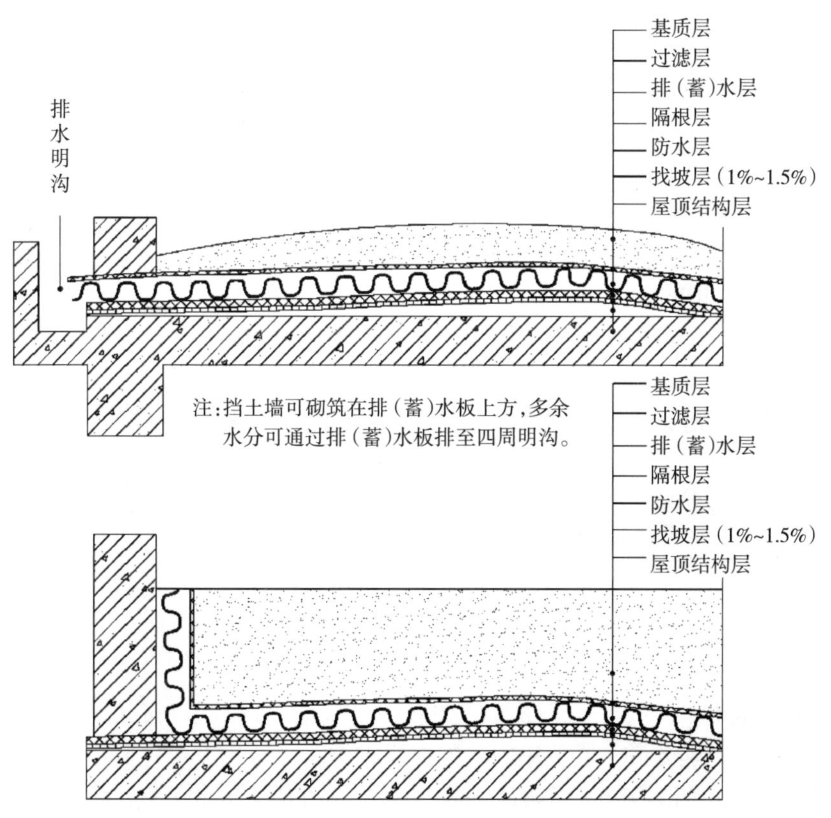

图 4-19　屋顶绿化排（蓄）水板铺设方法示意

现在市场上的**轻质架空排水板，具有超强耐压、薄层轻量、施工便利等特点，倍受欢迎。**

5. 隔离过滤层

过滤层采用单层卷状聚丙烯或聚酯无纺布材料，单位面积质量必须大于 150g/m^2，搭接缝的有效宽度应达到 10～20cm；采用双层组合卷状材料，上层蓄水棉单位面积质量应达到 200～300g/m^2，下层无纺布材料单位面积质量应达到 100～150g/m^2。卷材铺设在排（蓄）水层上，向栽植地四周延伸，高度与种植层齐高，端部收头应用胶粘剂粘结，粘结宽度不得小于 5cm，或用金属条固定。过滤层应使栽植土层透气保水，以保证植物能正常生长。

以上各层卷材接缝应牢固、严密，符合设计要求。

6. 基质层

基质层是指满足植物生长条件，具有一定的渗透性能、蓄水能力和空间稳定性的轻质材料层。基质主要包括改良土和超轻量基质两种类型。改良土由田园土、排水材料、轻质骨料和肥料混合而成；超轻量基质由表面覆盖层、栽植育成层和排水保水层三部分组成。

屋顶绿化基质荷重应根据湿容重进行核算，不应超过 1300kg/m^3。常用的基质类型和配制比例见表 4-8，可在建筑荷载和基质荷重允许的范围内，根据实际情况酌情配比。

常用基质类型和配制比例参考 **表 4-8**

基质类型	主要配比材料	配制比例	湿容重（kg/m^3）
改良土	田园土、轻质骨料	1∶1	1200
	腐叶土、蛭石、沙土	7∶2∶1	780～1000
	田园土、草炭、蛭石和肥	4∶3∶1	1100～1300
	田园土、草炭、松针土、珍珠岩	1∶1∶1∶1	780～1100
	田园土、草炭、松针土	3∶4∶3	780～950
	轻砂壤土、腐殖土、珍珠岩、蛭石	2.5∶5∶2∶0.5	1100
	轻砂壤土、腐殖土、蛭石	5∶3∶2	1100～1300
超轻量基质	无机介质		450～650

注：基质湿容重一般为干容重的 1.2～1.5 倍。

在花坛或种植槽内，填入种植基质前必须先将排水孔用碎瓦片、尼龙窗纱或排水管子盖好，防止堵塞，以利于排水。

以上施工完成后应进行蓄水或淋水试验，24h 内不得有渗漏或积水。

7. 植被层

植物材料应首选容器苗、带土球苗和苗卷、生长垫、植生带等全根苗木；草坪建植、地被植物栽植宜采用播种工艺；栽植乔木的固定可采用地下牵引装置，栽植乔木的固定应与栽植同时完成。植物材料栽植后，应及时进行养护管理，不得有严重枯黄、植被裸露和明显病虫害。

通过移栽、铺设植生带和播种等形式种植的各种植物，包括小型乔木、灌木、草坪、地被植物、攀缘植物等，如图 4-20 所示。

另外，造园设施中，体量大、重量重的如假山、雕塑、乔木等，应位于受力的承重墙或相应的柱头上，并注意合理分散，避免集中，如图 4-21 所示。

对于种植高于 2m 的植物应采用防风固定技术，其方法主要包括地上支撑和地下固定，如图 4-22、图 4-23 所示。

行业标准**《垂直绿化工程技术规程》CJJ/T 236—2015** 已于 2015 年 8 月 28 日发布，2016 年 5 月 1 日起实施。有关人员应认真学习执行。

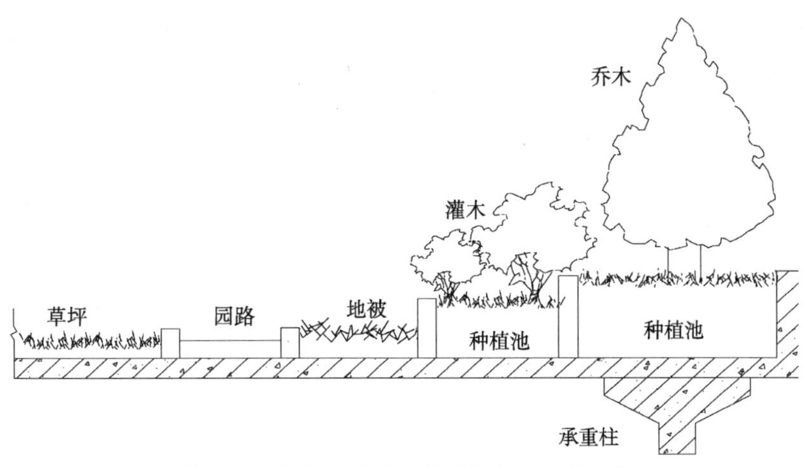

图 4-20　屋顶绿化植物种植池处理方法示意

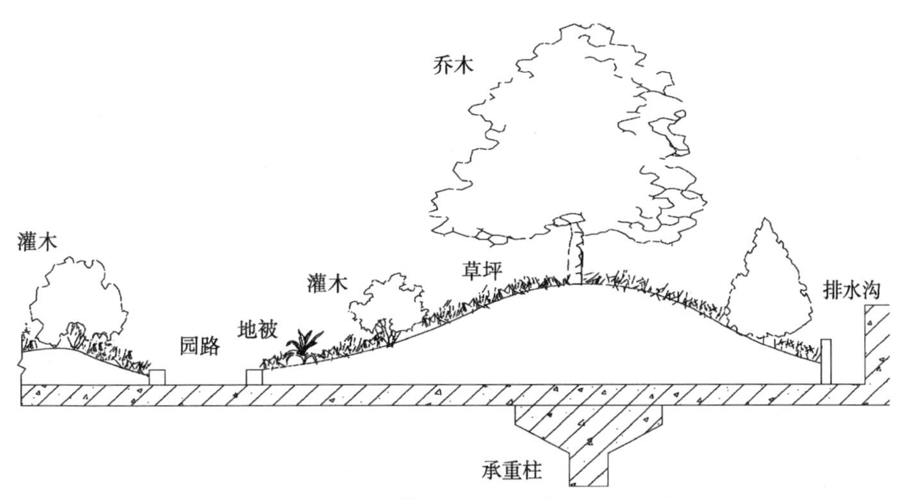

图 4-21　屋顶绿化植物种植微地形处理方法示意

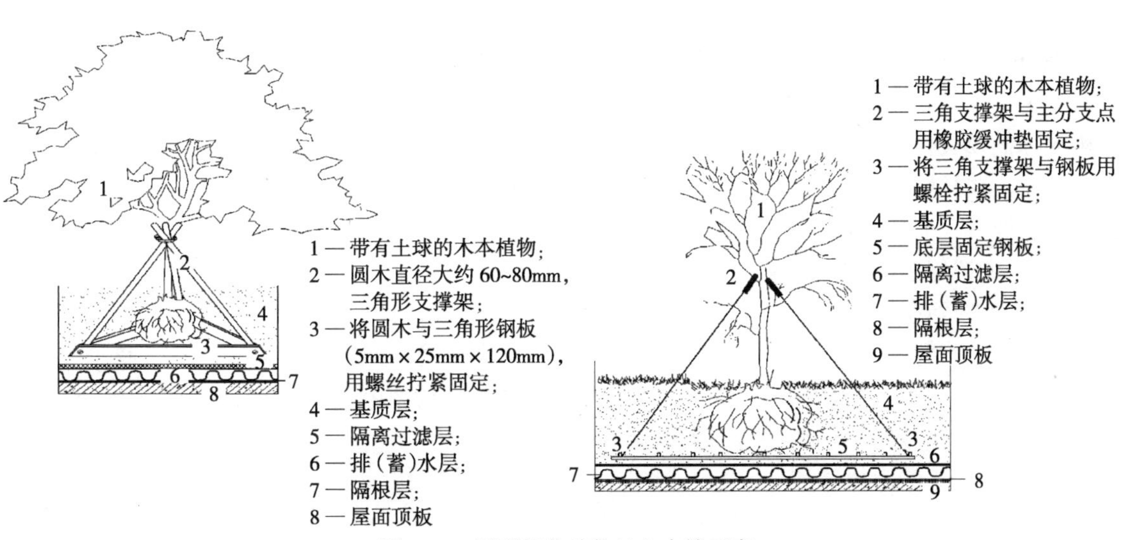

图 4-22　屋顶绿化植物地上支撑示意

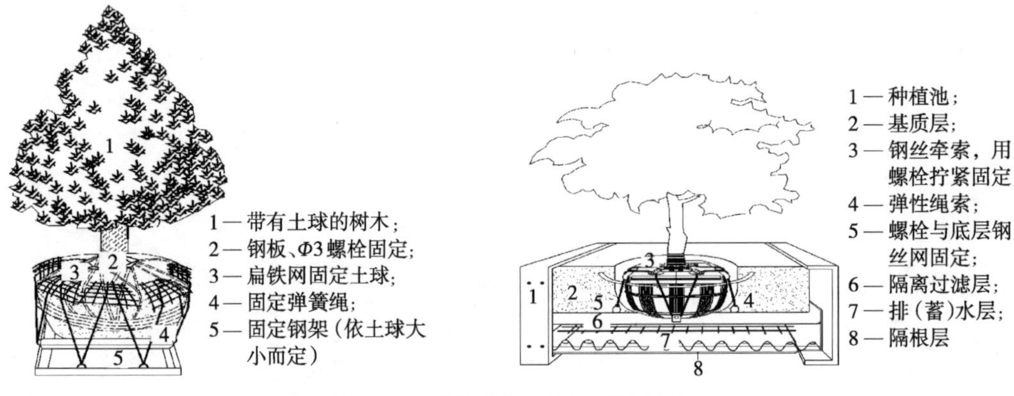

图 4-23 屋顶绿化植物地下固定示意

注：本节所有墨线图均来源于《北京市屋顶绿化规范》。

第六节 大树移植

一、大树移植概述

（一）大树移植是城市绿化所特有的

树木的规格符合下列条件之一的均属于大树：胸径在 20cm 以上的落叶和阔叶常绿乔木；株高在 6m 以上，或地径在 18cm 以上的针叶常绿乔木。这些树木的树冠、根幅都较大，树木的挖掘、包装、运输、栽植、养护等施工技术都不同于一般常规树木的栽植，移植这样的大树，特划为大树移植范围。按照树木生长的生命周期来说，已经进入青年期后期甚至是壮年期前期的树木，一般称为大树。但是，近年来移植的有些大树甚至已经进入壮年期的后期或衰老更新期的老树。

大树移植情况相当复杂，技术要求相当高，所花费用造价也相当高，一般山区造林和农村不用，是在城市园林绿化中所特有的重要手段。随着树龄的增长，大树的生态效益和景观效益成几何级数急剧增加。据德国植物学家测定：**一株成年旺盛生长的大树所产生的生态效益超过 1600 株小树。足见差距之巨大，这是小树无法比拟的。**

小树长成景观树，需要几十年甚至上百年的时间。移植大树造景，可使人们“超前”享受大树的绿荫及大自然馈赠的生态效益和绿色景观。近几年，大树移植几乎遍及我国的各大中城市，甚至一些县城也耗费大量资金移植大树，虽然取得了不少成功的经验，但是惨痛的教训也相当多。今后我们要吸取教训，借鉴成功经验，切实把大树移植工作做好。

（二）大树移植的发展状况

1. 成功的经验

（1）60 多年前的大树移植。早在 20 世纪 50 年代我国就进行过大树移植。1958 年，在北京天安门广场人民英雄纪念碑栽种的 200 多棵油松，树干胸径 20cm，树高 8m，使用 2m×2m×1.2m 的木箱移植成功。随后移植的大树规格不断增加。

（2）近 20 年的大树移植。近 20 年来，我国城市绿化移植大树成风，移植大树的规格不断加大，积累了不少成功的经验，也有不少的教训。

1）北京移植树龄 300 年且有树洞的特大国槐树。2004 年 3 月，北京市东城区园林局，创国内移植大树纪录，树龄 300 年的特大古槐树宣告移植成功。专家在鉴定时说，这不仅空前而且绝后，对这样的古树进行如此高难度的移植和养护并且成功，在世界上也属少见。

这棵古槐树原来地处东直门交通枢纽规划区内，成为工程建设面对的难题。当时这棵古树树干已中空，形成可容纳 2 个人的巨大空洞，而树干最薄处距韧皮部不足 10cm，处于濒危状态。这棵两人难以合抱的古树周围，当时是由大约 4m 见方的护栏保护，树身上紧紧箍着 3 道铁箍，以确保古树不发生意外扭曲折断。移植时最担心的是刮大风扭曲树干，这将会彻底毁了这棵古树。为了平移 120m 用了 1 个月的时间。

移植这棵大树时，首次采取了大型施工中才采用的顶箱涵技术和龙门架平移就位技术。大约投入资金 90 万元，通过两年多的精心呵护，移植后的槐树枝繁叶茂，长势良好。它将成为东直门交通枢纽的一大绿色景观。

据介绍，这棵树龄 300 年特大规格槐树的成功移植，不仅表明了园林创新技术的发展，而且为今后的大树保护和移植工程提供了一个值得借鉴的实例。但是，今后城市规划建设还是**应当“遇见古树绕着走”为好**。

2）移植大树的新措施。这些年，有人对移植大树的土球与大树的根颈、树干、树冠间的比例，栽培过程中透气孔处理、营养土配方等方面进行反复试验，终于“移出”了许多国家专利，如《大树移植快速生根法》等。2001 年，江苏常泰一级公路工地上，一棵树龄 300 多年，胸径 90 多厘米的银杏树要移植到常州的新区公园，经过一番打枝叶、埋基土和营养土，又在树根处的土里插上一根根镂空的塑料管，再为树冠蒙上黑色遮阳塑料网等，不久银杏树就挪活了。在这几年里有人移植成活的大树有 3 万多棵，成活率在 95%以上，传统大树移植成活率仅 60%的纪录被打破。

3）浙江省花费 300 万元移植古樟树。1998 年，国家重点工程甬台温高速公路，设计人员没有听取有关部门的意见，结果一棵高 15m、胸径 2m 的古樟树挡住了去路。为了实现双赢，最后决定移走这一棵古樟树。

移植时，采用建筑物整体迁移技术，但是移植树木又不同于迁移建筑物。在移植过程中，仅钢材就用了 100 多吨，水泥 2500 多吨，另外还采取了种种措施，如每隔 3min 向这棵古樟树的树冠适量喷水等，移动的重量高达 4000 多吨，在 4 个总推力 1280t 的自动控制液压千斤顶的推动下，用了 4 天的时间，缓缓滑动 40m 远，花费资金 300 多万元。

以上这些是成功的经验，但是也有深刻的教训。

2. 深刻的教训

某省会城市引进大树、古树、珍稀树种数以万计，但移植大树的死亡率超过 70%，甚至有的总体成活率不足 10%！类似这样的现象，有一定的普遍性，浪费了大量的资金和不可再生的资源，多么令人心疼！为什么“进城”大树死亡率高？这是因为，成年大树尤其是古树的可塑性较低，移植技术要求高而复杂，有的移植时技术跟不上，有的欠缺某些技术环节；有些大树一旦移植，对新的环境不适应，树体加速老化，2～3 年内处于假活状态，即使 3～5 年后确定成活，也大多在几年、十几年内变成缺乏生机的衰老树，逐步丧失环境生态功能，形成城市大面积绿色的弱势群体。

另外，在城市绿化上，存在急功近利的浮躁思想，不尊重客观规律，不尊重技术，大把花国家的钱不心疼，也导致这种现象进一步发生。今后，移植大树时，一定要在树木生长的青年期的后期之前进行，要严格按照技术规范要求进行。

（三）大树的生长特点

大树在一地生长了几十年，甚至上百年，不仅适应了当地的气候、环境及生态，此时移植到另一地，能否适应新的环境、正常生长，是必须要考虑的问题之一。另外，这样的大树，按照其生长规律，离心秃裸严重，树冠冠幅以内的土壤范围内往往只有大的骨干根，而较细的起吸收作用的须根很少，甚至几乎没有，如不采取必要的措施，移植肯定失败无疑。

由此可以看出，大树移植技术要求复杂，消耗人力、物力、资金远远超过一般的植树工程。作业人员应当经过严格的技术培训和实践锻炼，必须达到熟练的操作程度方可上岗，否则人员、树木的安全以及工程质量就不能保证。此外，大树主要来自山区和郊外，要具备足够的土层才行，具备按照规范要求能够起出土球和能够包装的土壤才行，就是符合以上条件，一旦在运输和栽种过程中造成土球松散也难以移植成活；对于松散的沙质土、石头砖块过多和地下水位过高等，都不宜带土球移植，就是移植也难以成活。

总之，大树移植是专业性非常强的一项技术工作，同时还需要借助一定的机械、设备才能完成。所以，除非特殊需要的工程外，一般不提倡大树移植，必须慎重从事。

（四）大树移植的准备工作

大树移植的施工工艺较为复杂，要求移植前进行调查研究，制订移植技术方案，做好各种准备工作确保大树移植成活。大树移植的准备工作包括：移植前应对移植大树的生长、立地条件、周围环境等进行调查研究，制定技术方案和安全措施；准备移植所需机械、运输设备和大型工具，确保操作安全；移植的大树不得有明显的病虫害和机械损伤，应具有较好观赏面。植株健壮、生长正常的树木，并具备起重及运输机械等设备能正常工作的现场条件；选定的移植大树，应在树干南侧做出明显标识，标明树木的阴、阳面及出土线；移植大树可在移植前分期断根、修剪，做好移植准备。

进行分期断根是保证大树移植成活的重要技术关键之一。对于要起挖的大树，对其所在地的周围环境、交通情况、土质等要充分了解，并据此确定能否移植。确定能够移植的，应先按照设计的要求，将树木的种类、品种、高度、胸径、枝下高、树形、主要观赏面及朝向等，记录在案。

在这里需要强调的是大树移植时，必须首先要采取**分期断根技术**措施，为保证大树移植成活打下基础。俗话说：人挪活，树挪死。大树移植必然造成大量的伤根，破坏了它生长多年的稳定环境，因此成活率较低。对于必须要移植的大树，为了保证它的成活一定要采取一系列技术措施。大树移植必须要有一个长远的规划，最晚在移植前两年就应采取分期断根技术措施，以保证其能够移栽成活。前面所说的大树移植失败的原因之一，就是没有进行大树移植前的分期断根。

大树移植必须要带原土，并要有一定的大小。首先要确定所带土坨、土球或土台的大小。一般是按照树木胸径的 6～10 倍确定所带土坨的大小，见表 4-9 所列。

根据树木的胸径确定带土坨（土球、土台）的大小 **表 4-9**

树木胸径（cm）	15～17	18～24	25～27	28～30
土坨规格（m）（上边直径×高）	1.5×0.6	1.8×0.7	2.0×0.8	2.2×0.9

确定了大树移植所带土坨的大小以后，应对其进行分期断根，如图 4-24 所示。**断根时间，一般来说以冬末春初（2 月下旬至 3 月中旬）为宜，不要过早或过晚**，此时为树木发根高峰的初始期，此时断根有利于发根旺盛。

具体做法是：在确定所带土坨的大小范围向里 15～20cm，向下挖土至要求的深度，遇大根、粗根用锋利的工具截断，使伤口平滑，涂抹生长刺激素（如 0.1%～0.3%萘乙酸或吲哚乙酸等），然后埋入肥沃的壤土，同时浇灌稀释的生根剂并适当夯实。经过 1～2 年的生长，在伤口处容易产生许多侧根、须根，可以增强吸收功能，提高移植的成活率。值得注意的是，这种断根技术措施应分 2 年进行。第一年冬末春初，只对其中 1/2 进行断根，而这 1/2 应是分散的、断断续续的、分布均匀的，第二年再对另外的 1/2 进行断根。例如把圆周分为 6 等份，依次标号为 1、2、3、4、5、6，其中标号为 1、3、5 的弧段为第一年开挖断根的范围，标号为 2、4、6 的弧段为第二年开挖断根的范围。

一般这样的大树已经进入生长盛期，根据树木离心生长、离心秃裸的生长规律，移植时在所能够带的土坨范围内，只有较多的骨干根，而侧根、须根比较少，因而移植成活率低。通过分期断根技术措施，可以使移植时有效的土坨范围内产生较多的侧根、须根，以增强吸收功能，从而提高移植的成活率。除了采取分期断根技术以外，为了保持大树地上部分与地下部分的生理平衡，移植时还要对其树冠进行适当的疏剪等。

有需求就有市场。近年来市场上出现了一些培育大树的苗圃，以及**容器培育、栽培大树"苗"**，对大树提前进行了分期断根且减少了由于分期断根所需要的时间，以后又在大花盆似的容器内培育，使大树根团紧凑，产生较多的须根、侧根，大大提高了栽植成活率，满足了市场对大树"苗源"的需求，大受欢迎。

二、土台箱板包装栽植法

针叶常绿树、珍贵树种、生长季移植的阔叶乔木必须要带土球（台）移植。当树木胸径 20～25cm 时，可采用软包装土球移栽；当树木胸径大于 25cm 时，应采用土台箱板包装移栽。如移植雪松、油松、白皮松、桧柏、华山松、龙柏、云杉、辽东冷杉、铅笔柏、榕树、樟树等比较名贵的大树都可应用土台箱板包装移栽，如图 4-25 所示。

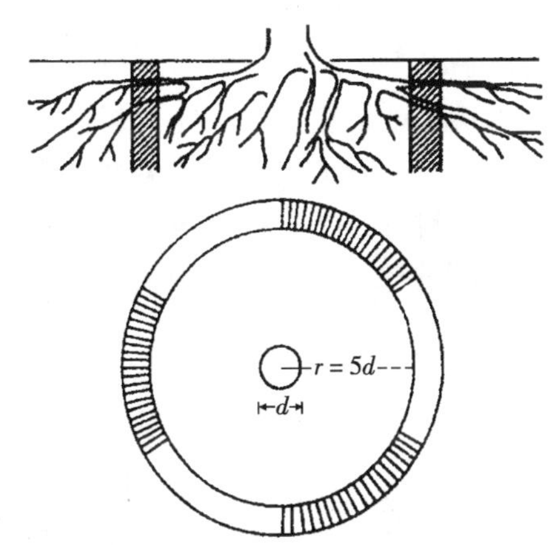

图 4-24 大树移植前断根缩坨示意

图 4-25 木箱包装大树移植

（一）起挖树木前的准备工作

对于已在 2 年前就采取过分期断根技术措施的大树，在起挖前，应先按照设计的要求，将树木的各种资料记录在案，以便安排栽植顺序。此外，还要准备好必要的机械设备、工具和材料。

对于大树移植一般不应采取截干（冠）的修剪方法移植，应提倡全冠移植为好。但是普遍认为截干（冠）可以提高移植的成活率。应该说，在其他条件相同的情况下，对某些树种截干（冠）的成活率是要高一些，但是面对事实我们得到的结论则是恰恰相反——有许多没有成活、有的即使成活了生长也不旺盛，多年来也生长不出旺盛的枝条，其生态效益和景观效益在移植后的5年甚至8年、10年也发挥不出来，违背了当初移植大树的初衷。正因为在人们的思想上认为采取截干（冠）措施移植成活率高，往往简单草率地进行而忽视了其他应加强的措施，人为地造成移植成活率的降低或者虽然成活也只是奄奄一息的生长状态。

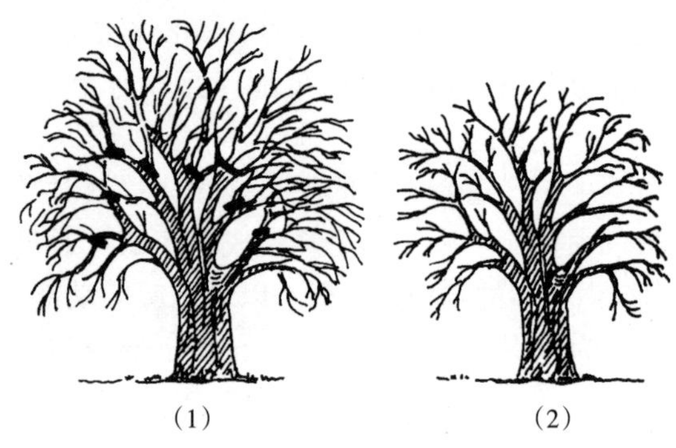

图4-26 树木疏剪

(1) 将部分过密枝条从基部剪去；(2) 剪后状况：树冠仍保持原有形状，但枝条稀疏，树冠较低

为了保证大树移植成活，在大树起挖前，应对大树的树冠进行适当疏剪。首先对树体的内膛枝、过密交叉枝、徒长枝、重叠枝、不影响树冠姿态的主枝等，要进行适当的重剪修整，减少树体的蒸腾与地下部分保持基本的水分平衡，以利于成活，如图4-26所示。为此，为了保证大树移植成活，其他所有促进移植成活的措施都应加强进行。

（二）起挖树木的操作过程

1. 起挖树木

起挖树木时，应先立好支柱，支稳树木；土台（球）规格应为树木胸径的6～10倍，土台（球）高度为土台（球）直径的2/3，土台（球）底部直径为土台（球）直径的1/3。土台规格应上大下小，下部边长比上部边长少1/10；或按照分期断根范围的外沿再向外20cm的原则，画一正方形，这就是所带土台的大小。挖掘土台应先去除表土，深度接近表土根；然后沿这个范围再向外挖60～80cm宽，甚至更宽的深沟，以便于操作，所挖深度至少应与所带土台的高度相同，甚至要更深一些。遇有树根应用手锯锯断，锯口平滑无劈裂不得露出土球表面。起挖树木时，应随时用长度适合的箱板作参照，保证土台的上端尺寸与箱板尺寸完全相符，而土台下端的尺寸可比上端小5cm左右，土台形状应为倒正四棱台。修平的土台尺寸应大于箱板长度5cm，土台面应平滑，不得有砖石等突出土台；土台的四个侧面的中间可略微突出，便于装上箱板时紧紧卡住土台，切不可中间凹而两边凸。要用50mg/kg浓度生根粉喷洒根部切口，并用相同浓度的生根粉泥浆涂裹根部。

2. 装箱（边）板

土台修整好后，立即上箱板。操作过程如下：

(1) 上箱板。先将土台四个角用草包、蒲包片包好，将箱板围在四个侧面，用木棍把箱板临时顶住。经检查、校正使箱板上下左右都合适，保证每块箱板的中心都与树干同处于一条直线上，土台顶边应高于箱板上口1～2cm，土台底边应低于箱板下口1～2cm。土台的箱板应立支柱，并稳定牢固，然后将钢丝绳索分上下两道绕在箱板外面。这里四个侧面的箱板应比土台侧面要略短一些。即便是固定后，四个侧面板也不应互相顶着，要有一定的缝隙。

(2) 上钢丝绳索。首先两道钢丝绳索的位置应距离箱板上下两边各约15～20cm。在钢丝绳索的接口处装上紧线器，注意上下两个紧线器应分别装在相对的中央带板上，且两个紧线器应同时逐渐收紧。当钢丝绳索收紧到一定程度时，用锤子锤打钢丝绳索，发出“当当”的绷紧声时，表明钢丝绳索已经收紧，做到箱板与土台紧密严实。

(3) 钉铁板条。收紧钢丝绳索后，先在土台的四个角两块箱板相交处（实际上，这两块箱板间有一定的缝隙）钉铁板条（俗称铁腰子，厚约0.1cm、宽2cm），每个角的最上和最下一道铁板条距离箱板的上下边各为5cm。钉几道铁板条，要根据箱板的高度而定，一般应距上下边缘各5cm处为上下两道，中间每隔8～10cm钉一道，并要充分保证牢固。铁板条通过每面箱板的带板时，至少应在其上钉两个钉子，钉子应向外斜，以增加拉力，钉子如钉弯，应起出重钉。箱板四角与带板之间的铁板条必须绷紧、钉牢。最后，应再检查是否绷紧、钉牢，用小锤轻轻敲打铁板条，如发出绷紧的老弦声时，说明已经绷紧、钉牢。然后卸下紧线器，取下钢丝绳索，如图4-27所示。

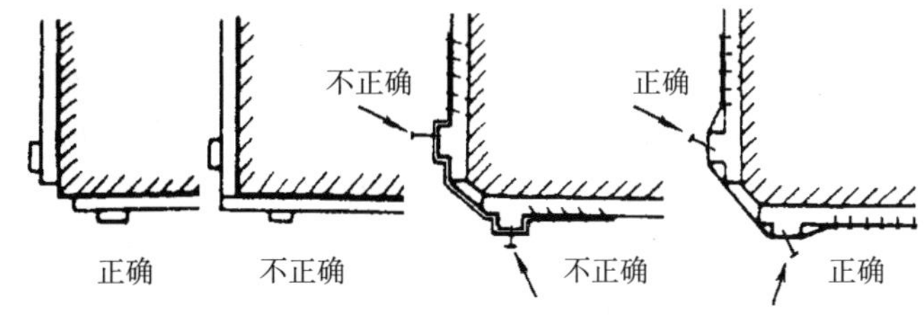

图4-27 箱板安装和钉铁板条的方法

3. 掏底土、上底板和盖板

随后的工序是掏出土台底部的土，安装底板和上面的盖板。

(1) 备好底板。按照土台底部的实际长度，备好底板与需要的块数。然后预先在底板的两头钉上铁板条（但应留出铁板条的一半）。

(2) 掏底土。沿着箱板下端往下挖深约40cm，然后用锋利的小镐头掏挖土台下部的土，可两边同时进行。当土台下边能安装一块底板时，应立即安装，继续向里掏土。

(3) 上底板。将底板一端空出的铁板条钉在木箱侧面的带板上，再在底板下面顶一个木桩支紧顶牢。在底板的另一端用油压千斤顶将底板顶起，使之与土台贴紧，再将底板这一端预留出的一半的铁板条钉在木箱侧面的带板上，用木桩顶好，撤下千斤顶。上好一块底板后，继续向土台内掏底土，仍按照上述方法进行。掏挖底土时应特别注意安全，风大时应停止操作。

(4) 上盖板。底板完全上好之后，再上盖板。于树干两侧的箱板上口钉一排木板，似给木箱加盖，称为上盖板。首先，修整好土台的表面，使土台的中间部分稍高于四周。在土台的表面铺垫1～2层草包、蒲包片，再在上面钉紧盖板。

应做到箱板与箱板、底板与箱板、盖板与箱板钉装牢固无松动；箱板上端与坑壁、底板与坑底应支牢，稳定无松动。

4. 吊运、装车 **(彩图33)**

运输吊装苗木的机具和车辆的工作吨位，必须满足苗木吊装、运输的需求，并应制定相应的安全操作措施。

(1) 根据树体的重量和大小，确定使用起重机、卡车等机械设备的型号。

(2) 吊装带木箱的大树，先用一根较短的钢丝绳索，横向将木箱围起来，把钢丝绳索两端的扣放置在木箱的一侧，用吊钩钩好钢丝绳索，同时在树干上围好草包片、木板条，最外面再围好草包片，在树干上捆好牢固的绳子，取适当长度套在吊钩上，缓缓起吊，树身慢慢倾斜，离开地面。吊起后，可能由于重心的原因造成树体摇摆、旋转，此时应特别注意安全。

在吊运、装车，以及后面的吊起、入坑栽植的整个过程中，都要注意对树体树皮的保护，防止造成损伤，要尽量使用宽吊带等。

(3) 装车时，树冠向后，土台的上沿应与卡车的后轴在一条线上，在准备放置木箱的下面，垫2块10cm×10cm的方木，长度较木箱稍长，但不超过车厢，分别放置在钢丝绳索的前后。木箱在车厢中落稳后，用2根木棍交叉成支架，放置在树干下面，垫上草包片以支撑树干。然后，关好车厢，用绳子将木箱与车厢绑紧。树干也应牢固捆紧，树冠用草绳围拢，以免树梢拖地受伤。

在装车以及后面的运输过程中，都应避免树干与车身、树干与树干之间的碰撞，尽量避免造成树木树皮的损伤。

5. 运输

(1) 行车路线必须首先选定好，如果超高、超宽，应预先办理必要的手续，做到顺利通行到达目的地。途中如有铁路涵洞、立交桥、过街电缆电线等，都要事先了解好，看能否通行，否则就要绕道。

(2) 运输人员必须熟悉行车路线以及卸车的地点，运输途中一定要注意安全，消除一切不安全因素。

(3) 运输途中，必要时应对树冠进行喷水保湿。

6. 卸车

运至现场后，应在适当位置卸车。卸车前先将围拢树冠的绳子解开，如有损伤的枝条应进行修剪。卸下捆车的绳子，开始卸车。当木箱缓缓吊起离开车厢时，应立即开走卡车。在木箱准备落地处横放数根长度为50cm的方木，将木箱徐徐放下，使木箱上口正好落在这些方木上，徐徐松动吊绳，调整吊杆，使树木缓缓立起来。在木箱落地处按照小于木箱宽度的距离平行地垫好2根10cm×10cm×200cm的方木，使木箱立于其上，以便栽植时易于穿捆钢丝绳索，但要防止大树木箱歪倒。最好预先挖好栽植的树坑，在卸车的同时直接栽植入坑，一气呵成。

在整个吊装、运输过程，都应对大树的树干、枝条、根部的土球、土台采取保护措施；大树吊装就位时，应注意选好主要观赏面的方向；应及时用软垫层支撑、固定树体。

(三) 栽植

1. 挖树坑

栽植坑的大小，一般应比移植大树的土台木箱各边至少要宽60～80cm，以便于操作；土质较差的应加大更多。需要换土的应及时换好土，并施入足量的腐熟优质有机肥。树坑的深度应比土台木箱的高度再深20～30cm。在坑底中心部位要堆一个厚约60cm的方形土堆，以便于放置木箱。**如果树坑的下面有风化岩、重黏土等不透水层的，应设置透气排水层。**栽植前应在树坑的中下部树木根际区内按不低于50g/株的量施入**保水剂**，并与种植土混合均匀后立即栽植。

2. 吊树入坑

先将2根长短合适而较宽、等长的钢丝绳索套在木箱底部，将钢丝绳索的两头扣在吊钩上，缓缓吊起，将大树木箱直立吊入树坑中。如此时木箱内的土台较坚硬，可在木箱尚未完全落地时，就先将木箱的中间底板拆除；如土质松散，这时就不便拆除。进一步校正好栽植位置及大树的朝向，使大树木箱正好落在坑中方形土台上。木箱放稳之后，慢慢抽出钢丝绳索、拆除两边的底板，中间的底板尽量取出，若实在不好取出的可用锋利的工具将其断碎，同时做好支撑支架，将树身支稳。

在这里需要强调的是，**栽植大树的朝向问题。**大树移植前在原栽植地生长了几十年，树冠不同的朝向内部的各种组织器官也有不同的适应，其内部的生理构造亦不相同，因此在移植大树时，必须要注意**原向栽植**，即原来朝向南面的树干，现在必须还要朝向南面，不可乱向，否则栽植后树木内部生理难以适应，而使树木难以成活，即使成活生长也不旺盛。栽植的深度应保持下沉后原土痕和地面等高或略高，树干或树木的重心应与地面保持垂直；栽植回填土壤应用种植土，肥料必须充分腐熟，加土混合均匀，回填土应分层捣实、培土高度应恰当。如土壤干旱，在栽植前应先灌溉浸穴。

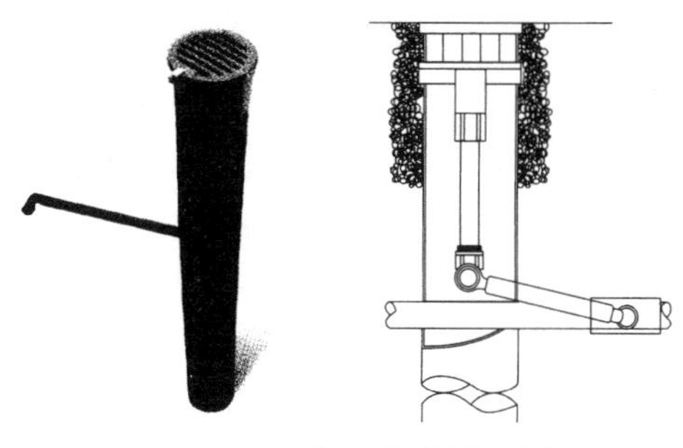
图 4-28　树木根部灌溉器

为了利于大树根系的呼吸作用和深层的灌溉，在吊树入坑之前先将 2～4 个**树木根部灌溉器埋入土中，**如图 4-28 所示，可紧贴树坑壁，两两相对，与进水管连接好，再吊树入坑。树木根部灌溉器埋入地下，可直接灌溉树木的深层根系，促进根系的发育，同时还具有透气功能，利于树木的根部呼吸，最终利于树木的成活、生长。

3. 拆除箱板，回填土

树身支稳后，先拆除盖板，并向坑内回填土，回填土至坑深的 1/3 时，再逐渐拆除四周的箱板，继续回填土，每填土 30cm 左右，应夯实，直至填满为止，但是不要夯在所带的土台上。

在这里需要强调的是，有时移植大树后由于某些原因水很难渗透到土坑的底部，几乎总是上面湿润，而底部干燥，影响树木成活。解决这一问题的方法，除了采用前面提到的埋设树木根部灌溉器之外，亦可采用土法措施解决这一问题。在回填土之前，在土坑的四个角的位置，分别竖直放置一根镂空的稍坚硬的马粪纸筒，直径约 10cm，高度以树坑的深度为宜，上口与地面平或稍微高出地面一点，里面放入直径为 2～3cm 的石子，其作用是在浇水时，便于水分迅速渗透到树坑的底部，还有透气功能，利于根系的呼吸作用。必要时，应在树坑之下设置透水层，这将大大有利于大树移植后的成活。

4. 栽后养护管理

大树栽植后应立即设立牢固的支撑，并进行裹干保湿，栽植后应及时浇水。填土与地面相平后，应构筑围堰，并浇水。第一次浇水要灌足浇透，之后进行第二次、第三次浇水，以后根据不同树种的需要以及天气情况、土质状况进行合理浇水。每次浇水之后，待水分全部渗下后再松土，并用构筑围堰的土覆盖在上面，起到防止蒸发与保墒的作用。必要时，可为大树搭设遮阴篷、树冠上安装自动喷雾等装置，还可向**树冠喷洒蒸腾抑制剂，缩小植物气孔开张度以抑制蒸腾，减少植物体内的水分散失，同时还能增加植物叶绿素含量，提高植物抗旱能力，以保证栽植成活。**这对于全冠栽植的树木尤为重要。

大树栽植后，必须对树木进行细致的养护管理，应配备专职技术人员做好修剪、剥芽、喷雾、叶面施肥、浇水、排水、搭凉棚、包裹树干、设置风障、防台风、防寒和病虫害防治等工作。

5. 大树移栽后恢复树势的措施

大树移栽后首要的任务是使其成活，这是非常重要的，对于这一个问题人们往往比较重视。但是，对于移栽后已经成活的大树如何尽快恢复其树势，以发挥其应有的生态和景观功能，就常被忽视了。大树移植成活后，可采取以下措施促进树势恢复，才能取得更佳的绿化效果。

(1) 保墒保温措施。保墒措施，土壤干旱时应及时浇水。土壤虽然不干但是气温较高空气干燥时，应及时对地上部分及周围环境喷雾降温，也可用遮阳网搭棚防止日晒，积水时必须立即开沟或挖渗井排水。保温措施，必要时将树干用草绳缠绕或包裹塑料薄膜，栽植封穴后，用塑料薄膜将树穴覆盖，以保湿保温。

(2) 及时整理支撑，减少树干摇动。大树移植后，为了防止树体摇动一般都要进行支撑。但是由于树体高大或支撑不当，或经过一个冬春季的大风摇动，再加上新枝叶的生长使树冠加大，支撑可能会松动，而经过移植的大树成活后新生根系又十分脆弱。此时，又值大风季节，由于支撑不好造成树体摇动必然会扯断新生根系，进一步影响树势的恢复。因此，及时检查并修复支撑，对于大树移植成活后进一步恢复树势是非常必要的，而这一点经常被忽视。

(3) 实施正确的修剪，促进树冠生长。叶片是植物的营养器官，新移植的大树根系要恢复生长、形成新根，需要大量的由枝叶提供的有机营养。刚移植成活的大树光合有机营养的多寡取决于成熟叶面积的多少，所以促进树冠修复、尽快扩大叶面积，是恢复树势的先决条件。对于已经过度修剪的大树，第一年应尽可能多地保留生长出来的枝条和叶片，以扩大其叶面积，为恢复树势提供必要的有机营养。哪怕是暂时影响整体造型的成活残桩，只要萌发新枝第一年也应保留，等以后适当时机再进行修剪。此时急欲造型，只保留较少的新枝，去掉大量的枝叶，对恢复树势极为不利。但是如果树干基部的芽长势旺，留得过多，则基部枝条生长粗壮，而造成上部枝条细弱。因而**应注意控制基部芽的萌发，不要造成基部枝条过多过旺，而应促使高部位芽的萌发。高部位的芽萌发了，就能使水分、养分向高处输送，这样全树就都活了。**

(4) 加强土壤管理，促进根系生长。大树移植时，其根系受到严重损伤。即使按照技术规范挖掘的土球，其土球内也几乎没有具有吸收功能的有效根系——根毛。更何况不按照土球规格规范要求的“**缩水土球**”比比皆是。因此新根的形成是恢复树势的又一重要因素。新根的形成既需要地上部分输送足够的有机养分，又需要良好的环境条件，特别是土壤条件。对于新移植的大树来说，土壤的通气性和保水、排水性尤为重要。移植大树立地条件的先天不足，使得移植后的土壤管理对于树势的恢复尤其重要而迫切。

1) 对土壤板结的树穴要进行松土，深达 15～20cm。松土后在树穴表面覆盖稻草或人工覆盖物，如陶粒、松树皮等，并结合施用腐熟的有机肥，以起到改良土壤的作用，效果更佳。

2) 对于土壤过于疏松的树穴，结合松土，打碎土块，进行适当镇压，以增加土壤的保水性，如结合施用腐熟的有机肥，以起到改良土壤的作用，则效果更佳。

3) 为了促进栽植后快速形成庞大的根系，可在树穴内浇灌稀释的**强力生根剂**，以浇透为准。还要向树冠、树体上喷洒植物生长刺激素。

移植大树恢复树势是一个系统工程。除了移植前和移植当时的因素外，移植后的管理措施非常重要，抓紧、抓好必有成效。

三、其他移栽法

软包装土球移植大树法 (**彩图 34**)，包装应紧实无松动，腰绳宽度应大于 10cm；土球直径 1m 以上的应作封底处理；带土球的树木可适当疏枝；栽植土球树木、应将土球放稳，拆除包装

图 4-29　油瓶结示意

物。一定要强调所带土球的大小，不能缩小，且保证土球完整，要确保质量，才能保证栽植的成活率。特别是在起吊、吊运过程中，应保护好土球的完整，防止对树皮造成损伤。为防止起吊时勒坏土球，要用较宽的吊带，采用油瓶结吊运，如图 4-29 所示。

裸根移植的树木应进行重剪，可剪去枝条的 1/2～2/3。针叶常绿树修剪时应留 1～2cm 木橛，不得贴根剪去。休眠期移植落叶乔木可进行裸根带护心土移植，根幅应大于树木胸径的 6～10 倍，根部可喷保湿剂或蘸泥浆处理。

大树移植还有冻土球移植法，以及大树移植机移植法等，要根据移植的季节与条件确定。

近年来，我国园林苗木机械有了很大的发展，各种苗木机械层出不穷。如挖树机，具有挖树快、成本低、成活率高的优势。有资料介绍，土球 80cm 的树，一台挖树机一天能挖 500 个树坑；而 500 个树坑需要几十人挖一天。此外，挖树机还能保证 500 个树坑是相同的。几十人挖树坑，挖出来的是几十个样子；即使一人挖 10 个树坑，也会是 10 个样子。而机械能实现标准化。这是最重要的。

大树移植是加速植物成形，提升绿地规模，加快城市园林绿化建设的重要技术手段之一。**大树移植抢回的是时间，加快的是速度，彰显的是效果，保护的是资源，赢得的是绿化的生态。但是，大树移植又极大地干扰树木正常的发育生理，使树木“伤筋动骨”、大伤“元气”，作为园林工程，大树移植具有大投入、大回报、大风险的特质。**实际上，随着各地城市化进程和环境生态建设的加快以及园林绿化的提速和园林工程市场化的推进，已使园林绿化建设“反季节”和“大树移植”成为常态。因此**应当认真总结反季节大树移植的经验教训，**与时俱进，按科学发展观和可持续发展理念，种大苗、见大绿、迅速实现大绿化。有的城市明文规定，**移植的大树，应是在苗圃地里培育的，而不能是在郊区、乡间、山野里自然生长的大树，**以便于更好地保护大树资源，并将大树移植引向正确的轨道。但是不提倡不鼓励以追求形象为目的盲目地违反科学规律的大树移植。**如有的地方在气温高于 26℃，甚至 30℃以上且日光强烈的时间还在栽植大树，应当严禁！**

为了提高大规格全冠乔木移植成功，上海从美国引进了 FLGS-TDP 插针式热耗散植物茎流仪。通过连续监测大规格全冠乔木移植前后茎流速率的变化，能够提前预判在树木胁迫症状未出现时生长状况是否正常，从而在不利的环境条件下提前采取保护预防措施，大大提高了大树移植成活率。

第五章 园林绿地的养护管理

第一节 概述园林绿地的养护与物业绿化机构设置

一、园林绿地养护管理工作的意义与内容

（一）园林绿地养护管理工作的意义

园林绿地的养护、抚育、管理要贯穿于植物生长的全过程。它与农林作物的不同在于农林作物是以实现产量为目标，而园林植物是以对环境生态、景物观赏的社会综合效益为目标。前者目标的实现又有明显的阶段性或季节性，后者目标的实现是跨年度、长周期的，甚至是旷日持久的，具有不间断的持续性。因此，园林植物的抚育管理虽有低谷高潮的“松”与“紧”之分，却无休闲中断停顿之意。俗话说“三分种植，七分养管”，不仅是施工与抚育在时间概念和实际工作量上的一种合理描述，更是尊重植物发育规律，确保绿化成果的理念。当绿化工程建成之后，为了加强对绿地的养护，不妨将“三分种植，七分养管”改为**“一分种植，九分养管”**，以进一步强调绿地养护管理的重要性。

园林绿地养护、抚育、管理的直接目标是满足园林植物生理发育所需要的条件，促进和提升园林植物的生长势，增强园林植物对恶劣环境和有害生物侵蚀的抵抗能力。园林绿地一旦放弃和削弱高水平的养护、抚育、管理，其他所有的“高标准”要求如规划设计、工程施工、植物生长等，都将明显地降低水准，甚至前功尽弃，一切成果与辛劳都将大打折扣甚至化为乌有。综观各地多年来园林绿化的累计数据，无一例外地皆可用天文数字来表述，但是实际效果却相差甚远。原因之一就是园林绿地养护、抚育、管理普遍的滞后和不到位，包括理念与认识、标准与规范、经费与投入、技术与设备等。

园林绿化养护管理既涉及园林植物，又涉及绿地环境，是一门综合性很强的科学技术，其实质是园林植物与绿地环境整体质量的标准化管理。**各种园林植物自种植之日起，其生存状态、发育优劣主要取决于养护管理。城市各类绿地自竣工之日始，其功能强弱、效益高低主要源于养护管理。**由此我们可以看出，加强园林绿地的养护管理的重要性。

（二）园林绿地养护管理工作的内容

园林绿地养护、抚育、管理，重在“因地制宜、因时制宜、因植物材料制宜”，不同的绿地条件，不同的时间季节，不同的植物材料，其园林绿地养护、抚育、管理应采取不同的方法，而不能不分差异、千篇一律，否则就得不到应有的效果。

虽然植物的表象是一样的，但是造成这样的原因可能多种多样，因此要**辩证养护**，采取不同的措施，使绿地植物克服不良环境条件而旺盛生长。园林绿地养护管理工作的内容，包括两个方面：一是养护方面，根据不同园林树木的生长需要和某些特定的要求，及时地对树木采取如施肥、浇水、中耕除草、修剪、防治病虫害等园林技术措施；二是管理方面，如围护看管、对绿地的清扫、保洁等园务管理工作。

二、园林绿地分级管理的标准与一年中养护管理工作阶段的划分

（一）园林绿化养护分级管理的标准

随着国民经济的快速发展，人们的环境意识不断增强，对环境的要求也不断提高。园林绿化成为生态城市建设的重要组成部分。在园林绿化中，规划设计、施工建植、养护管理这三个环节的关系密切，“三分种植，七分养护”已经成为被理论与实践充分证明了的结论，这说明绿化养护在绿地建设过程中占有重要地位，是巩固和提高绿化建设成果的重要环节。目前全国范围内，绿地的养护和管理依然存在着薄弱环节，主要表现为“重视规划设计和施工建植，轻视养护管理”，包括：①投资不均；②行政管理缺乏力度；③忽视绿地的养护工作，绿化养护技术水平下降；④绿化市场管理机制尚不健全。为提高城镇园林绿地养护管理水平，巩固和提高绿化建设成果，促进绿地养护管理的科学化、规范化，2019 年 4 月 1 日实施的《园林绿化养护标准》CJJ/T 287—2018。在这个标准中，把树木、花卉、草坪、地被植物、水生植物、竹类、清理保洁、附属设施、景观水体、技术档案、安全保护等都分为三级质量要求。各地各园林绿化企事业单位都应该按照这个标准严格实施。

（二）一年中养护管理工作阶段的划分

城市园林树木养护管理工作，应当按照不同树木的生物学特性、生长规律和当地的气候条件而进行。因为全国各地的气候条件相差悬殊，不同的气候条件其养护管理的措施也不一样，因此，一年中园林树木养护管理工作阶段的划分，应根据各地的具体情况而定。以下这种养护管理工作阶段的划分，适合我国北方大部分地区，供参考。

1. 春季阶段

3～4 月，随着气温的回升，大地回春，树木萌动，开始生长。

（1）浇水。大地解冻后，应普遍浇一次返青水。特别是经过一整个冬季没有自然降水的地域，尤其重要。

（2）施肥。有条件的施一次有机肥，施肥后要及时浇水。

（3）防治病虫害。

（4）剥芽、除蘖。

（5）逐渐拆除防寒设施。

（6）补植缺株。

（7）维护巡查。

2. 初夏阶段

5～6 月，气温继续回升，树木生长旺盛。

（1）浇水。视情况及时浇水。

（2）防治病虫害。防治食叶性害虫、钻蛀性害虫等。

（3）修剪。

（4）中耕除草。

（5）维护巡查。

3. 盛夏阶段

7～9 月，高温多雨，树木的枝叶大量生长。

(1) 防治病虫害。除防治食叶害虫外，应注意防治各种病害。

(2) 中耕除草。

(3) 注意排水防涝。

(4) 修剪。适当疏枝，对绿篱进行整形修剪。

(5) 补植缺株。以补植常绿树为主。

(6) 扶直培土。

(7) 维护巡查。

4. 秋季阶段

10～11 月，气温开始降低，树木逐渐停止生长，以促进枝条的木质化，为安全过冬做好准备。

(1) 灌冻水。大地封冻前灌足一次冻水渗透后，覆土、培土。

(2) 防寒。

(3) 施肥。落叶后，有条件的应对因缺肥而生长不良的树木施一次腐熟的有机肥。

(4) 防治病虫害。

(5) 维护巡查。

5. 冬季阶段

12 月及次年 1～2 月，土壤封冻，树木停止生长。此阶段的主要养护管理内容包括：

(1) 整形修剪。应在发芽前进行一次整形修剪。

(2) 防治病虫害。主要消灭越冬虫源。

(3) 搭风障。为耐寒较差的树种设置防寒风障。

(4) 积雪。大雪之后，应及时打除常绿树种树冠上的积雪，对树木堆雪保墒、防寒。

(5) 维护巡查。加强对树木的保护看管，以减少各种因素对树木的损害，如人、畜、车辆、机械等对树木的损害。

以上，是对于划分阶段后的树木养护管理的概述，仅供参考。

表 5-1、表 5-2、表 5-3 分别为华北、华东、东北地区代表城市园林树木养护管理工作月历，供参考。

华北地区代表城市园林树木养护管理工作月历　　表 5-1

代表城市 / 月	北京	代表城市 / 月	北京
1 月 (小寒、大寒)	平均气温－4.7℃，平均降水量 2.6mm。 1. 进行冬季修剪，将枯枝、病虫枝、伤残枝及与架空线路有矛盾的枝条修去。但对有伤流和易枯梢的树种，暂时不剪，推迟至发芽前为宜。 2. 检查巡视防寒设施的完好程度，发现破损立即补修。 3. 在树木根部堆集不含杂质的雪。 4. 积肥。 5. 防治病虫害，在树根下挖越冬虫蛹、虫茧，剪除树上虫包。 6. 加强看管，防止人为损伤树木	2 月 (立春、雨水)	平均气温－1.9℃，平均降水量 7.7mm。 1. 继续进行树木冬剪，月底结束。 2. 堆雪。 3. 检查巡视防寒设施的情况。 4. 积肥和沤制堆肥。 5. 防治病虫害。 6. 进行春季绿化的准备工作

续表

代表城市 月	北　京	代表城市 月	北　京
3月 （惊蛰、春分）	平均气温4.8℃，平均降水量9.1mm，树木结束休眠，开始发芽展叶。 1. 春季植树，做到随起、随运、随栽、随养护。 2. 进行春灌，补充土壤水分，缓和春旱现象。 3. 对树木进行施肥。 4. 撤除防寒设施，扒开防寒时的埋土，根据树木耐寒能力，分批进行。 5. 防治病虫害	8月 （立秋、处暑）	平均气温24.8℃，平均降水量243.5mm。 1. 继续移植常绿树。 2. 对树木修剪和对绿篱整形修剪。 3. 继续进行中耕除草。 4. 排除积水，做好防涝工作，巡查救险。 5. 防治病虫害。 6. 挖除枯死树木。 7. 加强行道树的管护，及时剪除与架空线路有矛盾的枝条
4月 （清明、谷雨）	平均气温13.7℃，平均降水量22.4mm，树木发芽展叶。 1. 进行春季植树，在树木发芽前完成植树工程任务。 2. 对园林树木，特别是春花植物进行灌水施肥。 3. 修剪冬季及早春易干梢的树木。 4. 防治病虫害。 5. 维护看管花灌木，防止人为破坏	9月 （白露、秋分）	平均气温19.9℃，平均降水量63.9mm。 1. 迎国庆，全面整理园容与绿地，挖除死树，剪除干枯枝、病虫枝，做到青枝绿叶。 2. 绿篱的整形修剪工作结束。 3. 中耕除草和施肥，对一些生长较弱、枝条不够充实的树木，应追施一些磷、钾肥。 4. 防治病虫害
5月 （立夏、小满）	平均气温20.1℃，平均降水量36.1mm。 1. 树木抽枝长叶，需大量水分，适时灌水。 2. 对春花植物进行花后修剪及更新，新植树木抹芽和除蘖。 3. 进行中耕除草和及时追肥。 4. 防治病虫害	10月 （寒露、霜降）	平均气温12.8℃，平均降水量21.1mm；气温下降，树木开始相继休眠。 1. 秋季栽植耐寒较强的乡土树种。 2. 收集落叶积肥。 3. 本月下旬开始灌冻水。 4. 防治病虫害
6月 （芒种、夏至）	平均气温24.8℃，平均降水量70.4mm。 1. 给树木灌水与施肥，保证肥水供应。 2. 雨季即将来临，疏剪树冠和修剪去与架空线路有矛盾的枝条，特别是行道树。 3. 中耕除草。 4. 防治病虫害。 5. 做好雨季排水准备工作	11月 （立冬、小雪）	平均气温3.8℃，平均降水量7.9mm。 1. 秋季植树。 2. 继续灌冻水，上冻之前灌完。 3. 对不耐寒的树木做好防寒工作，时间不宜过早，对树干涂白。 4. 深翻绿地，给园林树木施基肥
7月 （小暑、大暑）	平均气温26.1℃，平均降水量196.6mm。 1. 排除积水防涝。 2. 中耕除草及追肥，后期增施磷、钾肥，保证树木能安全越冬。 3. 移植常绿树种，最好入伏后降过一场透雨后进行。 4. 修剪树木，抽稀树冠，达到防风目的。 5. 防治病虫害。 6. 及时扶正被风刮倒倾斜的树木	12月 （大雪、冬至）	平均气温2.8℃，平均降水量1.6mm。 1. 防寒。 2. 冬季树木整形修剪。 3. 消灭越冬害虫。 4. 继续积肥。 5. 加强机具维修和养护。 6. 进行全年工作总结

华东地区代表城市园林树木养护管理工作月历　表 5-2

代表城市 月	南　京	代表城市 月	南　京
1月 （小寒、大寒）	平均气温1.9℃，平均降水量31.8mm。 1. 冬植抗寒性强的树木，如遇冰冻天气立即停止；对喜温树种（如樟树、石楠、法国冬青等）可先挖树坑。 2. 深施基肥，大量积肥和沤肥堆肥。 3. 冬季整形修剪，剪除病虫枝、伤残枝及不需要的枝条，挖除死树，冬耕。 4. 做好防寒工作，遇有大雪，对常绿树、古树名木、竹类要组织打除积雪。 5. 防治越冬害虫。 6. 经常检查巡视防寒措施的完好程度	6月 （芒种、夏至）	平均气温24.5℃，平均降水量145.2mm。 1. 加强行道树的修剪，解决树木与架空线路及建筑物之间的矛盾。 2. 做好防台风、防暴风雨的工作，及时处理易造成危险的树木。 3. 做好抗旱、排涝工作，确保树木花草的成活率和保存率。 4. 抓紧晴天进行中耕除草和大量追肥，保证树木迅速生长，进行花灌木花后的修剪整形、剪除残花。 5. 雷雨季节可对部分树木进行补植或移植。 6. 采收杨梅、蜡梅、郁李、梅等种子。 7. 防治病虫害（如蓑蛾、刺蛾幼虫和蚧壳虫的幼虫）
2月 （立春、雨水）	平均气温3.8℃，平均降水量53mm。 1. 继续进行一般树木的栽植。本月上旬开始竹类的移植。 2. 继续进行冬季整形修剪。 3. 继续进行冬施基肥和冬耕，对春花树木施花前肥，并做好积肥工作。 4. 继续做好防寒工作。 5. 继续除治越冬害虫	7月 （小暑、大暑）	平均气温28.1℃，平均降水量181.7mm。 1. 本月暴风雨多，暴风雨过后及时处理倒伏树木，对凹穴填土夯实，排除积水。 2. 对行道树修剪、剥芽，对葡萄修剪副梢。 3. 进行新栽树木的抗旱、果树施肥及除草松土。 4. 防治病虫害，清晨捕捉天牛，杀灭蓑蛾、刺蛾。 5. 继续做好防台风、防暴雨的工作
3月 （惊蛰、春分）	平均气温8.3℃，平均降水量73.6mm。 1. 3月12日是植树节，做好宣传和植树工作，起、运、栽、管即时完成，提高植树成活率。 2. 对原有树木、果树、花灌木浇水和施肥。 3. 清除树下杂物、废土及树上的钢丝、铁钉等。 4. 逐步撤除防寒设施及堆土	8月 （立秋、处暑）	平均气温27.9℃，平均降水量121.7mm。 1. 继续做好抗旱排涝工作，旱时灌水，涝时及时排除积水，确保树木旺盛生长。 2. 继续做好防台风及防汛工作，及时解决树木与电线和建筑物的矛盾，倒歪树木要及时扶正栽好。 3. 进行夏季修剪，对徒长枝、过密枝及时剪去，以增加通风透光，4月份未修剪的绿篱、树球本月中下旬要修剪； 4. 挖除死树，对花灌木及绿地进行中耕除草。 5. 继续做好防治病虫害工作
4月 （清明、谷雨）	平均气温14.7℃，平均降水量98.3mm。 1. 本月上旬完成落叶树栽植工作，樟树、石楠、法国冬青等以本月发芽时栽植最适宜。 2. 新植树木立柱支撑。 3. 对各类树木进行除草、松土、灌水抗旱。 4. 修剪常绿树绿篱，做好树木的剥芽、除蘖工作。 5. 防治病虫害，对易感染病害的雪松、月季、海棠等每10天喷一次波尔多液	9月 （白露、秋分）	平均气温22.9℃，平均降水量101.3mm。 1. 准备迎国庆，加强中耕除草、整形修剪等工作。 2. 绿篱的整形修剪工作结束。 3. 整理园容和绿地。 4. 防治病虫害，特别是蛀干害虫（如天牛、木蠹蛾等）。 5. 继续抓好防台风、防暴雨工作，行道树与庭园树木如有倒歪的及时扶正
5月 （立夏、小满）	平均气温20℃，平均降水量97.3mm。 1. 对春季开花的灌木（如紫荆、丁香、连翘、金钟花等）进行花后修剪及更新，追施氮肥，中耕除草。 2. 新植树木应加强管理。 3. 灌水抗旱。 4. 及时采收成熟的枇杷、十大功劳、结香、接骨木的种子。 5. 防治病虫害，做好预测预报工作	10月 （寒露、霜降）	平均气温16.9℃，平均降水量44mm。 1. 对新植树木全面检查，确定全年植树成活率。 2. 樟树、松柏类等常绿树木带土球出圃供绿化栽植。 3. 采收树木种子。 4. 防治病虫害

续表

月＼代表城市	南　京	月＼代表城市	南　京
11月（立冬、小雪）	平均气温10.7℃，平均降水量53.1mm。 1. 进行秋季植树（大多数常绿树及少数落叶树），掌握好起、运、栽三个环节，保证栽植成功。 2. 进行冬季修剪，剪去病虫枝、徒长枝、过密枝，结合修剪储备插条。 3. 冬翻土地，施肥，改良土壤。 4. 做好防寒工作，对抗寒性差或引进的新品种要进行防寒（如卷干、涂白、搭暖棚、设风障等）。 5. 柑橘类施冬肥。 6. 大量收集落叶杂草积肥和沤肥堆肥。 7. 防治病虫害，消灭越冬虫包、虫茧和幼虫	12月（大雪、冬至）	平均气温4.6℃，平均降水量30.2mm。 1. 除雨、雪、冰冻天气外，大部分落叶树可移栽。 2. 继续积肥与沤制肥料。 3. 对园林树木、果树等冬季施肥，要深施、施足。 4. 冬季树木的整形修剪。 5. 深翻和平整土地，使土壤熟化。 6. 继续做好防寒工作。 7. 加强机具的维修和养护工作。 8. 防治越冬害虫。 9. 做好全年的工作总结，找出经验与问题，以便翌年推广或改正

东北地区代表城市园林树木养护管理工作月历　　表5-3

月＼代表城市	哈　尔　滨	月＼代表城市	哈　尔　滨
1月（小寒、大寒）	平均气温−19.7℃，平均降水量4.3mm。 1. 积肥和贮备草炭或泥炭。 2. 对园林树木进行巡视、管护、检查防寒设施情况。 3. 组织冬训，举办各类园林绿化培训班，提高职工技术管理水平	5月（立夏、小满）	平均气温14.3℃，平均降水量33.8mm。 1. 对新植树木或树冠更新的树木及时抹芽和除蘖。 2. 灌水抗旱，进行追肥。 3. 5月初对树木进行洗冠除尘。 4. 中耕除草。 5. 防治病虫害。 6. 铺草坪
2月（立春、雨水）	平均气温−15.4℃，平均降水量3.9mm。 1. 进行松类冻坨移植。 2. 冬季修剪进行树冠更新，如柳树、糖槭。 3. 继续积肥。 4. 检修机具	6月（芒种、夏至）	平均气温20℃，平均降水量77.7mm。 1. 修剪树木，疏剪病虫枝、枯枝、内膛过密枝。 2. 对园林树木进行灌溉与施肥。 3. 松土除草。 4. 防治病虫害。 5. 铺设草坪，栽植五色草花坛（上旬最宜）
3月（惊蛰、春分）	平均气温−5.1℃，平均降水量12.5mm。 1. 做好春季植树的准备工作。 2. 继续进行冬季树木的修剪。 3. 继续积肥	7月（小暑、大暑）	平均气温22.7℃，平均降水量176.5mm。 1. 对一些树木进行造型修剪（如榆树）。 2. 中耕除草。 3. 防治病虫害，特别是杨树的腐烂病。 4. 调查春季栽植树木的成活率。 5. 雨季来临，加强排水、防止水涝
4月（清明、谷雨）	平均气温6.1℃，平均降水量25.3mm。 1. 土壤解冻至40～50cm时，进行春季植树，做到"起、运、栽、浇、管"五及时。 2. 撤除防寒设施。 3. 进行春灌和施肥，保证树木萌芽生长。 4. 为迎接"五一"劳动节，于4月下旬进行树木涂白。 5. 对新植树木设置护树支撑	8月（立秋、处暑）	平均气温21.4℃，平均降水量107mm。 1. 加强雨季排水，防止水涝。 2. 对树木进行整形修剪，并修剪绿篱。 3. 调查春植树木的保存率。 4. 挖除枯死树木。 5. 防治病虫害。 6. 加强树木的后期管理，及时中耕除草，保证树木正常生长

续表

月 \ 代表城市	哈尔滨	月 \ 代表城市	哈尔滨
9月 （白露、秋分）	平均气温14.3℃，平均降水量27.7mm。 1. 为迎接国庆节，整理园容和绿地，对主干道上的行道树进行涂白。 2. 修剪树木，剪去枯干枝、病虫枝，挖除枯死树木。 3. 中耕除草。 4. 防治病虫害。 5. 做好秋季植树的准备工作	11月 （立冬、小雪）	平均气温−5.8℃，平均降水量16.8mm。 1. 封冻之前结束树木栽植工作。 2. 灌冻水。 3. 防寒，对不耐寒树种及引进的珍贵树种缠草绳（卷干）防寒或塔防寒棚。 4. 做好冻坨移植的准备工作，在土壤封冻前挖好坑，并准备好暖土
10月 （寒露、霜降）	平均气温5.9℃，平均降水量26.6mm。 1. 本月中下旬开始秋季植树。 2. 对近1～2年栽植的树木灌冻水。 3. 收集杂草、落叶积肥，沤肥堆肥。 4. 对园林树木做好防寒准备工作	12月 （大雪、冬至）	平均气温−15.5℃，平均降水量5.7mm。 1. 冻坨移植树木。 2. 砍伐枯死树木。 3. 继续积肥

三、园林绿化的机构设置

国务院设立全国绿化委员会，统一组织领导全国城乡绿化工作，其办公室设在国家林业和草原局内。各省、自治区、直辖市的绿化管理工作的领导机构一般也设在省级林业行政主管部门内。城市人民政府绿化行政部门（园林局）主管本行政区域内城市规划区的城市绿化工作。

园林绿化养护的机构设置，应根据实际需要而确定。现行的绿化养护的形式一般有两种。一种是绿化面积较大，自己有专门的绿化队伍，这就要设置与之相匹配的机构并明确岗位职责；另一种是绿化面积不大，自己不设立专门的绿化队伍而是将绿化养护工作承包出去，由有资质的专业绿化养护企业承担。这两种形式各有利弊。至于采取哪种形式，应根据具体情况而定。

第二节 浇水与排水

俗话说：收多收少在于肥，有收无收在于水。这充分说明了水分的重要性。植物在整个生命过程中，水分有其突出的影响作用。**在正常情况下，土壤田间持水量以60%～80%为宜。**当土壤水分含量过低时，根系停止生长；当土壤中的水分含量过多、空气含量减少时，根系的呼吸作用减弱，植物的正常生长受到影响，甚至受到抑制；当土壤严重缺氧时，根系被迫进行无氧呼吸，易于引起烂根死亡。当干旱季节，植物光合作用效率降低，难以形成花芽。长期干旱或者涝淹积水，同样可以引起植物的各种不良症状，直至造成死亡。俗话说**“水多要命，水少生病”**，就是这个道理。

一、对园林绿地进行浇水与排水的原则

（一）不同时期不同气候状况，要求不一样

1. 干旱季节

每年的4～6月，为北方地区的干旱季节，这一时期雨水较少，又正值树木旺盛生长，需水较多，水分的供需产生矛盾，因此，在这个时期需要给绿地浇水。江南地区此时因处梅雨季节，空气湿润，有利于树木的生长，一般不用浇水。

2. 雨季

每年的7～8月为雨季，虽然此时树木生长旺盛，需水多，但是雨季降水较多，空气湿度大，一般不需要浇水。相反，雨水过多时，应注意排水。俗话说，**伏天，三天不雨一小旱，五天不雨一大旱。**因此，干旱之年特别是大旱之年，必须及时浇水、浇足。

3. 秋季

每年的10～11月为秋季，气温逐渐降低，应使树木组织生长充实，充分木质化，增强抗性，以利于安全过冬。因此，一般情况下，为避免树木枝条徒长，不应再浇水。如过于干旱，可适量浇水。

4. 逐渐进入冬季

11～12月，树木停止生长逐渐进入休眠期，为提高树木抗性安全过冬，此时应灌一次封冻水，这对于边缘树种安全越冬特别有利。

（二）不同的植物树种、不同的栽植年限，要求不一样

1. 不同植物树种对水分的需求不一样

俗话说，旱不死的蜡梅，淹不死的柑橘。不同的树种对水分的需求是不一样的。

（1）阳性树种。对水分的要求相对较少。有些树种很耐旱，如国槐、刺槐、侧柏、臭椿、柽柳、文冠果等；有些则耐水淹，如柳树、垂柳、杨树类。另外，肉质根的植物，一般也较耐旱，如银杏、牡丹、泡桐等。

对于耐干旱的树种，如胡杨、锦鸡儿、樟子松、紫穗槐、文冠果等，一般情况下可不浇水或少浇水，对于喜湿润的树种，如枫杨、水曲柳、赤杨、水杉等，则应注意浇水。

一般来说，阴性植物则要求有较高的空气湿度和土壤湿度，不仅应多浇水，还要适当增加空气的湿度。

（2）观花树种。特别是花灌木的浇水量与次数应比一般树种要多一些。

（3）灵活掌握。耐旱的不能长期干旱，喜湿的也不能长期过湿；应根据气候不同，注意相应变更。

另外，有些树种具有相反方向的抗性情况也应引起注意。如最抗旱的紫穗槐，其耐水的能力也很强；而刺槐同样耐旱，却不耐水湿。总之，应首先掌握各种树种的不同习性，灵活掌握为宜。

2. 不同的栽植年限，浇水次数也应不同

（1）新栽植的树木。对于新栽植的树木一定要连续浇水3次，方可保证成活。**新栽植的乔木树种，还要连续浇水3～5年，灌木则至少要5年，方可转入正常养护管理。**对于新栽植的常绿树，特别是常绿阔叶树，还应于早晚向树冠上喷水、喷雾，才有利于成活。定植多年的，生长开花正常的，一般不再浇水，但是在干旱年景浇不浇水，应视具体情况而定。

（2）排水。排水也要根据树种的习性以及忍耐水涝的能力而定。如在北方名贵树种中，玉兰、梧桐、梅花等耐水淹最弱，只要一遇到水淹没地表，就应尽快排水。而垂柳、柳树、柽柳、榔榆等均能耐3个月的深水水涝，短期内不排水问题也不大。现在的问题是，城市园林绿地内，种植许多不同的树种，习性往往不一样，因此要以这些树种不遭受干旱、水涝为原则，积极抗旱、抗水涝，使之正常旺盛生长，只有这样才可其发挥最大的生态效益。

（三）不同的土壤状况，措施不一样

城市园林绿地的浇水与排水，应根据不同的土壤类型、质地、结构等有所区别。

1. 黏重的土壤

黏重的土壤保水力强，浇水次数与浇水量应相对减少，同时应多施有机肥及沙质土，增强通透性能，改良土壤的结构，以利于植物的生长。

2. 沙质土壤

沙质土壤保水力差、易于漏水，浇水次数应适当增加，亦可小水勤浇，同样应多施有机肥或掺入黏土，改良土壤结构，增加保水保肥性能，以利于植物的生长。

3. 低洼地

低洼地容易积水，因此低洼地应要小水勤浇，注意加强排水。

4. 盐碱地

盐碱地浇水要大水浇灌，可起到压碱的作用，还要注意改良土壤，如施酸性肥料或有机肥等。

（四）浇水应与其他养护措施结合

1. 浇水与施肥结合

城市园林绿地的浇水应与其他养护措施相结合，以便发挥更积极的作用。要做到浇水与施肥相结合，施化肥前应先浇透水，再施肥，可取得更好的效果。河南鄢陵自古为北方的花都，他们采用的**“矾肥水”**就是水肥结合最好的例子。“矾肥水”常用的配制方法是：水 20～25kg，饼肥或蹄片 1～1.5kg，硫酸亚铁（黑矾）250～300g，或再加入适量的人粪尿，将上述材料一起投入缸内，放置阳光下曝晒发酵约 1 个月，取其上清液兑水稀释后即可使用。用这种水浇过的土壤呈微酸性，pH 值 5.8～6.7。使用“矾肥水”，不仅增加土壤的肥力，也有利于喜酸性花卉的生长，还可取得防治植物缺绿症和地下害虫的效果。但是，这种“矾肥水”污染空气，使用时应注意。

2. 浇水与其他养护措施结合

浇水后应进行中耕除草、培土、覆盖等养护措施，以起到保墒的作用。在绿地生长季节应做到有杂草必除，雨后必锄，浇水后必中耕划锄，这对于保墒、减少土壤水分的蒸发有极大的好处。通过锄地，可起到湿地锄干、干地增湿的良好作用。

二、对绿地树木的浇水

（一）时期

由前述可知，在一年中树木各物候期对水分的需求不同，还因气候、土壤状况而不同。除树木定植需要浇大量的水以外，一般可以分为生长期和休眠期两种类型的浇水时期。

1. 休眠期浇水

（1）即将进入休眠期浇水。就是在秋末冬初浇水。我国北方降雨量少，而且冬春又干旱，在严寒的地区如东北、西北、华北等地，这次的浇水显得非常重要，如北京地区 11 月中下旬灌冻水。此时期昼融夜冻，浇冻水，因水的热容量大，结冰时可以放出大量的热，可缓解根部的环境状况，有利于提高树木越冬防寒的能力。同时，这次浇水还可防止早春干旱，因此，在北方地区，这次浇水是不可缺少的；对于边缘树种、越冬易受冻害的树种以及幼年树等，更为重要。

（2）早春浇水。早春气温逐渐回升，树木即将萌发，此时期往往干旱，因此早春浇返青水尤为重要。特别是经过一个冬季没有或很少自然降水的地域，这一遍水要浇透、浇足。这不仅有利于树木萌发、抽生新梢及展叶，也有利于开花、坐果以及树木健壮生长。有时由于气温回升过快，促使树木萌发早，但还有可能倒春寒，致使萌发的嫩芽受到寒害，此次浇水可以降低土壤的温度、抑制萌发、推迟物候期，避免寒害的侵袭，有利于树木正常生长。

2. 生长期浇水

（1）花前浇水。一般为萌芽后结合花前追肥进行，具体应根据树种因地制宜进行。

（2）花后浇水。多数树种在花谢后半月左右为新梢迅速生长期，此时气温不断升高，蒸发量大，是树木生长旺盛时期，如水分不足则影响树木新梢的正常生长，还会引起大量落果。因此，花后至夏季一段时期，应根据气候等状况多次浇水。

（3）花芽分化期浇水。多数树木是在新梢缓慢生长或停止生长时，进行花芽分化，这一时期也是果实迅速生长期，一般都需要较多的水分和养分。因此，在新梢停止生长前后应适量浇水，可促进春梢的生长，有利于花芽分化以及果实的发育。但是也有一些树种花芽分化期如水分过多则影响花芽的分化，如梅花在花芽分化时期应**“扣水”**，应注意区别对待。

（二）浇水量

因树种不同以及土质、气候条件、植株大小、树种状况等原因，浇水量应有所不同。要按照不同的树种习性进行浇水。对喜水不耐旱的树种如水杉、鹅掌楸等要适当多浇水，对于耐旱树种如松树类等要少浇或者不浇水。

需要浇水时，在有浇水条件的地方应浇足水，应使水渗透到树木主要根系集中分布的区域，严禁仅表土湿润而底土长期干燥。一般已开花的乔木树种，浇水大多应渗透到土层 80～100cm 的深处，就是**要渗透到树木根系的主要分布层**。适宜的浇水量一般以达到土壤最大持水量的 60%～80%为宜。

（三）浇水的方法以及要求

1. 浇水的顺序

新栽的树木、小苗、灌木、阔叶树要优先浇水，定植多年的树木、大树、乔木、针叶树可缓浇或后浇水。

2. 一年中浇水的次数

一般全年浇水 6 次，安排在 3 月、4 月、5 月、6 月、9 月、11 月各一次。在干旱的年份以及其他原因造成干旱的，应适当增加浇水的次数。在雨量较多的年份，应适当减少浇水的次数，并要注意排水。

3. 单株浇水量

每次每株树木的最低浇水量，原则是要浇透，要使水渗透到树木根系主要分布区域，一般乔木约 90kg，灌木约 60kg。

4. 水质与水源

浇灌树木绿地的水质应符合现行国家标准《农田灌溉水质标准》GB 5084 的规定。

常用水源一般为自来水、井水（含土井、机井等）、池塘水、湖水、河水、天然泉水以及经过处理后的工业与生活废水。池塘水、湖水、河水以及井水含有多种有机物质，是较好的灌溉用水。必要时可使用经过处理达标的工业与生活废水，但未经处理的污水不能作为灌溉用水。

由于我国是贫水国家，应节约用水或开辟新的水源。2005 年 5 月 16 日北京市下了一场中雨，市政府率先收集雨水浇绿地，**开发利用雨水资源**。北京市政府在院内建了一个**雨水收集池**，这一天收集雨水 44.12 m^3，浇灌绿地 1.5 万 m^2。北京市政府的这一举措，为节约水资源、开辟新的水源找到了新的途径。还可以**将绿地范围以外的铺装改为透水铺装材料**，以便于雨水迅速渗透到地下，补充地下水以减少雨水资源的浪费。

绿化取水点的设计应方便和安全。无论是喷灌设施，还是普通水龙头，设计时首先要考虑到各绿化地段都能充分方便浇水。另外，作为绿化工程的一部分，各取水点的位置应安全和美观，切不可出现喷头或水龙头高高凸起，或设置在园林道路上，以免人们行走或儿童嬉戏时摔倒或戳伤。

5. 常用的引水方式

常用水泵提水、胶管引水、水车运水、自动化管道或渠道引水等方式进行，如图 5-1 所示。

最常用的就是胶管引水，但是每次移动水管的位置时，都要先关掉水龙头，回来摆好位置再去打开水龙头，费时费力。我们可以改良一下胶管。先量好距离使胶管长短合适，将胶管的尽头封死，再在靠近胶管尽头 10cm 处，将胶管横切开，开口长度应根据具体情况而定，再在距离开口 40～50cm 处，安装一个阀门，这样就可以方便地控制阀门了，如图 5-2 所示。

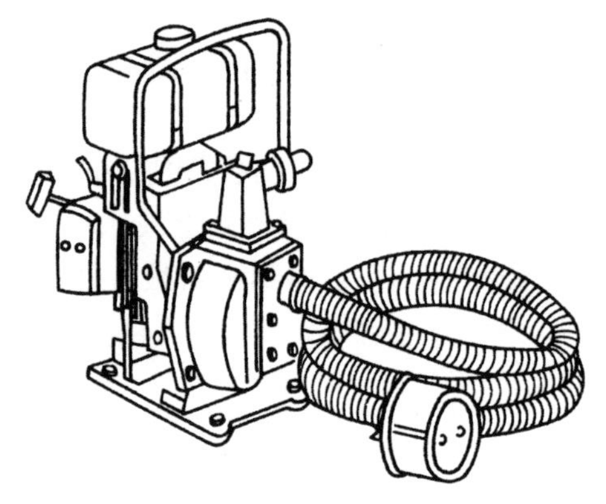
图 5-1 喷灌机

图 5-2 改装胶管喷头

6. 浇水方式

(1) 单坑浇水。适于株行距较大、地势不平坦、人流较多的绿地或行道树等，每棵树筑一个围堰浇水，保证浇水均匀。

(2) 连片浇水。适于株行距较小、地势平坦、人流较少、水源充足的地方，几棵树连片加大围堰浇水，但有时不均匀。

(3) 喷灌。绿地内预先设置好供水管道，安装自动喷头进行人工降雨。现在在草坪上往往采用这种方式浇水。这样不仅起到浇水的作用，还可改善绿地周围空气的湿度，为园林植物的生长创造良好的生长环境。

(4) 滴灌。是比喷灌更先进、更节水、更合理的一种形式。用水管引到树木的根部附近自动定时控制水量和时间，以保证水分定时地、一滴一滴地滴出，可大大节约水资源，应大力推广。

7. 浇水的质量要求

(1) 树坑的围堰应开在树冠正投影的范围，不要过大或过小，也不要过深，以免伤根。围堰应以不漏水为准。如有漏水应及时筑好，并进行补灌；围堰内地面应平坦，以保证水的分布均匀。

（2）浇水要均匀、水量要充足是基本的质量要求。每次浇灌水应满足植物成活及生长的需要。

（3）待水渗透后，应及时覆盖、封土，必要时进行中耕，以切断土壤中的毛细管，防止水分蒸发，以利于保墒。

（4）浇水的水温与气温不要相差过大，如刚刚从深井中提出的水温度与气温相差过大，应将提出的水先放置一段时间后再浇水。浇水一般夏季应于早晚进行，冬季应于中午前后进行。

三、草本花卉的水分管理

（一）绿地内的草花浇水

绿地内栽植的草花，其浇水方法除前面介绍的以外，小面积的还可用喷壶喷水或低压水管缓浇。幼小苗宜用细孔喷壶喷水，但是在盛花期或嫩芽、茸毛较多的花卉不宜喷灌，因为水喷到植物体上容易造成腐烂。草花浇水时，同样应注意不同的花卉种类、培养土、季节等，应采取不同的方式处理，每次也应浇透土层，不能只表土湿润而底土长期干燥，这样不利于花卉生长。

（二）盆花浇水

盆栽花卉的浇水要更加细心、及时，**要按照间干间湿、不干不浇、浇则浇透、透而不漏的原则进行**，即盆底渗水孔微有渗出即可，如渗漏过多，不仅浪费水，也使土壤中的养分淋失。另外还要注意不同花卉的习性，以及浇水的水温与土温差异不能太大，一般以相差不超过5℃为宜，以免花卉根部受伤；如温差过大，应先将水放置一段时间，这样既可使温差缩小，又能将自来水中的氯气等挥发掉，有利于花卉的生长。为了提高浇水的质量，也可在水中加入一定比例的有机酸，如醋酸、柠檬酸或硫酸亚铁（黑矾）、硫黄粉等，以利于花卉的生长。

因缺水而造成萎蔫的盆花，应先浇少量的“还魂水”，待其复苏后再逐渐加大浇水量，使其缓慢恢复原状，正常生长。如果直接浇水过多，反而不利于生长。

四、排水

若土壤中水分过多、氧气不足，植物根系的呼吸作用会被抑制，严重缺氧时，根系被迫进行无氧呼吸，产生有害物质，造成根系腐烂。为防止绿地涝害，保护绿地的主要措施就是要及时排水。排水方法一般有以下几种：

（一）地表径流

绿地排水最常用的方法就是地表径流。地表径流是将绿地表面整理成有一定的坡度，保证雨水能从地面及时、顺畅地流到下水道或河湖中排走。地面坡度一般为0.1%～0.3%，不要有坑洼死角，这种方法造价低而不留痕迹。

（二）暗沟排水

在地下埋设管道或砌筑暗沟将低洼处的积水导出。地下埋设的管道应是特制的，上半截是镂空的，但又不会因土渗透进去而堵塞。此法可保持地势基本平整，利于交通，节约土地，但是造价较高。我国园林资材市场上新出现的**具有排贮功能的塑料盲沟管、软式透水管、渗排水板等，效果良好。**

（三）明沟排水

在地表挖明沟，将低洼处的积水引导出去。此法适用于大雨过后排除积水。明沟宽窄视水情而定，沟底坡度一般以0.2%～0.5%为宜。此法要占用大量的土地，可平时栽植耐湿的地被植物覆盖，亦可结合地形变化而设置。

（四）渗井排水

渗井属于水平方向的地下排水设备。当地上大面积平坦，排水量较小，又遇大量降水，易造成积水，可设置渗井排水。渗井穿过不透水层，将地面积水引入地下深层，以降低地下水位进行排水。渗井顶部四周用黏土填筑围护，井顶应加盖封闭。渗井开挖应根据实际情况而定。

（五）防止大雨侵袭绿地

大雨已经侵袭到绿地，再进行排水，可能就已经造成损失了，甚至是不可挽回的损失。在比较珍贵或有特殊任务的绿地等，可采取搭设雨棚、覆盖塑料薄膜等方法，预先防止大雨的侵袭，而完好地保护绿地，甚至雨中、雨后还能够正常地进行一些活动，如西方发达国家的足球运动场，雨前就**可自动地铺上防雨（雪）侵袭的遮雨（雪）棚**，以防止因雨（雪）造成的损害。

实践中，有时我们发现，这一年的雨水并不少，不知为什么，新栽植的大树或小树反而成活率不高。通过把死树刨出、调查发现，原来是栽植树木的地域为黏性土，不易渗水，栽植树木所挖的树坑，形成了一个大的花盆，其内土壤很潮湿，而其外土壤却十分干燥。造成树木的根系长期浸泡在过于潮湿的环境中，导致新栽植的树木死亡。为了避免这种现象发生，在遇到黏重、不易渗透水分的坚硬土质时，挖掘的栽植树坑应当要更大一些，更深一些，要换上好的土，在挖好的树坑底部**设置透水层**或在树坑的四角，再向下深挖或往下钻 50～100cm、直径不小于 10cm 的深洞，里面填入粒径为 3～4cm 的石砾或珍珠岩等，以便于渗透多余的水分，减少因水分不能渗透而造成的水涝伤害。

第三节　施肥与改良绿地土壤

一、施肥的作用

人类开发原始森林以前，在森林的地面上形成了枯枝落叶层，枯枝落叶经微生物分解转化为可溶性的无机物补充到土壤中，形成了**土壤养分的良性大循环**。不用施肥，原始森林照样生机勃勃!

但是，现在人工园林绿地上枯枝落叶层没有了，土壤养分的良性大循环被破坏了。在人工绿地上，树木定植后在栽植点要生长多年甚至上百年，依靠根系从土壤中吸收水分与养分，以维持生长所需。但是由于树根所能达到的范围和土壤内的养分都有限，时间长了，就不能满足树木生长需要了，往往造成树木因缺乏养分而生长衰弱甚至造成严重的后果。为了改变这一状况，必须要向树木生长的土壤内补充肥料，以满足树木正常生长的需要。

特别是树木定植后的最初 2～3 年，要不断地补充土壤养分，提高土壤肥力，使树木根系恢复生长，进而使树木旺盛生长。

通过施肥做到：

（一）增加植物生长必需的营养物质

植物生长必需的一些大量元素如氮、磷、钾，以及硫、钙、镁，还要有一些微量元素，如铁、硼、铜、锌、锰、钼、氯等，这些元素对植物的生长起到不同的作用。通过施肥供给植物生长所需要的这些养分。

（二）改良土壤，为植物生长创造有利的环境条件

通过施肥，特别是施有机肥，改善土壤的理化性质和土壤结构，使土壤疏松并提高透水、通气和保水的性能，有利于根系的生长，进而有利于树木的旺盛生长。

（三）有利于养分的转化

通过施肥，可以为土壤中微生物的繁殖与活动创造有利的条件，进而促进肥料的分解，改良土壤，使土壤中不可被植物直接吸收利用的盐类变为可吸收的状态，有利于树木的旺盛生长。

二、合理施肥的原则

（一）树木不同物候期的需肥特性

1. 生长中心

一年内，树木要经历不同的物候期，如早春首先根系活动，而后萌芽、抽梢长叶、开花、结果以及落叶、休眠等。物候期意味着树木生长中心的改变。当树木的营养物质丰富、供应充足，这个生长中心表现得就好、就旺盛，否则将影响其生长。

2. 根系、抽枝展叶、花芽分化、开花结果等的生长盛期

（1）根系生长盛期。早春和晚秋是树木根系生长的盛期。因为根系开始活动时，需要的温度比地上部分要低，春季地上部分发芽之前，根系已经进入生长期。因此早春施肥应在根系开始生长之前进行，这样才能赶上树木此时的生长中心和养分分配中心，促使根系加速生长，向更深、更广发展，因此，冬季对树木施基肥，对根系的生长极为有利。此时树木需要较多的磷肥、钾肥，但是早春施速效性肥料时，不宜过早，以免造成肥料流失。秋末，树木的地上部分逐渐停止生长，而根系将进入一个新的生长高峰时期。

（2）抽枝展叶盛期。随着气温的升高逐渐进入抽枝展叶的盛期。这一时期细胞迅速分裂，枝叶急剧增加，树木的体量不断扩大。树木需要从土壤中吸收大量的氮肥，以利于枝叶生长。

（3）花芽分化盛期。早春开花的树种其花芽分化往往是在前一年的夏秋季节进行，因此在夏秋季节应施以磷肥为主的肥料，满足花芽分化的需要，此时多分化花芽，为来年多开花、多结果打下基础。此时如氮肥过多，则能促进枝叶的旺盛生长而不利于花芽的分化。

（4）开花期与结果期。这一时期需要大量的磷肥和钾肥，才能多开花且花朵艳丽，使果实充分发育。

（二）树木需肥期因树种不同而异

城市园林绿地栽植了很多不同的树种，它们对不同的养分需要不一样，施肥的时期也不相同。

1. 庭荫树、行道树

庭荫树、行道树冠大荫浓才能充分发挥其绿化的功能。春季迅速抽梢发叶，可迅速增加其体量，因此在冬季落叶后至春季萌芽前，应施大量的有机肥，到春季即可分解成可使植物吸收利用的状态，供春季树木生长时吸收利用。

2. 高生长前期型的树木

该类树木的高生长只是在整个生长期的前半期进行，如在生长的中后期施肥则对枝条的生长无明显的效果。因此高生长前期型的树木应在冬季就施以大量的有机肥，供春季树木生长时吸收利用，使高生长明显加速，如银杏、油松等。

3. 高生长全期型的树木

该类树木的枝条在整个生长季节内可持续生长，如果冬、春季施肥不足，生长期内还可以

追肥的形式继续促进枝条的高生长，不仅前期施肥效果明显，甚至生长中期或稍偏后期施肥效果也明显，如悬铃木、雪松、榆树、刺槐等。

4. 观花树种

对观花树种施花前和花后肥，可收到事半功倍的效果。早春开花的乔灌木，如迎春、连翘、碧桃、海棠、樱花、榆叶梅等，休眠期施肥对花芽萌发、花朵绽开有重要的作用。花后是枝叶生长的旺盛期，及时施入以氮肥为主的肥料，可促进枝叶生长。在枝叶生长转缓之后，为花芽分化和形成期，应改施以磷肥为主的肥料，为来年开花打下良好的基础。

5. 一年中多次抽梢、多次开花的灌木

如月季、紫薇、木槿等，每次开花之后应及时补充氮、磷为主的肥料，既可促枝叶又可促花芽形成再次开花。一年内多次施肥，才能花繁、枝旺。如只施氮肥，则只会使枝叶茂密，不利于形成花芽。

（三）注意肥料的性质不同

肥料的性质不同，施肥的时期不同，其效果也不一样。

1. 迟效性肥料

有机肥料一般是迟效性肥料。这类肥料因需腐烂发酵分解、矿质化后才能被植物吸收利用，故应提前施入。迟效性肥料一般在冬季施入土中，往往作为基础肥料使用，又称基肥。

2. 速效性肥料

无机肥料一般是速效性肥料。这类肥料易挥发、易流失或施后易被土壤固定，如过磷酸钙、碳酸氢铵等宜在树木需肥前施入，但不可过早。速效性肥料可在生长期追施，又称为追肥。

3. 同一肥料因施用期不同而效果不一样

（1）氮肥能促进细胞分裂、促进枝叶生长，使树木青翠挺拔。因此，应在春季树木展叶抽梢、扩大树冠之际大量施入氮肥，以取得枝繁叶茂的效果，而秋季应及早停施氮肥，增施磷、钾肥，目的是尽快使枝条木质化，安全过冬。

（2）树木的根系生长和花果生长，需要较多的磷、钾肥。应在早春和春夏之交，树木由营养生长转向生殖生长阶段多施磷肥和钾肥，以保证根系和花果的正常生长和增加开花量。同时磷、钾肥能增强枝干的坚实程度，提高抗寒、防病的能力，因此树木生长的后期，应多施磷、钾肥，以利于树木安全过冬。

（3）同一肥料，施用时期不同，会有不同的反应。在树木的开花坐果期，即使大量地、超常规地施入氮肥及水分，仍能利于开花坐果。但是，如果于在开花坐果期之后，即使少量施入氮肥，也会加剧生理落果现象。这说明了适时施肥的重要性。

三、施肥

（一）土壤施肥

1. 土壤施肥的概念与要求

（1）概念。土壤施肥就是将肥料施入土壤中，由植物的根系吸收利用。

（2）要求：

1）施肥的深度。往往由植物根系主要的分布层深度而定，不同的树种其根系分布的深浅不一样，施肥的深度与范围就应不同，而且应随树木年龄的增长而加深和扩大。一般土壤施肥深度应在地表以下 20～50cm。除此以外，不同的肥料种类，其深度也不一样，如氮肥，在土壤中有较强的移动性，可浅施，随浇水或雨水渗入深层。而移动较困难、易被土壤吸附的磷、钾肥，应适当深施在根的分布层内，以利于根直接吸收利用，才能充分发挥肥效。

2）施肥的类别。土壤施肥，大都是施基肥，一般为迟效性肥料，需要较长时间的分解，土壤应有一定的湿度，应深施。而追肥一般为速效性肥料，俗称化肥，易流失，应浅施。现在市场上有一种**有机无机复合肥**，是一种新型肥料，这种肥料兼有有机肥、无机肥的优点而颇受欢迎。

3）环保要求。应当注意的是，传统的有机肥往往不利于环保，现在施肥应施**环保型肥料**。化肥已有100多年的历史。现在，对于正确合理地使用化肥提出了新的要求：要使肥料的释放和树木的吸收达到平衡，这样才有利于树木的生长，从而出现了**“高级缓释肥”**。

长效（智膜）控（缓）释肥的主要成分有全氮（铵态、硝态等）、有效磷、可溶性钾盐以及多种大量微量元素和保水凝胶剂等，其他成分有腐殖酸、海草灰提炼物、生物激素、复合维生素添加剂以及鱼肉、骨粉、羽毛等有机物。以上各种主要成分均以聚合物包膜，经特殊处理。这种肥料就像是有一个开关一样，使肥效陆续、适时、缓慢持久地释放出来，有的肥效长达12～14个月，可增强植物根系生长能力，提高植株成活率，使植株生长健壮，不仅可改良土壤提高地力，还大大节省劳动力。

我国生产的**环保型缓释肥**，有草坪专用肥、园艺专用肥、观叶植物专用肥、松树与云杉专用肥、开花植物专用肥、钙镁补充肥、磷钾补充肥等。草坪专用肥的优点是：氮、磷、钾配比合理，能满足植物对营养元素的需求；70%的氮来自异丁叉二脲，降低了氮的淋溶，保持长时间（80～120天）的营养供应；科学地加入除草剂和微量农药成分，有效地抑制杂草的生长，减少病虫危害；另外，该肥料颗粒均匀，利于撒施等。

2. 施肥常用的方法

在冬季树木休眠期，往往采用以下方法施肥：

（1）辐射状沟施。以树木的根颈为中心，从远离树木根颈50cm处，均匀地向外挖4～6条渐远渐深、辐射状的沟，沟长要超出树冠正投影的外缘，将肥料施入沟内，覆土踏实。这种方法伤根少，树冠投影内的根也能着肥。

（2）环状沟施。在树冠正投影的外缘挖30～40cm宽、30～50cm深的环状沟，将肥料均匀地撒在沟内，覆土踏实。此法，肥料与树木的吸收根较近，肥料易于被吸收利用，但是受肥面小，根系易受损伤。

（3）穴施。在树冠正投影的外缘，均匀地挖6～8个坑，深30～50cm，施入肥料，覆土踏实。

（二）追肥

追肥就是在生长季节增施速效性肥料，以促进树木的生长。城市园林绿化中，施追肥一般用化肥或菌肥。

1. 根施

一般采用穴施法，将肥料施于地表以下10cm处，或结合浇水将肥料施于树冠投影范围内的土层中，以便于根系吸收利用。应当注意，仅仅把肥料撒在地表，不会给树木带来任何好处，因根系有趋肥性，肥料撒在地表易造成根系向上生长，而降低树木的抗性。正确的做法是，将肥料施于地下土层中。近年来，市场上出现的**棒状缓释长效树肥**是一种既环保，又省工的产品，可用手提电钻机（施肥枪）钻孔，将棒状肥施入，或者**用棒状施肥器施入**，对行道树等效果明显（在树冠投影范围内外、人行道铺装的十字缝隙处施入）。

德国对于老龄树木，**利用电钻机（施肥枪）在地面钻孔随即将肥料施入**，效果良好。穴孔的直径一般 5～8cm，孔深视根系生长状况而定，一般深约 30～60cm，然后将肥料填入至离地表 10cm 处，再用粒径 7～15mm 的粗沙砾填满。施肥点应分布在树冠投影内外各 1m 的范围内，从距树干 60～80cm 处开始向外画若干个同心圆，在每个圆周上，每隔 40～60cm 钻一个施肥穴，这样每平方米有 5～10 个施肥孔。这种方法施肥效率高、效果好，对根系的伤害最小，尤其适合栽植在水泥或沥青铺装或土壤过于板结的树木。

2. 根外施

根外施追肥时，将肥料配成溶液喷洒在树木的枝叶上，营养元素由叶面吸收，供树木利用，这种方法为根外追肥。根外追肥时，一定要按照规定的比例稀释，浓度不可过高，必要时也可与农药混合喷施。

3. 注意事项

（1）有机肥料应充分发酵腐熟后方可使用；商品肥料应有产品合格证，或已经过试验证明符合要求；施用无机肥料应测定绿地土壤有效养分含量，并宜采用缓释性无机肥。化肥则必须粉碎成粉状。

（2）施肥，尤其是根施追肥后，应及时适量浇水，使肥料充分渗透到土壤深层，否则溶液浓度过大，对根系不利。

（3）为使营养元素全面，常将不同肥料混合施用，但要注意混合后的肥效、酸碱度等。

（4）根外追肥最好于傍晚进行，以免气温过高，易对树叶造成药害或降低效果。

四、改良绿地土壤

（一）客土

一般来说绿地的土壤比较差，表现在土壤的理化性质较差，易板结，不通气，土壤养分缺乏，甚至有不少建筑垃圾等。按说土质过差的，在进行植树工程施工时就应当换土并达到一定的厚度，此时客土可取得事半功倍的效果；此时没有换土的，在以后的日常养护工作中就应当逐步地将其改良。

如绿地内的土壤沙性较强，则应当掺入一些黏性土和腐熟的有机肥进行改良；如绿地内土壤过于黏重，应当加入一些沙土和腐熟的有机肥加以改良；土壤呈碱性的就要针对具体情况长期进行改良，如采用引水压碱，施硫黄粉、硫酸亚铁、酸性肥料等。这些都是传统的改良土壤的方法。改良土壤要年年坚持，长期坚持，必有成效。

（二）改善绿地土壤的理化性质

1. 使用土壤免耕剂

土壤免耕剂不仅具有有效地改善土壤结构、疏松土壤、提高土壤通透性、促进土壤生物活性、增强土壤肥水渗透力以及促进植物根系发达等优良特性，而且是成本低的高新科技生物化学制剂。园林绿地往往通透性差，易造成土壤板结，正确使用土壤免耕剂可以有效地改善这一状况。在使用土壤免耕剂时应注意正确掌握用量，根据不同的土质来确定用量。

土壤免耕剂使用后可使土壤疏松且疏松土壤的深度可达到地表以下 80～120cm，这不仅免去人工耕作的艰辛，还同时提高肥料利用率 50%以上。但是土壤免耕剂一定要在土壤充分湿润的条件下使用。因为**水是土壤免耕剂的生物活性载体**，如果土壤里没有充足的水分，免耕剂的生物活性就不能被激活。即便是施用后长期干旱无水，药剂也不会失效，等到土壤里重新有了充足的水分后其生物活性仍可被激活，并促使板结的土壤疏松，达到免耕增肥的效果。

2. 使用土壤改良剂

土壤改良剂由 6 大类 20 多种不同的物质构成，在植物生长过程中协同作业，增进土壤保持水分和营养的能力，促进植物的生长发育。这 6 大类物质有植物生长促进剂、吸水聚合物、水溶性矿物肥料、缓释矿物肥料、药剂肥料和载体物质。其作用是改良土壤，促进植物根系生长，减少灌溉，激发土壤中微生物的活力，充分发挥并增强使用肥料的效果，使植物能在退化、盐碱或河流沿岸的土壤中生长，帮助植物度过因干旱或移植损伤等困难时期且不污染环境。

3. 使用土壤保水剂

超级土壤保水剂，吸水高达 400 倍，可持久供应水分，节约用水量一半以上，减少用肥量 30%，增强土壤的通透性和植物根系发育能力，不仅使植株生长健壮，延长灌溉周期，而且持效 7～10 年且不污染环境，尤其是在干旱的地区效果最为明显。

4. 绿地巧施草木灰

草木灰是优质钾肥和土壤疏松剂，可提高园林植物的抗旱性，使其枝叶青绿，增强光合作用，减少花果脱落，促进花、果着色鲜艳。同时，还是园林植物病害的“克星”，能防止早期落叶，防治根腐病和霜霉病等多种病害。

5. 施用煤炭垃圾肥

有资料表明，**煤炭垃圾肥**含氮 0.42%，含磷 0.48%，含钾 1.6%，含有机质 24%，挥发性固体物 13%，并有其他微量养分且肥效持久。在土壤呈酸性的地区，多施煤炭垃圾肥能改良土壤结构，降低土壤酸性，提高土壤肥力，疏松土壤表层，促进园林植物根系的生长发育。如果化肥与煤炭垃圾肥混合施用，还可减少化肥的淋溶损失，间接地提高肥效和增强根系的吸收能力。

6. 利用园林管理的下脚料增加绿地的肥力

我们还可以**充分地利用园林绿化工作的下脚料增加绿地的肥力**。将整形修剪下来的树枝、枯叶，与平时修剪草坪时剪下的草屑以及秋季搜集的枯枝落叶等，经**削片/粉碎机**粉碎后沤制成腐叶土施入绿地土壤内，如图 5-3 所示。年复一年地进行这项工作，坚持数年，必有收效。可以说，在基本上不增加或稍增加成本的前提下，就能够将绿地的土壤改良成为肥力高、疏松、通透性强、保温保湿质优的土壤，有利于园林树木花草高质量健康旺盛地生长。这样做还能变废为宝，解决绿化中的枯枝落叶问题。

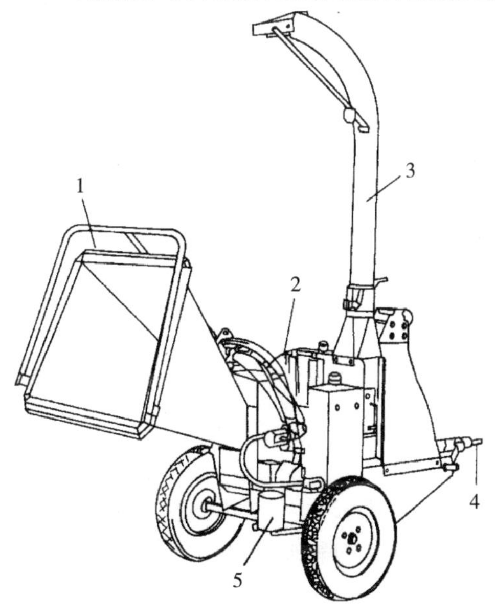

图 5-3 拖拉机牵引式削片/粉碎机
1—进料口；2—切削装置；3—出料口；4—动力输入轴；5—机架

7. 传统的有机肥沤制方法

传统的有机肥沤制方法存有不少缺陷。使用枯枝落叶、木屑制作营养土，首先，生产周期太长，传统方法沤制需要 1～2 年的时间。其次，在传统沤制过程中，散发臭味、污染环境，一般都有“脏”“黏”“臭”现象，使用不方便、不卫生，还易造成烧根。

8. 沤制有机肥的新工艺、新方法

在我国园林绿化资材市场上出现的**有机物料腐熟剂**克服了传统沤制有机肥的缺陷。什么是有机物料腐熟剂？有机物料腐熟剂又叫作**微生物发酵菌剂**，是指采用高科技方法，经人工特别培养、选育、提纯、复壮等工艺，形成的一种有着特殊功能的复合型微生物菌种制剂。它主要用于城市生活垃圾、公园物业小区枯枝落叶、苗木花卉下脚料、农作物秸秆、禽畜粪便、养殖场屠宰下脚料等有机废弃物的快速腐熟，并使其变为绿色无公害肥料或饲料。与传统的沤制方法相比，其突出的特点是：①大大缩小了有机物料腐熟的时间，粪便类一般需4～7天即可，枯枝落叶木屑类一般最多需30天即可发酵腐熟；②杀灭有害杂菌，极大地减少隐藏在有机肥中的病菌对作物的危害，且对有价值的养分资源可循环利用，减少了滥用化肥带来的危害；③使用这种有机肥能够很好地疏松土壤，吸附残留的农药，缓解和改善土壤板结、土壤盐渍化等问题；④制作简单、成本低廉。

使用有机物料腐熟剂制作腐叶土的配方与配制方法有多种，下面仅介绍一种。

（1）腐叶土原材料配方：阔叶树落叶10m^3＋尿素2.5kg＋有机物料腐熟剂2kg＋米糠5kg＋水200kg。

（2）制作方法：

1）备料成堆。先把阔叶树落叶10m^3堆积成大堆，边堆积边镇压，尽量缩小堆积的体积。

2）配制营养液。为微生物配制含氮的营养液，以利于微生物快速繁殖，用2.5kg尿素兑水200kg制成尿素水，将其均匀地撒在落叶堆上，落叶堆浸透尿素水后，上面要覆盖透气性覆盖物，24h后进行接种。

3）接种。将2kg有机物料腐熟剂与5kg米糠混合拌匀成增量菌剂，以便于撒匀。然后进行接种，将增量菌剂均匀地撒在落叶堆中，边翻边撒，细致均匀。

4）覆盖、发酵、翻倒。接种完后，在大堆上面覆盖透气覆盖物，应做到遮光、避雨。在这种情况下，经过5～10天的发酵，温度可达55～60℃，之后翻动一次，再经过5～10天的发酵，累计翻动2～3次即可完成发酵过程，就成为有机肥，亦可作为屋顶绿化和盆花的营养土使用。

五、盆栽花卉的施肥

（一）盆栽花卉施基肥

在盆栽花卉的生长过程中，有上盆、换盆和翻盆等工序。

1. 上盆

上盆是指将新培育的花卉小苗从育苗容器中移栽到大小适当的花盆中继续培育。

2. 换盆

换盆是指因花卉小苗渐渐长大，花盆过小已不适应其生长，则将花卉植株移植到大一些的花盆中继续培育。

3. 翻盆

翻盆是指多年生的大型盆花或观叶植物经过多年的生长后，需要倒出来再栽植到同一花盆或大小相同的其他花盆中。通过翻盆，可将原来的盆土去掉一些，对植物根系进行整理，去除枯根换上新的培养土，增施肥料等，利于其继续生长。

4. 盆栽花卉施基肥

上盆、换盆和翻盆时施入基肥，如大粪干、蹄角片、豆饼、过磷酸钙等，可将其放置盆底或周围，但不可使肥料直接与花卉的根系接触。

（二）盆栽花卉施追肥

盆栽花卉施追肥，于生长期进行。分为撒施和浇施两种。

1. 撒施

撒施是将大粪干、豆饼、麻酱渣等碾碎后撒于盆内与盆土掺匀。现在一般是撒施复合颗粒肥料。

2. 浇施

浇施是将有机肥料用水浸泡为液体肥，充分腐熟，稀释后浇施。也可追施无机化肥，如复合肥料、尿素、磷酸二氢钾等。施肥后，应立即用清水喷洒叶面，以免肥液污染叶面。追肥应以薄肥勤施为原则。必要时，亦可对盆栽花卉进行根外追肥。

第四节　整形与修剪

一、整形与修剪的概念与作用

（一）整形与修剪的概念

整形是指用手锯、修枝剪等工具（图 5-4、图 5-5），以及捆绑、盘扎等手段，使树木生长成人们所希望的特定形状；修剪是指用修枝剪，对树木的枝、叶、花、果等器官进行剪除或短截，以达到调节生长、开花、结果的目的。二者合称为整形修剪。

（二）整形修剪的作用

1. 协调比例

在园林景点中，园林树木有时起着陪衬的作用，不需要过于高大，以突出某些建筑或景点，或形成强烈的对比。园林中放任生长的树木往往树冠庞大，这时就必须要通过整形修剪加以控制，及时地调节树木与环境的比例，保持树木在景观中应有的位置。在建筑物窗前布置绿化，不仅要美观大方，还要利于采光，因此常配置灌木或通过修剪适当地加以控制。再如，在假山上配置的树木，也常通过整形修剪控制其高度，使其以小见大，衬托和突出山体的高大。

另外，从树木本身来说，通过整形修剪，调节树体的冠干比例，或者使各级枝序、分布、排列更合理、更有层次，做到主从关系明确。这样既符合树木生长规律，又满足观赏的需要。

2. 景点美化的需要

自然生长的树形是一种自然美，应尽量展现这种自然美。但是，从园林景点来看，单纯的自然树形有时不能满足要求，使树木在自然美的基础上，通过整形修剪，创造出人工参与后的一种自然与加工相结合的新树形。如在规则式园林中，配置的树木往往整形修剪成规则式的形体，才能使建筑的线条美进一步发挥出来，以达到“曲尽画意”的境界。

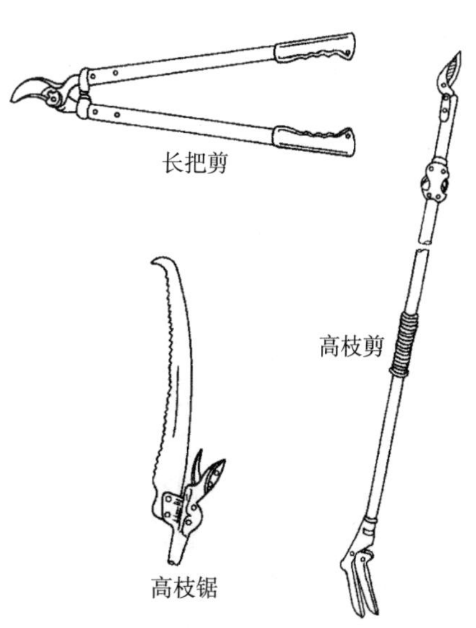

图 5-4　整形修剪工具

3. 调节矛盾

城市中由于市政设施复杂，常与树木发生矛盾，尤其是行道树，上有架空线路、地面有行人车辆、下有各种管道电缆等，为了解决这些矛盾，往往对行道树进行整形修剪，以适应这种环境。应该说，**现代化的城市不应再有架空线路，都应预先埋入地下。**

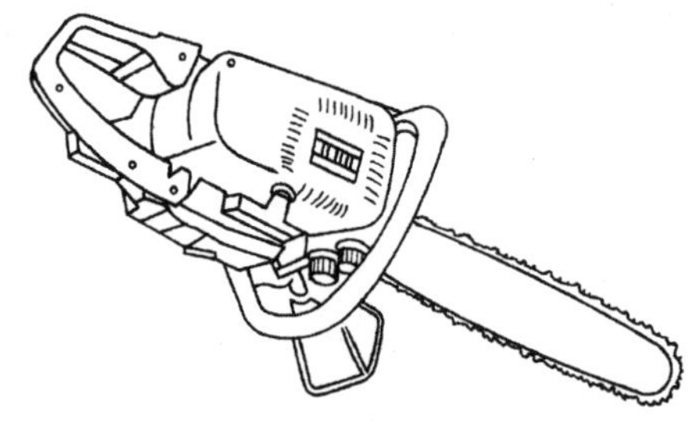

图 5-5 油锯

原先建设绿地时，为尽快出绿化效果往往密植，但是若干年后园林树木的生长就非常拥挤了，这时就要利用整形修剪来调节这一矛盾。对主栽树种、主景树种要突出，对于临时性的填充树种要进行控制性修剪，加以限制。

4. 调整树势

(1) 控制生长。因环境不同，园林树木的生长情况各异。孤植的树木由于周围空间大，生长不受影响，则树冠庞大，主干相对低矮；而生长在丛植片林中的树木，虽然同一树种、相同树龄，但是由于生长空间小，而接受上方光线多，往往树干高而主侧枝短，树冠瘦长。为了避免以上情况的出现，可通过整形修剪可加以控制。

(2) 调整局部生长。树体上由于枝条位置各异，枝条生长有强有弱，通过整形修剪可以使强壮枝条转弱，也可以使弱枝强壮起来，以起到调整树势的作用。

对于树体上潜伏芽寿命长的衰老树木可适当重剪，结合浇水、施肥，可使之萌发抽枝生长，更新复壮、返老还童。

(3) 改善通风透光条件。自然生长的树木有时枝条过密、树冠郁闭，内膛枝细弱，造成树冠内通风、透光差，为病虫如蚜虫、蚧壳虫等的滋生提供了条件。通过整形修剪，可改善树冠的通风透光条件，减少病虫害的发生，使树木健康生长。

(4) 增加开花结果量。正确的修剪可使新梢生长充实，促进短枝和抚养枝成为花果枝，以形成较多的花芽，达到花开满树、硕果丰收的目的，不仅增加观赏性，还有一定的经济收益。通过修剪，可以调整营养枝和花果枝的比例，促其适龄开花结果，还可克服开花结果大小年的现象，使树体延缓多年正常健康生长。

二、整形修剪的原则

(一) 依据不同树种的生长习性

不同的树种其生长习性也不同，因此在整形修剪时必须要依据各种树种不同的生长习性进行。例如，一般来说在苗圃培育乔木苗木时，合适的冠干比有利于树木的高生长和粗生长。阔叶树的冠干比是 1/2～1/3∶1/2～2/3，即树冠占整个树高的 1/2～1/3，不同树种应有差异；裸子树是 2∶1，即树冠占整个树高的 2/3。

1. 依据树冠的生长习性进行

中心干非常明显的树种，如银杏、毛白杨等，其顶芽生长旺盛，主枝与侧枝的从属关系分明，对于这样的树种在整形修剪时，应强化中心干的生长，以便于形成圆锥形、尖塔形树冠。凡是干扰中心干生长的枝条，要及早发现、及早控制。**一定要及早避免双中心干树形的形成。**对于一些顶端生长势不太强，但发枝力很强、易于形成丛状树冠的树种，如国槐、桂花、榆叶梅等，可整形修剪成圆球形或半球形的树冠。一些喜光树种，如梅花、桃、樱花等，为了让其多开花结果，往往采用自然开心形的整形修剪方式。再如，龙爪槐等具有开展、垂枝的习性，整形修剪时，应使其成为树冠开张的伞形，且使其树冠不断地扩展。

常绿裸子树种除有特殊园林用途的，一般不整形修剪或极轻微修剪。这是由于这类树种的生长习性所决定的。

2. 依据树种的萌芽力和发枝力的习性进行

具有很强的萌芽力和发枝力的树种，大都能耐多次修剪而仍能长出较多的枝条，如悬铃木、大叶黄杨、女贞、紫薇等；而萌芽力和发枝力弱或愈伤能力弱的树种，如玉兰、梧桐、桂花、构骨等，则应少进行修剪或只进行轻度的修剪。

3. 通过整形修剪调整主枝的生长势，应按照树木主枝间生长的规律进行

同一植株，主枝越粗壮其上的新梢就越多，则叶面积就更大，制造有机养分、吸收无机养分的能力就越强，因而主枝生长就更加粗壮；反之，主枝弱则新梢就少，叶面积也小，营养条件就差，而主枝生长就越衰弱。若通过整形修剪来调整各主枝间的生长平衡，则应对强的主枝加以控制，以抚养弱的主枝。其原则是，对强主枝强修剪，即留得短一些，使其开张角度大一些；对弱主枝要弱修剪，即留得长一些，使其开张角度小一些。这样几年之后，就可明显获得各主枝均衡生长的效果。

4. 通过整形修剪调整侧枝的生长势，应按照树木侧枝间生长的规律进行

对于调节侧枝的生长势，其原则是，对强侧枝要弱剪，对弱侧枝要强剪。侧枝是开花结果的基础，对强侧枝弱剪，可适当地抑制生长而有利于集中养分，有利于花芽的分化，其结果是产生了较多的花果，因而对强侧枝产生了抑制生长的作用。对弱侧枝进行强剪，可使养分集中，借助顶端优势的刺激可产生强壮的枝条，从而使弱侧枝强壮起来，这样就起到了各侧枝均衡生长的效果。

5. 依据不同树种的花芽和开花习性进行

树木的花芽有的是纯花芽，有的是混合芽，有的花芽着生在枝条的中下部，有的着生在枝梢，而开花有的是先花后叶，有的是先叶后花，还有的是花叶同放等。这些差异，在进行修剪时应充分考虑，否则会造成损失。如先花后叶的树种，其花芽分化往往是在开花前一年的夏秋季节就开始进行了，而先叶后花的树种，其花芽分化有的是当年分化类型，因此对于它们的修剪应采取不同的方法进行。

6. 依据植株的不同年龄进行

树木的年龄不同，其生长特性就不同。树木幼年期，具有旺盛的生长能力，这时不宜强修剪，否则会更加促进枝条营养生长旺盛，而抑制向生殖生长的转化，则一再推迟开花的年龄时期。所以对于幼年树，只宜弱剪，不可重剪。成年树正处于旺盛开花结果阶段，此阶段树木具有优美的树形，整形修剪的目的在于保持植株的健壮完美，使之持续开花结果，长期繁茂，同时应配合其他养护措施，运用修剪方法达到调节均衡的目的。

衰老的树木，生长势衰弱，每年生长量小于死亡量，处于向心更新加速阶段，此期修剪应以重剪为主，以刺激隐芽的萌发多生枝条，且要善于应用徒长枝达到更新复壮的目的，以推迟衰老。一般认为，**园林树木的衰老过程可以逆转**。这是因为在早年生长的树干上形成的潜伏芽，一旦萌发，则形成的枝条是处于幼年阶段；而在树冠外围枝条的枝龄虽短，但是已经处于成年、壮年阶段。这就是所谓的**"干龄老，阶段幼；枝龄小，阶段老"**现象。因此，通过回缩重剪，使已衰老树木的潜伏芽萌发，就可使其衰老过程逆转，返老还童，大大延长其寿命。

（二）体现园林绿化对树木的要求

同一树种不同的绿化目的，其整形修剪就应当不一样，否则就会适得其反。例如，同为桧柏，

把它配置在草坪中孤植观赏与将其配置为绿篱，当然就有不同的整形修剪方式；同样是大叶黄杨，配置为绿篱就应按照绿篱的要求整形修剪；而配置为球状丛植的，则每株应整形修剪成球状。

（三）依照树木生长地点具体条件

环境条件与树木的生长发育关系密切，因此虽然树种相同、绿化的目的相同，但是由于环境条件的不同，整形修剪也有所不同。在土壤肥沃处，一般树木生长成高大的自然树形，而在土壤贫瘠、土质又差的地方，树木生长比较矮小，因此修剪时应降低其分枝点的高度，及早形成树冠。在多风的地方，应通过整形修剪使树冠稀疏，且树干高度也应降低，以减少风灾的危害。

三、整形修剪的时期与方法

（一）时期

1. 休眠期修剪

从秋季正常落叶开始到来年春季萌芽前的修剪为休眠期修剪或称冬季修剪。树木进入休眠期，树体内的养分大部分回归根系贮藏，这时修剪对树体的影响最少，且修剪的伤口不易被病菌感染。大部分的树木和大量的修剪工作都在休眠期进行。

冬季严寒的北方地区，以冬末早春修剪为宜，但是不应过晚，修剪过晚会影响树木花芽和叶芽的萌发。修剪应在树木根系旺盛生长之前，营养物质从根部向上输送之前进行，这样可减少养分的损失，有利于以后的生长。

有伤流现象的树种，在萌芽前修剪易造成伤流发生，对树体的损伤很大，应避开伤流期修剪，如核桃、葡萄、枫杨、白桦、槭树类等。其中，核桃在落叶后 11 月中旬开始发生伤流，可在果实采收后、叶片发黄之前就及时进行修剪为宜。**万一发生了伤流，只有将伤口烧焦才能够将伤流止住。**

2. 生长期修剪

在树木生长的整个生长期内进行的修剪称为生长期修剪，又称为夏季修剪。这时要剪去大量枝叶，这对树木尤其是对花果树影响较大，因此，生长期修剪应从轻进行。对于绿篱，为了保证其整形规则，必须在生长期进行修剪，甚至一年中要多次进行修剪。

（二）方法

1. 疏剪

疏剪就是将枝条自基部分生处剪去，如图 5-6～图 5-10 所示。疏剪可以调节枝条分

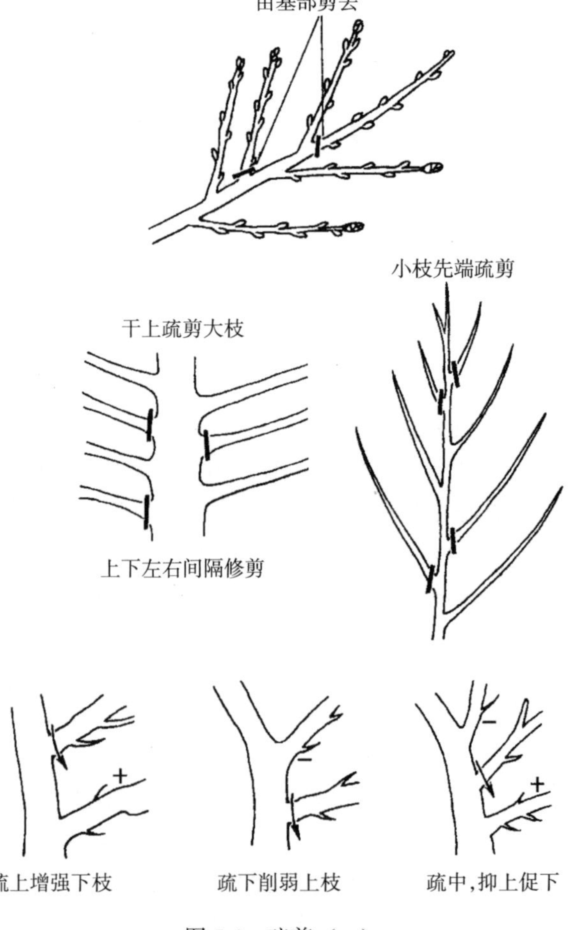

图 5-6 疏剪（一）

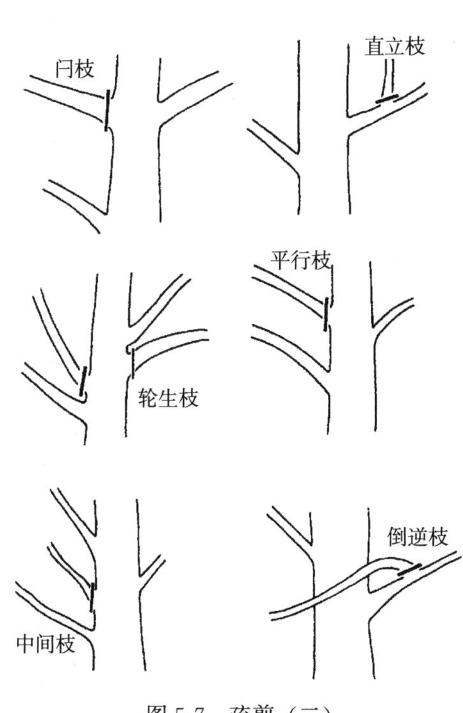

图 5-7　疏剪（二）

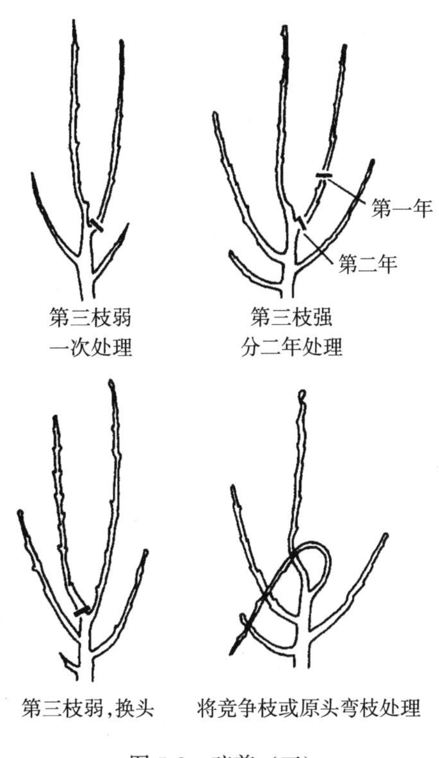

图 5-8　疏剪（三）

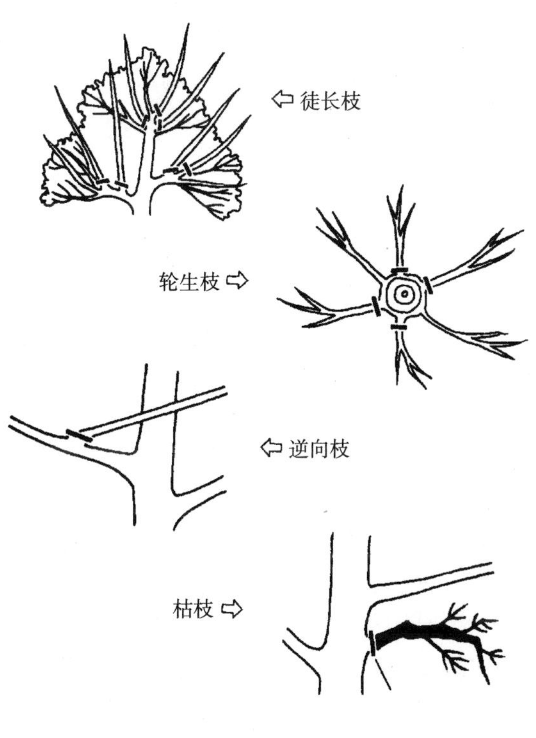

图 5-9　无用枝修剪（一）

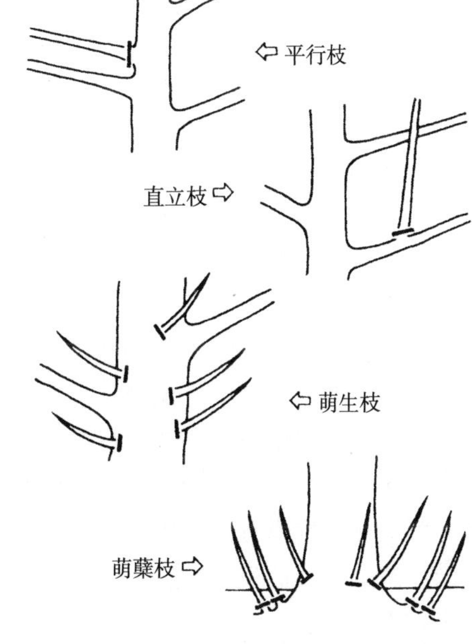

图 5-10　无用枝修剪（二）

布均匀，适当加大空间，改善树冠内的通风透光，有利于花芽分化。疏剪主要是剪去病虫枝、内膛密生枝、干枯枝、并生枝、伤残枝、交叉枝、衰弱的下垂枝等。特别是多年生的大树，出现一些枯枝的要及时将枯枝疏除，以免这些枯枝掉落而造成砸伤人员的事故发生。

疏剪以强度可分为：

（1）轻疏。疏去全树枝条的10%左右。

（2）中疏。疏去全树枝条的10%～20%。

（3）重疏。疏去全树枝条的20%以上。

疏剪的强度应根据树种、生长势、树龄等而定。萌芽力、成枝力都强的树种，可多疏，如悬铃木。而对于萌芽力强、成枝力弱或萌芽力、成枝力都弱的树种应少疏。油松等松类树种，以及具有主枝轮生特性的树木，每年发枝数量很少，除为了抬高分枝点以外，应不疏或者少疏，即便是需要疏除的话，也应分步骤、多年分批进行；若一次将一轮主枝全部去掉，易造成对树干的类似环状剥皮而影响树木的生长，甚至造成死亡。雪松的特性之一就是主枝低矮，形成良好的树冠姿态，因此对雪松的主枝一般不要修剪。

一般来说，通过疏剪只能是使树冠的枝条越来越少，因此，对幼树宜轻疏，以促进树冠迅速扩大，对于花灌木则有利于提早形成花芽。成年树已经进入生长与开花的盛期，为了调节营养生长与生殖生长的关系，促进年年有花有果，可适当中疏。衰老的树木，发枝力弱，尽量不疏剪。

2. 短截

短截就是从一年生枝条上选留一合适侧芽，并将芽上面的枝端部分剪去，使枝条长度缩短，以刺激侧芽萌发的剪枝方法。短截还能刺激剪口以下的芽萌发，以抽生新梢，增加枝量，使其多长叶、多抽枝、多开花。短截因减去枝条的长短不同，可分为以下几种：

（1）轻短截。大约剪去枝条全长的1/5～1/4，即轻剪枝条的顶梢部分，可刺激其下部多数半饱满的芽萌发，这样分散了枝条的养分，以促进产生较多的中短枝，易于形成花芽。轻短截主要用于花果类树木强壮枝条的修剪。

（2）中短截。大约剪去枝条全长的1/3～1/2，即剪到枝条的中部或中上部饱满芽处，以刺激多发枝形成营养枝。中短截主要用于各种树木培养骨干枝和延长枝，以及一些弱枝的复壮。

（3）重短截。大约剪去枝条全长的2/3～3/4，即剪到枝条的下部半饱满芽处，由于剪去枝条的大部分，因此刺激作用较大，可萌发较旺盛的枝条。重短截主要用于老树、衰弱树以及老弱枝的更新复壮。

（4）极重短截。在春梢的基部只留2～4个瘪芽，其余的都剪去，以能够萌发2～4个短枝或中枝。对紫薇的修剪常用此法。

以上几种修剪是对当年生枝条的短截修剪。这里要注意，不同的短截不仅仅是去掉的长短不同，重要的是所留下的剪口芽的大小、饱满程度也不一样。因为在同一枝条上不同部位的芽存在着大小、饱满程度的不同，即所谓的**芽的异质性**。这是因为这些芽的形成时期与营养状况不同而造成的。剪口芽的大小、饱满程度不同，因此其萌发后抽生的枝条健壮程度、生长的长度也就不一样。

（5）缩剪。又叫作回缩修剪，就是将多年生的枝组剪去一部分。树木多年生长，往往基部光秃，为了使顶端优势的位置下移，促成多年生枝的基部更新复壮，常采用缩剪的方法进行修剪，如图 5-11、图 5-12 所示。

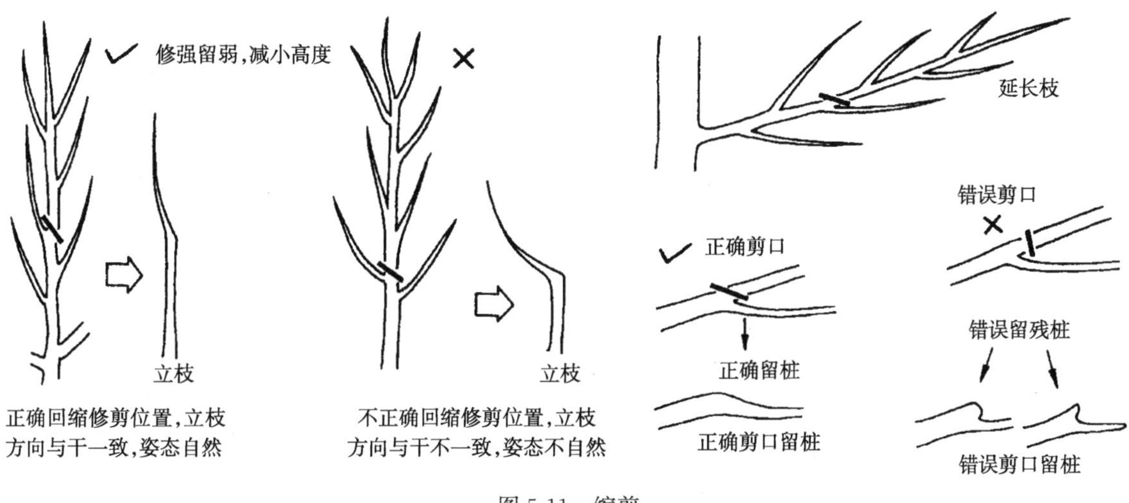

图 5-11 缩剪

3. 创伤

用各种方法对强壮的枝条进行创伤，削弱受伤枝条的生长势，以达到缓和树势的作用，叫作创伤。

（1）刻伤。在春季萌芽前，用刀在芽的上方横刻一刀深达木质部，称为刻伤。这样可阻止养分向上输送，可使位于伤口下方的芽有充足的养分，有利于这些芽的萌发和抽生新梢。这对于伤口下的第一个芽刺激最为明显。如果不采取这样的措施，这个芽可能就不会萌发。

刻伤在观赏树木中广为应用，使用此法可纠正偏冠、缺枝等现象，想让哪个芽萌发生长，就对其上部进行刻伤，以刺激萌发抽枝。

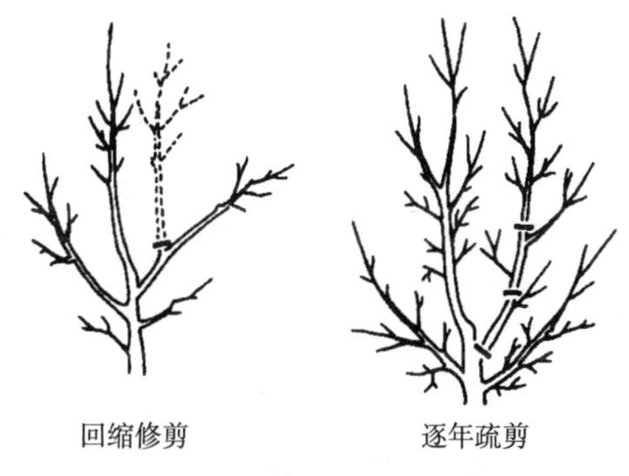

图 5-12 多年生竞争枝的处理

（2）环状剥皮。对于营养生长旺盛的枝条，为了抑制其营养生长，促其开花，可在生长期用刀在枝干或枝条的基部适当部位剥去一定宽度的环状树皮，就叫作环状剥皮。其作用是截留向下输送的养分，以利于环状剥皮上方枝条的养分积累，利于花芽的形成。环状剥皮要深达木质部，剥去的宽度应以一个月内伤口能够愈合为度，一般为枝粗的 1/10 左右为宜。环状剥皮不宜过宽，否则影响树木正常生长，可能造成死亡。

（3）折梢和扭梢。在生长季节内，将新梢折伤而不断就是折梢；将生长过旺的枝条中上部位扭曲使其下垂就是扭梢。折梢和扭梢是伤其木质部而不使树皮断开，阻止养分、水分向生长点输送，削弱枝条的生长势，利于形成短花枝，促进多开花，如碧桃常采用此法。

4. 改变

改变就是改变枝条的生长方向，以缓和或增强其生长势的方法，如下拉枝条、抬高枝条或圈枝等，其作用是改变枝条生长的方向与角度，使顶端优势转位，或者削弱或者加强其生长势。

抬高枝条，利于加强生长；拉低枝条或将枝条圈起来，利于削弱生长。削弱之后可形成较多的短枝，利于花芽的形成，可形成短花枝。

5. 其他方法

(1) 除萌蘖。有些树种在主干基部根颈处地下的不定芽萌发，长出一些嫩苗，为萌蘖苗，不仅消耗养分，还影响大树的生长，应及时去掉，这就叫作除萌蘖。这些萌蘖苗在木质化之前，可用手轻轻掰去，如银杏、碧桃、榆叶梅、火炬树等易形成萌蘖。

(2) 除芽。防止骨干枝顶端发生竞争枝，可将无用或有碍骨干枝生长的芽去掉，即为除芽。生长期及时除芽，可大大减少冬季修剪的工作量。

(3) 摘心。在生长季节，剪去枝条顶端嫩梢的生长点为摘心。摘心后使其下面的1～2个芽萌发二次枝，根据需要，对于二次枝还可再次进行摘心，如图5-13所示。

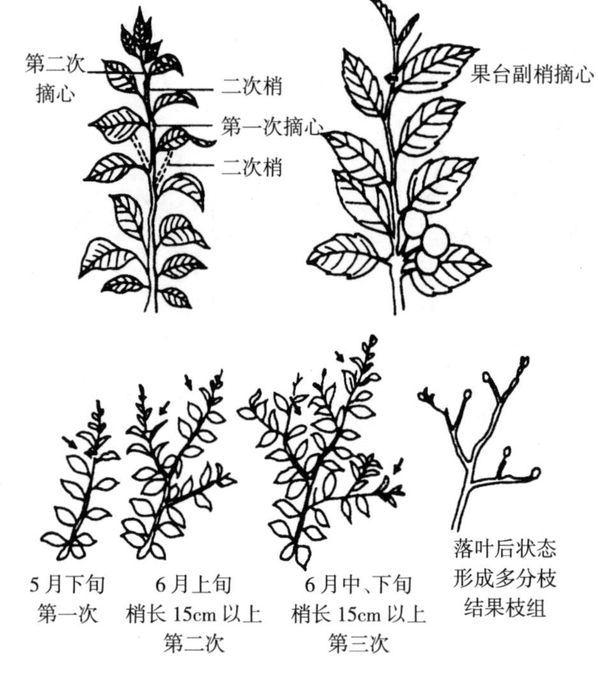

图5-13 摘心

(4) 剪梢。生长季节，由于某些树木的新梢未及时摘心，使枝条生长过旺、生长过长，为调节生长关系，一般采取剪去枝条先端做方法，即为剪梢。剪梢亦可促进二次枝的萌发。

(5) 疏花、疏果。花蕾或幼果过多，影响开花质量和坐果率，此外为调节大小年现象，常将过多的花果去掉，称为疏花、疏果。如月季、牡丹、菊花等花蕾过多，应疏花，应在侧花蕾尚未完全发育完成时进行，以集中养分供主花蕾萌发。

四、对枝条短截、疏剪的操作

(一) 剪口与剪口芽

修剪后在枝条上形成的伤口，称为剪口。距离剪口最近的顶部的芽，称为剪口芽。

1. 对剪口的要求

剪口要平滑，剪口与剪口芽成45°的斜面，斜面的上方离剪口芽尖以0.5～1cm为宜，斜面的最低部位大体与剪口芽的基部相平。这样剪，剪口小易于愈合，对剪口芽的影响也小，易于萌发生长，如图4-8、图5-14所示。

疏剪的剪口应于分枝点处剪去，不留残桩，也不要造成过大的伤口，如图4-9所示。丛生灌木的疏枝，剪口应与地面相平。

2. 对剪口芽的要求

剪口芽的质量、方向等，决定剪口芽萌发后形成的新梢生长的方向与生长的状况。因此，选择剪口芽，要从树冠的枝条分布状况、期望新枝的生长方向与生长势的强弱来考虑。需要向外扩张树冠时，应将枝条的外侧饱满的芽定为剪口芽。如欲填补树冠内膛空虚处，剪口芽的方向应朝内侧；对于生长过旺的枝条，为了抑制它的生长，应以弱芽当剪口芽，或留的剪

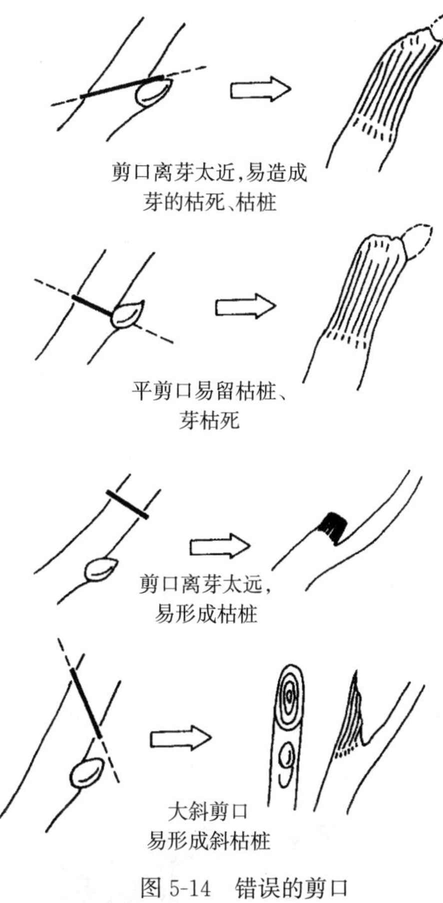

图 5-14 错误的剪口

口芽是内向且为上芽，而其下一个芽为外向芽，这样采取**“里芽外蹬”**的方式进行修剪。一年后将剪口芽萌发的内向枝条剪掉，而保留下面那个外向芽萌发的枝条，这样开张角度就加大了，萌发的枝条相对弱一些，达到了修剪的目的。如想辅助弱枝时，应选留饱满且开张角度小一些的壮芽，可以达到目的。

（二）锯除大枝

对于较粗大的枝干，进行疏枝或回缩修剪时，传统的做法是使用手锯操作，如图 5-15 所示。如果直接从要去除的大枝基部的上面下锯，当锯到大约一半时，由于重心等原因，易于造成树枝劈裂。为了防止枝干劈裂，可分步进行。首先在要求的锯口的上方 20cm 处，从枝干的下方向上锯一个切口，深度为枝干粗的 1/4～1/3，再从其上方将枝干锯断，这样留下一段枝干残桩。第二步再从适宜的锯口处锯除残桩，这样可以避免枝干劈裂。也可一步直接进行，即先从枝干的锯口的下方向上锯，深达枝干的 1/3～1/2，再从上面的锯口处向下锯断。这样操作技术要求高，上下锯口应对齐且平滑，不能造成偏斜。另外，对枝条从下向上锯容易夹锯，不易操作。现在多使用锋利的大型油锯，可从上面直接下锯，由于锋利且速度快，不致造成枝条劈裂。但是在某些情况下，没有放置大型油锯的空间，因而不能使用。究竟是使用小的手锯还是使用大型油锯，应视情况而定。

（三）剪口的保护

如果短截与疏剪的剪口不大时，可以任其自然愈合。如果锯除粗大枝干，伤口过大的应涂抹防腐剂，否则病菌易于侵入而影响树木的正常生长。首先，要用锋利的刀将伤口削平滑，再用 20%的硫酸铜溶液消毒，最后涂抹保护剂，如保护蜡等。

近几年，我国园林资材市场上有引进的德国技术——**伤口涂补剂**，其作用是防止植物伤口水分的流失，对植物伤口消毒，利于愈合及防腐，经使用效果良好。

五、整形修剪的方式

（一）自然式整形修剪

自然界中，各种树木都有一定的树形，应该说，自然树形就能够充分体现自然美，如图 5-16 所示。以自然生长形成的树冠形状为基础，以该树种的分枝习性为前提，对树冠的形状只是进行辅助性调整，使之更好地形成自然的树形，称为自然式整形修剪。这种整形修剪的前提是，维护其自然树形，对于一切不利于自然树形的枝条加以限制。虽然在自然生长中，树木能自己调整，但需要的时间较长，而树体自我调整的幅度也是有限的，因此这种自然式整形修剪可以使树木的自然树形早日实现，充分发挥自然树形的特点并健康生长。

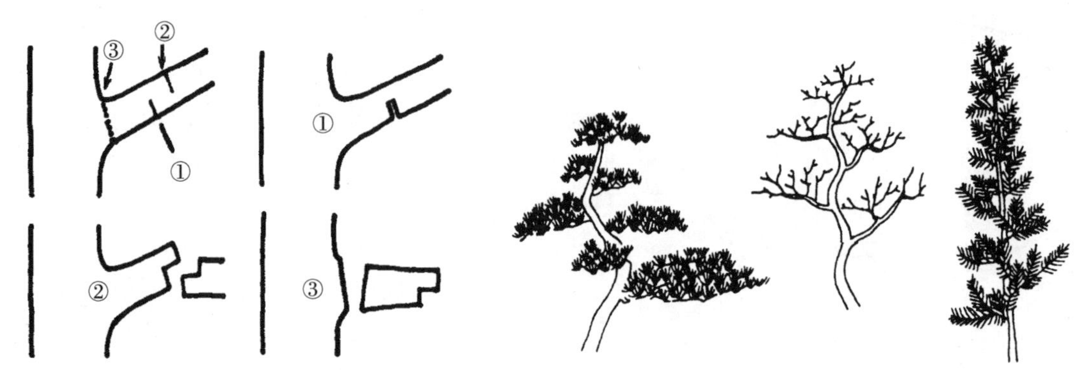

图 5-15 锯除大枝

图 5-16 自然式修剪

在第一章中，介绍了各种园林树木的自然树形。在整形修剪时，要依不同的树形灵活掌握。对于因各种原因产生的扰乱自然树形的竞争枝、过密枝、徒长枝、并生枝、内膛枝以及病虫枝、枯枝等，均应及时加以控制或剪除，不需要做其他大的修剪，以维护自然树形匀称生长。

对于主干、中心干明显，干性强的树种，修剪时应注意保护顶芽，应使其不断延伸生长。

对于绝大多数的园林树木，都可采用自然式整形修剪，以维护其自然树形的生长，发挥其自然树形的美，如油松、黑松、雪松、广玉兰、杜仲、榉树、朴树等。

（二）规则式整形修剪

规则式整形修剪，又叫作人工式整形修剪，这种修剪完全改变了树木的自然树形，可依园林中观赏的需要，将树冠整形修剪成各种特定的形态。整形的几何形体包括正方形、球形等（如大叶黄杨等）或不规则的形体如鸟、兽等动物形体，以及亭、门等（如桧柏等），以形成绿色雕塑。西方规则式的园林中，应用规则式整形修剪比较多而突出，如图 5-17、图 5-18 所示。

图 5-17 绿篱为典型的规则式整形修剪

我国园林是以自然式为主，一般采取自然式整形修剪而不采用规则式整形修剪。在我国园林中，也有规则式整形修剪的，将树木依附在其他物体上，使其形成独特的造型，如将紫薇修剪为花瓶、大门等，以形成花瓶造型或大门造型等优美的形体。我国四川就曾将紫薇修剪成花瓶，极其美观、别致。还有盆景的培育以及规则式绿篱等，都是采用人工规则式整形修剪。

（三）自然和规则混合式整形修剪

在自然式树形的基础上略加人工塑造，以符合树木生长的要求，又满足人们的观赏需要，对一些树种采取控制、限制中心主干的整形方式，如杯状形、开心形等。这称为自然和规则混合式整形修剪。

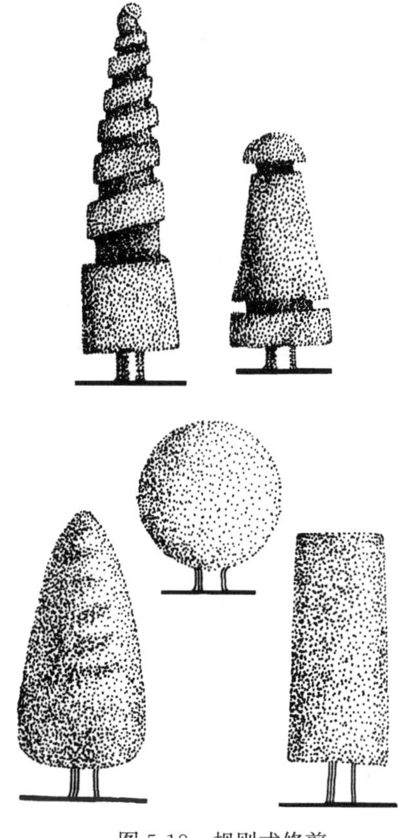

图 5-18　规则式修剪

1. 杯状形

此树形仅有一段约 2.5～4m 的树干，而树冠中无中心主干，自树干的顶部分生出 3 个分布均匀的主枝，这 3 个主枝又各自分生 2 个侧枝，共计 6 个侧枝；这 6 个侧枝又各自分生出 2 个副侧枝。这样整个树冠圆周共有 12 个分布均匀的副侧枝，形成树冠极其开张的“三股六杈十二枝”的树形，如图 5-19 所示。自从定植后，整个的整形修剪工作于 5～6 年内完成。这种树形不仅分枝整齐、美观，而且冠内不允许有直立枝、内向枝，一经出现必须剪除（一般在当年秋季落叶后剪除）。这种树形，在城市行道树中以悬铃木较为常见，亦适合臭椿、栾树等树种，以解决其上空与架空电线的矛盾。但是进行这种杯状形修剪，需要年年修剪，而且修剪量较大。

2. 自然开心形

这种树形是由杯状形改进而成。此树形也是仅有一段更短的树干约 0.5～1.5m 不等，树冠中无中心主干，自树干上分生出的 3～5 个分布均匀的主枝延伸生长，树冠中心开展，对于内向生长的大枝要控制，必要时可利用背后枝开张树冠，如图 5-20 所示。园林中的碧桃、石榴、榆叶梅、梅花、桃、樱花、合欢等观花果的树种多采用此树形。

3. 中央领导干形

有明显的中央领导干（单轴分枝方式），在其上疏散有多个主枝，这些主枝有一定的层次，主从关系明显，适用于中央领导干（中心干）明显的一些树种，如银杏、毛白杨、水杉、楸树等。这种树形能够形成高大的树冠，最宜用作庭院树、孤植树或常绿乔木雪松、冷杉、云杉等的整形修剪。整形修剪时，应控制与中心干竞争的主枝，避免形成两个中心干二叉状树形，这种二叉状树形不仅扰乱树形，而且易受伤害（**彩图 35**）。

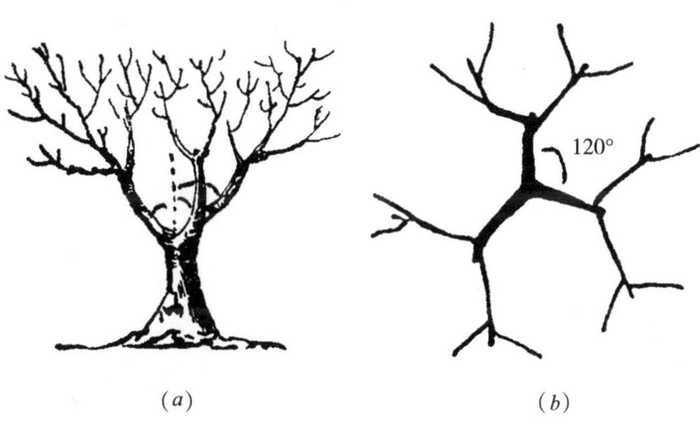

图 5-19　杯状形树形
（a）立面示意；（b）平面布局示意

图 5-20　开心形树形

4. 合轴主干形

树木主干的顶芽自枯或分化成花芽，而由邻近侧芽代替延长生长，以后又按照这种方式生长，形成曲折的中心干（合轴分枝方式）。如悬铃木、核桃、苹果、梨树、杏、梅、紫叶李等，都可培育成合轴主干形树形。这种树形应特别强调前期中心干和各主枝的延长枝剪口芽的方向，以利于均衡发展。

5. 圆球形

（1）高干圆球形。有一高大的树干，树冠呈圆球形。

（2）无主干或只具有一段极短的主干圆球形。灌丛分生多数主枝，再分生侧枝；各级主枝、侧枝均相互错落排开，叶幕较厚，以形成圆球形灌丛。园林中广泛应用，如大叶黄杨、黄杨、小叶女贞、小蜡、金叶女贞以及海桐等。

6. 灌丛形

此树形主干不明显，每丛自基部分生多个主枝，以形成灌丛形。每年可修剪掉衰老主枝，以利于更新，如紫荆、贴梗海棠、迎春、连翘以及榆叶梅等。

7. 棚架形

此种树形只应用于园林中的攀缘植物或蔓生植物。凡缠绕性植物或具有卷须的植物均可自行攀缘棚架生长，如紫藤、葡萄等；而木香、蔷薇、爬蔓月季等，则需靠人工牵引爬上棚架延伸生长，可形成一定的遮阴效果，树冠形状由棚架形状而定。

六、几种（类）树木的整形修剪

（一）银杏

银杏主干发达，顶芽饱满，顶端优势显著，最易形成中央领导干形。在绿化施工中，不得选用截干苗木。**如截干，中央领导干明显的圆锥形树冠可能永远不会再形成！**苗木栽植后，可放任其自然生长，就可萌发强大的延长枝。在移植时一定要保护好顶芽不受损伤。随主干逐年长高，在其上也逐年向四周分生主枝，主枝的长度由下而上逐渐缩短，主从关系明显，构成中央领导干明显的圆锥形树冠。应当注意的是，要注意控制与中央领导干竞争的主枝的生长，特别注意过密或与树干夹角小、比较直立旺盛主枝的生长，对此要及时控制，可通过疏剪控制以减缓其生长势，使其生长缓和，以抚养弱枝，使主枝间保持平衡。这里要特别强调的是，银杏修剪只能疏枝，不宜短截。对重叠枝、徒长枝、轮生枝可分阶段疏除，病虫枝要随时疏除。

（二）悬铃木

栽植悬铃木作为行道树，为避免与上面的架空电线相互干扰，需要通过自然与人工混合式整形修剪，培养成杯状形树形。

1. 杯状形树形

整个的整形修剪过程应在苗圃中完成，或通过截干栽植定植后5～6年内完成。

（1）定干、培养三大主枝。小苗时，选择生长健壮且直立枝条培养为主干。随着主干的生长，其下叶腋抽生多数嫩枝，为减少养分的消耗促使树干、主枝的旺盛生长，要及时除去嫩梢，留下基部的叶片。当苗木主干长到4m以上时，可根据需要在3～4m处截干。在剪口下选方向适宜、有一定间距、生长势相近的3个上下相邻主枝留80～100cm进行短截，要按照壮枝轻剪、弱枝重剪的原则进行，以利于平衡各主枝的生长势。注意剪口下均留同向的侧芽，并处于同一平面上，使其匀称生长，剥除上方芽。这种主枝与树干的夹角通常为 60°～70°为宜，应避免夹角过小，造成树冠不开张。

（2）培养“三股六杈十二枝”的杯状形结构。定植后，应注意及时多次剥除隐芽萌发的无用枝，以集中养分保证 3 大主枝的旺盛生长。当年冬季，从 3 大主枝上，各选留 2 个生长势相近的左右侧枝在 80～100cm 处短截培养。再一年冬季，在这 6 个侧枝上再各选 2 个方向合适、生长均匀的枝条短截培养。这样 5～6 年就可培养成“三股六杈十二枝”的杯状形结构。在这整个整形修剪过程中，除去“三股六杈十二枝”的杯状形骨干枝以外的小侧枝，可暂时保留以抚养主枝或于夏季进行摘心，控制其生长或来年冬季再行疏剪。

（3）以后的修剪。“三股六杈十二枝”的杯状形结构培养完成后，每年冬季都要对骨干枝的延长枝进行短截修剪，以利于不断地扩大树冠。对于骨干枝以外的枝条要进行疏剪，特别是一些直立向上的枝条，在生长期要及时将树冠内直立向上的芽抹去，可大大减少冬季的修剪量，并要年年如此。

（4）对于行道树的根系修剪。由于行道树生长环境的特殊，根系生长受到一定的限制。这里所介绍的对于行道树的根系修剪是指在生长期的修剪。生长期用特制的切根锹来切断树木四周的水平根和侧根。老根被切断后，能够刺激不定根萌发，从而能够向下生长出更多的新根，以扩大根系的吸收面积。这种切根作业可每隔 3～4 年进行一次。

2. 自然开心形

定植时，将树干在 3m 处截干。春季发芽后，选留 3～5 个方向合适、分布均匀的萌发枝，促其粗生长使其成为主枝。在生长季，每个主枝上仅留位置方向合适的芽 3～5 个，其余去掉。来年，这些芽萌发后，共选留侧枝 6～10 个，使其向四方辐射斜生，并进行短截，以促发次一级侧枝，使树冠丰满匀称。

3. 高大挺拔的自然树形

悬铃木的树形可有多种形式，如在空旷地域孤植、丛植，上空无架空电线的干扰，则可通过自然式整形修剪，维护其中央领导干的旺盛生长，以培养成中央领导干生长旺盛、高大挺拔、遮阴效果好的自然树形。这种树形也适用于不耐重截干的毛白杨等高大乔木树种。此类修剪应以冬季休眠期为主。修剪时，应保持树干与树冠的适当比例，树冠高应占整个树高的 3/5，树干高（分枝点以下）占 2/5，位于快车道旁的分枝点应在 3m 以上。各层主枝上下位置要错开，分布要匀称，角度要适宜，要剪去主枝基部靠近树干的侧枝。各层主枝自下而上应逐渐留短，这样可萌生成圆卵形或圆锥形树冠。树冠成形后，仅对过密枝、病虫枝、枯萎枝进行疏剪。也可视植株生长高度发展状况将最下一层主枝从基部锯掉，使分枝点上移，以保持适宜的树冠与树干的比例。

（三）国槐

国槐为我国北方常见的乡土树种之一。在园林绿化中，往往采用自然式整形修剪，以维护其自然树形。如作为街道绿化用树，因上有架空电线的干扰，往往采用树干高 3～4m 的自然式与人工式混合整形修剪的自然开心形树形；而在庭院孤植时，可培育成高大挺拔的有中央领导干的树形。

1. 高干自然开心形

一般是指有 3～4m 高的树干，在其上树冠内形成自然开心形。一年生苗冬季修剪时，先要短截树干，剪口芽要饱满健壮，剪口下 20cm 内如有小弱枝则应全部疏除，主干中下部的侧枝，只要粗度不超过着生部位处粗度的1/3，均可短截保留，以抚养主干。

当年剪口下通常可形成6～7个嫩枝，当这些嫩枝生长到长30cm时，选留一个粗壮直立枝作为主干延长枝，其余均要剪梢，以控制其生长，同时要加强主干延长枝的顶端优势，促其旺盛生长。第二年冬剪如上。几年后，主干至4m左右即可定干。一般定干高度3.5m左右。在剪口下，选择3～5个分布均匀、生长相近且上下相距20cm左右的枝条作为主枝，通过短截各主枝，留外向剪口芽，以便不断地扩大树冠。在之后的修剪中，要在主枝上选留方向一致的侧枝、副侧枝。当主枝延长枝过长时，应及时回缩，各级侧枝同样要及时回缩，以保持良好的主从关系，逐渐形成高干自然开心形树形。

2. 培养中央领导干形

幼苗阶段整形修剪，主要是培养高和粗比例合适的树干，因此对其主干每年要短截，促其旺盛生长。另外主干上每年要留2～3层主枝，以扩大光合营养面积，加速树体的高生长。但对于这些主枝又要控制不要过于粗壮，夏季可对其进行2～3次摘心，以控制其生长势。同时，主干每年向上延长生长，一般增加1～2层主枝，而主干的下部要相应疏除1层主枝，以维持整个的营养面积大致不变，同时逐步提升枝下高。

经过这样4～5年修剪，主干已相当高大粗壮，树冠高占整株树高的3/5，树干高占2/5，则可停止修剪，任其自然生长，形成树冠庞大的孤植树。

（四）龙爪槐

龙爪槐为国槐的变种，是由国槐嫁接而成。龙爪槐小枝一层层相互覆盖，并不断地向四周辐射伸展而弯曲下垂，形成有特色的伞形树形。

对于已成形的龙爪槐，应采取自然式整形修剪，视情况于每年落叶后进行。其整形修剪的原则是，确定适宜的冠干比。一般整个树高是3m左右，而树冠应有1.2m左右（即黄金分割点）。按照这一要求，将当年生过长的枝条适当短截修剪，且留外向健壮的剪口芽；对于一些细弱枝可在树冠顶端短截修剪，但要留上芽。剪口离剪口芽约1cm，同时应注意短截后的枝条一般最长约20cm，不要过短或过长。在整形修剪之前，应先剪去枯死枝、交叉枝、内膛过密枝。修剪时，还应注意在树冠的冠幅范围内的上面适当留上芽，以便于萌发后不断地向上、向四周加高树冠、加大冠幅，以便于代替、更新下层的枯枝、衰老枝，保证树冠长期丰满，形成有特色的伞形树冠，如图5-21所示。

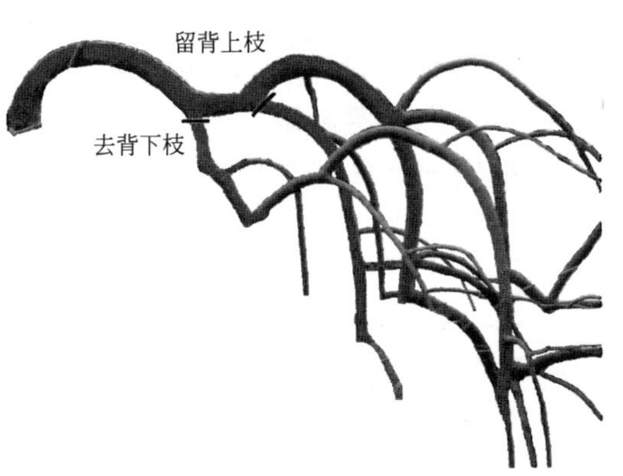

图5-21 龙爪槐修剪

（五）泡桐

泡桐枝条上的芽为对生芽，萌发后往往形成一对主枝，在自然生长状况下，宜形成假二杈分枝形式，如不修剪则易造成树干高度过矮。通过修剪，可使其形成自然式与人工式混合的高干自然树形。

1. 平茬培养高干法

此法是利用泡桐具有极强的萌蘖性特点而进行的。苗木定植后，将树干齐地面剪去，然后培土。之后可萌发出3～5个嫩枝，待其高度达10～15cm时，选留一个生长旺盛的作为树干培养，其余的要剪除。培养时可大水大肥追施，当年树干高可达 3～4m，且通直、健壮。如高度不理想，可于来年再进行平茬修剪，则树干高可达 4～5m，达到理想的用材高度。平茬修剪后，要随时注意及时处理掉基部的萌蘖嫩枝。但是这种平茬培养高干法适于在苗圃内培育，而在城市园林绿化中不适用。

2. 除芽培养高干法

春季新植苗木萌芽后，待顶部侧芽萌发生长到 2～3cm 时，可选留树木顶端生长健壮、方向适宜的一个嫩枝保留作为树干的延长枝，使其继续向上生长。而将其对生的另一个较弱的嫩枝疏去，并剪去上部瘦弱的枝条。为了防止竞争枝的产生，以保证树干延长枝的旺盛生长，应对其下部的几对萌发的侧芽加以控制疏除，或于夏季进行短截，以削弱其生长势。

在肥水良好的情况下，树干顶端的新梢通常可生长 2m 左右。如这一高度不理想，可于来年春季继续采用同一种方法处理，只是选的树干延长枝的剪口芽应与去年选留的芽方向相反，以便使树干始终垂直于地面，逐步延长生长。以后要按照冠干比的要求，逐步疏除树干下部的主枝，且做到均衡树势，逐步提高枝下高。这种方法适合于城市园林绿化的要求。

（六）雪松

1. 正常树形

雪松的正常树形具有明显的中央领导干，生长旺盛，主枝不规则轮生，向四周辐射伸展且均衡、丰满，小枝微下垂；下部的主、侧枝长而粗壮，渐至上部依次缩短，疏密匀称。一般来说，雪松的主枝从基部起应全部保留，以形成雄壮的尖塔形树冠。

2. 非正常树形的修剪方法

（1）中央领导干的延长枝弯曲下垂或衰弱。此种情况势必影响植株正常生长。纠正方法是，用细竹竿绑扎下垂嫩梢，助其直立，以充分发挥顶端优势。若中央领导干上出现竞争枝，应选留一强枝为中央领导干，其余的短截回缩，必要时疏除。

（2）下强上弱。有些雪松下部的主枝、侧枝生长过旺而上部的主枝、侧枝生长过弱，形成明显的下强上弱的树冠。纠正方法是，对下部的强壮枝、重叠枝、平行枝进行回缩修剪；对上部的侧枝，使用 40～50mg/kg 赤霉素溶液喷洒，每隔 20 天喷一次，以促其生长。

（3）偏冠树形。由于伸展空间受到制约，有些雪松常形成偏冠树形。纠正方法是引枝补空，附近的主枝或大侧枝用绳子将其牵引过来；也可嫁接新枝，即在空隙大而无枝的树干上，用腹接法嫁接一健壮的芽，使其萌发出新枝。

（4）主枝过多。雪松主枝在树干上呈不规则轮生，一般数量较多。如果主枝间距过小，则导致树冠郁闭、生长势不均衡。纠正方法是，通过修剪使每层有 4～5 个分布均匀的主枝，并保护其延长枝正常生长，且枝间夹角相近，层间距 30～50cm 为宜。对于未被选中的较粗壮主枝，可先短截，抚养一段时间后再做处理，其余枝条适当疏除。**雪松疏除枝条时，不得贴根剪去，而应当留 1～2cm 的木橛，以利愈合**。常绿树种一般都应这样疏枝。

（七）紫薇

紫薇为落叶小乔木或灌木，它的习性是，萌芽力强、成枝力强、耐修剪，而且花芽分化属当年分化类型，在当年生的枝条顶端形成花芽，花期 6～10 月，多次开花。紫薇在园林绿化中，多采用灌丛形，仅有一段不高的主干，其上有分枝而没有中心主干，由几个生长势大致平衡的主枝向四周开展。每年落叶后，在主枝顶端对一年生枝条留 10cm 左右进行强修剪，使来年萌发壮枝孕蕾开花。而紫薇的花序生于新梢枝顶，花后及时将残花枝剪去，强壮的剪口芽又萌发壮枝，剪后20天左右又可在枝顶再次开花。为提高观赏效果，灌丛形的紫薇，应控制好树干的高度，使之高低错落、满树有花。

（八）月季

月季的开花习性是，从4月下旬第一次开花后，直到10月下旬，连续多次开花，以后由于气温不适合生长，才停止开花。月季萌芽力强，耐修剪，在生长季节修剪，剪口芽抽枝后，不久即可在枝条的顶端形成花芽、开花。

月季一般是培育成灌丛形，其修剪有休眠期修剪和生长期修剪两类。

1. 休眠期修剪

一般用3～5个单枝苗，将其分布均匀，向四周辐射状栽植成一丛。休眠期的修剪可在落叶后萌芽前进行，北方宜在2～3月进行，在需要培土防寒的地区宜早剪，江南地区可于1～2月进行。修剪时，先把交叉枝、病虫枝、并生枝、衰弱枝、内向枝以及内膛过密枝条剪去。然后，对于当年生的枝条进行短截或回缩修剪，剪口芽要留外向或侧向芽，下面留约5～6个芽。北方寒冷地区，可对月季强修剪，将当年生的枝条剪去4/5，保留3～4个分布均匀的主枝，其余枝条全部从基部剪去，必要时进行埋土防寒。

当月季树龄偏老生长衰弱时，应进行回缩更新修剪，将衰老的多年生枝组回缩，或进行平茬修剪，由根颈萌蘖强壮的徒长枝培育成新生枝条，使其恢复生机，开花不断。

2. 生长期修剪

月季在枝条顶端开花，在生长期每抽生一次新梢，都可于枝条顶端形成花芽、开花。利用这一习性，可于花后在已谢花的下面饱满芽上端短截，通常在花梗下方第二、三个芽处进行。剪口芽很快萌芽抽梢，形成花蕾、开花。花谢后可再如此进行，每年可开花4～5次，直到天冷不利于生长时为止。从剪梢到开花一般需要30多天，可以此来确定月季开花的时期。

（九）对于花灌木的修剪

1. 在当年生枝条上开花的

如紫薇、月季、木槿、珍珠梅等，休眠期修剪，为控制其高度，对于生长健壮的枝条应保留3～5个芽处短截，以促发新枝。1年可数次开花的，如紫薇、月季、珍珠梅等，花谢后应及时剪去残花，以促使再次开花。

2. 在隔年生枝开花的

如碧桃、黄刺玫、榆叶梅、连翘、丁香等，休眠期可适当整形修剪，在生长季花谢后10～15天将已开花枝条进行中度或重度短截，疏剪过密枝，以利于多生出健壮新枝，来年形成较多的花芽。

3. 在多年生枝上开花的

如贴梗海棠、紫荆等，应注意培育和保护老枝，剪除干扰树形并影响通风透光的过密枝、弱枝、枯枝或病虫枝。

4. 对丛枝型灌木的修剪

（1）内高外低。通过修剪应形成内高外低的丰满灌丛，多留内膛枝，且逐级留低外缘枝条。

（2）内稀外密。灌丛内部应适当多疏枝，而外部应适当多留一些，以利于内部的通风，有利于生长。

（3）去直留斜。为避免徒长，应剪去直立的枝条，保留斜向生长的枝条，以使灌丛丰满，且易形成花果枝。

(4) 去老留新。应多疏剪老枝条，使其不断更新旺盛生长，特别是根蘖发达的树种，如珍珠梅、黄刺玫、蔷薇、连翘等。

(十) 绿篱及色带修剪

修剪应按照规则式或自然式的不同要求进行，要使绿篱及色带轮廓清晰，线条整齐，高矮一致，侧面上下垂直或上窄下宽。每年修剪不少于 2 次。每次修剪高度比前一次修剪应高出 1cm。修剪后应及时清除残留碎枝。

我国园林机械市场上新出现的**绿篱修剪车**，不仅修剪规格一致，且提高了工作效率几十倍，尤其是对高速公路或长带状绿篱的修剪更为方便。

(十一) 藤木修剪

吸附类藤木如爬墙虎，在生长季应剪去未能吸附墙体而下垂的枝条，对于未覆盖的空间应短截空缺周围枝条，以促萌发副梢，填补空缺。钩刺类藤木如蔷薇等，可按灌木修剪方法疏枝，待树势衰弱时，应进行回缩修剪，以强壮树势。对于棚架藤木，落叶后应疏剪过密枝条，清除枯死枝条，使枝条均匀分布在棚架上。成年或老年藤木应常疏枝，并适当回缩修剪以复壮。

七、修剪的程序及安全措施

(一) 修剪的程序

(1) 一知道。修剪人员必须要知道修剪的操作规程、技术规范，要全面掌握修剪的技术要领。

(2) 二观察。修剪之前，先要围绕树木观察一周，对于这一棵树的整形修剪处理做到心中有数。

(3) 三修剪。根据因树修剪、因地制宜的原则，进行合理修剪。具体修剪时，应由上而下，由外向里，先轻剪后重剪。

(4) 四运走。修剪下的枝条应及时集中运走，保证环境整洁。

(5) 五处理。剪下的枝条，特别是病虫枝条，要及时销毁处理，以防止病虫害蔓延扩散。

(二) 安全措施

(1) 使用的工具要锋利，上树的机械要事前检查各个部位是否灵活，不松动，以便于安全操作。树上操作时，要系安全带，要穿胶底鞋，手锯要拴绳系在手腕上或腰间，防止掉落。

(2) 作业时要精力集中，严禁打闹。刮大风时，不宜在高大树木上修剪。

(3) 在高压线附近作业，应特别注意安全，必要时请供电部门配合。

(4) 在对行道树修剪时，要有专人维护现场，防止锯落的大枝砸伤过往行人与车辆。

第五节　冬季防寒

当冬季气温降低至一定温度时，城市绿地的一些园林树木出现枯梢甚至造成死亡、常绿树严重落叶；或者在早春树木发芽后，因晚霜、寒流的侵袭而枯萎。这些现象称为寒害或冻害。在园林绿地养护中，应防止这些寒害或冻害的发生。

一、寒害与冻害发生的原因

寒害是指，0℃以上的低温对树木造成的伤害；而冻害则是指，0℃以下的低温对树木造成的伤害。

寒害与冻害发生的原因，从内因来说，不同的树种、树龄、生长状况及多年生枝条的成熟及休眠与否均有密切的关系。从外因来说，与气象、土壤、水分、栽培管理以及地势、坡向等因素也有密切的关系。因此，应找出原因，找出主要矛盾，加以预先克服，极力避免寒害与冻害的发生。

（一）内因

1. 遗传特性

各种园林树种都有自己的遗传特性，对于忍耐极限低温的能力各不相同。如樟子松比油松抗寒、油松比马尾松抗寒。雪松、圆柏、云杉、毛白杨、白桦、丁香等对低温的抵抗就要强一些，广玉兰、山茶花、黄葛树、油茶、棕榈等则对低温的抵抗就要差一些，而木棉、叶子花、含笑、白兰花、椰子等对低温的抵抗能力就更差。将不耐寒的树种种植在寒冷的地区，就必然会造成寒害与冻害，甚至造成死亡。

2. 不同的器官

同一树种不同的器官，同一枝条不同的组织，对于低温的抵抗能力是不同的。树木的根颈、新梢、花芽抵抗低温能力弱，枝条的髓部抵抗低温能力最弱，而叶芽形成层抵抗低温的能力最强。

3. 枝条的成熟

枝条的成熟程度，即枝条的木质化程度愈高，其抵抗低温的能力愈强。

4. 休眠状态

处在休眠状态的植株，抵抗低温的能力强；休眠愈深，抵抗低温的能力愈强。解除休眠早，易受到早春低温的危害。

同一树种，在冬季能够忍受零下十几摄氏度的低温，但是，在早春或初夏，仅仅为0℃或接近0℃就可能冻死。早春，树木解除休眠、萌芽后，遇到晚霜、寒流，新嫩梢就会受冻害而干枯死亡。

（二）外因

1. 气候方面

（1）抗寒锻炼。在秋末冬初，植物逐渐经过锻炼获得抗寒能力，这个过程叫作抗寒锻炼。一般的植物通过抗寒锻炼后才能获得抗寒能力。但是，如果秋季持续高温，雨水充沛，树木不能及时停止生长，进行抗寒锻炼，则枝条不能木质化，这样就可能使得往年不受冻害的树木遭受冻害。

（2）突然低温。若低温的到来是循序渐进的，树木经过充分的抗寒锻炼，则不易受到冻害。但是，若突然降温，又来得早，树木未经过抗寒锻炼，也没有采取防寒措施，就非常容易发生冻害，此时低温持续的时间愈长，树木受冻害愈严重。此外，树木受到低温影响后，气温缓慢回升，则受害轻，而气温急剧回升则受害严重。

2. 水肥管理不当

（1）施肥过迟。秋季应停止施肥，如果秋季仍继续给树木施以氮肥，就会促进树木枝叶的徒长，不能形成顶芽封顶，抗寒锻炼弱，易遭受冻害。

（2）土壤水分过多。秋季土壤内水分过多，易促进树木枝条的生长，不能木质化，使树木抗寒能力降低。因此，秋季停止浇水，有利于树木抗寒能力增强。

3. 光照

喜光树种，在光照充足的条件下，能够抑制细胞生长，使细胞壁增厚，角质层发达，抗寒能力就强。而如果秋季连续阴天，光照不足，树木生长弱，保护组织不发达，就易于遭受冻害。

二、冻害的表现

（一）根颈与根系

1. 根颈

树干与根的交界处，称为根颈。一年中，地上部分根颈进入休眠最晚，而解除休眠最早，再加上接近地面，温差变化大，因此在初冬或早春易受到冻害，引起腐烂或病害，应特别注意。根颈受冻后，可使树皮变色，甚至干枯，可在根颈的局部发生，严重时也可形成环状伤害，这对整个植株影响很大。

2. 根系

树木的根系没有休眠期，较其他部分耐寒较差。但是根系在冬季活动能力明显减弱，因此耐寒力比生长期要强。新栽植的幼树易受冻害，而栽植后生长多年的大树则相当抗寒。一般粗根比细根耐寒力强。根系受冻后，变为褐色，皮部与木质部分离。

（二）树干

树木的树干严重受冻害后，往往形成纵裂，称为冻裂现象。此时，树皮呈块状脱离木质部。由于气温突然急剧降低至 0℃以下，甚至更低，树皮迅速收缩，致使树干组织内外张力不均，造成自外向内开裂或使树皮脱离木质部。

冻裂多发生在孤植树、老树以及阔叶树，而群植树丛、幼树、针叶树则相对较少。一般认为，木射线较大的树种易受冻裂，如悬铃木、核桃、榆树、七叶树、垂柳、槭树等。还有地势低洼、排水不良处的树木易遭受冻裂。

（三）枝杈

在树干与主枝、主枝与侧枝的枝杈处，**特别是双中心干的枝杈处，易遭受冻害；**而双中心干的枝杈处，也易遭受风害劈裂。因此在整形修剪时，应尽量避免形成双中心干的树形。一般认为，枝杈处由于夹角小，这里的组织成熟较晚，且受到挤压易形成死皮层而难以愈合，造成抗寒锻炼迟为主要原因。枝杈受冻后，皮层变色、干缩凹陷或造成裂伤。

（四）枝条

木质化程度差的枝条，易受冻，受冻后，会变色。如果枝条的形成层受冻变色，则枝条就难以恢复生机。

（五）芽

花芽是抗寒能力较弱的器官，花芽受冻往往在春季回暖时期，此时如遇寒流，特别是花芽已经萌发，更易受冻。花芽受冻后，变为褐色，造成不能萌发或干缩枯死。

三、预防、防治冻害

（一）要做到适地适树

城市园林绿地的树木配置，一定要做到适地适树，特别是适当多栽植一些乡土树种。在小气候条件比较好的地方，可以适当地种植一些适应的边缘树种，这样可大大减少冻害，减少越冬防寒的工作量。同时要注意栽植防护林带和设置风障，努力改善小气候，预防和减轻冻害。

（二）科学地进行养护管理

经验证明，科学地进行养护管理，可以提高园林树木的抗寒能力。春季加大树木的肥水供给，促进新梢的生长和叶面积的增加，提高光合效能，增加树体内营养物质的积累，使树体健壮。生长后期，要控制浇水，控制氮肥，适当增加磷、钾肥，促进枝条及早结束生长，有利于枝条的木质化，大大提高树体的抗寒能力。

（三）具体的防寒措施

1. 根颈培土

秋末冬初，灌冻水之后，对株型低矮、抗寒性较差的花灌木和宿根花卉的根基部培设土堆防寒。

2. 覆土

在冬季严寒的地方，于大地封冻前，可将易受冻害、寒害而树体不高的灌木或地被植物压倒固定，在上面覆土 50cm 左右，可防冻害。

3. 涂白与喷白

用白涂剂对树干涂白，可减少因温差过大造成的危害，还可消灭一些越冬病虫害。对花芽萌动早的树种，进行树身喷白，可延迟开花，以免遭晚霜的危害。

4. 树干包裹

对新栽植的树木、需要防寒的树木如广玉兰、女贞等，在新植 3 年内可将树干用草绳、草包片或塑料薄膜包裹，必要时可搭设防寒棚防寒，晚霜后拆除（**彩图 36、彩图 37**）。

5. 必要时喷蒸腾抑制剂

对于春季枝条易发生枯萎的树种，如紫薇、木槿、海桐、石榴、法国冬青、构骨、大叶黄杨、红枫等，宜于前一年初冬或当年早春适量喷洒蒸腾抑制剂，以减少枝条枯萎。

6. 积雪

大雪后，要将积雪堆积在树干周围，可保护土壤阻止冻结，防止根颈、根系的冻害。春季雪融化后，还可增加土壤的水分，降低土温，防止芽过早萌发，以避免遭受晚霜及寒流的侵袭。

7. 增施植物保暖肥

植物保暖肥又叫作植物旱冻营养护膜制剂。增施植物保暖肥可有效缓解植物因冻、旱引起的生理病害。

第六节 古树名木的养护管理

所谓古树是指树龄在百年以上的树木，其中凡树龄在 300 年以上的为一级古树，其余的为二级古树。所谓名木是指珍贵、稀有的树木和具有纪念意义、历史价值的树木。古树、名木往往是一身兼二职，既是古树，又是名木；也有古树不名或名木不古的，但都应引起高度重视，加以特殊的保护和研究。古树名木是地球上唯一以生命形态记述人类社会发展轨迹的不可复制的活的历史文物。它们不仅是弥足珍贵的植物资源、生态资源和景观资源，还是各个历史时期人类社会、自然气候、地理变迁和人文历史沿革无可替代的铁证。千百年来，它们傲踞所有先它而逝的生物体的生命巅峰，虽历经磨难，仍然活到今天并将继续活下去，向世人展示了它顽强的生命力。

我国历史悠久，历史遗留在寺院庙宇、古典园林、风景名胜等地许多古树名木，有些是世界罕见的古树。这些古树被誉为珍贵的**“活化石”“活文物”“绿古董”**。我国历代都十分珍惜这些古树名木，它不仅构成了我国园林中独特的瑰丽景观，也是我国传统文化的瑰宝。今天对于这宝贵的生物文物资源，国家高度重视，各地政府制定了相应的保护性法规，强化对古树名木管理的严肃性。

一、保护和研究古树名木有重要的意义

（一）古树名木这些“活化石”“活文物”“绿色古董”是历史的见证

古树记载着一个国家、一个民族的发展历史，是一个国家、一个民族、一个地域的文明程度的标志。我国传说有周柏、秦松、汉槐、隋梅、唐银杏等，这些**“活化石”“活文物”“绿色古董”**均可作为历史见证。北京景山公园崇祯皇帝上吊自杀的古槐树，现虽然已非原树，仍然有纪念意义；北京颐和园东宫门内的两排古柏，曾遭受八国联军残酷火烧颐和园时的烧烤，从此靠近建筑物的一面没有了树皮，这是帝国主义侵华罪行的罪证。这些古树是“活文物”，供人们瞻仰、吊古一点也不为过。

（二）古树名木这些“活化石”“活文物”“绿色古董”，为文化艺术增添光彩

我国不少古树名木，或有其典故，或姿态怪异，曾使历代文人、墨客为之倾倒，抒怀吟咏。这些古树名木在文化史上，有其独特的作用。据说，秦始皇来到泰山封禅，这天正值艳阳高照，晴空万里，始皇爬到半山腰，忽然乌云骤至，顿时天昏地暗，风雨雷电一齐袭来。始皇措手不及，只见前面有一棵松树，高达数丈，枝叶繁茂，树冠如棚，风雨不透，便急忙躲到树下避雨，不一会雨过天晴，而始皇因在树下，竟未遭受风雨侵袭，为赏松树遮雨之功，始皇当即封这棵松树为“五大夫”。后人们便将此树称为“五大夫松”。“扬州八怪”之一的李鱓，曾有名画《五大夫松》，就是泰山古树名木的艺术再现。为古树、名木而作的诗画极多，都是我国文化艺术宝库中的珍品。再如山东崂山太清宫的耐冬“绛雪”，是有600多年树龄的一种山茶花，却是蒲松龄老先生小说中的主人公。这些古树名木的存在，极大地丰富了我国文化艺术。

（三）古树名木这些“活化石”“活文物”“绿色古董”，其本身就是高质量的园林景观

古树名木，有的历经几百年，甚至上千年，姿态奇特，古雅苍劲，其本身就是高质量、独特的园林景观，成为名胜古迹的最佳景点。如黄山风景名胜区的“迎客松”，以奇异、顽强著称于世，成为黄山的标志。但黄山“迎客松”近来由于不可抗的自然规律而衰老死亡。黄山风景名胜区又立即备选了一棵与其形态相似的一株为“迎客松”的替代树种。再如，陕西黄帝陵的“轩辕柏”，北京北海公园里的“白袍将军”（白皮松）、“遮阴侯”（油松），东岳泰山“迎客松”“卧龙松”，四川灌县天师洞冠幅36m的世界最大银杏树，陕西勉县武侯祠的“护墓双桂”以及苏州光福历史文化名镇的“清、奇、古、怪”4株古圆柏，山东莒县定林寺树龄4000年、号称世界上最古老的银杏树等，这些古树名木，至今仍生机盎然，让万千中外游客流连忘返、啧啧称奇。因此“绿色古董”也是旅游资源的重要组成部分，可将当地的多个古树景点串联起来，**开发“古树名木旅游专线”**，使旅游资源实现可持续发展。

（四）古树是研究古自然史的宝贵资料

古树对研究一个地域千百年来的气象、地质、水文和植被的演变，有重要的参考价值，是研究古自然史的宝贵资料。

（五）古树是城镇建设树种规划的重要依据

古树多为乡土树种，能保存至今其本身就说明，对家乡风土、气候有很强的适应性，因此，这些资料是城镇建设树种规划的重要依据。

鉴于此，应大力保护古树名木。**为了挽救不可再生的古树名木资源，无论在什么情况下国家都严禁对古树名木以及珍贵大树进行迁移、砍伐或转让买卖，**不能以任何理由、任何借口、任何方式砍伐和迁移古树名木。**在城市建设中，应注意在城市绿化主管部门的指导下制定树木有效避让和保护措施，不损伤树木，并建立损伤树木责任追究制度。**应加强对古树名木的研究，制定具体可行的保护、养护措施，让古树名木焕发青春，为人类服务。

二、致古树衰老的原因

古树按其生长来说，已经进入衰老更新期。世界上任何事物都有其生长、发育、衰老、死亡的客观规律，古树也不例外，但是古树的衰老，还与其他因素有关。

经调查可知，古树生长环境条件的恶化是古树衰老的主要原因。主要表现有：

（一）土壤理化性质恶化

1. 土壤密实度过高

由于种种原因，造成古树生长的土壤密实度过高，因而土壤板结、透气性降低，这对于古树根系的生长十分不利，使其生长受到抑制。

2. 土壤盐分含量过高

由于古树周围文体、商业活动急剧增加，倾倒污水、设置厕所等原因，致使土壤盐分含量过高，是某些地域致古树衰老、死亡的原因。

（二）土壤营养不足

通过化验得知，古树生长的土壤中往往微量元素严重短缺，土壤营养不足是古树生长衰弱的重要原因之一。

（三）人为的损害

1. 古树周围不合理的铺装

有些地域，在古树周围用水泥花砖铺装，甚至用现浇混凝土铺装，而且仅留很小的树池，这大大影响了地下与地上部分的气体交换，大大影响了雨水的渗透，致使古树生长提前衰弱，甚至致死。

2. 人为的机械损伤

由于各种原因，人为的机械损伤如刻划钉钉、攀折树枝、缠绕绳索，借用树干做支撑，在古树附近挖坑取土、动用明火、排放烟尘、倾倒污水、堆放物料，修建构筑物或建筑，擅自移植等行为，都能造成古树损伤、生长衰弱，甚至加速死亡。

三、古树名木养护、复壮的技术措施

（一）为古树名木建档案

对古树名木要摸清家底，建立健康养护档案，记录在册，以彻底掌握古树名木资源；要有专人维护看管，进行特殊养护。**必要时，可安装监视器，以便于随时监视古树名木。**

（二）古树名木养护、复壮的技术措施

从以上分析古树名木生长衰弱的原因入手，采取改善土壤密实度等复壮措施，会取得良好的效果。

1. 古树名木的养护管理措施

(1) 保持、优化生态环境。不应在古树名木周围修建房屋、挖土、倾倒污水垃圾等，尽量保持其正常的生态环境，更不能随意搬迁古树名木。有条件的要优化其生态环境，如拆除其周围的建筑以及构筑物等。如上海某地，为保护一棵150岁银杏树，拆除附近20多平方米的水泥路，并建了树坛；为挽救3棵700年的古银杏，拆除周边400m^{2}内的建筑物，建立了小型古树园，使古树彻底告别周围建筑的逼迫，而旺盛生长。

(2) 加强肥水管理

1) 加强肥水管理。这是老生常谈，但要针对古树名木的这一特殊的绿地群体，采取必要的措施，促其正常生长。施肥采取“薄肥勤施”的原则；地势低洼或地下水位过高，应注意排水；土壤干旱时，应注意补充水分，又不能过多。亦可参照前面第三节介绍的德国施肥穴施法技术进行施肥。

2) 补充微量元素。通过化验古树生长使用的土壤，对于缺少的微量元素，应加以补充；对于过量的剩余的微量元素应当加以控制。

(3) 及时防治病虫害。古树名木有不少病虫害，应及时防治，否则会加速古树名木的衰老、死亡。

(4) 外科手术治伤、补洞。衰老的古树加上病虫害的侵袭、人为的损害，多数树体已经形成大大小小的疤痕和树洞，极大地影响了树木的正常生长，而这些树木是历史的文化遗产，不能像对待普通树木一样伐除补栽。对此，通常**采用外科手术治伤、补洞**。

1) 表皮损伤的。对于表皮损伤的，一般树皮损伤面积横向宽幅在10cm以上的伤口应进行治疗。如损伤的树皮没有完全掉下来的，损坏部分里面还保持湿润的，应立即治疗处理。方法是，首先应对树体上的伤疤进行消毒清洗，宜用30倍硫酸铜溶液喷涂，30min后再喷涂一次，晾干后用高分子化合物聚硫密封剂涂抹封闭伤口［气温（23±2)℃效果最好］。再粘贴已消毒处理的原树皮，且用不生锈的按钉（铝质或不锈钢）将损伤的树皮固定于树干的木质部，还有可能使树皮愈合长好。

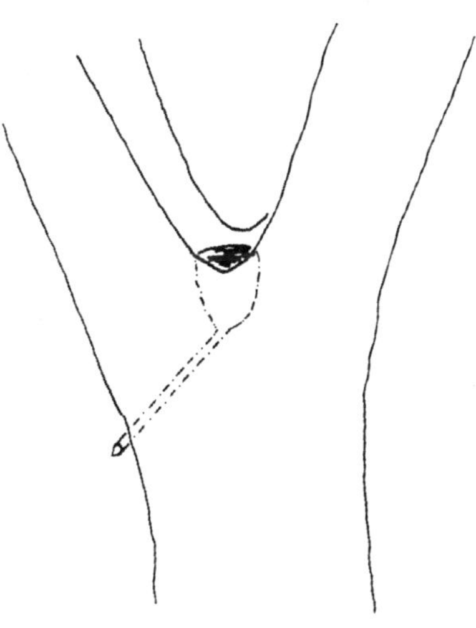
图5-22 树洞最下端插入排水管以利排水示意

2) 开放法处理树洞。树洞不深的应当用锋利的刀刮净削平洞壁，使皮层边缘呈圆弧形，然后用药液（2%～5%硫酸铜液或0.1%升汞溶液或石硫合剂原液）消毒。树洞大的，给人以奇特之感，欲留不用于观赏，应将洞内腐烂木质部彻底清除，刮去洞口边缘的死组织，直至露出新的组织为止，而后进行彻底消毒，并涂防护剂，防止再次腐烂。为防洞内积水，在洞内最下端钻孔直达洞底外且插入排水管，如图5-22所示，以利于排水。应经常检查防护层和排水情况，防护剂应每隔半年重新涂抹一次。

3) 填充补洞。树洞的修补包括清理、消毒和填充。首先，把树洞内积存的杂物全部清除，并刮除洞壁上的腐烂层，将树洞外沿修成尖阔椭圆形，以利于快速生长愈合，再用30倍的硫酸铜溶液喷涂消毒2遍，间隔30min。如果洞壁上有虫孔，可向虫孔内注射50倍40%的氧化乐果等杀虫剂。

关于树洞需不需要填充，存在一些不同的看法。因为树洞和填充物不可能完全结合，在这样的环境中，更有利于病菌和害虫的滋生，因此，有人主张不填充。但是不填充的话，新生树皮会向树洞内生长，这样洞口两端的树皮很难生长到一起。若填充树洞有两种方法。一是当树洞较小且边缘完好时，可采用假填充方法修补，即只封闭洞口而里面不填充。具体是在树洞口稍内侧先固定钢丝网，再在钢丝网上涂 10cm 左右厚的 107 水泥砂浆（沙：水泥：107 胶：水＝4：2：0.5：1.25)，外层再用聚硫密封剂密封。树洞大且树洞边缘受损时，则宜采用实心填充。**首先要刮除腐烂木质部，进行有效的严格消毒**，用聚氨酯灌入树洞内填充，再用聚硫密封剂密封。树洞填充后最好粘贴树皮进行修饰，几可以假乱真。注意，**树洞内一定不要再使用混凝土填充。**混凝土与树洞不能够形成严密的一体，虽然填充了，但是仍然后患无穷，树洞内会继续腐烂成为隐患！

4）支撑。有倾倒或折断倾向的树干或枝条，应及时用他物支撑。支柱与树干连接处应有软垫及托碗。

5）堆土、筑台。在低洼地为了防涝，可适当堆土、筑台。

6）修剪。必要时，通过修剪更新复壮，但应基本保持原有树形。

7）围护、隔离、减少伤害。为防止人们有意无意的伤害，要采用围栏等办法，将古树名木围护、隔离起来，可起到较好的效果。古树名木周围不得堆放物料、挖坑取土、兴建永久或临时性建筑，不得埋设管道、动用明火或排放烟气等。高度 8m 以上的古树名木应根据树体所在具体位置安装避雷装置，以免遭受雷击伤害。

2. 古树名木复壮的措施

遏制古树衰退，要从进一步改善古树立地环境入手，实现古树良好的水、肥、气、热协调，改善和促进古树根系的生理功能，达到古树延缓衰老和延年益寿的目的。

（1）地面铺草皮或梯形砖。地面铺草皮或梯形砖或铺草坪格植草，或者在古树周围铺设透水通气铺装材料——**膨化岩石砖**等，其目的是改善地面的通透性能和渗透性能，或在土壤板结处喷洒土壤免耕剂，使土壤疏松，以利于古树名木的正常生长。

（2）埋设透气管道。在树冠冠幅内外，适当位置**竖直地安放透气管，**每株 4 根左右，管径 10～15cm、深达 80～100cm，此管管壁有孔，管内填粒径 2～4cm 的砂砾，管外缠棕，外填腐熟的有机质，如麻酱渣、腐叶土及树枝粉碎物和微量元素，管口盖有孔的盖。此管道平时利于透气，在干旱时，利于迅速灌水，达到树木根系分布的深层土中。在埋设透气管时，要尽量减少对树木根系的损伤。

（3）设置复壮沟、渗井。必要时可在古树树冠冠幅以外适宜的地方设置复壮沟。一般复壮沟宽和深均为 80～100cm，长度因地形而定。复壮沟内填入优质栽培基质、各种树木枝条等。栽培基质由腐熟的园林树木的自然落叶，加入适量氮、磷、钾、铁、锰等元素配制而成，施后 3～5 年内土壤有效孔隙度保持在 12%～15%。同时填入各种树木枝条，如截成 20～30cm 长的紫穗槐、杨树等枝条，埋于沟内，使之形成较大的空隙，便于古树根系穿伸生长。

复壮沟从地表往下分层为表层素土 10cm，第二层栽培基质 20cm，第三层树木枝条 10cm，第四层仍为栽培基质 20cm，第五层仍为树木枝条 10cm，第六层为陶粒或粗砂 10cm。同时可在复壮沟中设置竖埋透气管道（方法同上）。必要时，还可在复壮沟中央或一侧设置渗井。一般渗井的直径约 1.2m，复壮沟要深 30～50cm，四周用砖干砌而成，井口与地面平并加盖盖好。为使其牢固也可适当分层用水泥勾缝。必要时渗井底部需设渗透管，深 80～100cm。当土壤中有较多的水分时，可直接渗透到渗井中，雨季大水时，如不能尽快渗水，可及时用水泵抽出，以保证古树根系分布层不致被水淹没。

(4) 增施营养液。市场上的**“天然植物活力液”**，是抽取松柏类树木和某些草类中的有效成分，以特殊方法制成的浓缩液，它的独特作用在于活化植物细胞，并可以直接提供营养，提高光合作用的效率及植物机体免疫力，从而提高移植苗木的成活率，提高古树名木、衰弱树木的生长势。试验证明，在生长势衰弱的白皮松上使用这种天然植物活力液，一个月后，生长势明显增强，新芽饱满，生机盎然。“天然植物活力液”使用方法：

1) 打孔灌根。用钢钎在以树基为圆心，半径 50～100cm（树木吸收根最旺盛的区域）的圆周内外打孔 12～20 个，深度根据实际情况调节，灌入稀释后的活力液。视土壤吸收速度可重复 2～3 次，然后用土封口。优点是原液用量较少，利于根部吸收，经济实用。

2) 根部漫灌。在上述范围，开沟后直接灌入稀释后的活力液。优点是省时省工，便于操作。

3) 叶面及树干喷雾。将稀释后的活力液直接喷洒到植物表面，喷后可将落到地面的稀释液经中耕入土，充分利用。优点是使用方便，对于不适合多次灌根的树种可灌根、喷雾交替使用，效果显著。

4) 注入树干。利用专门的树干注入设备进行。先用木钻在树干距地面 1m 左右处斜向下钻一个深度为 5cm 的孔，将专用设备插入孔中，进行注射。一般连续注射 12～15h。优点是作用直接，见效快。根据树种、树势、树干粗细的不同，使用量有差异。实践中发现树干直径 15cm 的白皮松的一次吸收量为 100mL 左右为宜。

(5) 引进害虫天敌。遏制古树衰退，还要利用自然因子和天敌昆虫等生态因子，控制有害生物的危害和外来生物对古树的入侵，促进古树的健康生长。北京包括颐和园和天坛公园、香山公园在内的各大公园就为数百棵古树“请”来了北京林业生防中心生产的肿腿蜂担当“保镖”，杀灭或控制危害古树的害虫，这使古树既不受农药侵害，还能保持长久健康。

(6) 在古树周围栽植同类幼树。**在古树周围栽植同化力强的同类幼树，可起到活化土壤、促进古树生长的同类群体互补作用。**古松、古柏树与壳斗科植物以及菌根类植物三者之间互有促进作用和共生作用。因此可在古松、古柏树附近栽植壳斗科植物以及菌根类植物，以起到促进作用。而阔叶树、速生树和灌木、杂草等对针叶树古树的生长有抑制作用，因此在针叶树古树冠幅 **3m** 范围内不得种植，并要进行清理。

住房和城乡建设部发布的《城市古树名木养护和复壮工程技术规范》GB/T 51168—2016，已于 2017 年 4 月 1 日正式实施。有关单位应遵照执行。

随着科学技术的不断进步，有的地方利用超声波检测古树，我们亦可在这些古树名木上安装芯片使之成为**“芯片树”**（详见本章第九节），可在办公室里适时检测到这些古树名木内部生理的细微变化，以便于在第一时间及时发现、及时采取措施，进行养护管理，使这些“绿古董”青春常在。

第七节 其他日常养护管理措施

一、及时调整种植结构

在进行园林设计时，为了填补暂时的空间，会使用一些填充树种。但是，经过几年、十几年后，主景树种已经长成，形成很好的景观，而此时填充树种的生长会影响主景树种的生长，因此要坚决、适时地**调整绿地的种植结构**，将影响主景树种生长的填充树种、已经没有生长空间的填充树种进行控制性修剪或移植出去。另外，绿地上有时出现阔叶树的生长影响附近的常绿树生长，长此下去，会造成常绿树偏冠或者枯梢等现象而破坏常绿树的树形，也应及时地调整绿地的种植结构，或者把常绿树移植出去，或者对阔叶树进行控制性修剪或移植出去，使园林绿地呈现出最佳的景观效益。

二、及时进行其他一般性日常养护管理工作

（一）中耕除草

在园林绿化范畴内，杂草一般认定是：凡园林绿地中，在园林设计和植物配置所标定的栽培植物以外，自然滋生的草本植物或木本植物，皆谓之杂草。绿地滋生杂草不仅影响观瞻，还会与目的园林植物争夺养分、水分，易滋生病虫害，因此要及时消除园林绿地内的杂草。一般可采用中耕的方法消除杂草，就是将杂草连根锄掉，没有杂草的地方也应将地表锄松，可提高土壤的通透性，利于园林植物根系的生长。绿地除草应及时，应做到控制住杂草，不致形成草荒。如草荒严重，必要时可用化学除草剂除草，但要注意药害的发生。同时，对于干旱、缺草坪的地方，也应考虑利用有观赏价值的野草覆盖地面，以形成良好的生态环境。

（二）及时防治病虫害

防治病虫害是园林养护管理工作中的一项极为重要的措施，是巩固和提高绿化成果的一项不可缺少的工作。因园林植物病虫害的防治工作自成体系，后面专列一章介绍。

（三）防治风灾

在多风地域，风害往往使园林树木不能正常生长而造成偏冠现象。北方的多风季节，易使园林树木枯梢，甚至干枯致死。沿海地域夏秋季常遭受台风袭击或阵发性大风，致使园林树木轻则枝叶折损、大枝折断，重则造成大树倒伏不能恢复正常生长等严重后果。

采取的措施是在多风地域，合理选择树种，应选择深根性树种，并进行合理修剪，控制树形；定植后及时设立牢固的支柱。台风到来前或必要时，要及早采取剪枝、开天窗吊枝、顶枝或设置风障等措施，以尽可能地减少风灾的损害。

对于遭受大风危害的树木，应及时维护。对于风倒树应及时顺势扶正，修剪伤裂枝，并立牢固的支柱，加强肥水管理，迅速促进树势的恢复。

（四）打除积雪

由于气候的变化，多年来我国北方已很少下雪，但雪中、雪后及时打除积雪依然是很重要的一项园林树木养护措施，尤其是对常绿树来说更为重要。园林树木雪中、雪后的养护要求及时打除园林树木树冠上的积雪。被积雪压弯的树干要及时扶正，必要时要进行支撑。被积雪压折、劈裂的树枝要进行修剪，剪口要平滑，必要时较大的剪口要涂抹防腐杀菌剂。

（五）围护、隔离

园林树木的生长要求土质疏松、透气性良好，而长期人为的践踏，造成土壤板结，妨碍园林树木的正常生长。为了防止人们的践踏，往往采用绿篱、围栏等围护、隔离起来，可起到较好的效果。

三、看育、巡查

通过看育、巡查，以防止人为的有意识或无意识的破坏。要及时清除树上的杂蔓。一些野

生藤蔓植物，如拉拉秧、野生牵牛、萝摩、打破碗花以及菟丝子等往往缠绕在园林树木或花灌木上，这不仅影响观瞻，也极大地影响园林树木或花灌木的正常生长，严重时甚至造成植株死亡，因此应及时地将其清除掉。

对生长不良、枯死、损坏、缺株的园林植物应及时更换或补栽，用于更换及补栽的植物材料应和原植株的种类、规格一致。

要及时清除树杈上的石块，有些人因某些原因会将一些石块放在大树、古树的树杈上，应**及时把这些石块去除掉**，否则会影响这些大树或古树的正常生长。对于已经影响园林树木生长的树穴盖，也要及时更换。

树干上被缠绕的钢丝等物料，要及时除去，否则这些钢丝嵌入树干内，不但影响树木的生长，也易成为事故隐患。

必要时，为了迅速清洁植物叶面油污和粉尘，提高叶面的光洁度，可向乔灌木、草坪以及观叶植物的叶面上**喷洒叶面清洁光亮剂**，过后再用清水冲洗，效果则更佳。

要及时清除绿地的垃圾，随时掌握园林绿地的有关情况，发现问题及时报告上级处理。

及时清除绿地的垃圾、杂物，尤其是绿篱内、丛生灌木主枝内等处的垃圾、杂物，是必要的。但是按照传统的方法也是比较难办的。现在市场上有**手持式、吹气/吸气两用园林清扫机**，可以解决这个难题。吹气和吸气都是有效的清扫方式。它通过风机产生高速气流，能够将乔木、灌木、绿篱内外等地的高低不平区域或树丛、灌木丛缝隙里的垃圾、杂物都吹出来或吸起来，而这些地方一般是难以清扫干净的地方。手持式吹气机，在北美应用已有几十年的历史，但是手持式吹气/吸气两用园林清扫机则是近几年才问世的新颖产品，这种两用清扫机使用起来很简单，如图 5-23 所示（**彩图 38**）。

图 5-23　吹/吸气清扫

关于城市绿地的养护，如果过分依赖化肥和过分养护会导致绿地的沙化，应采用全新的**城市绿地生态养护法**。让城市绿地自身形成的园林有机废物如枯枝、落叶、草渣等尽快就地堆肥发酵后再施入绿地土壤中，或把树枝等物料经**枝丫削片/粉碎机**削片后撒在绿地地表，可起到覆盖裸露土地，以减少水分蒸发，或经过粉碎发酵后施入土内，改善绿地土壤的疏松性能，为土壤保湿营造有利于土壤微生物生长的环境，增加土壤的透水、通透气性能，同时增加绿地对雨水、雪水吸收等多种功能。由于考虑到园林植物对肥料的需求，提高土壤肥力是必要的。土壤施肥是提高土壤肥力的一个方面，另外我们在进行植物配置时亦应考虑**增加绿肥植物**的种类，如紫穗槐、胡枝子、锦鸡儿、桂香柳、沙棘等树种，以及白三叶、草木樨、田菁、紫花苜蓿、紫云英等草本绿化植物。这样可在不增加养护成本的基础上，大大提高土壤肥力。随着时代的发展、进步，更加有利于生态、环保的崭新的园林绿地的养护技术也将不断推出。

四、建立绿地建设、养护技术档案

绿地建设完成、竣工验收后，应填报绿化工程验收备案表备案，立即建立绿地建设档案。

技术档案应包括以下内容：有关工程的批示、拨地手续、产权证明、设计图纸、概算等相关资料，设计变更等资料，竣工图纸，施工预算和工程决算，施工方案，工程大事记，工程中使用推广的新技术、新工艺、新材料等资料，竣工验收和移交手续，工程总结，工程验收备案表等资料整理装订成册后，存入档案。大树移植，绿地养护管理，古树名木的养护、复壮，绿地的病虫害防治等，都应由专人做好各项记录，存入档案。

五、园林绿地精细化养护管理

我们强调园林绿地要**精细化养护管理**，并非过度的养护管理，而是要从思想上重视园林绿地养护管理，同时要科学地进行园林绿地养护管理。对园林绿地进行**精准养护**，是城市园林绿地可持续发展的唯一途径。因此，要制定科学详细的负责任的养护制度，并实施到位。园林绿地养护的对象是有生命的各种植物材料，必须要符合这些植物材料的生长规律，否则就是像绪论中所说的虐待植物。虐待植物的现象，不夸张地说到处都有。我们必须要彻底扭转这一现象。

第八节 屋顶绿化的养护与室内绿化养护

一、屋顶绿化的养护

屋顶绿化建成之后，养护管理技术能否跟上，做得好坏，很大程度上影响屋顶绿化功能的发挥。屋顶绿化的养护，主要包括以下几个方面：

（一）专人负责、加强管理

安排专人，随时注意屋顶绿化植物生长的情况，对于生长不良的植物应及时采取养护措施或更新。

（二）特殊的水肥管理

应采取控制水肥的方法或生长抑制技术，防止植物生长过旺。以适当的次数而量少的浇水方式为主。浇水间隔时间一般不影响植物生长为度。简单式屋顶绿化一般基质较薄，应根据植物种类和季节不同，适当增加浇水次数。植物生长较差时，可在植物生长期内按照 $30\sim50g/m^2$ 的量，每年施 1～2 次长效氮、磷、钾复合肥。

（三）注意排水

特别是雨后要及时排水，经常检查，防止排水系统被堵塞。

（四）经常修剪

根据植物的生长特性，进行定期整形修剪和除草，并及时清理落叶。对于生长过旺的可通过修剪技术加以抑制。

（五）防治病虫害

防治病虫害，应采用对环境无污染或污染较小的防治措施，如人工及物理防治、生物防治、环保型农药防治等措施。

（六）防风防寒

应根据植物抗风性和耐寒性的不同，采取搭风障、支防寒罩和包裹树干等措施进行防风防寒处理。使用材料应具备耐火、坚固、美观等特点。

二、室内绿化及养护

室内绿化就是在室内用有生命的绿色植物为主体进行装饰美化。室内绿化可以增加室内的自然气氛，调节室内环境指标，如提高湿度等，因此室内绿化是室内装饰美化的重要手段。

（一）室内环境特点与室内绿化的原则

1. 室内环境特点

室内适合摆放哪些植物，这是由室内的环境所决定的。室内的光照、温度、湿度、通风等与外界有较大的不同。因此，室内绿化植物的选择应以不同植物的生态习性与室内的生态基本相一致为原则。

2. 室内绿化的原则

（1）满意的视觉效果。室内植物景观的创造除了要有一定的意境以外，还要有满意的视觉效果。一般室内景观视距为2～3m，在后面远处，应选用叶色浓绿的大型植物，布置在墙角处的植物有深远感；在前面近处，应选用叶细、花色鲜明的小型植物，以取得最佳视觉效果。这样可以体现大自然的丛林气氛。

（2）使用方便。室内绿化应有利于人们的生活、工作、学习等活动，不要影响室内通行。室内绿化造景的陈设要给主人留有60°～75°的上下视野和120°的水平视野，以满足视觉的要求。只有在功能上满足人们的生活需要，室内绿化才能真正起到调节精神的作用。

（3）以绿为主，色彩调和。就以室内光线较暗这一特殊的环境来说，室内绿化应以绿为主，色彩淡雅。以绿为主，即以耐阴的绿色观叶植物为主，配以具有一定色彩而淡雅的彩叶植物或观花植物。色彩的协调会给人们带来轻松愉快的感觉。

（4）合理组织空间。室内空间有大有小，植物体形也有大有小。如果小型植物摆放在大空间内，或者大型植物摆放在小空间内，给人感觉不是空落，就是拥挤，因此摆放的植物应与室内空间相协调，要合理地组织空间。在大型室内空间里可用盆栽绿色植物或花架分成几个不同用处的空间，如在大空间室内，用盆栽植物摆放后留有一个长形空间即产生一种向前指引的意境；如用盆栽绿色植物摆放成一个圆形、方形图案，则有集中、团结的意境；若创造一个L形空间则产生转向指引的意境。

（5）生境一致。室内绿化摆放的植物所需要的生态要与室内小气候相适应且在室内不易产生病虫害。一年四季室内光照有所变化，因此室内绿化摆放的植物应有所变化，摆放的位置也应有所改变。一般来说，室内绿化摆放的植物应以耐阴观叶植物为主，适当摆放一些开花植物。喜光开花植物如月季、菊花、梅花等应摆放在窗口附近光照最强之处。耐阴观叶植物如龟背竹、花叶芋、万年青等可摆放在离窗口稍远的位置。

虽然在室内进行绿化有许多好处，但是也不是说在室内摆放的植物越多越好，特别是在居室内，尤其是夜晚，如果摆放的植物多，则易造成氧气不足而二氧化碳过多，不利于人们的健康。

（二）适合室内摆放的植物

一般来说，室内光线比较差、不通风，因此，室内绿化一般应选用在这种环境下能正常生长而且不发生或少发生病虫害的观叶植物，即阴性、较耐阴的观叶植物为宜。

据分析，在居室内最适合放置以下几种类型的植物。

1. 能杀灭病菌的植物

如玫瑰、桂花、紫罗兰、茉莉、柠檬、蔷薇、石竹、铃兰等芳香花卉产生的挥发性油类具有显著的杀菌作用。茉莉、柠檬等植物，5min 内就可以杀死白喉菌和痢疾菌等原生菌。蔷薇、石竹、铃兰、紫罗兰、玫瑰、桂花等植物散发的香味对结核杆菌、肺炎球菌、葡萄球菌的生长繁殖具有明显的抑制作用。仙人掌、虎皮兰、伽蓝菜、景天等植物能在夜间净化空气。而丁香、茉莉、玫瑰、紫罗兰、薄荷等植物可放出一种气味使人放松，精神愉快。

2. 能吸收有毒化学物质的植物

如芦荟、吊兰、虎尾兰、一叶兰、龟背竹是天然的清道夫，可以清除空气中的甲醛等有害物质。常春藤、铁树、金橘、石榴、米兰等能有效地清除二氧化硫、氯、乙醚、乙烯、一氧化碳、过氧化氮等有害物。兰花、桂花、蜡梅、花叶芋等是天然的除尘器，其纤毛能截留并吸滞空气中飘浮的微粒及烟尘。常春藤、红豆杉对去除甲醛的效果最为明显，绿萝能够吸收更多的氨气。这对于新装修的室内尤其重要。

3. 能驱蚊虫的植物

夏季来临，能驱蚊的植物成了人们关注的焦点。蚊净香草就是这样一种植物，它散发出一种清新淡雅的柠檬香味，在室内有很好的驱蚊效果，对人体却没有毒副作用。温度越高，其散发的香味越浓，驱蚊效果越好。据测试，一盆冠幅 30cm 以上的蚊净香草，可将面积为 $10m^2$ 以上房间内的蚊虫赶走。再如猪笼草等可杀灭蚊蝇。

4. 能够检测室内空气成分的植物

如对二氧化碳敏感的花卉有紫菀、秋海棠、美人蕉、彩叶草等。在二氧化碳超标的环境下，这些植物会发生急性症状——叶片呈暗绿色水渍斑点，干后呈现灰白色、叶脉间有不定形斑点且退绿黄化。

对二氧化氮敏感的花卉有矮牵牛、杜鹃、扶桑等。在二氧化氮超标的环境下，这些植物的表现是，中部叶子的叶脉间出现白色或褐色不定形斑点，并提早落叶。

对臭氧敏感的花卉有矮牵牛、小苍兰、菊花、三色堇、万寿菊等。如臭氧超标，这些花卉的绿叶变为红、紫、黑、褐等色且提早落叶。

对氟化氢敏感的花卉有唐菖蒲、仙客来、风信子、郁金香、杜鹃等。如氟化氢超标，这些花卉的叶子尖端枯焦、退绿，变为黄褐色、枯死、落叶。

对氯气敏感的花卉有百日草、蔷薇、郁金香、秋海棠等。如氯气超标，这些植物的叶脉间则出现白色或黄褐色斑点且很快落叶。

对氨气敏感的花卉有向日葵、矮牵牛等。如氨气超标，这些植物的叶面变为白色，叶缘部分出现黑斑及紫色条纹，且很快落叶。

由此看来，可以用植物来检测室内环境的空气成分的含量，为我们人类的健康服务。

5. 适合在空调房屋内摆放的植物

在空调房屋内，适宜摆放哪些植物呢？最好是叶面及其茎干上覆盖有较厚的角质层且耐干旱，适应性强的植物种类，如橡皮树、棕竹、棕榈、苏铁、南洋杉、龙舌兰、巴西木等。这些植物在有空调的室内环境中能够较长时间正常生长。

6. CAM 植物

什么是 CAM 植物？对于大多数绿色植物来说，白天进行光合作用时吸收二氧化碳、放出新鲜氧气，而夜间呼吸作用时吸收氧气、放出二氧化碳。据测算，每公斤植物在夜间的呼吸，平均每小时放出 1mg 二氧化碳，如果室内的二氧化碳浓度高于 0.05%时，人就会感觉憋闷。但是，也有一些植物的呼吸特点却与一般植物不同，在夜间不放出二氧化碳，而是吸收二氧化碳，白天几乎不吸收二氧化碳。这是因为，这些植物长期生活于干旱环境，形成了这种适应性的生理机制，这类植物就称为**CAM 植物**。如果将这些植物置于室内，在夜间可吸收二氧化碳，降低室内的二氧化碳的浓度，有利于人们的身体健康。

常见的 CAM 植物：长寿花（*Kalanchoe blossfeldiana*）、月兔儿（*K. tomentosa*）、仙人扇（*K. beharensis*）、灯笼花（*Bryophyllum pinnatum*）、落地生根（*B. daigremoniana*）、神刀（*Crassula falcata*）、青锁龙（*C. lycopodioides*）、燕子掌（*C. portulacea*）、长生草（*Sempervivum tectorum*）、松鼠尾（*Sedum morganianum*）、锦司晃（*Echeveria setosa*）、红豆杉等。

（三）不适合室内摆放的植物

1. 促癌植物

一般来说，室内绿色植物能够产生对人有益的生态效益，可以调节人们的心理、生理、精神，陶冶人们的情操，提高工作效率，但是也有一些传统观赏植物能够产生对人类不利甚至有害的后果，对此，我们应当注意。由中国疾病预防控制中心发布的 52 种**促癌植物**中，有一些是室内摆放的花卉，如变叶木、细叶变叶木、凤仙花、红背桂、乌桕、铁海棠等这些促癌植物都是家养植物的常见种类。为此我们应当警惕。虽然专家告诉我们，促癌植物本身不会导致癌症，对人类无直接危害，不要排斥促癌植物，但是栽种过促癌植物的土壤内，含有促癌物质，长期食用种在促癌植物附近的蔬菜，可能危害人类健康。因此，万万不可再将促癌植物摆放在室内及家庭栽植。另外，居住区的公共绿地内也不应种植促癌植物，因为有毒物质可能进入地下水循环，最终危害人类。

2. 有毒植物

除了促癌植物外，还有一些植物是**有毒的植物**。诚然，有毒植物有时还是中药材，但是，我们在室内摆放盆栽植物时也应当注意，如常常在室内摆放的黛粉叶（花叶万年青）、圣诞花（一品红）、洋常春藤、杜鹃、彩叶芋、夹竹桃等。对于一些我们不了解的植物不要过分亲近触摸、不要吸入植物的花粉，更不要随意食用；触摸植物后要洗手，这样一般来说就不会受到影响。

（四）室内绿化小品与室内绿化的摆放

1. 室内绿化小品

（1）悬挂小品。在装有培养土的吊盆、吊篮里栽植富有变化的花木，创造室内空中花园，增加额外的情趣。

（2）墙花小品。用有生命的绿色植物装饰墙面，它不占空间，使墙面死角变得活泼，富有生气，在视觉上富有新鲜感。

（3）水培花卉小品。在玻璃瓶中培育小型植物，实在是耐人寻味。现在比较时髦的水培花草，如绿萝、富贵竹、秋海棠等，瓶里有水，金鱼在水里游，花草生长在水里，其根须清晰可见，实在令人心旷神怡，其蒸发的水汽还可以增加室内环境的湿度**（彩图 39）**。

（4）彩色花晶。这是一种无土栽培新的形式。**五彩缤纷的彩色花晶，**是一种有机高分子化合物，无毒、无味，且含有大量的水分，把花草根上的泥土洗净后栽植在里面，在灯光的照射下，色彩缤纷，令人赏心悦目**（彩图 40）**。

（5）盆景。我国传统的盆景摆放在室内，是一种常规的室内绿化形式。

（6）切花（插花）。用花草的枝、叶、花、果等进行瓶插、盆插，形成一种意境深远的花卉艺术。现行的插花有商用插花和艺术插花两类。商用插花往往是对称式或辐射状式的规则式插花，艺术水平稍低些；而艺术插花则是自然式插花，可产生深远的意境，艺术水平较高。艺术插花可统一命题或自由命题皆可。能够参加插花比赛的是艺术插花。插花具有制作方便、灵活、富有生气等特点，广泛用在家庭、宴会、庆典、生活交往、国际交往等活动中。它是室内绿化重要的小品。

2. 室内绿化的摆放

室内绿化的形式很多，如利用窗台进行攀缘绿化，或摆设盆景；在博古架上摆设盆花盆景；在透空隔扇栽种攀缘植物来分隔空间；以垂吊植物装饰墙面或顶棚等。

（1）大堂的绿化摆放。大堂的使用面积大，便于人们集聚，因此大堂的绿化摆放以中型、大型的盆栽观叶植物为主，如铁树、棕榈、橡皮树、散尾葵等；春秋季节可适当配以名贵时令盆花加以点缀，如杜鹃、茶花、圣诞花等；二楼围廊上可进行垂直绿化，悬挂如常春藤、花叶蔓长春等，进行装饰，给人一种春意盎然的感觉。

（2）会议厅的绿化摆放。会议厅是接待客人、举行会议或搞庆典活动的场所。一般来说，有大会议厅和小会议厅。大会议厅是举行大型活动的主要场所，绿化布置应力求典雅、高贵、大方、美观，四周应摆放一些中型或大型较名贵的观叶植物，如橡皮树、巴西木、散尾葵、发财树等，桌子和茶几上可摆放插花或小的盆花。小会议厅的茶几上可摆放小型观叶植物如太阳神、袖珍椰子，再衬以有红色花卉的瓶插，如康乃馨、玫瑰等，显得高贵、温馨。

（3）过道、走廊的绿化摆放。过道、走廊的绿化以普通中型或大型观叶植物为主，如美丽针葵、棕竹、发财树等。

（4）办公室的绿化摆放。办公室是写字楼办公的主要场所，在绿化摆放上应突出清净、舒适、淡雅的特点。办公桌上可摆放小型的插花或盆景，如富贵竹造型（**彩图 41**）、太阳神、蕨类植物，如摆放花卉，颜色以淡雅的白色、淡黄色为宜。窗台上可摆放文竹、富贵竹、兰草等点缀，以及经过雕刻造型的蟹爪水仙等（**彩图 42**）。

室内绿化，不仅种植树木和花草，而且可以设置山石、水池、喷泉及其他园林建筑小品，使其具有园林意境。但是，室内也不宜摆放过多的植物。应避免夜晚与人争夺氧气的局面，影响人的身体健康。这是必须要注意的。

（五）室内绿化植物的养护

室内绿化植物的养护，除正常的浇水、施肥、防治病虫害等，还必须注意的有：

1. 空气湿度

观叶植物一般都需要空气湿度为 40%～60%，才有利于生长，因此当室内空气过于干燥时（如北方冬季室内有暖气时），应适当提高空气的湿度，向室内植物的周围空间喷水、喷雾增湿。

2. 室内通风

一般室内环境比较封闭，将会导致植株生长不良，甚至发生叶枯、叶腐、病虫危害等。为了使室内空气得到交换应经常打开门窗，增强空气的流通，以利于植物的生长。

3. 定期轮换

绿色植物需要光照进行光合作用，以制造有机物，供其生长。即便是耐阴的植物，也不能永久长期地处在荫蔽处，这不利于它们的生长，要定期轮换，以便保证室内绿化的效果。而插花往往只能够维持 5 天左右，应定期更换。

第九节 芯片树——园林树木的高科技养护

现在各行各业都在运用高科技以提高生产率。我们前面介绍的对园林树木的养护大都还是传统的老一套。**园林树木的高科技养护**是怎么一回事呢?

多年前，法国巴黎的树医生们通过手术给园林树木植入“电子心脏”——一个长 3cm、直径 3.5mm 的芯片，使之成为“芯片树”。手术时用钻机在树干上打一个小孔，将放置在胶囊中的芯片及其发射机插进去，再用胶质材料封口。之所以这样做，是因为环境的进一步恶化，致使园林树木生长极度衰弱，自然寿命大大缩短，为了抢救这些园林树木，而被迫采取这样一种措施。实施这项工作所需费用并不多，平均每棵树仅为 7 美元（1997 年价格），其中有 4 美元为马来西亚生产的芯片。这些芯片树联网之后，树木的一切情况，办公室的电脑即时显示出来。园林树木成了“芯片树”之后，它的一切“隐私”，技术员完全掌握：树木种类、位置、年龄、种植时间、苗床所在地、身高、周长、健康状况、卫生状况等。操作员可将每次检测报告或发现问题后的处理结果输入到芯片中。这样不仅可随时处理发生的问题，还能使园林树木处于正常的生长状况，从而恢复树木的自然寿命，解决了过去解决不了的问题。

现在我国有许多城市也在使用芯片对树木进行管理，如在古树名木上使用等。现在园林浇水也在智能化，园林植保使用无人机，全国首台公园管理“机器人”正式“上岗”工作等。我们期望智慧园林早日诞生。

第六章 地被植物与草坪绿地

现代园林很注意自然美和生态效益，往往采取多种措施提高绿化覆盖率，因此地被植物与草坪受到普遍的重视。

第一节 地被植物

一、地被植物的定义、地被植物应具备的条件以及地被植物的类型

（一）地被植物的定义

地被植物是植株生长低矮、枝叶致密，能够迅速覆盖地面的植物的统称，主要是一些草本植物，也包括少量的灌木与蔓生植物。地被植物最大的特点是，能够较快地覆盖地面，减少裸露的地面，增加绿化覆盖率，对于维护生态有其独特的作用。

草坪植物亦应属于地被植物范畴，但是在园林专业往往把草坪植物与地被植物分开，这是因为草坪植物在日常养护管理上有其特殊性而自成体系。

（二）地被植物应具备的条件

什么样的植物可以作为地被植物，城市园林绿化中，往往从以下几方面考虑：

1. 生长期长、生长迅速、管理简单

地被植物是大面积成片种植的，不可能细致管理，因此地被植物应具备一次播种或栽植后能够多年生长或自行繁衍的能力，如灌木、宿根植物、球根植物或自播能力强的一二年生草花等，能生长迅速、快而好地覆盖地面，且稍加养护即可生长良好。

2. 抗逆性强、适应性强

地被植物多布置在条件相对较差、管理粗放的地方，因此要选择抗逆性、适应性都强的植物种类，如具有抗寒、抗旱、抗病虫、耐瘠薄等特性。

3. 耐修剪、高矮适宜

地被植物一般要求高度在 30cm 以下，最高不过 70cm，要高矮适宜，或者可通过修剪来控制其高度。因此地被植物要耐修剪。

4. 具有较好的景观效果

园林地被应具有美化环境的特点，在叶、花、果等方面或至少其中一个方面有较高的观赏价值。

（三）地被植物的类型

1. 岩石地被植物

岩石地被植物是指，覆盖于山石缝间的植物，是岩石园式的地被植物。此类地域，对于植物来说，虽然光照充足，但是土壤稀少，生活条件严酷、恶劣，只有能够适应这种不良环境的地被植物，才能在此生长，如葛藤、爬山虎、常春藤等可覆盖于岩石上的植物，特别是**爬山虎**

在其卷须的前端有吸盘，在防风固沙方面有突出的作用，平枝栒子、野菊花等可散植于山石之间。应该尽可能地创造有利的生长环境，使岩石地被植物旺盛生长，以创造良好的景观效益和生态效益。

2. 坡地地被植物

坡地地被植物是指，在土坡、河岸或高速公路路基上种植生长、迅速覆盖坡地地面的地被植物。这种地被能够起到防止冲刷、保持水土的作用。这类地域一般光照充足，土层较厚，应选用具有根系发达、抗性强、蔓延迅速的植物栽植，如紫穗槐、胡枝子、荆条、苔草、莎草、小冠花等。

3. 林下地被植物

林下地被植物是指，在乔木树林、灌木丛之下，覆盖地面的地被植物。这种树林郁闭度较大，在这种环境下生长的，应是耐阴性较强的植物，如玉簪、虎耳草、白芨、桃叶珊瑚、络石、铃兰、常春藤、小叶扶芳藤、枸杞、爬山虎等。这种由乔木、灌木、地被植物形成的复层混交，可以大大增加绿量，能够形成更加良好的生态效益。

4. 林缘地被、疏林地被植物

林缘地被、疏林地被植物是指，在树坛边缘或稀疏的林丛下布置的地被植物，如诸葛菜、蛇莓、石蒜、麦冬、鸢尾、萱草、葱兰、韭兰以及平枝栒子、迎春、花叶蔓长春、金丝桃、郁香忍冬等。这类地被植物能够在半阴的环境下生长。

5. 空旷地被植物

空旷地被植物是指，在阳光充足的场地上布置的地被植物，这类地域光照充足，一般可选观花观叶类植物进行栽植，如福禄考、石竹、美女樱、彩叶草、半支莲以及金叶女贞、紫叶小檗、地被月季、金山绣线菊和马蔺、薄荷、佛甲草等。

（四）几种耐阴地被植物

在绿地或庭院某个角落，往往由于荫蔽很难有能够覆盖地面的植物生长，经过园艺学家的多年努力现已选择出不少适生种类。除前面介绍的以外，再介绍几种。

1. 野芝麻（*Lamium barbatum*）

唇形科多年生植物，株高 25～35cm，银白斑驳的叶片、黄色小花，观赏性极高，且生长势极快，但是有侵入性强不易控制的问题。

2. 顶花板凳果（*Pachysandra terminalis*）

黄杨科常绿亚灌木，株高约 30cm，花白色、花期 4～5 月，果红色，耐寒、耐阴，宜阴湿角落、建筑物背阴面生长。

3. 细辛（*Asarum heterotropoides*）

马兜铃科多年生植物，茎匍匐，高 10cm，灰绿色的叶面有银灰色斑纹，春季开小蓝花，抗干旱，养护简单。

4. 红串果（*Cornus canadenensis*）

山茱萸科多年生植物，株高 18～25cm，初夏开白色花，而后结亮红色浆果。

5. 车轴草（*Galium odoratum*）

茜草科多年生植物，株高 40cm，宝石绿叶片，初夏开白色星状花，芳香宜人，在阴冷地域长势好。

6. 小玉竹（*Polygonatum humile*）

天门冬科多年生植物，具地下茎，株高18～25cm，春天开钟状小花、后生蓝黑色球形果实。

7. 金膝菊（*Chrysogonum viginianum*）

菊科多年生植物，株高12～18cm，矮而密，春天开鲜黄色花、夏末再度开花；既能抵抗干热夏季又耐寒。

8. 老鹳草（*Geranium wilfordii*）

牻牛儿苗科多年生植物，株高50～70cm，早春开紫色花，适应性强、扩散快。

9. 范库弗草（*Vancouveria*）

小檗科多年生植物，株高45～48cm，初夏开白色小花，宜生长在温暖地区，喜充足的水分及阴凉的生活环境。

10. 白穗花（*Speirantha gardenii*）

天门冬科多年生草本，株高25～45cm，花白色，浆果球形，宜树荫下、灌丛旁生长。

11. 假万寿竹（*Disporopsis fuscopicta*）

百合科多年生草本，株高10～40cm，花黄绿色、钟形花被，浆果近球形，熟时紫蓝色，耐阴，抗瘠薄，抗病虫害能力强，宜林下或荫庇山谷生长。

12. 庐山楼梯草（*Elatostema stewardii*）

荨麻科多年生草本，株高25～50cm，茎肉质，宜半阴或潮湿地带生长。

13. 赤车草（*Pellionia radicans*）

荨麻科多年生草本，株高25cm，茎肉质，花密集，耐阴、耐瘠薄，宜树荫下、灌丛旁生长。

二、地被植物的种植与养护

（一）细致整地

栽种地被植物前，对栽植地要进行细致的整地，这是使地被植物良好生长的前提。栽植地要有一定的优质土层，厚度至少30cm。根据要求进行土壤翻松至少25cm、拣去砖石、防治地下害虫、清除杂草、打碎土块，并将表层土搂细耙平，尽量多地增施腐熟的有机肥作为基肥，然后平整地面，进行播种或栽植苗木、浇水等一系列的日常工作。

草本地被播种时，应选择适合本地的优良种子，种子纯净度应达95%以上。播种前应做发芽试验和催芽处理，确定合理的播种量。播种前应对种子进行消毒、杀菌。

（二）适当密植、合理混栽

地被植物是以发挥其群体效果取胜的，因此要适当密植，一般草本植物株行距为20cm×30cm为宜，木本植物以栽植后最迟至第三年全部覆盖地面为宜。

通过不同地被植物的混栽，形成一定的色彩对比，以提高其观赏价值。如金叶女贞与红叶小檗的配置，就可产生很好的景观效果。亦可在观叶地被植物的外沿配置草花地被或临时布置盛开的盆花，如在大片麦冬地被的边缘配置红花石蒜或临时栽植或摆放一串红等盆花，在如茵似毯的草被中，点点红花缀于其中，分外别致。

（三）加强前期管理

地被植物在园林中往往是大量、成片的应用，因此管理上比较粗放，但是应加强其前期的精心管理。无论是播种还是植苗，种植后应适时浇水，注意保苗、补苗、除杂草和追肥等工作。

还要适时修剪，要依据不同地被植物的生长习性，及时进行修剪，控制其生长的高度，以促发分枝，使其枝叶茂密，提高覆盖地面的效果。另外，对于开花地被，花后应及时剪去高挺的花茎、残花，这样不仅可压低其高度，也可使整体观赏价值提高，还有利于下一茬花的养分积累。

通过养护管理，使地被植物尽快达到郁闭，形成良好的生态效益。

(四) 及时更新复壮

地被植物往往生长若干年后，由于各种原因造成地被植物的衰老，因此应根据不同情况，及时进行更新复壮措施，以利其继续正常生长。针对种植地域土壤板结，应采取划锄、打孔或使用土壤免耕剂，以促其根部土壤疏松透气；缺肥的应及时施肥浇水；对于木本地被可通过重剪，使之更新复壮。对于一些观花的宿根地被、球根地被等，应每隔 3～5 年进行一次分根翻种，即将其刨挖出来，经整理分株，去除病株、衰老株等，另行栽植。这样可以避免自然衰退，以达到更新复壮的作用。

第二节 草坪的建植与养护

一、草坪的定义与类型

(一) 草坪的定义与作用

1. 草坪的定义

用多年生矮小的草本植物密密地栽植，并经过人工修剪成平整的人工草地，称为草坪，不经过人工修剪的则称为草地或草原。

古代西方园林中，很早就出现过规则式草地，到了 18 世纪中叶，英国园林中开始大面积使用自然式草坪。而我国古代园林中，有大片疏林草地，直到近代才有了草坪这一园林表现形式。

2. 草坪的作用

草坪植物亦属于园林植物，因此园林植物所能起到的功能作用，草坪植物大都具有，如保持水土、防止冲刷，覆盖地面、减少飞尘，消毒杀菌、净化空气，降低气温、增加湿度，美化环境、有益环卫等。作为草坪这一园林表现形式来说，还有其独特的作用，一是绿荫覆盖的人工草地，代替了裸露的黄土，使城市呈现出一种绿意盎然、生机勃勃、清新整洁的新面貌。二是用柔软的禾草给大地铺了一层绿色地毯，为人们户外活动增添了新的场地。大片开阔的绿色草坪给人们一种平和、亲切、凉爽的感觉，而且开朗的空间、开阔的视线，使人顿觉心情舒畅、心旷神怡，无论男女老幼都愿意在这绿色的地毯上坐一坐、躺一躺，仰望蓝天，呼吸着清新的空气，真是别有一番情趣。

由此可以看出，草坪必须经得起人们的踩踏，而禾本科草本植物不仅耐踩踏，而且植株不高，因此园林草坪总是以禾本科植物为主体，也混以少量的其他单子叶植物或双子叶植物，如莎草科、豆科和景天科植物等。

(二) 草坪的类型

1. 根据草坪的用途分

(1) 游憩草坪。这种草坪允许人们进入，是供人们游戏、休息、散步及户外活动用的草坪。一般选用叶细、韧性强、耐踩踏的草种。

（2）观赏草坪。这种草坪专供人们观赏，不准人们进入，又称为装饰性草坪。一般选用叶色碧绿均一、绿色期长、观赏特性强的草种。

（3）运动草坪。如足球场草坪等，要根据不同的体育运动项目、运动对草坪践踏的轻重不同而选用不同的草种，有的要选用叶片坚韧的草种，而有的则选用地下茎发达的草种。

（4）交通安全草坪。主要是指设置在陆路交通的沿线、分车带、安全岛，尤其是高速公路的两旁、飞机场停机坪草坪等。一般选用生长迅速、根系发达的草种。

（5）固土护坡草坪。用以防止水土流失，防止冲刷，防止尘土飞扬的草坪。一般选用固土能力强，生长迅速、根系发达或具有匍匐性的草种。

（6）疏林草坪。疏林与草坪相结合的人工绿地，是供人们在树荫下休息、活动、游戏的草坪。一般选用生长迅速、耐阴、耐践踏的草种。

2. 根据草坪植物的组成分

（1）纯一草坪。是指由一种植物材料组成的草坪，如结缕草草坪、野牛草草坪、白三叶草坪等。

（2）混合草坪。是指由多种植物材料组成的草坪。现代草坪大多是几种草种混合播种而成，这样可以优势互补。

1998年的法国足球世界杯赛绿茵的场地，不仅让法国的球场管理当局赢得了各方面的好评，也成了世界各地草坪业人士关注的焦点。这些球场内的草坪就是混合草坪。其公布的配方为：**25%的细弱匍匐紫羊茅，品种为皇冠（Barcrown）；25%的多年生黑麦草，品种为百瑰（Barcredo）；25%的多年生黑麦草，品种为百德萨（Bardessa）以及25%的早熟禾，品种为巴塞罗那（Barcelona）。在法国南部地区的球场草坪配方是，60%的高羊茅，30%的早熟禾以及10%的多年生黑麦草。有的地方则采用的是，多年生黑麦草（S23）50%+草地早熟禾50%。**

但是，2006年德国足球世界杯赛场的草坪却遭受到了非议，因为“草坪太滑、太硬、太长、太干”，造成多名运动员跌倒或摔伤。据资料介绍，这些草坪也是混合草坪，有的配方是70%圆锥状花序的草、30%是牧草；有的则是75%细叶草、另25%是大叶草。还有消息说，在这届世界杯足球赛开始前的5月份，由于德国气温过低而造成草坪生长不良，这恐怕是草坪生长不良受到非议的一个重要的原因。

当然，究竟哪几种草种混播后效果最佳，这与当地的土壤条件、气候条件、环境因素、管理水平、草坪的用途以及草种特性等方面密切相关。混播草坪的质量要求是叶色相近、互补性强、融洽性强。因此**要因地制宜地选择草种混播，不能一味地照搬照用，**否则反而适得其反。

（3）缀花草坪。是指以多年生矮小禾草为主，混以少量草本花卉的草坪。如在草坪的边缘，配以正在开花的草花，以提高其观赏效果；再如在草坪上自然疏散地点缀一些草花及球根花卉，如彩叶草、秋水仙、石蒜、韭兰、葱兰、红花酢浆草、马蔺、诸葛菜、紫花地丁、点地梅、紫鸭趾草等；亦可用彩叶灌木进行配置，如金叶女贞与紫叶小檗互相配置形成色带。

这些花卉植物的数量，一般只有草坪总面积的1/4左右，分布有疏有密、自然错落或主要安排在草坪的边缘。这些植物有的有彩叶，有的有艳丽的花朵，有的叶、花并发，显露于草坪之上，构成大色块、大色带，形成极佳的景观。

目前，市场上有**“野花组合”系列植物材料**，它使地被景观更加绚丽多彩。每种组合均由一年生、二年生和多年生野花组成，其中多年生花卉占50%以上。

3. 根据草坪配置的形式分

（1）自然式草坪。自然式草坪的地面是缓缓的波浪起伏，外形轮廓曲直自然，如属借助天然地形，则因势而用；如属人工建造，则模拟自然起伏的地形，仿造原野草地自然的风貌。草坪的坡度，以必须适合人们的活动为宜，一般不超过10%，坡面应圆润和缓，不可忽高忽低、坑洼不平，3%～5%的缓坡，则有利于人们活动、排水、草坪的生长和机械修剪等。

自然式草坪的边缘往往配以自然式配置的观赏树木，以取得协调一致的效果，如在其中点缀孤植树、树丛、树群等，既可增加景色变化，又可分隔空间，还可满足人们夏季庇荫乘凉的需要。

(2) 规则式草坪。规则式草坪要求不仅平整，而且外形应为整齐的几何图形，一般适用于广场、体育草坪，以及庭院、公园或居住区的局部需要而设置。规则式广场常与规则式园林布局配合使用，有时把规则式草坪铺植在塑像、纪念碑、亭或其他建筑物的周围，形成庄严肃穆的氛围，以起到衬托的作用。

二、草坪植物的选择与常用草坪植物简介

(一) 草坪植物的选择

良好的草坪植物应具备以下特性：容易繁殖，分蘖性强或有匍匐茎，生长迅速，短时期就可覆盖地面、蔓延成坪，还要具有株型低矮，叶片纤细，色泽均一，整齐美观，绿色期长，耐践踏，耐修剪，抗性强包括抗寒、抗旱、抗热、抗病虫害等。而自然界中，完全具备以上条件的草坪植物很少，现有的草坪植物仅能接近以上条件或仅能具备其中一两条，因此往往用几种草种混合播种，使其优势互补，这样才可以发挥更好的生态环境效益。

另外，根据不同的地域与用途，选择较为理想的草坪植物加以利用，如游憩草坪应选择耐践踏、绿色期长、耐修剪的草坪植物，如观赏草坪应选用叶片纤细、生长均衡、色泽均一、平整美观的种类，而北方地域应选用耐寒的种类，南方地域则要求耐高温高湿的种类。

(二) 常用的草坪植物简介

1. 冷地型草坪植物

冷地型草坪植物又叫冬绿型草，全年绿色期较长，其主要特征是耐寒性较强，这类草坪植物在部分地域冬季呈常绿状态，但夏季不耐炎热，春季、秋季各有一个生长高峰，适合于我国北方适生地域栽培。该类草坪植物的生长适温为15～25℃，1℃以下停止生长，4℃以上开始生长，而30℃以上则又停止生长。常用的有草地早熟禾、多年生黑麦草、匍匐剪股颖、高羊茅、早熟禾、小糠草等。详见附录。

2. 暖地型草坪植物

暖地型草坪植物又叫夏绿型草，其主要特征是冬季呈休眠状态，早春开始返青复苏，夏季生长最为旺盛，进入晚秋，一经霜害，其茎叶立即枯萎退绿，一年只有一个生长高峰，适合我国南方地域栽培。该类草坪植物生长适温为25～35℃，10℃以下就停止生长，变黄枯萎。常用的有结缕草、细叶结缕草、狗牙根、野牛草、假俭草等。详见附录。

三、草坪的建植与养护

(一) 草坪的施工

1. 土地整理

草坪建植，首先要根据草坪的类型进行地形整理，如自然式游憩草坪，地形可以适当起伏，而规则式草坪则要求地形平整，但要有一定的坡度（一般为0.3%～0.5%），以利于排水。

草坪建植地土壤土层的厚度应至少 30cm，有条件的可加深土层。首先将土层全面翻耕至少 25cm，并捡出瓦砾石块。视土壤状况，结合翻耕施入足量的腐熟有机基肥，然后将表层土耙细耙平、压实，但要切忌图一时省工，不全面翻耕，简单推平后随即播种，这样的草坪往往生长不良，容易造成秃斑累累，难以补救。另外，整地时还要彻底杀灭地下害虫、消灭杂草，必要时要进行全面土壤消毒。

在土地整理过程中，应同时铺设供电线路、给水排水管道、自动喷头以及草坪灯等。草坪灯从电源来说大体有两类，一类是由交流电作为电源，而另一类是以太阳能为电源，即现在推广的**太阳能地插式草坪灯**。这种草坪灯设置在观赏草坪中，适合城市广场绿化、住宅小区绿地、别墅庭院花园、企事业单位以及大专院校绿地和旅游开发区草坪装饰和照明用，可随意插入所需的草坪、绿地或沙滩等地，不仅使用非常方便，而且也节约能源。

在一些高档的物业绿化环境中，可在园路旁的绿地或草坪内**设置音箱**，该音箱要求造型小巧、别致，可播放轻音乐，音量可大可小，一般情况下播放的音量较小。当人们走近，距此音箱大约 2m 时，便可听到轻音乐，使人心情欢畅，进入一种优雅的环境之中。必要时，还可使用音箱向人们传达一些信息。

如果想要在荒芜多年或撂荒多年的土地上建设绿地或草坪，由于多年杂草丛生，在整理土地时如果不能全部彻底地清除杂草，建成绿地或草坪则隐患无穷。要想彻底清除杂草，可采用除草剂除草。必要时，对土壤进行全面的消毒杀菌，以利于建植后草坪的生长。

2. 草坪种植

(1) 播种繁殖

1) 播种法。新鲜的草籽可直接播种，播种时间春、秋皆可。秋播可避免春季、夏季杂草的侵袭，而且秋播草籽经过一个冬季的生长发育，可提高来年与杂草的竞争能力，播种后第二年的冬季即可初步成坪。特别是冷季型草更适合于秋播。如要尽快成坪，播种量宜多不宜少。应选择适合本地的优良种子，草坪种子纯净度应达到 95%以上。冷地型草坪种子发芽率应达到 85%以上，暖地型草坪种子发芽率应达到 70%以上；播种前应做发芽试验和催芽处理，以确定合理的播种量。不同草种的播种量可参照表 6-1。

不同草种播种量 **表 6-1**

草坪种类	精细播种量(g/m^2)	粗放播种量(g/m^2)
剪股颖	3～5	5～8
早熟禾	8～10	10～15
多年生黑麦草	25～30	30～40
高羊茅	20～25	25～35
羊胡子草	7～10	10～15
结缕草	8～10	10～15
狗牙根	15～20	20～25

播种前还应对种子进行消毒，杀菌。播种前一日，视土壤的墒情需要，需灌足底水。播种时用等量沙土与种子拌匀进行撒播，一般使用播种器播种，应力求均匀。播种后应均匀覆细土 0.3～0.5cm 并用滚筒轻压。播种后应及时喷水，种子萌发前，干旱地区应每天喷水 1～2 次，

水点宜细密均匀，浸透土层 8～10cm，保持土表湿润，不应有积水，出苗后可减少喷水次数，土壤宜见湿见干。为了保持土壤的湿润，其上亦可覆盖草苫子，待草苗基本出齐后，再逐渐撤除草苫子。以后视情况需要，进行日常养护管理。

播种时，可播单一种草种，形成纯一草坪，亦可两三种草种按一定比例混播，形成混合草坪。混播草坪的草种及配比应符合设计要求、互补原则，草种叶色相近，融合性强。这些草种优势互补，不仅能延长草坪的绿色观赏期，还能提高草坪的使用效果和保护功能。如夏季耐热的和冬季耐寒的草种混合、耐践踏的和耐修剪的草种混合、细叶的草种和宽叶的草种混合等，都能起到更好的效果。播种时宜单个品种依次单独撒播，应保持各草种分布均匀。

2）三维植被网播种法。本法适合于公路、铁路和江河堤岸的护坡绿化。护坡绿化的方法有石驳拱圈植草法、空心混凝土预制块植草法和**三维植被网植草法**。其中三维植被网植草法，成本低、生态效益好。

采用三维植被网植草，除首先进行坡面清杂整平和必要的土壤处理外，最主要的是使用三维植被网，其网格规格是 6cm×6cm 或 8cm×8cm，网厚 1.5cm×1.8cm，网幅宽 20～40m。具体施工时，可根据实际长度到厂家定做所需的尺寸。将裁剪后的三维植被网平铺于坡面上，以专用钢钉固定网的一边后用力拉网将网眼充分张开，使三维网网格的立体性充分体现出来，再用专用钢钉沿网四周按照 1m 间距固定，如图 6-1 所示。之后，再进行坡顶、坡脚处的收边即进一步加固，有条件的可将上下边缘多余部分的网边用泥土盖住压紧，然后就可用播种机或手工撒播草籽入三维植被网格中，一般用高羊茅，用量为 35g/m^2。也可选用狗牙根，待秋季再补播多年生黑麦草，以保证四季常绿。播种后，要将种植土均匀撒入三维网格内，然后用无齿耙拉平、镇压，之后浇水。浇水时，要用洒水车高压水枪呈水雾状喷洒，不可直接冲洗，应使泥土充分湿润，直至出苗。

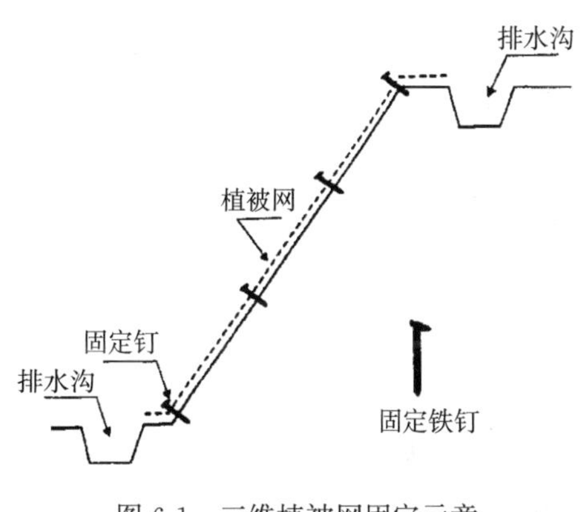

图 6-1　三维植被网固定示意

3）草籽喷播法。这是利用专用的草坪喷播机喷播草籽而建植草坪的一种方法。将草坪种子与纸浆纤维、复合肥料、防土壤侵蚀剂、保水剂、染色剂和水等放入草坪喷播机的料罐中，经充分均匀混合成浆糊状后再经过高压泵的作用，将混合物通过输送管喷头均匀地喷洒在坪床上的一种草坪建植技术措施。喷播技术是集机械能、生物能、化学能于一体的科技含量很高的一种建植技术，它能一次性完成混种、播种、覆盖等各项工序，提高草坪建植的速度和质量。此法主要用于城市大面积草坪、高尔夫球场草坪、运动场草坪以及难以施工的陡坡地区的草坪建植。

4）铺植生带法。所谓植生带，就是采用自动化设备将精选的草坪种子和肥料均匀地“播种”到两层无纺布中间，并用胶粘剂滚压胶结复合而成，一般规格为宽 1m，长 100m（这样的一卷重量约 7kg）或宽 2m，长 100m。将植生带铺在整平的种植地上，每隔一定的距离使用“n”形钉固定，经过覆土、碾压、喷水、保湿，很快便整齐、均匀地出苗，形成幼苗坪，这就是铺植生带法。实际上，铺植生带法还是属于播种繁殖的范畴。植生带是由工厂生产的，要注意生产日期，种子是否新鲜、发芽能力的强弱等。若这些都能够保证的话，铺植生带法比直接播种法有一定的优越性，但成本稍高。植生带中的大部分物质在腐烂之前，有利于保湿和控制杂草的发生，而腐烂之后，可成为肥料被吸收利用。

（2）营养繁殖

1）铺设草块、草卷法（又称“满铺”）。将已经生长成坪的草皮，用专用起草皮机，铲起厚度约 3cm 的草坪宽带，再切成 30cm×30cm 或其他规格的方块，运送到整理好的场地进行铺设。掘草块、草卷前应适量浇水，待渗透后掘取；草块、草卷运输时应用垫层相隔、分层放置，运输装卸时应防止破碎；当日进场的草卷、草块数量应做好测算并与铺设进度相一致；草卷、草块铺设前应先浇水浸地细整找平，不得有低洼处；草地排水坡度适当，不应有坑洼积水；铺设草卷、草块应相互衔接不留缝，高度一致，间铺缝隙应均匀，并填以栽植土；草块、草卷在铺设后应进行滚压或拍打与土壤密切接触；铺设草卷、草块，应及时浇透水，浸湿土壤厚度应大于 10cm。这种方法的优点是能够很快地成坪。在铺栽草块时，块与块之间应保留 2～3cm 的间隙，防止遇水膨胀、边缘重叠不平。铺后用滚筒滚压，然后浇水，以后每周浇水一次，直到草坪能够正常生长为止。

现在，市场上推出室内或室外生产的**地毯式无土草坪**，运输、铺设更加方便。

2）分栽法（又称“散铺”）。强匍匐茎或强根茎生长习性草种都可用此法，如细叶结缕草、莎草、苔草等。首先将草丛刨起，一簇一簇地整理好后，再按照一定的株行距行栽或穴栽即可，栽后要浇水保湿。此法应适当加大密度，否则成活后易造成草坪不均匀。

分栽的植物材料应注意保鲜，不萎蔫；干旱地区或干旱季节，栽植前应先浇水浸地，浸水深度应达 10cm 以上；草坪分栽植物的株行距，每丛的单株数应满足设计要求，设计无明确要求时，可按丛的组行距 15～20cm×15～20cm，成品字形；或以 $1m^2$ 植物材料可按 1∶3～1∶4 的系数进行分栽。栽植后应平整地面，适度压实，立即浇水。分栽法于各生长期均可进行。

3）撒茎法。具有匍匐茎或根状茎的草类，可用此法，如狗牙根、野牛草、假俭草、结缕草、匍匐剪股颖等。首先将草丛的匍匐茎或根状茎刨起，再将其切成 5～10cm 的有节小段，然后将其均匀地撒播在整平、耙细的土面上，随即均匀覆土、镇压、浇水，以后每日早晚均需喷水，直到生根发芽。此法春、秋均可进行。

对于建植镶花草坪，可先按设计要求将需点缀的木本植物如金叶女贞、紫叶小檗等，或草本植物如韭兰、葱兰、红花酢浆草、石蒜等地域，放样栽植，然后在其余地域种植或铺植草坪。在这里应当强调的是，在点缀的木本或草本植物与草坪之间应用**植物隔离板**进行隔离。如果不用植物隔离板隔离的话，草坪草会生长延伸至点缀的植物丛里面，则没法修剪，显得杂乱无章，这将大大降低景观效果，因此应加以注意。

（3）混凝土草坪。混凝土上能长出草坪？回答是肯定的，一种名为**“全覆盖地毯式混凝土草坪”**曾为 2008 北京绿色奥运服务，已全面推广。

草坪和草本地被的播种、分栽，草块、草卷铺设各类草坪、草本地被建植成坪后，覆盖度应不低于 95%，单块裸露面积应不大于 $25cm^2$，杂草及病虫害面积应不大于 5%。

（二）草坪的养护

1. 草坪养护的质量标准

草坪质量是评价草坪好坏的综合指标，它是由草坪的生长状况、草坪的用途及其他方面的因素决定的。高质量的草坪应具有均一性，并由其密度、生长习性、色泽等因素作为评判标准。从城市园林绿化角度出发，草坪养护的质量标准分级如下：

(1) 一级草坪标准。

1) 草坪覆盖率达95%以上，基本无裸露土面；

2) 无杂草；

3) 生长旺盛，颜色正常、均一，不枯黄；

4) 华北地区每年修剪4次以上，华东地区达8～10次之多；

5) 无病虫害。

(2) 二级草坪标准。

1) 草坪覆盖率达90%以上，稍有裸露土面；

2) 基本无杂草；

3) 生长正常，颜色正常、均一，不枯黄；

4) 华北地区每年修剪2～4次，华东地区应达6～8次；

5) 基本无病虫害。

(3) 三级草坪标准。

质量达不到二级标准的，均为三级草坪。

2. 草坪的日常养护

(1) 修剪。草坪在生长季节，生长迅速，而经常修剪草坪能够控制草坪的生长高度，使草坪保持平整美观，以适应人们游憩活动的需要。

1) 修剪的原因。草坪草大都为禾本科植物，而禾本科植物大都具有一生中只开一次花，开花结籽后就死亡的特性。为了**抑制草坪草的生殖生长**不使其开花，促进其营养生长，长期旺盛生长，以不断延续其生长周期，这才是对草坪草修剪的重要的原因。在生长旺盛季节，约每1～2周修剪1次，秋后宜少剪。一般修剪后的草坪的高度4～8cm，边角处可控制在10～15cm。修剪后的草渣，一般将其收起，堆在适当的地方，以沤肥使用。

2) 修剪的高度。**草坪修剪的高度，应按照1/3原则进行。**其修剪原则是，草坪草修剪下来的高度是修剪前草坪草高度的1/3，如果长期修剪超过草坪高度的1/3，可造成草坪草抗性降低，生长衰弱。

常见草坪草修剪后适宜的高度 **表6-2**

种类	修剪后适宜的高度范围（cm）	备注
匍匐剪股颖	0.5～2.0	某些草坪新品种的最低修剪高度可以更低一些
早熟禾	3.5～6.5	
紫羊茅	3.5～6.5	
高羊茅	5.0～7.5	
多年生黑麦草	3.5～5.0	
普通狗牙根	2.0～3.8	
杂交狗牙根	1.5～2.5	
结缕草	2.5～5.0	
马尼拉	1.5～3.5	
野牛草	6.0～7.5	

建植草坪后，如何确定第一次修剪的高度？因不同的草坪草生长习性不同，因而不同的草坪草修剪后的适宜高度也不一样。一般来说，当草高在6～10cm时，最多生长到10～15cm时，就应当进行修剪。修剪时，按照1/3原则进行，经过几次修剪后，达到各种草坪草的修剪高度。修剪高度是指，草坪修剪后草株留在地面上的高度。常见的草坪草修剪后的适宜高度参照表6-2。修剪草坪时应避免同向多次重复修剪，否则易造成草坪纹理，这不仅影响草坪的生长，还影响观赏，因此应注意。

3）草坪修剪机械。修剪草坪一般用手推剪草机、自走式剪草机或拖拉机剪草机等动力机械，如图6-2所示。对于剪草机剪不到的边角，可用手提式尼龙绳剪草机进行修剪，如图6-3、图6-4所示。此外还有全自动智能草坪修剪机（**彩图43**）。

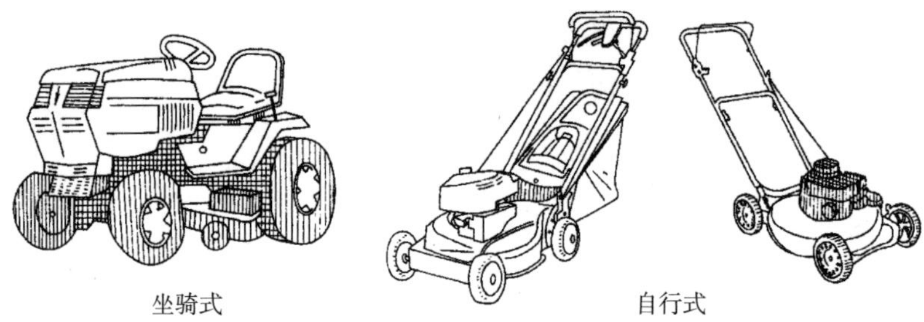

图6-2 剪草机

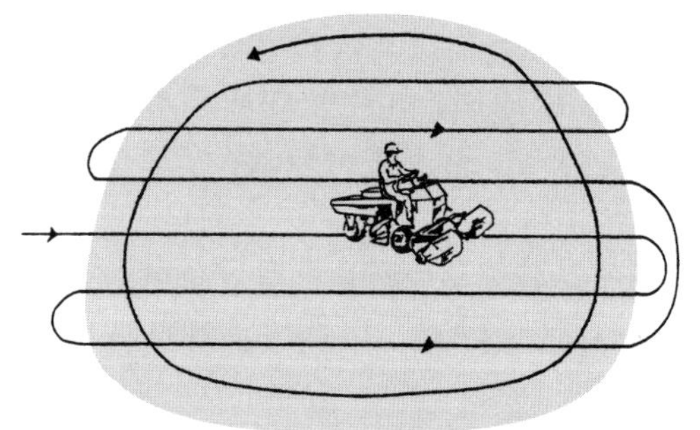

图6-3 草坪修剪顺序

图6-4 尼龙绳剪草机

4）生态修剪法。修剪草坪剪下的草屑处理途径主要有三种：一是通过刀盘气流将草屑送入安装在剪草机的后边或侧面的集草袋收集起来；二是将草屑从侧排草口排出，集放在剪草机一侧的草坪上，等修剪完毕后再收集起来集中处理；三是用**改进后的剪草机的旋刀经多次粉碎草屑后，将草屑就地撒在草坪上，用来增加草坪的肥力。**后一种处理方法是最简单的，草屑在机器内经多次粉碎成为细小的草屑粒，最终下落后撒铺于草坪中，并会一直落到草株根部土壤上。由于草屑含水多，又是很好的绿肥，用这种草坪剪草机修剪草坪既省去了修剪后草屑的收集处理工作，又使草坪土壤增加了含水量和有机肥料。试验表明，如果每次用这种草坪剪草机修剪草坪，该草坪大约可减少1/4的施肥量，并且撒铺的草屑粒都在草株的下部，不会影响草坪的美观，因此这种方法被称为**“生态修剪法”**。

（2）浇水。对于草坪，生长量大的季节应适当地多浇水，特别是夏季蒸发量大的时期，更应经常浇灌草坪，要浇足浇透，应深达土层至少15cm。如浇水过少，仅使表土湿润，会使根系向地表生长，而降低耐旱的能力。但是对于冷地型草坪来说，夏季有短暂的休眠应注意控水。

对草坪浇水，夏季一般宜在傍晚进行。草坪浇水可用自动喷灌设备或人工软管浇水，或相互结合使用。必要时，喷洒蒸腾抑制剂，在草坪表层形成一层保护膜，可减少水分蒸发且不影响光合作用。

（3）施肥。土壤肥沃，可使草坪生长旺盛、叶色嫩绿，因此要适当多施肥。在草坪铺设之前，要施入足量的有机基肥，以后要定期施追肥。现在草坪施肥多用以氮肥为主的化肥，如尿素等，每次每亩 2～5kg，要撒施均匀。一般一年至少施肥 2 次。冷地型草坪施肥可于早春和早秋，暖地型草坪施肥可于早春和盛夏进行。有时也配合施以磷钾肥，可溶于水中结合浇水进行，也可直接干撒后再浇水，或在小雨前施入。亦可将肥料放入草坪撒播机内，像撒播草种子一样撒播，然后喷水浇灌。必要时，可进行叶面施肥。在高速生长的初期，如 5～6 月，可用尿素、硫铵及磷酸二氢钾等，一般每 $100m^2$ 使用 12～20L 的水肥混合液，肥料的浓度以 1%～1.5%为宜，不可超过 2%。

近年来，不少草坪专用缓释肥料上市，这些肥料最大限度地满足了草坪生长对肥料的需求，满足草坪光合作用和叶绿素形成的要求，使草坪增绿健壮生长。

（4）松土。由于浇水和人为等原因，草坪地表板结，往往不利于草坪的生长，因此要对草坪松土。松土可用钉耙依次将地表耙松，亦可使用土壤免耕剂，不仅使草坪绿地表层疏松，而且也能使草坪深层土壤疏松。

（5）除杂草。草坪草种要纯正，除拟定中的两种或三种混合草种之外，其他非目的性的植物均为杂草，必须予以清除，否则杂草不仅会争夺养分、水分，抑制目的草种的生长，使之生长衰弱，还会影响草坪的观赏性。清除杂草在早春就应开始，应多次进行，务必在杂草结籽之前除尽。清除杂草，除了手工操作外，还可用机械中耕除草和使用除草剂进行化学除草。

采用**生态法控制杂草生长**：适当低剪，以降低杂草种子的数量；在杂草未除掉前，不施肥，以破除杂草扩展的条件；暖地型草在秋季交播黑麦草不仅可延长绿色期，还可控制冬季杂草，以防止杂草乘虚而入；主动除草，以控制杂草于危害前；科学管理，以保持草坪竞争优势。美国研制的一种能够**利用阳光使有害植物自毁的除草剂**，这种除草剂能够消灭多种杂草，并且对人畜以及栽培植物十分安全。

（6）清除枯草层、草坪刺孔、加土滚压。应用疏草机及时清除枯草层；草坪刺孔不仅可以促进水分渗透，还能使土壤深层疏松、使空气流通，以利于草坪健壮生长，可用草坪打孔机进行草坪打孔，如图 6-5 所示。如因剪草机不锋利，剪草时往往会把草坪的根系拔起，使草坪空秃、土地裸露，因此必须加土滚压，以利于草坪草再生。加土多在冬季进行，加土厚度每次 0.5～1cm，要特别注意低洼处加土养草。加土后，用钉齿滚筒进行滚压，以使草坪保持平整。

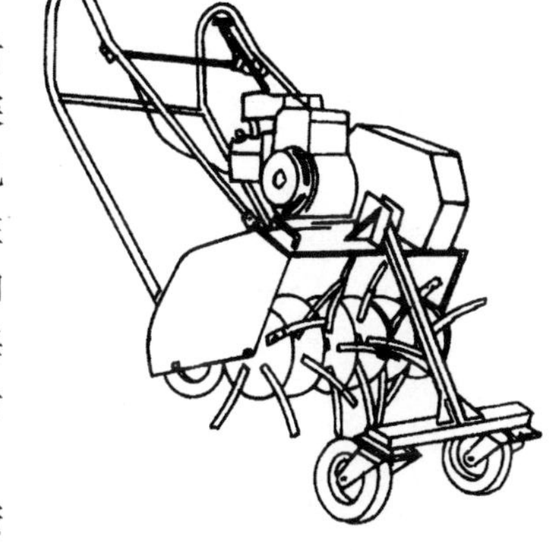

图 6-5 草坪打孔通气机

（7）病虫害防治。草坪的病虫害种类很多，我们应当按“预防为主、综合治理”的方针进行，分别弄清草坪中的害虫和病害是哪些，以分别治理（详见第七章）。

（8）使用草坪增绿剂、催绿剂。过去，使草坪增绿往往是使用铁盐，但是有副作用，过量的使用可使草坪叶面变黑，且阻碍磷肥的吸收。新技术是，使用葡萄糖酸铁或葡萄糖酸铁内酯与硝酸铁等为主要成分的草坪增绿剂，可以防止草坪黄化，使草坪保持长久绿色、增绿，且不影响磷肥的吸收。使用**草坪增绿剂**对于大部分类型的休眠、损坏、遭受病害、遭受虫害、干旱、缺肥以及新植的草坪都能起到增绿的绿化效果。在进行一些重大活动、项目宣传的时候，草坪增绿剂可以作为取得良好的景观效果的有效保证。草坪增绿剂采用全天然原料制成，对人、动物、植被、环境高度安全，对草坪有良好的效果。

必要时，可向草坪喷洒**草坪生根液**，不但能够促进草坪根系发达，还能够提高草坪根系的抗旱、抗病能力和耐践踏能力。

(9) 草坪的休养生息。草坪建立成坪后，应当让人们适当地进入草坪，在草坪中坐一坐或进行活动，让人们亲身体会一下，在草坪环境中的感受。但是进入草坪的人过多，则对草坪是一种掠夺性的损坏，对草坪踩踏过度，会出现板结、空秃，严重时则寸草不生。因此，应当建立草坪的休养生息制度，以保持草坪的可持续性发展。当发现草坪受到危害时，应立即用绳子等圈围起来，必要时设立“养护期间请勿打扰小草”的警示牌，及时地对受损地段进行必要的松土、施肥、浇水等养护工作，使其尽快恢复生机。对于开放式草坪应制定开放、关闭养护轮换制度，使其自然恢复生机。

(10) 草坪的更新。草坪生长若干年后，由于种种原因造成草坪生长衰弱，为了保证草坪生长长盛不衰，必要时要对草坪进行更新。要根据具体的情况选择更新方法，如断根更新法（用钉筒或滚刀切断草坪老根，施入肥料以及**草坪专用生根剂**，促发新根、新芽的萌发）、补播草籽法、重新铺设法等。

要认真采取种种措施，使草坪可持续发展，以发挥最大的生态及景观效益。对草坪的管理，必须要努力克服重栽轻管的错误思想，极力避免年年种草不见草的现象出现。

第七章 园林植物有害生物及其综合防治

园林植物有害生物是指，农、林业生产的害虫、病菌等对园林植物造成损失与危害的生物，其中，由害虫对植物造成的危害称为虫害，由病菌对植物造成的危害称为病害。园林植物有害生物的防治是园林绿地养护管理中的重要内容。

本章仅介绍与园林植物有害生物综合防治有关的一些基础知识。

第一节 园林植物虫害简介

园林植物的有害生物，除害螨、蜗牛、蛞蝓、鼠妇等外，其余绝大部分是昆虫。根据昆虫与人类经济生活等关系，我们把昆虫分为益虫和害虫。园林植物的害虫，种类很多，如蚜虫、蚧壳虫、天牛、刺蛾、蓑蛾等；益虫，如七星瓢虫、步行虫、桑蚕、蜜蜂等。

一、昆虫的外部形态

（一）昆虫的基本特征

昆虫的种类繁多，是所有动物中种类最多的一类。已知的种类有100多万种，约占所有动物种类的80%。

昆虫虫体的大小差异很大，最大的如竹节虫，体长达330mm；最大的蛾类凤蛾，翅展达265mm；最小的柄翅小蜂，体长仅0.2mm。昆虫除大小不同外，还有各种不同的体形、色彩等，真是千变万化，形态各异。昆虫在分类学上，属于节肢动物门昆虫纲。**昆虫最基本的特征是，整个体躯分为头、胸、腹三部分（各部分有不同的附肢），有四翅、六足**，如图7-1所示。

（二）昆虫的头部

昆虫的头部是体躯最前面的一个体段，具有主要的感觉器官复眼、单眼以及触觉等，还有

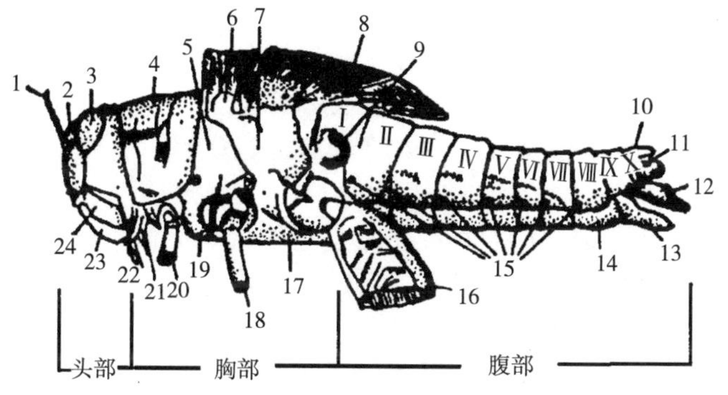

图7-1 蝗虫体躯的基本构造

1—触角；2—单眼；3—复眼；4—前胸背板；5—中胸背板；6—前翅；7—后胸侧板；8—后翅；9—听器；10—肛上片；11—尾须；12—上产卵瓣；13—下产卵瓣；14—下生殖瓣；15—气门；16—后足；17—后胸；18—中足；19—中胸；20—前足；21—下唇；22—下颚；23—上唇；24—上颚

取食的口器，所以，头部是昆虫的感觉、取食和吞食的中心。

由于昆虫的食性与取食方式不同，产生了不同类型的口器。口器大体上可分为两个基本类型，即咀嚼式口器和吮吸式口器。吮吸式口器又有很多类型，如刺吸式口器、虹吸式口器、舐吸式口器等，皆由咀嚼式口器演变而来，其中刺吸式口器为一大类。

1. 咀嚼式口器

(1) 咀嚼式口器的构造。咀嚼式口器是口器的原始形式，是由上唇、上颚、下颚、下唇及舌组成的。它们共同围成一个腔，固体食料在这里经过咀嚼后吞下。

(2) 咀嚼式口器昆虫的主要种类。咀嚼式口器的园林害虫种类很多，有直翅目的成虫、若虫，如蝗虫、尖头蚱蜢、蝼蛄等；鞘翅目的成虫、幼虫，如天牛、金龟子等；鳞翅目的幼虫，如刺蛾、蓑蛾、尺蠖等；膜翅目的幼虫，如叶蜂等。咀嚼式口器的益虫有鞘翅目的成虫、幼虫，如步行虫、瓢虫等；脉翅目的成虫、幼虫，如草蛉等。

(3) 咀嚼式口器害虫的危害状。咀嚼式口器的害虫，是以园林植物的根、茎、叶、花、果等固体物质为食料的。最典型的危害症状是造成各种形式的机械损伤，常常造成叶片的缺刻、孔洞或将叶肉吃掉，仅留网状叶脉，甚至把叶片全部吃光，常将植株的茎秆、果实等造成隧道、孔洞、蛀眼，还有的吐丝将枝叶粘结成团。

这类害虫的取食部位和方式不同，在植物上造成不同的被害状，根据被害状大体上就可判断出害虫的种类。

(4) 咀嚼式口器害虫的防治。根据咀嚼式口器害虫的危害方式，对这类害虫的化学防治应使用胃毒剂为主，如敌百虫等，配以触杀剂、熏蒸剂和微生物农药防治。将药物喷洒在植物体上，或制成毒饵，随着害虫的取食，药物进入虫体，使其中毒或致病而死。

2. 刺吸式口器

(1) 刺吸式口器的构造。刺吸式口器是昆虫取食液体食料的口器类型。它的构造特点是，上颚、下颚变成两对细长的口针，互相嵌合在一起形成两个管道——唾液管与吸食管，由下唇延长形成包藏和保护口针的管状喙。危害植物时，借助肌肉动作将口针刺入植物组织内，吸取汁液。

(2) 刺吸式口器主要害虫。刺吸式口器的园林害虫种类很多，有蚜虫、蚧壳虫、叶蝉、粉虱、蓟马等，这些都是园林植物的主要害虫。

(3) 刺吸式口器害虫的危害状。这类害虫是以取食植物的汁液为食料，不断地进行“吸血抽髓”式榨取植物营养。取食后植物表面无显著破损情况，但是叶片上往往出现各种颜色的斑点或畸形，如叶片皱缩、卷曲，叶、茎、根上形成虫瘿、虫瘤。

同样，这类害虫的取食部位和方式不同，在植物上造成不同的被害状，根据被害状大体上就可判断出害虫的种类。

另外，刺吸式口器的害虫取食时，往往将有病植物的病原微生物随同食物一起吸入体内，而后又随同唾液注入健康的植物体中，因而又起到传播病菌的危害作用。很多蚜虫、叶蝉、蓟马、飞虱等也是传播植物病害的主要媒介，因此其危害性更大。

(4) 刺吸式口器害虫的防治。由于刺吸式口器害虫不是吞食固体食物，而是以口针刺入植物体内吸食汁液，对于这类害虫的化学防治使用胃毒剂是不起作用的，应当使用内吸传导剂以及触杀剂和熏蒸剂防治较为理想。

(三) 昆虫的胸部

昆虫的胸部有足和翅，因此胸部是昆虫的运动中心。

（四）昆虫的腹部

昆虫的腹部是昆虫的新陈代谢和生殖中心。

二、昆虫的生物学特性

昆虫的生物学特性是指昆虫的个体发育史，包括昆虫的繁殖、发育、变态，以及从卵开始至成虫为止的整个生活史等方面的生命特征。

（一）昆虫的生殖方式

1. 两性生殖

大多数昆虫是雌雄异体，经过雄虫与雌虫交配后产生受精卵，受精卵排出体外，发育成新的个体的生殖方式，称为两性生殖，又称为卵生，如天牛、刺蛾等。有些昆虫受精卵在母体内发育成新的个体，即从母体产下的不是卵而是幼虫或若虫，这种生殖方式为卵胎生，如蚜虫、某些蝇类。但是这与高等动物的胎生是不同的。

2. 单性生殖（孤雌生殖）

雌虫所产生的卵未经受精而发育成新的个体，称为单性生殖，又称为孤雌生殖。常见的单性生殖有偶发性、经常性和季节性三类，如蚜虫等。

3. 多胚生殖

在一个成熟的卵里，发育成为两个或两个以上的胚胎，而且每个胚胎都能发育成一个新的个体，这就是多胚生殖，如小蜂、细蜂、小尖蜂中的一些寄生性天敌昆虫等。

4. 幼体生殖

某些昆虫在幼虫期卵就已成熟并进行生殖的，称为幼体生殖，这实际上是一种孤雌生殖方式，如双翅目中的一些瘿蚊等。

昆虫的繁殖，其中两性生殖和孤雌生殖是最主要的方式。尤其是孤雌生殖可以在很短的时间内，使一个个体变为庞大的群体，如一个蚜虫孤雌生殖，几个月便可生出成千上万个后代。

（二）昆虫的发育

昆虫的个体发育，是经过卵期、幼虫期、蛹期和成虫期，发生一系列形态上和内部器官的巨大的变化，才能完成的。

1. 昆虫的卵

昆虫的卵是一个大型的性细胞。卵的外面包有一层较坚硬的卵壳，壳顶有一个或多个卵孔，称为受精孔。卵壳的表面常有各式花纹。卵的大小、形状以及这些花纹等均为识别昆虫种类的重要标志，如图 7-2 所示。

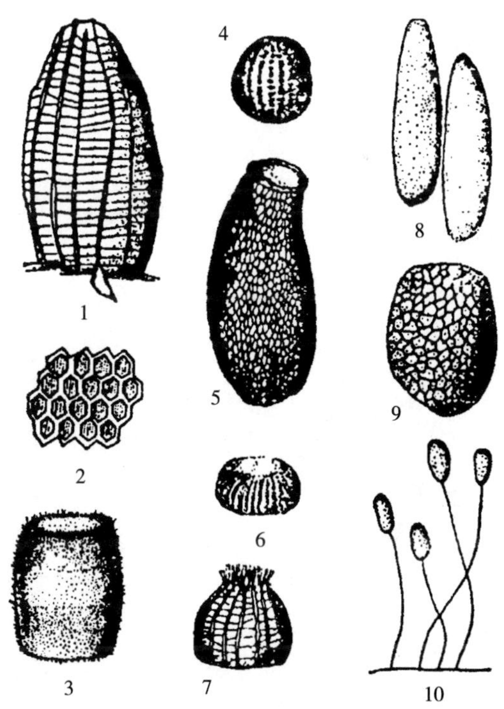

图 7-2　各种昆虫的卵

1—瓶形（菜粉蝶）；2—卵壳的一部分（表示刻纹）；3—桶形（蝽象）；4—球形（稻螟蛉）；5—茄果形（臭虫）；6—半球形（棉铃夜蛾）；7—篓形（棉金刚钻）；8—长椭圆形（小麦吸浆虫）；9—卵形（二十八星瓢虫）；10—有柄形（草蛉）

2. 昆虫的幼虫

（1）孵化。当卵内胚胎发育完成形成幼虫，幼虫从卵中突破卵壳爬出来，称为孵化。

（2）初孵幼虫。初孵幼虫的表皮还没有充分发育好，外表皮尚未形成，蜡质层正在发生，对其身体的保护作用小，易受不良环境影响致死，也易受药物侵入或感染，因此初孵幼虫是防治虫害的最佳时期。

（3）蜕皮。昆虫的幼虫阶段还要蜕皮，一般蜕皮 3～12 次，个别少的仅有 1 次，而多的可达数十次。每蜕皮一次，虫体的长度、重量、体积都明显增大。从孵化到第一次蜕皮为 1 龄，以后每蜕皮一次增加 1 龄，如蜕皮 5 次后即为 6 龄，两次蜕皮之间的时间称为龄期。同一种昆虫的蜕皮次数固定不变。随着幼虫龄期的增加，其体积成倍地增大，取食量也迅速增加，此时，昆虫对药物的抵抗力也大大增强，因此在防治上，必须掌握虫情，抓紧时间，在 3 龄以前防治，可起到事半功倍的效果。

不同昆虫的幼虫类型很多，有多足型、寡足型、无足型等，如图 7-3 所示。

3. 昆虫的蛹

昆虫的蛹是全变态昆虫所特有的发育阶段。昆虫的幼虫阶段完成后即进入蛹期。当昆虫末龄的幼虫在变为蛹之前，首先停止取食，找到合适的场所后，有的吐丝作茧，有的营造土室，身体缩短，准备化蛹。蛹也有各种类型，如图 7-4 所示。蛹是从幼虫到成虫的过渡阶段，蛹期虽然不吃不动，外观静止，但其内部则发生着激烈的生理变化，内部器官与组织都在改变，翅膀及生殖肢等都在逐渐形成。

昆虫的蛹期，在固定场所且不活动，在一定程度上可人工清除，并可进行蛹的密度调查，由蛹期推算出成虫羽化期等。这在防治和预测预报方面都有重要的实际意义。

4. 昆虫的成虫

（1）羽化。昆虫的蛹发育完成后，成虫就破壳而出，这种变化称为羽化。

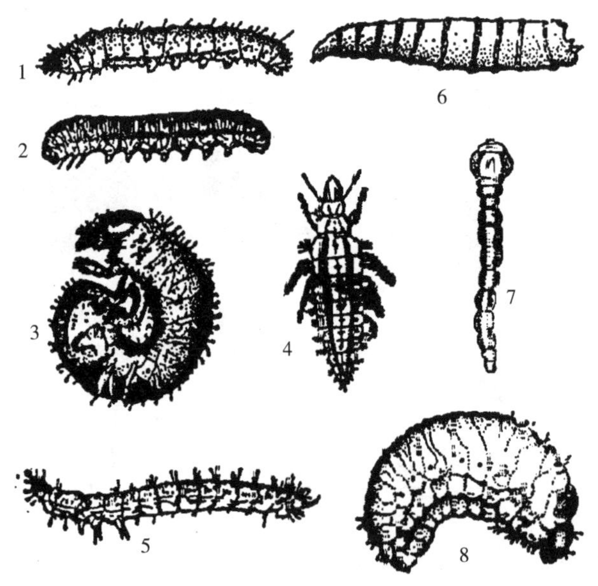

图 7-3　全变态幼虫的类型

多足形：1—蛾类；2—叶蜂；

寡足形：3—蛴螬；4—草蛉；5—金针虫；

无足形：6—家蝇；7—吉丁虫；8—蟓甲

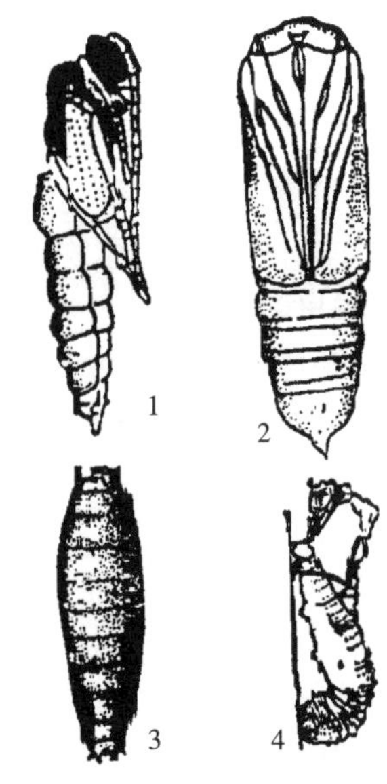

图 7-4　昆虫的蛹

1—裸蛹（姬蜂侧面）；2—被蛹（夜蛾正面）；

3—围蛹（家蝇）；4—粉蝶幼虫化蛹

(2) 成虫的机能。成虫的主要机能是交配、繁殖、产卵。

(3) 成虫的性别特征。成虫的性别特征是很明显的，不仅雌性产卵器、雄性交尾器明显不同，而且在形态、生活方式、行为方面也有明显的不同，如蓑蛾雄成虫有翅、而雌成虫无翅；舞毒蛾雄成虫体小呈茶褐色、而雌成虫体大呈白色；蝉、蟋蟀等雄成虫可发声，而雌成虫不能发声等，如图 7-5 所示。

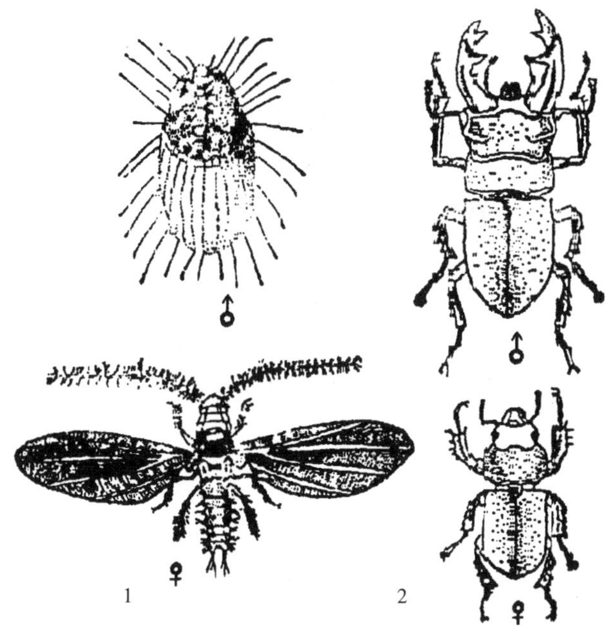

图 7-5　昆虫的雌雄异态

1—蚧壳虫；2—蠓甲

(4) 成虫的寿命。成虫的寿命长短不一，如蚧壳虫的雄虫与雌虫交尾后即行死去；而金龟子、蝼蛄等则寿命较长，与幼虫一样，还要危害植物一段时间。

(5) 昆虫的繁殖率。昆虫的繁殖率一般来说是很高的，但是不同的昆虫其产卵量多少有很大的差异。这与昆虫的遗传特性、环境条件有很大的关系。一般来说，小地老虎可产卵约 1000 个，棉铃虫可产卵约 2700 个，大蓑蛾可产卵约 5000 个，白蚁一天可产卵约 3 万个，在一年中可产卵约千万个。

(三) 昆虫的变态

昆虫在胚后的发育中，不只是单纯地生长，从孵化后的幼虫到成虫，在形态上常常发生一系列的变化，总称为变态。昆虫的变态有完全变态和不完全变态两类。

1. 完全变态

完全变态的昆虫一生要经过卵、幼虫、蛹、成虫四个明显不同的外部形态，另外其幼虫与成虫的生活习性和栖息环境也有很大的差别，如一些蛾子的幼虫俗称毛毛虫，以取食植物的各部分为食料，而其成虫则不取食或仅取食花蜜等，如图 7-6 所示。

2. 不完全变态

不完全变态的昆虫一生要经过卵、幼虫（若虫）、成虫三个虫态，如蝗虫。幼虫的体形、构造与成虫相似，随着时间的推移，体量不断增长，翅膀与生殖器官不断发育而成，则为成虫。不完全变态又有以下几种类型。

(1) 渐变态。幼虫除了翅未长成和性器官未成熟外，其他与成虫相同，其生活习性也相同，这种不完全变态又称为渐变态，这类渐变态的幼虫，特称为“若虫”，如尖头蚱蜢、蟋蟀、绿盲蝽等，如图 7-7 所示。

(2) 半变态。幼虫为水生，而成虫为陆生，幼虫的形态为适合于水生的特点而不同于成虫，这种不完全变态又称为半变态。这类半变态的幼虫，特称为“稚虫”，如蜻蜓、蚊子、豆娘等。

(3) 过渐变态。幼虫在变为成虫前，有一个不食不动、类似于蛹的时期，真正的幼虫仅二、三龄，这种不完全变态又称为过渐变态，如蚧壳虫的雄虫等。

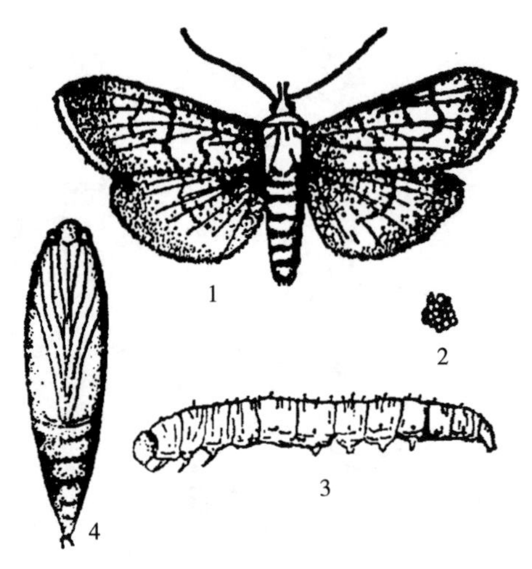

图 7-6 昆虫的完全变态
1—成虫；2—卵；3—幼虫；4—蛹

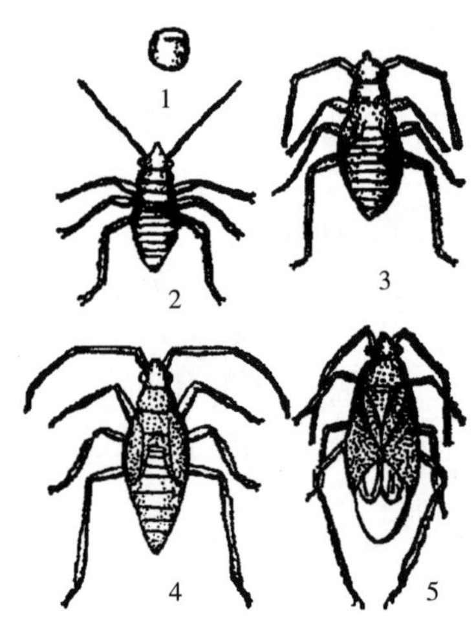

图 7-7 昆虫的不完全变态
1—蛹；2、3、4—若虫；5—成虫

在幼虫与成虫之间，不经历“蛹期”这一阶段，这一点是不完全变态与完全变态的最大不同点。

(四) 昆虫的世代与生活年史

1. 昆虫的世代

昆虫自卵到成虫产生后代的个体发育周期，称为昆虫的一个世代。昆虫每一世代的划分是以卵的出现为标志。统计昆虫一年里发生的世代数是以春季首次新出现的卵为第 1 世代的开始，到第 1 世代的成虫为止，以后依次称为第 2 世代、第 3 世代……

2. 昆虫的生活年史

昆虫世代的长短与一年中的世代数，称为昆虫的生活年史。昆虫的生活年史因昆虫的种类与环境的不同而有差异，有的一年一代、有的一年数代、有的几年一代。一年一代的昆虫，如松毛虫、大蓑蛾、草履蚧等；一年 2 代的昆虫，如黄刺蛾等；几年一代的昆虫，如一些天牛和蝉等，例如十七年周期蝉完成一个世代则需要 17 年的时间。即便是同一种昆虫在不同的地区一年中的世代数有时也不一样，如马尾松毛虫在河南省南部一年一代，而在长江流域一年 2～3 代，在福建、台湾以及珠江流域等地则一年 3～4 代。

一年内多代的昆虫，在同一时期内只有这一世代的一种虫态出现，这称为世代整齐。世代整齐的害虫，我们防治起来比较容易。但是多数一年多代的昆虫由于发育期不一致，在同一时期内往往造成前一世代与后一世代的同一虫态同时出现的现象，这称为世代重叠。对于世代重叠的害虫，我们防治起来就比较困难。

3. 掌握昆虫的生活史的意义

了解和掌握昆虫的生活史，是进行害虫防治工作和预测预报的重要基础。特别是掌握害虫各虫态的发生开始期、盛期和末期，在生产实践中有非常重要的作用。

昆虫的生活史，可以用文字来记载，也可以用公式、图表等方式来记载。以金星尺蠖为例，记载方式见表 7-1。

上海某地金星尺蠖各代各虫期发生观察记录 表 7-1

虫态 月/旬 世代	1-2-3	4	5	6	7	8	9	10	11	12
	上中下	上中下	上中下	上中下	上中下	上中下	上中下	上中下	上中下	上中下
越冬代	⊕⊕⊕ +	⊕⊕ + + +	+ +							
第一代	·	· · · - - -	· · - - - ○○○ +	○○ + + +	+					
第二代			·	· · · - - - ○	· - - - ○○○ + +	○○ + + +	+			
第三代					· · -	· · · - - - ○○○	· - - - ○○○ + + +	⊕⊕⊕ + +	⊕⊕⊕	⊕⊕⊕
第四代							· · · -	· · - - - ⊕	- - ⊕⊕⊕	⊕⊕⊕

注：+成虫 ·卵 -幼虫 ○蛹 ⊕越冬蛹

三、昆虫的行为与习性

（一）昆虫的趋性

昆虫是低等动物，受神经的支配而产生许多行为，但昆虫的行为不存在目的性。我们可以利用昆虫的趋性，消灭害虫。

1. 趋光性

趋光性是某些昆虫由所处的环境光线的强弱引起的行为。许多昆虫具有趋光性，如多种蛾、蝶类以及蝼蛄、金龟子、叶蝉、盲蝽和某些蚧虫的雄虫等。这些昆虫对光的强弱和不同波长的光线有不同的反应。多数喜夜间活动的昆虫，对白天的日光是负趋光，而对夜晚的灯光有趋向性。

2. 趋化性

许多昆虫对于某些化学物质产生的刺激性气味有趋向性，这对于昆虫的觅食、求偶、寻找产卵场所等有重要的作用。如粘虫、地老虎等对糖醋液有强烈的趋向性，这在生产上应用很广泛，既可作为防治的手段，又可作为预测预报的依据。

3. 趋热性、趋湿性、趋色性、趋声性

（1）趋热性。某些昆虫由所处环境的温度高低引起的行为。昆虫当处在温度过高环境中，则趋向较低适宜的温度方向运动，相反，当处在温度过低环境中，则趋向较高适宜的温度方向运动。

（2）趋湿性。某些昆虫由所处环境的湿度影响引起的行为。昆虫当处在过于干燥或过于潮湿的环境中，则趋向适宜湿度的环境方向运动，如危害严重的金针虫随着土壤的含水量的多少而移动，可用药液浇灌土壤防治，但必须在土壤湿润时进行，否则效果不明显。

（3）趋色性。某些昆虫由所处环境的颜色引起的行为。有些昆虫对于某些颜色比较敏感，如蚜虫、粉虱对黄色敏感，具有趋黄性。利用这一特性，用有黏性的黄色板，可吸引消灭之。

（4）趋声性。某些昆虫有趋向某种声音的行为，常见的有雄虫发声招引雌虫，如蟋蟀、油葫芦、蝼蛄等。我们可将昆虫的声音录制播放，以引诱雌虫，如蚊子、蟋蟀等，也可以用磨铁锨的声音，模拟蝼蛄发声以引诱雌蝼蛄。

4. 忌避性

与以上的趋向性相反，昆虫还有忌避的特性，即负趋向，如在树干上涂上白涂剂，可使一些钻蛀性害虫远离而忌避产卵等。有些昆虫其本身也具有某些忌避物质，用以避免敌害，如凤蝶幼虫的臭丫腺、蝽象的臭腺等。

（二）假死性

某些害虫当突然受到震动、惊扰时，会立即收起翅足、停止活动，且从树上拉丝掉下来，呈假死状，这种行为就是假死性行为，过后又恢复生机。这是昆虫自我保护的一种手段。

（三）群集性

一般情况下昆虫是个体活动的，但在某些时期往往具有同种昆虫大量的个体高密度聚集在一起的特性，称为群集性，如松毛虫1～2龄幼虫、刺蛾的幼龄幼虫、某些金龟子的成虫都有群集危害的特性。

群集有临时性群集和永久性群集两类。临时性群集，只出现在昆虫生活史的某一时期，如瓢虫常群集在一起越冬，其他时期则分散活动。永久性群集，则是在昆虫个体的整个生命时期，如飞蝗、竹蝗等，它们群集取食、移动、迁飞等，只有消灭了很大部分个体时才能拆散它们。

（四）食性

各种昆虫在自然界的长期活动中，形成了一定的食物范围。

1. 按照昆虫取食食物性质来分

（1）植食性昆虫。以活的植物的各部分为食物的昆虫，大多为农林害虫，如刺蛾、松毛虫、叶甲等；少数为益虫，如桑蚕等。

（2）肉食性昆虫。以其他动物为食物的昆虫，如益虫瓢虫、螳螂等；还有寄生在害虫体内的寄生蝇、寄生蜂等；以及对人类有害的如蚊子、虱子等。

（3）腐食性昆虫。以动、植物残体或粪便为食物的昆虫，如金龟子等。

（4）杂食性昆虫。既为植食性昆虫或肉食性昆虫，又为腐食性昆虫，如蜚蠊、蟑螂等。

2. 按照昆虫取食植物种类的多少来分

（1）单食性昆虫。只以一种或近缘植物为食物的昆虫，如落叶松梢螟等。

（2）寡食性昆虫。以一科或几种近缘的植物为食物的昆虫，如马尾松毛虫等。

（3）多食性昆虫。以多种非近缘的植物为食物的昆虫，如刺蛾、棉蚜、蓑蛾、美国白蛾等。

（五）时辰节律

绝大多数昆虫的活动，如取食、飞翔、孵化、羽化、交配等，均有它的时间规律，这就是昆虫的时辰节律特性。只在白天活动的昆虫称为日出性昆虫；只在夜间活动的昆虫称为夜出性昆虫；还有一些昆虫只在弱光下——如黎明或傍晚时活动的，则称为弱光性昆虫。蝶类大都为日出性的，这是因为蝶类喜爱植物的花大都在白天开放有关。大多数的蛾类为夜出性的，其取食、交配、生殖等都在夜间进行。

了解害虫的时辰节律特性，为我们防治害虫创造了有利条件。

（六）休眠

昆虫休眠是指，在不良的环境条件下昆虫的发育暂时停止的现象，当不良环境条件解除后即可恢复正常的生命活动。常见的昆虫休眠是越冬休眠，也有越夏休眠的，如大地老虎以蛹越夏、天幕毛虫以卵越夏。昆虫的越冬休眠是一种普遍现象，越冬虫态因昆虫的种类而有所不同，有的以卵，有的以幼虫，有的以蛹，有的以成虫。休眠前后，昆虫的抗性较弱，是防治的有利时机。

（七）拟态与保护色

1. 拟态

有些昆虫的形态与其周围环境中植物的某些部位的形态很相似，从而使自己得到保护的现象为拟态，如竹节虫、枯叶蛾、尺蠖等。

2. 保护色

保护色是指某些昆虫具有同它的生活环境中的背景相似的颜色，这有利于躲避捕食性动物而保护自己，如蚱蜢、枯叶蛾、尺蠖等。

四、昆虫的激素和主要类型

（一）昆虫的激素

昆虫的激素是一种微量高度活性化学物质，是由昆虫体内一定区域的没有导管的腺体产生的。有的激素往往随血液或体液传递到全身，而不排出体外，其含量虽然很少很少，却影响着昆虫个体的生长发育，这类激素又称为内激素。它与昆虫的神经有密切的关系，相互影响，与外界环境，如温度、湿度、光照及营养等有间接的关系。

而有的激素，具有高度的活性，可以释放到昆虫体外，称为外激素，又称为信息素。信息素有高度的专一性，对同一种昆虫的另一个体或异性起作用。昆虫在种内之间是利用信息素的释放和接收来传递、沟通信息的，比用视觉和声音来传递、沟通信息的作用更大，而且大得多。

（二）昆虫内激素与信息素的主要类型

1. 昆虫内激素的主要类型

（1）脑激素。其主要作用是控制昆虫的蜕皮与变态，也控制生育腺的发育。

（2）保幼激素。其主要作用是在昆虫的幼虫期抑制成虫性状的出现，而昆虫的末龄幼虫与蛹不存在保幼激素。如果从外界施入保幼激素则可引起幼虫期的延长，使之不能成长为成虫就趋向于死亡，这在生产实践中有重要的意义。

（3）蜕皮激素。其主要的作用是控制昆虫蜕皮与变态的功能。

（4）滞育激素。其主要作用是使昆虫完全停止发育的状态，有的能控制卵的滞育等。

2. 昆虫信息素的主要类型

（1）性信息素。其主要作用是引诱和激起同种的异性个体靠拢并进行交配。性信息素具有很强的生理活性，引诱异性能力强。大多数是由雌性成虫分泌性信息素，来引诱雄性成虫，也有雄性引诱雌性的，还有雌性雄性相互引诱的。一般由异性的触角中的感觉器来接收信息，完成联系任务的。昆虫触觉的检测灵敏度是近代任何物理分析仪器所望尘莫及的，只要在空气中存在极微量的性信息物质，它就会产生行为反应，因此雄性成虫蛾子可从很远的地方来找到雌性成虫蛾子的停息场所。

性信息素一般在性成熟期开始分泌，但分泌的最旺盛期随种类不同而不同。当交配受精后则不再产生性信息素。

（2）踪迹信息素。一些社会性昆虫分泌的一种微量的化学物质，其主要作用是排出体外后可以遗留在它们所经过的地方，以作为指示路线方向的信号物质，可以维持相当长的时间，如蜜蜂、白蚁等均可放出这种踪迹信息素。

（3）报警信息素。当社会性昆虫的巢穴受到骚扰时而释放出来的一种告急信息物质，告诉群体中的其他个体立即前来参加抢救活动以保证巢穴的安全。

（4）聚集信息素。其主要作用是使感受到的昆虫向信息素源移动、聚集，一旦到达目的地信息素源便停止释放、停止作用。

五、园林植物害虫的主要类型

（一）食叶害虫

1. 食叶害虫及危害特点

食叶害虫是具有咀嚼式口器、以嚼食植物叶片的一类害虫。这类害虫危害的主要特点是，以植物的针叶、阔叶为营养食料，且危害期集中，食叶迅速，目标明显，具体表现为咬断针叶，蚕食阔叶，造成缺刻、孔洞等明显的伤口，大大影响绿化的效果，影响植物养分的制造和积累，失去机体平衡，可造成被危害的植物大量落叶，使某些枝条干枯，甚至造成整株死亡。另外，如毒蛾、刺蛾等幼虫的身上有毒毛，易侵害人体。

2. 常见的园林食叶害虫

园林绿化中，食叶害虫种类很多，但归纳起来主要集中为四大类的害虫，发生最多最严重的是鳞翅目害虫，以蛾类为主，有刺蛾类（图 7-8）、尺蠖类（图 7-9）、毒蛾类（图 7-10）、天蛾类（图 7-11）、舟蛾类（图 7-12、图 7-20）、枯叶蛾类（图 7-13）、蓑蛾类（图 7-14）、卷叶蛾类、螟蛾类、夜蛾类（图 7-19）、潜叶蛾类等；其次是鞘翅目害虫，有金龟子类（图 7-15）、叶甲类（图 7-16）等；直翅目害虫，有蝗虫类（图 7-1、图 7-18）等；膜翅目害虫，有叶蜂类（图 7-17）等。

化学防治食叶害虫，应选用胃毒剂、触杀剂、熏黄剂等药剂喷雾。

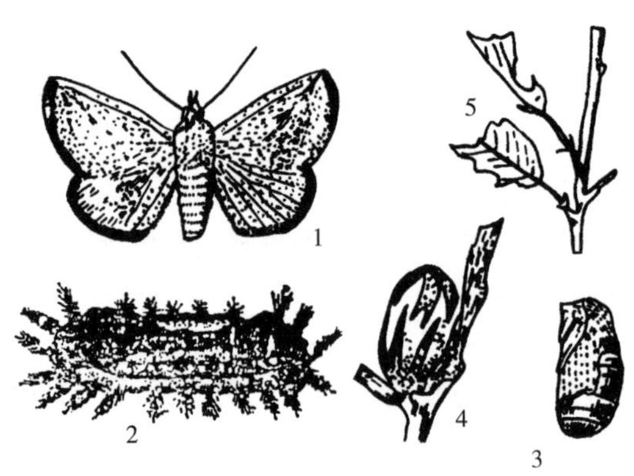

图 7-8 黄刺蛾

1—成虫；2—幼虫；3—蛹；4—茧；5—被害状

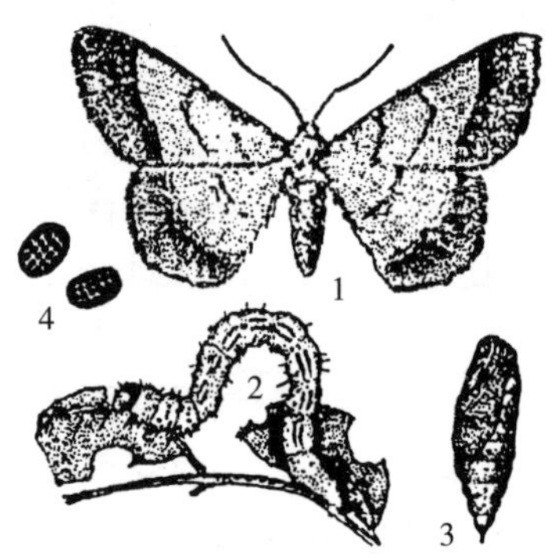

图 7-9 国槐尺蠖

1—成虫；2—幼虫；3—蛹；4—卵

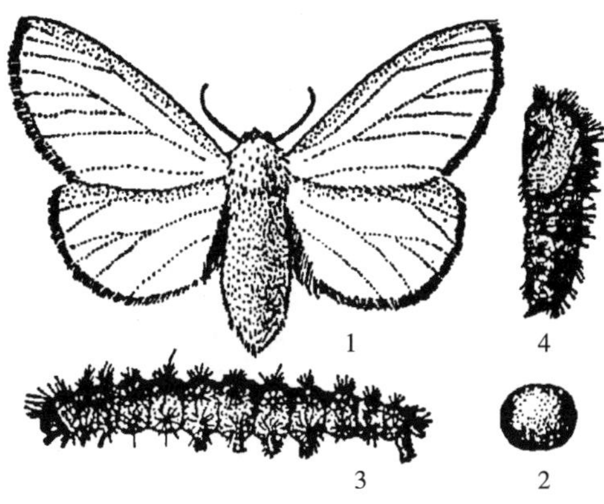

图 7-10　柳毒蛾

1—成虫；2—卵；3—幼虫；4—蛹

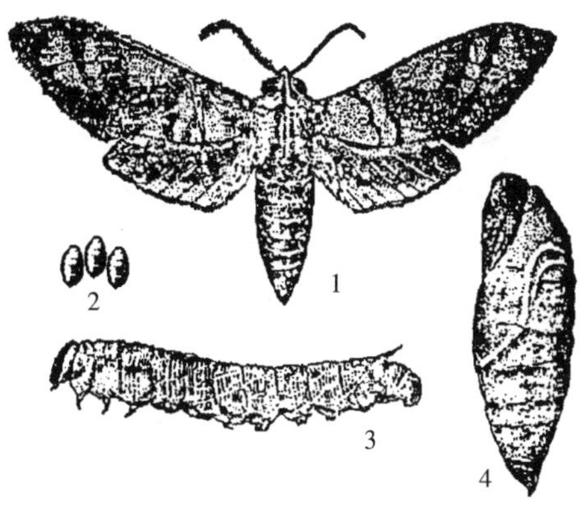

图 7-11　刺槐天蛾

1—成虫；2—卵；3—幼虫；4—蛹

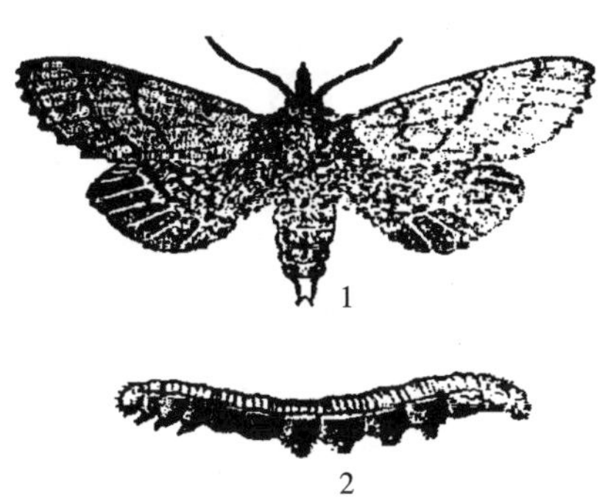

图 7-12　国槐羽舟蛾

1—成虫；2—幼虫

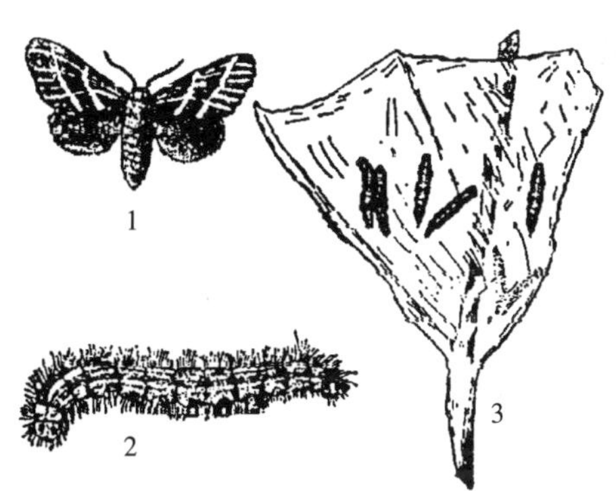

图 7-13　天幕毛虫

1—成虫；2—幼虫；3—被害状

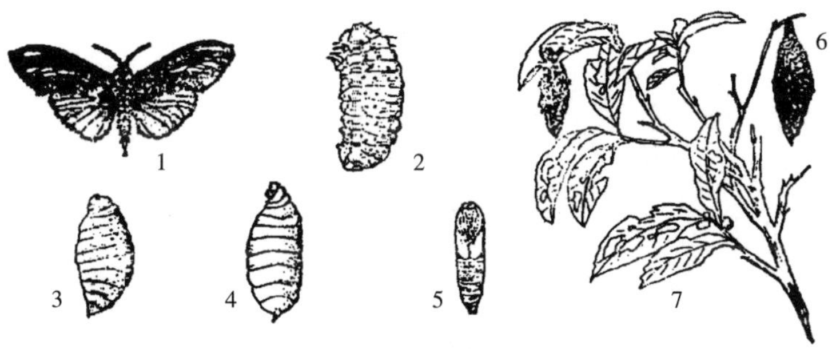

图 7-14　大蓑蛾

1—雄成虫；2—雌幼虫；3—雌蛹；4—雌成虫；
5—雄蛹；6—幼虫的巢；7—被害状

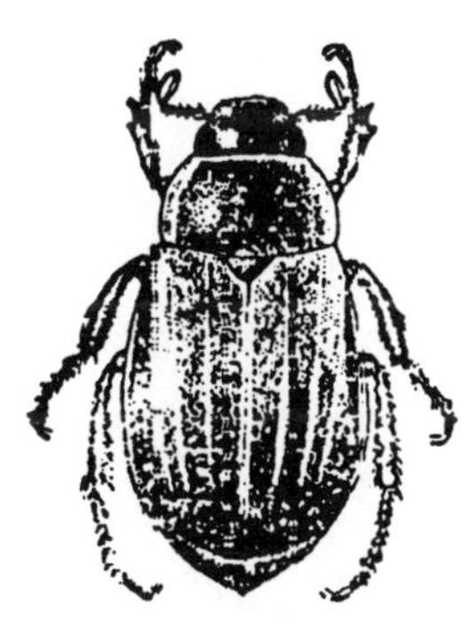

图 7-15　铜绿金龟子成虫

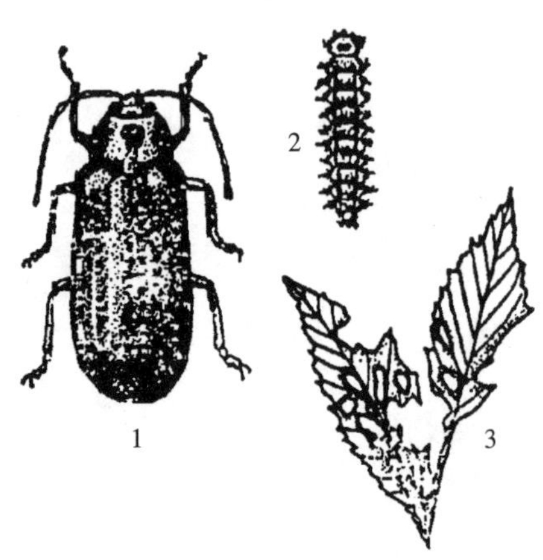

图 7-16 榆蓝叶甲

1—成虫；2—幼虫；3—被害状

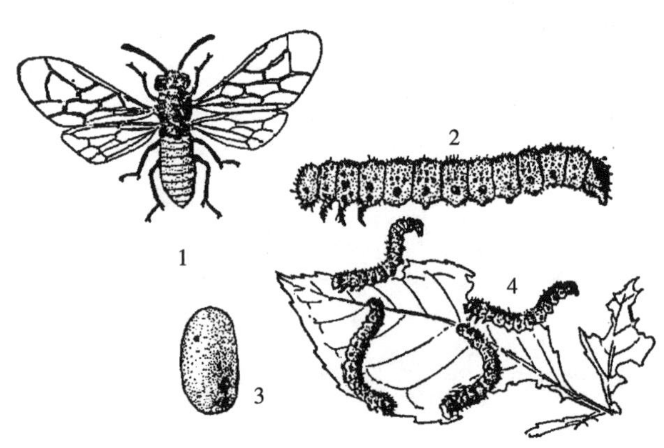

图 7-17 月季叶蜂

1—成虫；2—幼虫；3—茧；4—被害状

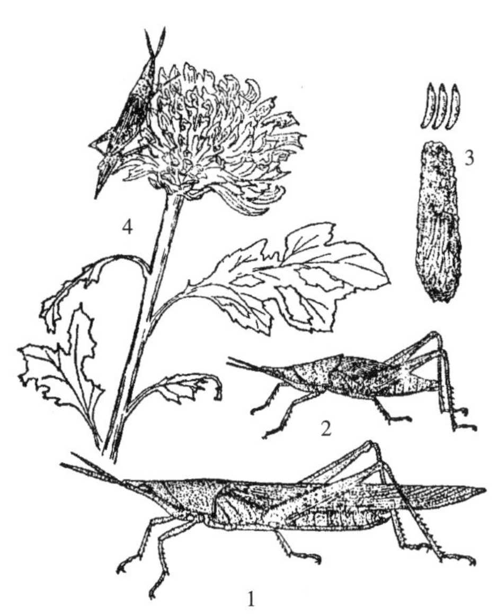

图 7-18 尖头蚱蜢

1—成虫；2—若虫；3—卵；4—被害状

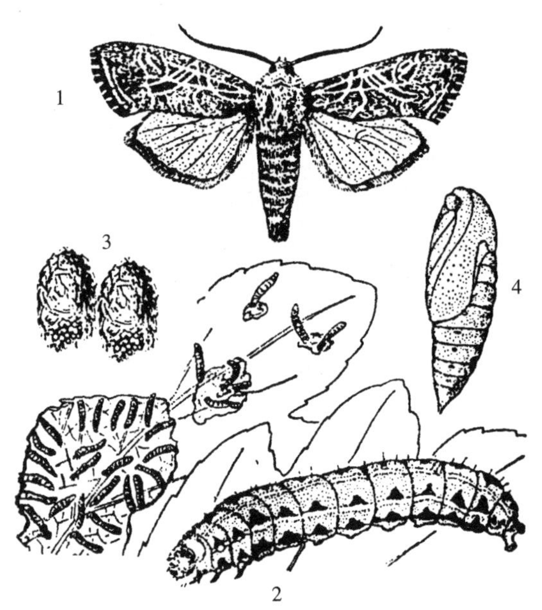

图 7-19 斜纹夜蛾

1—成虫；2—幼虫；3—卵块；4—蛹

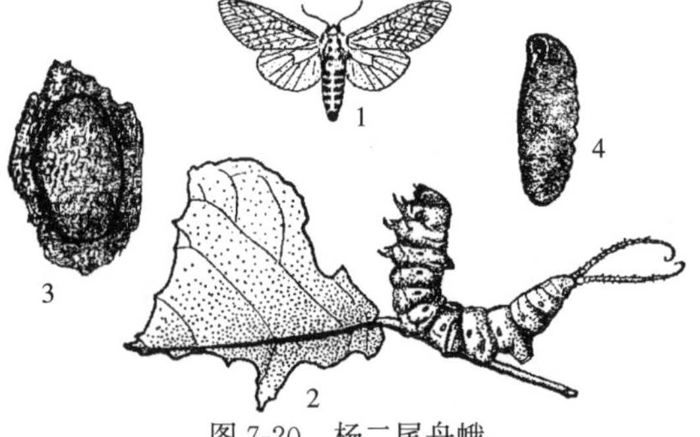

图 7-20 杨二尾舟蛾

1—成虫；2—幼虫；3—茧；4—蛹

(二) 刺吸害虫

刺吸害虫是具有刺吸式口器的一类害虫，这类害虫是园林植物害虫中较大的一个类群。

1. 刺吸害虫发生与危害的特点

(1) 大都以刺吸式口器的口针刺入植物体表或浅层组织（叶、花、果、皮等）中，不断地进行“吸血抽髓”式的吸取植物营养，但不造成植物组织形态的残缺。

(2) 形体较小，甚至极小，但繁殖速度很快，数量极多，易借助各种媒介传播扩散蔓延。

(3) 多数种类是集中覆盖植物体表，群集危害，以“量”取胜。

(4) 大多数个体生命期较短，但全年发生世代多，因此群体危害期长。

(5) 各类环境都易大量发生，尤其是天气干旱时更为严重。

(6) 容易产生抗药性。

(7) 多数种类是病原微生物（主要是病毒、类菌质体）的携带者和中间传媒，使被害植物又可感染病害。

(8) 虫瘿：有些刺吸式害虫危害后，刺激植物组织过度生长，形成虫瘿。

2. 常见的园林刺吸害虫

常见的园林小型刺吸害虫有：蚜虫、蚧壳虫、螨虫和粉虱等。蚜虫、蚧壳虫属于昆虫纲同翅目害虫，螨虫不属于昆虫纲而是属于蛛形纲一类动物。

(1) 蚜虫。蚜虫俗称“蜜虫子”“腻虫子”，种类很多，体形小，常为暗褐色、暗黑色，一般肉眼可见。它的种类很多，如桃蚜（图 7-21）、槐蚜（图 7-22）、紫薇长斑蚜、毛白杨蚜、松蚜、侧柏蚜（图 7-23）、月季长管蚜、榆瘿蚜（图 7-24）等。它们多聚集在植物的嫩叶、嫩茎及花蕾上以刺吸其汁液，削弱生长势，同时分泌蜜汁，引诱蚂蚁，诱发煤污病，传播病毒，常可造成植物枝叶变形、皱缩，严重时造成枝叶枯萎死亡。

蚜虫有“‘蚜’(虫) 随 ‘芽’(植物发芽) 行”的初害规律，因此防治蚜虫要“早”、要“准”。

(2) 蚧壳虫。蚧壳虫俗称“树虱子”，是昆虫中最为奇特的一个类型，以若虫和雌成虫固定于植物体上，覆盖植物体表，特别是幼嫩茎叶上，其刺吸式口器一直插入植物体表内，无休止地吸取植物汁液，摧残树势，传播病菌，使植物退色、变黄、营养不良，甚至死亡。它的种类很多，如紫薇绒蚧（图 7-25）、桑白蚧、草履蚧（图 7-26）、黄杨片盾蚧、卫矛矢尖蚧等。蚧壳虫体外有一层蜡质外壳，一般农药难以进入，防治比较困难，一旦发生不易清除干净。

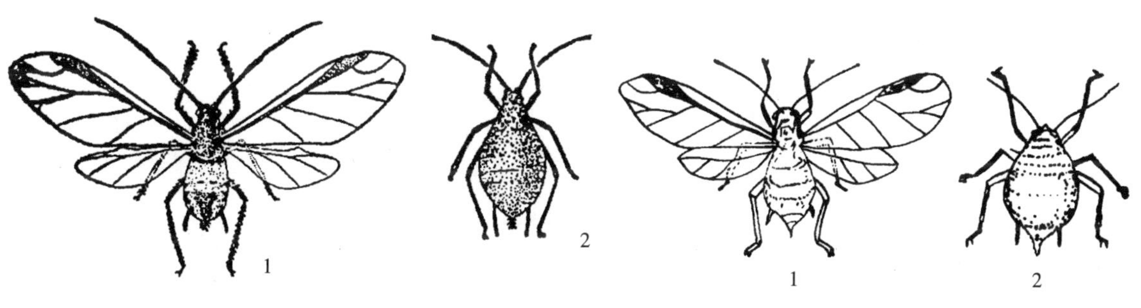

图 7-21 桃蚜
1—有翅胎生雌蚜；2—无翅胎生雌蚜

图 7-22 槐蚜
1—有翅蚜；2—无翅蚜

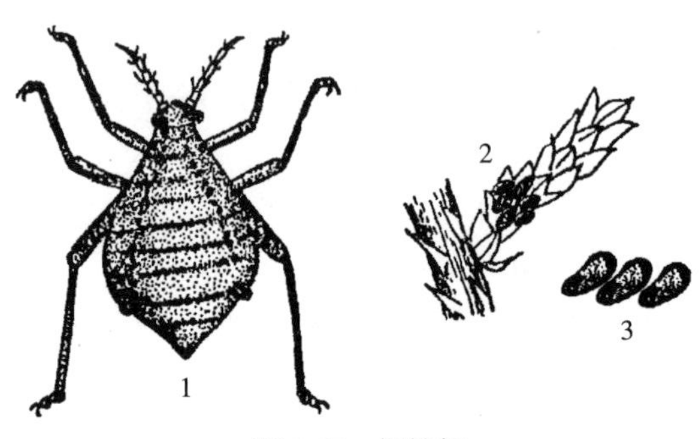

图 7-23 侧柏蚜
1—无翅蚜；2—卵；3—卵放大

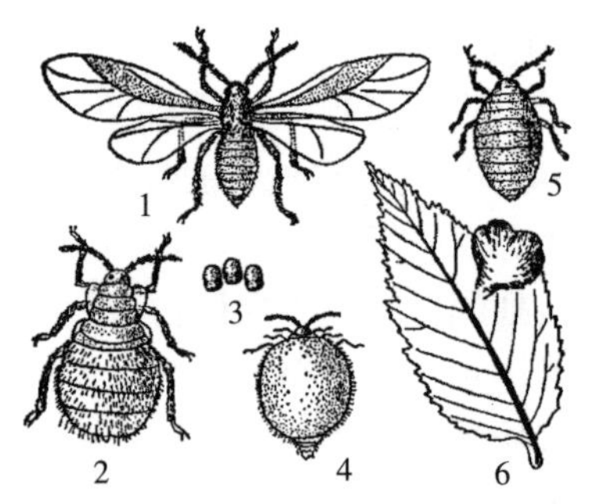

图 7-24 榆瘿蚜
1—有翅蚜；2—无翅蚜；3—卵；4—根型成蚜；5—干母；6—被害状

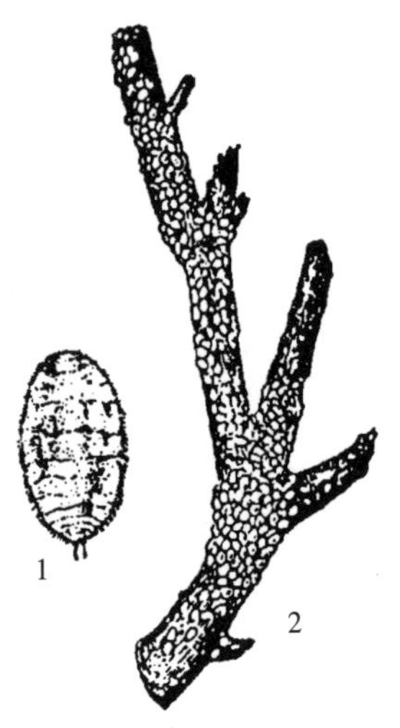

图 7-25 紫薇绒蚧
1—雌虫放大；2—着生状

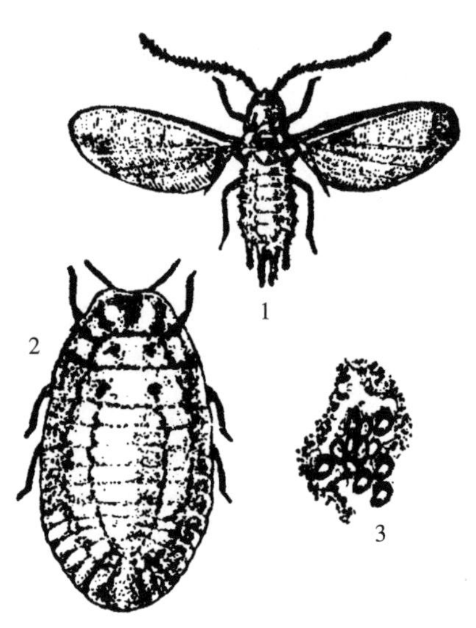

图 7-26 草履蚧
1—雄成虫；2—雌成虫；3—卵块

（3）红蜘蛛。红蜘蛛为螨虫类，俗称“火龙虫”，体形小，常为红、黄色，一般肉眼难以发现。它的种类很多，如朱砂红蜘蛛（图 7-27）、松柏红蜘蛛、山楂红蜘蛛（图 7-28）。螨类明显的如山楂红蜘蛛、不明显的如苜蓿红蜘蛛，主要刺吸植物叶片营养汁液，导致叶片脱水退绿，严重时还吐丝结网。天气干燥高温尤易发生，应随时注意观察，发现后应及时防治。

螨虫有“‘螨’随‘温升’”的初害规律，因此防治螨虫的时机也要“早”、要“准”。

（4）粉虱。粉虱的成虫俗称“小白蛾”（图 7-29），体小，全身有蜡质粉状物，有翅易飞，群起群落，极为敏感，如触之、遇风、枝叶摇动随即飞起，是刺吸式口器害虫中最难防治的一类。易在春末初夏、盛夏、夏末初秋出现三次高峰，高温干旱和高温高湿均可造成大发生。其成虫及幼虫群集在叶背面吸食汁液，常导致叶片发黄、萎蔫甚至死亡。

另外，园林刺吸害虫还有同翅目的木虱类如梧桐木虱（图 7-30）、合欢木虱，半翅目的网蝽类（图 7-31），以及同翅目蜡蝉类（图 7-32）和缨翅目的蓟马类害虫等。

化学防治刺吸害虫、钻蛀害虫、螨类，应选用内吸性药剂，对裸露在外的刺吸害虫，应首先选用针对性的专用药剂及强触杀性的拟除虫菊酯类。

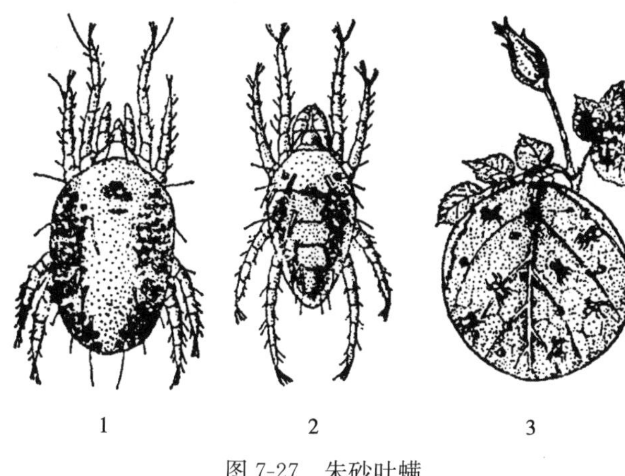

图 7-27 朱砂叶螨

1—雌成螨；2—雄成螨；3—被害状

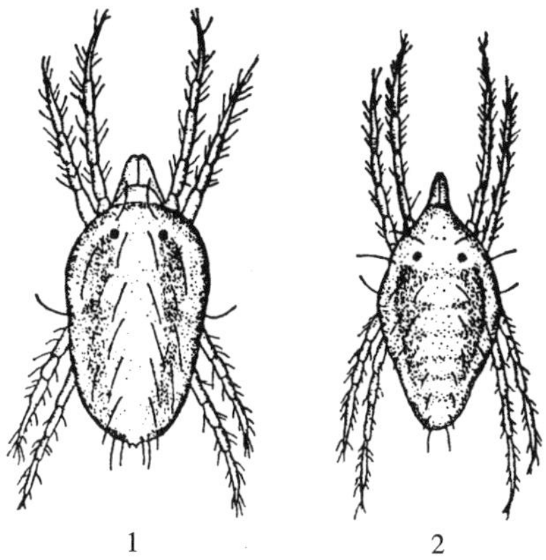

图 7-28 山楂红蜘蛛

1—雌成螨；2—雄成螨

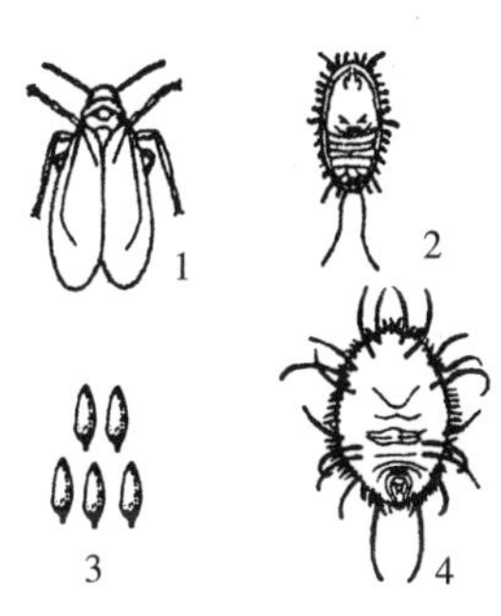

图 7-29 温室白粉虱

1—成虫；2—幼虫；3—卵；4—蛹

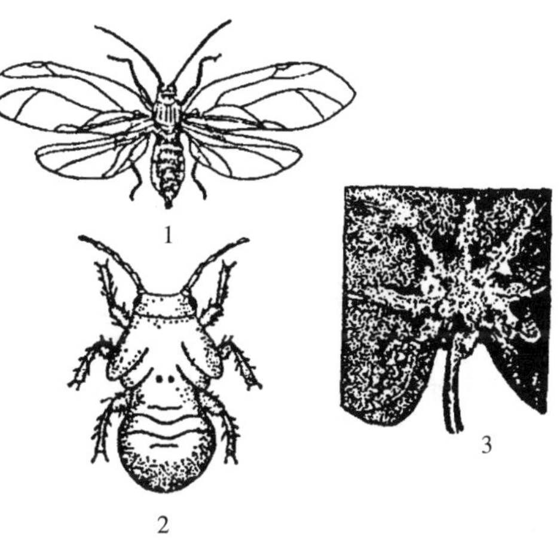

图 7-30 青桐木虱

1—成虫；2—若虫；3—被害状

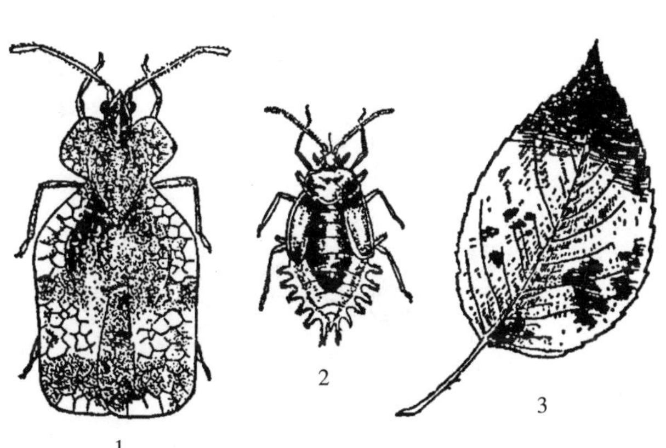

图 7-31 梨网蝽

1—成虫；2—幼虫；3—被害状

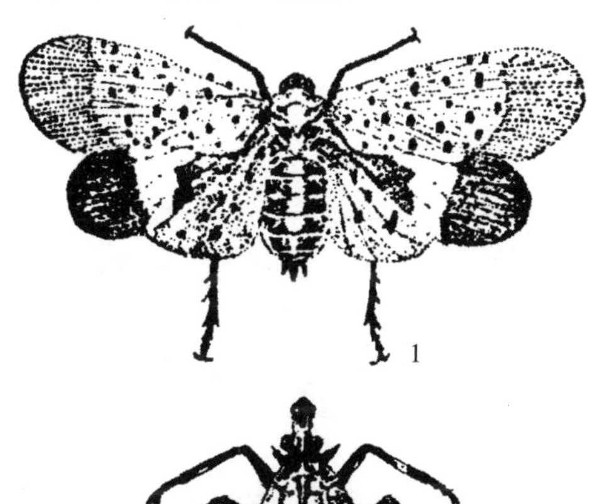

图 7-32 斑衣蜡蝉

1—成虫；2—若虫

(三) 钻蛀害虫

1. 钻蛀害虫及危害特点

钻蛀害虫是具有咀嚼式口器，且钻蛀到植物的干、茎、新梢以及蕾、花、果、种子里进行危害的各种害虫。这类害虫的危害特点是，除成虫期进行补充营养、觅偶、寻找繁殖场所等活动较易被发现外，其余大部分时间均隐蔽在植物体内进行危害，如钻蛀到树干、茎、新梢以及花蕾、果实等进行危害，所以不易被发现。当受害植物表现出凋萎、枯黄等症状时，植物已经接近死亡，难以恢复生机。对钻蛀害虫的防治，也常因其隐蔽性而较为困难。为此，对于这一类害虫的防治，应采取预防为主的综合措施，才能取得好的效果。

2. 常见的园林钻蛀害虫

园林钻蛀害虫，主要有鞘翅目的天牛类（图 7-33）、吉丁虫类（图 7-34）、小蠹甲类等；鳞翅目的木蠹蛾类（图 7-35）、透翅蛾类（图 7-36）、夜蛾类（图 7-37）、卷蛾类（图 7-38）、螟蛾类（图 7-40）；膜翅目的茎蜂类（图 7-39）；等翅目的白蚁；同翅目的蝉等。钻蛀害虫，对行道树、庭院树以及很多花灌木，均会造成较大程度的危害，以致造成单株或成片的死亡。

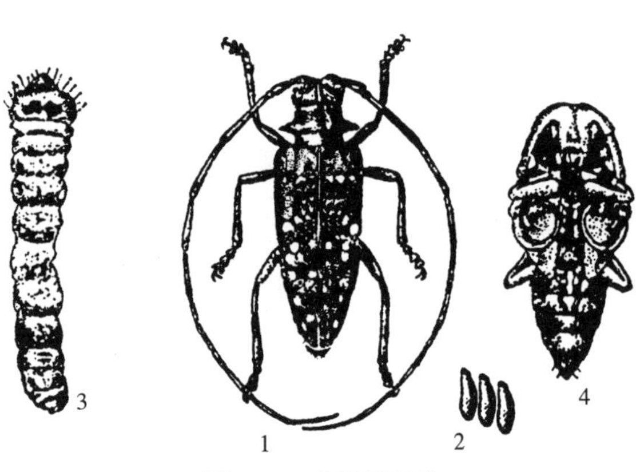

图 7-33 光肩星天牛

1—成虫；2—卵；3—幼虫；4—蛹

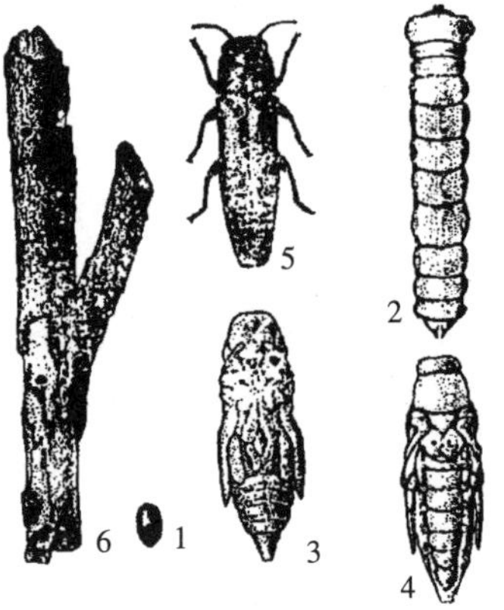

图 7-34 大叶黄杨吉丁虫

1—卵；2—幼虫；3—蛹(腹面)；4—蛹(背面)；5—成虫；6—被害状

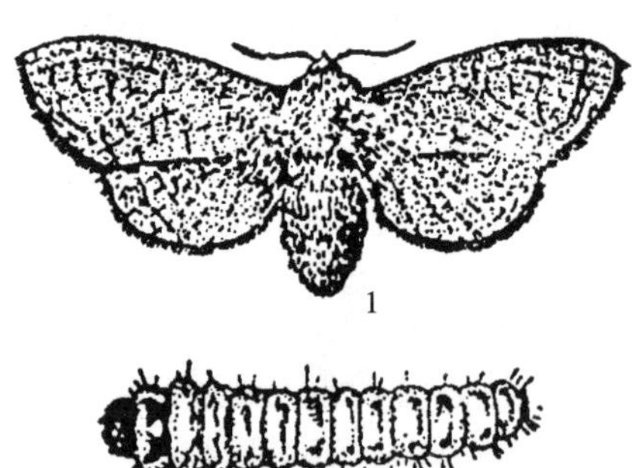

图 7-35 柳干木蠹蛾

1—成虫；2—幼虫

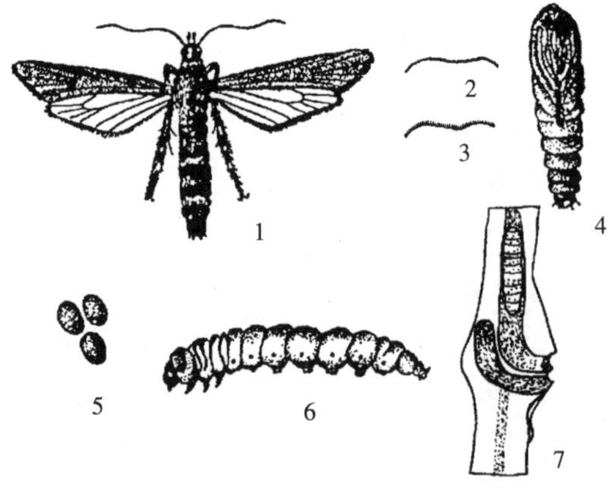

图 7-36 白杨透翅蛾

1—成虫；2—雌触觉；3—雄触觉；4—蛹；5—卵；6—幼虫；7—被害状

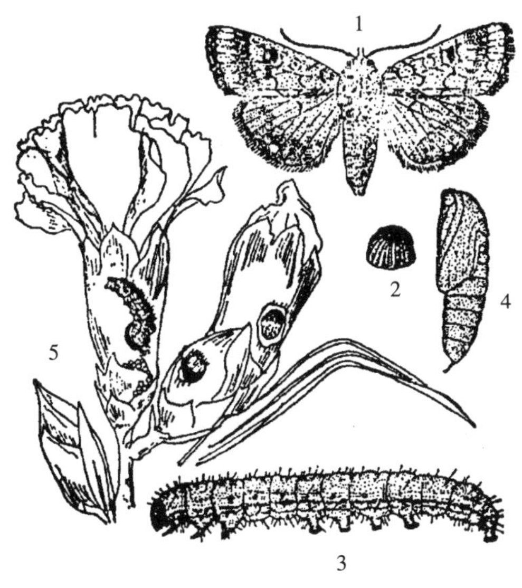

图 7-37　棉铃虫
1—成虫；2—卵；3—幼虫；4—蛹；5—被害状

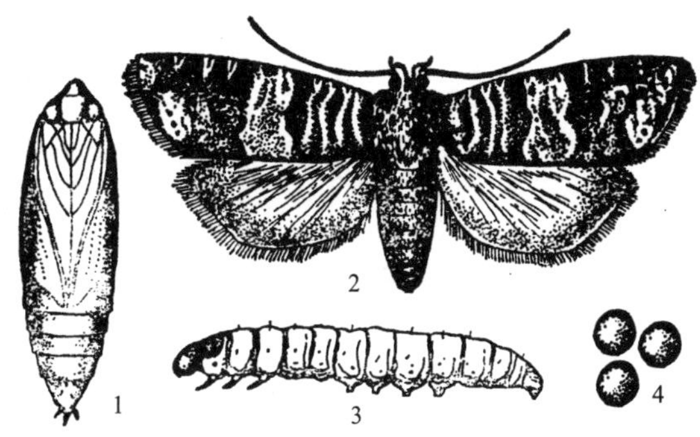

图 7-38　松梢小卷蛾
1—蛹；2—成虫；3—幼虫；4—卵

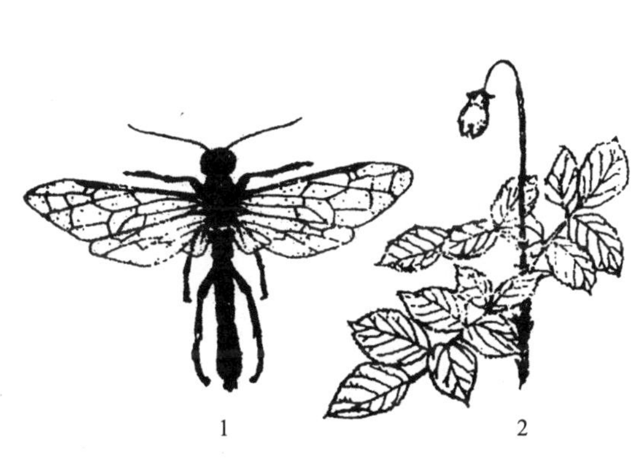

图 7-39　月季茎蜂
1—成虫；2—被害状

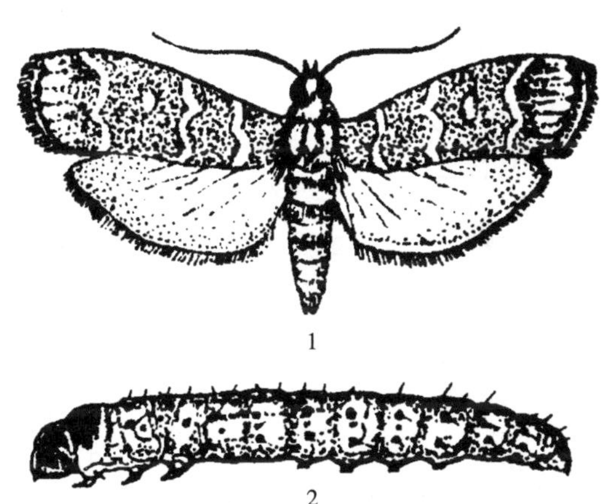

图 7-40　松梢螟
1—成虫；2—幼虫

(四) 地下害虫

1. 地下害虫及危害特点

地下害虫又叫根部害虫，它们具有咀嚼式口器，在草坪、一二年生草花种植地、绿地以及苗圃地活动，常常啃食幼苗、幼树的根部或接近地面的部分。它们的食性很杂，能够危害多种幼苗、花木的种苗、幼树，将草坪或花卉的幼苗成片地啃食死亡，对幼树造成严重的伤害，致使其生长衰弱，奄奄一息。

2. 常见的园林地下害虫

地下害虫分布广泛、种类很多，全国各地都有发生。在城市园林绿地中，一般以鳞翅目的地老虎类（图 7-41）、鞘翅目的蛴螬类（图 7-42）、金针虫类（图 7-43），直翅目的蝼蛄类（图 7-44）以及蜗牛发生最为普遍。

地下害虫的发生与环境条件有着密切的关系，土壤的质地、含水量、酸碱度等对其分布和组成都有很大的影响。

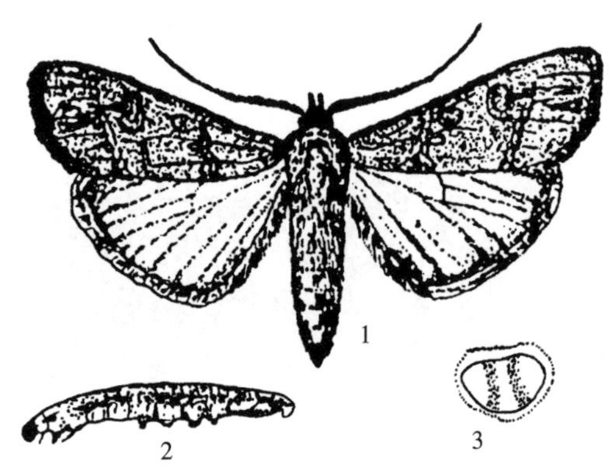

图 7-41 小地老虎

1—成虫；2—幼虫；3—幼虫末臀板

图 7-42 蛴螬

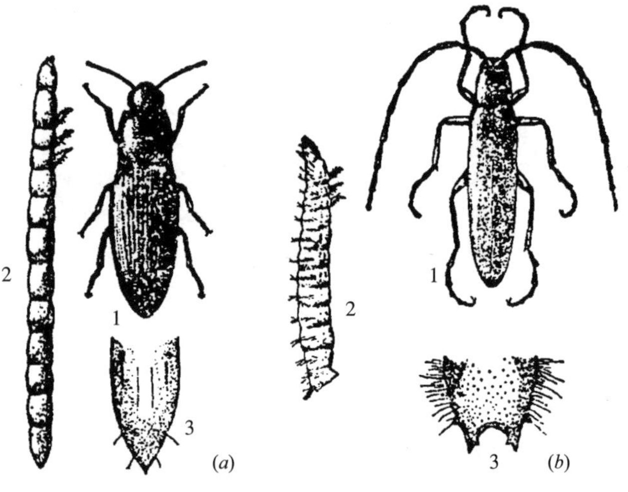

图 7-43 金针虫

（a）细胸金针虫；（b）沟金针虫

1—成虫；2—幼虫；3—幼虫尾部

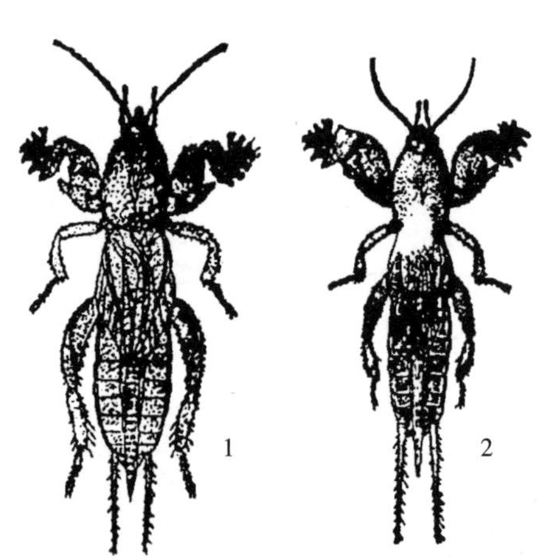

图 7-44 蝼蛄

1—非洲蝼蛄成虫；2—华北蝼蛄成虫

第二节 园林植物病害简介

一、植物的病害

（一）植物病害的概念

植物在适宜的环境条件下，才能够正常生长发育。园林植物生长发育的过程中，由于受到其他生物的侵袭或非生物因子的影响，使植物的生长发育遭受到严重的障碍，导致器官、组织，以及局部或整个植株的生理紊乱、形态特征改变等，甚至造成死亡的现象，称为园林植物的病害。

（二）病原

园林植物的病害，是由多种因子造成的，其中直接导致植物发生病害的因子，称为病原；而另外一些相关因子则称为诱发因子或环境因子。

1. 生物性病原

生物性病原是指，以园林植物为寄生对象的真菌、病毒、细菌、线虫、寄生性种子植物等对植物造成危害的有害生物，又称为侵染性病原、病原微生物等。由生物性病原引起的植物病害，称为侵染性病害或寄生性病害。一般园林植物的侵染性病原都能互相传染。被病原寄生的园林植物称为寄主植物。

2. 非生物性病原

非生物性病原是指，能够引起园林植物发生病害的土壤、温度、水分、通风、营养、pH 值以及有害物质等因子，又称为非侵染性病原或生理性病原。由非生物性病原引起的植物病害，称为非侵染性病害或生理性病害。这种病害不能相互传染。

二、病害的症状与类型

园林植物被病原感染后，从植物的内部生理以及外部形态，都会产生一系列的变化。如果园林植物的形态发生病变，其根、茎、叶、花、果会腐烂、畸形、坏死等。这种感染病的植物在形态上以及生理、解剖等表现出的各种不正常的特征称为病状。而病原物在寄主植物发病部位表现的特征，称为病征。植物病害都有病状，而病征只有真菌、细菌和寄生性种子植物所引起的病害较为明显。而病毒、线虫等引起的病害与非生物因子引起的病害，一般没有病征。植物的病状与病征往往在感病植物的同一部位产生。病状与病征合称为症状。

（一）病状的主要类型

1. 畸形

植物感病后，从形态上看，形成畸形，如肿瘤、丛枝、变形等，如图 7-45、图 7-46 所示。

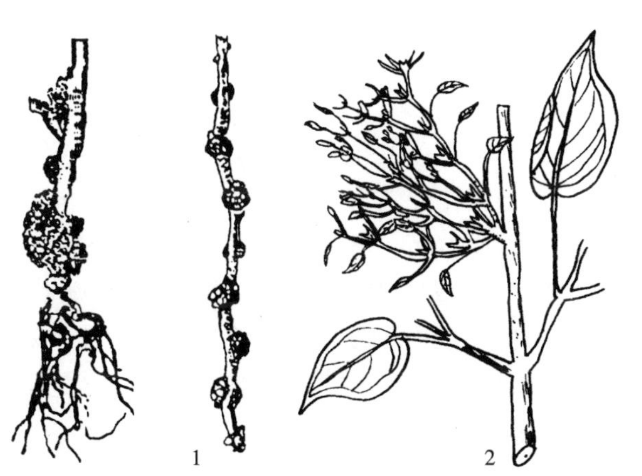

图 7-45 增生型病状

1—肿瘤；2—丛枝

图 7-46 减生型病状

1—花叶；2—萎缩

（1）肿瘤。是指感病植物的根、干、枝的局部增生膨大而形成的瘤状物，如根癌瘤等。

（2）丛枝。是指植物感病后，枝条变态形成一些节间短、叶片小、枝细叶密集成扫帚状的状态，通常称为丛枝病，如泡桐丛枝病等。但是，有些松柏类树种，人为接种丛枝病后，枝顶出现密生的枝叶，再通过无性繁殖，使其保持灌木性，其结果是增加了观赏性，成为良好的园林绿化树种。这样的“病态”，不造成其他损害，人们就不把这作为病害。

（3）变形。是指植物受害后，失去原来的形状而造成器官肿大、皱缩，如毛白杨皱叶病等。

2. 坏死或腐烂

（1）坏死。是指植物感病后，造成部分组织的死亡，坏死往往表现为斑点等病状。斑点往往是在植物的叶片或果实上局部坏死而形成穿孔。斑点的形状多样，有圆形、多角形、不规则形等。斑点的颜色往往有黄、灰、黑、白、褐等色，如表现在叶片上的褐斑病、黑斑病等，如图 7-47 所示。

（2）腐烂。是由于病原真菌、细菌侵染后而造成的。植物的各个器官均可发生腐烂，含水分少的或木质化的腐烂组织，往往形成干腐，如梨树干腐病、棕榈干腐病等；含水分多的腐烂组织，往往形成湿腐或软腐，如杨柳腐烂病、苹果腐烂病等。

图 7-47 坏死型病状

1—轮纹；2—圆斑；3—角斑；4—枝干溃疡

3. 变色

植物感病后，由于病部叶绿素的形成受到抑制或破坏，致使其他色素形成过多而使叶片表现为不正常的颜色，称为变色。变色一般分为退绿、黄化和花叶三种。植物的叶片变为不正常的淡绿色或黄绿色的，称为退绿；整个植株叶片均匀退绿而变黄，称为黄化；植物叶绿素形成不均匀，叶片颜色深浅不一，表现为深或浅绿色相间的，称为花叶。这是病毒病的重要病状，如月季花叶病等。但是，有些园林植物受其他生物或不良环境因子侵染和影响导致的黄化或花叶的“病态”，如碎锦郁金香和绿萼月季，这种“病态”不仅不会影响其他个体，还增加了它们的观赏性，因此这些“病态”不仅不被当作病害，反而被视为名花、珍品。

4. 萎蔫或枯萎

（1）萎蔫。园林植物失水或感病后表现出的失水状态，称为萎蔫。植物发生萎蔫病害的原因很多，植物根的腐烂、茎基部坏死，都能引起萎蔫。这些都是因为植物体内吸收水分或输导组织出了障碍而造成的。另外，因为土壤 pH 值的高与低，也能造成植物生理干旱而萎蔫。仅仅因为缺水造成的萎蔫在初期如采取正确的措施，是可以恢复植物生长的。

(2) 枯萎。植物得了全株性严重萎蔫病害后，往往导致植株落叶而枯萎。这种萎蔫是不能恢复的，也称为永久性萎蔫。

5. 流胶

受害植物往往有树胶自树皮流出来的病害，称为流胶病，如桃树流胶、针叶树流胶、香椿树流胶等。流胶病发生的原因很复杂，有生理性的，也有侵染性的，或以上两种原因综合作用造成的。

(二) 主要的病症类型

1. 粉霉状物

病原真菌，在植物感病部位呈现出各种颜色的粉状物或霉状物，如白粉、煤污、青霉、霜霉等，如月季霜霉病等。

2. 粒状物

病原真菌，在植物感病部位产生的粒状物，其颜色为褐色、黑色或橘红色，这是病原真菌的繁殖体，如雏菊菌核病等。

3. 锈状物

病原真菌，在植物感病部位产生的锈褐色的点状、块状、毛状物等，如萱草锈病等。

三、病原的种类

(一) 侵染性病原

引起园林植物病害的侵染性病原即生物性病原，主要有真菌、病毒、细菌、寄生性种子植物和线虫等。

1. 植物病原真菌

真菌是一类没有叶绿素，没有根、茎、叶的分化，营寄生或腐生生活的低等植物。它的发育过程，分营养生长阶段和生殖生长阶段。前一阶段，靠菌丝体吸取养料，积累养分，不断生长，后一阶段，产生孢子繁殖后代。

真菌的种类很多，分布极为广泛，江河湖海、土壤、空气以及各种有生命、无生命的物体上都有真菌。已知的真菌约有 10 万余种，我国约有 7500 种。真菌与人类的关系极为密切。有一些真菌是有益的，如酵母菌、青霉菌、食品中的蘑菇、香菇和松蕈。许多真菌是对人类有害的，能够引起动、植物的病害，以及纺织品和食品的霉烂。

在植物的病害中，真菌是植物病害的重要病原。真菌病害数量最多，达 3 万多种，约占植物病害的 70%～80%。多数植物侵染性病害是由真菌引起的，如在叶子上引起的黑斑病、褐斑病、炭疽病、锈病、白粉病、霜霉病、真菌性叶穿孔病等。

2. 植物病原病毒

病毒形态极其微小，它的体积比细菌要小得多，度量它们的单位是 nm（纳米）。1nm 是 1mm 的百万分之一，在普通光学显微镜下是观察不到的。在不良的环境下，病毒可成为无生命的结晶体。因为病毒具有微生物共同的遗传繁殖、新陈代谢的功能，所以仍属于生物范畴的微生物。

病毒的繁殖能力很强，依靠病毒的核酸在寄主细胞内复制与病毒核蛋白相同的物质，以形成新的病毒，从而破坏了寄主植物的正常生理活动。病毒是专性寄生，只寄生在活的细胞内，它没有破坏细胞壁的能力，又不能营腐生生活，其侵染靠昆虫或接触时的擦伤或机械伤口为传播途径，一旦离开活体，便会失去致病能力。

病毒引起园林植物的病害，常见的症状有变色、退绿、黄化、斑点、皱缩、卷叶、丛生和矮化等。

3. 植物病原细菌

细菌作为园林植物病原仅次于真菌和病毒，居于第三位。细菌的形状有球状、杆状和螺旋状，植物病原菌都是杆状菌，一般大小为 (1～3)μm×(0.5～0.8)μm，比真菌小，比病毒大得多。

细菌是一种单细胞微生物，有细胞壁但没有真正的细胞核。细菌绝大部分不能自己制造养料，必须从有机物或动、植物体上吸取营养维持生命活动，因此属于异养型。细菌大多数是腐生性的，少数寄生性细菌可以引起动、植物病害。病原细菌都是非专性寄生的，可以在人工培养基上培养。

细菌的繁殖方式简单，一般为分裂繁殖，且分裂过程进行得很快。在正常条件下，大约每隔 20min，其数目就增加 1 倍。

植物细菌病害的症状，一般有斑点、腐烂、枯萎、畸形等，如灰霉病、煤污病、根癌病、白绢病、软腐病、细菌性叶穿孔病。

4. 其他侵染性病原

除了以上三种病原微生物以外，还有：

(1) 寄生性种子植物。会对植物产生危害，主要表现在抑制寄主植物的生长，造成落叶、黄化、推迟开花或不开花，甚至造成全株枯死。常见的寄生性种子植物有，桑寄生科、菟丝子科和列当科植物等。

(2) 线虫。是一种植物病原，它是一种低等动物，为细小的蠕形动物。寄生于植物上的线虫长度 0.5～2mm、宽度 30～50μm。植物病原线虫可寄生在植物的根、块根、鳞茎、球茎、芽、叶、枝、茎、花、种子和果实中，其中以根结线虫引起植物根瘤而造成植物生长衰弱，造成损伤和危害最为严重。

(二) 非侵染性病原

引起植物病害的非侵染性病原即非生物性病原，主要是由于温度、营养、水分的失衡和有毒物质的伤害引起的。

1. 缺少某些营养元素

植物生长需要一些大量元素和一些微量元素，如果植物缺少必需的营养元素，即营养失衡，就会表现出各种缺素症。园林植物的缺素症很多，各种植物对同一元素的反应也不相同。一般来说，缺素症可以引起植物失绿、变色、小叶或组织坏死现象，如栀子花缺铁，叶片变黄，叶脉也退绿呈黄色。

一般情况下，植物生长必需的主要元素过量不会引起病害，但微量元素超量，特别是硼、锰、铜等则对植物的毒害较大。

2. 土壤水分供应失衡

水分是植物生长发育不可缺少的条件，但是土壤中水分过多或不足，即水分供应失衡，就会对植物产生不良的影响，这就是旱灾或涝灾。

干旱，轻则使叶片变黄或落叶、落花和落果，严重时则引起植物萎蔫或死亡，如杜鹃花对于干旱就比较敏感，干旱缺水会使叶尖及叶缘变褐、坏死，草坪在炎热的夏季易遭受干旱的危害。

土壤水分过多，常使植物根系窒息，导致根系腐烂，使植株死亡。一般草花和草坪容易遭受涝害，植物的苗期对涝害的抵抗力较弱。肉质根的植物如牡丹、芍药、泡桐、银杏、兰花、君子兰以及球根、球茎花卉等都易遭受涝害而腐烂，因此应特别注意。

3. 土壤酸碱度不适宜

不同的植物对土壤的酸碱度有一定的要求，土壤酸碱度过高或过低，则影响植物对某些必需元素的正常吸收，造成生长势衰弱甚至造成死亡，如缺铁性黄化病等。对这类土壤应加以改良。

4. 温度不适宜

植物的生长发育有其适宜的温度范围，超出这个范围，植物就会受到伤害。温度过高或过低都会对植物造成伤害。

高温常引起植物的树干、枝、叶、果的灼伤。而日灼造成的伤口往往为病原真菌的侵染提供便利。低温对植物的伤害主要是寒害和冻害。

5. 中毒

土壤、水分、空气以及植物的表面存在的一些有毒物质，如空气中的氟化氢、二氧化硫、二氧化氮、臭氧等，土壤中的残留农药、植物激素和化肥使用不当，以及附着在叶面上的粉尘等，都可引起植物中毒。

通过对植物病害的诊断，找出造成病害的原因，以对症下药，防治植物的病害，使植物正常生长发育。

第三节　植物检疫

植物检疫又称法规防治，是园林植物有害生物防治的基本措施之一，也是贯彻“预防为主，综合防治”方针的有利保证。

一、植物检疫的概念、任务与范围

（一）植物检疫的概念

植物检疫是指，国家颁布检疫法规，设立专门机构，在植物及其产品的调拨、运输及贸易进行之前全面地控制和管理，以防止危险性病、虫、杂草的传播、蔓延、扩散。

在自然状况下，病、虫、杂草的分布具有一定的区域性，各个国家和地区所发生的病、虫、杂草不尽相同。在原产地，病虫、杂草往往被当地的天敌、植物抗性以及当地的栽培技术措施所控制，危害较小，甚至不会引起人们的注意。但是当某一病、虫、杂草传入到另一新地区后，如果生长环境条件适宜，而那些控制因素又不存在的情况下，这些病、虫、杂草就会生存下来，甚至迅速发展，引起严重危害。世界上这样的事例已经不少，所以，一定要做好植物检疫工作。

显而易见，植物检疫就像一道屏障，搞好这项工作就能防止危险性病、虫、杂草的扩散蔓延，就能杜绝生物物种的入侵。目前，世界各国都极为重视植物检疫工作，已把强化植物检疫列为不可动摇的基本国策。

（二）植物检疫的任务与范围

植物检疫按照其任务与工作范围的不同，可分为国内检疫和国际检疫。

1. 国内检疫

国内检疫又称对内检疫，主要由国内各省、市、自治区检疫机关会同铁路、邮局、航空以及有关部门，根据对内检疫条例和检疫对象，采取措施，执行检验。任务是防止危险性病虫、杂草在省际和各地区间蔓延，并要肃清国内危险性病、虫、杂草的感染发源地。

2. 国际检疫

国际检疫又称对外检疫，包括出口检疫、进口检疫和过境检疫。国家在国际机场、沿海港口以及国际交通要道设立检疫机关，对出入境及过境的物品进行检疫和处理。任务是防止由国外传入到我国新的危险性病、虫、杂草，或国内还只是局部发生的危险性病、虫、杂草再次传入我国，并防止国内已发生的危险性病、虫、杂草传播到其他国家。

国际检疫是国内检疫的保障，国内检疫是国际检疫的基础，两者互相促进、紧密配合，以达到保护农业、林业、园林业生产的目的，做到**“既不引祸入境，又不染灾于人”**。

3. 检疫工作的对象

并非所有病虫、杂草都是检疫工作的对象，**检疫对象主要是人为传播携带的危险性病、虫、杂草。**国家有关部门，发布植物检疫名单，即发布危险性病、虫、杂草的名单，要根据发布的检疫名单进行检疫。

4. 控制危险性病、虫、杂草的蔓延

当危险性病、虫、杂草侵入到新的地区时，应立即采取措施控制其蔓延以至彻底消灭。如能做好事前检疫，就能避免生物入侵等对生态造成危害的一系列问题。除去对检疫对象应该严格进行检疫外，蚧壳虫、蚜虫、粉虱、蓟马、螨、线虫以及病毒根癌等各类多发病虫害都能随着苗木、种球的运输而传播，因此调运时应加以注意。

二、植物检疫的步骤、方法与我国林业检疫性有害生物名单

（一）植物检疫的步骤、方法

1. 调查研究

有计划地对各地的植物有害生物进行普查或专门调查，了解当地植物病、虫、杂草发生的种类、分布范围、危害程度等。

2. 确定检疫对象

在确定植物检疫对象时，要十分慎重，严格按照标准，做到既不漏掉一个，也不多划一个。

3. 划定疫区和保护区

根据实际情况，十分慎重地划定疫区、保护区。

4. 组织力量，进行消灭

发动群众，对疫区中的检疫对象进行封锁、隔离，并予以消灭。

5. 检验和处理

检验分产地检验、抽样检验和试种检验。经检疫部门检验后如不带检疫对象，即可放行；如发现检疫对象，应酌情处理。处理方法有：禁止调运、退回、销毁，禁止播种，指定地点进行消毒，责令改变运输路线，限定使用地点及使用方法等。

（二）我国林业检疫性有害生物名单

国家林业局公布，2005 年 3 月 1 日起生效，我国林业检疫性有害生物名单如下（其中注有 * 者是与园林植物关系密切的种类）：

1. 昆虫（11 种）

红脂大小蠹*、椰心叶甲*、松突圆蚧*、杨干象*、苹果蠹蛾、双钩异翅长蠹*、蔗扁蛾*、枣大球蚧*、红棕象蚧*、青杨脊虎天牛*、美国白蛾*。

2. 病原微生物（6 种）

猕猴桃细菌性溃疡病菌、松疱锈病菌*、落叶松枯梢病菌*、冠瘿病菌、杨树花叶病毒*、草坪草褐斑病菌*。

3. 线虫（1 种）

松材线虫*。

4. 植物（1 种）

薇甘菊*。

图 7-48　美国白蛾

1—成虫；2—幼虫

其中，**美国白蛾（图 7-48）既是国家环保总局公布的入侵我国的外来物种，又是国家林业局公布的林业检疫性有害生物。**美国白蛾是严重危害林木的食叶性害虫。据国家林业局 2006 年 3 月称，我国北方已有 6 省市（北京、天津、河北、山东、辽宁和陕西）116 个区县发生美国白蛾疫情，从 20 世纪 70 年代开始在我国首次发现美国白蛾至今，大有加速蔓延的趋势，应当引起各地的重视，积极捕杀，并加强检疫工作。

第四节　园林植物有害生物的预测预报

一、植物有害生物预测预报的意义与类别

（一）植物有害生物预测预报的意义

园林植物有害生物的发生发展是有一定规律的。掌握这一规律，就能够科学地推测植物病虫害的发展趋势，为主动、有效、及时地防治这些病虫害赢得时间，以保护园林植物的正常生长发育。因此，对植物有害生物进行预测预报，是正确进行防治工作的基础，是实现**“预防为主，综合防治”**方针的重要手段。

植物有害生物的预测预报，包括两个方面，预测是在病虫害发生之前，正确推断病虫害未来发生发展的趋势；而预报则是，把预测的结果及时地通报出去，使人们对植物病虫害做到心中有数，以及早做好防治工作。**在生产实践中，预测预报要“预”在“发生”之前而不是“危害”之前。**

（二）植物有害生物预测预报的类别

1. 按照预测的期限长短分

短期预测预报（一般是预测某病害发生前几天至十几天流行的可能性；对虫害来说是，根据前一两个虫态的发生情况预测后一两个虫态发生的时期与数量，预测的期限一般仅在一个世代之内或半年之内）、中期预测预报（一般是预测某病害发生前 1～2 个月内流行的情况；对虫害来说是，根据上一世代的发生的情况，预测下一世代的发生情况，预测的期限随不同的种类而异）和长期预测预报（一般是预测某病害发生前半年流行的可能性；对虫害来说是，预测相

隔两个世代以上的发生的情况，预测的期限在一年以上甚至3～5年）。

2. 按照预测的内容分

发生期预测（预测害虫发生的时期）、发生量预测（预测害虫发生的数量）、扩散蔓延预测（预测害虫发生扩散蔓延的范围）和危害程度预测（预测害虫发生时危害的程度）。

目前常用的病虫害预测预报，是发生期和发生量的短期和中期预测预报。

二、预测预报的方法

（一）虫害的预测

1. 发生期预测

主要是预测某害虫某一虫态出现的开始期、盛期和末期，以便正确的确定防治的最佳时期。

（1）物候预测。物候是自然界中各种生物现象出现的季节规律性。害虫的某个虫态的出现，往往与其他生物的某个发育阶段有关，如“桃花一片红，发蛾到高峰”，就是根据地下害虫小地老虎与桃花的关系来预测其发生期的。

（2）发育进度预测。通过对害虫发育进度的观察，参考当地气象状况和相应虫态的经历期，以推算以后虫态的发育期，就是发育进度预测法。此法可分为历期预测和期距预测。

1）历期预测。通过前一虫态发育进度的调查，当虫口数达16％、50％和80％即为始盛期、高峰期和盛末期的数量标准时，再分别加上当地气温下该虫态的发育经历期，即可推算出其后一虫态的相应发生期。

2）期距预测。害虫各虫态发生的时间间隔往往是一定的，根据前一虫态或前一世代的发生期，加上期距天数大体上就可以推算出后一个虫态或后一个世代的发生期。常用期距一般是指始盛期至高峰期的天数。测定期距常用调查法、饲养法和诱测法。

2. 发生量预测

主要是预测害虫未来数量多少的变化，这对于指导防治工作极为重要，又称为大发生预测。

（1）有效虫口基数预测。害虫的发生量往往与前一个世代的虫口基数有着密切的关系，基数大，下一世代发生量就多，反之则少。

（2）形态指标预测。环境条件对昆虫的影响很大，是通过昆虫本身的内因起作用的，昆虫对外界环境条件的变化也会从其形态上表现出来。虫态的变化、雌雄性比等都会影响下一代或下一虫态的繁殖能力，必然影响其发生的数量。依据这些内部、外部的形态上的变化，可估计未来的发生量。

（3）生命表预测。**昆虫的生命表，**是近代昆虫生态学研究昆虫种群动态规律和预测预报种群数量消长趋势的主要方法之一。该方法是在绿地内定树、定虫、定时观察分析种群在整个世代的各个发育阶段，在各种因素的影响下，观察分析虫口数量的变动情况及其致死的原因，以此估计未来的发生数量。

（二）病害的预测

病害预测的依据主要是病原的特性、数量，病害侵染特点，病害发生前寄主的状况，病害发生与环境的关系，当地历史与当年的气象资料等。对于这些情况掌握得准确，病害的预测就可靠、实用，据此进行的防治效果就好。

事实上，植物有害生物的预测预报在小的范围内是难以进行的。各地城市的园林部门基本上都有比较健全的园林植物有害生物预测预报网，由专职人员进行这一项工作，因此**积极地与**

当地园林部门取得联系，得到园林部门的指导，是非常必要的。

第五节　园林栽培技术防治

园林栽培技术防治是利用园林植物栽培养护管理技术措施，有目的地改变和创造一定的环境因子，以减少或避免病虫害的发生，使病虫的危害降低到允许的水平以下，从而达到综合治理的要求。

一、园林栽培技术防治措施

（一）培育优质苗木

园林中有许多病虫害是通过种苗和无性繁殖材料传播来的，因此通过培育无病虫的健壮苗木，可以有效地控制病虫害的发生。

培育优质苗木，需要创建综合优良条件——建立无检疫对象种苗基地，改良苗圃土壤，按照技术要求整地施肥，并以有机肥为主，要适时播种、合理轮作，加强管理。总之，要采取一切措施培育优质无病虫害苗木，从根本上避免病虫害的发生。

（二）选育抗病虫品种

通过引进、选种、杂交等途径，获得抗病虫品种和树种。如用我国板栗、美国板栗和日本板栗杂交培育出抗板栗干枯病的优良品种；如黑松较抗松干蚧，而赤松、油松则受害严重，落叶松则不受松干蚧的危害等。目前，在园林花卉中，也选育出抗锈病的香石竹、菊花、金鱼草等新品种，抗萎蔫病的翠菊品种，抗叶枯线虫病的菊花品种等。

（三）合理的栽植与配置技术措施

合理的栽植措施，对于植物的生长发育和对病虫害的抵抗能力有至关重要的作用。适地适树，合理密植，适当地进行树种、花草的搭配，这些都可相对地减轻病虫害的发生。如果肉质根的牡丹、泡桐、银杏等人工栽植在地势低洼、土壤黏重的地域，肯定生长不良，且易引起根部窒息、腐烂，并导致死亡。如果树木栽植过于密集，造成树丛、苗间湿度过高、温度较低、通风透光差，此范围的植物病虫害的发生就一定多，蚧壳虫、粉虱、螨虫等虫害就更严重。

再如，在草坪中配置孤植树或树丛，栽植的孤植树或树丛是针叶树种，就应抬高这些树种的栽植位置，才能利于生长。因为夏季，草坪浇水量很大，但是针叶树种不需要过多的水分，如不采取这样的措施，这些针叶树种就会因土壤过于潮湿而生长不良甚至致病死亡。

正确地选择园林树种，注意树种搭配和配置方式，尽可能多地营造混交林，对人工园林的自然保护性有着重要的意义。植物配置时，应注意植物间“相生相克”的现象，还应避免有共同病虫害的树种、花草搭配在一起，如梨树与桧柏、海棠与松柏等近距离栽植就易造成梨树、海棠锈病的大发生。这些都是应当注意的。

（四）有效的养护管理措施

园林绿地的水、肥、土的管理非常重要。水、肥、土的管理措施做得好，园林树木就生长健壮、枝叶繁茂，病虫害就少；水、肥、土的管理措施跟不上，园林树木生长就衰弱，则病虫害就严重。结合园林绿地的抚育管理，合理修剪，及时剪除病虫枝并将其烧毁，及时清除和烧毁因病虫害或其他原因致死的植株、落叶，防止病虫害的进一步扩散蔓延，这些都有利于园林绿地健康生长。园林绿地的灌溉技术，无论是浇水方法还是浇水量、时间等，都影响植物病虫害的发生。

园林绿地的管理措施，包括中耕除草、划锄培土、合理修剪整枝、施肥、浇水以及及时清理园林绿地等。在进行这些管理措施时应尽量细致，要因不同的地域、不同的种植材料、不同的时期而采取不同的管理措施，这样的管理才到位，才是有效的管理。

二、园林栽培技术防治在综合治理中的作用

（一）完全是结合日常的养护管理而进行的防治措施

园林栽培技术防治，是完全结合日常养护管理而采取的防治措施，不需要特殊的设备和器材、不增加成本和劳力的负担，易于推广。

（二）事先压低或消灭害虫的寄生发源地

做好园林栽培技术防治，可抑制绿地中的生物群落、主要害虫的种群数量，因此可以事先压低或消灭害虫的寄生发源地，这虽然是预防性的，但掌握得好甚至可以达到根治的效果，完全符合“预防为主，综合防治”的植保工作方针的要求。

（三）不会产生有害的副作用

园林技术防治不会产生有害的副作用，符合人、畜、环境安全的要求，通过减少使用农药更可以减轻杀伤天敌昆虫，有利于生态平衡。

以上是进行园林栽培技术防治植物有害生物的优越性，但是，事物总是一分为二的，园林栽培技术防治也有它的局限性。园林栽培技术防治往往收效慢，不如化学防治收效快，但是园林栽培技术防治确实是充分体现预防为主的一项重要的防治措施。

第六节 生物防治

一、生物防治的概念与特点

（一）生物防治的概念

生物防治是，应用害虫的生物天敌或使害虫致病的病原微生物及其代谢产物，用以防治害虫的一种方法，这种方法有的是直接灭杀害虫，有的不是直接灭杀害虫，但最终结果都能控制害虫，减少害虫的虫口密度，从而减少害虫对植物的危害。

（二）生物防治的内容及特点

1. 生物防治的内容

保护和利用天敌；应用病原微生物及制剂；保护鸟类、蛙类、蟾蜍等；适当配置蜜源植物、鸟嗜植物等。

2. 生物防治的优点

（1）对人畜无害、不污染环境，对天敌、植物、自然界中的许多有益生物无不良影响。

（2）对植物的病虫害可起到预防作用，有的能收到长期的良好效果。

（3）不会增强害虫的抗性，也不会引起害虫猖獗再增的发生。

（4）天敌资源丰富，材料易得，就地取材，投资效益高。

比较一下化学防治和生物防治的投资效益：美国加利福尼亚有一个统计，**用化学药剂防治害虫投资 1 美元可获利 4～5 美元，而用生物防治可多获利 6～7 倍，即可获利 30 美元。**

3. 生物防治的局限性

生物防治也存在一定的局限性，技术要求高，往往受环境条件的限制，效果缓慢，特别是当害虫大发生时，不能迅速压低虫口密度。因此，生物防治必须与其他防治方法相配合使用，才能取得最佳的防治效果。

二、保护和利用害虫的天敌

自然界中有许多害虫常被其他昆虫所捕食或寄生，这些昆虫被称为害虫的天敌。害虫与其天敌之间存在着极其繁杂的相互依存、相互抑制的生物关系，人们常常利用生物中这种种间斗争的现象，有目的地饲养、繁殖、释放害虫的天敌，以达到控制害虫的目的，这又叫以虫治虫。

（一）应用原理

1. 捕食性天敌

捕食性天敌，又称为肉食性天敌，这类天敌是以害虫为食料。这类天敌，依照取食方式又分为：

（1）咀嚼式口器的天敌。通过咀嚼式口器，直接吞食害虫虫体的全部或一部分，致害虫死亡。如利用七星瓢虫防治蚜虫效果明显。

（2）刺吸式口器的天敌。将刺吸式口器的口针，插入害虫的体内，同时放出一种毒素使害虫麻痹，不能行动或反扑，然后吸取害虫的体液，致害虫死亡，如捕食螨等。

这类捕食性天敌的种类很多，如瓢虫、步行虫、蚂蚁、食蚜蝇以及捕食螨等。这类天敌一般食量较大，在其生长发育过程中，必须吃掉几十个或几百个虫体，才能完成发育阶段。如利用捕食螨防治红蜘蛛，利用瓢虫防治蚜虫，利用蒲螨防治双条杉天牛及小蠹甲等效果明显。

2. 寄生性天敌

这类天敌寄生于害虫的体内或体表，以其体液或组织为食料，最后致害虫死亡。

（1）寄生蜂。寄生蜂是以寄生在其他昆虫体内为生，造成昆虫死亡的蜂类。寄生蜂是目前生物防治中应用害虫天敌防治害虫最广、防治效果最显著的重要天敌。寄生蜂的种类很多，其寄生习性也十分复杂。有的寄生蜂将卵产在其他昆虫的卵内，而寄生蜂的卵孵化后即可取食被寄生的卵内的养分，且发育成为寄生蜂成虫破壳而出，又继续寄生，使被寄生的卵不能孵化而死亡。如利用周氏啮小蜂防治美国白蛾、利用赤眼蜂防治松毛虫、利用管氏肿腿蜂防治双条杉天牛等多种天牛，效果显著。有的寄生蜂在其他昆虫幼虫体内或蛹内产卵，卵孵化后，取食其体液，被寄生的害虫虫体随后逐渐皱缩，直至死亡。

（2）寄生蝇。寄生蝇是以寄生在蛾、蝶的幼虫或蛹内，以其体内的养料为食料，并使其死亡的蝇类。寄生蝇的寄生习性也很复杂，有的寄生蝇将卵产在其他害虫的幼虫或蛹的体表，卵孵化后的幼虫再钻入害虫的体内，吸取其体液，在寄主的皮肤或气管上开孔，以利于自己呼吸。有的将卵产在叶片上，通过昆虫的取食，进入昆虫的消化系统寄生。也有的将卵直接产在害虫的体内。总之，各种寄生方式最后都是致使害虫死亡。如利用伞裙追寄蝇防治大蓑蛾，效果明显。

（二）害虫天敌的应用途径

1. 直接保护和利用自然界中的天敌

在人工采集害虫的卵、幼虫、蛹或成虫时，往往有不少天敌夹在其中，应合理处置，将采集的天敌移置于害虫发源地，以抑制害虫的发生。

2. 创造和改善环境条件，增加自然界中的天敌数量

（1）创造环境条件，增加自然界中的天敌数量。在绿地内，种植一些地被植物，为天敌的生存创造良好的小环境，这就有利于增加自然界中的天敌数量，其结果是控制了害虫的增加，减少了害虫的发生。在园圃、绿地的外围，营造防护林带也是调节园圃、绿地小气候的方法，不仅有利于小型寄生昆虫的活动，而且林带中常繁衍许多益虫，起到良好的补充作用。

（2）改善自然界中天敌的营养条件，以增殖天敌。在绿地内，适当种植一些天敌蜜源植物和鸟嗜植物，以利于天敌的生存、生长，如芸香科植物的花蜜可供食蚜蝇、草蛉等天敌取食，以延长其生命，最终控制害虫的发生，减少害虫对植物的危害。

3. 人工繁殖释放天敌

在自然条件下，因各种因素的影响，天敌昆虫数量有限，天敌对害虫的控制力较低。当病虫害发生初期，将人工繁殖的天敌大量释放到自然界，可取得显著的效果。如利用人工合成饲料培育出赤眼蜂人工卵，适时释放到松树林中，可及时消灭松毛虫或棉铃虫、梨小食心虫等。

4. 开发引进天敌昆虫

从外地或国外引进有效的天敌昆虫以防治当地的害虫，可取得明显的效果。如从国外引进的日光蜂与我国日光蜂进行杂交，可提高其生命力，用于防治苹果棉蚜效果明显。**北京引来肿腿蜂为古树当“保镖”，控制危害古树的双条杉天牛，效果显著。**引进智利植馁螨防治红蜘蛛也取得很好的效果。

以色列研发生物杀虫技术，培育出害虫的天敌包括小花蝽、植绥螨（杂食性的螨）、寄生蜂，以及专吃草莓小虫子的蜘蛛，这些全是对付牧草虫、粉虱、螨虫等害虫的天敌，以保护农作物不受虫害。从而减少化学品的使用。

5. 合理地使用农药，减少对天敌的伤害

化学防治使用农药确实起着很重要的作用，但是它在防治多种害虫的同时也杀伤了不少天敌，因此，在实践中应注意有选择地、合理地使用农药。应选择对害虫高效而使天敌不受或少受伤害的农药。如当草履蚧虫口密度很高时，红环瓢虫不足以控制其危害时，可以喷药，应选择对草履蚧有较好的杀灭效果而对红环瓢虫的成虫无影响的农药，且应在红环瓢虫未孵化幼虫之前施用。

三、应用昆虫病原微生物

应用昆虫病原微生物来防治害虫收效较好的有细菌、真菌和病毒三类，这又叫以菌治虫。利用病原微生物防治害虫，具有繁殖快、用量少、不受园林植物生长阶段的限制、持效期长等优点。

（一）昆虫致病性细菌的应用

已经发现的昆虫病原细菌约有百余种。病原细菌主要通过消化道侵入寄主体内导致败血症或者由于细菌产生的毒素破坏昆虫的一些器官组织，使昆虫死亡。目前，我国应用最广、用量最大的细菌性杀虫剂，有苏云金杆菌，包括其变种松毛虫杆菌、青虫菌、杀螟杆菌等。苏云金杆菌，简称 Bt 乳剂，对人畜安全，对植物、益虫、水生生物等无害，无残余毒性，有较好的稳定性，可与其他农药混用，对鳞翅目等 32 个科近 200 种昆虫的幼虫有不同程度的致病作用，在较高温度下，效果更加明显。

（二）昆虫致病性真菌的应用

昆虫病原真菌的种类很多，据统计有 750 余种，但实用价值较大的主要是白僵菌、绿僵菌

和拟青霉菌。白僵菌分布广，致病和适应性强，能寄生 200 多种害虫，可有效地控制鳞翅目、膜翅目、直翅目和同翅目等害虫，并具有安全、无毒等特点。我国使用白僵菌防治松毛虫、地老虎、金龟子、木蠹蛾等都取得了很好的疗效。白僵菌对害虫的感染主要是经过体壁侵入虫体，以虫体各种组织与体液为营养，使菌丝大量增殖，堵塞虫体体腔，使害虫染病。染病的害虫，食欲锐减，行动迟缓，虫体萎缩，最后呈僵硬状死亡，体表布满白色菌丝和孢子。这些菌丝与孢子，可随风或水流再次进行侵染。

（三）昆虫致病性病毒的应用

昆虫的病毒病在昆虫中很普遍，利用病毒来防治害虫，其主要特点是专化性强，在自然条件下，一种病毒往往只寄生一种害虫，不存在污染与公害问题，并且在自然界中可长期保存，反复感染，有的还可遗传感染，造成害虫的流行病。害虫感染病毒后，食欲减退，行动迟钝，最后爬向高处，虫体多悬挂在枝条或叶片上，流出一些无味的液体而腐烂死亡。昆虫致病性病毒，防治应用较广的有核型多角体（NPV）、颗粒体病毒（GV）、质型多角体病毒（CPV）三类。这些病毒主要感染鳞翅目、双翅目、膜翅目、鞘翅目等的幼虫，效果很好。

四、保护鸟类、蛙类、蟾蜍等治虫

鸟类是人类的朋友，利用各种鸟类来防治害虫，可取得明显的效果，如啄木鸟能防治天牛等害虫，这是有目共睹的。目前大都采用保护和招引鸟类的办法来进行。我国有鸟类 1000 多种，其中食虫鸟类占半数，许多鸟类一昼夜所吃的食物相当于自己本身的体重。目前，城市风景区、森林公园等保护益鸟的做法是严禁猎鸟、进行人工悬挂鸟巢箱招引鸟类定居以及人工驯化等，可取得良好的效果。在绿地中，适当配置蜜源植物、鸟嗜植物等，亦是很好的一项措施。此外，还有家禽、家畜也能消灭不少害虫，如鸡、鸭、鹅除虫等，可加以利用。青蛙、蟾蜍也是众所周知的有益动物，它们能捕食地上的各种害虫，应加以保护。

五、昆虫激素和昆虫不育性的应用

（一）昆虫激素的应用

昆虫分泌的激素，一般分为两类：

1. 内激素

昆虫分泌在体内的而不排出体外的一类激素，又称为内激素，如蜕皮激素、保幼激素、脑激素等。这些内激素用以调节、控制昆虫的生长、发育和蜕皮、性成熟等一些生理现象。因此，使用激素防治害虫，就是要选择在害虫的某个发育阶段，应用过量的激素以破坏害虫的正常发育过程，如有的激素可使幼虫无法变为成虫，而有的激素可造成昆虫过早蜕皮变成一种小而无生殖能力的成虫，使之畸形，最终使其失去生殖能力或死亡。

2. 外激素

外激素又称信息素，昆虫分泌的这一类激素，是为了排到体外引起同种异性个体产生特异的行为，如性外激素、集合激素、报警激素等。目前，应用最广的是性外激素。性外激素是成虫分泌、释放到体外的挥发性物质，用以吸引异性来交配，这类激素具有很强的引诱力，空气中仅有微量的存在就能引诱异性飞来，进行交配。利用昆虫信息素干扰雌雄交配行为，使雄虫丧失寻觅雌虫的定向能力，由此可导致昆虫的交配概率大大减少，能使雌性、雄性比例失调而不能繁殖后代，或者使其找不到异性进行交配。现在有些昆虫的外激素可以人工合成，用以防治害虫，控制或消灭害虫，尤其是对鳞翅害虫起到了很好的防治作用。

（二）昆虫不育性的应用

昆虫不育性的应用，是利用害虫的遗传机制，释放不育昆虫以防治害虫的方法。目前，昆虫不育性的应用技术手段，主要是辐射不育、遗传不育或化学药剂不育等。

辐射不育，有放射性同位素辐射、激光辐射等，通过辐射适当的剂量，使害虫丧失生育能力，尽管仍能通过竞争与正常的异性交配，但产下的卵不能孵化。

化学药剂不育的最终目的，是使害虫的整个自然种群绝育，将其灭绝，但是这类毒剂对人类也同样有毒，目前还不能推广使用。

粉蚧在交配时，雌粉蚧会释放一种性信息素，以吸引雄粉蚧。以色列科学家提取了这种性信息素，当粉蚧还没有准备交配时，就把这种性信息素释放出去，以吸引雄粉蚧，雄粉蚧拼命寻找配偶，但寻找不到，几天后雄粉蚧便“累死”了。

六、以菌治病

某些益菌微生物，在生长过程中，能分泌一些抗菌物质，以抑制其他有害微生物的生长，这种益菌微生物就称为颉颃微生物，它所起的作用就是颉颃作用。利用具有颉颃作用的微生物防治一些植物病害，已经初步获得成功，如利用哈氏木霉菌防治茉莉花的白绢病。现在，以菌治病多用于土壤传播的病害。

据研究，颉颃作用的机制包括：竞争作用、寄生作用、抗生作用和交互保护作用。

竞争作用，在养分与空间的竞争上，益菌优于病原菌，因而病原菌得不到足够的空间和营养，从而抑制病害的发生，如野杆菌、放射菌株 84 等。

寄生作用，利用益菌寄生于病原物上，从而抑制病害的发生，如鲁保二号等。

抗生作用，利用益菌分泌的抗生素抑制或杀死病原菌，从而抑制病害的发生，如内疗素、春雷霉素等。

交互保护作用，即寄主植物被病毒的弱毒株系感染后，可增强寄主植物对强毒株系的抗性。

第七节 化学防治

一、化学防治的概念与作用

（一）化学防治的概念与特点

1. 化学防治的概念

化学防治是使用有毒的化学物质干扰危害园林植物害虫生理的过程，从而将这类危害园林植物的害虫杀死。用于杀死这类园林植物害虫的化学物质就是化学药剂。**但是，使用剧毒农药易造成环境污染，也关系到人身安全，所以必须禁用。**

2. 化学防治的特点

化学防治，具有杀虫范围广、快速高效、使用方便、不受地域限制、适于大规模机械化操作等优点（图 7-49、图 7-50、**彩图 44、彩图 45**）。从 20 世纪 40 年代有机化学农药开始大量生产以来，广泛运用至今，长盛不衰，已成为防治病虫害的一种常规重要手段。但是化学防治也存在明显的缺点：污染环境、毒性大、易杀伤天敌，长期使用不仅易产生药害和抗药性，还能引起次要害虫再度猖獗并且直接影响人类的健康。**据 2006 年研究表明，常接触杀虫药剂的人，不仅易中毒，且患帕金森病的可能性大增。**另外研究表明，超过八成的蟑螂对商用化学杀虫剂具有强大的抵抗能力，要考虑其他方式灭蟑螂。如采用蟑螂信息素与病毒杀灭蟑螂，就不会产生抗药性，且对环境无污染。但当病虫害大面积发生时，化学防治是最有效的方法。因此，我们在用化学物质防治病虫害时要尽量趋利避害，慎重用之。

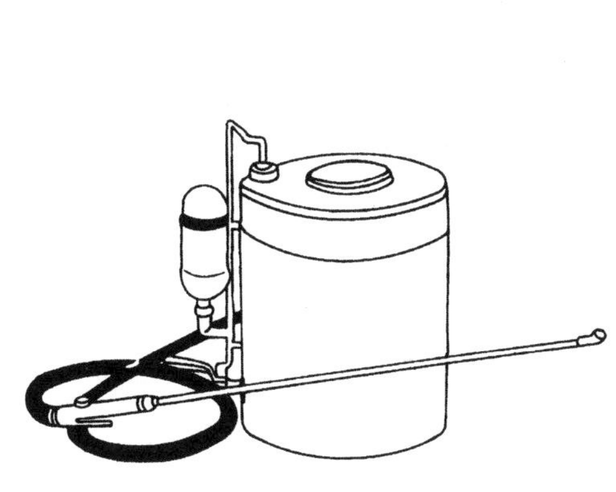

图 7-49 背负式喷雾器

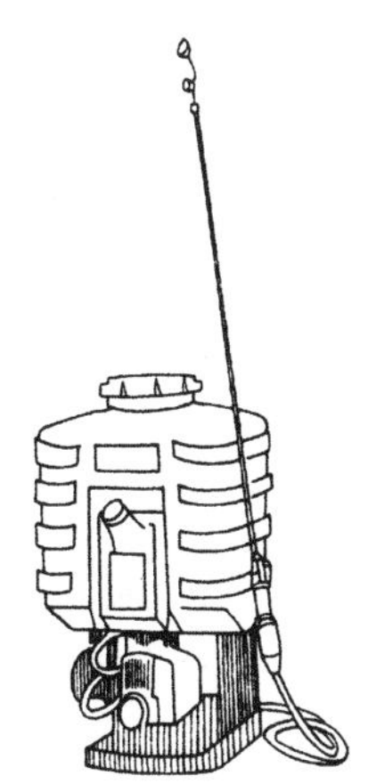

图 7-50 机动喷雾器

（二）化学农药的杀虫作用

1. 胃毒作用

害虫吃了喷施过药剂的植物或混有药剂的毒饵后，药剂随食物一同进入害虫的消化系统，因而引起中毒死亡，这类药剂称为胃毒剂，其杀虫作用称为胃毒作用，如有机磷杀虫剂等，可杀灭咀嚼式口器害虫。

2. 内吸作用

具有内吸性的化学药剂喷施到植物上或施于深层土壤里，可以被植物的枝叶或根系吸收，从而药剂被传导至植物体内的各个部分，主要是刺吸式口器的害虫吸取植物体中有毒的汁液后，引起中毒死亡，这类药剂称为内吸剂，其杀虫作用称为内吸作用，如乐果、乙酰甲胺磷等。

3. 触杀作用

药剂与虫体直接或间接接触后，透过虫体的体壁进入体内或封闭昆虫的气门，使昆虫中毒死亡，这类药剂称为触杀剂，其杀虫作用称为触杀作用，如有机磷杀虫剂敌敌畏、拟除虫菊酯等。大多数具有胃毒作用的胃毒剂也同时具有触杀作用。触杀剂也可以杀死初孵介虫若虫。

4. 熏蒸作用

药剂以气体状态通过害虫的呼吸系统进入虫体内，使害虫中毒死亡，这类药剂称为熏蒸剂，其杀虫作用称为熏蒸作用，如磷化铝、氯化苦、速灭威等。

5. 拒食作用和忌避作用

（1）拒食作用。当药剂被害虫取食后，其正常的生理机能遭到破坏，引起食欲减退、停止进食而致死，这类药剂称为拒食药剂，其杀虫作用称为拒食作用，如杀虫脒对于多数鳞翅目幼虫除了具有熏蒸、触杀作用外，还具有拒食作用。

（2）忌避作用。药剂喷洒在植物体上，害虫嗅到药剂的气味立即避开，这类药剂称为忌避剂，其杀虫作用称为忌避作用，如柑橘吸果夜蛾闻到香茅油就避开。

6. 不育作用

化学药剂作用于昆虫的生殖系统，使昆虫雄性不育或雌性不育或雌雄两性都不育，这类药剂称为化学不育剂，其杀虫作用称为不育作用，如雌性螨虫取食三氯杀螨砜药剂后，所产的卵不能孵化。

(三) 化学农药的杀菌作用

1. 保护作用

在植物病原侵入树木、花草之前，就在树木、花草上喷施药剂，可保护树木、花草不受病原的侵染，这类药剂称为保护剂，其作用称为保护作用。保护剂的特点是，对已经侵入植物体内的病原无效，因此使用保护剂，必须在病原侵染以前预先使用，在植物体表形成一层保护膜，保护剂中的铜离子、汞离子破坏病菌细胞中的原生质，使蛋白质凝固变质，从而杀死病菌，使植物免受病原的侵染而得到保护，如波尔多液、代森锌等。杀菌剂多数是保护剂。

2. 治疗作用

当病原物已经侵入植物或在植物体内发病后，使用化学农药消灭病原物，使之治愈，植物重新恢复生机，这类药剂称为治疗剂，其作用称为治疗作用。治疗剂一般都具有内吸性能，故又称为内吸治疗剂。它能够进入植物体内、甚至可以在植物体内传导，从而抑制病菌的生长或杀死病菌，使植物一定程度上得到治疗，如托布津、多菌灵等。杀菌剂少数有治疗作用。

3. 钝化作用

有些维生素、植物生长素、氨基酸等，进入植物体后，可影响植物病毒的生物活性，使病毒的活性钝化，病毒被钝化后，其侵染能力、繁殖能力都大大降低，危害也必然减轻，这种作用称为钝化作用。

4. 免疫作用

将某些化学物质引入植物体内能够增强植物对病原的抵抗能力，从而限制病菌的作用，减少病害，这种作用称为免疫作用，如硫氰制剂能够提高植物的抗病性等。

二、化学农药的剂型

工业生产的农药，在未加工之前称为原药，呈固体状态的叫原粉，呈液体状态的叫原油。原药大多不能直接使用，需进一步加工后，制成一定的药剂形态，称为剂型。常用的农药剂型有：

(一) 粉剂

在原药中加入一定量的填充物，如滑石粉、高岭土、黏土等，经机械磨碎成为粉状混合物，即为粉剂农药。粉剂主要用于喷粉、拌种、毒饵和土壤处理等方面。使用化学农药粉剂喷粉法杀伤植物病虫害，方法简便、工效较高，因为使用时不需要水，适合于干旱地区和缺乏水源的山区使用。但是，粉剂附着力低，喷到植物体上容易掉落，残效期较短，使用时易造成粉尘飞扬而污染环境，如70%五氯硝基苯粉剂等。

(二) 可溶性粉剂

这是可以在水中溶解的粉剂，称为可溶性粉剂，又称为水溶剂，使用时兑水溶解后进行喷雾，如敌百虫等。

(三) 可湿性粉剂

由原药、填充剂和湿润剂（皂荚、拉开粉），经机械粉碎混合制成的粉状制剂，其直径一般在5μm以下。这种可湿性粉剂不溶于水，但是可以在水中以悬浮的方式进一步稀释。可湿性粉剂残效期较一般粉剂持久，附着力也较强，但是容易发生沉淀。因此使用时，必须不断地搅拌以避免产生沉淀，使药液的浓度一致，这样既保证效果又避免对植物造成药害，如50%百菌清可湿性粉剂。

（四）乳油

原粉或原油加入一定量的溶剂或乳化剂，混合制成的透明油状液体制剂，称为乳油或乳剂。这些乳油制剂加水稀释后，就可用来喷雾，被分散成许多微小的油珠，喷洒在植物体上，水分蒸发后，油珠扩展而覆盖在植物或虫体的表面上。乳油制剂杀虫效果强，残效期长，耐雨水冲刷，易于渗透，如80%敌敌畏乳油。如果乳油出现分层、沉淀、浑浊等现象，则已变质，不可再使用。

（五）颗粒剂

用原药加入载体如煤渣、黏土、玉米芯等，制成颗粒状物，可以撒施在植物体上，这样的药剂残效期长，漂流移动性小，对环境的污染小，对人畜植物安全，如呋喃丹颗粒剂。

（六）片剂

将水溶性原粉加入填料制成片状物即为片剂，如磷化铝片剂。这类片剂需要密封干燥保存，使用时置于室内，药片受潮而释放出原药的气体，起到熏蒸作用。

（七）烟雾剂

由原药加入燃料（锯末、木炭粉、淀粉等）、氧化剂（硝酸铵等）、消燃剂（滑石粉、氯化铵等）和引芯制成。点燃后原药受热气化，遇冷凝结成漂浮的微粒散失于空中，形成烟雾，而起到熏蒸作用，如五氯酚钠烟剂。

（八）其他剂型

缓释剂、胶悬剂、毒签、毒绳、毒笔、毒纸杯、胶囊剂等。

三、化学农药的分类

（一）杀虫剂与杀螨剂

害虫和害螨对植物造成的危害相似，或直接危害或作为植物病毒病害的传播者，因此通常把杀虫剂和杀螨剂合并在一起。

1. 无机杀虫剂

无机杀虫剂，这一类农药是20世纪40年代开始广泛应用的一类农药，主要有硫黄、砷酸铅、砷酸钙、石硫合剂等，其中大多数使昆虫吞食后中毒死亡。这类药剂因有不少缺陷，现在大都不再使用。而石硫合剂是杀菌、杀螨和杀蚧壳虫优良的无机农药，至今仍广泛应用。

2. 植物杀虫剂

植物杀虫剂，是从植物中提炼得到的杀虫剂和杀螨剂，这样的植物主要有除虫菊、烟碱、苦楝、苦参等。

除虫菊，有天然植物除虫菊和人工合成的除虫菊酯，是很有效的神经毒剂，能迅速击倒昆虫，且对哺乳动物毒性很低。烟碱，主要用作熏蒸剂，它对植物的毒性低，防治蛾、蝶类幼虫有效。

3. 有机杀虫剂

（1）有机氯类。有机氯杀虫剂在20世纪80年代前，曾为我国农药的主要种类，在植物保护工作中发挥过巨大的作用。但是，由于以六六六、滴滴涕为代表的有机氯杀虫剂化学性质稳定，不易分解，残留期长，造成严重的环境污染，并威胁着人类的健康，我国从1983年起全面禁止生产和使用六六六和滴滴涕，现在仅允许生产和使用个别的有机氯农药，如硫丹等。

（2）有机磷类。有机磷杀虫剂是所有杀虫剂、杀螨剂中用量最大的和用途最广的一类。它们具有胃毒作用、触杀作用和熏蒸作用，可防治多种害虫，也有的具有植物内吸作用，可防治蚜虫、叶螨和其他刺吸式口器的害虫。但是，有机磷类农药对哺乳动物的毒性差别很大，如对硫磷毒性极强，而马拉硫磷毒性低、较安全。

（3）拟除虫菊酯类。拟除虫菊酯类杀虫剂，是模拟除虫菊植物杀虫剂的有效成分进行人工合成的，是从20世纪70年代起发展的一类杀虫剂。这种人工合成制品，克服了天然除虫菊的不少缺陷，除了具有胃毒、触杀作用外，还有杀卵和拒食作用，但无内吸作用，如二氯苯醚菊酯等。

（4）杀螨剂类。杀螨剂是只能杀灭螨类而不能杀灭昆虫的农药。这类杀螨药剂，对于不同的螨和螨的不同发育虫态，具有一定的选择性。如三氯杀螨砜对害螨的卵、幼螨的触杀作用很强，但对益螨无毒害作用；再如三氯杀螨醇对成螨、若螨、螨卵均有很强的胃毒和触杀作用，防治效果良好，但无内吸作用。三氯杀螨醇防治成螨、若螨的效果优于三氯杀螨砜。

4. 微生物杀虫剂

微生物杀虫剂，主要利用昆虫致病微生物，连同它们的代谢产物来防治害虫。昆虫致病微生物类别很多，主要有细菌、真菌、病毒、线虫和原生动物等，它们在自然界中都是影响昆虫种群的主要因素，如苏云金杆菌（BT乳剂）等。

5. 油乳杀虫剂

油乳杀虫剂，防治害螨类和蚧壳虫类的卵期与休眠期虫态特别有效，该类杀虫剂可在害虫的体表覆盖一层油脂，影响其气体交换和呼吸作用，致其死亡。

（二）除草剂

除草剂，是专门杀灭杂草的一类药剂，是用化学药剂代替人工除草或机械除草的一项新技术。它的优点是，除杂草彻底，高效；使用方便，成本低；不破坏土壤结构，有利于水土保持。缺点是对环境有一定的污染，使用不当会伤害苗木。

除草剂有选择性除草剂和灭生性除草剂。选择性除草剂可有选择地杀死某些杂草，而对另一些植物则不会造成伤害，如2·4-D，只杀阔叶杂草；而西玛津、阿特拉津只杀一年生杂草；而灭生性除草剂则对于一切植物都有杀灭的作用，如草甘膦、除草醚等。

除草剂灭杀杂草一般具有触杀作用和内吸作用。使用除草剂应因植物、时间、地域、环境等不同，而采取不同的除草剂和不同的使用方式和方法。其中非生物原因形成的选择性，可采用“时间差”“位置差”“数量差”等进行。具体使用方法是，使用除草剂对植物的叶片或土壤进行处理，有的除草剂可通过与杂草的叶片或根系接触后被杀死，有的则是被杂草的叶或根吸收后而被杀死。环境如温度、光照、天气、土壤的干湿和施药技术等都能影响除草剂的药效，因此，在使用除草剂之前，应充分了解除草剂的性质和性能，弄清环境状况，采取合理的浓度、先小面积试验，而后大面积推广使用。

四、化学农药的使用方法

使用化学药剂应按照《中华人民共和国野生植物保护条例》《农药贮运、销售和使用的防毒规程》《农药安全使用规定》的有关规定执行。在化学防治害虫中，最常使用的方法是喷雾法，其次是喷粉法以及种苗处理、土壤处理等。

（一）药液的配制

1. 药剂浓度表示法

常用的农药药液浓度的表示有倍数浓度、百分比浓度。

（1）倍数浓度。是指药液、药粉中稀释剂（水或填料）的用量为原药剂用量的多少倍，或者是药剂稀释多少倍的表示法。

（2）百分比浓度。是指 100 份药剂中含有农药有效成分的份数。固体与固体之间或固体与液体之间，常常用质量百分比浓度；液体与液体之间常常用体积百分比浓度。

2. 农药配制实例

〔例 1〕2t 的打药车，使用 500 倍的生物农药 Bt 乳剂防治国槐尺蠖，需用多少公斤 Bt 乳剂？

〔解〕1∶500 ＝ X∶2000　农药用量 X＝2000/500＝4（kg）　　答：需要 Bt 乳剂 4kg。

〔例 2〕某路有 3000 株国槐，每株需喷药 2000 倍液的 20％菊杀乳油 20kg，问防治国槐小卷蛾 2 次，需用多少公斤的农药？

〔解〕农药用量＝2/2000×20×3000＝60（kg）　　答：需要 20％菊杀乳油 60kg。

〔例 3〕50％施保功可湿性粉剂 0.1kg，用 500mg/L 浓度防治花卉炭疽病，问需加多少公斤水？所配制的药液为多少倍稀释液？

〔解〕稀释液重量＝50％×0.1×10^6/500＝100（kg）　　答：需加水 100kg

稀释倍数＝100/0.1＝1000　　答：稀释液为 1000 倍。

（二）对症下药

农药的种类很多，各种农药都有其特殊的性能和特定的防治对象，即使是广谱性农药，也不可能对所有的虫害和病害都有疗效。因此，在施药前，首先要弄清楚防治的对象是什么，属于什么类型的害虫或病害，弄清楚用什么样的农药效果最好，用这种农药时有什么要注意的地方等。根据实际情况，确定最为有效的农药种类、适宜的剂型、合适的用药量和浓度。**要避免盲目用药，切实做到对症下药，**这样才能收到良好的防治效果。

（三）适时喷药

在充分调查研究和预测预报的基础上，根据病、虫发生的动态和气候条件等特点，抓住薄弱环节，做到治早、治小，以确定病虫害防治的最佳时机。这样既可节约用药，又能提高防治效果，而且安全，不会造成药害。**准确掌握喷药时机是防治成功与否的一个主要关键。对害虫来说，一般初龄幼虫抗药性差，往往又有群居性，便于防治，是防治的最佳时期。**化学防治蚧壳虫，必须做到在蚧壳虫的若虫孵化期，此时蚧壳虫的虫体上的胶、蜡、粉等保护物较少，且活动性大，最易着药；再就是在蚧壳虫二龄以后，此时虫体常常覆盖蜡质，防治时需要采用溶蜡性强的或内吸性能强的药剂，做到这些既省工省药又有明显的效果。

（四）喷药剂量

使用药量不足则达不到防治的效果，而使用过多不仅会对植物造成危害、污染环境、杀伤天敌，还增加成本、引起人畜中毒，因此**准确掌握施药的剂量是防治成功与否的重要环节。**一般来说，低龄幼虫抗药性差，易于被低剂量的农药杀死，因此必须抓住大好时机，于害虫低龄时期防治。另外，防治喷药时，要均匀、周到，通常以叶片正反两面均附有均匀的雾点，但又不至于形成水滴流下为宜。

（五）安全用药

安全用药，包括防止人畜中毒、污染环境及产生植物药害。防治时，除了要准确掌握用药量、讲究施药方法外，还要注意天气的变化。施药过程中，操作人员必须要遵守操作规范，按规定配备好必要的劳保用品，如口罩、胶皮手套、风镜、穿长的衣裤等，工作时不准吸烟、吃东西。喷药结束后要立即更衣并用肥皂洗脸、洗手和漱口等，及时清洗喷药器械，器械与剩余药物要及时入库，专人保管，严格登记手续。**城市公园、居住区绿地以及行道树等要严禁使用剧毒农药等。**

（六）轮换或交互用药

长期使用一种农药防治一种害虫或病菌，容易使害虫或病菌产生抗药性，不仅增加防治病虫害的难度，还降低防治效果。因此**经常轮换或交互使用几种不同类型的农药，可以避免害虫或病菌产生抗药性，从而可以大大提高防治效果。**

（七）混合用药

将两种或两种以上的农药混合使用，同时兼治几种病虫害，提高防治效率，这就是混合用药。通过农药混用后，能够达到以上农药混用的目的而无反作用的皆可混用，但是值得注意的是，并不是所有的农药都可以混合使用。

农药混合使用应掌握下列原则：

（1）农药混合后，产生不良的化学反应，使农药失效，甚至会引起植物药害的，不能混用。

（2）遇到碱性物质就会分解失效的农药，不能与碱性物质混用。

（3）有些农药混合后，对人畜的毒性进一步加大的，不能混用。

（八）协调用药

要充分理解"以防为主，综合防治"的含义，要搞好化学防治与生物防治之间的协调关系。首先要明确的是，要尽可能地减少打药的次数和尽可能地缩小打药的范围。凡是能够采用园林栽培技术、生物和其他防治方法解决问题的就不要进行化学防治。必须要采用化学防治的，要建立预测预报组织，以掌握各种病虫害的发生发展规律，抓住病虫害的薄弱环节进行防治。打药时还要从生态学的观点出发，注意力求农药对病虫害的直接杀伤，尽量避免对天敌的伤害，以取得最大的防治效果。合理选择药剂的种类和最低的有效浓度，尽量少用广谱性农药，以缓解化学防治与生物防治的矛盾。

（九）化学防治指标

化学防治指标，是对病虫害的一个数量指标，是指低于**观赏损害允许水平**的虫口密度或植物损害率，当虫口密度或植物损害率高于表 7-2 中的指标才应进行化学防治，并非一出现病虫害就立即打药。

园林植物病虫害化学防治指标 **表 7-2**

类别		指标依据	化学防治指标	
			重点地区	一般地区
虫害	食叶害虫	平均被害叶片率（%）	≥10	≥15
	蛀干、枝、梢害虫	平均被害株、梢率（%）	≥20	≥30
	地下害虫	平均被害伤苗率（%）	≥5	≥10
	蚜、螨、虱	平均百叶有虫数（头）	≥100	≥150
	蚧壳虫	平均被害株率（%）	≥20	≥30
病害	叶部病害	平均病叶率（%）	≥10	≥20
	茎干、地下病害	平均病株率（%）	≥5	≥10

五、园林常用农药简介

(一) 杀虫剂

1. 有机氯杀虫剂

硫丹。该药剂具有触杀和胃毒作用，残效期长，对作物不易产生药害。适用于多种咀嚼式和刺吸式口器的害虫。属广谱性高毒杀虫剂。

2. 有机磷杀虫、杀螨剂

大部分有机氯杀虫剂停产后，有机磷杀虫杀螨剂很快占据了主导地位。其杀虫机理主要是，抑制某些酶的活性，破坏神经传导，引起一系列的神经中毒症状，直至死亡。

有机磷杀虫杀螨剂有以下特点：品种多，药效较高，杀虫谱广；化学性质不稳定易于分解，一般不会对环境造成污染；个别毒性高不慎造成中毒的，可用阿托品等及时治疗；大多数有机磷农药在碱性条件下易分解，因而不能与碱性物质混用。

(1) 敌敌畏。具有熏蒸作用，并有较高的触杀和胃毒作用。当气温高时，杀虫效果更好。杀虫谱广，可防治多种鳞翅目和同翅目幼虫，残效期短，但对梅花、樱花、榆叶梅等易发生药害。

(2) 敌百虫。具有触杀和胃毒作用。对双翅目昆虫触杀作用大，对半翅目的蝽象类和鳞翅目的幼虫有特效。残效期短，对人畜毒性低。

(3) 杀螟硫磷。具有触杀、胃毒作用兼有杀卵作用。杀虫谱广，可有效防治蚜虫、蚧壳虫、叶蝉、盲蝽、卷叶蛾、潜叶蛾、刺蛾、蓑蛾、梨网蝽，并可兼治梨网蝽的卵。但是对十字花科植物和高粱易发生药害。

(4) 辛硫磷。具有触杀和胃毒作用。对鳞翅目和鞘翅目幼虫，以及同翅目若虫和白蚁、地下害虫均有良好的防治效果。残效期短仅 3 天，施于土中可达 15 天以上，可有效地防治地下害虫。

(5) 乐果。具有触杀、胃毒和内吸作用。可有效防治同翅目若虫和鳞翅目部分幼虫以及螨虫。残效期 7～14 天。对梅花、樱花、榆叶梅、桃树等易发生药害。

(6) 氧化乐果。是一种内吸杀虫、杀螨药剂。防治同翅目若虫和鳞翅目幼虫效果良好。残效期 10～15 天，对梅花、杏树、李子易发生药害。

(7) 马拉硫磷。具有触杀、胃毒和微弱的熏蒸作用。对同翅目若虫防治效果良好。残效期短。

(8) 乐斯本 (毒死蜱)。具有触杀、胃毒和熏蒸作用。在叶片上的残留期较短，在土壤中的残留期较长。对地下害虫的防治效果较好。适用多种咀嚼式和刺吸式口器的害虫以及卫生害虫的防治。属于中等毒性农药，对鱼类和水生动物毒性高，对蜜蜂有毒；对眼睛、皮肤有刺激性。

(9) 灭蚜松。为内吸性杀蚜虫药剂，兼有触杀作用。适合于土壤或种子处理，保护作物幼苗。属于低毒农药，对蜜蜂有毒。

(10) 速扑杀 (杀扑磷)。是一种广谱性的杀虫剂，具有触杀、胃毒和渗透作用，易渗透植物组织内，对咀嚼式和刺吸式口器的害虫均有杀灭效力。尤其是对蚧壳虫有特效，对螨虫也有一定的控制作用。属于高毒农药，对皮肤有轻度刺激作用。

(11) 乙酰甲胺磷。是一种高效、低毒、低残留、广谱性有机磷杀虫剂，具有内吸、胃毒和触杀作用。

3. 植物性杀虫剂

(1) 烟参碱乳油。又名百虫杀，是一种以中草药为主要原料的植物性杀虫剂，低毒、低残留的高效农药。该药剂对害虫具有强烈的触杀、胃毒和一定的熏蒸作用，是无公害、无污染较理想的药剂之一，但无内吸作用。

(2) 苦参碱乳剂。是由中草药苦参为主要原料制成的植物性杀虫剂，具有高效、广谱、低毒、无污染特点，是纯天然有机杀虫剂。对害虫具有触杀、胃毒作用，但无内吸作用。

(3) 树虫一次净。生物制剂，害虫无抗性，兼有内吸、触杀、熏蒸等多重功效，且能穿透大龄虫体蜡质层，杀虫效果显著。杀虫谱广，一次使用可杀死大多数发生在园林植物上的有害虫类。安全、低毒，不添加有机磷成分，对园林植物安全不烧叶，对人畜及天敌安全。

(4) 花保乳剂。是由植物的代谢产物中的有效杀虫成分制成的。该药剂气味芳香，具有不污染环境、不杀天敌和对人无害等特点，对多种园林常见的蚧壳虫有较强的触杀和渗透作用，同时兼治煤污病。

(5) 皂苷素。皂苷素是一种生物有机物，其制剂为植物源制剂，对水质、土壤、空气及食用植物等周围环境均无不良影响，是一种理想的生态制剂。皂苷素具有触杀、胃毒、驱逐以及封闭气孔、固定活动或微动的作用，可有效治理蚜虫、蚧虫、粉虱、叶螨等刺吸性害虫，对蝼蛄、金针虫、蛴螬、切根夜蛾幼虫等地下害虫的防治，驱逐蚯蚓等都有良好的效果。因皂苷素制剂无内吸作用，在使用时应隔 5～7 天重复一次至多次，效果更佳。

4. 拟除虫菊酯类

该类药剂具有高效、广谱、低毒、低残留等优点，对咀嚼式和刺吸式口器的害虫均有良好的防治效果，但多数对螨虫类毒力较差。多数种类没有内吸和熏蒸作用，因此要求喷药要周到仔细。该药剂是一种比较容易产生抗药性的杀虫剂，因此，在使用时应与其他类型的杀虫剂交替轮换使用。

(1) 二氯苯醚菊酯（除虫精）。具有强烈的触杀作用，击倒快，杀虫谱广，高效、低毒，残效期 4～7 天。可有效防治多种鳞翅目幼虫和部分同翅目若虫。

(2) 溴氰菊酯（敌杀死）。具有极强的触杀和胃毒作用，杀虫作用迅速，击倒力强，残效期较长。可有效防治蚜虫、刺蛾、蓑蛾、小地老虎、斜纹夜蛾、粉虱等害虫，但对鱼、蜜蜂、桑蚕有毒。

(3) 醚菊酯。又名多来宝，具有触杀和胃毒作用，杀虫迅速，残效期较长，对作物安全。属于低毒、高效、广谱杀虫剂，适合杀灭多种咀嚼式口器的害虫。

5. 氨基甲酸酯类

该类药剂是在研究毒扁豆碱生物活性的基础上发展起来的，因此来源上划分应属于植物源杀虫剂，现已成为有机磷杀虫剂之后重要的杀虫剂类型。大体具有以下特性：不同类型的品种其毒力和防治对象有很大差别，此类药剂的杀虫机理与有机磷杀虫剂类似，不同类型的氨基甲酸酯类品种间混用以及与某些有机磷杀虫剂混用有增效的作用。

(1) 抗蚜威（辟蚜雾）。具有触杀、熏蒸和渗透叶面作用的杀蚜虫药剂，对有机磷杀虫剂产生抗性的所有蚜虫有杀灭作用，但棉蚜除外。该药杀虫迅速，施药后数分钟即可杀死蚜虫，因而对预防蚜虫传播的病毒病有较好的作用。属于中等毒性农药，残效期短。对作物安全，不伤害天敌，是害虫综合防治的理想药剂。

(2) 涕灭威（铁灭克）。具有触杀、胃毒、内吸作用，能被植物的根系吸收，传导到植物地上部分各组织器官，速效性好，一般施药后，数小时就能发挥作用，属高毒杀虫、杀螨、杀线虫剂，主要防治蚜虫、盲蝽、红蜘蛛、蓟马、线虫等。

6. 其他类杀虫杀螨剂

(1) 苏云金杆菌。为细菌性杀虫剂，主要是胃毒作用。对刺蛾、舞毒蛾、金毛虫等幼虫有效。当害虫食用后，破坏虫体的肠道，使害虫死亡。其毒性与气温有关，20℃以上效果好，晴天比阴天好，对老熟幼虫比低龄幼虫效果好。混入低浓度的敌敌畏、敌百虫或马拉硫磷等农药3000～4000倍液，有增效作用。

(2) 白僵菌制剂。是一种真菌性微生物药剂，对200多种害虫有寄生性。当白僵菌寄生到虫体后继续繁殖且分泌大量毒素，致使害虫死亡僵硬。该药剂对人畜无毒，但应严禁与杀真菌的药剂混用，本品对家蚕、柞蚕高毒，应注意。

(3) 核多角体病毒。该病毒为杆状病毒，害虫通过取食感染病毒后在体内释放出有感染能力的病毒粒子，并在体内繁殖，侵染虫体全身，引起害虫死亡；病虫的粪便和死虫再传染给其他昆虫，使病毒在害虫种群中流行，从而控制害虫的危害。属低毒农药。

(4) 吡虫啉。该药剂为高效、内吸性杀虫剂，杀虫谱广。叶面喷雾、土壤处理、种子处理均可，对作物安全，持效期长。属低毒含氮类杀虫剂。主要防治刺吸式口器的害虫，如蚜虫、叶蝉、飞虱、蓟马、粉虱等，但是对线虫、红蜘蛛和咀嚼式口器的害虫无效。

(5) 灭幼脲。该药剂主要表现为胃毒作用，对鳞翅目幼虫如松毛虫、舞毒蛾、天幕毛虫、粘虫、美国毒蛾等，具有极好的杀虫活性，对益虫或蜜蜂等膜翅目昆虫以及森林鸟类几乎无害。本药剂属迟效性农药，施药3～4天后药效才明显。

(6) 噻嗪酮。该药剂是一种抑制昆虫生长发育的新型高选择性杀虫剂，可抑制昆虫体内某些物质的合成，使接触药剂的若虫脱皮畸形或使翅畸形而死亡，但不能直接杀死成虫，可减少成虫产卵，并阻碍卵的孵化，使子代数量大大减少。对粉虱、蚧壳虫类、飞虱、叶蝉等害虫有良好的防治效果。属低毒杀虫剂，残效期长达35～40天。对天敌及有益昆虫安全。与其他类杀虫剂无交互抗性问题。该药剂作用缓慢。一般施药后3～7天才能控制害虫危害，害虫虫口密度高时应与速效药剂混用。

(7) 护树宝注干剂。又名树大夫、树虫一针净。具有高效、廉价、使用方便、不污染环境和不受天气影响等特点，毒性属中等。本品对刺吸性害虫和食叶性害虫都有较好的防治效果。本品使用方法类似人打点滴，使用专用工具将原液注入树干中，通过树液的输导，使药液到达树体的各部位，从而达到杀虫的作用。

(二) 杀螨剂

1. 阿维菌素

又名齐螨素，该药剂对螨虫类和昆虫具有胃毒和触杀作用，但不能杀卵。作用缓慢，对作物安全。药剂喷洒叶表面后可迅速渗入植物组织内，并有传导作用，具有长残效性的特征。属高毒农药，即使对有机磷、合成除虫菊酯、氨基甲酸酯和其他杀虫剂已产生抗性的螨虫类和昆虫，仍具有杀灭的特效。与其他农药无交互抗性，对皮肤无刺激作用，对眼睛有轻微刺激，对蜜蜂、鸟类低毒。

2. 三氯杀螨砜

又名涕滴恩，是一种对植物安全，对天敌无害的安全农药，是防治害螨的良好药剂，对螨卵有触杀作用，也能杀死初孵幼螨，对雌性成螨能引起绝育，但无直接杀灭作用；若与有机磷农药混用可防止螨虫产生抗药性。该药剂药效长达30～50天，一般使用浓度为20%可湿性粉剂800～1000倍液，但要注意气温低时，易发生药害。

3. 三氯杀螨醇

又名开乐散，是一种高效、低毒的杀螨剂，对成螨、若螨和卵均有很强的胃毒和触杀作用，但无内吸作用。防治成螨、若螨的效果优于乐果、三氯杀螨砜和敌敌畏等常用农药，对卵的杀伤力优于或相当于三氯杀螨砜，用药10天，约90%以上的螨卵就可干缩而死。该药剂药效达10～20天，一般使用浓度为20%乳油800～1000倍液。

4. 哒螨灵

又名灭螨灵、扫螨净，是一种低毒、广谱性杀螨、杀虫剂，对天敌较安全，对人畜毒性中等，对鱼、蜂毒性较高。本品有较强的触杀作用，但无内吸作用，对螨类各生育期杀灭效果好，持效期长达40余天。不能与碱性物质混合使用。

（三）杀菌剂

1. 石硫合剂

石硫合剂是一种古老的无机农药，能灭菌、杀虫、杀螨，效果良好。石硫合剂是用石灰、硫黄和水（质量比为1∶2∶10）大火煮沸40～50min，熬制成的一种具有强烈臭鸡蛋味的褐色或琥珀色液体，呈碱性，溶于水，性质不稳定，遇酸易分解。具体熬制的方法是，先将生石灰在铁锅内加入少量的水以溶化成糊状，捞出石灰渣粒，按量加水煮沸再将溶成糊状的硫黄液倒入锅内不断搅拌、煮沸，随时添加热水以补充蒸发的水分，直至熬成琥珀色，然后冷却、过滤。石硫合剂的质量通常以波美比重度（°Be′）表示。石硫合剂一般熬制的原液为25～32°Be′，商品石硫合剂为32°Be′以上。石硫合剂应在低温、阴凉和密封条件下贮存，一旦开封应尽快用完，在高温和日光照射下易被氧化、分解，使用时，应稀释后喷洒到植物上，可杀菌、杀虫，还具有侵蚀害虫体表蜡质层的能力。

石硫合剂可防治多种植物病害，特别对锈病和白粉病效果更好，还可杀死蚧壳虫、螨虫、粉虱等刺吸式口器的害虫，并有杀卵作用。使用浓度应根据植物的类别、喷药时期以及当时的气温条件而定。在植物休眠期，可用3～5°Be′液喷洒，而在植物生长期，只能用0.3～0.5°Be′液喷洒，温度高时只能用0.3°Be′液，否则会对植物造成药害。

2. 波尔多液

波尔多液是一种以法国波尔多城市命名的古老而应用广泛的无机杀菌药剂。波尔多液是由硫酸铜、石灰和水按照一定的比例配制而成的天蓝色胶状液体，呈碱性，有良好的悬浮性和黏着性，但长久放置会变质沉淀。

配制波尔多液的硫酸铜、石灰和水的比例有多种，一般使用的有等量式（1∶1）、半量式（1∶0.5）和倍量式（1∶2）等类别。在自制波尔多液时，硫酸铜与石灰应分别预先用少量的水溶化，然后同时注入另一个容器中充分搅拌均匀，立即使用。盛装硫酸铜或波尔多液的容器，不应用铁制的，应为搪瓷、陶制或木制的，以防引起化学反应。波尔多液的倍数，表示硫酸铜与水的比例，如200倍液的波尔多液表示在200份水中有一份硫酸铜。

波尔多液主要在植物上起到保护作用，因此应在植物发病前使用，以阻止病菌的侵入，其保护期一般可达两周左右；波尔多液还以铜离子使病菌细胞壁的蛋白质凝固或透进菌体细胞而杀伤细菌，因此发病以后使用也有抑制细菌蔓延的作用。波尔多液主要防治多种叶部病害，如叶斑病、叶枯病、轮纹病等，对人畜毒性极低。注意，**石硫合剂与波尔多液不能混合使用，混合后易引起反应，造成植物伤害。**

3. 代森锌、代森锰锌

均是有机硫杀菌剂，具有广谱杀菌作用，是较好的保护性杀菌剂，兼有杀螨作用，特别是杀瘿螨效果好。对植物安全。

4. 退菌特

退菌特是具鱼腥气味的有机砷抑菌、杀菌剂，渗透作用强，对人畜和植物的毒性较低，但对皮肤有刺激性。

5. 萎锈灵

萎锈灵是一种具有选择性内吸性杀菌剂，对人畜、鱼类毒性低，对植物安全。主要防治由锈菌引起的如鸢尾锈病、石竹锈病、桧柏—梨锈病等。

6. 多菌灵

多菌灵是一种高效、低毒、广谱性内吸杀菌剂，具有保护、治疗作用。可防治杜鹃褐斑病、兰花炭疽病、芍药菌核病、唐菖蒲干腐病和菌核病等。残效期长。

7. 甲基托布津、托布津

甲基托布津、托布津均属高效、低毒、广谱性内吸杀菌剂具有病菌治疗作用。可防治白粉病、炭疽病、灰斑病、煤污病、白绢病、菌核病等。化学性质稳定，对人畜毒性低，对植物安全。

8. 五氯硝基苯

五氯硝基苯是一种残效期较长，有机氯土壤杀菌剂。对多种花木的苗期病害及土传病害如立枯病、猝倒病、炭疽病、菌核病、根肿病等都有特效。对人畜毒性低。

9. 百菌清

百菌清是一种具有保护、治疗作用的广谱性杀菌剂，药效稳定、残效期长。可防治多种病害，如玫瑰锈病、白粉病、月季黑斑病、冬珊瑚疫病、菊花炭疽病等。梅花、桃在使用浓度高时，易发生药害。对人畜毒性低。对皮肤有刺激性。

10. 硫酸亚铁（黑矾）

主要用于土壤处理和浸种杀菌，也可喷洒树干和涂刷病枝，易消灭树上越冬病菌。将硫酸亚铁施入土壤，呈酸性反应，因而可改良碱性土壤。

11. 农用链霉素、四环素

主要用于防治细菌性病害。常用的施药方法为喷雾法和注射法。对人畜毒性低。一般使用浓度为 100～1000mg/L。

12. 三唑酮

三唑酮又名粉绣宁，是一种低毒、高效、低残留、强内吸和广谱性杀菌剂，具有预防、铲除、治疗和熏蒸作用，不论叶面喷雾还是根部施药，药剂被植物各部位吸收后，都能在体内传导。

13. 白涂剂

白涂剂是一种植物保护剂，主要用于保护树干，防止冻害和日灼，兼有杀菌的作用。白涂剂使用的浓度以涂在树干上不往下流，能薄薄地涂上一层即可，尽量均匀一致。一年中可多次涂抹树干。最迟于 11 月份涂抹树干，涂抹时，先将粗树皮刮去，在主干 130cm 以下部位均匀涂刷一层即可。夏季涂刷可防止日灼。

白涂剂的配方各地略有不同。配方一：生石灰∶石硫合剂原液∶食盐∶动植物油∶水＝5∶0.5∶0.5∶1∶20。配制时，要先化开生石灰，倒入动植物油充分搅拌，再加水搅拌成石灰乳，最后放入石硫合剂和盐水，充分搅拌均匀即可。配方二：生石灰∶硫黄∶水∶食盐＝10∶1∶40∶1，配后另加融化的动植物油或骨胶液少许约为食盐用量的1/3～1/2，充分搅拌均匀，即可涂刷。

（四）杀线虫剂

1. 棉隆微粒剂

又名必速灭，是一种低毒、广谱的熏蒸性杀线虫、杀菌剂，易在土壤中扩散，能与肥料混用，不会在植物体内残留不但能全面持久地防治多种线虫病害，还能兼治土壤中的真菌以及地下害虫。

2. 龙克菌悬浮剂

是一种无公害新型内吸杀线虫、杀菌低毒药剂，有很好的保护预防和治疗作用，可防治多种细菌性病害和真菌性病害，且长时间使用本品不会产生抗药性。龙克菌悬浮剂既可叶面喷药、防治叶部病害，又可灌根防治根部病害。

3. 二溴氯丙烷

是一种土壤熏蒸和杀线虫药剂。在土壤中扩散率大而扩散较慢，具有迟效性，残效期长达两年以上。对防治多年生植物的根结线虫有良好的效果，对人畜毒性中等，但对皮肤有刺激作用，对植物较安全。应注意不能进行叶面喷洒，也不宜在含盐分较高的土壤中使用。

（五）除草剂

常用的除草剂除了过去常见的除草醚、2·4-D、西玛津、百草枯、阿里特津、敌草隆、草甘膦等外，还有五氯酚钠、2钾4氯钠盐、麦草畏、甲草胺、阔叶散、禾草敌、除草通等很多种类，效果都很好。

使用农药时，应正确应用药剂种类，应使用全国农技推广服务中心2002年7月1日提出的《无公害农产品生产推荐农药品种和植保机械名单》中的药剂种类，应首先选择生物制剂、天然物质、昆虫生长调节剂等生物农药，其次选择菊酯类、氨基甲酸酯类等其他化学药剂，另外，还要注意禁用国家公布的禁用农药。

第八节　物理、机械防治

利用一些物理因素如光、热、电、温度、湿度、辐射能等，或利用一些器械来防治害虫的方法，就是物理、机械防治法。

一、诱杀法

（一）灯光诱杀

许多害虫具有趋光性，我们可以采取人为设置灯光以诱杀害虫的方法，就是灯光诱杀法。我们利用黑光灯或高压电网灭虫灯诱杀有趋光性的害虫。黑光灯，又名黑光荧光灯，灯光天蓝色，还配以吸风装置和电网。当害虫被灯光诱入高压电网的有效范围内，被吸入而触及电网，瞬间被产生的高压电弧击毙，此装置诱虫效果十分显著，但要注意人畜的安全。每年的8～9月，在天气闷热的夜晚，用手电筒光源在枯树堆里，可捕捉诱杀到光肩星天牛、星天牛、薄翅锯天牛等成虫。

（二）趋向性诱杀

利于昆虫的趋向性以诱杀害虫的方法，就是趋向性诱杀法。如采用糖、醋或代用品配以杀虫剂制成的糖醋毒液，可诱杀地老虎、卷叶蛾等，这类害虫对糖醋液敏感，对此可起到诱杀的作用。采用谷物种子经炒后发出香味与杀虫剂混合，可制成毒饵，以诱杀蝼蛄、蟋蟀等地下害虫。有的害虫如蚜虫，对黄色敏感，有趋黄性，可悬挂涂有凡士林的黄色纸板、木板，将蚜虫等害虫诱杀。所有这些，都是利用害虫的趋向性来诱杀害虫的，效果良好。

（三）新技术——全自动高效物理灭蛾器

根据大多数害虫，尤其是蛾类害虫的趋光性生活习性，以黑光、白光高压汞灯的灯光、趋化剂引诱成虫和电网触杀的工作原理，辅以现代电子技术，制成的**全自动高效物理灭蛾器**，具有自动昼关夜开，定时除去网上虫尸等功能，不仅能防治农业、林业、园林、园艺、草坪等的蛾类害虫，还能有效地防治金龟子类、蝼蛄类害虫，效果非常明显。

二、捕杀法

利用人工或简单的器械，捕捉害虫或直接消灭害虫的方法就是捕杀法。有些害虫体形较大、行动迟缓、发现容易、易于捕捉，对此往往采取捕捉法消灭害虫。另外，具有群居性、假死性的害虫，也易用捕捉法消灭害虫，如多数金龟子、大蓑蛾、臭椿蚕蛾、绿尾大蚕蛾等。

人工捕捉，有的捕捉害虫的卵块，有的摘除虫茧，有的捕捉成虫，有的可捕捉群居的幼虫，有的还可利用害虫上树、下树的习性，在害虫上下树之前，在树干上捆上草把，使上下树的害虫只能钻在草把里，以集中消灭。对于蚜虫、蚧壳虫、粉虱等害虫，可采用湿抹布或软质毛刷刷抹清除幼树、花灌木、盆栽花卉等树干或叶片上虫体的办法消灭害虫。对于蛀干害虫，可用钢丝插入蛀孔予以钩杀。对于地下害虫，可结合翻耕土壤，捡出暴露出来的蝼蛄、金针虫、蛴螬等，以上这些都是行之有效的方法。对于许多病害也可以采取人工摘除病叶、剪除病枝或拔除病株烧毁等措施，如防治月季黑斑病，结合冬季修剪，将病枯枝、落叶，集中烧毁，仅此一项，也不费工，就可以大大降低来年的病菌的侵染。

这种捕杀法，优点是不污染环境，不伤害天敌，不增加成本，效果也不错，缺点是效率低下。

三、阻隔法

人为设置各种障碍，以切断病虫害的侵害途径，然后消灭病虫害，这种方法称为阻隔法。

设置障碍物，有的害虫幼虫有下树越冬的习性，对于这类害虫可在幼虫下树之前，在树干的基部设置障碍物，如塑料布、草把等，以阻止幼虫下树越冬。有的害虫雌成虫无翅不能飞，只能爬到树上产卵；对于这类害虫可在成虫上树之前，在树干的基部设置障碍物，如塑料布、草把等，阻止成虫上树产卵。对于有上下树习性的幼虫，如松毛虫、杨毒蛾等，还可在树干上涂毒胶环，以阻隔、毒杀害虫。这些方法，都可取得良好的效果。

四、改变温度、湿度

升高或降低温度、湿度，使之超出病虫适应的范围，也可起到消灭病虫害的作用。如在播种时，曝晒种子、温水浸种或温水浸鳞茎等都可起到杀死病虫害的效果。

在花木栽培中，土壤的处理往往利用高温杀死病菌，如对土壤进行干热消毒，将土壤置于烘箱内高温处理，将病菌杀死。

五、环境控制法

温室栽培或室内摆花，都应注意通风换气，否则由于高温、多湿，易于产生红蜘蛛、蚜虫、蚧壳虫等病虫害，因此要通过环境控制，以减少病虫害的发生。另外，土壤中氮肥过多，磷、钾肥不足，植株也容易发病。早春要烧毁修剪下来的所有感染或没有感染的枝条，以减少病菌侵染源，生长季节要及时烧毁病叶。所有这一切都是以环境控制，减少病虫害的发生。

六、运用综合技术进行遗传防治

在防治植物有害生物时，可利用昆虫的遗传变异和不遗传变异，采用多种多样的特异方法，如辐射源或化学不育剂处理等，破坏昆虫的生殖腺，杀伤其生殖细胞；或者利用遗传致死因子(有害染色体和染色体分离子等)，导致害虫遗传充分变异，将改变后不育的个体大量释放，与自然界种群中的同种昆虫交配后引起后代不育，这样可使害虫种群减少。现在在蛾类、蝇类等害虫的防治中取得了令人满意的效果。

第九节 综合防治及各类害虫的综合治理方法

一、综合防治

防治园林植物有害生物的方法多种多样，每种方法都有优点，但也存在不足，单独使用一种方法不能全面有效地解决植物病虫害问题。

综合防治是充分利用植物有害生物和生态环境的辩证关系，以预防为主，以营林措施为基础，发展园林植物群落中不利于病虫而有利于园林植物健康生长的因素，因地制宜地运用生物、物理、化学等相辅相成的系统措施，把病虫控制在不成灾害的水平，达到保护环境和园林植物速生丰产的目的。病虫综合防治具有以下特点：

(一) 预防为主是综合防治的指导思想

从全局和生态出发，强调充分利用自然界对植物病虫的控制因素，创造不利于病虫发生发展的条件，以达到控制病虫害发生的目的。如害虫与植物配置的关系——害虫有单食性害虫、寡食性害虫和杂食性害虫。单食性害虫只单食害一种植物，如楸螟只食害梓树；寡食性害虫却只食害近缘的一类植物，如松干蚧可食害油松、黑松、马尾松等；而杂食性害虫食害的植物种类很多、很广，如蓑蛾、刺蛾、美国白蛾等。对于单食性害虫和寡食性害虫，如果分散栽植这些植物充分运用园林植物配置的特性则可大大减少危害发生。多食性害虫也有主要和次要的喜食植物，如黄刺蛾最喜食枫杨，这几年各地栽植枫杨较少，黄刺蛾的发生也受到一定的抑制。

(二) 合理运用各种防治措施，使其相互协调，取长补短

综合防治不是许多防治措施的机械拼凑和结合，而是在综合考虑各种因素的基础上，确定最佳防治方案。**园林植物病虫害防治，应采用生物防治方法和生物农药及高效低毒农药，严禁使用剧毒农药。**综合防治并不排除化学防治，但应尽量避免杀伤天敌和造成环境污染。

保护和利用天敌的关系——保护天敌或释放天敌，害虫就受到抑制。如有的地方利用天敌红环瓢虫防治草履蚧取得可喜的效果，这些年不用农药，就可基本上做到抑制草履蚧的危害。在自然界，害虫的数量多了，天敌的食料就丰富，天敌数量也就增加了，害虫的数量也就减少了。

在树木的养护管理中，如对树木修剪不合理，则造成树冠通风透光不良，从而助长了一些害虫如蚜虫、蚧壳虫、叶螨的大发生。这就表现出害虫与园林养护管理的关系是相互依存的。因此，科学地、正确地进行园林养护管理，也可以抑制病虫害的发生。

化学防治常常会杀伤天敌，这就要求化学防治应与生物防治相结合，尽量减少二者之间的矛盾。在使用化学药剂时，要考虑到天敌的影响，选择对天敌无害或毒害较小的药剂，通过改变施药的时间和方法，使化学防治与生物防治有机地结合起来，达到既防治病虫又保护天敌的目的。

人工防治，一般认为这是落后的、原始的方法，然而在城市园林绿化中则可以大大发挥它的作用，取得良好的效果。

上海首提和推广生态养护，探索公园主要害虫无公害防治技术，以生物防治、物理防治和人工防治相结合，有的区域林带已实现连续多年实施“不打农药”措施，取得良好的效果。

各种防治措施各有长短，综合治理就是要使各种措施相互配合，取长补短，而不是简单的“大混合”。化学防治具有见效快、效果好、工效高的优点，但是药效往往仅限于一时，不能长期控制病虫，如使用不当，还容易使病菌及害虫产生抗性、杀伤天敌、污染环境。园林业防治虽有预防作用和长效性，不需要额外投资，但对已经发生的病虫害往往无能为力。生物防治虽有许多优点，但是当病虫害暴发成灾时，也未必能见效。因此，各种措施都不是万能的，必须有机地结合起来。

（三）综合防治的目的

综合防治，并非以完全“消灭”害虫为目的，而是将害虫数量控制在观赏允许的水平之下。城市园林植物保护工作主要是确保树木、花卉、草坪等园林植物的美观，从而可以在城市生态效益中发挥最大的社会效益。

（四）综合防治要求安全、有效、经济、简易

综合防治是要求将防治技术提高到以安全、有效、经济、简易的防治准则中。安全、有效、经济、简易，这是在确定综合治理方案时要首先考虑的问题，特别是安全问题，包括对植物、天敌、人畜等的安全，不要发生药害和中毒事故。不管采取什么措施，都要考虑既节约成本，又简便易行，并且要有良好的防治效果。

在自然情况下，各种病虫害往往混合发生，如果逐个防治，浪费人力工时，因此在化学防治时应全面考虑，适当进行药剂搭配，选择合适的时机，力求达到一次用药兼治几种病虫害的目的。

综合治理要从园林业的全局出发，要考虑生态环境，以预防为主，最终获得社会效益、经济效益和生态效益全面丰收。

（五）关于病害的综合治理

关于病害的综合治理，必须要做到以防为主，杜绝外来病原，这是非常重要的。要利用品种间的抗性差异，以抵抗病菌的危害，使之既无副作用又经济有效。要强调加强栽培养护管理措施，使树木、花草、地被、草坪等生长健壮，从而提高对病害的抗性。要加强药物保护，早春在各种花木发芽、生长旺盛之前，及早喷施保护性药剂，要以事前保护为主，如分别喷施 3～5°Be′或 0.3～0.5°Be′石硫合剂，以及 1%波尔多液 2～3 次，可防止多种真菌、细菌病害的发生。

植物病虫害的防治，必须要认真贯彻执行“预防为主，综合防治”的方针。所谓“预防为主”是指，首先应着手于“防”，即防患于未然。“综合防治”也不能仅仅理解为是防治的多样化，而主要应是贯彻预防为主的指导思想，明确体现生态学、环境保护学和社会经济学的观点，从有效、安全、经济的要求来衡量各类防治措施的作用。基于这种认识，在病害的防治上，既要考虑品种、栽培、农药、生防、检疫等各种措施的不同效果，又要考虑操作简便、经济实用才行。

二、各类害虫的综合治理方法

（一）食叶性害虫的防治

防治这类害虫应做好天敌杀虫和喷药杀虫。尤其是应以生物农药及仿生农药为主，辅以胃毒和触杀性化学农药为好。以下方法和药剂可供选用：

1. 天敌杀虫

常见的天敌昆虫，如蟑螂、姬蜂、茧蜂、寄生蝇等。

2. 利用趋向性杀虫

多数蛾类成虫期具趋光性，可用黑光灯或全自动高效物理灭蛾器诱杀成虫，有的害虫喜好糖醋液气味和味道，可以引诱杀之。

3. 喷洒生物农药

（1）100 亿～200 亿芽孢 Bt 乳剂，400～600 倍液。

（2）灭幼脲 3 号 1000～2500 倍液。

（3）20%除虫脲 5000～6000 倍液。

（4）1.2%烟参碱 800～1000 倍液。

4. 喷洒化学农药（应注意交替使用）

（1）50%杀螟松 600～800 倍液。

（2）1%杀虫素 1000 倍液。

（3）10%吡虫啉 1500～2000 倍液。

（4）10%多来宝（醚菊酯）悬浮液 1500～2000 倍液。

（5）2.5%溴氰菊酯 1500～2500 倍液。

（6）40%乐斯本（毒死蜱）1000～1500 倍液。

（7）另外，使用内吸作用的药剂杀灭食叶性害虫效果良好，可采用树干人工钻孔注射法进行，用 40%久效磷 10～50 倍浓液按照树干胸径每厘米 1ml 计算用量。

（二）刺吸性害虫的防治

防治这一类害虫的方法主要有以下几种。

1. 保护天敌

刺吸式害虫有许多天敌昆虫。通过保护和释放天敌昆虫，可达到“以虫治虫”的效果。

2. 色诱灭虫

翅蚜虫、粉虱等有较强的“趋色”习性，尤以对黄色趋向明显，可吊挂或插立涂有“凡士林”透明黏性油的黄色纸板诱杀，亦可用黑光灯诱杀。

3. 化学药物防治

（1）常规药剂

1）无公害药剂。1.2%烟参碱乳油 800～1000 倍液或“花保”80～120 倍液。

2）化学农药。80%敌敌畏 1000～1500 倍液或 40%氧化乐果 1000～1500 倍液或 50%杀螟松 1000～1500 倍液等交替使用，但这类药物往往对樱花、梅花及部分蔷薇科、豆科植物造成药害，应注意慎用。

（2）专用药剂

1）防治蚜虫。使用40%灭蚜光1000～1500倍液或2.5%蚜必克800～1000倍液或70%灭蚜松可湿性粉剂1200倍液或辟蚜雾（抗蚜威）2000～3000倍液喷洒。

2）防治蚧壳虫。使用40%速扑杀（杀扑磷）1000～2000倍液或25%蜡蚧灵800～1000倍液或40%乐斯本（毒死蜱）乳油1500～2000倍液进行防治。

药剂防治蚧壳虫，最好在卵的盛孵化期喷药。这时正值蚧壳虫孵化不久，虫体表面尚未形成外壳，用药剂容易杀死。尤其在室内盆栽植物上蚧壳虫的世代交替比较复杂，因此在防治上十分困难，需隔3～5天喷药一次，连续喷3次以上。

3）防治红蜘蛛。使用15%扫螨净2500～3000倍液或齐螨素（阿维菌素）1000倍液，或40%三氯杀螨醇1000～1500倍液喷洒，或适当加入灭卵剂乙螨唑，效果更好。

4）防治粉虱。喷洒2.5%溴氰菊酯、10%二氯苯菊酯、20%杀灭菊酯、40%氧化乐果或50%杀螟硫磷1000～1500倍稀释液杀灭或使用10%扑虱灵（噻嗪酮）乳油1000倍液或10%吡虫啉可湿性粉剂1000倍液。

（3）专用内吸药剂

15%铁灭克（涕灭威）埋施于草坪、花灌木、草花土壤中，每平方米用药3～5g；树木按胸径每厘米开沟、开穴或打洞埋药1～1.5g计算用量，浇水后严密覆土。

（4）室内植物发生少量害虫的防治

可人工防治，用手挤压或用软刷轻轻刷除，再用清水冲洗干净；也可用肥皂水进行涂抹，或用1∶50的烟草水（用香烟头泡的水）喷杀。另外用“风油精”稀释600～800倍喷洒，可防治蚜虫、红蜘蛛、蚧壳虫等，效果良好。

（三）钻蛀性害虫的防治

防治钻蛀性害虫要“早”、要“找准”。一般蛀干害虫出蛰后化蛹前取食量最大，钻蛀最活跃，此时防治最为重要（以树干树枝虫孔淤排粪屑木丝为标志）。防治这类害虫往往采用：

（1）某些成虫有趋光性的可用黑光灯或全自动高效物理灭蛾器诱杀。

（2）体形较大的成虫可人工捕捉，一般在树木根际附近较易捕捉。

（3）有些成虫有羽化后取食树叶嫩枝、嫩皮补充营养的习性，这时可向树冠喷洒胃毒农药以杀灭害虫，如2.5%溴氰菊酯1500～2000倍液。对初孵幼虫发生期的可用触杀性农药氧化乐果、辛硫磷、敌百虫、溴氰菊酯、灭幼脲、“绿色威雷”400倍液等药剂喷涂枝干，以杀灭害虫。

（4）用注射、堵死法防治已经蛀入木质部的幼虫。用注射器或药棉蘸敌敌畏、氧化乐果、溴氰菊酯等注入、塞入虫孔，用磷化铝片或磷化锌毒签插入虫道，外用黄泥封口，效果良好。

（5）使用“森康”喷树干＋“卉健”灌根的方法能有效防治天牛。根据北京的物候期，在4月下旬，幼虫化蛹前，用“卉健”灌根，剂量根据树的胸径计算，每厘米使用约1mL；在5月下旬，成虫羽化盛期用“森康”100倍液在树干2分枝以下喷施；6月下旬，成虫危害期，再用一次“森康”（因森康持效期为4周）；7月下旬，幼虫危害期，再使用一次“卉健”。

（四）根部害虫的防治

在防治这类害虫时，往往采取天敌杀灭、人工捕杀、黑光灯或糖醋液诱杀成虫、毒饵诱杀等方法。其中毒饵诱杀是以具有胃毒、触杀作用的农药拌成毒饵，撒入地表或地下，将其杀灭。如防治蝼蛄类害虫可用40%乐果乳油或其他药剂0.5kg，加水5kg，拌饵料50kg，傍晚将毒饵均匀地撒在绿地或苗床上诱杀；饵料可用多汁的鲜菜、鲜草以及蝼蛄喜食的块根或块茎或炒香麦麸、豆饼和煮熟的谷子等。但要注意人、畜的安全。

(五) 草坪病虫害的防治

1. 草坪虫害的防治

草坪的虫害，一般来说是食叶性害虫或地下害虫。可按照上面介绍的方法防治。

2. 草坪的病害

草坪病害的防治，可参考如下方法进行。

(1) 褐斑病及其他叶枯病

1) 灌根

A. 50%多菌灵 1500～2000 倍液，100～200mL/m^2。

B. 50%福美双 1000～1500 倍液，100～200mL/m^2。

2) 喷药

A. 12.5%速保利 2000～3000 倍液。

B. 50%速克灵 800～1000 倍液。

C. 70%甲基托布津 1000 倍液+50%百菌清 600 倍液混合使用。

(2) 锈病

锈病属气流传播性真菌病害，7～9 月发病较重，降雨量与降雨天数是流行与危害程度的主导因素。发病时，叶片上呈淡黄色斑点，后呈红棕色或枯黄色斑点，最后叶片变成黄色或棕色。为了防止锈病的发生，发病前喷 75%百菌清 800 倍液 1～2 次，间隔 6～7 天。一旦发生，要抓紧早治，在发病初期喷 25%三唑酮 1000～1500 倍液 2～3 次，间隔 6～7 天，或喷 12.5%速保利 2000～2500 倍液，或喷 12%腈菌唑 2000～2500 倍液。

(3) 霉腐病

高温潮湿易猖獗流行，如白天高温 30℃以上，夜间低于 20℃，大气相对湿度高于 90%，且持续 14h 以上，极易大发生。如果持续高温干旱数日，然后又连续降雨两三日，也容易导致大发生。应及时检查、清除病块。

1) 早期发病，喷 40%甲霜灵（瑞毒霉、雷多米尔）乳液 800～1000 倍液或 50%瑞毒霉锰锌 500～600 倍液。

2) 40%乙膦铝 50～80 倍液。

3) 50%普力克 2000～2500 倍液。

4) 50%速克灵 1000～1500 倍液。

(4) 炭疽病

喷 40%乙膦铝可湿性粉剂 400 倍+50%多菌灵 1000 倍液体混合使用。

(5) 草坪立枯病

病菌从草坪的根部侵入，使根部腐烂，病草枯死，但不倒伏，表现为立枯症状，一般发生在高温高湿季节，发生高峰为 7～9 月。使用克菌星+宝丽安 1∶1，600 倍液防治效果明显。

附　录

附录一　园林树木各论

一、概述

本文介绍常见的和值得推广的园林树木。重点树种详细介绍。由于篇幅有限，有些树种只能简单介绍。每种树种都有图示有利于识别，但是由于篇幅所限不可能面面俱到。利用计算机、手机等智能设备搜索树种的名字，可得到有关资料和图片。园林树木属于种子植物，且都可进行种子繁殖，这在各论中不再赘述。

二、裸子植物各论

苏铁科

苏铁（铁树）（苏铁科苏铁属）（附图 1-1）

常绿乔木或灌木，不分枝，主干上密被褐色鳞片状宿存叶基或叶痕。大型羽状叶生于茎顶、长达 50～200cm、羽片达 100 对以上。雌雄异株。在长江流域及以北不易开花。

苏铁产于我国东南沿海及华南地区，北方盆栽。喜光不耐阴，喜温暖湿润气候，不耐寒冷，－2℃即受冻害。喜酸性土壤，土壤偏碱时叶黄化，应施硫酸亚铁加以调整，忌积水，生长缓慢，寿命达 200 年以上。

银杏科

银杏（银杏科银杏属）（附图 1-2）

落叶大乔木，树冠圆锥形，老树广卵形，有长短枝。单叶、扇形（非针叶树）、叶端有缺刻或深裂，叶脉二叉状，叶在长枝上螺旋状互生、短枝上簇生。秋叶金黄色，为秋色叶树种。雌雄异株。种子近球形、核果状。**变种与品种：花叶银杏、金叶银杏、裂叶银杏**等。

银杏为我国特产树种，南北分布广。强阳性树，不耐阴。肉质根，耐旱、不耐积水，对气候和土壤适应能力强，对有害气体抗性强，生长缓慢，寿命极长。

南洋杉科

南洋杉（南洋杉科南洋杉属）（附图 1-3）

常绿乔木，树冠幼树为尖塔形，老则呈平顶状，大枝平展，小枝稍下垂。叶二型，侧枝及幼枝上多为针形，质软、疏松开展；茎枝上常密生卵形或三角状锥形叶。球果卵圆形或椭圆形，种子两侧有翅。**变种与品种：银灰南洋杉**。

南洋杉原产大洋洲，我国东南、西南及南部地区引种庭院露地栽培，长江以北常盆栽。喜光，幼树喜阴，喜暖湿气候，不耐干旱与寒冷，生长较快。南洋杉树姿优美雄伟，与雪松、金钱松、日本金松、巨杉合称为世界著名的五大庭园树种。

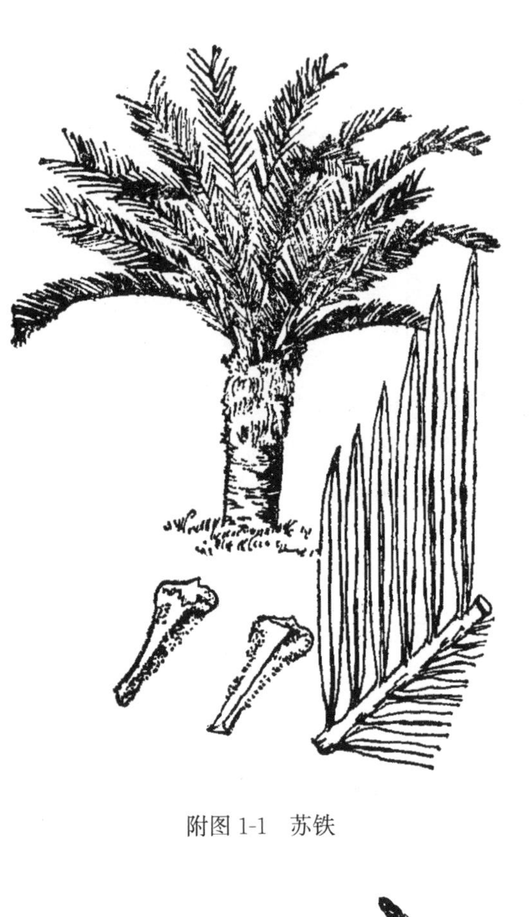
附图 1-1　苏铁

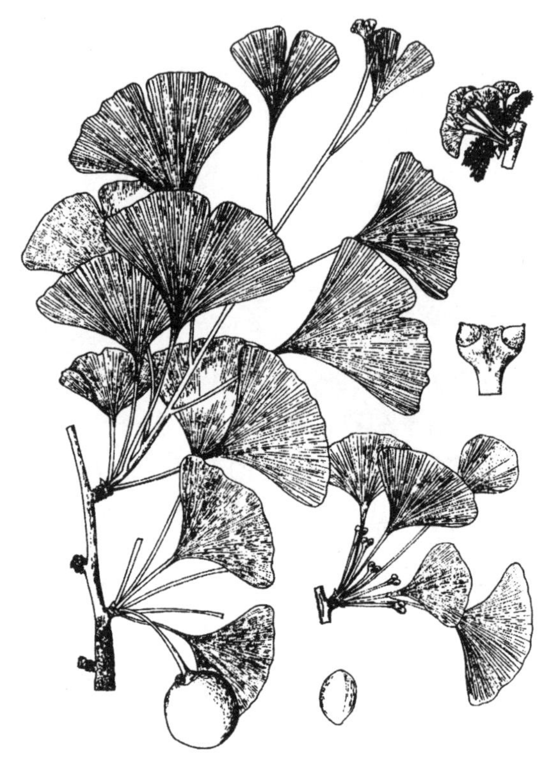
附图 1-2　银杏

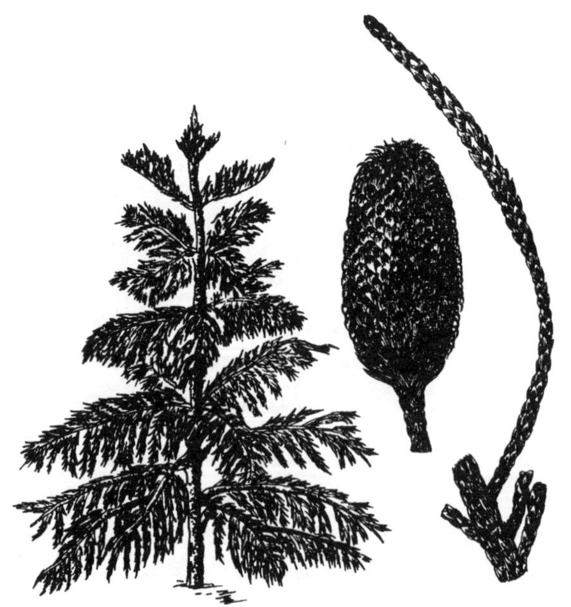
附图 1-3　南洋杉

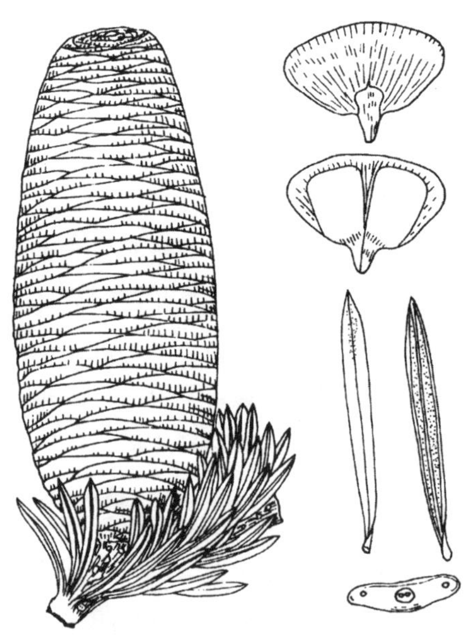
附图 1-4　辽东冷杉

松科

辽东冷杉（松科冷杉属）（附图 1-4）

常绿乔木，树冠宽圆锥形，老树宽伞形。叶条形，长 1.5～3cm，直或微弯，表面中脉凹下，背面中脉两侧各有一条白色气孔带，叶先端无凹缺。球果直立，当年成熟，苞鳞不外露。**同属不同种：臭冷杉，**球果苞鳞上端露出；**日本冷杉，**叶先端圆或凹缺，球果的苞鳞外露；**西班牙冷杉，**叶海蓝色，速生；**高加索冷杉，**叶绿色、密生，速生，耐－45℃严寒。

冷杉原产我国东北牡丹江流域山区、长白山区等地。耐阴，喜冷凉气候，耐寒。根系浅，前期生长较慢，10 年后加速生长，寿命长。

银杉（松科银杉属）

常绿乔木。叶条形，常镰状弯曲，表面中脉凹陷成槽，背面中脉隆起，沿两侧有粉白色气孔带边缘微翻卷。雌雄同株。球果卵形。

银杉姿态优雅，为我国特产，1958 年第一次被发现，分布于广西、湖南、贵州及四川，国家一级重点保护树种。喜温暖湿润气候和酸性土壤，生长极为缓慢，幼苗喜温湿，成年树趋于喜光，忌炎热。

红皮云杉（松科云杉属）（附图 1-5）

常绿乔木，树冠圆锥形或尖塔形。幼枝粗壮，叶枕明显。叶锥形，长 1～2cm、宽 1～1.5mm，横切面菱形，叶先端尖或急尖有小尖头。球果下垂，长 5～16cm。花期 4～5 月，球果 9～10 月成熟。**同属不同种：白杄，**一年生枝密生或疏生黄褐色短毛，叶锥形，长 1.3～3cm、宽约 2mm，先端钝尖或钝，是我国特有树种；**青杄，**一年生枝无毛，针叶比白杄细短。

云杉原产我国西南海拔 1600～3000m 的高山。喜光，有一定的耐阴性，喜冷凉湿润气候，浅根性，不耐积水，生长慢，寿命长。

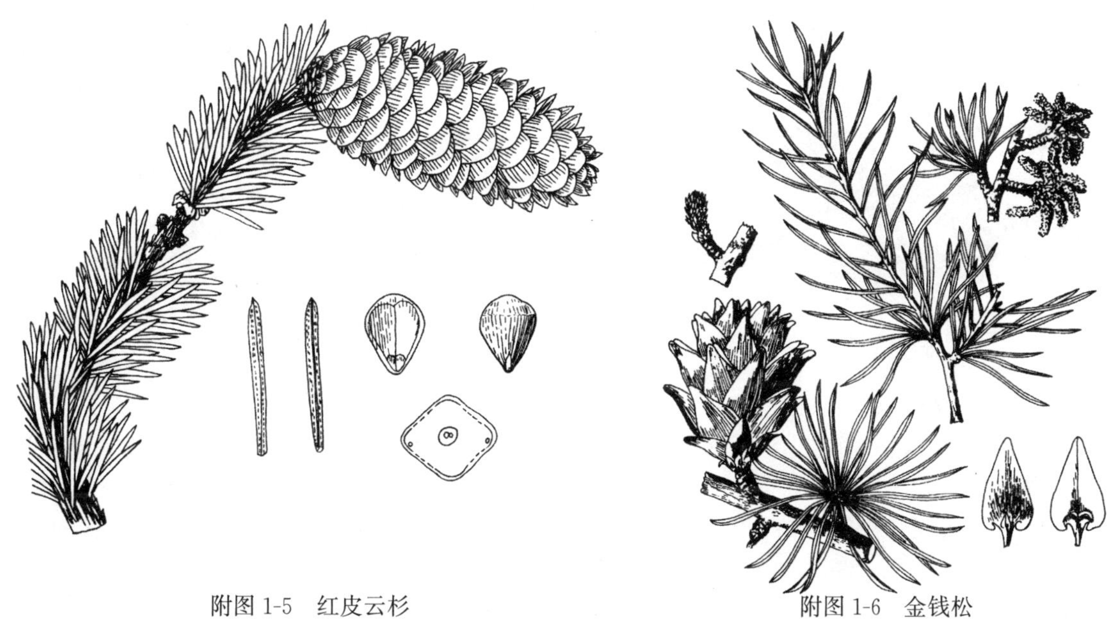

附图 1-5 红皮云杉　　附图 1-6 金钱松

蓝杉（科罗拉多蓝杉）（松科云杉属）

常绿乔木，树冠金字塔形。叶短锥形，全年针叶蓝色或银蓝色。原产美国西部海岸，近年我国引种。喜光照充足，耐寒、耐旱，喜肥沃潮湿土壤。**同属不同种：欧洲蓝杉。**

金钱松（松科金钱松属）（附图 1-6）

落叶乔木，树冠圆锥形，有长短枝。叶条形，扁平、柔软，在长枝上螺旋状散生，在短枝上 15～30 片轮状簇生，秋叶金黄秀丽。球果卵形直立。花期 4～5 月，球果 10～11 月成熟。

金钱松为我国特产树种，分布于长江中下游海拔 1500m 以下的山地。强阳性树，喜温暖湿润气候，有一定的耐寒力，不耐干旱，也不耐涝，不耐盐碱，深根性，有菌根，不耐移植，寿命长。

雪松（松科雪松属）（附图 1-7）

常绿乔木，树冠塔形。大枝平展、小枝略下垂，有长短枝。叶针形、不成束生长，在短枝上簇生、在长枝上螺旋状散生。多雌雄异株，球花单生枝顶，花期 9～10 月，球果翌年成熟。

雪松原产印度及我国西藏西南部，是世界著名的观赏树种。弱阳性树，有较强的耐寒力，耐旱，不耐水湿、不耐烟尘，在积水低洼地及地下水位过高生长不良。根系浅，宜浅栽，寿命长。**变种与品种：金叶雪松，**高 3～5m，针叶春季金黄色，入秋变黄绿色，冬季粉绿黄色；**银梢雪松；赫瑟雪松，**极矮，仅 40cm，德国品种；**维曼雪松，**叶密生，蓝绿色。**同属不同种：北非雪松，**叶灰绿色或银灰色；**蓝叶垂枝北非雪松。**

附图 1-7 雪松

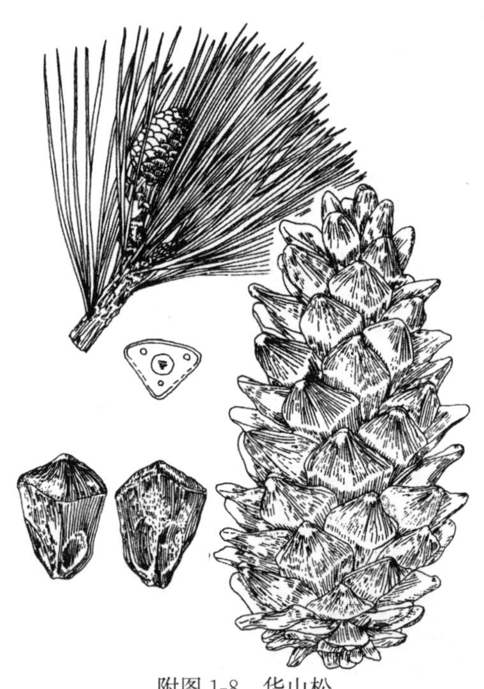

附图 1-8 华山松

华山松（松科松属）（附图 1-8）

常绿乔木，树冠广卵形。针叶 5 针一束，长 8～15cm，柔软、淡绿色，叶鞘早落。球果圆锥状长卵形，长 10～20cm，柄长 2～5cm，种子无翅。**同属不同种：乔松，**针叶下垂、长 10～20cm；**日本五针松（附图 1-9），**针叶长 3～3.5cm、蓝绿色，种子具翅。针叶皆 5 针一束。

华山松在我国中南部分布较广。阳性树，幼树略喜一定庇荫，喜凉爽湿润气候，高温、干燥影响其生长，不耐炎热，耐寒力强。生长中等偏快，寿命长。

白皮松（松科松属）（附图 1-10）

常绿乔木，树冠宽塔形至伞形。树皮幼时光滑、灰绿色，老时不规则片状脱落，嫩皮乳白色。针叶 3 针一束，粗硬，长 5～10cm，叶鞘早落。球果卵形。

白皮松是我国特产树种，是东亚唯一的三针松。弱阳性树，喜凉爽气候，对高温高湿不适应，根系深，寿命长。

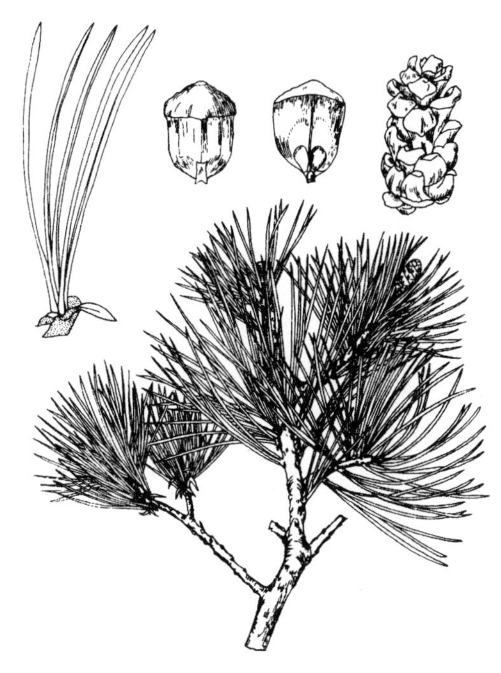

附图 1-9　日本五针松

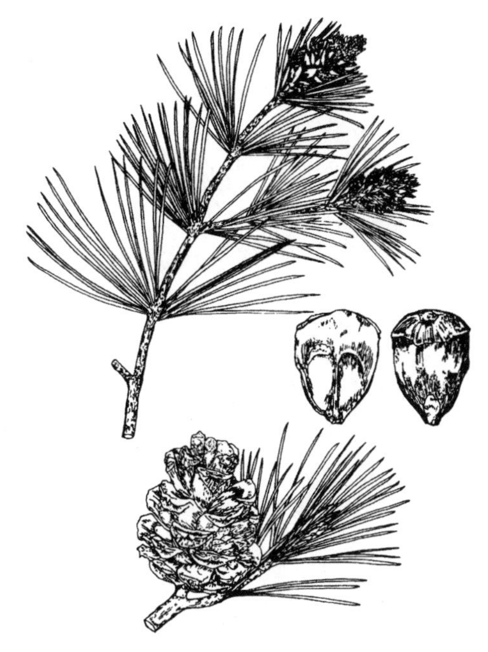

附图 1-10　白皮松

油松（松科松属）（附图 1-11）

常绿乔木，树冠广卵形至塔形，老树平顶形。冬芽红褐色。针叶 2 针一束，长 10～15cm、粗硬，叶鞘宿存。球果常宿存。花期 4～5 月，球果翌年 10 月成熟。**变种与品种：黑皮油松；扫帚油松。同属不同种：樟子松，**针叶扭曲；**赤松，**针叶细、短；**黑松（附图 1-12），**冬芽银白色，针叶长 6～12cm、粗硬；**马尾松（附图 1-13），**针叶长 12～20cm，细柔，常下垂。针叶皆 2 针一束。

油松广泛分布于我国北方，是北方园林中常见树种。强阳性树，喜干冷气候，深根性，耐干旱瘠薄、耐寒，忌低洼积水和土质黏重，不耐盐碱，寿命长。

湿地松（松科松属）（附图 1-14）

常绿乔木，树冠卵状圆锥形，侧枝不甚开展，小枝粗壮。针叶 3 针或 2 针一束并存，长 18～25cm，细柔下垂，深绿色。球果 2～4 个簇生。花期 3 月，球果翌年 9～10 月成熟。**同属不同种：火炬松（附图 1-15），**枝较开展，针叶 3 针、2 针甚至 4 针一束并存，叶细而刚硬。

湿地松原产美国，我国长江流域及以南广为引种。强阳性树，不耐阴，耐水湿也较耐干旱，对气候适应性强，耐瘠薄，根系深，有菌根。

杉科

金松（杉科金松属）

常绿乔木，树冠尖圆塔形。针叶两种：一是鳞形叶、形小、膜质；另一种完全叶聚簇枝梢，呈轮生状，每轮 20～30，合生叶扁平条状，上面亮绿色，下面有 2 条白色气孔线。雌雄同株。**变种与品种：彩叶金松、垂枝金松。**

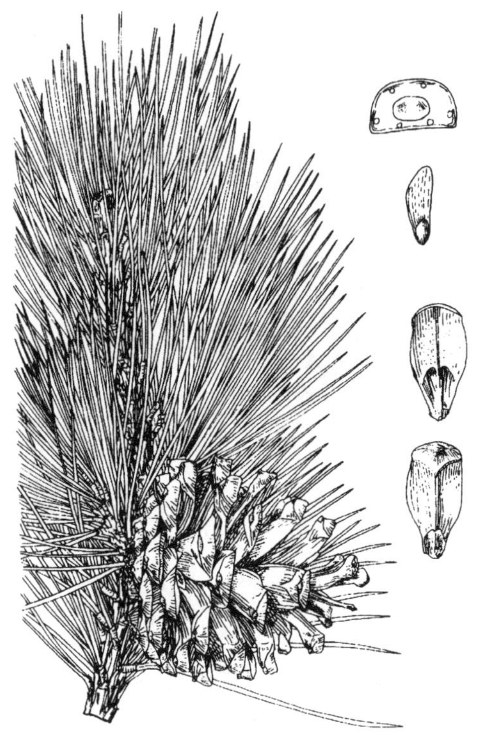
附图 1-11　油松

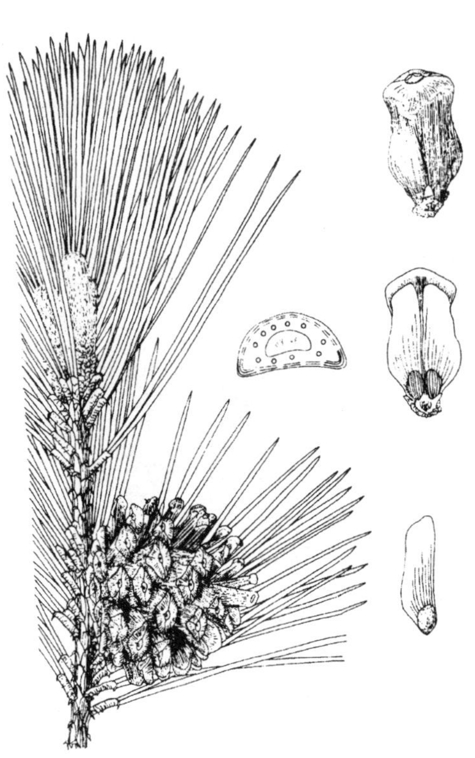
附图 1-12　黑松

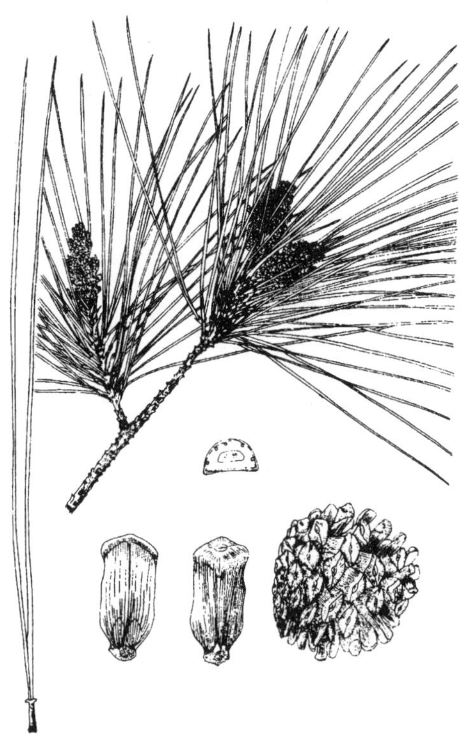
附图 1-13　马尾松

附图 1-14　湿地松

金松原产日本，我国青岛、南京、上海、杭州、武汉、庐山有栽培。中性树，喜温暖湿润气候，耐－15℃低温。喜深厚肥沃壤土，生长缓慢，寿命长。是世界著名的五大庭院树种之一，也是著名的防火树种。

杉木（刺杉）（杉科杉木属）

常绿乔木，树冠幼年为尖塔形，后为广圆锥形。针叶披针形或条状披针形，常略弯呈镰状，革质、坚硬。雌雄同株。

原产我国，分布于北自淮河以南，南至雷州半岛，东自江浙闽沿海，西至青藏高原。阳性树，喜光，喜温暖湿润气候，不耐严寒。为速生树种，虽经火烧，也可重生出强壮萌蘖。

附图 1-15 火炬松

附图 1-16 柳杉

柳杉（杉科柳杉属）（附图 1-16）

常绿乔木，树冠卵圆形，枝条柔软下垂。叶锥形、先端略向内弯、基部下延，螺旋状互生。球果圆球形、径约 2cm，种鳞约 20 片，苞鳞尖头和种鳞先端的裂齿长 2～4mm。**同属不同种：日本柳杉**，针叶直伸，球果较大，种鳞 20～30 片，苞鳞尖头和种鳞先端的裂齿长 6～7mm。

柳杉为我国特产树种，主产于长江下游及东南沿海地区。中性树，喜温暖湿润气候，不耐热，不耐干旱及积水。根系较浅，不耐移植。

巨杉（北美巨杉、世界爷）（杉科巨杉属）

常绿巨型乔木，在原产地高达 100m，胸径 10m。树冠阔圆锥形，树干基部有垛柱状膨大物，树皮深纵列、海绵质、厚 30～60cm。叶鳞状锥形、螺旋状排列，两面有气孔线。雌雄同株。球果椭圆形，次年成熟。

巨杉原产美国加利福尼亚山地，我国杭州等地引种栽培。阳性树，耐－20℃低温，喜酸性肥沃疏松土壤，适应石灰性土壤，生长快，寿命极长。美国的红杉国家公园的“谢尔曼将军红杉树”，高83m，树底部直径11m，树龄4000年，号称“世界树王”。

水松（杉科水松属）（附图1-17）

落叶乔木，树冠卵形或倒卵形。枝叶稀疏，生于湿地处的树干基部常膨大，或有屈膝状呼吸根。叶鳞形、螺旋状互生，为常见类型，另有条形叶或锥形叶。入秋叶变为红褐色。球果倒卵形。

水松原产我国华南、中南等低海拔热带和亚热带地区。强阳性树，喜温暖湿润气候，不耐寒、耐湿，根有发达的通气组织，适宜在水滨及低湿之处栽植。

附图1-17　水松　　　附图1-18　落羽杉

落羽杉（杉科落羽杉属）（附图1-18）

落叶乔木，树冠圆锥形，树干基部通常膨大，并有屈膝状呼吸根。着生叶的侧生小枝排成二列，叶条形、扁平，螺旋状互生，基部扭转在小枝上成二列、羽状，凋落前变为暗红色。球果球形或卵圆形，有白粉。**变种与品种：苏杉一号落羽杉，**叶青翠，秋后变为黄褐色，耐－25℃的低温，耐瘠薄、盐碱。**同属不同种：池杉（附图1-19）**，树干基部膨大，在低湿处更为明显。无芽小枝冬季与叶同落。叶柔软、幼时锥形，展开后呈条形，螺旋状互生，仅树冠中下部略成两列状互生。池杉的习性与水杉相似。

落羽杉原产北美，我国引种已百年，以河南鸡公山及广东佛山地区栽培最多。强阳性树，耐水湿也耐干旱，喜温暖湿润气候耐寒性较池杉强。

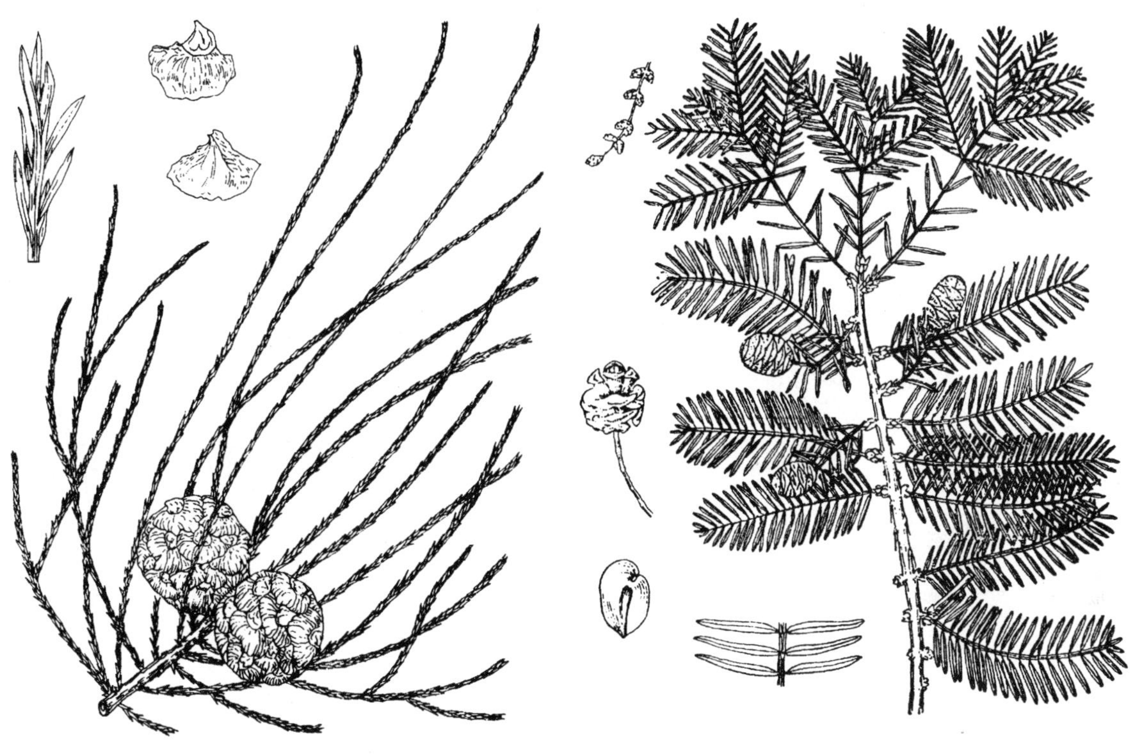

附图 1-19　池杉　　　　附图 1-20　水杉

水杉（杉科水杉属）（附图 1-20）

落叶乔木，树冠圆锥形，无芽小枝绿色、冬季与叶同落。单叶对生、条形，羽状排列，背面有两条淡黄色气孔带。球果熟时深褐色。花期 2 月，球果 11 月成熟。**变种与品种：金叶水杉。**

水杉为我国特产树种“活化石”，是既古老又年轻的树种。现在北至北京、延安，南至广州都有栽培。世界上已有 60 多个国家引种。强阳性树，喜温暖湿润气候，较耐寒，也较耐湿，有一定的耐旱性。

柏科

侧柏（柏科侧柏属）（附图 1-21）

常绿乔木，树冠圆锥形至广圆锥形。枝条斜展，生鳞叶小枝条成平面、直展，两面均为绿色。全为鳞形叶、交互对生，叶长 1～3mm。球花单性同株。球果木质种鳞 4 对，成熟时开裂。**变种与品种：千头柏**，灌木丛生状；**洒金千头柏**。

侧柏分布以我国黄河、淮河流域为主。弱阳性树，适干冷气候，耐干旱瘠薄及 0.2%以下盐土，不耐湿。根系浅，抗烟尘，生长慢，寿命长，为北方园林中主要的柏科树种。

北美香柏（柏科崖柏属）

常绿乔木，树冠塔形，当年生小枝扁平，3～4 年生枝圆形。鳞形叶上面深绿色，下面灰绿色或淡黄绿色，无白粉，揉碎后有香气。

原产北美，生于湿润的石灰岩土壤。喜光，耐阴，耐修剪，抗烟尘能力强。我国郑州、青岛、上海、杭州、武汉、济南等多地有引种。

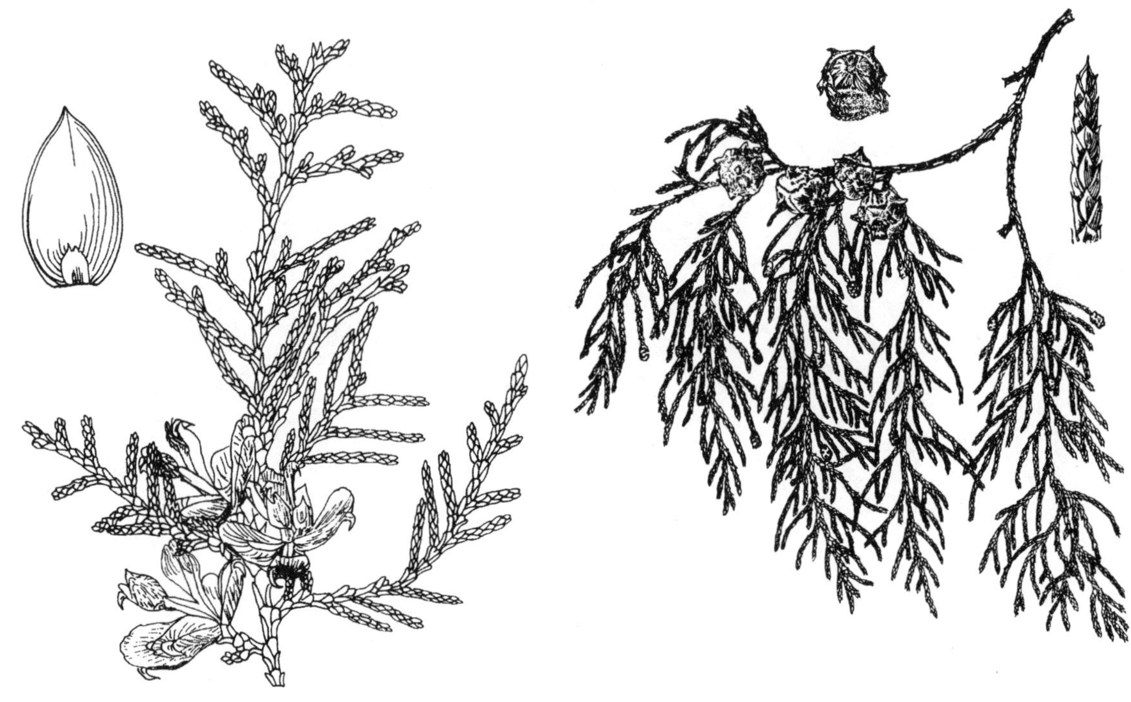

附图 1-21 侧柏　　附图 1-22 柏木

柏木（柏科柏木属）（附图 1-22）

常绿乔木，树冠圆锥形，老则散顶。生鳞叶小枝成平面，且两面同形同色、下垂。叶鳞形，交互对生，先端尖，中生鳞叶背面有条状腺点，偶有刺形叶。球果球形，种鳞 4 对。**同属不同种：蓝冰柏，**叶呈霜蓝色，适生温度－25～35℃；**金冠柏（变色柏），**树形狭窄呈柱状，生鳞叶的小枝不排成一平面，树体有香气，有金黄色的鳞形叶，叶背有腺点，仅幼苗或萌生枝上之叶为刺形，全年叶色呈三种颜色：冬季金黄色，春秋两季浅黄色，夏季呈浅绿色。

柏木是我国特产树种。华东、华中地区的石灰岩山地生长良好。弱阳性树，喜温暖湿润气候，耐干旱瘠薄，也耐水湿，生长较快，寿命长。

日本花柏（花柏）（柏科扁柏属）（附图 1-23）

常绿乔木，树冠圆锥形至窄塔形，生鳞叶小枝排成平面、平展，略有下垂，向阳面绿色、背阴面有白色腺纹。全为鳞形叶，先端锐尖。球果红褐色，径约 6mm，种鳞 5～6 对。**变种与品种：线柏，**灌木或小乔木，小枝线形细长下垂，鳞叶先端锐尖；**绒柏，**灌木或小乔木，小枝不成平面，刺形叶柔软、3～5 轮生，下面中脉两侧有白粉带；**凤尾柏，**灌木或小乔木，小枝羽状稍向下反卷，鳞叶细长、开展稍成刺状柔软；**金叶日本花柏，**叶金黄色，耐寒。**同属不同种：扁柏（附图 1-24），**鳞形叶对生、肥厚，先端钝尖，球果红褐色，种鳞 4 对；**蓝叶美国扁柏，**针叶蓝绿色，耐寒。

日本花柏原产日本，我国青岛、南京、上海等地引种。中性较耐阴，耐寒性不强，浅根性，不耐干旱。

附图 1-23 日本花柏

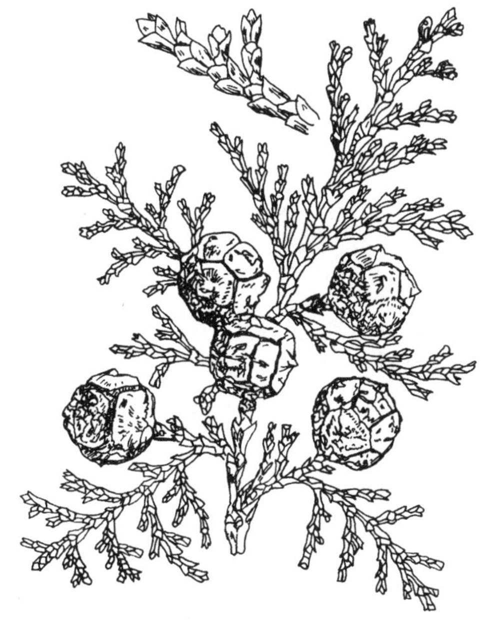

附图 1-24 扁柏

圆柏（桧柏）（柏科圆柏属）（附图 1-25）

常绿乔木，树冠塔形，老则大枝平展开阔；小枝圆柱形或微四棱形，生鳞叶小枝不成平面。叶二型：鳞形叶，交互对生；刺形叶 3 枚轮生。随树龄增长刺叶渐减少而鳞叶增多。雌雄异株，球果肉质、近球形，被白粉。**栽培变种多达 60 多个：龙柏，**枝扭曲盘旋向上伸展，小枝密；**金叶桧，**刺形叶多，鳞形叶少，嫩叶金黄色，渐为黄白色后又转为绿色；**鹿角桧，**丛生灌木，大枝向上斜展，全为鳞叶；**塔柏，**树冠圆柱形，几乎全为刺形叶。**同属不同种：翠柏，**枝叶密生，全为刺形叶三叶轮生，蓝绿色，上下两面被白粉；**蜀桧；沙地柏，**鳞形叶交互对生，刺形叶常生于幼龄树上；**铺地柏，**常绿匍匐灌木，全为刺形叶、三叶轮生、粉绿色，**其变种与品种有黄金铺地柏**（针叶金黄色，株高仅 10cm，铺地宽可达 2～3m）。

圆柏产于我国北方，分布广，但北方多于南方。弱阳性树，喜凉爽气候，耐寒也能耐热，耐旱，忌积水。对有害气体抗性强，耐一定的盐碱。

刺柏（柏科刺柏属）（附图 1-26）

常绿乔木，树冠圆柱形，小枝下垂。全为刺形叶，基部有关节不下延，表面微凹，中脉微隆起，两侧各有一条白粉带。球果被白粉。花期 5 月，球果翌年 10 月成熟。**同属不同种：铺地刺柏“威尔顿”，**株高仅 30cm，叶色蓝绿色，为优良的地被植物；**铺地刺柏“蓝星”，**与“威尔顿”不同的是针叶较短、蓝色，植株高 50cm；**杜松（附图 1-27），**全为刺形叶条状、质坚硬，表面凹下成深槽，内有一条白粉带，**其变种与品种有垂枝杜松**（枝条细长且下垂 1～2m，叶深绿色）、**密叶杜松**（茎匍匐状，分枝密，叶翠绿，是良好的地被材料）。杜松是梨锈病中间寄主。

刺柏为我国特产树种，主要分布于南方，上述两种铺地刺柏北京已引种成功。喜光，亦耐阴，耐寒性不强，适于干燥的沙壤土，怕涝。

附图 1-25　圆柏

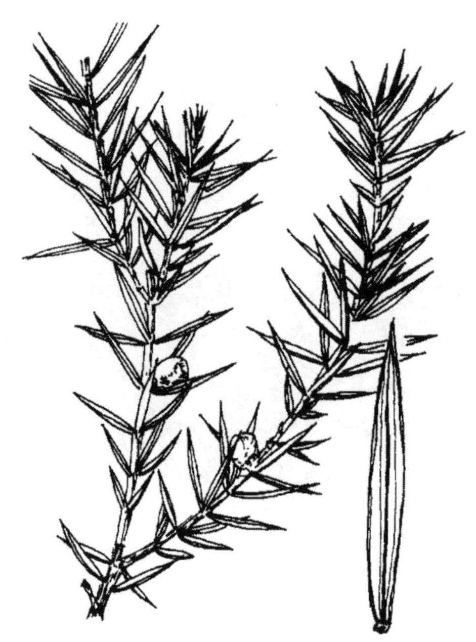

附图 1-26　刺柏

附图 1-27　杜松

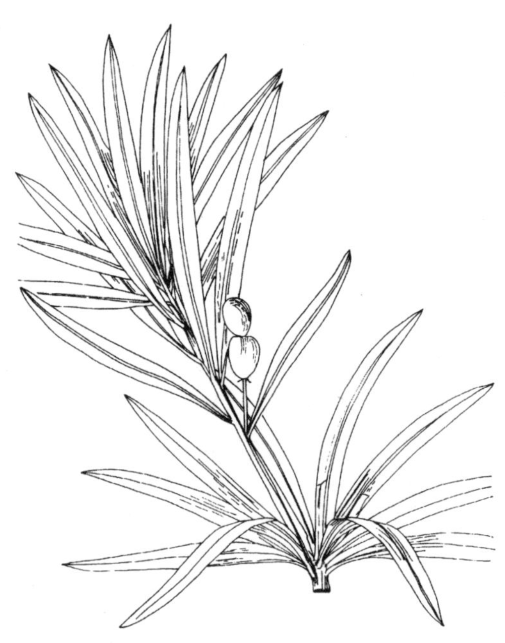

附图 1-28　罗汉松

罗汉松科

罗汉松（罗汉松科罗汉松属）（附图 1-28）

常绿乔木，树冠广卵形，老则松散。叶条状披针形，螺旋状互生，表面浓绿、背面黄绿或灰绿。雌雄异株。种子下部有肉质暗红色种托。花期 4～5 月，种子 9 月成熟。**变种与品种：狭叶罗汉松、小罗汉松、短叶罗汉松。**

罗汉松为亚热带树种，长江以南久经栽培。耐阴，喜温暖湿润气候。生长缓慢，寿命长。

三尖杉科（粗榧科）

粗榧（三尖杉科粗榧属）

常绿灌木或小乔木，树皮有薄片状脱落。叶条形，直，端渐尖，几无柄，上面绿色，下面气孔带白色，较绿色边带宽约3～4倍。

粗榧是我国特有树种，产于长江流域及以南地区，北京有引种。喜光，耐阴，较耐寒，耐修剪，不耐移植。

红豆杉科

榧树（红豆杉科榧树属）

常绿乔木，叶条形，先端突尖成刺状短尖头，上面光绿色有两条稍明显的纵脊，下面灰绿色的气孔带与绿色中脉及边带等宽。种子熟时假种皮淡紫褐色，被白粉。花期4月，种子翌年10月成熟。**变种与品种：香榧，**种子是著名的干果。

榧树产于我国江苏南部，浙江、福建北部，安徽南部及大别山区，西至湖南西南贵州等地。中等喜光，耐阴，喜温暖湿润环境，稍耐寒。

南方红豆杉（红豆杉科红豆杉属）

常绿乔木，叶条形，近镰状，二列状排列，叶上面中脉明显，背面气孔带黄绿色，假种皮鲜红色明显、花期3～4月，种子10月成熟。**变种与品种：金叶红豆杉。同属不同种：东北红豆杉，**叶通常直，排列较弥，常不规则V状排列，假种皮红色，其**变种与品种有矮丛紫杉（枷椤木）**（密丛灌木，小枝基部常有宿存的芽鳞，假种皮红色。耐阴，耐寒，耐修剪整形，浅根性，宜作绿篱）。

南方红豆杉产于我国长江流域以南。耐阴，喜阴湿环境，不耐干旱、瘠薄。

三、被子植物

杨柳科

毛白杨（杨柳科杨属）（附图1-29）

落叶乔木，树冠卵圆形或卵形，树皮灰绿色至灰白色，皮孔菱形。单叶、互生、宽卵形或三角状卵形，背面密生白绒毛、后脱落。叶柄顶端常有2～4个腺体。雌雄异株，柔荑花序、下垂。蒴果小。花期3～4月、叶前开花，果熟4月下旬。**变种与品种：抱头毛白杨。同属不同种：新疆杨，**树冠圆柱形，叶常5～7掌状深裂，边缘不规则粗锯齿；**加杨，**树冠开展卵圆形，嫩枝有棱，叶近三角形，叶缘半透明；**钻天杨，**树冠圆柱形，侧枝直伸贴近树干，长枝的叶扁三角形。

毛白杨原产我国，是我国北方乡土树种之一。强阳性树，喜凉爽湿润气候，在暖热多雨的气候下易受病虫害。对土壤要求不严，不耐过度干旱瘠薄，稍耐碱，耐烟尘、抗污染，深根性，生长较快，寿命是杨属中最长的，可达200年。

中华红叶杨（杨柳科杨属）

美国黑杨的变种。落叶乔木，叶色三季四变：自春季展叶到6月底叶片均为紫红色且有光泽，7～9月由鲜红色且逐渐变为紫绿色，10月变为暗绿色，11月变为橘黄色或黄色，但顶端始终为紫红色。该树种属高大彩叶乔木速生树种，集绿化、彩化、净化多种功能于一体，具有极高的生态、景观、经济效益。

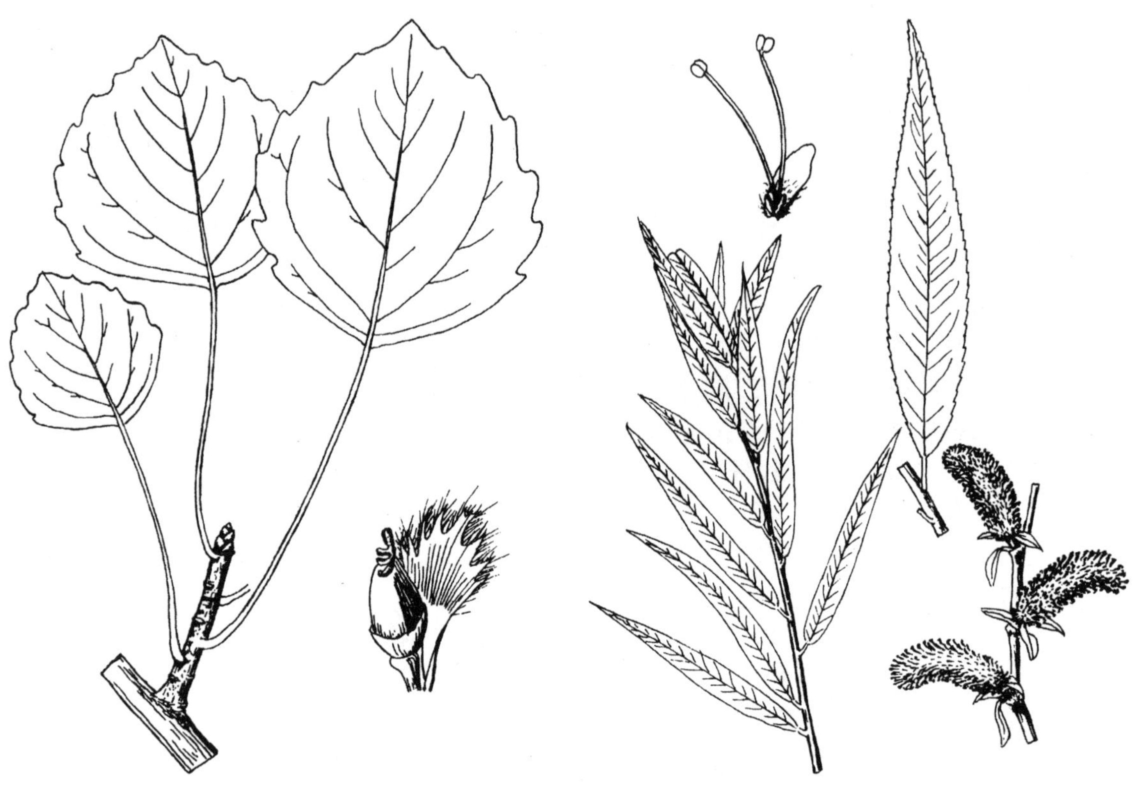

附图 1-29 毛白杨 附图 1-30 旱柳

旱柳（杨柳科柳属）（附图 1-30）

落叶乔木，树冠倒卵形，枝条柔软直伸或斜展，木质差。单叶互生，披针形或条状披针形，缘有细锯齿，叶柄短。**变种与品种：龙爪柳（九曲柳）、馒头柳、绦柳。同属不同种：垂柳，**小枝柔软细长下垂，叶绿色期长，其**变种与品种有金丝垂柳**（落叶后小枝为金黄色）、**银芽柳（棉花柳）（附图 1-31）**（丛生灌木，叶半革质，缘具细锯齿叶背密被白毛，雄花序椭圆状圆柱形长3～6cm，早春叶前开放，盛开时花序密被银白色绢毛，是重要的切花材料）、**美国竹柳**（因导入竹子基因，顶端生长非常强，扦插苗当年高达 3～6m、地径 3～6cm。高达 20m 以上，顶端优势明显，腋芽萌发力强）。

旱柳原产我国，是我国北方平原地区乡土树种之一。喜光，耐寒，抗风性强，在河滩、河谷、低湿地都能生长成林，忌黏土及低洼积水，在干旱沙丘生长不良，深根性，生长快，多虫害，寿命 400 年左右。

杨梅科

杨梅（杨梅科杨梅属）

常绿乔木，树冠球形，嫩枝有油腺点，芳香。单叶互生，叶长圆状倒卵形或倒披针形，下面有黄色树脂腺点，全缘或中部以上有锯齿。雌雄异株。雄花序葇荑花序，簇生于叶腋，核果球形，外果皮肉质，多汁液，味酸甜，深红或紫红色，径 1cm 以上。花期 4 月，果熟期 6～7 月。

杨梅产于我国长江流域以南各省，是优良的果树。中等喜光，不耐强烈的日晒不耐寒，深根性树种，有菌根，对二氧化硫和氯气抗性较强。

附图 1-31　银芽柳

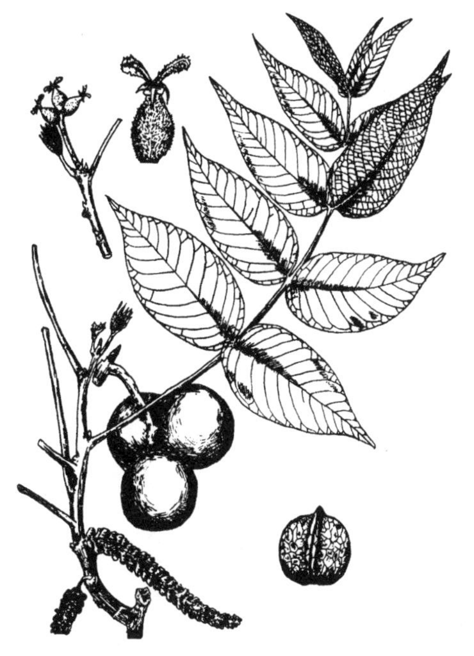
附图 1-32　核桃

胡桃科

核桃（胡桃科胡桃属）（附图 1-32）

落叶乔木，树冠广卵形至扁球形，枝髓片状。一回奇数羽状复叶互生，小叶 5～9，全缘。花单性同株，雌花 1～3 朵集生枝顶，雄花柔荑花序下垂。核果大、球形，外果皮薄、中果皮肉质、内果皮骨质。花期 4～5 月，果熟 9～11 月。**同属不同种：核桃楸**，小叶 9～17 片，缘有细锯齿，核果有腺毛。**同科不同属：薄壳山核桃（山核桃属）**，枝髓充实，核果 4 裂。

核桃原产亚洲西部现伊朗一带，我国在西汉时期引种，有 2000 年栽培史。弱阳性树，喜温暖湿润气候，耐寒，不耐湿热，对土壤肥力要求较高，不耐干旱瘠薄。深根性、肉质根、怕水淹，生长尚快，寿命长。

枫杨（胡桃科枫杨属）（附图 1-33）

落叶乔木，树冠广卵形，枝髓片状，裸芽密生锈褐色毛、侧芽叠生。一回奇数羽状复叶互生但顶生小叶常不发育，具有叶轴翅。花单性同株，雄花柔荑花序单生叶腋，雌花序单生新枝顶端，下垂。坚果具 2 长圆形、椭圆状披针形之翅。花期 4～5 月，果熟 8～9 月。

枫杨原产我国中部地区，以黄淮、长江流域最为常见。弱阳性树，喜温暖湿润，不甚耐寒，耐水湿，亦耐干旱，能耐瘠薄和轻度盐碱，生长迅速，寿命短。

化香（胡桃科化香属）

落叶乔木，枝髓充实，鳞芽。一回奇数羽状复叶，小叶 7～19，基部歪斜。雄花成直立腋生葇夷花序，雌花序球果状、顶生。花期 5～6 月，果熟 10 月。

化香主要分布于长江流域及西南各省区。喜光，耐干旱瘠薄，为荒山绿化先锋树种。

桦木科

白桦（桦木科桦木属）

落叶乔木，树冠卵圆形，树皮白色、纸质分层剥落。单叶互生、三角状卵形，背面疏生油腺点、缘具重锯齿，秋叶金黄。花单性同株，雄花葇亦花序下垂、雌花序穗状，无花被。果序圆柱形下垂，坚果小、常有膜质翅。花期5～6月，果熟8～10月。**变种与品种：垂枝白桦、紫叶桦木**。

白桦有林中少女之称，产于我国东北、华北、西北等地。强阳性树，耐严寒，对土壤适应性强，耐瘠薄，生长较快，寿命较短。

桤木（水冬瓜）（桦木科桤木属）

落叶乔木，树皮鳞片状开裂。单叶互生，叶椭圆状倒披针形或椭圆形，下面密被树脂点，中脉下凹，锯齿疏细。花序穗状较短，果序球状，果苞木质、顶端5浅裂，宿存。果梗细长。花期2～3月，果熟11月。

桤木产于我国四川中部。喜光，喜温暖气候，喜水湿，根系发达，有根瘤，固氮能力强，速生。

榛子（桦木科榛属）

落叶灌木或小乔木，单叶互生，叶形变异较大，边缘有不整齐重锯齿，中部以上特别是近先端有小浅裂。坚果常3枚簇生，果苞钟形，先端6～9裂，叶质，半包坚果。花期4～5月，果熟9月。**变种与品种：紫叶榛子**。

榛子在我国东北、内蒙古、华北、西北都有分布。喜光，耐寒，对土壤适应性强，耐干旱瘠薄，生长较快，是北方风景区绿化及水土保持重要的树种。

壳斗科

板栗（壳斗科栗属）

落叶乔木，树冠扁球形。无顶芽，幼枝密生灰褐色绒毛。单叶互生，长椭圆形或长椭圆状披针形，侧脉伸出锯齿的先端，形成芒状锯齿，背面灰白色。雌雄同株。雄花序为直立柔荑花序，总苞球状、外面密生针刺，坚果1～3。花期4～6月，果熟9～10月。

板栗为著名的干果。我国辽宁以南，华北和长江流域各地栽培最多。喜光，对土壤要求不严，对有害气体抗性强，忌积水，忌土壤黏重，深根性，根系发达，萌芽力强，耐修剪。

麻栎（壳斗科麻栎属）

落叶乔木，树冠广卵形。单叶互生，长椭圆状披针形，芒状锯齿，背面绿色。花单性同株。坚果球形，壳斗碗状、鳞片粗刺状、木质翻卷。花期3～4月，果熟9～10月。**同属不同种：栓皮栎；槲栎，**叶椭圆状倒卵形、卵形，先端微钝或短渐尖，侧脉10～15对，叶柄长1～3cm，无毛；**槲树，**叶先端微平，侧脉4～10对，叶柄长2～5mm，密生棕色绒毛；**沼生栎，**叶缘5～7羽状深裂、裂片再具尖裂。雄花序与叶同放、数个簇生，雌花序单生或2～3个生于长约1cm的花序轴上；**北美红栎，**落叶乔木，嫩枝呈绿色或红棕色，第二年转变为灰色，叶形波状宽卵形，革质，有7～11裂，春夏亮绿，秋季鲜红，直至冬季落叶，持续时间长，耐寒耐旱，我国长江中下游有分布；**弗吉尼亚栎，**常绿乔木，原产美国，近年来，我国上海、浙江引进后广泛种植。

麻栎产于我国辽宁南部、华北各地区，以黄河中下游及长江流域较多。喜光，耐寒，在湿润肥沃、排水良好的中性至微酸性沙壤土生长最好。耐干旱瘠薄，不耐积水。深根性，不耐移植，抗污染、抗烟尘、抗风能力都强。

青冈栎（壳斗科青冈栎属）

常绿乔木，树冠扁球形。叶革质，倒卵状椭圆形或长椭圆形，先端渐尖或短尾尖，中部以上有疏锯齿。叶背面伏白色毛，老时脱落，常留有白色鳞秕。壳斗杯状，有5～8个环带。坚果椭圆形。花期4～5月，果熟10～11月。

青冈栎分布广，我国南北都有分布，是长江流域以南组成常绿阔叶与落叶阔叶混交林的主要树种。较耐阴，有一定的耐寒性，酸性或石灰岩土壤都能生长，深根性，抗有害气体、隔声及防火等功能。

附图 1-33　枫杨

附图 1-34　榆树

榆科

榆树（白榆、家榆）（榆科榆属）（附图 1-34）

落叶乔木，树冠圆球形。单叶2列状互生、椭圆状卵形或椭圆状披针形、羽状叶脉，重锯齿。两性花、簇生于叶腋。翅果近圆形。花期3～4月，先叶开放，果熟4～5月。**变种与品种：圆冠榆**，原产俄罗斯，树冠圆满，自然成球体，生命力强，自20世纪80年代引入新疆后，成为西北地区绿化的重要树种，是喀什市树；**垂枝榆**；**中华金叶榆**；**红叶榆**；**花叶榆**。**同属不同种：榔榆（附图 1-35）**，树皮不规则鳞片状脱落，叶基部歪斜、质较厚，落叶前转为红色，翅果椭圆形、较小，花期秋季8～9月，果熟10月。

榆树产于我国北方，是我国北方乡土树种之一。强阳性树，耐寒、耐旱、耐盐碱，不耐水湿，但虫害较多，生长快，寿命长，是世界四大行道树（悬铃木、榆树、七叶树、椴树）之一。

附图 1-35 榔榆　　　　附图 1-36 榉树

榉树（大叶榉）（榆科榉属）（附图 1-36）

落叶乔木，树冠倒卵状伞形，小枝、叶、叶柄均有较多柔毛或刚毛。单叶互生、椭圆状卵形，桃尖形锯齿排列整齐，上面粗糙、下面密生灰色绒毛，叶脉羽状，秋叶红艳。花单性或杂性，簇生。坚果小、径约 4mm，歪斜且有皱纹。花期 3～4 月，果熟 10～11 月。**同属不同种：光叶榉**。

榉树产于我国黄河流域以南，江南园林习见。弱阳性树，喜温暖气候，对土壤适应性强，但不耐干旱瘠薄。耐烟尘、抗有害气体。寿命长。亦是制作盆景的良好材料。

朴树（榆科朴属）（附图 1-37）

落叶乔木，树冠扁球形。单叶互生，宽卵形、椭圆状卵形，叶基部歪斜、中部以上有粗钝锯齿、三出脉，叶背面沿叶脉及脉腋疏生毛、网脉隆起。花杂性、1～3 朵腋生、淡绿色。核果近球形、橙红色、果梗、叶柄近等长。花期 4 月，果熟 10 月。**同属不同种：小叶朴**，果梗比叶柄长一倍以上，核果黑紫色；**珊瑚朴**，小枝、叶下面密生黄褐色绒毛，叶较大，核果。

朴树习性与榔榆相似，但其耐瘠薄、盐碱较榔榆强。

青檀（榆科青檀属）

落叶乔木，单叶互生，卵形，三出脉，侧脉不达齿端，先端有锯齿、基部全缘，背面脉腋有簇生毛，花单性同株，小坚果周围有薄翅。花期 4 月，果熟 8～9 月。

青檀是我国特有树种，主产黄河流域以南，常生于石灰岩低山区及河流、溪边。山东长清灵岩寺有号称“千岁檀”青檀古树。喜光，稍耐阴，耐寒，耐干旱瘠薄，亦耐湿，根系发达，萌芽力强。

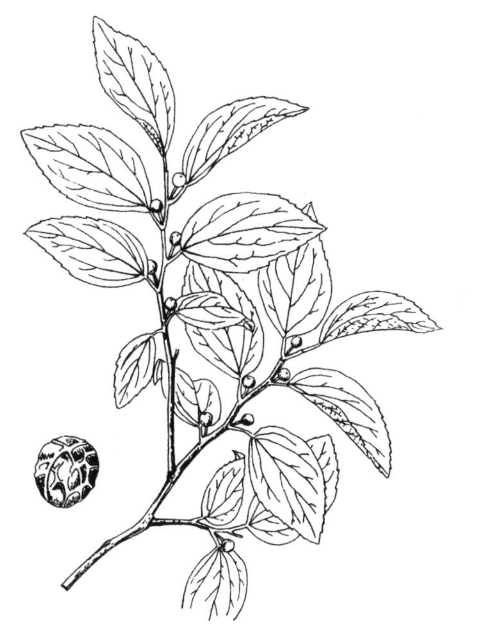

附图 1-37 朴树

附图 1-38 桑树

桑科

桑树（桑科桑属）（附图 1-38）

落叶乔木，树冠倒卵形，枝叶有乳汁。单叶互生，缘具粗钝锯齿、幼树叶常有浅裂、深裂，秋叶金黄。花单性同株，雌雄花序皆为葇荑花序，单被花。聚花果（桑葚）紫黑、淡红或白色，多汁味甜。花期 4 月，果熟 6 月。**变种与品种：龙爪桑、垂枝桑**。

桑树是我国北方乡土树种之一。强阳性树，耐寒、旱，能耐轻盐碱、不耐湿，耐修剪，耐烟尘及有害气体，生长快，寿命长。

构树（桑科构属）（附图 1-39）

落叶乔木，小枝密被丝状刚毛，有乳汁。单叶互生、卵形、不裂或不规则 2～5 裂、具粗锯齿。两面密生柔毛。雌雄异株，雄花葇荑花序、雌花头状花序。聚花果圆球形、橙红色。花期 4～5 月，果熟 7～8 月。**变种与品种：金蝴蝶构树，**是我国本土树种构树的变异品种，获得国家植物新品种权证书。在我国大部分地区都能种植。

构树分布广，我国南北各地都有，适应性强。喜光，耐干旱瘠薄，亦耐湿，抗烟尘及有害气体，病虫害少。杂交构树具高耐盐、生长快、产量高、品种好特性，是我国野生典型的先驱植物，亦是城市园林绿化，特别是工矿企业绿化的理想树种。

柘树（桑科柘属）

落叶小乔木，有枝刺，树皮薄片状剥落。单叶互生，卵形或倒卵形，全缘，有时 3 裂。雌雄异株，头状花序，聚花果球形、肉质、橘红色或橙黄色。花期 5～6 月，果熟 9～10 月。

柘树主产我国华东、中南及西南各地。喜光亦耐阴，耐寒，喜钙质土壤，耐干旱瘠薄，适生性很强。

附图 1-39 构树

附图 1-40 榕树

榕树（桑科榕属）（附图 1-40）

常绿乔木，树冠广卵形、庞大，具气根纤细下垂，渐次粗大，下垂及地，入土成根，似支柱，形成独木成林的雄壮景观。单叶互生，椭圆状卵形至倒卵形，全缘，薄革质。隐花果腋生、扁球形，熟时暗紫色。花期 5 月，果熟 7～12 月。**同属不同种：无花果（附图 1-41）**，落叶小乔木，常呈灌木状。单叶互生，3～5 裂，锯齿粗钝或波状缺刻，隐花果梨形，黄绿色，熟时黑紫色，味甜有香气，一年四季多次开花结果，为优良的果树；**橡皮树（印度橡皮树）（附图 1-42）**，常绿乔木、含乳汁，单叶互生、厚革质、亮绿色、全缘，有叶为金边、花叶、紫黑色等变种，在我国华南地区可露地栽培，通常盆栽。

榕树属热带、亚热带树种，分布于我国东南沿海至华南西南等地。阳性树，喜暖热、多雨气候，不耐寒。在湿润、肥沃的酸性土壤中生长较快，抗污染、耐烟尘，深根性，生长快，寿命长。

黄葛树（黄桷树）（桑科榕属）（附图 1-43）

落叶大乔木，树冠广卵形，根部粗大、多呈扁平状、露于地面。单叶互生、薄革质、长椭圆形或卵状椭圆形、全缘，新叶展后鲜红色的托叶纷纷落地。隐花果近球形、黄色或红色。花期 5～8 月，果熟 8～11 月。**同属不同种：薜荔（附图 1-44）**，常绿藤本，含乳汁，借气生根攀缘，叶二型，营养枝上的叶心状卵形、薄而小，生殖枝上的叶椭圆形、厚革质、背面网状脉隆起成蜂窝状，隐花果梨形或倒卵形、暗绿色有白色斑点。

黄葛树原产我国华南、西南及华东部分地区，重庆市市树。为强阳性树种，根系庞大穿透力强，耐干旱、耐瘠薄，对裸露岩石和滨河地带均能适应。

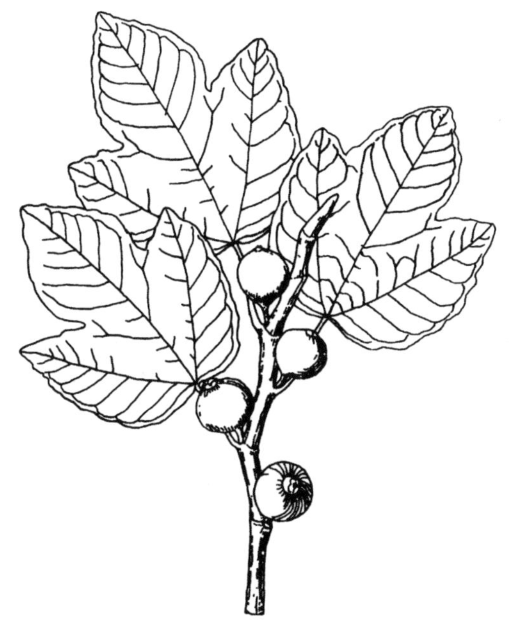

附图 1-41　无花果

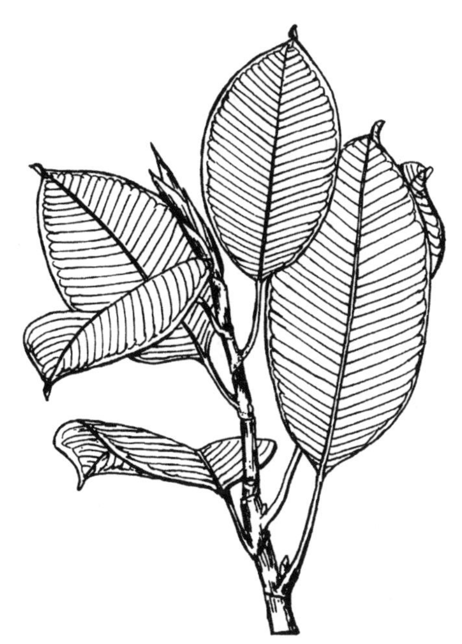

附图 1-42　橡皮树

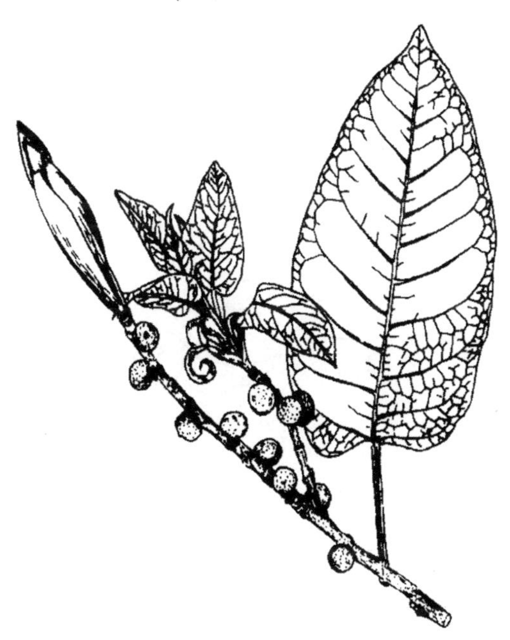

附图 1-43　黄葛树

附图 1-44　薜荔

山龙眼科

银桦（山龙眼科银桦属）

常绿乔木，树冠圆锥形。幼枝、芽及叶柄密被锈红色绒毛。单叶互生，叶二回羽状深裂，背面密被银灰色绢毛。总状花序，花橙黄色，未开放时呈弯曲管状，蓇葖果有细长花柱宿存。花期 5 月，果熟 7～8 月。

银桦原产大洋洲，我国主要在南部及西南部引种栽培，是昆明主要的行道树之一。喜光，喜温暖凉爽环境，不耐寒，过分炎热气候亦不适应，耐一定干旱及水湿，根系发达，生长快，对有害气体有一定的抗性。

紫茉莉科

叶子花（三角梅）（紫茉莉科叶子花属）（附图 1-45）

常绿攀缘灌木，枝有利刺，枝条长拱形下垂，枝叶密生柔毛。单叶互生、卵形或卵状椭圆形、全缘。花顶生、常 3 朵簇生，各具 1 片叶状大苞片、鲜红色，花被管淡绿色、顶端 5 裂。瘦果 5 棱。花期甚长，各地不一，在温度合适的条件下可常年开花。

叶子花原产巴西，我国各地有栽培。喜光、喜温暖气候，非常耐热，即使在炎夏仍可在直射阳光下生长，不耐寒，华南及西南可露地栽培，长江流域及以北多盆栽观赏，温室越冬。

附图 1-45 叶子花

附图 1-46 牡丹

毛茛科

牡丹（毛茛科芍药属）（附图 1-46）

落叶灌木，枝粗壮，肉质根。二回三出羽状复叶互生、小叶先端 3～5 裂。花单生枝顶、大型、径 10～30cm，单瓣重瓣，花色丰富，有紫、深红、粉红、白、黄、豆绿等色，极为美丽。蓇葖果开裂。花期 4～5 月，果熟 9 月。品种极其丰富，形成 3 类 11 个花型八大色系。

牡丹原产我国秦岭一带，是我国十大传统名花之一，山东菏泽栽培牡丹历史悠久，菏泽现在栽培牡丹 10 万余亩，其中品种牡丹 3 万亩，有 1100 个品种，其中商品品种 200 个。牡丹喜阳光充足，稍耐寒，喜冷凉干燥，畏高温、多湿，喜深厚、排水良好的沙壤土。秋季分株繁殖。

大叶铁线莲（毛茛科铁线莲属）

藤本。三出复叶对生、叶柄密被白色绒毛，小叶近革质、边缘有不整齐粗锯齿、齿端有短尖头，顶生小叶有长柄，总柄粗壮。聚伞花序腋生或顶生，总花梗粗壮、密被灰白色或黄褐色绒毛，无花瓣，花萼花瓣状。瘦果倒卵形、红棕色、被白毛、具羽毛状宿存的花柱。花期 7～8 月，果熟 9～10 月。**园艺品种极多，**花朵大、茎 10～15cm，花萼瓣化，白色、桃红、深红、雪青色等色丰富。

大叶铁线莲原产我国，山东有分布。耐阴，喜湿润及酸性土壤，为优良的垂直绿化植物。

小檗科

小檗（小檗科小檗属）（附图 1-47）

落叶灌木，幼枝紫红色，具单一细小变态叶刺。单叶互生至簇生、倒卵形或匙形、全缘。花单生或 2～5 朵成短总状花序，花黄色、花冠边缘有红晕。浆果红色，花柱宿存。花期 5 月，果熟 9 月。**变种与品种：金叶小檗，**是优良的色带、色块彩叶树种；**日本深紫小檗，**三季叶片深红紫色。

小檗原产日本，我国广泛栽培。弱阳性树，喜温凉湿润气候，亦耐寒、耐旱、耐修剪。

阔叶十大功劳（小檗科十大功劳属）

常绿灌木。一回奇数羽状复叶互生、小叶 9～15 卵形或卵状椭圆形，缘有刺齿 2～5 对，厚革质。总状花序数个簇生、花黄色有香气。浆果卵形、蓝黑色。花期 4～5 月，果熟 9～10 月。**同属不同种：狭叶十大功劳，**小叶 5～9 片，狭披针形，缘有刺齿 6～13 对。

阔叶十大功劳原产我国秦岭以南，属亚热带树种。喜光、较耐阴，喜温暖湿润，不耐寒、耐干旱、稍耐湿。华北盆栽观赏冬季进温室。

附图 1-47　小檗

附图 1-48　南天竹

南天竹（小檗科南天竹属）（附图 1-48）

常绿灌木，丛生而少分枝。二、三回奇数羽状复叶互生、中轴有关节、小叶全缘。花小白色、圆锥花序顶生。浆果球形、鲜红色。花期 5～7 月，果熟 10～11 月。有白果、黄果、紫果品种。**同属不同种：火焰南天竹，**入秋叶色为艳红色。

南天竹原产我国中部至南部。半阴性树种，在阴处生长好但结果不良，在阳处则相反，结果好但叶色不亮丽，甚至焦枯，不耐干旱瘠薄，能适应石灰质土壤。

木兰科

紫玉兰（木兰）（木兰科木兰属）（附图 1-49）

落叶大型灌木，树皮色较深，顶芽卵形、中间有缢缩。单叶互生、长圆状卵形，叶柄粗短。花芽常显绿色、较小。花紫色、花瓣 6、花萼黄绿色、披针形、不呈瓣化现象。聚合蓇葖果较小、矩圆形。花期 4 月，果熟 8～9 月。**同属不同种：星花玉兰。**

紫玉兰是原产我国的传统花木，黄河流域以南至西南各地普遍栽培。弱阳性树幼时稍耐阴，不耐严寒，耐湿能力较玉兰强。

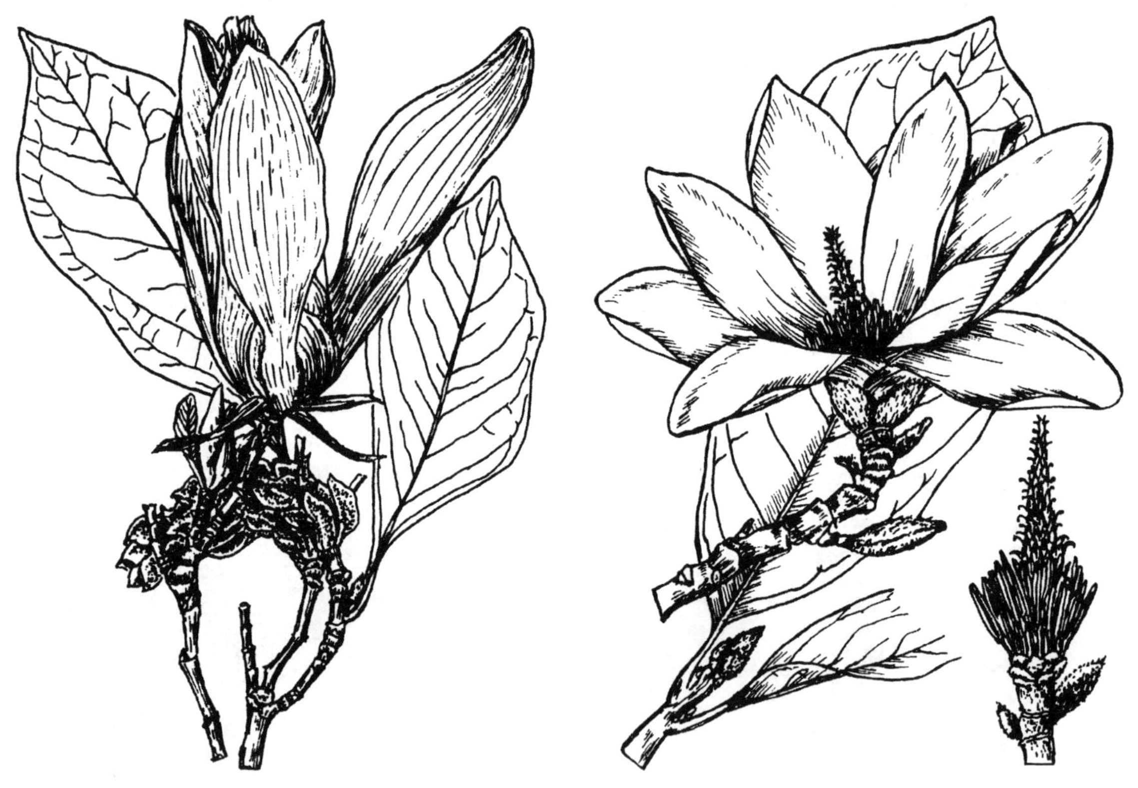

附图 1-49 紫玉兰　　附图 1-50 白玉兰

白玉兰（玉兰）（木兰科木兰属）（附图 1-50）

落叶乔木，树冠卵形，树皮较淡、呈灰白或灰褐色，小枝及芽有毛。肉质根。单叶互生、长圆状倒卵形、叶片最宽处常在中部以上、叶柄长 2～2.5cm、全缘、薄革质。花芽大、有较多白色茸毛。花顶生、白色、杯形、花被片 9，下三片为花萼瓣化。聚合蓇葖果大而长，圆筒形、常弯曲，假种皮红色。花 3 月叶前开放，果熟 8～9 月。**同属不同种：黄花玉兰；红花玉兰；二乔玉兰，**为白玉兰和紫玉兰的人工杂交培育种，花色及姿态多变化。

白玉兰是原产我国的传统花木，北京及黄河流域以南至西南各地普遍栽培。在古典园林中十分多见，常与牡丹、海棠等配置；在现代园林中也可作为庭院树种，用量较多。弱阳性树种、最好侧方庇荫。喜温暖气候，较耐寒，不耐湿、忌积水，也不耐移植。

厚朴（木兰科木兰属）（附图 1-51）

落叶乔木，小枝粗壮。单叶互生，叶多集生于枝顶，叶大、倒卵形或倒卵状椭圆形、革质，叶端圆形或钝尖，花被片 9～12 或更多、白色。蓇葖果木质，假种皮红色。花期 5～6 月，果熟 9～10 月。**同属不同种：凹叶厚朴，**叶先端凹缺成两个钝圆状的裂片、深达 1～3cm。花有香气。

厚朴分布于我国长江流域中部山地。

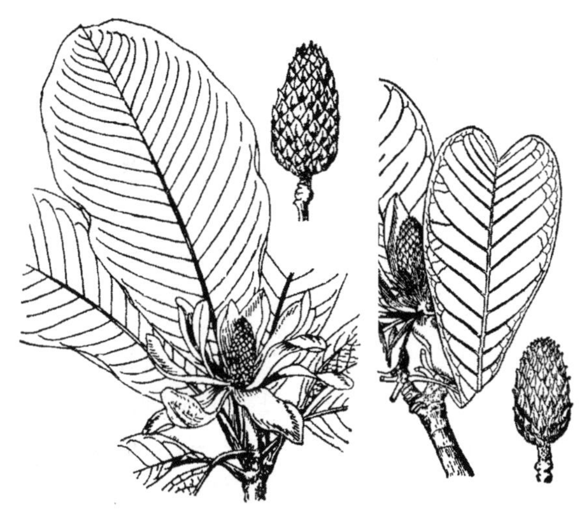

附图 1-51　厚朴与凹叶厚朴

附图 1-52　广玉兰

广玉兰（木兰科木兰属）（附图 1-52）

常绿乔木，树冠阔圆锥形，小枝与芽有锈褐色绒毛。单叶互生、大而厚革质、倒卵状长椭圆形，全缘、背面有锈褐色绒毛。花顶生、大、白色，花被片 9～15，聚合果圆柱形、密生锈褐色绒毛。花期 5～6 月，果熟 10 月。**同属不同种：山玉兰（优昙花），**花乳白色、芳香，花被片 9、外轮 3 片淡绿色、向外反卷，内 2 轮倒卵状匙形、内轮较窄。

广玉兰原产北美，属亚热带树种，我国各地广有栽培。弱阳性树，喜温暖湿润气候，能耐－19℃低温。喜肥沃湿润而排水良好的酸性至中性土壤，根系发达，寿命长。

含笑（木兰科含笑属）（附图 1-53）

常绿灌木，树皮多处有锈色绒毛。单叶互生、革质，倒卵状椭圆形。花单生叶腋，淡黄色、边缘常有紫晕，芳香，花被片 6。蓇葖果卵圆形。花期 4～6 月，果熟 9 月。**同属不同种；金叶含笑；白兰花，**叶长椭圆形或披针状椭圆形、先端长渐尖或尾状渐尖，花单生于叶腋，白色或略带黄色、肥厚、极香。

含笑原产我国华南地区。半阴性树，性喜温暖，不甚耐寒，不耐烈日、干旱和贫瘠，喜肥沃湿润的酸性壤土，是园林中的香花树种。北方盆栽，冬季温室栽培。

附图 1-53 含笑

附图 1-54 鹅掌楸

鹅掌楸（马褂木）（木兰科鹅掌楸属）（附图 1-54）

落叶乔木，树冠卵形。单叶互生、马褂状，叶两侧各有一裂。花大顶生，花被片外面浅绿色、内黄色。具翅小坚果组成纺锤形聚合果。花期 5～6 月，果熟 10～11 月。**变种与品种：金边马褂木；杂交鹅掌楸，**为鹅掌楸与北美鹅掌楸的杂交种，生长迅速，叶色多变，叶多且单叶面积增大 1～5 倍，发叶早、落叶迟，枝繁叶茂，且花大量多，开花早、花期长，整个花冠金黄色、清香，耐－20℃低温，在抗寒、抗病虫害等方面优于鹅掌楸，在北京生长良好。

鹅掌楸原产我国长江流域以南山区。阳性树、对光照要求比较严格，喜温暖湿润气候，不耐干旱、瘠薄及水湿，不耐移植，寿命较长。

蜡梅科

蜡梅（蜡梅科蜡梅属）（附图 1-55）

落叶灌木，小枝皮孔明显、有纵棱。单叶对生、卵形或卵状椭圆形、半革质，叶面有粗糙硬毛、下面光滑无毛、全缘。花腋生、花冠蜡黄色、内层花冠有紫色条纹、浓香。聚合果、瘦果生于由花托发育的坛状果托内。花期 11～翌年 2 月、叶前开放，果熟 6 月。**变种与品种：素心蜡梅，**花纯黄色不染紫色条纹，香气略淡；**罄口蜡梅，**内层花被片边缘有紫色条纹，香气最浓；**狗蝇蜡梅，**花瓣狭长，暗黄色带紫纹。**同科不同属：夏蜡梅（夏蜡梅属），**花白色至粉红色，花期 5 月，果熟期 10 月。

蜡梅原产我国秦岭一带。喜光、略耐侧阴，耐寒，喜肥、耐干旱、忌水湿，萌芽力强，耐修剪。在肥沃、排水良好的轻壤土上生长最好，盐碱土、重黏土上生长不良，病虫害少，寿命达百年以上。

樟科

香樟（樟科樟属）（附图 1-56）

常绿乔木，树冠广卵形，枝叶茂密。单叶互生、卵形，叶脉离基三出脉、脉腋有腺体，叶缘微呈波形、花小白色、圆锥花序。核果球形。花期 4～5 月，果熟 10～11 月。

香樟分布于长江流域。弱阳性树，喜温暖湿润气候，有一定耐寒力。喜湿润肥沃的中性至酸性土壤，不耐干旱瘠薄，不耐盐碱；对有害气体有抗性和吸收能力，生长快，寿命长。

附图 1-55　蜡梅　　　附图 1-56　香樟

月桂（樟科月桂属）（附图 1-57）

常绿小乔木，树冠卵形，小枝绿色。单叶互生，广披针形、革质，有醇香。花小、黄色，雌雄异株，聚伞花序簇生于叶腋。核果。花期 4 月，果熟 9 月。

月桂原产地中海一带，我国分布于华南、西南以及东南沿海一带。喜光，稍耐阴，喜温暖，可耐短期－8～－6℃低温，耐干旱、怕水涝，不耐盐碱地。

檫木（樟科檫木属）

落叶大乔木，单叶互生，多集生于枝顶，卵形，全缘或顶端 2～3 裂，背面有白粉。总状花序先于叶生出，密被淡黄灰色长粗毛，花被片 6、披针形。核果近球形，位于增厚之杯状果托上，果熟时蓝黑色。

檫木为亚热带树种，原产我国，分布于长江流域以南多数省区。喜光、不耐阴，喜温暖湿润气候及深厚、疏松而排水良好的酸性土壤，忌低洼积水，深根性，在适生地生长快。

紫楠（樟科楠属）

常绿乔木，小枝、叶及花序密被黄褐色或灰褐色柔毛或绒毛。单叶互生，倒卵状椭圆形、革质，背面网脉隆起密被黄褐色长柔毛，先端突短尖或尾尖。花两性，聚伞状圆锥花序腋生，花被裂片宿存包被浆果基部。花期 4～5 月，果熟 9～10 月。

紫楠是珍贵的优良用材树种。产于我国长江流域及以南，南京能正常生长。耐阴，全光照下生长不良。喜暖湿环境，有一定的耐寒能力。喜深厚肥沃湿润的酸性或中性壤土。有抗风防火的功能。

虎耳草科

太平花（虎耳草科山梅花属）

落叶灌木，树皮薄片状剥落。一年生枝紫红色、无毛，二年生枝栗褐色、剥落。单叶对生，卵形、卵状椭圆形，先端长渐尖，3 出脉，无毛或下面脉腋簇生毛。花 5～9 朵组成总状花序，乳白色、微香，花萼外面无毛。蒴果 4 瓣裂。花期 6 月，果熟 8～9 月。**同属不同种：山梅花，**花萼密生灰白色平伏毛，叶背面密生平伏短毛；**金叶西洋山梅花，**叶金黄色；**路易斯山梅花，**粉红色重瓣花，花香四溢。

太平花产于我国辽宁、内蒙古、河北、山西、四川等地。半阴性，能耐强光照，喜肥沃排水良好土壤，耐寒、耐旱，不耐积水。

溲疏（虎耳草科溲疏属）

落叶灌木，小枝中空。单叶对生，卵形、椭圆形至长椭圆形，先端渐尖，锯齿细密，两面有锈褐色星状毛。圆锥花序，花单瓣，白色或略带粉红色，花梗、花萼密生锈褐色星状毛。蒴果半球形。花期 5 月，果熟 7～8 月。**同属不同种：大花溲疏；壮丽溲疏，**花重瓣；**玫瑰溲疏，**花粉红色，叶秋季转红。

溲疏产于我国江苏、浙江、上海、山东、安徽等地。喜光，略耐半阴，喜温暖湿润气候，耐寒、耐旱。

附图 1-57 月桂

附图 1-58 八仙花

八仙花（虎耳草科八仙花属）（附图 1-58）

落叶灌木，小枝粗壮、皮孔明显。单叶对生，宽卵形或倒卵形，大而有光泽，缘有粗锯齿。顶生花序伞房状，径达 20cm、辐射状，不孕花，花白色、蓝色或粉红色。花期 6～7 月。

八仙花产于我国中南部，现各地广泛栽培。喜阴，亦可光照充足，喜肥沃，不耐寒，耐湿。八仙花在不同的 pH 值土壤中花色有变：在酸性土中呈蓝色，在碱性土中以粉红色为主。抗二氧化硫等有害气体能力强。

香茶藨子（虎耳草科茶藨子属）

落叶灌木。单叶互生，卵圆形至圆肾形，掌状 3～5 裂。花萼黄色、萼筒管状，花瓣 5、小、长约 2mm、紫红色，与萼片互生。花芳香。浆果黑色、紫黑色。花期 4 月，果熟 6～7 月。

香茶藨子产于美国中部，我国东北及华北有分布。喜光，耐寒，耐旱，不耐涝。

海桐花科

海桐（海桐花科海桐花属）（附图 1-59）

常绿灌木或小乔木，分枝低。单叶互生、有时轮生状、倒卵形，叶革质、有光泽、全缘或边缘反卷。伞房花序顶生，花白色后变黄色、芳香。蒴果圆球形，三瓣裂、种子鲜红色。花期 4～5 月，果熟 10 月。**同科不同属：黄花海桐（香荫树属），**花黄色或奶油色。

海桐原产我国南方各地。阳性树能耐阴，不甚耐寒、耐修剪，抗有害气体及烟尘。

附图 1-59 海桐　　附图 1-60 枫香

金缕梅科

枫香（枫树）（金缕梅科枫香属）（附图 1-60）

落叶乔木，树液芳香。单叶互生、掌状 3 裂（萌芽枝的叶常为 5～7 裂），缘有锯齿，秋叶红艳。花单性同株、单被花，雄花葇荑花序、雌花头状花序。果序球形较大、由木质蒴果集成，宿存花柱长达 1.5cm。花期 3～4 月，果熟 10 月。**变种与品种：花叶枫香。同属不同种：北美**

枫香。

枫香产于我国长江流域及以南各地，是南方著名的秋叶树种。弱阳性树，喜温暖湿润气候及深厚湿润土壤，也耐干旱、瘠薄，较不耐水湿。不耐移植及修剪，有较强的耐火性和对有毒气体的抗性。

金缕梅（金缕梅科金缕梅属）

落叶小乔木或灌木，芽裸露。单叶互生、宽倒卵形、叶缘有波状齿，叶面粗糙、背面密生绒毛。花金黄色、有红花品种，有香气，花瓣狭长如线、弯曲皱缩、基部带红色。花期正值冬季，自12月至翌年3月。**同属其他种：弗吉尼亚金缕梅，**冬季雪天开黄色小花。

金缕梅产于我国，分布于江西、湖南、湖北、安徽、浙江、广西等地。暖地树种，喜光耐半阴，根系发达，在酸性、中性土壤都能适应，耐寒力较强，能耐−15℃低温，畏炎热水涝。

蚊母树（金缕梅科蚊母属）

常绿乔木，栽培时常呈灌木状。树冠球形。单叶互生，椭圆形或倒卵形，背面初有垢鳞后脱落。总状花序，花小无花瓣，花药红色。蒴果木质，密生星状毛，顶端有宿存花柱。花期4月，果熟9月。**变种与品种：彩叶蚊母树。**

蚊母树产于我国台湾、浙江等地。长江流域城市园林中栽培较多。喜光，耐阴，喜温暖湿润气候，耐寒性不强，耐贫瘠，耐修剪，多虫瘿。对有害气体、烟尘抗性强。

檵木（金缕梅科檵木属）（附图 1-61）

常绿灌木、小乔木，枝及花萼都有锈色星状柔毛。单叶互生，卵形、椭圆形，下面有星状毛，基部歪斜，全缘。花3～8朵簇生呈头状花序，花瓣4、白色。蒴果4瓣裂。花期4～5月，果熟8月。**变种与品种：红花檵木，**花紫红色。

檵木产于我国长江中下游及以南至华南、西南各地。济南趵突泉公园有栽培。喜光耐阴，不耐寒、耐旱，不耐瘠薄。

杜仲科

杜仲（杜仲科杜仲属）

落叶乔木，树冠球形或卵形，植物体有丝状胶质，小枝髓心片状。单叶互生，叶面皱、有锯齿、叶脉下陷。雌雄异株，无花被。翅果扁平、矩圆形。花4月叶前开放或与叶同放，果熟10月。

杜仲是我国特产树种，是重要的药材和经济树种。产于我国河南、陕西，以及中南地区。喜光，不耐阴，耐寒，不耐干旱，过湿、过于贫瘠都生长不良。深根性树种。

悬铃木科

二球悬铃木（英国梧桐）（悬铃木科悬铃木属）（附图 1-62）

落叶乔木，树冠广卵形，树皮裂成不规则薄片脱落，内皮淡黄白色，枝条上有环状托叶痕，嫩枝密生星状毛，柄下芽。单叶互生、掌状5裂，中部裂片长宽近相等。花单性同株，头状花序，单被花。小坚果，聚合成球形，常2个一串。花期4～5月，果熟9～10月。**同属不同种：一球悬铃木（美国梧桐），**果序常单个生于总柄，叶浅裂中裂片宽大于长；**三球悬铃木（法国梧桐），**果序常2～6个，常3个生于总柄，叶通常5～7裂至中部或中部以下。

二球悬铃木为三球悬铃木与一球悬铃木的杂交种，1646年在英国伦敦育成，现广泛种植于全世界，为世界四大行道树之首，号称“行道树之王”。我国引入栽培百余年。阳性树，不耐阴。对土壤要求不严，耐干旱、瘠薄，亦耐湿。根系浅易风倒，耐修剪，抗烟尘等有害气体。生长迅速、成荫快，百龄左右渐衰老。

附图 1-61　檵木

附图 1-62　二球悬铃木

蔷薇科

绣线菊（蔷薇科绣线菊属）

落叶灌木。单叶互生、披针形，缘密生锐锯齿或重锯齿。圆锥花序矩圆形、顶生，粉红色。蓇葖果、直立。花期 4～5 月，果熟 10 月。**同属不同种：绣球绣线菊、麻叶绣线菊、三裂绣线菊、笑靥花、喷雪花、“雪堆”日本绣线菊。**

绣线菊原产我国中北部。喜光、耐阴，耐寒、耐瘠薄、耐修剪。

珍珠梅（蔷薇科珍珠梅属）（附图 1-63）

落叶灌木，一回奇数羽状复叶互生，小叶披针形、卵状披针形，缘有重锯齿。大型圆锥花序顶生，花小白色，雄蕊 20，短于或与花瓣等长，花蕾时似珍珠。蓇葖果开裂。花期 6～8 月，果熟 9～10 月。**同属不同种：东北珍珠梅，**雄蕊 40～50，长于花瓣。

珍珠梅原产我国北部地区。喜光，较耐阴，耐寒、耐修剪，是北方庭园夏季主要的观花树种之一。

白鹃梅（蔷薇科白鹃梅属）

落叶灌木，单叶互生，椭圆形或倒卵状椭圆形，全缘或仅先端有锯齿。顶生总状花序，花白色，花瓣基部有短爪，雄蕊多数，着生于花盘边缘。蒴果倒卵形。花期 4 月，果熟 9 月。

白鹃梅产于我国江苏、浙江、江西、湖北等地，北京以南可栽培。喜光稍耐阴，耐寒，耐干旱瘠薄。

平枝栒子（蔷薇科栒子属）

落叶或半常绿灌木，高不过 50cm。枝水平开展呈整齐的两列状分枝。单叶互生，近圆形或宽椭圆形，上面暗绿色，背面有柔毛，叶缘不成波状。花粉红色，1、2 朵并生，小梨果近球形，鲜红色。花期 5～6 月，果熟 9～10 月。**同属不同种：匍匐栒子。**

平枝栒子是优良的地被植物，产于我国中南部地区。喜半阴，光照充足亦能生长。耐寒、耐干旱瘠薄，石灰质土壤也能生长。不耐水涝，华北地区亦在避风处栽培。

风箱果（蔷薇科风箱果属）

落叶灌木，树皮纵向剥落。幼枝紫红色，老时灰褐色。单叶互生，三角状卵形或宽卵形，3～5 浅裂，叶缘有重锯齿。伞形总状花序顶生，花瓣白色、花药紫色。蓇葖果红色，肿大，开裂。花期 6 月，果熟 7～8 月。**变种与品种：金叶风箱果、紫叶风箱果。**

风箱果产于我国黑龙江、河北等地。喜光，亦耐半阴。耐寒性强，要求土壤湿润，但不耐水渍。

附图 1-63 珍珠梅　　附图 1-64 火棘

火棘（蔷薇科火棘属）（附图 1-64）

常绿或半常绿灌木，侧枝短、先端常成刺状。单叶互生、倒卵形或倒卵状长圆形，基部下延。复伞房花序，花白色。小梨果，红色。花期 4～5 月，果熟 10～11 月。**变种与品种：矮火棘、黄果火棘、红果火棘。**

火棘原产我国中部及华北山区。弱阳性树。耐旱、耐瘠薄、耐修剪，不耐寒，对土壤要求不严。有的品种可密植作果篱或地被。

山楂（蔷薇科山楂属）

落叶小乔木，有枝刺或无枝刺。单叶互生，宽卵形至三角状卵形，两侧各有 3～5 羽状裂，边缘不规则锯齿。复伞房花序有长柔毛，后脱落。梨果球形，深红色，有白色或褐色皮孔，径 1～1.5cm。花期 4～5 月，果熟 9～10 月。**变种与品种：山里红，**枝无刺，叶较大，羽状裂较深，果径约 2.5cm。**同属不同种：红花山楂，**花红色，有单瓣、重瓣品种，原产英国，目前我国有少量引种。

石楠（蔷薇科石楠属）（附图 1-65）

常绿小乔木，树冠自然圆满。冬芽红色，单叶互生、革质，倒卵状椭圆形至矩圆形，叶缘细尖锯齿，新叶红色。复伞房花序顶生，密生许多白色小花。小梨果球形，红色。花期 4～5 月，果熟 10 月。**变种与品种：红叶石楠，**春秋两季新梢和嫩叶火红，夏季变为亮绿色；**"红罗宾"石楠，**红叶期更长；**"强健"石楠，**叶橙红色，叶大花繁，树种比"红罗宾"更强健；**"罗宾斯"石楠，**新叶呈火漆红色，耐－18℃低温；**红粉世家石楠。**

石楠产于我国秦岭南坡，淮河流域以南，在山东可露地栽培。阳性树，耐半阴。喜温暖气候，有一定耐寒性。耐干旱瘠薄，不耐积水，抗空气污染，生长慢。

附图 1-65 石楠

附图 1-66 贴梗海棠

枇杷（蔷薇科枇杷属）

常绿小乔木，密生锈黄色绒毛，单叶互生，革质，倒披针形至长圆形，叶面褶皱，有光泽，背面及柄密生灰棕色绒毛。圆锥花序，花白色、芳香。梨果长圆形至球形，橙黄色或橙红色。花期 10～12 月，果熟翌年 6 月。

枇杷是亚热带果树，长江流域以南久经栽培。山东济南小气候环境亦可生长。喜光照充足，稍耐侧阴，喜温暖湿润气候，不耐严寒，喜肥沃湿润土壤，不耐积水，冬季干旱生长不良。抗二氧化硫及烟尘。

花楸（百华花楸）（蔷薇科花楸属）

落叶乔木或大灌木，小枝幼时有绒毛，芽有白色绒毛。奇数羽状复叶互生，小叶 11～15 片，背面粉白色、有绒毛。复伞房花序由多数密集的花组成，花白色。梨果近球形较小、熟时橘红色，具直立闭合的宿存萼。花期 6 月，果熟 9～10 月。

花楸产于我国北部各地。温带树种，耐寒，较耐阴、喜湿润酸性或微酸性土壤。

木瓜（蔷薇科木瓜属）

落叶小乔木，树皮不规则薄片状剥落。单叶互生，卵形、卵状椭圆形，叶缘芒状腺齿。叶柄、托叶有腺齿。花单生叶腋，粉红色，梨果大、椭球形、暗黄色、木质、芳香。花期 4～5 月，果熟 9～10 月。**同属不同种：贴梗海棠（附图 1-66）**，落叶灌木，有枝刺，托叶大、肾形，花 3～5 朵于二年生枝叶腋处簇生、花梗粗短近无，花色丰富、自白色至深红均有，梨果卵球形、黄或黄绿色、有香气，大、径 5～6cm，紧紧贴在枝上，花期 3～4 月，先叶开放或与叶同放；**木瓜海棠，**落叶灌木或小乔木状、短枝刺状，叶背面密生绒毛，后渐脱落，缘有芒状细尖锯齿，花 3～5 朵于二年生枝叶腋处簇生，花梗粗短，花白至粉红色，梨果大、径达 6cm 以上，木质、芳香；**日本贴梗海棠（日本木瓜）（附图 1-67）**，落叶灌木，枝有疣状硬点、枝条细而多、具枝刺，花肉红色、花梗粗短，梨果近球形、黄色、较大、径 3～4cm。

木瓜原产我国黄河流域以南，各地常见栽培。北京可露地越冬。喜光，耐侧阴，喜肥沃排水良好的轻壤土，不耐积水或盐碱地，忌风口栽植。

苹果（蔷薇科苹果属）

落叶乔木。单叶互生，椭圆形至卵形，缘有圆钝锯齿。伞形总状花序，花白色带红晕，花药黄色。梨果略扁球形。花期 4～5 月，果熟 7～11 月。

苹果原产欧洲东南部，小亚细亚及南高加索一带，1870 年传入我国烟台，为主要水果。温带果树，阳性树。喜冷凉、干燥气候，耐寒，不耐湿热、多雨，不耐瘠薄。树龄达百年以上。

附图 1-67　日本贴梗海棠

附图 1-68　海棠花

海棠花（蔷薇科苹果属）（附图 1-68）

落叶乔木，树形峭立，枝条直立无刺。单叶互生、椭圆形至长椭圆形，缘细锯齿。伞形总状花序顶生，花梗长，花蕾红色、开放后呈淡粉红色，有重瓣品种。梨果近球形、较大、黄色，萼片宿存。花期 4～5 月，果熟 9 月。**近年来我国引进几十种海棠：芭蕾舞美人海棠，**适生温度 -40～40℃；**北美海棠，**能耐-35℃低温；**珠美海棠，**抗盐碱，耐寒力极强；**缱绻海棠；绚丽海棠；红宝石海棠：贵妃海棠；雪球海棠；长寿冠海棠；紫色王子海棠。同属不同种：西府海棠，**梨果近球形、红色，较小、1cm 左右；**垂丝海棠（附图 1-69），**树冠开展，分枝角度大，叶柄、叶脉、叶缘、常有紫色，花顶生 4～7 朵呈伞形总状花序，花淡玫红色，花梗细长而下垂，有重瓣和白花、紫色品种，梨果带紫色，小、6～8mm。

海棠花为温带树种，原产我国北方是久经栽培的观赏树种。强阳性树，耐寒、耐旱，亦耐盐碱，不耐湿。

梨树（蔷薇科梨属）

落叶乔木，单叶互生，卵形或卵状椭圆形，有刺芒状尖锯齿，齿端微向内曲。伞形总状花序，花白色、花药红色。梨果卵形或近球形，黄色或黄白色，富有石细胞。花期 4 月，果熟 8～9 月。**变种与品种：红叶梨树。同属不同种：杜梨；彩叶豆梨，**春季白花似雪，秋季红叶似火，集观花、观果、观叶、观形于一体。

梨树是重要的果树，原产我国中部，华北、东北南部、西北及江苏北部广为栽培。喜光，喜干冷气候，耐寒，耐干旱瘠薄，对土壤要求不严。

蔷薇（蔷薇科蔷薇属）

落叶蔓性灌木，多皮刺。奇数羽状复叶互生，小叶 5～9，叶轴与柄都有短柔毛或腺毛，托叶与叶轴基部合生，边缘篦齿状分裂，有腺毛。圆锥状伞房花序，花白色或微有红晕、单瓣、芳香。聚合瘦果，包在肉质的坛形花托内，特称“蔷薇果”，暗红色。花期 4～5 月，果熟 9～10 月。变种与品种很多。

蔷薇产于我国黄河流域及以南，现全国普遍栽培。喜光，耐半阴，耐寒，对土壤要求不严。耐旱、耐瘠薄、耐湿。萌蘖性强，耐修剪，抗污染。

附图 1-69 垂丝海棠

附图 1-70 月季

月季（蔷薇科蔷薇属）（附图 1-70）

常绿或落叶灌木，枝条上有钩状皮刺。奇数羽状复叶互生、小叶广卵形至卵状椭圆形、缘有锯齿，托叶大部分附生叶轴上，叶柄和叶轴散生皮刺和短腺毛。花数朵簇生、少数单生、粉红至白色。花从 4～11 月多次开放，以 5 月和 10 月两次花大色艳。蔷薇果。

月季原产我国中部，是我国十大传统名花。我国原种及多数变种于 18 世纪末引至欧洲，通过杂交培育出了现代月季庞大家族，目前品种已达万种以上。弱阳性树。耐半阴、耐寒，喜肥、耐瘠薄、耐旱、耐湿、萌芽力强，耐修剪，抗污染。近几年，有以蔷薇作砧木培育出**高杆月季**。

现代月季大致分为以下几类：**杂种香水月季、丰花月季、壮花月季、微型月季，还有藤蔓月季、灌丛月季等类型。**现代月季中，品种最丰富的是杂种香水月季。

玫瑰（蔷薇科蔷薇属）（附图 1-71）

落叶灌木，枝密生皮刺和刚毛。一回奇数羽状复叶互生、叶面皱褶、下面有柔毛及刺毛。花单生或 3～6 朵集生，常为紫红色、芳香，亦有白色、玫红色、重瓣品种。花期 5 月，果熟 9～10 月。**新品种：耐盐玫瑰、紫枝玫瑰。同属不同种：黄刺玫（附图 1-72）**，落叶灌木，枝散生硬刺，花黄色、单生枝顶、单瓣或重瓣；**木香（附图 1-73）**，半常绿藤本，小枝无刺或稍有疏刺，伞形花序 3～7 朵，花白色或黄色、单瓣或重瓣，芳香，**其变种与品种有重瓣白木香、重瓣黄木香。**

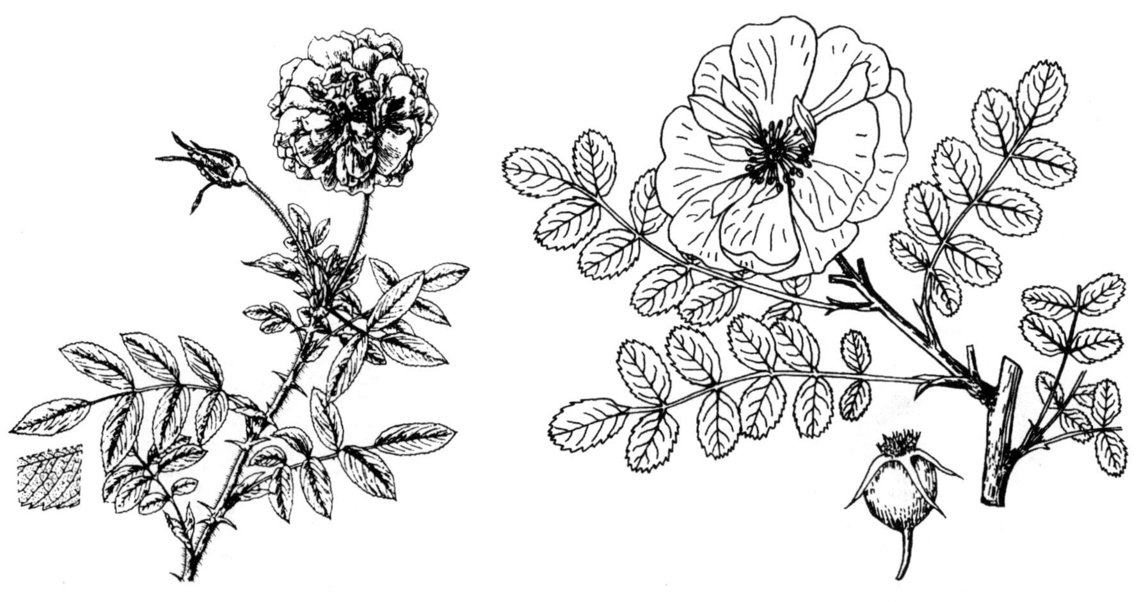

附图 1-71 玫瑰　　附图 1-72 黄刺玫

玫瑰原产我国中部偏北，现各地都有栽培，是许多城市的市花，为著名的木本园林花卉。阳性树种，喜光照充足，喜凉爽通风的环境，耐寒、耐旱，忌黏土或地下水位过高的低洼地。

棣棠（蔷薇科棣棠属）（附图 1-74）

丛生落叶小灌木，小枝绿色有棱、光滑。单叶互生、卵形至卵状椭圆形，先端长渐尖、缘重锯齿、叶脉下陷、叶面皱褶。花单生侧枝顶端、金黄色，单瓣重瓣。瘦果黑色、萼片宿存。花期 4～5 月，果熟 7～8 月。

棣棠原产我国秦岭以南各地。喜半阴，忌炎日直射，喜温暖湿润气候，不耐严寒。

附图 1-73 木香

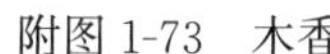

附图 1-74 棣棠

鸡麻（蔷薇科鸡麻属）

落叶灌木，单叶对生，卵形、卵状椭圆形，缘有锐重锯齿，叶面皱、疏生柔毛、背面有丝毛。花白色、单新枝顶端，花基数 4，花萼有锯齿、副萼披针形。花期 4～5 月，果熟 9～10 月。

鸡麻产于我国辽宁以南各地。喜光，耐寒，耐旱，耐瘠薄。

车轮梅（石斑木）（蔷薇科石斑木属）

常绿灌木或小乔木。叶丛生小枝端，薄革质，长椭圆形或披针状长椭圆形，粗锯齿缘。圆锥花序，顶生，有褐色毛，花瓣 5，白色，凋谢前略带粉红色。球形梨果，熟红黑色。花期 4 月，果熟 7～8 月。

车轮梅产于我国安徽、浙江、福建、江西、湖南、贵州、云南、广东、广西等地，生于山坡、路边或溪边灌木林中。

紫叶李（蔷薇科李属）（附图 1-75）

落叶小乔木，树冠卵圆形，枝、叶、花萼、花梗、雄蕊都为紫红色。单叶互生、卵形至椭圆形，缘有重锯齿。花单生或 2～3 朵簇生叶腋、淡粉红色。核果小、近球形、暗红色。花期 4 月与叶同放，果熟 7～8 月。

紫叶李原产亚洲西部，现各地广有栽培，是重要的观叶树种。弱阳性树，但在弱光下叶常不鲜艳。喜温暖湿润气候、稍耐寒、较耐湿。

杏树（蔷薇科杏属）

落叶乔木，树冠圆整，小枝红褐色。单叶互生，宽卵形或卵状椭圆形，先端突渐尖，钝锯齿，叶柄有红色。花单生、两性，白色至淡红色，萼紫红色。核果球形、杏黄色，果实一侧有红晕、有沟槽，果肉离核，果核扁、平滑。花期 3～4 月，果熟 6～7 月。**变种与品种：山杏、垂枝杏。**

杏树是我国北方常见果树，在长江流域以北各地都有栽培，栽培历史悠久。喜光，耐寒，能抗－40℃低温，亦耐高温，喜干燥气候，耐旱，忌水湿，稍耐盐碱。成枝力较差、不耐修剪。对氟化物污染敏感。

附图 1-75 紫叶李

附图 1-76 梅花

梅花（蔷薇科李属）（附图 1-76）

落叶小乔木，树冠圆形，小枝多为绿色，先端常尖锐成刺。单叶互生，先端渐长尖或尾尖。花单生或 2 朵簇生于叶腋，花色由白至深红色、芳香。核果球形、绿黄色，核有蜂窝状穴孔，果肉黏核、味酸。花期 1～3 月，先叶开放，果熟 5～6 月。梅花品种多达 323 种。根据我国植物分类学家陈俊愉教授对我国梅花品种的分类，有真梅系、杏梅系、樱李梅系和山桃梅系等四个系列。

梅花原产我国，黄河流域以南广为分布。梅花为我国的传统名花，其姿、香、色俱佳，有深厚的文化内涵，品种极多。弱阳性树，喜温暖湿润气候，有一定的耐寒、耐旱能力，能耐瘠薄，忌积水和风，寿命长。

桃（蔷薇科桃属）（附图 1-77）

落叶小乔木，树冠开阔，小枝绿褐色或红褐色。单叶互生，叶椭圆状披针形，中部以上最宽，缘有细钝锯齿。花 1、2 朵腋生，花色有白、粉红、红、深红色等，花萼有绒毛。核果球形、先端尖歪斜。花期 4 月，果熟 7～8 月。**品种丰富，观赏桃主要有：碧桃、绛红碧桃、白碧桃、洒金碧桃、绯红碧桃、垂枝碧桃、寿星桃（罗汉桃）、红叶寿星桃、洒金罗汉碧桃、紫叶桃、龙柱碧桃、红叶龙柱碧桃、胭脂碧桃、菊花碧桃、花叶菊花碧桃。同属不同种：山桃，**干皮紫红色，有光泽，具横向环纹，叶中部以下最宽，花萼无毛。

桃原产我国，栽培历史悠久。弱阳性树，较耐寒，耐旱、怕涝、耐瘠，喜沙质土、忌黏重土壤。生长迅速，寿命短。

榆叶梅（蔷薇科李属）（附图 1-78）

落叶灌木，小枝紫褐色、无毛。单叶互生、宽椭圆形或倒卵形，先端常 3 浅裂、粗重锯齿、背面疏生短毛。花 1、2 朵腋生、粉红至紫红色，单瓣、重瓣。核果球形、红色有柔毛、果肉薄。花期 4～5 月，果熟 6～7 月。**变种与品种：红花重瓣榆叶梅、鸾枝。同属不同种：毛樱桃；郁李，**小枝细密，叶缘锐重锯齿，花单生或 2～3 朵簇生，单瓣重瓣，粉红色或白色，花梗长；**紫叶矮樱，**小枝紫褐色，嫩叶紫红色亮丽，花单生，淡粉色或白色，花瓣 5、微香。

附图 1-77　桃　　　附图 1-78　榆叶梅

榆叶梅原产我国华北和东北地区，是北方主要的早春木本花卉。喜光、耐寒，适应性较强，耐旱、耐瘠薄，不耐积水、稍耐盐碱。

樱花（蔷薇科樱属）（东京樱花，日本樱花）（附图 1-79）

落叶乔木，树冠开阔，树皮栗褐色、有横纹，小枝赤褐色。单叶互生，卵形至卵状椭圆形，先端尾尖、缘具芒齿。花 3～5 朵成短总状花序，花色白至粉红、单瓣或重瓣。核果球形、褐色、无毛。**变种与品种：染井吉野樱，**高 5～12m，花朵刚绽放时是淡红色，完全绽放时会逐渐转白；**寒绯樱，**是我国内地一年里最早开放的樱花，花期 2 月中旬；**垂枝樱花，**花色有红、白、粉三种，适应性强，能耐－30℃低温，抗病虫害能力强，全国大部分地区均可引种。**同属不同种：冬樱花，**因冬季开花而得名，产于云南东南部、西部和中部，在云贵高原、华南、华东南部地区可露地栽培；**十月樱。麦李，落叶灌木。铺地樱，**枝匍匐地面，优良的地被植物（樱花矮化砧：去塞拉 6 号，不仅使樱花、樱桃矮化，且克服了根癌病、病毒病、流胶病）；**红叶樱花，**是瑰丽樱花的一个变种，叶三季紫红色，分布在华北、华东、华南、中原地区及东北、西北的大部分地区有广泛的传统栽植。

樱花主产我国长江流域。喜光，稍耐阴，喜温暖湿润，较耐寒，不耐旱及涝，不耐瘠薄及黏土，不耐盐碱。樱花对有害气体及部分农药如乐果较敏感。不耐移植。

稠李（蔷薇科稠李属）

落叶乔木，小枝紫褐色，单叶互生，卵状长椭圆形至倒卵形，缘有细锐锯齿，叶面深绿色、背面灰绿色。总状花序下垂，花序长 7～15cm，由 10～20 朵花组成，花小、白色、芳香。核果近球形，紫黑色、有光泽。花期 4 月，果熟 9 月。**变种与品种：紫叶稠李。同属不同种：麦李，**花粉红或近白色，果红色。

稠李原产欧洲及亚洲西北部，我国东北、内蒙古、河北、河南、陕西、山西、甘肃等地均有分布。入秋，叶变为黄红色。喜光，尚耐阴，耐寒，喜湿润，适应性强。

附图 1-79 樱花　　附图 1-80 合欢

豆科

合欢（豆科合欢属）（附图 1-80）

落叶乔木，树冠常呈平顶状，树干不挺直。二、三回偶数羽状复叶互生，羽片 4～12 对，小叶 10～30 对，小叶刀形，朝开暮合，雨天亦闭合。头状花序、伞房状排列、花被黄绿色，花丝粉红色、缨状。荚果、条形扁平。花期 6～7 月，果熟 10 月。**变种与品种：紫叶合欢。同属不同种：山合欢，**羽片 2～3 对，小叶 5～14 对，花丝白色；**金合欢，**株高约 2～4m，春季开花，金黄色，芳香；**欧洲红玫瑰合欢，**花玫瑰红色，绒缨状花序汇成 15cm 的花球。

合欢产于我国黄河流域以南。弱阳性树，适应性较强。有菌根（根瘤菌）。能耐干旱瘠薄，但不耐水湿。

台湾相思树（豆科金合欢属）

常绿乔木，无刺。幼苗偶数二回羽状复叶，长大后小叶退化仅 1 叶柄状、狭披针形。花序头状，花黄色、微香。荚果扁带状，种子间略溢缩。花期 4～6 月，果熟 7～8 月。

台湾相思树产于我国台湾，福建、广东、广西、云南等地有栽培。喜强光，不耐阴，喜温热气候，不耐寒，喜酸性土，耐旱又耐湿、耐瘠薄。深根性，枝条坚韧，根系发达、具根瘤，固土能力强。

紫荆（豆科紫荆属）（附图 1-81）

落叶乔木，栽培时通常呈灌木状，小枝之字形。单叶互生、近圆形，全缘。大量的花生于 2 年生以上的茎干上，花紫红色（变种白色）、萼红色。荚果扁，腹缝线有窄翅。花期 3～4 月、先叶开放，果熟 9～10 月。**同属加拿大紫荆的变种与品种：紫叶加拿大紫荆，**叶春夏为紫红色，秋季变黄，在北京种植获得成功；**加拿大红花紫荆，**春天满树红花；**欧洲紫荆，**早春开花先紫红渐为粉红，花期长，新叶黄色、秋叶金黄，适应南北各种气候，曾获得欧洲金爵士奖。**同属不同种：巨紫荆，**落叶乔木，胸径可达 40cm，高达 15m，速生植物，寿命长，花期 4 月，呈淡红或淡紫红色，原产我国陕西、河南等地。

紫荆产于我国黄河流域以南。弱阳性树。较耐寒、耐旱，忌水湿，耐修剪，对烟尘及有害气体抗性强。

红花羊蹄甲（紫荆花、洋紫荆、羊蹄甲）（豆科羊蹄甲属）（附图 1-82）

常绿小乔木。单叶互生、革质，圆形或心形，先端二裂、深约为全叶的 1/3、状如羊蹄。花大、芳香、红色，排成少花的总状花序，盛开时花几乎与叶同大，花瓣 5、鲜紫红色、间以白色彩纹。花不孕性。花期 11 月～翌年 3 月。

红花羊蹄甲分布于我国华南、西南地区，全世界热带地区广为栽培，是香港特别行政区区花。阳性树种，喜温暖湿润阳光充足的环境，需肥沃而配水良好的沙质壤土。

附图 1-81 紫荆　　附图 1-82 红花羊蹄甲

凤凰木（豆科凤凰木属）

落叶乔木，树冠伞形，二回羽状复叶对生。羽片 10～24 对，小叶 20～40 对，皆对生。小叶基部歪斜，上面中脉下陷。伞房总状花序，花萼绿色、5 深裂，花大、鲜红色，上部花瓣有黄色条纹。花期 5～8 月，在广州一年开花 3～4 次。

凤凰木原产马达加斯加及非洲热带地区，我国华南及华东南部等地引种栽培。汕头市市花，厦门市市树。喜光，喜暖热湿润气候，不耐寒，对土壤要求不严，根系发达，生长快。不耐烟尘。对病虫害抗性强。

皂荚（豆科皂荚属）（附图 1-83）

落叶乔木，树冠扁球形，枝条上有圆分枝刺。一回偶数羽状复叶，小叶卵形至卵状长椭圆形。总状花序腋生，花序轴、花梗、花萼有柔毛，花杂性，假蝶形花。荚果长带形、弯或直、木质、肥厚，经冬不落。花期 4～5 月，果熟 10 月。**变种与品种：金叶皂荚、红叶皂荚**。

皂荚产于我国黄河流域以南。阳性树，稍耐阴，喜温暖湿润气候，有一定的耐寒力，对土壤要求不严，耐盐碱，在干旱瘠薄的地方树种不良。生长慢，寿命长。

附图 1-83 皂荚　　附图 1-84 云实

云实（豆科云实属）（附图 1-84）

落叶攀缘灌木，枝条密生倒钩状皮刺及褐色短柔毛。二回奇数羽状复叶互生，小叶长圆形、全缘。总状花序顶生，假蝶形花、黄色，最内片有红色条纹。荚果扁平长椭圆形。花期 4～5 月，果熟 9～10 月。

云实原产我国长江流域及以南。弱阳性树，耐瘠薄，不耐寒，生长快。

刺桐（象牙红）（豆科刺桐属）（附图 1-85）

落叶乔木，有皮刺。3 小叶复叶互生，顶部小叶较大，小叶全缘。蝶形花、较大，深红色，

2～3 朵排列成密集的总状花序。荚果念珠状，种子暗红色。花期 3 月，果熟 9 月。

刺桐原产热带亚洲，我国华南地区可露地栽培。喜高温湿润向阳环境，非常耐热，即使在炎夏仍可在直射阳光下生长、不耐寒，在适生地作行道树或庭院栽植，在我国大部地区温室栽培，冬季需保持 4℃以上。

黄槐（豆科决明属）

常绿小乔木，株高 3～5m，偶数羽状复叶，全年均能开花，以 4～10 月最盛，假蝶形花、鲜黄色、总状伞房花序。**同属不同种：大花黄槐；金边黄槐，**灌木，叶缘金黄色，秋季开花。

黄槐性喜高温耐旱，日照充足，适合行道树、庭荫树，亦可适合大型盆栽。

锦鸡儿（豆科锦鸡儿属）

落叶灌木，枝细长有棱脊线。偶数羽状复叶，小叶 4，对生、羽状排列，叶轴先端成刺，托叶针刺状。蝶形花单生、黄色带红色、下垂。荚果长约 3.5cm。花期 4～5 月，果熟 10 月。**同属不同种：金雀花**，小叶 4、掌状排列，花黄色带紫红色或淡红色、凋落时红色，荚果长约 6cm。

锦鸡儿主产我国北部及中部，各地有栽培。

葛藤（豆科葛藤属）

落叶藤本，块茎肥厚。3 小叶复叶互生，叶轴被密或疏黄色长硬毛。总状花序腋生，蝶形花小多而密，总花梗密被白色柔毛，花冠蓝紫色或紫红色。荚果带状、扁平、密被褐黄色长硬毛。花期 7～9 月，果熟 8～10 月。

葛藤原产我国，北方各地有分布。生长迅速，匍匐地面，覆盖面大，是优良的保持水土植物。喜光，耐瘠薄，适应性强，耐寒。

花木蓝（豆科木蓝属）

落叶灌木，幼枝灰绿色，有时发白，稍被有白色丁字毛。奇数羽状复叶互生，小叶 7～11、对生，叶面深绿色、侧脉不明显，背面苍白色、侧脉明显，两面被白色丁字毛。总状花序腋生，蝶形花冠淡紫红色。荚果圆筒形，先端渐尖、偏斜。花期 6～7 月，果熟 8～9 月。

花木蓝产于我国北方，各地有分布，是山地保土植物。喜光、略耐阴，对环境适应性强，耐寒。

紫藤（豆科紫藤属）（附图 1-86）

大型落叶藤本，缠绕为逆时针方向，能自缠 30cm 以下的柱状物，对其他植物有绞杀作用。一回奇数羽状复叶互生。总状花序下垂、在当年生枝端或叶腋着生，蝶形花紫色（变种白色）、芳香。荚果长条形、密生黄褐色绒毛。花期 4 月、与叶同放，果熟 9～10 月。**同属不同种：日本紫藤，**晚夏开花，芳香，圆锥花序长达 20 多厘米，花繁密。

紫藤为温带树种，原产我国。弱阳性树。较耐寒、耐湿、耐旱、耐瘠，喜深厚肥沃、排水良好的土壤。对有害气体有较强的抗性，寿命长。

刺槐（豆科刺槐属）（附图 1-87）

落叶乔木。树冠椭圆状倒卵形。一回奇数羽状复叶，枝条上有托叶刺，小叶椭圆形至菱状长圆形。总状花序下垂，蝶形花、白色、芳香。荚果带状、开裂。花期 4～5 月，果熟 9～10 月。**变种或品种：无刺槐；毛刺槐，**茎、小枝、叶柄、花梗均有红色刺毛。花粉红色或紫红色；**红花刺槐**，无刺；**金叶刺槐；龙爪刺槐；泓森槐。同属不同种：香花槐，**花红色艳丽，多次开花。

附图 1-85 刺桐　　附图 1-86 紫藤

刺槐原产北美，20 世纪初引入我国青岛、大连，现遍布我国。强阳性树。喜干燥而凉爽的气候，不耐湿热。耐干旱瘠薄，耐一定盐碱，萌蘖强。忌低洼积水。浅根性，抗烟尘能力强。寿命较短。

胡枝子（豆科胡枝子属）

落叶灌木，分枝细，嫩枝有柔毛。3 小叶复叶，小叶两面疏生平伏毛，叶柄密生柔毛。总状花序，蝶形花紫红色。荚果斜卵形、有柔毛。花期 7～8 月，果熟 9～10 月。

胡枝子产于我国东北、内蒙古，以及黄河流域。喜光，稍阴，耐寒、旱，耐瘠薄。根系发达生长快。萌芽力强，耐刈割。绿肥植物。

软荚红豆（相思豆）（豆科红豆树属）

常绿乔木，裸芽，小枝疏生黄色柔毛。奇数羽状复叶互生，小叶 3～9、革质、长椭圆形。圆锥花序腋生，蝶形花白色。荚果革质。种子 1 粒，鲜红色、扁圆形，有光泽，种脐处有黑色条纹。花期 5 月，果熟 9～10 月。**不同属其他种：海红豆（孔雀豆）（海红豆属）、相思子（相思豆）（相思子属）。**

软荚红豆因唐代著名诗人王维的相思诗而出名。分布于我国江西、福建、广东、广西等地。喜光，喜暖热气候，不耐寒，不耐旱，根系发达，萌芽力强。

紫穗槐（豆科紫穗槐属）

落叶灌木，丛生，嫩枝密生毛、后脱落。奇数羽状复叶，小叶有油腺点、先端有芒尖。总状花序顶生直立，花小、蓝紫色，旗瓣包被雄蕊，翼瓣、龙骨瓣均退化。荚果小、短镰形、密生瘤状油腺点。花期 5～6 月，果熟 9～10 月。

紫穗槐原产北美，我国引入，各地栽培广泛。喜光，耐干冷气候，耐寒，耐旱，耐热，耐水淹，耐盐碱。根系发达，生长迅速。是良好的水土保持和绿肥植物。

附图 1-87　刺槐

附图 1-88　国槐

国槐（豆科槐属）（附图 1-88）

落叶乔木，树冠广卵形，柄下芽。一回奇数羽状复叶互生。圆锥花序，蝶形花黄白色。荚果肉质不裂，念珠状，宿存。花期 6～8 月，果熟 9～10 月。**变种与品种：龙爪槐**，枝条屈曲下垂，树冠伞形；**黄金槐**，枝条金黄色，特别是在冬季效果更明显；**金叶国槐；黄金垂槐；堇花槐**，翼瓣、龙骨瓣呈玫瑰紫色；**五叶槐**，小叶 3～5 呈簇生状，顶生小叶常 3 裂；**聊红槐**，其花朵旗瓣为浅粉红色，翼瓣和龙骨瓣为淡堇紫色。**同属不同种：马蹄针**，灌木，枝端为棘状刺，有时具 1～2 分枝状的短刺。奇数羽状复叶在长枝上互生、在短枝上簇生。总状花序顶生有小花 6～15 朵。总花梗密被白色柔毛。花冠白色或浅蓝紫色。荚果，种子与种子间溢缩呈念珠状。

国槐原产我国，是我国北方习见的乡土树种。弱阳性树，稍耐盐碱，管理粗放。

油麻藤（豆科油麻属）

常绿木质藤本。3 小叶复叶互生，顶端小叶卵形或长方卵形，先端尖尾状，基部阔楔形；两侧小叶长方卵形，先端尖尾状。总状花序，花大，下垂；花萼外被浓密绒毛，钟裂，裂片钝圆或尖锐；花冠深紫色或紫红色。荚果扁平，木质，密被金黄色粗毛。

油麻藤主产于我国福建、云南、浙江等地。生于林边，常缠绕于树上。

芸香科

花椒（芸香科花椒属）

落叶小乔木或灌木状，枝具宽扁而尖锐的皮刺。奇数羽状复叶互生，小叶 5～9，卵形、卵状矩圆形或椭圆形，锯齿细钝，叶轴有窄翅。圆锥花序顶生。蓇葖果。花期 3～4 月，果熟 7～10 月。

花椒是重要的油料树种，分布我国辽宁南部以南至长江流域各地。在遮阴下生长不良，不耐严寒，北方常种植在背风向阳处，喜深厚肥沃湿润的沙壤土或钙质土，过分干旱瘠薄生长不良，忌积水，耐修剪。

九里香（芸香科九里香属）

常绿灌木，奇数羽状复叶互生，小叶3～9，互生，叶形变化较大，全缘，叶面深绿色、有光泽。叶片有油腺点。伞房花序顶生或腋生。花白色、极芳香。核果肉质，卵形或球形、橙黄色至朱红色。花期4～8月，果熟9～12月。

九里香原产亚洲热带，我国南部至西南部有分布。南方暖地可露地栽植，北方盆栽。喜阳光充足，性喜温暖湿润气候，不耐寒，稍耐阴。

黄檗（芸香科黄檗属）

落叶乔木，树皮外层木栓层发达，内层薄、鲜黄色。柄下芽、常密被黄褐色短毛。奇数羽状复叶对生，小叶5～13、锯齿细钝、常有睫毛。聚伞圆锥花序顶生，花黄绿色。浆果状核果、成熟时紫黑色，破碎后有特殊的酸臭味。花期5～6月，果熟9～10月。

黄檗适生于湿冷气候及湿润肥沃的土壤，喜光，深根性，不耐干旱瘠薄和水湿。易染锈病及遭蝶类幼虫及金花虫危害。

枸橘（芸香科枳属）

落叶灌木或小乔木，小枝有棱、绿色，有枝刺。3小叶复叶，叶柄有翼。花白色、芳香。柑果球形、密生毛，成熟时黄色。花期4月，果熟10月。

枸橘原产我国长江流域，现黄河流域以南有栽培。喜光，耐阴，喜温暖气候，较耐寒，北京可露地栽培。略耐盐碱，忌积水。在土壤干旱瘠薄处生长不良。耐修剪。对有害气体抗性强。适作刺篱及屏障树。

柑橘（芸香科柑橘属）（附图1-89）

常绿小乔木，小枝细弱、常有短刺。单身复叶互生，椭圆状卵形、披针形，花白色、芳香、单生或簇生叶腋。柑果扁球形，橙红或橙黄色，果皮与果瓣易剥离，果心中空。花期5月，果熟10～12月。柑橘在果树分类上常分为两类：柑类，果较大，径5cm以上，果皮粗糙而厚、剥皮难；橘类，果较小，径5cm以下，果皮光滑而薄，剥皮易。以上两类又有很多栽培品种。

柑橘为重要的果树，产于我国长江流域以南，广为栽培。阳性树，稍耐侧阴。喜通风良好、温暖的气候，不耐寒，适生于疏松肥沃、腐殖质丰富、排水良好的沙壤土，切忌积水，有菌根。

吴茱萸（芸香科吴茱萸属）

落叶灌木或小乔木，小枝紫褐色。裸芽，密被紫色长茸毛。奇数羽状复叶、对生。伞房花序顶生，密生黄绿色小花。花单性，雌雄同株。蓇葖果初为绿色，干后黑色。花期5～6月，果熟10月。

吴茱萸分布于我国长江流域及以南各省区。喜光、喜温暖，略耐阴。适应性强。

苦木科

臭椿（苦木科臭椿属）（附图1-90）

落叶乔木，树冠开阔平顶形，无顶芽，叶痕大、有7～9个维管束痕。奇数羽状复叶互生，小叶基部常有1～2对腺齿。圆锥花序顶生，花单性或杂性，花淡绿色。翅果纺锤形、淡褐色，种子在翅果中部。花期4～5月，果熟9～10月。**变种与品种：彩叶椿，**春叶为红色，夏变为黄红色或黄白色或绿色，秋叶全红；**红果臭椿，**果实红色，为华北乡土树种。

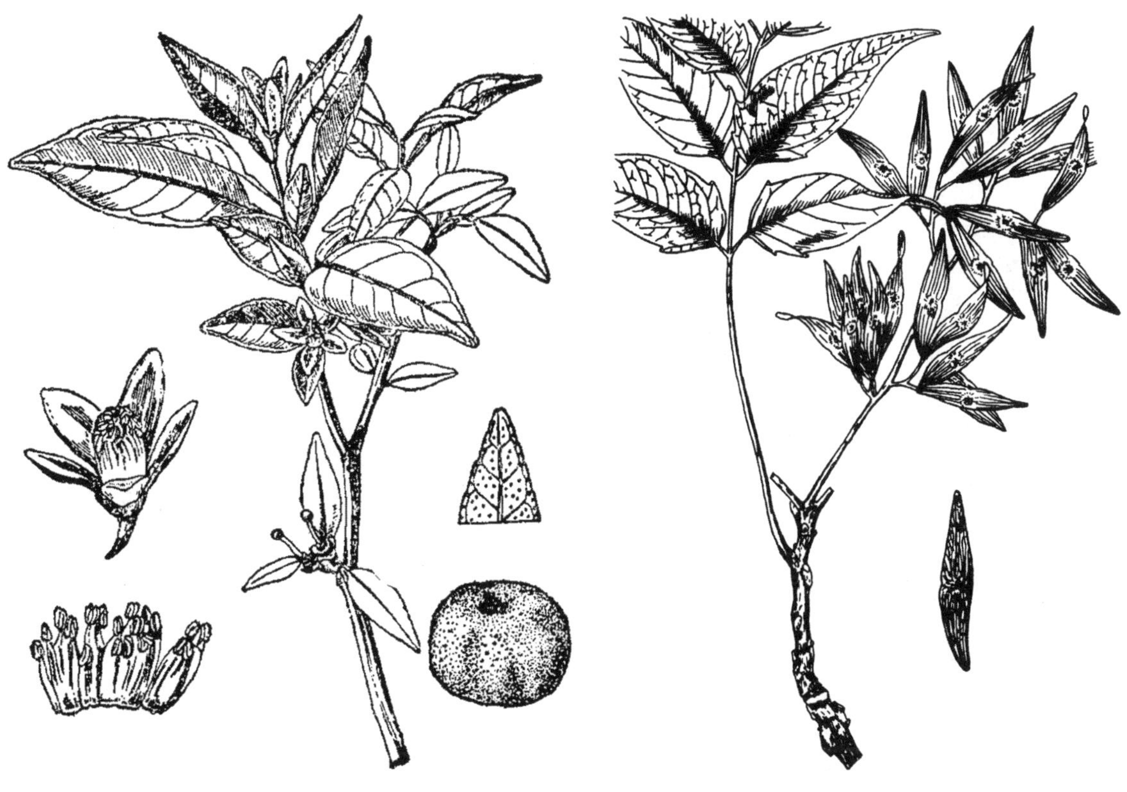

附图 1-89 柑橘　　附图 1-90 臭椿

臭椿原产我国，为北方乡土树种之一。强阳性树，适应性强，耐寒、耐旱、耐瘠薄、耐中度盐碱，但不耐湿，对风、烟尘、有害气体有较强的抗性。根系深，生长快，寿命长。

楝科

苦楝（楝科楝属）（附图 1-91）

落叶乔木，树冠开阔平顶形。二、三回奇数羽状复叶互生，小叶卵形或卵状椭圆形，花两性、芳香、淡紫色，圆锥状复聚伞花序腋生。核果球形，熟时黄色，经冬不落。花期 4～5 月，果熟 10～11 月。

苦楝原产我国长江和珠江流域，为亚热带树种。强阳性树，喜温暖湿润，不耐寒，也不耐干旱，较耐湿。对土壤要求不严，能耐盐碱，也耐瘠薄，耐烟尘。

香椿（楝科香椿属）

落叶乔木，树冠宽卵形，叶痕大、内有 5 个维管束痕。偶数羽状复叶，有香气。复聚伞花序，花小、白色、芳香。蒴果倒卵状椭圆形，种子有翅。花期 6 月，果熟 10～11 月。

香椿是著名的木本蔬菜，产于我国辽宁南部至黄河及长江流域，各地普遍栽培。喜光，有一定的耐寒性，对土壤要求不严，耐水湿，稍耐盐碱。萌芽力强，耐修剪。深根性，对有害气体抗性强。

米兰（米仔兰、树兰、鱼子兰）（楝科米仔兰属）（附图 1-92）

常绿灌木或小乔木，树冠蒴果圆球形。奇数羽状复叶，小叶 3～5，全缘，叶轴有窄翅，叶面亮绿。圆锥花序腋生，花金黄色、小而紧密，极芳香。浆果卵形或近球形。花期从夏至秋。

米兰原产东南亚，现广植于热带及亚热带地区，我国长江流域及以北各地盆栽，温室越冬，冬季室温应保持在 12～15℃为宜。性喜温暖湿润，阳光充足的环境，耐半阴，土壤以微酸性为好，不耐寒。

附图 1-91 苦楝　　　　附图 1-92 米兰

大戟科

重阳木（大戟科重阳木属）

落叶乔木，树冠伞形，3 小叶复叶互生、先端突尖，缘有细钝齿。单性异株，总状花序腋生。浆果球形、熟时红褐色。花期 4～5 月，果熟 10～11 月。

重阳木秋叶红艳，原产我国秦岭、淮河流域以南至两广北部，长江流域中下游平原常见。喜光略耐阴，喜温暖气候，耐寒性差，在积水处仍能正常生长。根系发达，抗风强。

乌桕（大戟科乌桕属）（附图 1-93）

落叶乔木，树冠近球形。单叶互生，叶菱形、菱状卵形，叶柄顶端有 2 腺体，秋叶变红。花单性同株，雄花 3 朵呈小聚伞花序、生于花序上部，雌花 1 至数朵、生于花序下部；花黄绿色。蒴果 3 裂、扁球形、黑褐色；种子黑色、被白蜡，宿存在果轴上经冬不落。花期 5～7 月，果熟 10～11 月。**变种与品种：红叶乌桕**。

乌桕为亚热带树种，原产我国秦岭、淮河流域以南。强阳性树，喜温暖湿润气候，不耐寒，较耐湿，能忍耐间歇性水淹，也较耐干旱和盐碱。

山麻杆（桂圆）（大戟科山麻杆属）

落叶灌木，幼枝细短、密被茸毛，老时光滑。单叶互生，阔卵形或扁圆形，幼时紫红色或红色，后浅绿色。雌雄同株，花小、单生，雄花密集穗状花序、雌花疏松总状花序，蒴果。花期 4～5 月，果熟 7～8 月。

山麻杆原产我国，在中部及西南有分布。暖地阳性树，稍耐寒，春季嫩叶红艳。

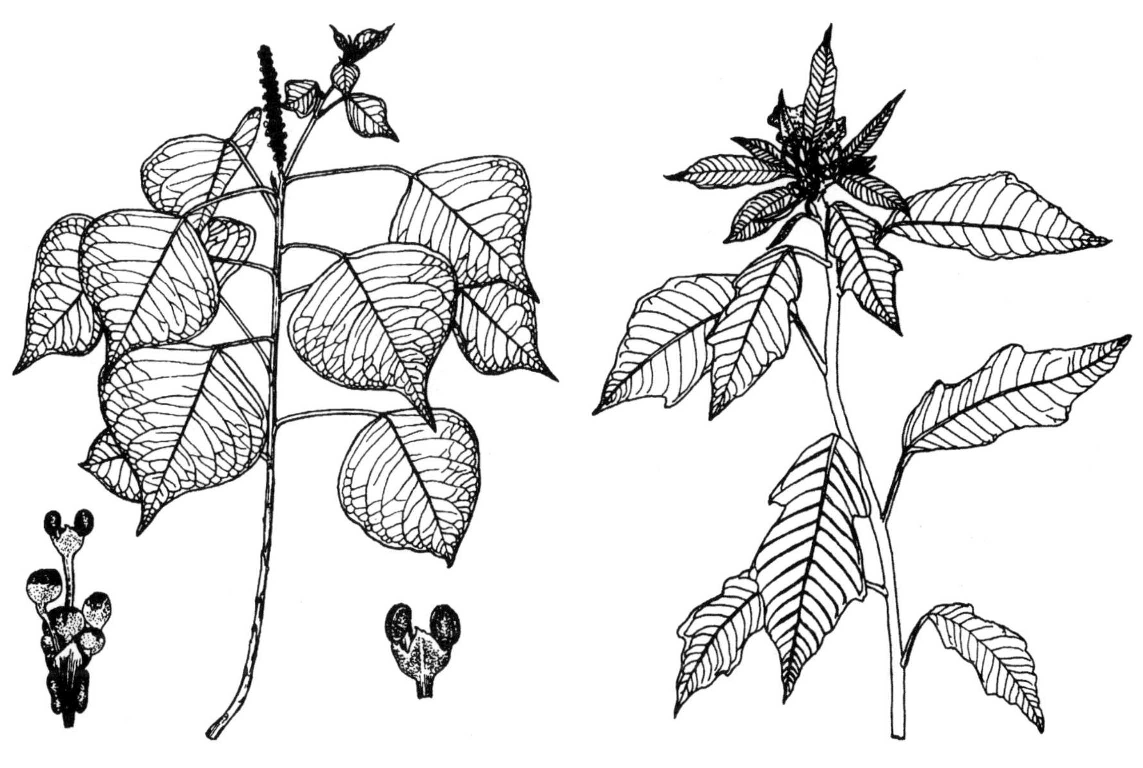

附图 1-93 乌桕　　附图 1-94 一品红

一品红（圣诞花、象牙红）（大戟科大戟属）（附图 1-94）

常绿灌木，有乳汁。单叶互生、卵状椭圆形至阔披针形，全缘、浅波状或浅裂，呈提琴形。花小顶生，杯状花序，花期 12 月至翌年 2 月。着生于枝条顶端的总苞片为主要观赏部分，叶片状、绿色，花开时为红色。**变种与品种：一品白、一品粉、一品黄、重瓣一品红。**

一品红原产墨西哥和中美洲，现在全世界各地皆有栽培，在我国云南、广东、广西等地可露地栽培，其他地区盆栽。喜温暖湿润及阳光充足的环境，不耐寒，对水分要求严格，为短日照植物，可通过光照的控制促成栽培。

红背桂（青紫木）（大戟科土沉香属）（附图 1-95）

常绿灌木。单叶对生、矩圆形或倒披针矩圆形，表面绿色、背面紫红色，为双色叶树种，缘有小锯齿。穗状花序腋生，初开花黄色，渐变淡黄白色。花期 6～8 月。

红背桂为热带植物，原产我国华南地区，观叶花卉，常盆栽。喜温暖湿润，耐半阴，不耐寒，忌暴晒。

琴叶珊瑚（大戟科麻风树属）

常绿灌木，植物体有乳汁、有毒。单叶互生，聚伞花序，花瓣 5、红色，有粉红品种。

琴叶珊瑚原产中美洲西印度群岛，在我国南方多有栽培。喜高温湿润环境，不甚耐寒与干燥，喜光照充足的环境。琴叶珊瑚可观形、观叶、观花、观果，几乎全年有花，耐修剪，可塑性好。

附图 1-95 红背桂

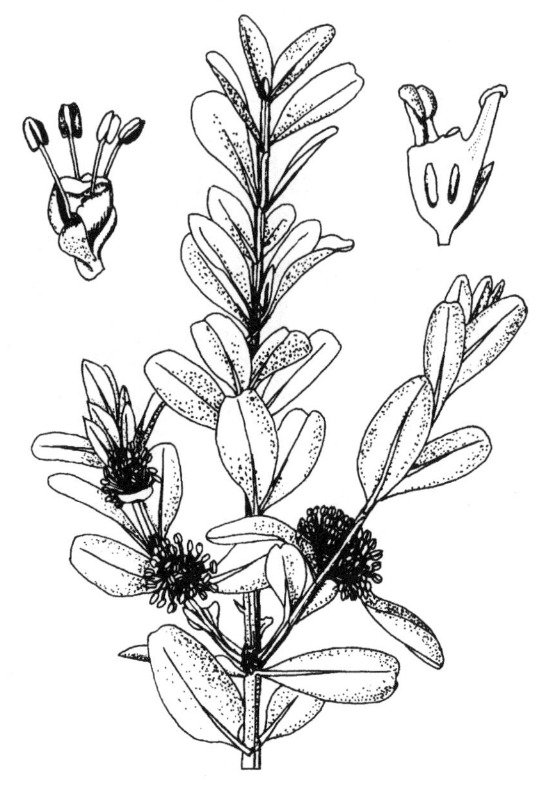

附图 1-96 黄杨

黄杨科

黄杨（黄杨科黄杨属）（附图 1-96）

常绿灌木或小乔木，小枝四棱形。单叶对生，叶倒卵形或椭圆形、最宽部在中部。花黄绿色、簇生叶腋或枝端。蒴果三角鼎状。花期 4 月，果熟 7 月。**变种与品种：金叶黄杨。同属其他种：雀舌黄杨，**叶狭长、倒披针形或倒卵状长椭圆形；**锦熟黄杨，**叶椭圆形至卵状长椭圆形、最宽部位在中部或以下，**其变种与品种有金叶锦熟黄杨。**

黄杨原产我国中部各地。半阴性树（强光下叶色呈黄红色），喜温暖湿润，不甚耐寒，稍耐湿。对烟尘和有害气体抗性强，生长慢，寿命长。

漆树科

黄连木（漆树科黄连木属）

落叶乔木，树冠近圆球形。偶数羽状复叶互生，小叶 10～14、全缘。雌雄异株，圆锥花序腋生，先花后叶，雄花淡绿色、雌花紫红色。核果扁球形，紫蓝色或红色。花期 4 月，果熟 9～11 月。

黄连木春秋两季红叶，在我国黄河流域以南均有分布。喜光，幼时耐阴，不耐严寒，耐干旱瘠薄，病虫害少，抗污染、耐烟尘。深根性，抗风力强。

火炬树（漆树科漆树属）

落叶小乔木，小枝密被灰色绒毛，柄下芽。奇数羽状复叶互生，小叶有锯齿，上面深绿色、背面苍白色、两面有茸毛。单性异株，圆锥花序，花小淡绿色，雌花花柱有红色刺毛。核果小，红色，花柱宿存，密集成红色火炬状果穗。花期5～7月，果熟9月。

火炬树秋叶红艳，原产北美，1959年我国引种，在中部地区栽培广泛。喜光，耐寒，耐干旱瘠薄、耐水湿、耐盐碱，根系发达，萌蘖性强，生长快。

黄栌（漆树科黄栌属）（附图1-97）

落叶灌木或小乔木，树冠圆球形，嫩枝紫褐色、有蜡粉。单叶互生、倒卵形、矩圆形，全缘，秋叶变红。圆锥花序顶生，花杂性、黄绿色，花序、果序上有许多粉红色不孕花的花梗伸长成羽毛状。核果肾形、小。花期4～5月，果熟6～7月。**变种与品种：金叶黄栌；美国红栌，**叶深紫红色，极为耐寒、耐旱。

黄栌原产我国北方及中部各地，是北方著名的秋叶树种。弱阳性树。喜光、耐侧阴，耐寒、耐干旱瘠薄、耐轻度盐碱，不耐水及黏土，抗有害气体。

附图1-97 黄栌　　附图1-98 冬青

冬青科

构骨（冬青科冬青属）

常绿灌木、小乔木。单叶互生、硬革质，先端3尖硬刺齿、两侧各有1、2尖硬刺齿，叶缘向下反卷，上面深绿色、背面淡绿色。花黄绿色、簇生于二年生枝叶腋，雌雄异株。核果球形，鲜红色。花期4～5月，果熟9月。**变种与品种：彩叶构骨、无刺构骨。同属不同种：龟甲冬青。**

构骨属亚热带树种，原产我国东部，在山东济南小气候可露地栽培。弱阳性树，喜温暖气候和湿润肥沃的微酸性至中性土壤，不耐寒，对有害气体有较强的抗性。

冬青（四季青）（冬青科冬青属）（附图 1-98）

常绿乔木，树皮灰色或淡灰色，有纵沟，小枝淡绿色。单叶互生、狭长椭圆形或披针形、薄革质、缘有浅圆锯齿、干后呈红褐色、有光泽，叶柄有时为暗紫色。雌雄异株，聚伞花序生于新枝叶腋内或腋外，花瓣紫红色或淡紫色。核果深红色。花期 5～6 月，果熟 9～10 月。**同属不同种：大叶冬青、无刺冬青、北美冬青、金叶日本冬青**。

冬青原产我国长江流域及以南。喜光、耐阴，不耐寒，较耐湿，不耐积水，对有害气体有一定的抗性。

卫矛科

大叶黄杨（冬青）（卫矛科卫矛属）（附图 1-99）

常绿灌木、小乔木，小枝绿色、稍有四棱形。单叶对生、倒卵形或椭圆形，缘具钝锯齿。花小、绿白色，呈聚伞花序。蒴果近球形，四瓣裂，露出橘红色假种皮。花期 6～7 月，果熟 10 月。**变种或品种：金边、银边、金心大叶黄杨**。**同属不同种：北海道大叶黄杨，**顶端优势明显，表现为乔木性状。

大叶黄杨原产我国和日本南部，为温带及亚热带树种，黄河流域以南及长江流域各地广泛栽培。阳性树、能耐阴，不甚耐寒，较耐干旱、瘠薄，也耐湿、耐修剪，对烟尘和有害气体抗性强。

附图 1-99 大叶黄杨　　　　附图 1-100 扶芳藤

扶芳藤（卫矛科卫矛属）（附图 1-100）

常绿藤本，靠气生根攀缘生长，主蔓达 10m。单叶对生，叶薄革质，缘有钝齿。聚伞花序腋生，花绿白色，4 基数，蒴果近球形，黄红色，种子有橘黄色假种皮。花期 6～7 月，果熟 10 月。**变种与品种：金叶扶芳藤；金边扶芳藤；小叶扶芳藤**，沿主脉有绿白色斑纹。

扶芳藤我国黄河流域以南有栽培。喜光，稍耐阴，耐寒，耐干旱，亦耐水湿，对有害气体有一定的抗性。

卫矛（卫矛科卫矛属）（附图 1-101）

落叶灌木，小枝四棱形、枝条上常有木栓翅。单叶对生、倒卵形或倒卵状椭圆形，缘具细尖锯齿，早春和秋叶红艳。花淡绿色，聚伞花序。蒴果椭球形，假种皮红色。花期 5～6 月，果熟 9～10 月。**变种与品种：白叶卫矛；火焰卫矛**，秋季叶色变为鲜红或紫红；**铺地卫矛；欧洲卫矛（火焰木）**，叶片自 9 月起逐渐加深成火焰红色，蒴果开裂、露出橙红色假种皮。**同属不同种；丝棉木（桃叶卫矛）**，落叶小乔木，复聚伞花序，蒴果粉红色、4 裂；**金丝吊蝴蝶（陕西卫矛）**，落叶灌木，枝条柔软稍下垂，聚伞花序、花黄绿色、花梗细长，蒴果红艳下垂、有 4 个长翅。

卫矛在我国中部北部都有分布。喜光，亦能耐阴，耐寒，耐干旱瘠薄，抗二氧化硫污染。

南蛇藤（卫矛科南蛇藤属）

落叶藤本，小枝皮孔粗大而隆起，髓充实。单叶互生，近圆形、倒卵形，锯齿圆钝。杂性异株，短总状花序腋生，花小、黄绿色。蒴果橙黄色、球形、三裂，假种皮红色。花期 5～6 月，果熟 9～10 月。

南蛇藤秋叶红艳，在我国各地几乎都有分布。喜光，耐侧阴、耐寒、耐旱，喜气候湿润，生长强健。

附图 1-101 卫矛

附图 1-102 元宝枫

槭树科

元宝枫（槭树科槭树属）（附图 1-102）

落叶乔木，树冠伞形或倒广卵形。单叶对生，叶掌状 5 裂，中裂片有时又三小裂，基部平截或近心形，秋叶变为红或黄色。伞房花序顶生，花小、黄色。双翅果，果翅呈锐角，果翅等于或略长于果核。花期 5 月，果熟 9 月。**同属不同种：五角枫，**叶基部心形，裂片全缘，秋叶转红或黄色。双翅果、果翅呈锐角，翅长约为果体的 2 倍；**三角枫，**单叶对生、三裂或不裂、三出脉，双翅果，果翅呈锐角；**复叶槭，**小枝绿色、有时带紫红色，有白粉，奇数羽状复叶对生、小叶 3～5、顶生小叶常 3 浅裂，花单性异株、黄绿色、雄花下垂簇生状、雌花总状花序下垂，果翅狭长、呈锐角，**其变种与品种有红叶复叶槭、花叶复叶槭、粉叶复叶槭、银边复叶槭；鸡爪槭（附图 1-103），**落叶小乔木，树冠开阔，单叶对生，5～9 掌状深裂、裂片重锯齿，伞房花序顶生，花小、紫色，双翅果、果翅开展成钝角，**其变种与品种有红枫**（叶常年红色、红紫色，为异色叶树种）、**细叶鸡爪槭**（叶掌状近全裂，裂片狭长又裂）、**红细叶鸡爪槭**（叶裂片狭长又裂，且常年紫红色）、**深裂鸡爪槭、羽毛枫、金叶鸡爪槭、金陵黄枫。**

元宝枫主要分布于我国北方，为北方重要的秋色叶树种。喜侧方庇荫，耐寒，喜凉爽湿润气候，亦耐干燥气候，耐旱、不耐积水。抗风雪、耐烟尘及有害气体。深根性，寿命长。

血皮槭（槭树科槭树属）

落叶乔木，高 10～20m。树皮赭褐色，常成薄片脱落。当年生枝淡紫色，密被淡黄色柔毛，多年生枝深紫色或深褐色。三小叶复叶，主脉在上面略凹下，下面凸起。聚伞花序常仅有 3 花；花淡黄色，杂性。小坚果黄褐色，密被黄色绒毛；双翅近于锐角或直角。花期 4 月，果熟 9 月。

血皮槭分布于我国河南西南部、陕西南部、甘肃东南部、湖北西部和四川东部，秋季叶片呈鲜红色，夏季树皮有卷曲状剥落，呈壮观的肉红色或桃红色，尤其冬季，非常明显。是我国特有树种，世界濒危种，槭树科典型代表种。被列国家林业局《中国主要栽培珍贵树种参考名录（2017 年版）》，为落叶硬木类第一位。

美国红枫（红花槭）（槭树科槭树属）

落叶乔木，树高 12～18m，春季新叶泛红，成串红色小花先叶开放，秋季叶片逐渐变为红色且持续时间长。美国红枫速生，生长适温－30℃～35℃，适生 pH5.5～7.5。**美国改良红枫，**是优良品种，其叶色锃亮纯正鲜红色，观赏性极佳，是美国及欧洲重点推广的经典树种。

挪威槭（槭树科槭树属）

速生，高 24m，叶掌状 5 裂，秋季变色，色彩持续较长；适应性较强，酸性、碱性或瘠薄土壤均宜，较耐寒、耐旱、耐干热，抗污染，系世界著名的彩叶行道树。**其品种多，如"红色国王"，**春叶深红，夏叶绿色略带红色，秋天红色或深红色；**"黑色绅士"；挪威"花叶槭"，**叶片绿色具有乳白色花边，耐－15℃低温；**花叶紫花槭；罗伯格槭；鹰爪槭；挪威黄金枫，**花与秋叶均为金黄色，与美国红枫配置景观效果佳；**挪威槭—红国王改良品种，**落叶大乔木，春、夏、秋三季叶色均为紫红色，被称为"常红树种"，适应性强，耐－40℃低温又耐热；**挪威槭黄金枫，**新叶黄色、夏季变成黄红色、秋季变成金黄色，4 月份开花、黄色、有香味，喜光、耐高温、耐寒性强；**红国王挪威槭。**

七叶树科

七叶树（七叶树科七叶树属）

落叶乔木，树冠球形。大型掌状复叶对生、小叶5～7、倒卵状椭圆形至矩圆状椭圆形，初春为红色、夏季为绿色、秋季变为金黄色。花杂性、圆锥花序顶生、花白色。蒴果球形、径3～4cm。花期5月，果熟9～10月。**变种与品种：红花七叶树，**与杂交马褂木、红豆杉、北海道黄杨同为2008年北京奥运会指定绿化树种。**同属不同种：欧洲七叶树。**

七叶树原产我国黄河流域地区。阳性树、对光照要求比较严格，喜温暖湿润气候及深厚肥沃、排水良好的土壤。较耐寒、不耐旱，深根性，萌芽力弱，不耐移植，生长慢，寿命长。

附图1-103　鸡爪槭　　附图1-104　无患子

无患子科

无患子（无患子科无患子属）（附图1-104）

落叶乔木，树冠圆形。偶数羽状复叶互生，小叶卵状或椭圆披针形。花两性或杂性、圆锥花序顶生、黄白色。核果球形、肉汁质、有棱、淡褐黄色。花期5～6月，果熟11月。

无患子产于我国长江流域各省，为亚热带树种。弱阳性树种，喜温暖气候，略耐寒、稍耐湿。寿命长。

栾树（无患子科栾树属）（附图1-105）

落叶乔木，树冠近球形。奇数羽状复叶或部分小叶深裂成不完全的二回羽状复叶互生，小叶缘有不规则锯齿。顶生圆锥花序、花黄色。蒴果三角状卵形、转黄与红色。花期6～7月，果熟9～10月。**同属不同种：黄山栾（全缘栾树），**二回羽状复叶，小叶全缘。蒴果淡红色；**金叶栾，**是由普通栾树产生芽变而选育出的，2007年1月被国家林业局认定为新品种。

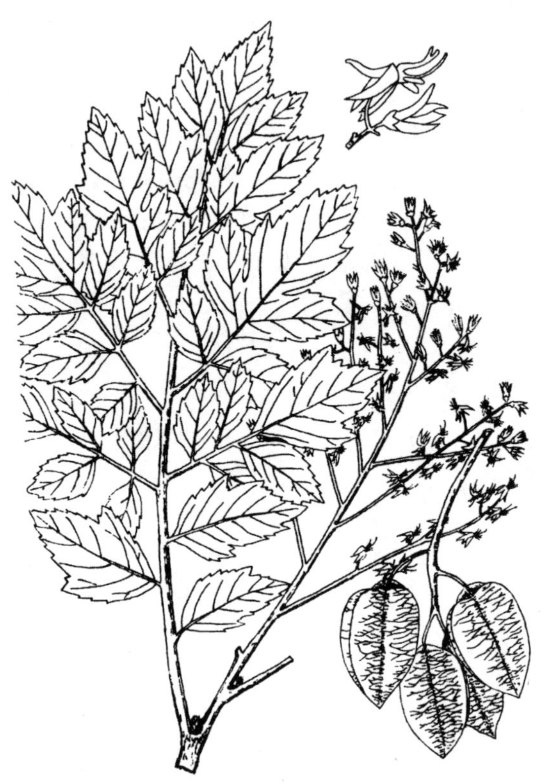

附图 1-105 栾树

栾树产于我国黄河流域。弱阳性树，较耐寒、耐干旱瘠薄，喜石灰性土壤，耐轻盐碱及短期水淹，耐烟尘及有害气体。

文冠果（无患子科文冠果属）

落叶小乔木或灌木状。羽状奇数复叶互生，小叶对生，缘有细锯齿。总状花序顶生，花杂性同株、整齐、花瓣 5、白色（有粉红色品种）、基部有由黄变红之斑晕。蒴果三角状球形，果皮木质、成熟时 3 瓣裂。花期 4～5 月，果熟 7～8 月。有花为粉红色品种。

文冠果是原产我国传统的木本油料树种，陕西、山西、河北、内蒙古、吉林、宁夏、甘肃、河南有分布。喜光、耐半阴，深根性，对土壤适应性极强，抗寒性强，耐干旱瘠薄及轻盐碱，被称为“节水型树种”。

鼠李科

枳椇（拐枣）（鼠李科枳椇属）

落叶乔木，植株无刺。单叶互生，宽卵形，锯齿细尖，3 出脉，基部歪斜，叶柄长 2～4cm。聚伞花序顶生或腋生，核果果梗肥大肉质，成熟后可食。花期 6 月，果熟 9～10 月。

枳椇在我国长江流域及以南等地分布，华北南部亦有分布。喜光，有一定的耐寒能力，耐旱、耐湿，对土壤要求不严。

枣树（鼠李科枣属）

落叶乔木，有长枝、短枝和脱落性小枝三类：长枝，之字形曲折，红褐色，有托叶刺或不明显；短枝，俗称“枣股”，在二年生以上的长枝上互生；脱落性小枝，俗称“枣吊”，为纤细的无芽枝，簇生于短枝上，冬季与叶同落。单叶对生，有钝锯齿，3 出脉。核果椭圆形，淡黄绿色，熟时红褐色，核锐尖。花期 6 月，果熟 8～10 月。**变种与品种较多，主要是果树的优良品种，园林常见的有：龙爪枣、酸枣、观赏枣。**

枣树为我国最早的果树，自我国东北南部，黄河、长江流域等地，至两广各地都有分布。华北、西北是主产区。喜光，对土壤适应性强，耐寒耐干旱瘠薄和水湿，耐热，耐干旱气候。在轻度盐碱土上生长，枣的糖度增加。耐烟尘及有害气体，根系发达，根蘖性强，抗风沙。

雀梅（鼠李科雀梅属）

半常绿攀缘灌木，小枝细长密生短柔毛，具刺状短枝。单叶近对生，卵形或椭圆形、缘有细锯齿。穗状花序密生短柔毛，花小、绿白色。核果近球形，熟时紫黑色。花期 9～10 月，果熟翌年 4～5 月。

雀梅产于我国长江流域及以南等地。喜半阴，喜温暖湿润气候，有一定的耐寒性，对土壤要求不严，耐干旱瘠薄，萌蘖性强，耐修剪。

葡萄科

葡萄（葡萄科葡萄属）

落叶藤本，卷须缠绕攀缘、与叶对生。单叶互生，近圆形、3～5 裂。圆锥花序与叶对生、花杂性、小、淡黄绿色。浆果。花期 5～6 月，果熟 8～9 月。栽培品种多。

葡萄原产伊朗等地，我国引种历史悠久，为优良的果树。强阳性树，耐旱、忌湿，适应大陆性气候。

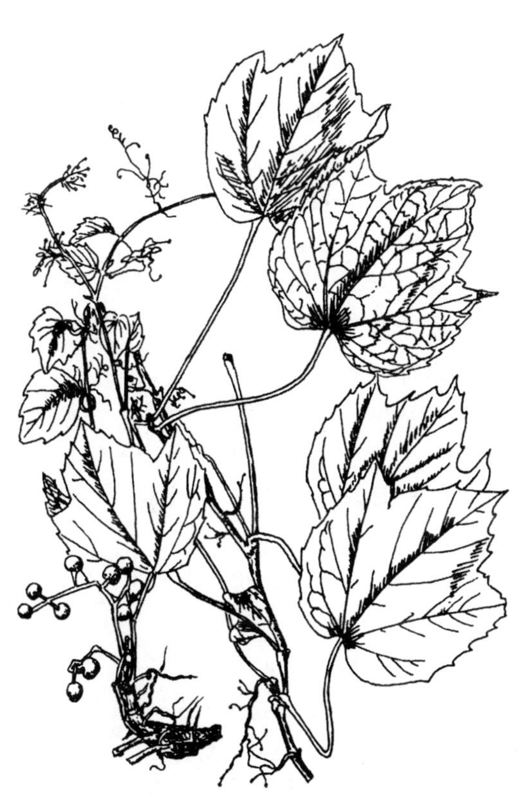

附图 1-106 爬山虎

爬山虎（葡萄科爬山虎属）（附图 1-106）

落叶藤本，靠卷须先端吸盘攀缘。单叶互生，广卵形，通常 3 裂，有时 3 深裂，甚至成 3 小叶，秋叶红褐色。聚伞花序生于顶端叶腋，花小、黄绿色。浆果蓝黑色，有白粉。花期 6～7 月，果熟 9～10 月。**同属不同种：五叶地锦，**掌状复叶互生，小叶 5，较爬山虎更耐寒，但攀缘、吸附能力较逊色，**其变种与品种有银脉五叶地锦。**

爬山虎原产我国，半阴性树，也能耐强光，耐寒、耐湿、耐旱、耐瘠薄，是理想的垂直绿化树种。

杜英科

杜英（杜英科杜英属）

常绿乔木，树冠整齐，小枝红褐色。单叶互生、薄革质，缘有浅锯齿；秋冬至早春部分叶片转为绯红色，红绿相间，鲜艳悦目。总状花序腋生、花杂性，花黄白色、下垂。核果椭圆形，暗紫色。花期 6～8 月，果熟 10～11 月。

杜英产于我国南方，属亚热带暖地树种。中性树，较耐阴。喜温暖湿润气候，有一定耐寒力，最适于在排水良好的酸性红黄壤土中生长。生长较快，寿命长。

椴树科

糠椴（椴树科椴树属）

落叶乔木，树冠广卵形，小枝、芽密生淡褐色星状毛。单叶互生，基部歪斜，先端渐长尖或上部有浅裂，锯齿粗疏、有长尖头，背面密生灰色星状毛。聚伞花序下垂，有花 7～12，花序梗基部有一长带状苞片，花小、黄色、芳香。核果，密生灰褐黄色星状毛，有不明显 5 纵脊。花期 7～8 月，果熟 9 月。**同属不同种：南京椴，**小枝无毛或微有毛，叶卵圆形或三角状卵形，叶缘有细锯齿、尖头较短，花序有花 10～20，核果无纵脊或基部有不明显 5 纵脊，密生星状毛及瘤点；**紫椴，**幼枝无毛，叶有时 3 浅裂，缘有粗锯齿，叶基部心形，花无退化雄蕊；**蒙椴，**幼枝无毛，叶有时 3 浅裂，缘有粗锯齿，叶基部截形，花有退化雄蕊；**心叶椴，**幼枝有柔毛、后脱落，叶不裂，缘有细锯齿，背面苍绿色。

糠椴是优良的蜜源树种，在我国东北落叶阔叶林中常见，黄河流域以北有分布。喜光，耐阴，耐寒，喜湿润气候，不耐干旱瘠薄、不耐盐碱，耐烟尘及有毒气体，深根性，生长尚快。

扁担杆子（椴树科扁担杆属）

落叶灌木，小枝有星状毛。叶狭菱状卵形，基部 3 出脉，缘有细重锯齿，上面几无毛、背面疏生星状毛。聚伞花序与叶对生，花小、径不足 1cm、黄绿色，核果 2 裂、橙黄至橙红色。花期 6～7 月，果熟 9～10 月。**变种与品种：扁担木，**叶较宽大，两面均有星状短柔毛，叶背更甚，花径大约 2cm。

扁担杆子产于我国黄河流域及以南各地。喜光，稍耐阴，较耐寒，耐干旱瘠薄。

锦葵科

木槿（锦葵科木槿属）（附图 1-107）

落叶灌木或小乔木，有长短枝。单叶互生、菱状卵形、先端常 3 裂、3 主脉，缘有钝齿、下部全缘。花单生叶腋，红、白、淡紫等色，单瓣或重瓣，有副萼。蒴果。花期 6～9 月，果熟 9～11 月。**变种与品种多。同属不同种：黄槿，**常绿小乔木，花钟形、黄色、喉部暗红色，花期秋冬季。

木槿原产我国中部及以北各地。阳性树，略耐阴、耐寒、旱、瘠薄。耐烟尘及有害气体，耐修剪。

附图 1-107 木槿

附图 1-108 木芙蓉

木芙蓉（锦葵科木芙蓉属）（附图 1-108）

落叶大灌木或小乔木，茎有星状毛及短柔毛。单叶互生，广卵形、掌状 3～5 深裂、锯齿粗钝，两面有星状毛。花单生枝端叶腋，花瓣 5、白或淡红色、后变深红色，单瓣或重瓣，有副萼。蒴果扁球形、有黄色刚毛。花期 8～10 月，果熟 11 月。

木芙蓉原产我国西南部，我国黄河流域以南各地广为栽培，为深秋名花。在长江流域以北地区常盆栽。在济南可露地过冬，花期 11 月。喜温暖，喜光，也略耐阴，不耐寒，忌干旱，耐水湿。

扶桑（锦葵科木槿属）（朱槿、大红花）（附图 1-109）

常绿灌木，盆栽可达 1m 以上。单叶互生，卵形或广卵形，缘有粗锯齿或缺刻、3 主脉。花大、有副萼，单生新梢叶腋，单瓣、重瓣、复瓣，单瓣花瓣漏斗状、蕊柱伸出花冠外；重瓣的雌雄花蕊均瓣化、重叠，花色变化繁复，五彩缤纷，有大红、粉红、鲜红、黄、橙色等。全年开花不断，夏秋最盛，但每朵花仅开 1～2 天。

扶桑为热带、亚热带树种，原产我国南部和印度，现各地有栽培。在华南至香港等地，美化庭院或植花篱。北方盆栽。强阳性植物，喜光，非常耐热。喜温暖湿润，不耐寒、不耐干旱，喜高温，极不耐阴。

木棉科

木棉（攀枝花、英雄树）（木棉科木棉属）

落叶大乔木，树干端直，树皮厚，大枝轮生平展，幼树树干有皮刺。掌状复叶互生，小叶 5～7、有柄、全缘。花大、径约 10cm、红色、簇生枝顶，花萼厚、杯状、5 浅裂。蒴果长椭球形、5瓣裂、内有棉毛。花期2～3月，果熟6～7月。

木棉原产我国海南、广东、福建、四川、云南等地，是华南地区重要的园林树种，广州市市树。喜光，喜温暖气候，不耐寒，耐干旱、稍耐湿，忌积水，深根性，耐火烧，抗风力、抗污染能力强，生长快。

梧桐科

梧桐（梧桐科梧桐属）（附图1-110）

落叶乔木，树冠卵圆形，小枝粗壮，幼树皮青绿色、平滑。单叶互生、大型，掌状3～5裂、下面密生或疏生星状毛，叶柄与叶片近等长。花单性同株，圆锥花序顶生。蓇葖果沿腹缝线开裂成舟形，网脉明显，有星状毛。花期6～7月，果熟9～10月。

梧桐产于我国黄河流域以南各地。属温带树种，阳性树，喜温暖气候，稍耐寒，不耐盐碱、忌低洼积水，对有害气体抗性强。生长快，寿命不长。

附图1-109 扶桑

附图1-110 梧桐

猕猴桃科

猕猴桃（猕猴桃科猕猴桃属）

落叶藤本，靠茎缠绕攀缘生长，幼枝密生灰棕色柔毛、老时渐脱落，髓心大、片状、白色。单叶互生，圆形、卵圆形或倒卵形，纸质，缘有刺毛状细齿，上面暗绿色、沿脉疏生毛，背面灰白色密生星状绒毛，叶柄密生绒毛。聚伞花序，花乳白色、后变黄色、芳香。浆果椭球形、有茸毛，熟时橙黄色。花期6月，果熟9～10月。

猕猴桃为知名果树，我国中部东部、南部有分布。喜光，耐半阴，较耐寒，喜湿润肥沃土壤及温暖湿润气候。根系肉质，不耐涝、不耐旱。

山茶科

山茶（耐冬）（山茶科山茶属）（附图 1-111）

常绿小乔木或灌木。单叶互生、革质，卵形至椭圆形，缘有细锯齿。花单生或成对生于叶腋或枝顶。花色多且重瓣，花瓣顶端有凹缺。蒴果球形。花期 2～4 月，果熟 9～10 月。**变种及品种**达百余种。**同属不同种：金花茶，**花金黄色，花瓣 9～11，是我国一类保护植物；**茶梅，**常绿小乔木或灌木，芽鳞有倒生柔毛，单叶互生，上面有光泽，花两性、单生叶腋，有红、粉、白色，略有芳香，蒴果。花期 11 月～翌年 1 月。

山茶为亚热带树种，原产我国秦岭淮河以南，常露地栽培，山东沿海一带有分布，是我国十大传统名花之一。喜侧方庇荫，不耐严寒。喜微酸性土壤（pH 值 5～6.5）。当土壤变碱时叶会黄化，尤忌黏重土及石灰性土。寿命长。

厚皮香（山茶科厚皮香属）

常绿小乔木，树皮具隆起皱纹。小枝近轮生。多次分叉成圆锥形树冠。单叶互生，叶肉革质，叶面暗绿色、有光泽。花常数朵聚生枝梢，淡黄色、浓香。蒴果浆果状、绛红色淡黄色。花期 6 月，果熟 10 月。

厚皮香在我国华东、华中、华南及西南有分布，多地有栽培。入冬叶片转绯红色。喜阴湿环境、亦耐阳。能忍受－10℃低温。喜腐殖质丰富的酸性壤土，亦能适应中性和微碱性壤土。根系发达。

木荷（山茶科木荷属）

常绿乔木，树冠广卵形。单叶互生、革质、深绿色、有光泽，缘有钝锯齿。花单朵顶生或集成短总状花序，白色、芳香。蒴果木质、扁球形。花期 4～7 月，果熟 9～10 月。

木荷产于我国南方，分布很广。暖地树种，喜光，喜湿润凉爽环境，耐旱、忌水湿，较耐寒。常生于土层深厚、富含腐殖质的酸性黄红壤山地。

藤黄科

金丝桃（藤黄科金丝桃属）

半常绿灌木，小枝红褐色。单叶对生，无叶柄，叶有透明油腺点。花单朵顶生或 3～7 朵呈聚伞花序，花鹅黄色形似桃花、花瓣 5、旋卷状，花丝黄色、长于或等于花瓣。花柱细长、顶端 5 裂。蒴果开裂。花期 6～7 月，果熟 8～9 月。**变种与品种：花叶金丝桃。**

金丝桃在我国自北京至广西都有分布，长江流域以北呈落叶状。喜光，亦耐阴，有一定的耐寒能力。耐旱、耐瘠薄，忌低洼积水，耐修剪。

柽柳科

柽柳（柽柳科柽柳属）（附图 1-112）

落叶小乔木或灌木，树皮红褐色，小枝细长下垂、无芽小枝与叶一同凋落。单叶互生、鳞形细小、蓝绿色。总状花序顶生、花小、粉红色。蒴果 3 瓣裂。花期 4 月、6～9 月 3 次开花，果熟 10 月。**变种与品种：盐松。**

柽柳产我国黄河流域及长江流域各地。阳性树、略耐阴，耐烈日曝晒、耐寒、耐干旱、耐盐碱，耐刈割。

大风子科

毛叶山桐子（大风子科山桐子属）

落叶乔木，树冠圆卵形，枝条及芽鳞有灰色柔毛。单叶互生、宽卵形或卵状心形、缘有疏

附图 1-111 山茶

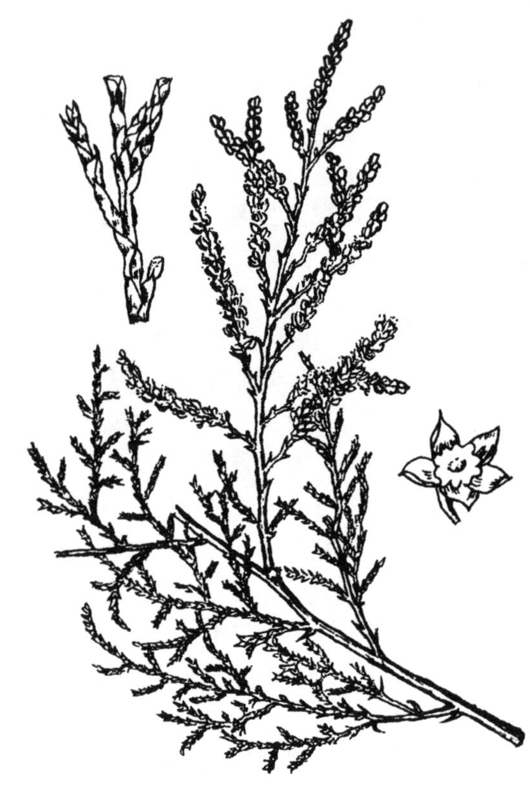

附图 1-112 柽柳

大浅锯齿、叶面散生黄褐色毛、沿脉较密、背面密生白色短柔毛，基出掌状脉 3～7（通常 5）条。雌雄异株，圆锥花序，花小、无花瓣。浆果圆球形、红色或红褐色。花期 6 月，果熟 9～10 月。

毛叶山桐子产于我国西南各省，山东有引种栽培。喜光、稍耐阴。耐寒。

瑞香科

结香（瑞香科结香属）（附图 1-113）

落叶灌木，枝条粗壮、棕红色、质柔软可任意打结，有明显叶枕与皮孔，常 3 叉状分枝。单叶互生、常集生枝端，长椭圆形至倒披针形，基部下延，全缘。头状花序、花黄白色、芳香。核果卵形。花期 3 月叶前开放，果熟 5～6 月。

结香属亚热带温带树种，产我国中部及江南。半阴性树，也耐日晒。喜温暖气候、不甚耐寒、也不耐干旱和水湿，宜在湿润肥沃而排水良好的土壤中生长。

瑞香（瑞香科瑞香属）（附图 1-114）

常绿灌木，枝条细长。单叶互生、常集生于枝端，长椭圆形至倒披针形，表面深绿色、有光泽，全缘。头状花序顶生、有总梗，花白色至淡绿色、先端 4 裂、浓香，花柱短、柱头头状大。花期 3～5 月。**变种与品种：金边瑞香，**是南昌市市花。

瑞香原产我国长江流域。喜阴，忌阳光直射，喜肥沃排水良好的酸性土。耐寒性差，北方盆栽温室过冬。

附图 1-113 结香

附图 1-114 瑞香

胡颓子科

胡颓子（胡颓子科胡颓子属）（附图 1-115）

常绿灌木，通常有棘刺，小枝褐色，被黄褐色或银白色鳞斑。单叶互生、革质，边缘波状长反卷、背面银白色而密被黄色鳞斑。花杂性、银白色、芳香、下垂，1～3 朵簇生于叶腋。坚果、花被筒肉质呈浆果状、椭圆形、红色，被锈色鳞斑。花期 10～11 月，果熟翌年 5 月。**同属不同种：沙枣（桂香柳），**落叶乔木，有时有枝刺，小枝、花序、果、叶背与叶柄密生银白色鳞片，二年生枝红褐色，花 1～3 朵腋生，黄色、芳香，核果状，椭球形至矩球形，淡黄色，密被银白色鳞片，果肉鲜时肉质、后为粉质。

胡颓子主要分布于长江流域。阳性树，亦耐阴。喜温暖气候，不甚耐寒，较耐湿、也较耐干旱，有菌根（根瘤菌），抗有害气体。

银水牛果（胡颓子科水牛果属）

落叶灌木，高 2～6m，幼枝被银色绒毛，老枝树皮褐色，剥落。单叶对生，稀互生，长 2～6cm，全缘，圆形或卵圆形，上下表面被银色柔毛。雌雄异株。花淡黄色，花萼 4，无花瓣。核果状，鲜红色，直径 5mm，可食用，味苦涩。花期 4～5 月，果熟 7 月。

银水牛果分布于北美洲，能适应多种环境，1998 年由美国引入我国青海栽培。喜阳光，适生于弱碱性和盐渍土中，耐贫瘠土壤，耐寒旱，不耐水淹排水不畅的土壤，生长迅速，根系发达。

千屈菜科

紫薇（千屈菜科紫薇属）（附图 1-116）

落叶小乔木，树干多扭曲，树皮不规则片状脱落、内皮光滑、淡棕色，小枝四棱形。单叶、椭圆形或倒卵状椭圆形，在小枝基部对生、顶端常互生。圆锥花序生于当年生枝顶，花瓣 5～8、皱褶，绛红、粉红色、白、紫堇色。蒴果椭球形、瓣裂，基部有宿存花萼。花期 6～9 月，果熟 11 月。**变种与品种：矮紫薇、匍匐紫薇。同属不同种：屋久岛紫薇（福氏紫薇、日本紫薇）**，为优良色叶彩干树种，兼有观叶、观花与观干优良树种；**美国紫薇，含美国红火球紫薇、美国红火箭紫薇等**，是最艳丽的红叶系列的紫薇新品种。

紫薇属亚热带树种，产于我国长江流域及华南各地，著名的夏季观花树种。弱阳性树，喜温暖湿润气候、较耐寒，耐旱怕涝，耐石灰质土，耐烟尘及有害气体，开花早，寿命长；耐修剪，枝干柔韧，且枝间形成层极易愈合，故容易造型。

附图 1-115 胡颓子

附图 1-116 紫薇

石榴科

石榴（安石榴科安石榴属）（附图 1-117）

落叶小乔木，小枝四棱、先端常呈尖刺状，有短枝。单叶，在长枝上对生、在短枝上簇生，全缘。花大、1～5 朵着生在小枝顶端或叶腋，萼筒肉质、红紫色，端 5～8 裂、宿存。花瓣 5～7，有红色、粉红、白、黄及玛瑙杂色。浆果球形、红色，外果皮革质，外种皮肉质、多汁。花期 5～6 月，果熟 9～10 月。**变种与品种：月季石榴、白石榴、黄石榴、重瓣白石榴、重瓣红石榴**。

石榴属亚热带树种，原产伊朗、阿富汗、土耳其等地，传入我国 2200 多年，黄河流域及以南广泛栽培。强阳性树，耐热、也较耐寒，抗有害气体，寿命长。

珙桐科

珙桐（鸽子树）（珙桐科珙桐属）

落叶乔木，树冠圆锥形。树皮灰色薄片状脱落。冬芽紫色。单叶互生，广卵形，缘有粗尖锯齿，有绒毛。花杂性同株，由多数雄花和1朵两性花组成顶生头状花序，花序下有2片大型白色苞片，苞片卵状椭圆形，中上部有疏浅齿、常下垂、花后脱落。核果椭球形，青紫色。花期4～5月，果熟10月。

珙桐为世界著名的珍贵树种，开花时似群鸽栖于枝头。产于我国湖北西部、四川、贵州及云南北部等地海拔1300～2500m的山地林中。河南郑州曾引种成功。喜半阴，喜温暖凉爽气候，以空气湿度大为佳，不耐干燥、多风、日光直射之处。有一定的耐寒能力。忌碱性土和干燥土壤。

美国紫树（珙桐科蓝果树属）

落叶乔木，株高9～15m，叶春夏季油亮深绿色，秋季变黄、橘黄、橘红色、鲜红色至猩红色，特别浓艳、绚丽夺目。耐－10℃低温，抗旱、耐湿。

附图1-117 石榴　　附图1-118 喜树

喜树（珙桐科喜树属）（附图1-118）

落叶乔木。单叶互生，全缘（萌蘖枝及幼树的叶常疏生锯齿）或微呈波状，表面亮绿色、背面淡绿色疏生短绒毛、脉上尤密。叶柄常有红色。花单性同株，头状花序有长柄、雄花序腋生、雌花序顶生，花被淡绿色。坚果香蕉形、有窄翅，集成球形。花期7月，果熟10～11月。

喜树为我国特产树种，分布于长江流域南北各地，是亚热带喜光的速生树种。弱阳性树，不耐寒，喜温暖湿润气候，较耐水湿，不耐干旱瘠薄。以地下水位较高的河滩、湖池堤岸或渠道旁生长最佳。

八角枫科

八角枫（华瓜木）（八角枫科八角枫属）（附图 1-119）

落叶灌木或小乔木。单叶互生、近圆形、椭圆形或卵形，不分裂或 3～7 裂，基出 3～5 主脉。聚伞花序腋生，花瓣 6～8，初白色后变黄色，核果卵圆形。花期 6～8 月，果熟 8～11 月。

八角枫产于我国北部，分布长江流域以南各省。弱阳性树，较耐寒、耐旱，管理粗放。

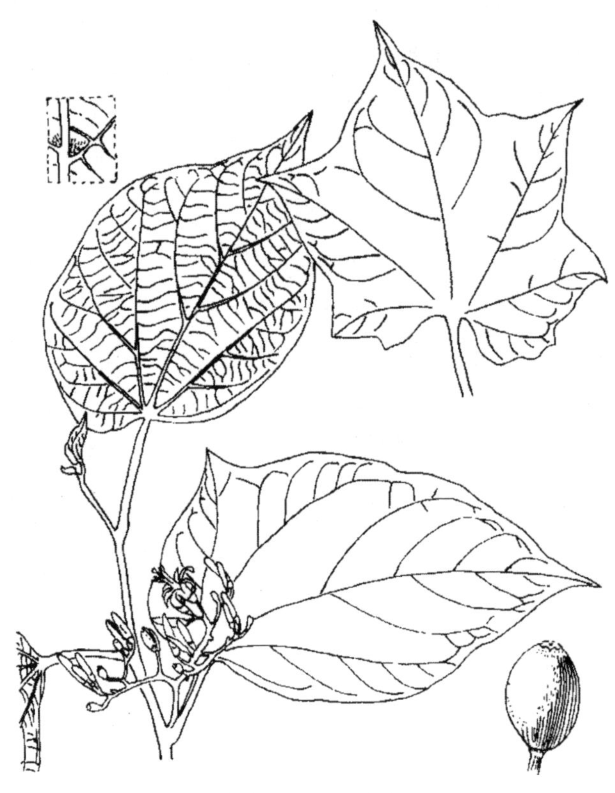

附图 1-119　八角枫

桃金娘科

大叶桉（桃金娘科桉属）

常绿乔木，含芳香油，树干挺拔，树皮粗糙纵裂不脱落。单叶互生、有透明油腺点，卵状披针形、卵形，革质，侧脉多而细，全缘。4～12 朵组成伞形花序，花白色。蒴果碗状。花期 4～5 月或 8～9 月，花后约 3 个月果熟。**同属不同种：尤加利“蓝梦”，**蓝绿色对生叶被白粉，似“银圆”，喜光或部分遮阴，对干旱、水涝、盐碱、大风等均有一定的抵抗力，亦可忍受一定的低温和霜冻，该树种原产澳大利亚，已在上海地区种植成功。

大叶桉原产澳大利亚，我国长江流域以南有引种。强喜光，喜暖热湿润气候，不耐寒，是桉属中比较耐寒的树种，能耐短期－5℃低温。上海、杭州引种冬季叶易受冻变红。喜深厚湿润土壤，极耐水湿，干燥瘠薄生长不良。枝叶有杀菌、净化空气的作用。生长较快。

白千层（桃金娘科白千层属）

常绿乔木，树皮灰白色，呈薄层状剥落。单叶互生，香气浓郁；叶柄极短。花白色，密集于枝顶成穗状花序，花序轴常有短毛，花柱线形，比雄蕊略长。蒴果近球形。每年多次开花。

不同属种：红千层（红千层属）常绿灌木，单叶互生、条形、硬而无毛、有透明腺点、中脉显著，穗状花序，似瓶刷状，花红色、无梗，花瓣5，雄蕊多数、红色、长2.5cm，蒴果半球形、顶端平，**其同属不同种：针叶红千层，**叶色墨绿，质地稍硬，针形叶，秋季变成红褐色，叶背有油状腺点。

白千层原产澳大利亚，我国福建、台湾、两广均有栽培。喜温暖潮湿环境，要求阳光充足，适应性强，能耐干旱高温及瘠瘦土壤，亦可耐轻霜及短期0℃左右低温。对土壤要求不严。

菲油果（桃金娘科菲油果属）

常绿灌木或小乔木，高5～6m，叶有光泽、背面有银灰色茸毛，花单生、径约4cm，花冠白色内有紫色，雄蕊和花柱红色明显。菲油果喜光、耐旱、耐－10℃低温，在上海初花期5月下旬，生长良好。

松红梅（澳洲茶）（桃金娘科薄子木属）

常绿小灌木，枝条纤细、红褐色，单叶互生。花有单瓣、重瓣之分，花色有红、粉红、桃红、白等多种颜色，花径0.5～2.5cm，花期晚秋至春末。蒴果革质、先端裂开。因叶似松，花似梅，故名。

松红梅原产新西兰等地，现分布于马来西亚、印度尼西亚等地。耐寒性不强，露地栽培冬季须－1℃以上气温，在北方只能盆栽。对土壤要求不严，但以富含腐殖质、疏松肥沃、排水良好的微酸性土壤最好，忌排水不良。

使君子（使君子科使君子属）

攀缘灌木，叶对生。穗状花序，倒挂下垂。顶生穗状花序，伞房状；花瓣初为白色，后转淡红色；花期夏秋，果期秋末。在我国分布于长江中下游以南。

五加科

常春藤（中华常春藤）（五加科常春藤属）（附图1-120）

常绿藤本，借气生根攀缘，嫩枝上柔毛鳞片状。单叶互生，叶二型：营养枝上的叶为三角状卵形、全缘或3裂，生殖枝上的叶椭圆状卵形或卵状披针形、全缘。伞形花序单生或2～7朵顶生，花淡绿白色、芳香。浆果状核果球形、红色或黄色。花期8～9月。

常春藤分布于华中、华南、西南等地。极耐阴、稍耐寒，喜中性或酸性土壤。

刺楸（五加科刺楸属）

落叶乔木，树皮纵裂，有长短枝。小枝及树干密生皮刺。单叶在长枝上互生、在短枝上簇生。叶近圆形、5～7掌状裂，裂片三角状卵形、缘有细齿，叶柄长于叶片。伞形花序顶生，花小、白色。核果熟时黑色，近球形、花柱宿存。花期7～8月，果熟9～10月。

刺楸在我国自辽宁南部至广东、广西，以及西南各地都有生长。喜光、耐阴，对气候适应性强，耐－32℃低温、又适应炎暑酷夏，耐旱、忌低洼积水，深根性，生长快。其枝叶不易引火，适宜在油库或加油站附近种植。

八角金盘（五加科八角金盘属）

常绿灌木，常数干丛生。单叶互生、大型、掌状7～9深裂、厚而有光泽，缘有锯齿，叶柄长。伞形花序集成大型顶生圆锥花序，小花、白色。浆果球形、紫黑色、外被白粉。花期10～11月，翌年4～5月果熟。

八角金盘为亚热带树种，产我国台湾和日本。济南小气候可露地越冬。阴性树，喜温暖阴湿润环境，不耐干旱、耐烟尘、抗有害气体。

附图 1-120 常春藤

鹅掌柴（五加科鹅掌柴属）

常绿乔木或灌木掌状复叶互生，小叶 6～9、革质、长卵圆形或椭圆形。伞形花序又复结成大圆锥花序顶生，花白色、芳香，花瓣 5、肉质。核果球形。花期冬季。

鹅掌柴分布于我国台湾、广东、福建等地，是我国华南习见植物，在我国东南部亦常见。喜光，亦耐阴，喜温暖湿润气候，不耐寒，北方盆栽。

山茱萸科

灯台树（山茱萸科梾木属）

落叶乔木，树冠圆锥状，大枝平展层次分明、呈阶梯状。单叶互生、广卵形，上面无毛、下面灰绿色、密生白色丁字毛，侧脉 6～8 对。伞房状复聚伞花序顶生，微有平伏毛，花小、白色。核果球形、紫红至蓝黑色。花期 5～6 月，果熟 7～9 月。

灯台树原产我国辽宁、陕西、甘肃，以及华北各地区，南至广东、广西及台湾地区，以及西南等地，北京地区栽植在风口处易枯枝。喜光，耐侧阴，耐寒、耐热。

四照花（山茱萸科四照花属）

落叶小乔木，嫩枝有白色柔毛。单叶对生，两面有柔毛，背面粉绿色，脉腋簇生淡褐色绢毛，侧脉弧形弯曲。小花聚成头状花序，黄色。花序基部有 4 枚花瓣状白色总苞片。聚花果橙红色或紫红色。花期 5～6 月，果熟 9～10 月。**同属不同种：秀丽四照花，**冬春两季叶片紫红色，夏日繁花满树，秋果累累，耐寒性强。**花叶四照花，**叶有银白色的条纹。

四照花在我国中部大部分地区有分布，北京在背风向阳处科露地种植。喜光、耐半阴，较耐寒，喜湿润肥沃排水良好的土壤，萌芽力差，不耐重修剪。

山茱萸（山茱萸科山茱萸属）

落叶灌木或小乔木，老枝黑褐色，嫩枝绿色。单叶对生，两面有毛，脉腋有黄褐色簇毛。伞形花序腋生，序下有 4 小总苞片、褐色，花萼 4 裂，花瓣 4，黄色。核果椭球形，熟时红色。花期 3～4 月，果熟 8～10 月。**同属不同种：美国红山茱萸**，冬季枝条鲜红色，秋季叶由深绿色变为橘黄、棕、红色，花色有红、粉、白色；**红瑞木（附图 1-121）**，落叶灌木，树皮暗红色，小枝血红色、严冬越红艳，幼时有白粉，叶下面粉绿色，秋叶变红，伞房状复聚花序顶生，花小、黄白色，核果长圆形微扁、乳白色或蓝白色，是理想的冬景树种，其**变种与品种有金叶红瑞木、银边红瑞木、花叶红瑞木、金边红瑞木，"芽黄"红瑞木**，茎秆黄绿色，冬季金黄色。

山茱萸性喜温暖气候，也有一定的耐寒力。喜疏松、深厚、透水性好的沙壤土，土壤应呈酸性或中性，不耐盐碱，在黏土中生长不良。喜光，但有一定的耐阴力。喜湿怕涝，在积水处易死亡。喜肥，也耐瘠薄。

桃叶珊瑚（东瀛珊瑚、青木）（山茱萸科桃叶珊瑚属）

常绿灌木。单叶对生、椭圆状卵圆形至长椭圆形，薄革质，缘疏生锯齿，两面油绿有光泽。圆锥花序顶生，花小紫红色或暗紫色；浆果状核果，鲜红色。花期 3～4 月，果熟 11 月～翌年 2 月。**变种与品种：洒金东瀛珊瑚**。

桃叶珊瑚产于我国台湾及日本，各地园林常见栽培。极耐阴，夏季怕日灼，喜湿润，不甚耐寒，对烟尘和大气污染抗性强。

附图 1-121　红瑞木

附图 1-122　映山红

合瓣花亚纲

杜鹃花科

杜鹃花在我国一般可根据其分布及生态习性分为三类：

(1) 北方耐寒杜鹃类：分布在东北、西北及华北北部，均耐寒，要求光照充足、夏季较凉爽，畏热，如照山白、迎红杜鹃等。

(2) 温暖地带低山丘陵、中山地区杜鹃类：主要分布在中纬度温暖地带，耐寒性较强、亦耐旱，喜半阴、畏烈日，多生于丘陵、山坡疏林中，如杜鹃、满山红、羊踯躅等。

(3) 亚热带高原、山地杜鹃类：主要分布于西南较低纬度地区，以常绿的高山杜鹃为主，要求空气湿度较高的环境，如云锦杜鹃、马缨杜鹃等。

映山红（山踯躅、杜鹃花）（杜鹃花科杜鹃花属）（附图 1-122）

常绿灌木，多分枝，幼枝有棕色糙伏毛。单叶互生，卵形或椭圆形，上面疏生糙伏毛、背面密生棕色糙伏毛，纸质、全缘。花 2～6 多簇生枝顶，鲜红、深红色或蔷薇色、有紫斑，花冠漏斗形、5 裂。子房、蒴果都密生棕色糙伏毛。花期 4～6 月，果熟 10 月。

映山红分布于我国长江流域南北各地，是我国十大传统名花。喜半阴，稍耐寒，喜凉爽湿润通风的环境，是酸性土的指示树种，土壤 pH 值 4.5～6.0 生长最好，中性土也能适应，忌石灰质土壤和黏重过湿土壤，在盐碱土生长不良。耐干旱瘠薄，根系浅、纤细、有菌根，忌浓肥。

云锦杜鹃（天目杜鹃、云锦花）（杜鹃花科杜鹃属）（附图 1-123）

常绿灌木、小乔木，小枝粗壮淡绿色。单叶互生、常簇生枝顶，长圆形至长圆状椭圆形或倒卵形，上面深绿、背面淡绿，厚革质、全缘。顶生总状伞形花序，有花 6～12 朵，芳香，花冠漏斗状钟形，长 4～5cm、径 7～9cm，淡粉色，雄蕊 10 以上，花冠 7 裂，花梗、花萼、花冠基部、子房、花柱都有腺体。花期 5 月，果熟 10～11 月。**同属不同种：石岩杜鹃，**常绿或半常绿（在寒冷地区），叶缘有睫毛，花 2～3 朵与新梢同放、雄蕊 5。

云锦杜鹃原产我国浙江、安徽、江西、福建、湖南、四川以及两广等地海拔 600～2000m 的山间林中。许多城市引种成功。喜温暖湿润气候，是常绿杜鹃中较耐寒且较适宜平原地区栽培的种类。

锦绣杜鹃（杜鹃花科杜鹃花属）

半常绿灌木，花梗、枝、叶被有淡棕色扁平伏毛，叶纸质，椭圆形。花 1～3 朵簇生于枝顶，蔷薇紫色、有紫斑。花期 4～5 月。**同属不同种：迎红杜鹃，**落叶灌木，小枝疏生鳞片，花冠宽漏斗状，淡红紫色，2～5 朵簇生枝顶，先叶开放，雄蕊 10，不等长，稍短于花冠，花丝下部被短柔毛，花柱长于花冠，蒴果长圆形，先端 5 瓣开裂，花期 4～6 月，果熟 5～7 月，产于我国东北、华北、山东等地；**羊踯躅，**常绿乔木，分枝稀疏，叶长椭圆形或椭圆状倒披针形，缘有睫毛，两面有毛、纸质，顶生伞形总状花序，花金黄色，花期 4～5 月，原产我国长江流域及以南各地，是杜鹃花属中极少开黄色花的种类，全株有毒、须慎用；**显绿杜鹃，**半落叶灌木，植株矮小，幼枝被疏鳞片及刚毛状柔毛，叶芽鳞脱落，叶革质，伞状或短总状花序顶生，具 3～6 花，花冠淡黄绿色至黄色，花期 7～8 月，耐低温。

锦绣杜鹃原产我国，华东地区栽培较多，花色艳丽，是当地主要的春天开花杜鹃类植物。

铃兰欧石楠（达欧、雪地）（杜鹃花科欧石楠属）

常绿灌木，植株矮小。针状叶幼细光滑，常 4 枚轮生，钟形花、花小多数，白色。花期 7～11 月。喜充足阳光，良好的排水，较耐寒，喜酸性，疏松、富含腐殖质的土壤。**同属不同**

种：圣诞欧石楠，花色粉红略带紫色。欧石楠属约有几百种，欧石楠是挪威国花，是在欧洲园林中广泛种植的地被植物。花色丰富，有白、红、淡粉、深粉、紫色等。叶色除绿色外，还有金黄色、淡黄、玫红、银灰、棕色等，是欧洲冬季花园里的主要观赏植被。**同科不同属：彩萼欧石楠（彩萼石楠属），**花色及萼片色彩变化有红、紫、深紫、粉、深粉、白等，叶色有金黄、鲜绿、灰色多毛、白斑等变化，花期6～9月。

马醉木（杜鹃花科马醉木属）

常绿灌木，高2～4m。总状花序，每一花序有3～4花枝，密生壶状小花，悬垂性，花冠白或白绿，蒴果球形。全株有毒但花叶观赏价值极高。**变种与品种：红叶马醉木。**

附图1-123　云锦杜鹃　　附图1-124　柿树

柿树科

柿树（柿树科柿树属）（附图1-124）

落叶乔木，树冠扁球形，无顶芽，小枝、叶密生锈黄色毛，后渐脱落。单叶互生，全缘，秋叶红艳。花单性同株或异株，雄花短聚伞花序、雌花单生叶腋，花白色、4裂。浆果，橙黄色或鲜黄色，秋后硕果累累。花期5～6月，果熟9～10月。**同属不同种：君迁子，**叶全缘，具波状起伏，花淡黄至红色，浆果球形、小，初为橙色、熟时蓝黑色、外被白粉。

柿树秋叶红艳，原产我国长江流域。阳性树，耐寒、耐干旱瘠薄，耐湿，不耐盐碱，抗有害气体，深根性，寿命长。

安息香科

玉玲花（安息香科安息香属）

落叶乔木或灌木。叶二型，小枝上部的叶互生、下部叶较小而近对生、纸质，边缘具粗锯齿。总状花序顶生或腋生，花白色或略带粉色、芳香。核果实卵形花期5～7月，果熟8～9月。

我国辽宁、山东、安徽、浙江、湖北、江西有分布。山东以荣成玉玲花为最优。阳性树，以湿润而肥沃的土壤生长较好。

野茉莉（安息香）（安息香科安息香属）

落叶小乔木，嫩枝及叶有星状毛、后脱落。单叶互生、椭圆形或倒卵状椭圆形、端微突尖或渐尖，缘有浅齿，叶仅背面脉腋有簇生星状毛。花单生叶腋或2～4朵成总状花序、下垂，花白色、5深裂。核果近球形。花期6～7月。

野茉莉是本属中在我国分布最广的一种，自秦岭和黄河以南，东起山东，西至云南东北部，南至台湾、广东都有。喜光，耐贫瘠土壤，生长快。

木犀科

雪柳（五谷柳）（木犀科雪柳属）

落叶小乔木或灌木状，小枝细、四棱形。单叶对生，披针形、卵状披针形，全缘。圆锥花序顶生，花序间有叶，花绿白色。翅果小、倒卵形，翅在果实周围。

雪柳原产我国，辽宁以南至广东，陕甘至江浙都有栽培。喜光，稍耐阴，亦耐干旱，除盐碱地外各种土壤都能生长。耐烟尘及有害气体能力较强，防风能力强。

附图1-125 白蜡

附图1-126 连翘与金钟花

白蜡（木犀科白蜡属）（附图1-125）

落叶乔木，树冠卵圆形假二叉分枝。奇数羽状复叶对生，小叶椭圆形或椭圆状卵形，秋叶变黄。圆锥花序大、生于当年生枝顶或枝端叶腋，单被花，无花瓣。花单性、雌雄异株。翅果倒披针形。花期 4 月，果熟 8～9 月。**同属不同种：绒毛白蜡，**天津市树；**常青白蜡，**常绿，叶正面亮绿色、背面灰白色，花冠白色、花瓣 4；**美国白蜡；金枝白蜡；美国紫叶白蜡；对节白蜡；金叶白蜡；花叶白蜡。**

白蜡属温带树种，分布于我国黄河流域枝长江流域各地。弱阳性树，喜温暖湿润气候，耐寒、耐旱，也耐湿，对土壤要求不严，耐盐碱，耐烟尘、抗多种有害气体。根系深，生长快。深根树种，侧根发达，生长较迅速，少病虫害，抗风，抗烟尘，材质优良。

连翘（黄金条）（木犀科连翘属）（附图 1-126）

丛生落叶灌木，小枝稍有四棱、髓心中空仅节部为片状。单叶或 3 小叶、对生，叶卵形、宽卵形或长椭圆状卵形，有时 3 裂、缘有粗锯齿。花金黄色，钟形，1～6 朵腋生。蒴果开裂、多瘤点，萼宿存。花期 3～4 月先叶开放，果熟 7～9 月。**变种与品种：金叶连翘、金脉连翘、花叶连翘、密花连翘。同属不同种：金钟花，**形态与连翘相似，但髓心薄片状，叶椭圆形或椭圆状披针形、中部以上粗锯齿，耐寒、耐旱较前者差，分布偏南，是长江流域南北大范围的主要早春花木。

连翘产于我国北方各地，是北方早春花木。喜光、略耐阴，耐寒、耐瘠薄、干旱，忌积水。对烟尘及有害气体抗性强。

附图 1-127 紫丁香　　附图 1-128 桂花

紫丁香（木犀科丁香属）（附图 1-127）

落叶灌木、小乔木，假二叉状分枝。单叶对生，叶卵圆形至肾形、通常宽大于长、全缘。圆锥花序疏松顶生，花冠漏斗状 4 裂、紫堇色淡紫色、芳香，冠生雄蕊。蒴果开裂、椭圆状稍扁、先端尖。花期 4～5 月，果熟 9～10 月。**变种与品种：白丁香；佛手丁香**，花重瓣；**紫萼丁香**，花萼、花瓣轴都为紫色。**同属不同种：花叶丁香；黄花丁香；金园北京丁香；红丁香；匈牙利丁香**，花期长，4～9 月花开不断，有红、紫红、黄色品种，花香浓郁，圆锥形花序达 20 余厘米，紧凑丰满，且适应南北各种气候带；**欧洲丁香；暴马丁香**，叶背网状脉隆起，圆锥花序大而疏散，花冠白色、筒短，花丝细长，几乎为花冠裂片的 2 倍，蒴果矩圆形、先端钝，**其变种与品种有黄花暴马丁香**。

紫丁香分布于我国北方。喜光、稍耐阴，耐寒、耐旱、忌低洼积水，在排水良好的干爽环境中生长良好。

桂花（木犀科木犀属）（附图 1-128）

常绿小乔木，树冠卵圆形。单叶对生、椭圆形或椭圆状披针形、革质，全缘但幼树及萌蘖枝的叶疏生锯齿，5～7 朵呈聚伞花序、腋生，花白色至橙黄、橙红，芳香。核果椭圆形、暗紫色，但一般栽培品种无果实。花期 9～10 月，果熟翌年 4 月。**变种与品种：丹桂；金桂；银桂；四季桂；国色天香桂**，初春嫩芽为紫红玫红，后转为桃红，进而转金黄色至白色，再由主叶脉开始向两边渐变绿色，直至深绿，在气候条件适宜时一年四季不断有嫩芽冒出，因此整个植株从上到下五色斑斓。**同属不同种：刺桂（柊树）**，叶形多变，厚革质，边缘有 1～4 对刺状齿，偶全缘，网脉明显均隆起或在叶背不显，雌雄异株，花簇生叶腋，白色，香味较淡，花期 10～11 月，果翌年成熟，**其变种与品种有金边刺桂、花叶刺桂**。

桂花属亚热带树种，原产我国西南部，是我国十大传统名花之一。弱阳性树，喜温暖湿润气候及肥沃排水良好的中性至微酸性沙壤土，不耐积水，根蘖性强，寿命长。有用桂花苗编成花瓶造型，观赏效果极佳。

流苏（木犀科流苏属）

落叶乔木或灌木状，树冠平展，大枝皮纸质、常剥落。单叶对生，革质，全缘（幼树叶缘有细锯齿），叶柄基部有紫色、有毛，背面脉上密生短柔毛。聚伞状圆锥花序顶生，花白色、芳香，花冠裂片狭长、花冠筒极短。雌雄异株。核果蓝黑色。花期 4～5 月，果熟 7～8 月。

流苏原产我国，东北南部至广东，自陕甘至江浙一带都有栽种。喜光，耐阴，耐寒、耐旱、不耐涝，对土壤适应性强。

女贞（木犀科女贞属）（附图 1-129）

常绿乔木，树冠卵圆形。单叶对生、卵形，革质而脆，全缘。复聚伞花序，花白色、芳香。浆果状核果，矩圆形，紫黑色，有白粉。花期 6 月，果熟 11～12 月。**同属不同种：小叶女贞**，单叶对生、半革质，叶柄具短柔毛，圆锥花序 7～20cm，花白色、无梗，花冠筒与花冠裂片近等长，较女贞适应性更强，耐寒，在北京可露地越冬；**金森女贞；小蜡**，常绿灌木，花有梗，花序 4～10cm，花冠筒短于花冠裂片，**其变种与品种有花叶小蜡、金叶女贞**（为欧洲女贞与加州金边女贞杂交培育而成，叶常年鲜黄色，优良的观叶灌木，较耐寒、耐盐碱，吸收有害气体）。

女贞产于我国秦岭、淮河流域以南至两广和西南地区。阳性树，能耐阴。喜深厚肥沃湿润的土壤，不耐干旱瘠薄。树性强健，有一定耐寒性，抗有害气体。深根性、耐修剪，生长快，寿命长。

迎春（木犀科茉莉属）（附图 1-130）

落叶灌木，枝细长拱形、四棱、绿色。3 小叶复叶对生、缘有短睫毛。花单生叶腋、花高脚碟状、裂片6、黄色。花期2～4月先叶开放，栽培一般不结果。**同属不同种：迎夏（探春）**，与迎春不同，半常绿灌木，奇数羽状复叶互生、小叶3～5，偶有单叶，花期5～6月；**云南黄馨（南迎春）**，常绿灌木，3小叶复叶对生，叶光滑无毛，花黄色、单生于总苞状单叶的小枝端，常复瓣；**茉莉**，常绿灌木，枝细长呈藤木状，单叶对生，仅叶背面脉腋有簇毛，聚伞花序，有花3至多朵，花冠白色、浓香，有重瓣类型，花后常不结实，为观花及香料植物，北方盆栽。

迎春属温带树种，原产我国北方及西南各地。弱阳性树，喜光耐阴，耐寒、耐干旱、耐盐碱、忌积水，对烟尘及有害气体抗性强。

附图1-129　女贞　　　　附图1-130　迎春与迎夏

多花素馨（木犀科素馨属）

缠绕木质藤本，叶对生，羽状深裂或为羽状复叶，两面无毛或下面脉腋间具黄色簇毛，小叶具明显基出脉3条。总状花序或圆锥花序顶生或腋生，有花5～50朵，花极芳香。花蕾时花冠外面呈红色，内面白色，花冠管细长，花柱异长。果近球形，黑色。花期2～8月，果期11月。

多花素馨产于我国四川、贵州、云南。生山谷、灌丛、疏林。喜温暖湿润和阳光充足的环境，宜在水边生长，要求空气湿润、土壤肥沃、排水良好，畏寒，畏旱，不耐湿涝和碱土。

马钱科

醉鱼草（马钱科醉鱼草属）

落叶灌木，小枝四棱而略有翅。单叶对生，全缘或疏生波状锯齿。穗状花序顶生，扭向一侧、稍下垂，花冠紫色。蒴果长圆形，2瓣裂。花期6～8月，果熟10月。**变种与品种很多。同**

属不同种：紫花醉鱼木，花紫堇色，花多密集簇生圆锥状，气味芳香。

醉鱼草原产我国，分布以长江流域及以南为主。喜光，耐阴，耐寒性不强，对土壤适应性强，耐旱、稍耐湿。

夹竹桃科

夹竹桃（夹竹桃科夹竹桃属）（附图 1-131）

常绿灌木，小枝绿色、含毒汁。单叶线状披针形，全缘、革质，多轮生。聚伞花序顶生，花冠 5 裂、有鳞状副花冠，花色有桃红、粉红和白色品种。花冠裂片右旋，喉部有副冠。蓇葖果、矩圆形。花期 6～9 月，果熟 12 月。**变种与品种：花叶夹竹桃。不同属：黄花夹竹桃（黄花夹竹桃属），**单叶互生，线形，宽不及 1cm，花黄色，核果。

夹竹桃属亚热带树种，原产伊朗，传入我国历史悠久。强阳性树，也能耐阴。较耐湿、不耐寒，抗性强，耐旱、耐碱、耐烟尘、抗有害气体。

花叶蔓长春（夹竹桃科蔓长春属）

蔓性半灌木，茎偃卧，花茎直立。叶边缘白色，有黄白色斑点。花单朵腋生，花冠蓝色，花冠筒漏斗状。花期 3～5 月。是良好的地被植物和垂挂植物。

络石（夹竹桃科络石属）

常绿藤本，有气生根，嫩枝有毛。单叶对生、椭圆形至卵状椭圆形，背面有柔毛。聚伞花序、顶生或腋生，花高脚碟状、5 裂、白色、芳香。蓇葖果、条状披针形、双生。花期 5 月，果熟 11 月。**变种与品种：花叶络石；石血；意大利络石藤**（又叫风车茉莉），花香更香。

络石产于我国东南部，黄河流域以南有分布。半阴性树，稍耐寒、较耐旱。

附图 1-131 夹竹桃

附图 1-132 黄蝉

黄蝉（夹竹桃科黄蝉属）（附图 1-132）

常绿灌木，具毒汁。单叶 3～5 轮生，椭圆形或倒卵状长圆形、全缘。总花序式的聚伞花序顶生，花冠漏斗状、5 裂片、橙黄色、内有红褐色条纹。蒴果球形，具长刺。花期 5～7 月。

黄蝉原产巴西，我国南方有栽培，北方盆栽，温室越冬。喜高温多湿，阳光充足，排水良好肥沃土壤。

鸡蛋花（夹竹桃科鸡蛋花属）

落叶小乔木，枝条粗壮、肉质、具乳汁，落叶后具明显的叶痕。单叶互生，大型、长圆状倒披针形或长椭圆形、长20～40cm、常聚生于枝顶，全缘。聚伞花序顶生，花冠外面白色而略带淡红色斑纹、内面黄色，芳香。蓇葖果双生。花期5～10月。**变种与品种：红花鸡蛋花、黄花鸡蛋花、白花鸡蛋花**。

鸡蛋花原产墨西哥。我国广东、广西、云南、福建有栽培。长江流域及北方温室盆栽。喜光，喜温热气候，耐干旱，喜生于石灰岩山地。

马鞭草科

马缨丹（五色梅、如意花）（马鞭草科马缨丹属）（附图1-133）

直立或半藤本状灌木，茎枝有刺或有下弯钩刺，小枝有棱，全株被毛，有强烈气味。单叶对生，卵圆形，缘有锯齿，上面粗糙、两面有硬毛。顶缀伞形花序如盘，从叶腋生出，花小密生，花冠有红、黄、白等色。花初开时常为黄或粉红，继而变为橘黄或橘红，最后为红色，花开时犹如绿叶扶彩球，故称“五色梅”。在华南能全年开花。

马缨丹原产巴西，现广布于热带和亚热带各地，在我国往往温室盆栽。喜温暖湿润向阳之地，耐热，炎夏仍可在阳光直射下生长，耐干旱、不耐寒。

假连翘（马鞭草科假连翘属）

落叶灌木，枝常呈拱形下垂，具皮刺单叶对生，少有轮生、卵形或卵状椭圆形，全缘或中部以上有锯齿。总状花序顶生或腋生，花冠蓝色或淡蓝紫色、顶端5裂。核果肉质、球形，熟时红黄色、有增大花萼包围。花果期5～10月。**变种与品种：金叶假连翘**。

假连翘原产热带美洲，我国南方均有栽培，且有归化的野生状态，华东以北盆栽。喜光，不耐寒。

牡荆（马鞭草科牡荆属）

落叶灌木、小乔木，有香气。小枝密生灰白色绒毛。掌状复叶，小叶5、有时3，缘有粗锯齿，叶面绿色、背面淡绿色、灰白色。圆锥花序顶生，花小、淡堇色。核果小。花期7～8月，果熟10月。

牡荆原产我国，分布于华北、华东、华南等地。喜光，耐阴，耐寒，耐干旱瘠薄，耐修剪，耐刈割。

海州常山（马鞭草科赪桐属）

落叶灌木、小乔木，嫩枝有黄褐色短柔毛，枝的白色髓中有淡黄色片状横隔。单叶对生，全缘或波状齿，两面疏生短柔毛或近无毛，叶柄有毛，叶有异味。聚伞花序组成圆锥状花序，花序长10cm以上，花萼红色、宿存，花冠白色带粉红色、微香。核果蓝紫色，球形，包在萼内。花期6～10月，果熟9～11月。**变种与品种：花叶玉蝶常山，**叶边缘镶嵌金黄色斑块。**同属不同种：龙吐珠（麒麟吐珠）（附图1-134）**，软弱的木质藤本，茎四棱，聚伞花序顶生或生于上部叶腋、长8～12cm，花冠筒绿色、花萼白色、花未开时花瓣抱为圆球形、似宝珠，核果浆果状、宿存花萼红紫色，不耐寒。**不同属种：臭牡丹（大青属），**植株有臭味，花序轴、叶柄密被脱落性的柔毛，叶边缘具粗或细锯齿，侧脉表面散生短柔毛，伞房状聚伞花序顶生，花萼钟状，花冠淡红色、红色或紫红色。

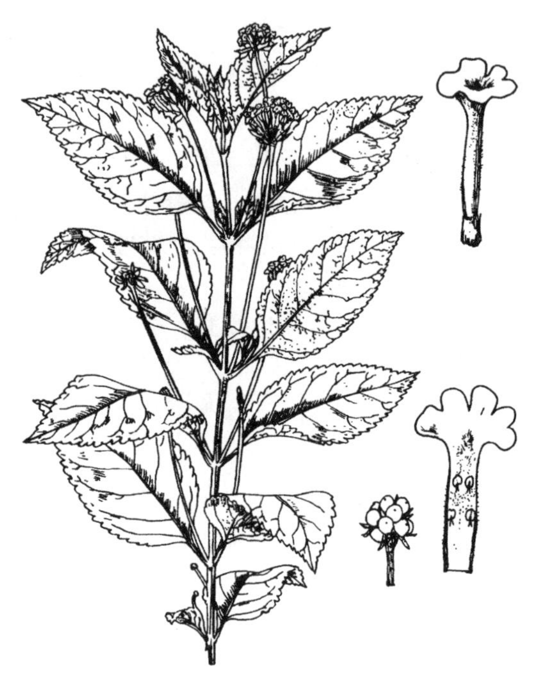

附图 1-133 马缨丹

附图 1-134 龙吐珠

海州常山原产我国华东、华中至东北等地。喜光，耐阴、耐寒、耐旱、耐湿、耐烟尘，抗有害气体能力强，适应性强，不择土壤。

紫珠（马鞭草科紫珠属）

落叶灌木，小枝紫红色，幼时有粗糙短柔毛和黄色腺点。单叶对生，缘有细锯齿。聚伞花序总梗与叶柄等长或稍短。花小、淡紫色，裂片 4 裂。浆果状核果，球形，蓝紫色。花期 8 月，果熟 9～11 月。

紫珠原产我国，分布于山西、山东、河南等地，长江流域及以南亦有分布，各地有栽培。喜光，耐阴，较耐寒，喜温暖湿润气候，喜深厚肥沃土壤。

金叶莸（马鞭草科莸属）

落叶灌木，叶鹅黄色、背面具银白色毛。聚伞花序、蓝紫色，花期夏末秋初可持续 2～3 个月，是点缀夏秋景色的优良材料。耐寒、耐旱、耐修剪、易管理。在生长季节愈修剪，叶黄色愈加鲜艳，生长较快，当年栽植即可开花，优良的园林造景灌木。

茄科

枸杞（茄科枸杞属）

落叶灌木，枝细长拱形、有纵棱和针状枝刺。单叶互生或簇生，卵形、菱状卵形或卵状披针形。花紫堇色，1～4 朵腋生。浆果卵形，亮红色或橙红色，有黑色品种。花期 6～9 月，果熟 9～10 月。**同属不同种：宁夏枸杞**。

枸杞原产我国，自辽宁南部至长江流域，西自四川、云贵，南至广东、广西等地都有分布。喜光，耐阴、耐寒、耐旱，耐盐碱、忌积水，根系发达，适应性强。

玄参科

泡桐（白花泡桐）（玄参科泡桐属）（附图 1-135）

落叶乔木，树冠宽卵形或圆形。单叶对生，长卵形，大型，全缘稀浅裂，背面密生白色星状。花 3～5 朵成顶生聚伞圆锥花序、较狭窄，花冠唇形、漏斗状、乳白色或微带紫色、内有紫色斑点及黄色条纹，萼浅裂、仅先端有毛无毛。蒴果椭球形、开裂，种子小、有翅。花期 3～4 月，果熟 9～10 月。**同属不同种：毛泡桐，**花序宽大、侧生花枝较长，花紫堇色，萼深裂密生毛；**楸叶泡桐；兰考泡桐。**

泡桐主产长江流域各地。强阳性树，耐寒性稍差，肉质根、怕水涝，喜排水良好的沙壤土。泡桐的根系近肉质，且有上下两层，移植时要做到深挖浅栽。

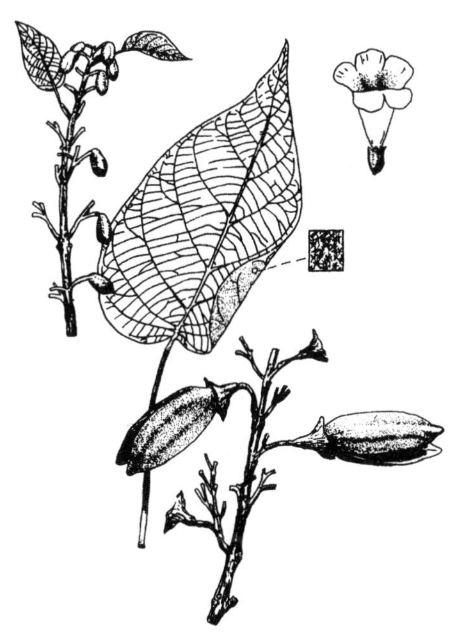

附图 1-135　泡桐

紫葳科

楸树（紫葳科梓树属）

落叶大乔木，树冠窄长倒卵形，树干耸直，主枝开阔伸展。单叶对生或轮生，三角状卵形、叶背基部脉腋有紫色腺斑，全缘或近基部有 3～5 对尖齿，幼树之叶常浅裂。总状花序伞房状排列，花冠浅粉色、有紫色斑点。蒴果长 25～50cm。花期 5 月，果熟 8～10 月。**变种与品种：花叶楸树。同属不同种：梓树，**花冠淡黄色、内有黄色条纹及紫色斑点，叶常 3～5 浅裂，叶背基部脉腋有紫色斑点；**黄金树，**花冠白色、内有黄色条纹及紫色斑点，叶全缘或偶有 1、2 浅裂，叶背脉腋有绿色斑点。

楸树原产我国黄河流域以南至长江流域，河北、内蒙古有分布。喜光，较耐寒，喜深厚肥沃湿润土壤，不耐干旱、忌积水，忌地下水位过高。稍耐盐碱。萌蘖性强，侧根发达。耐烟尘、抗有害气体能力强。

蓝花楹（紫葳科蓝花楹属）

半落叶乔木，二回奇数羽状复叶对生，羽片通常 16 对以上、每羽片有小叶 14～24 对，小叶狭长圆形或长圆状菱形、全缘。圆锥花序顶生、长 20cm，花萼顶端 5 齿裂，花冠蓝色，花冠筒细长。蒴果木质、卵球形，种子有翅。花期春末至初秋。

蓝花楹原产南美，我国南方一些城市早有引种，在广州、厦门、福州等地颇多栽培。喜光，喜暖热多湿气候，不耐寒，对土壤要求不严，在一般中性和微酸性土壤都能生长良好。

凌霄（紫葳科凌霄属）（附图 1-136）

落叶藤本，借气生根攀缘生长，小枝紫褐色。奇数羽状复叶对生，小叶 7～9、卵形至卵状披针形，缘有锯齿，两面无毛。圆锥花序顶生，花冠漏斗状钟形、裂片 5、呈 2 唇形、鲜红色，花径 5～7cm、萼裂至中部。蒴果窄长。花期 7～9 月，果熟 10 月。

凌霄原产我国中部及以南各地。弱阳性树，喜光略耐阴，有一定耐寒力，喜温暖湿润气候，耐干旱、较耐湿。但花粉有毒刺激眼睛，幼儿园等地勿种植。

附图 1-136 凌霄　　附图 1-137 栀子

炮仗藤（紫葳科炮仗藤属）

常绿藤本。叶对生。圆锥花序生于侧枝顶端，花冠筒状，橙红色，裂片 5，长椭圆形，花蕾时镊合状排列，花开放后反折，边缘被白色短柔毛。

炮仗藤原产南美洲。在我国广东、海南、广西、福建、台湾、云南等地均有栽培。

茜草科

栀子（茜草科栀子属）（附图 1-137）

常绿灌木，小枝绿色。单叶对生、间有轮生，倒卵状长椭圆形、全缘或微波状。花单生枝顶或叶腋，花冠 6 裂，白色，芳香。浆果卵形。花期 6～7 月，果熟 10 月。变种与品种多。

栀子属亚热带、温带树种，原产我国黄河流域以南各地，是著名的香花树种，北方常盆栽观赏，冬季温室过冬。弱阳性树，喜温暖湿润气候和肥沃微酸性至酸性土壤，不耐寒、旱，不耐瘠薄和盐碱，较耐湿。

六月雪（茜草科六月雪属）

半常绿小灌木，分枝密，嫩枝微有毛。单叶对生，长椭圆形、椭圆状披针形、全缘，两面叶脉、叶缘、叶柄都有白色毛。花单生或数朵簇生，白色或淡粉紫色，花冠筒长约是花萼的 2 倍。核果小。花期 5～6 月。果熟 10 月。**变种与品种：重瓣六月雪、金边六月雪。**

六月雪广布于我国长江流域下游各省，南至两广。喜温暖阴湿环境，不耐严寒，要求肥沃沙质壤土，耐修剪、易造型。

忍冬科

木绣球（忍冬科荚蒾属）

半常绿灌木，裸芽、枝、叶背、叶柄及花序都有灰白色星状毛。单叶对生，缘有细齿。聚伞花序，径 8～15cm，全为不孕花，花冠辐射状，始绿色后变为白色。花期 4～5 月，不结果。**变种与品种：琼花，**花序边缘是不孕花、中间是孕花，核果椭圆形、红色，是扬州市市花。

木绣球原产我国长江流域，山东、河南也有分布。喜光，稍耐阴，有一定的耐寒能力，喜肥沃湿润排水良好的土壤，稍耐湿，病虫害少。

天目琼花（鸡树条荚蒾）（忍冬科荚蒾属）

落叶灌木，单叶对生，广卵形至卵圆形，通常 3 裂，裂片边缘有锯齿，3 出脉，叶柄上有凹槽，叶柄顶端有 2～4 个腺体。聚伞花序，边缘为白色不孕花、中央为孕花。核果红色。花期 5～6 月，果熟 8～9 月。**同属不同种很多，有：雪球荚蒾；香荚蒾；荚蒾；欧洲荚蒾；珊瑚树（早禾树），**常绿灌木或小乔木，叶全缘或有不规则浅波状齿，聚伞圆锥花序顶生，花冠钟状、白色，裂片 5、长于筒部 2～3 倍，核果椭球形，先红后黑，对有毒气体有吸收能力又有抗性，是防尘、隔声、防火等多功能的防护树种。

天目琼花原产我国东北南部、华北至长江流域。喜光，较耐阴，耐寒，喜湿润气候，对土壤要求不严。

锦带花（忍冬科锦带花属）（附图 1-138）

落叶灌木，幼枝有 2 棱、上被柔毛。单叶对生，椭圆形或倒卵状椭圆形，上面疏有毛、下面毛密。花 1～4 朵成聚伞花序腋生，花梗漏斗状钟形，花色由玫瑰红色渐变为浅红色，花萼裂至中部或稍下、裂片披针形。蒴果 2 裂、顶部有喙。花期 4～6 月，果熟 10 月。**变种与品种：紫叶锦带花、金叶锦带花、金边锦带花。同属不同种：海仙花，**形态与锦带花相仿，但幼枝无棱、无毛，花萼深裂至基部、裂片条形。花由乳白色变为深玫瑰紫色。耐寒性稍差。

附图 1-138　锦带花与海仙花

锦带花原产我国北方。喜光、耐半阴，耐寒、耐旱、耐瘠薄，忌积水。抗有害气体能力强。

猬实（忍冬科猬实属）

落叶灌木，幼枝有毛、老枝皮剥落。单叶对生，椭圆形、卵状椭圆形，全缘或疏生浅齿，叶缘有睫毛，两面疏生毛、下面中脉毛密。花成对呈顶生伞房花序，花冠钟状 5 裂、粉红色至玫瑰红色、喉部黄色有短毛。坚果、密生刺毛，花萼宿存。花期 5～6 月，果熟 8～9 月。

猬实是我国特产保护植物，产于我国中部及西北部，北京地区可露地栽培，20 世纪初引入美国，被誉为“美丽的灌木”，现世界各地栽培。喜光耐半阴，且半阴时可延长花期，耐寒，有一定的耐旱、耐贫瘠能力。

六道木（忍冬科六道木属）

落叶灌木，幼枝被倒生刚毛。单叶对生，长圆形或长圆状披针形，全缘或疏生粗齿、具缘毛，双花生于枝梢叶腋、无总梗。花冠漏斗状，花萼筒被短刺毛、裂片 4。花冠白色至淡红色、裂片 4。瘦果状核果微弯，疏被刺毛。花期 5 月，果熟 8～9 月。**变种与品种：“大花”六道木、“金边大花”六道木、“粉花”六道木、“花叶”六道木、“矮白”六道木。同属不同种：糯米条，**幼枝被微毛、带红褐色，单叶对生卵形或椭圆状卵形、缘有浅齿，叶背面脉间或基部密生白色柔毛，聚伞状圆锥花序顶生或腋生，花白色或粉红色、芳香，瘦果状核果，窄矩圆形。

六道木产于我国辽宁、河北、山西、内蒙古、陕西等地。喜温暖湿润气候，亦耐干旱瘠薄，根系发达，在空旷地、溪边、疏林或岩石缝都能生长。

金银花（忍冬科忍冬属）（附图 1-139）

半常绿缠绕藤本，枝髓中空，幼枝、苞片、花梗密生柔毛和腺毛。单叶对生，卵形、卵状椭圆形、全缘，幼叶两面密生柔毛、后上面脱落。唇形花冠、初白后变黄色，成对腋生在总花梗顶端。浆果蓝黑色、球形。花期 4～6 月，果熟 10～11 月。**变种与品种：红花金银花、紫叶金银花。同属不同种：金银木，**小乔木，呈灌木状，浆果亮红色，其他与金银花相似；**蓝叶忍冬，**新叶嫩绿，老叶墨绿色泛蓝色，花粉红色；**郁香忍冬，**半常绿或落叶灌木，幼枝有刺刚毛，唇形花冠、粉红或白色、芳香，相邻两花萼筒合生达中部以上，浆果红色、两果合生过半，花期 1～4 月，果熟 4～5 月，在济南花期为 12 月。

附图 1-139　金银花

金银花产于我国中部和北方，是垂直绿化的优良材料。喜光、耐阴、耐寒、耐旱，亦耐湿。

接骨木（忍冬科接骨木属）

落叶灌木或小乔木，老枝有皮孔。一回奇数羽状复叶对生，小叶 3～11、揉碎有异味。圆锥状聚伞花序顶生，花小、白色至淡黄色。核果浆果状、黑紫色或红色。花期 5～6 月，果熟 9～10 月。**变种与品种：花叶接骨木、金叶接骨木。**

接骨木产于我国华北、东北、西北和西南等地。喜光，亦耐阴，较耐寒、又耐旱，忌水涝，根系发达，萌蘖性强。

珊瑚藤（蓼科珊瑚藤属）

常绿攀缘藤本。总状花序，花稀疏，淡红色或白色。原产墨西哥，在我国广东、海南和广西庭园有栽培，或野生。

珊瑚藤生长于热带与亚热带地区，喜全日照，肥沃的微酸性土壤。

西番莲（西番莲科西番莲属）

常绿攀缘藤本，是一种芳香可口的水果。聚伞花序退化仅存1花，与卷须对生。花大，淡绿色。

西番莲原产南美洲，热带、亚热带地区常见栽培，我国广西、江西、四川、云南等地有栽培。

四、单子叶植物

棕榈科

棕榈（棕榈科棕榈属）（附图 1-140）

常绿乔木，单干型，株高5～15m，不分枝。单叶大型、掌状分裂、叶柄长、无刺。花单性同株，佛焰花序腋生，花小、黄色。核果球形，蓝褐色，稍有白粉。花期4～5月，果熟10～11月。**同属不同种：铁扇棕，**叶片厚实，有较多的白粉（保护性物质），有较强的耐寒能力（耐－20℃），也耐高温和干旱，亦耐盐碱，俗称“北京棕榈”，经过多年驯化，能在山东、河北以及京津地区生长。

附图 1-140　棕榈

棕榈属热带、亚热带树种，原产我国，北自秦岭以南，长江中下游地区，直至华南沿海都有栽培。阳性树，也耐阴，喜温暖气候，不耐严寒，耐－8℃短期低温，对土壤适应性强，喜肥，耐轻盐碱，对有害气体抗性强，根系浅、虽须根发达但易被风吹倒。

棕竹（棕榈科棕竹属）

常绿丛生灌木，茎有节、圆柱形，上部具褐色粗纤维质叶鞘。掌状叶、4～10深裂，裂片条状披针形或宽披针形，边缘和中脉有褐色小锐齿。肉穗花序、多分枝。雌雄异株，雄花小、淡黄色，雌花大、卵状球形。浆果球形。花期 4～5 月，果熟 11～12 月。**变种与品种：斑叶细棕竹**。

棕竹为热带、亚热带树种，产于我国广东、广西、云贵，以及海南等地。北方温室盆栽。喜温暖阴湿及通风良好的环境。夏季适温 20～30℃、冬季温度不可低于 4℃，宜排水良好，富含腐殖质的沙壤土。

蒲葵（棕榈科蒲葵属）

常绿乔木，单干型，株高 10～20m，树皮有环纹和纵裂纹。叶大扇形、质厚、有折叠，裂片约 72 枚、末端 2 裂、先端下垂，叶柄边缘有倒钩刺。肉穗花序腋生，花小、无柄，黄绿色、苞棕色。核果椭圆形，成熟时紫黑色。花期 3～4 月，果熟 10～12 月。

蒲葵原产我国南部，在广东、广西、福建、台湾等地普遍栽培，长江南北多盆栽。喜高温多湿热带气候，亦能耐 0℃左右低温。喜阳光亦耐阴，虽无主根但侧根异常发达，抗风力强。喜湿润肥沃，有机质丰富的黏壤土，能耐一定的水湿和咸潮。

油棕（棕榈科油棕属）

常绿乔木，单干型。高 4～10m。叶片羽状全裂，单叶，圆锥花序肉穗状，雌雄同株异序，核果。

油棕喜高温、湿润、强光照环境和肥沃的土壤。主要分布于海南、云南、广东、广西等地。

鱼尾葵（棕榈科鱼尾葵属）

常绿大乔木，单干型，株高 20m，有环状叶痕。二回羽状复叶、聚生茎顶，大而粗壮，先端下垂，羽片厚而硬、形似鱼尾。雌雄同株，肉穗花序长约 1.5～3m、下垂。花 3 朵聚生、黄色。浆果球形，成熟后淡红色。花期 7 月。

鱼尾葵原产亚洲热带、亚热带及大洋洲。我国海南五指山有野生分布。我国广东、广西、云南、台湾、福建均有栽培。北方盆栽。喜温暖湿润气候，喜排水良好、疏松肥沃的土壤。根系浅、不耐干旱，茎干忌暴晒，能耐受－4℃短期低温霜冻。

散尾葵（棕榈科散尾葵属）

丛生常绿灌木，茎自基部有环纹，茎干基部略膨大。羽状复叶全裂、扩展、拱形，叶柄与叶轴均无刺，叶裂片在叶轴上排成 2 列。羽片披针形、先端柔软。雌雄同株，肉穗花序圆锥形、长约 40cm，生于叶鞘下、多分枝。花小，成串，金黄色。花期 3～4 月。

散尾葵系热带植物，原产马达加斯加，我国华南地区有栽培，以北地区盆栽。喜温暖潮湿，越冬最低温度应在 10℃，耐阴，适宜疏松排水良好、肥沃的壤土。

长叶刺葵（加拿利海枣）（棕榈科刺葵属）

常绿乔木状，单干，株高 10～15m，树干粗壮具波状叶痕。羽状叶、密生、拱形，全裂、裂片狭长披针形，沿叶轴 4 行排列、硬直，叶柄基部有长针刺、坚硬，总轴两侧有 100 多对小羽片。雌雄异株，肉穗花序长 1m 以上，花小、黄褐色。果实熟时黄色至淡红色。花期 5～7 月，果熟 9～10 月。**同属不同种：银海枣（中东海枣）**，叶柄较短，叶鞘具纤维。雄花白色，雌花橙黄色。喜光，有较强的抗旱能力，生长适温 20～28℃，冬季低温 0℃易受害。但有资料显示，能耐－8℃低温。

长叶刺葵原产非洲西岸加拿利群岛，我国南方引种栽培。喜高温多湿的热带气候，能耐－10℃短期低温。喜光，喜在肥沃土壤中生长，适应性较广，亦耐旱瘠薄、耐酷暑、耐盐碱贫瘠。在长江流域及以南生长良好。

袖珍椰子（棕榈科袖珍椰子属）

常绿小灌木，株高1～3m，茎细长、绿色、有环纹。羽状复叶，小叶20～40，镰形。肉穗花序直立、有分枝，花小，鲜橙红色。果实卵圆形，熟时橙红色。花期3～4月。

袖珍椰子耐阴性强，是室内装饰的好材料。原产墨西哥北部。我国南部以及台湾均有栽培。喜温暖湿润、半阴环境，在强日照下叶色枯黄，越冬低温在5℃以上。

布迪椰子（冻椰子）（棕榈科冻椰属）

常绿乔木，单干型，树干有老叶痕。羽状叶、弯曲下垂，蓝绿色，叶柄具刺，聚生于干顶。花序生于下层叶腋。果实椭圆形，黄至红色，肉甜。

布迪椰子原产巴西南部，我国南方引种栽培，表现良好。在上海露地栽植能够结实，且可育苗。喜光，有一定的耐寒性。据资料介绍，在－15℃低温嫩梢有冻害，但春季仍能更新生长，在－22℃环境存活1周左右。耐干旱，对土壤要求不严。

禾本科竹亚科

刚竹（光竹、台竹、胖竹）（禾本科刚竹属）

单轴散生型，秆高10～15m，地际直径4～8cm，秆壁厚，分枝以下的节秆环不明显。新竹微被白粉、无毛，老秆仅节下有白粉。小枝具叶3～5。笋期5月。有一定耐盐碱能力。**变种与品种：黄金间碧玉，**老秆金黄色，有深绿色纵纹；**碧玉间黄金，**秆绿色有金黄色或浅绿色的条纹。**同属不同种：紫竹，**中小型竹，秆节2环隆起，新秆绿色、有白粉及细柔毛，一年后变为紫黑色、光滑，小枝有叶2～3，较耐寒，可耐－18℃，在北京可露地栽培；**淡竹，**新秆绿色至蓝绿色、密被白蜡粉，老秆绿色或灰绿色，在秆箨下面常有粉圈或黑色污垢，2环隆起、节内近，小枝有叶3～5片，分布于黄河中下游及江浙一带，为华北地区庭院绿化的主要竹种；**毛竹（附图1-141），**新秆绿色，有白粉及细毛，老秆灰绿色，仅在节下面有白粉或变为黑色粉垢，分枝以下的秆环平、仅箨环隆起，秆箨背面密生黑褐色斑点及棕色刺毛，箨舌短宽、两侧下延呈尖拱形、边缘有棕色粗毛，箨叶三角形至披针形、绿色、初直立后反曲，箨耳小、肩毛发达，小枝有叶2～3、披针形；**龟甲竹，**较毛竹矮小，下部数节节间短粗、膨大，秆环与箨环之间在一侧拉开，相互交错成斜面，甚为奇特。

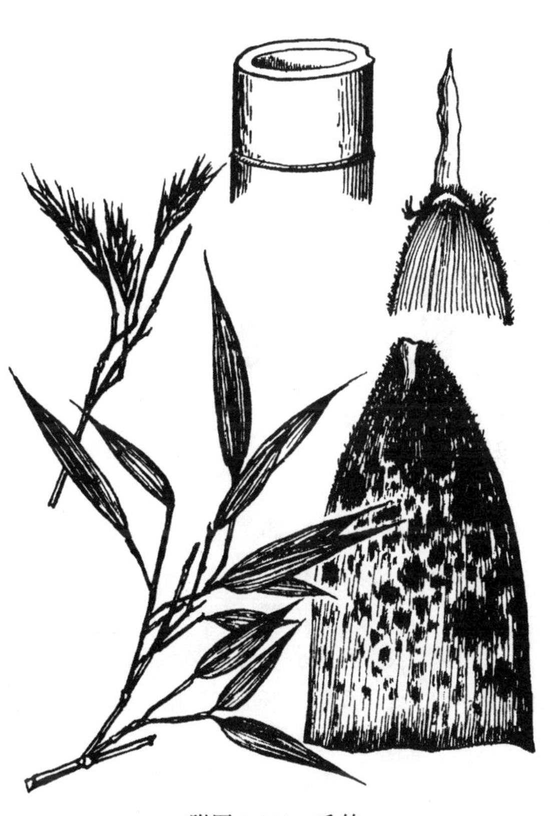

附图1-141 毛竹

刚竹分布广泛，国内分布于长江流域及黄河流域中下游地区。喜光亦耐阴，耐寒、耐－18℃低温。较耐干旱和盐碱。

孝顺竹（凤凰竹、慈孝竹）（禾本科簕竹属）（附图1-142）

合轴丛生型竹，秆高2～7m，地际直径0.5～2.5cm、绿色、微有白粉，老秆黄色。分枝低，初为每节 1 枝、后小枝密生成束状。小枝有叶 5～10，表面深绿、背面灰绿色，枝叶纤柔而下垂。笋期 8～10 月。**变种与品种：凤尾竹**，植株矮小，高常 1～2m，径不超过 1cm，叶小且枝叶稠密纤细下弯，耐寒性不如孝顺竹。

附图 1-142 孝顺竹

附图 1-143 箬竹

孝顺竹原产我国中部偏南，长江流域及以南能正常生长，是丛生竹中分布最北缘的竹种。喜光能耐阴，耐寒性不强。

箬竹（竹亚科箬竹属）（附图 1-143）

混生型，灌木状小型竹，高约 1m、径约 5mm；秆圆筒形，分枝一侧微扁，每节分枝 1～3。小枝有叶 1～3，大型，长达 35cm、宽 6cm，背面灰绿色。箨耳与叶耳显著。笋期 6 月。**同属不同种：阔叶箬竹**，形态与前种近似，但其箨耳与叶耳不显著，叶片长 10～30cm、宽 1～4.5cm，背面翠绿色、背面略有毛，长 10～30cm、宽 1.5～5cm。

箬竹分布于长江流域各省。喜光亦耐阴，稍耐寒及干旱。山东有少量引种。

花叶芦竹（禾本科芦竹属）

根部粗而多结。秆高 1～3m，茎部粗壮近木质化。叶宽 1～3.5cm。圆锥花序，形似毛帚。叶互生，具白色条纹，地上茎挺直。可用于水景园背景材料，也可点缀于桥、亭、榭四周。

百合科

凤尾兰（百合科丝兰属）（附图 1-144）

常绿灌木，树干短、有时有分枝。叶剑形、集生茎端、挺直坚硬、全缘，老时疏有纤维丝。圆锥花序顶生、长 1m 以上，花白色稍有紫晕、杯状下垂。蒴果不裂。花期 5 月、9 月两次开花。**同属不同种：丝兰**，形态与凤尾兰相似，但其近无茎，叶贴近地面生长、叶缘有白色分离的纤维，叶柔软、常自中部弯下，花有绿晕，蒴果开裂。

附图 1-144　凤尾兰

凤尾兰原产北美，属亚热带树种，我国黄河流域以南广为栽培。弱阳性树，耐寒、耐旱、耐湿，也耐瘠薄，除盐碱地外，各种土壤都能生长，抗有害气体。

附录二　园林草本花卉、水生花卉、草坪禾草、观赏草各论

一、一二年生花卉

翠菊（江西腊）（菊科翠菊属）（附图 2-1）

形态　茎直立，全株疏生短毛。单叶互生，卵形或匙形、缘具疏锯齿。头状花序单生枝顶，总苞叶状、多层。栽培品种多，其花型花色丰富。瘦果楔形、浅褐色。按照植株高度，可分为矮型（10～30cm）、中型（30～50cm）和高型（50～100cm）三类。

繁殖与栽培　翠菊种子 420 粒/g，发芽适温 20～23℃，生育温度 15～27℃，发芽需 6～8 天，嫌光性种子（种子发芽不喜光，宜将播种苗盘置于阴暗处或种子上覆盖播种介质，下同），无须摘心。10cm 花盆，约 15～16 周（从播种到 10cm 盆开花所需时间，但这一时间视各地气候、播种时期、栽培条件而有很大差异，此数据仅供参考，下同）。**注：引自台湾农友种苗股份有限公司《农友种苗花卉园艺 2》，下同。**矮型品种，一年四季皆可播种。喜向阳、肥沃、排水良好的环境，光照不足生长不良，耐寒性不强，夏季炎热生长不良，耐旱力不强，在干旱季节

应经常浇水，水肥过多易徒长，不宜连作。

应用 翠菊可布置花坛或盆栽，特别是矮型品种。中高型品种可布置花境。

雏菊（菠菜花）（菊科雏菊属）

形态 株高约 12cm。叶倒卵形或倒匙形，基部簇生。单生头状花序，径约 3～6cm，花色有红、白、粉红、桃红或混合色等。花期 3～7 月。瘦果倒卵形、扁平。

繁殖与栽培 雏菊种子 5000 粒/g，发芽适温 20～24℃，生育温度 5～20℃，发芽需 7～14 天，好光性种子，无须摘心。10cm 花盆，约 15～17 周。栽培较易，无特殊管理，极耐移植。唯夏季炎热时，开花不良，并易枯死。

应用 雏菊是北京地区春季三大花卉（三色堇、雏菊、金盏菊）之一。适布置花坛、花境或散植于草坪。

附图 2-1 翠菊　　附图 2-2 百日菊

百日菊（百日草、步步登高）（菊科百日草属）（附图 2-2）

形态 茎直立较粗壮，单叶对生、无柄、全缘，基部抱茎。头状花序单生枝顶，舌状花雌性结实，有红、黄、白、紫以及混合等色；管状花橙黄色。瘦果扁。花期 6～9 月。有**多种品种类型**：矮型，株高 15～20cm、20～25cm，花径有 3～5cm 和 9～10cm，完全重瓣、盛开时半圆球形；高型，株高 100～125cm，巨大花、径约 10～13cm、完全重瓣。

繁殖与栽培 百日菊种子 110 粒/g，发芽适温 20～25℃，生育温度 15～25℃，发芽需 3～7 天，嫌光性种子，育苗期可摘心一次。10cm 花盆，约 9 周。为浅根性花卉，栽培时应保持土壤湿润。

应用 百日菊是优良的夏秋花坛、花境材料，高型品种可为切花或背景花材。

金盏菊（金盏花）（菊科金盏菊属）（附图 2-3）

形态 茎直立，全株被白色茸毛。单叶互生、椭圆形或椭圆状倒卵形、全缘，基生叶有柄、上部叶基抱茎。顶生头状花序、径约 4～6cm，舌状花一轮或多轮，金黄色或橘黄色；筒状花黄色或褐色。花期 12～6 月，盛花期 3～6 月。瘦果船形，5～7 月果熟。品种丰富：有株高 15～20cm，花径约 7～8cm 的品种；有株高 25～30cm 和 30～35cm 的品种，花径最大 10cm，完全重瓣。

繁殖与栽培 金盏菊种子 100 粒/g，发芽适温 20～25℃，生育温度 5～25℃，发芽需 8～10 天，嫌光性种子，无须摘心。10cm 花盆，约 13～15 周。偶有自播性。一般秋播，冬前入冷床越冬，翌年早春露地定植，“五一”劳动节前后为盛花期。栽培简单。

应用 金盏菊是华北、华东地区的早春花坛、花境的重要花卉，亦可盆栽或切花观赏。

附图 2-3 金盏菊　　附图 2-4 麦秆菊

麦秆菊（蜡菊）（菊科蜡菊属）（附图 2-4）

形态 茎直立、有糙毛，上部有分枝，株高 30～40cm。单叶互生，条状至矩圆状披针形，全缘，短柄或无柄。顶生头状花序、径约 6cm。总苞内有数层干燥的苞片伸长成花瓣状，色彩艳丽，经久不退，有粉红、红、橙红、黄、白色及混合色，有光泽；白天开花，夜晚及雨天闭合。花期 7～10 月。瘦果 8～10 月成熟。

繁殖与栽培 麦秆菊种子 1500 粒/g，发芽适温 20～25℃，生育温度 5～25℃，发芽需 7～10 天，无须摘心。10cm 花盆，约 10～12 周。喜光，栽植地需高燥、排水良好，粗放管理。

应用 麦秆菊可用于夏季花坛，亦作切花或制作干花的良好材料，供室内装饰。

孔雀草（蝎子草）（菊科万寿菊属）（附图 2-5）

形态 茎直立较细、紫红色或绿色。单叶对生，羽状深裂、裂片有不均锯齿。头状花序单生枝顶，花梗长，花萼筒膨大，花橙黄色、夹杂红紫色，亦有纯色。花期 6～10 月。品种丰富，株高 25～30cm，株型整齐，花径约 6cm；亦有极早开花型，从播种到开花约 5～6 周；还有花瓣红棕色镶金边，花色浓艳。**同属不同种：万寿菊（臭瓣菊）**，全株有异味。叶羽状全裂，裂片披针形，具有芒锯齿，有油腺点。头状花序径达 10cm，黄色或橙色，总花梗膨大。花期 8～9 月。万寿菊种子 270 粒/g，发芽适温：20～25℃，生育温度 15～30℃，发芽需 5～8 天，嫌光性种子，育苗期可摘心一次。10cm 花盆，约 11～12 周。亦可扦插繁殖。

繁殖与栽培 孔雀草种子 310 粒/g，发芽适温 20～25℃，生育温度 15～28℃，发芽需 5～8 天，嫌光性种子，育苗期可摘心一次。10cm 花盆：约 10～11 周。管理粗放。亦可扦插繁殖。

应用 孔雀草用于布置夏秋季花坛、花境，或盆栽观赏，中高茎型可作切花。

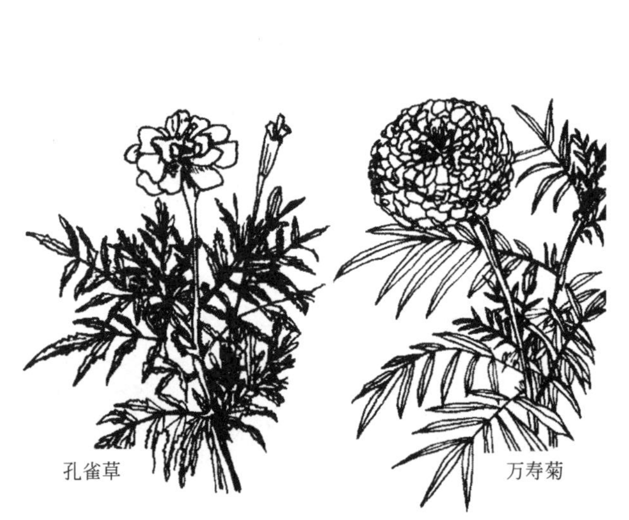

附图 2-5 孔雀草与万寿菊

附图 2-6 瓜叶菊

瓜叶菊（菊科瓜叶菊属）（附图 2-6）

形态 茎直立，全株密被柔毛。基生叶丛生，叶较大，呈心状三角形，似瓜叶，叶柄较长。头状花序簇生呈伞房状，单瓣或重瓣状。花色丰富，有紫、红、白、蓝等色，以及混色品种。

繁殖与栽培 一般在 8 月下旬至 9 月上旬分批播种。瓜叶菊种子 4000 粒/g，发芽适温 20～24℃，生育温度 5～25℃，发芽需 10～14 天，好光性种子，无须摘心。15cm 花盆，约 27 周。有极早开花型，从播种至开花仅 5 个月。

应用 瓜叶菊是传统的春节室内盆栽用花，在适生地可布置春季花坛。

鸡冠花（苋科鸡冠花属）（附图 2-7）

形态　茎直立，光滑，有棱。单叶互生，披针形至卵状披针形或卵形、全缘、先端尖、基部渐狭。穗状花序大顶生、肉质、扁平或叠褶如鸡冠状，中下部集生小花，花序各色丰富。花期 7～9 月。种子黑色。栽培品种丰富，有头状鸡冠、羽状鸡冠类，各类又有多种品种；植株有极矮（约有 15～20cm）、中型（30～40cm）、高型（45～60cm）种。

繁殖与栽培　鸡冠花种子 1300 粒/g，发芽适温 25℃，生育温度 20～30℃，发芽需 5～10 天，嫌光性种子，无须摘心（育苗期无须摘心，下同）。10cm 花盆，约 12～13 周。鸡冠花小苗在短日照或温度低于 15℃时会开花，影响后期生长；高温播种、栽培，易产生植株畸形或花冠散乱。应适时移植，避免苗株老化。避免强光。

应用　鸡冠花是夏秋季花坛的重要花卉，亦适合花境或盆栽。高型种适于切花观赏。

附图 2-7　鸡冠花

附图 2-8　千日红

千日红（千年红、火球花）（苋科千日红属）（附图 2-8）

形态　茎直立，光滑。单叶对生，椭圆形或倒卵形、全缘。单生或 2～3 个头状花序顶生，每朵小花外有 2 片干膜蜡质苞片且有光泽，有红、白、粉红等色。花期 8～10 月。胞果近球形，种子小、橙黄色。品种丰富，有矮型品种，株高 20～25cm，株型紧密呈半圆球形，基部分枝性佳；高型品种，株高 60cm。

繁殖与栽培　千日红种子 400 粒/g，发芽适温 20～25℃，生育温度 15～30℃，发芽需 10～14 天，嫌光性种子，宜摘心一次。10cm 花盆，约 11～13 周。夏秋酷热宜追施肥水，但不宜过湿，以防烂根。

应用 千日红观赏期较长，因苞片膜质可作“干花”观赏，亦是夏秋季布置花坛、花境的良好材料。

雁来红（三色苋、老来少）（苋科苋属）（附图 2-9）

形态 茎直立、粗壮，绿色或红色，少有分枝，株高 60～100cm。单叶互生，卵形或菱状卵形、有长柄，叶初秋呈深红色、艳丽，顶生叶尤为鲜红色，8～10 月为最佳观赏期。花小，单性或杂性，簇生叶腋或顶生穗状花序。浆果卵形。

繁殖与栽培 雁来红种子 1500 粒/g，发芽适温 20～30℃，生育温度 15～30℃，发芽需 6～8 天，嫌光性种子，无须摘心。喜阳光充足，夏秋高温干旱时，应及时浇灌，避免积水。设立支架，防止风倒。

应用 雁来红常用于夏秋季花境背景，或播于树坛、林缘隙地，亦可植于角落或基础栽植和切花观赏。

附图 2-9 雁来红　　附图 2-10 一串红

一串红（串红）（唇形科鼠尾草属）（附图 2-10）

形态 茎直立、四棱状、光滑，节部常红紫色。单叶对生，卵形至阔卵形、缘有锯齿。顶生轮伞花序呈假总状。花冠唇形呈长条筒状伸出萼外，花冠花萼均为红色，观赏价值高。花期 7～10 月。小坚果深褐色。栽培品种丰富，有株高 20cm 矮型种，花色有绯红、桃红、紫红、酒红、白以及双色等品种。

繁殖与栽培 一串红种子 260 粒/g，发芽适温 20～25℃，生育温度 15～25℃，发芽需 10～15 天，好光性种子（种子发芽需光，播种时不宜覆盖播种介质，下同），育苗期可摘心一次。

10cm 花盆，约需 12～14 周。亦可扦插繁殖。喜阳光充足也能耐半阴，在 15℃以下时则叶黄易脱落，30℃以上则叶小花小或停滞生长。

应用　一串红适于布置花坛、花境，是国庆期间主要的花卉材料，亦可盆栽观赏。

彩叶草（唇形科鞘蕊花属）（附图 2-11）

形态　茎直立、四棱，株高 30～50cm。单叶对生、卵形，叶面绿色，具红、黄、紫等色斑纹，故名彩叶草。圆锥花序腋生、花小淡蓝或带白色。花期夏秋季。坚果。品种丰富，有红紫色并具彩斑，叶缘花纹皱波状。新品种有矮型，株高 25cm，叶色有绯红、镶金边等更加艳丽。

繁殖与栽培　彩叶草种子 3500 粒/g，发芽适温 20～25℃，生育温度 15～30℃，发芽需 8～10 天，好光性种子，育苗期宜摘心一次。10cm 花盆，约 11～13 周。播种可于 2～3 月在室内盆播。亦可扦插繁殖。生长期需经常向叶面喷水，以保持湿度；多追施磷肥，使叶面鲜艳、清新。切忌施过量氮肥。

应用　彩叶草为花坛、花境以及绿地镶边材料，亦可盆栽和切花观赏。

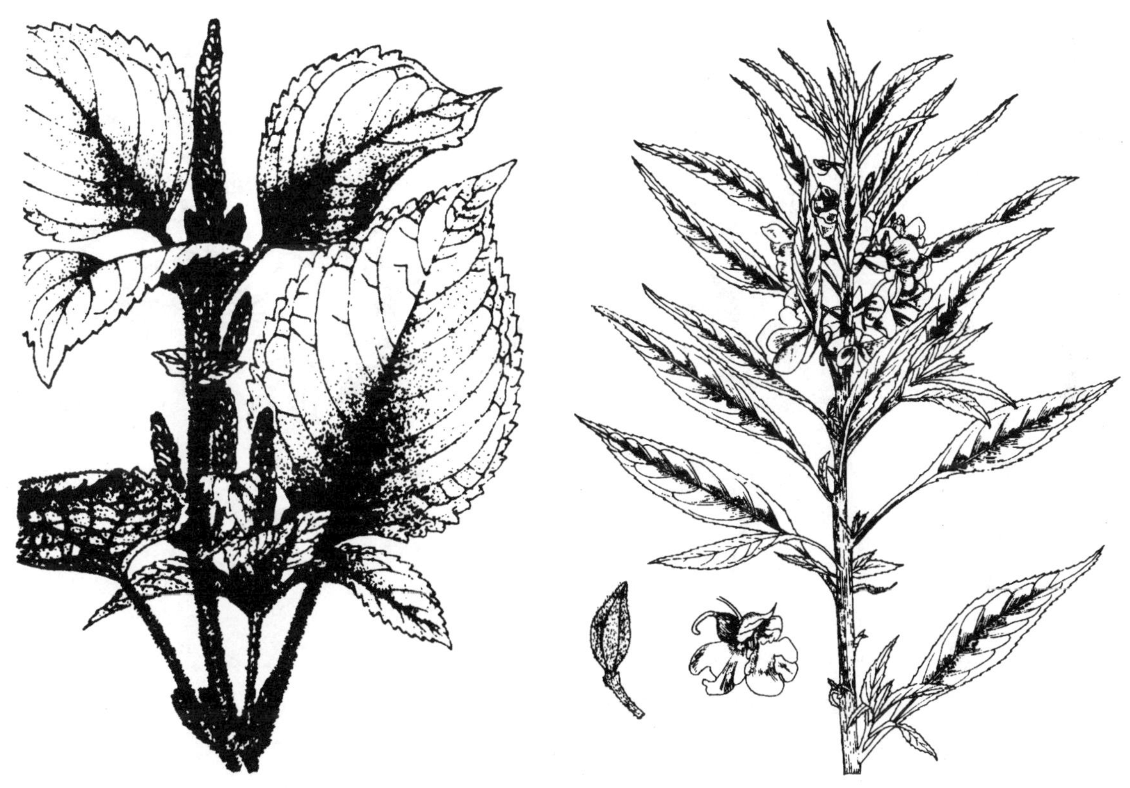

附图 2-11　彩叶草　　附图 2-12　凤仙花

凤仙花（指甲桃）（凤仙花科凤仙花属）（附图 2-12）

形态　茎直立，肥厚肉质、近光滑，浅绿或晕红褐色，常与花色有关，节部膨大。单叶互生、卵状披针形，缘有锯齿，叶柄基部有 2 个腺体。花大、单生或数朵簇生或呈总状花序，生于上部叶腋；花萼 3 枚，一片具后伸的矩；花瓣 5 枚，左右对称。蒴果纺锤形。品种丰富，花色、花形多种。花期 6～8 月，果 7～9 月成熟。

繁殖与栽培 凤仙花种子 115 粒/g，发芽适温 20～25℃，生育温度 15～30℃，发芽需 5～6 天，嫌光性种子，无须摘心。10cm 花盆，约 10～11 周。

应用 凤仙花夏秋季花坛、花境材料，亦可盆栽观赏。

石竹（五彩石竹、洛阳花、姐夫花）（石竹科石竹属）（附图 2-13）

形态 株高约 30～50cm，节间短、茎细弱，节部膨大，基部呈丛生状。单叶对生，叶线状披针形、基部抱茎。单生花或数朵组成聚伞花序，花径大、约 5～6cm，苞片不呈须状，花瓣 5 枚、先端有锯齿、单瓣重瓣，白色至粉红色、稍有香气。花期 4～5 月。**同属不同种：须苞石竹（美国石竹、五彩石竹）**，条件适宜可多年生长，株高 60～80cm，节间长、茎粗硬、分枝少，亦有矮型，仅 20cm。叶卵状披针形，花小而多，密集成头状聚伞花序，苞片呈须状，开花早。

繁殖与栽培 石竹种子 870 粒/g，发芽适温 20～25℃，生育温度 5～20℃，发芽需 5～7 天，无须摘心。10cm 花盆，约 15～16 周。生长期每 10～14 天浇施一次稀薄液肥。花后及时剪去残花弱枝，并追施肥料，可促再次开花。

应用 石竹为春季花坛、花境、镶边植物或盆栽观赏。

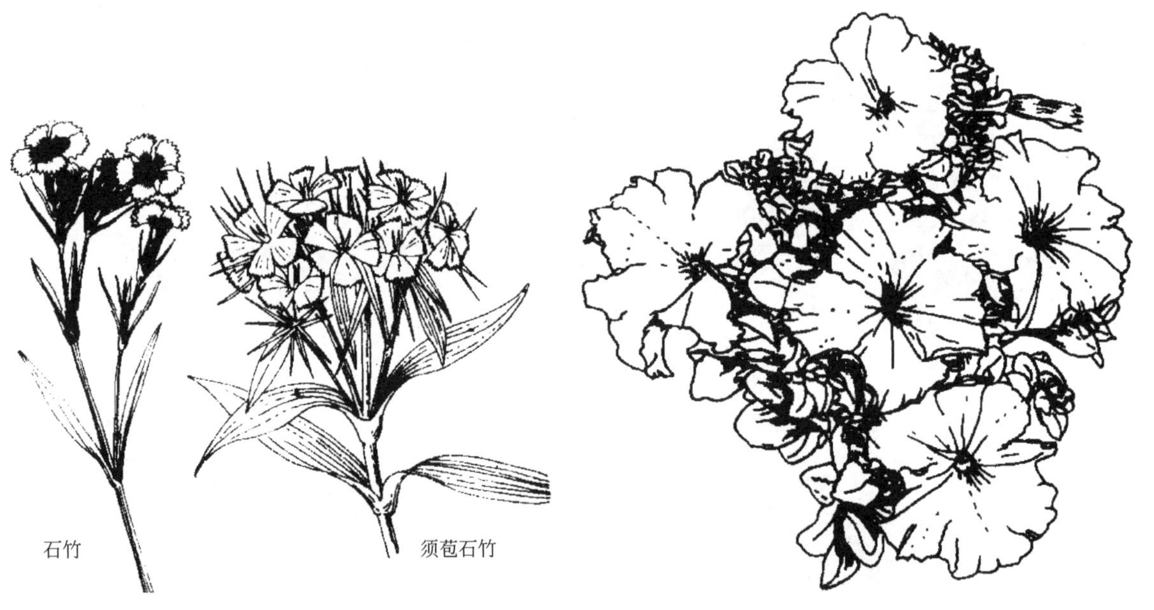

附图 2-13 石竹与须苞石竹

附图 2-14 矮牵牛

矮牵牛（碧冬茄、撞羽朝颜）（茄科矮牵牛属）（附图 2-14）

形态 全株有黏毛，茎基部木质化，嫩茎直立、老茎匍匐状。单叶互生、卵形、全缘、近无柄，上部叶对生。花单生叶腋或顶生，花冠漏斗状、边缘 5 浅裂，单瓣、重瓣，花色丰富有红、白、黄、紫或混色。花期 4～9 月，在温室培育可周年开花。蒴果，果熟期 9～10 月。

繁殖与栽培 矮牵牛种子 9500 粒/g，发芽适温 20～25℃，生育温度 10～25℃，发芽需 10～12 天，好光性种子，育苗时可摘心一次。10cm 花盆：单瓣约 14～15 周，重瓣约 16～18 周，亦可扦插繁殖。开花前后应减少浇水，保持土壤适当干燥。花后要及时修剪。

应用 矮牵牛为著名的世界花坛花卉之王，亦可盆栽观赏。

地肤（扫帚菜）（藜科地肤属）（附图 2-15）

形态 茎直立、多分枝，全株被短柔毛，株型密集呈卵圆形。单叶互生、纤细，线形或条形，叶色为嫩绿色，秋季变为红紫色。花极小不显。胞果。

繁殖与栽培　采种应在胞果变红后，割取全株采收。自播极盛。株型直播的比移植的效果好。

应用　地肤为观叶花卉，宜在园林中自然式栽植，亦可作花坛材料，或修剪造型。

附图 2-15　地肤

附图 2-16　二月兰

二月兰（诸葛菜）（十字花科诸葛菜属）（附图 2-16）

形态　二年生，茎直立、有白色粉霜，株高 20～50cm。基生叶与茎生叶型差异较大。基生叶近圆形、有叶柄、缘有不整齐粗锯齿，下部叶羽状分裂，上部叶长圆形或窄卵形、基部抱茎，侧生叶偏斜形、有柄。花瓣 4 枚、十字对生，花紫色、浅红或白色，径约 2～4cm，花萼紫色。长角果条形。花期 4～5 月，5～6 月果熟。

繁殖与栽培　果实发黄成熟后即开裂，需及时采收种子，贮藏至秋季 9 月直接撒播。自播能力强，一次播种，年年能自成群落。二月兰耐寒性较强，耐阴性极强，管理粗放。

应用　二月兰适作园林阴处或林下地被，亦可用作花境布置。

香雪球（十字花科香雪球属）（附图 2-17）

形态　茎铺散状、分枝多，全株微被毛，株高 15cm。单叶互生、条状披针形、全缘。顶生总状花序，花小、梗短，花芳香、多而密、花基数 4，花瓣十字对生。花白、雪青、酒红等色。花期 3～6 月。角果近圆形。品种有 10cm 高的矮生种，极早开花，花期长且一致，花序密集呈半圆球形。

繁殖与栽培　香雪球种子 3150 粒/g，发芽适温 20～28℃，生育温度 8～20℃，发芽需 6～8

天，好光性种子，无须摘心。10cm 花盆，约 9～10 周。亦能自播或扦插繁殖。9 月初盆播繁育，冬季置于冷室或冷床栽培。早春露地栽培，栽培应追施水肥。香雪球种子成熟不一，应分批采收。

应用 香雪球是早春布置花坛、岩石园、地被优良材料，亦可盆栽观赏。

附图 2-17 香雪球

附图 2-18 桂竹香

桂竹香（十字花科桂竹香属）（附图 2-18）

形态 茎直立、多分枝，株高 35～50cm。单叶互生、披针形、全缘。顶生总状花序，花瓣 4 枚、十字对生，具长爪，花橙黄色、黄褐或两色相间，芳香。花期 4～6 月，长角果。另有白、血红、玫红色花色及重瓣、矮生品种。

繁殖与栽培 可扦插繁殖。培育时，可通过控水、修剪或追施磷钾肥，以防止高型品种倒伏。花后剪除残花，追施液肥，促发新枝，使秋季再次开花。

应用 桂竹香是早春花坛、花境以及盆栽、切花的良好材料。

羽衣甘蓝（叶牡丹）（十字花科羽衣甘蓝属）

形态 茎基部木质化，无分枝，有矮型 20～30cm（连花梗长达 120cm），高型可达 90cm。叶宽大、广倒卵形，重叠生于短茎之上，叶缘有波状皱褶；当夜温 7～10℃时整株 2/3 的叶转为红色、白色。白色品种比红色品种转色早，约早 2 周。总状花序，十字花冠，花小、淡黄色，花期 4 月。长角果细圆柱形，5、6 月果熟。羽衣甘蓝品种丰富，不仅有花坛应用的连座型品种，而且有专供切花观赏的品种。但观赏的叶色都分成黄白类和红紫类两类。

繁殖与栽培 一般于 7 月中旬播种。羽衣甘蓝种子 245 粒/g，发芽适温 20～25℃，生育温度 5～15℃，发芽需 5～10 天，嫌光性种子，无须摘心。15cm 花盆，约 12 周。羽衣甘蓝喜光、耐寒、喜肥，栽培时应勤施薄肥，以促生长茂盛，早日达到观赏效果。

应用 羽衣甘蓝是著名的冬季或早春花坛的主要材料，可盆栽观赏，高茎适于切花观赏。

紫罗兰（十字花科紫罗兰属）（附图 2-19）

形态 茎直立，全株被灰色星状柔毛，株高 30～60cm。单叶互生，长圆形至倒披针形、全缘。顶生总状花序、花梗粗壮，花瓣 4 枚、十字对生，花色淡紫色或深粉红色。花期 4～5 月，角果成熟时开裂。有矮型 20～25cm，重瓣花、具香味；亦有高型，70～90cm，花序长，花重瓣，适合短日照栽培。

繁殖与栽培 紫罗兰种子 630 粒/g，发芽适温 20℃，生育温度 5～15℃，发芽需 4～5 天，好光性种子，无须摘心。10cm 花盆，约 10～11 周。当 3～4 片叶片时，叶缘呈锯齿状为重瓣花，叶缘平滑折为单瓣花。一般 9～10 月室内盆播，因其直根性强、须根不发达，移植需早进行。培育时，不可栽植过密，否则通风不良易受病害。开花后应及时剪去残花，且需注意追施水肥，可促再次开花。

应用 紫罗兰可布置花坛、花境，亦可盆栽或切花观赏。

附图 2-19 紫罗兰　　附图 2-20 半枝莲

半枝莲（太阳花、松叶牡丹、午时花）（马齿苋科马齿苋属）（附图 2-20）

形态 茎肉质、斜生或平卧，节上有丝状毛，株高约 15cm。单叶互生或散生，肉质圆柱形、无柄。花 1～4 朵簇生枝顶、径约 4cm，花瓣 5～6 枚，花色丰富有红、黄、白、紫红等色。花期 6～8 月。蒴果，种子小。

繁殖与栽培 半枝莲种子 9800 粒/g，发芽适温 20～30℃，生育温度 14～30℃，发芽需 10～12 天，好光性种子，无须摘心。10cm 花盆，约 13～14 周。能自播，亦可扦插繁殖。半支莲喜阳光，耐干旱，生长期要追施水肥，花后适时分批采种。

应用 半枝莲是夏秋季花坛、花境良好的材料，亦可为花坛镶边、点缀岩石园。

三色堇（猫脸花、鬼脸花）（堇菜科堇菜属）（附图 2-21）

形态 茎长而多分枝、匍匐状。单叶互生，基生叶与幼叶圆形或卵状心形，上部叶为卵圆状披针形，缘有钝锯齿。花二侧对称、单生叶腋，具长花柄，花瓣 5 枚、有矩，未开时花蕾下垂。通常每花有黄、白、蓝三色，故称三色堇。花色丰富，有白、淡黄、橙黄、紫堇、雪青、红、杂色，亦有纯色系、斑色系和异色系三种。花期 3～5 月。蒴果分批成熟。品种丰富。

繁殖与栽培 三色堇种子 750 粒/g，发芽适温 18～24℃，生育温度 5～20℃，发芽需 10～15 天，嫌光性种子，无须摘心。10cm 花盆，约 14～15 周。生长期应勤施肥、除草，花后应停施肥。三色堇果实成熟时下垂，并开裂将种子弹出，应注意适时分批采收。晾干时，应盖上玻璃以避免种子弹出。

应用 三色堇是春季花坛极好的材料，常与雏菊、金盏菊搭配，亦可盆栽。

附图 2-21 三色堇 附图 2-22 银边翠

银边翠（高山积雪、初雪草）（大戟科大戟属）（附图 2-22）

形态 茎直立，叉状分枝，修剪后有乳汁从剪口流出。株高 50～75cm。单叶互生，卵形或椭圆状披针形，茎顶端的叶轮生，秋后顶部叶片边缘或全部叶片变为白色，宛如层层积雪。杯状花序着生于分枝上部的叶腋处，有白色花瓣状的附属物，花小、单生、无花被，雌花单生于花序中央，子房有明显长柄伸出。花期 6～9 月。蒴果 7～10 月成熟。

繁殖与栽培　银边翠种子 50 粒/g，发芽适温 21～24℃，生育温度 15～25℃，发芽需 7～14 天，无须摘心。播种到采收约 3～4 个月。生长适时追施水肥，可修剪造型。果皮黄褐色时，采下晾干脱粒。

应用　银边翠为夏秋良好的观赏植物，适于布置花丛、花境，亦可隙地绿化用。

含羞草（知羞草）（豆科含羞草属）（附图 2-23）

形态　多年生、常作一年生栽培，茎基部木质化、植株呈铺散状，全株被毛，枝上有倒钩刺、株高 40～60cm。二回偶数羽状复叶互生、总叶柄有 2～4 个羽片、掌状排列，小叶 14～48、矩圆形，触之随即闭合下垂。头状花序球形，花淡红色。花期 7～10 月。荚果扁，每节有一粒种子。

繁殖与栽培　春季 4 月初播于露地苗床，幼苗期生长缓慢，苗高 7～8cm 时定植于园地。亦可盆栽。适应性强，荚果成熟期不一致，应及时分批采收种子。

应用　含羞草多盆栽观赏，亦是中小学常用的教学实验植物材料。

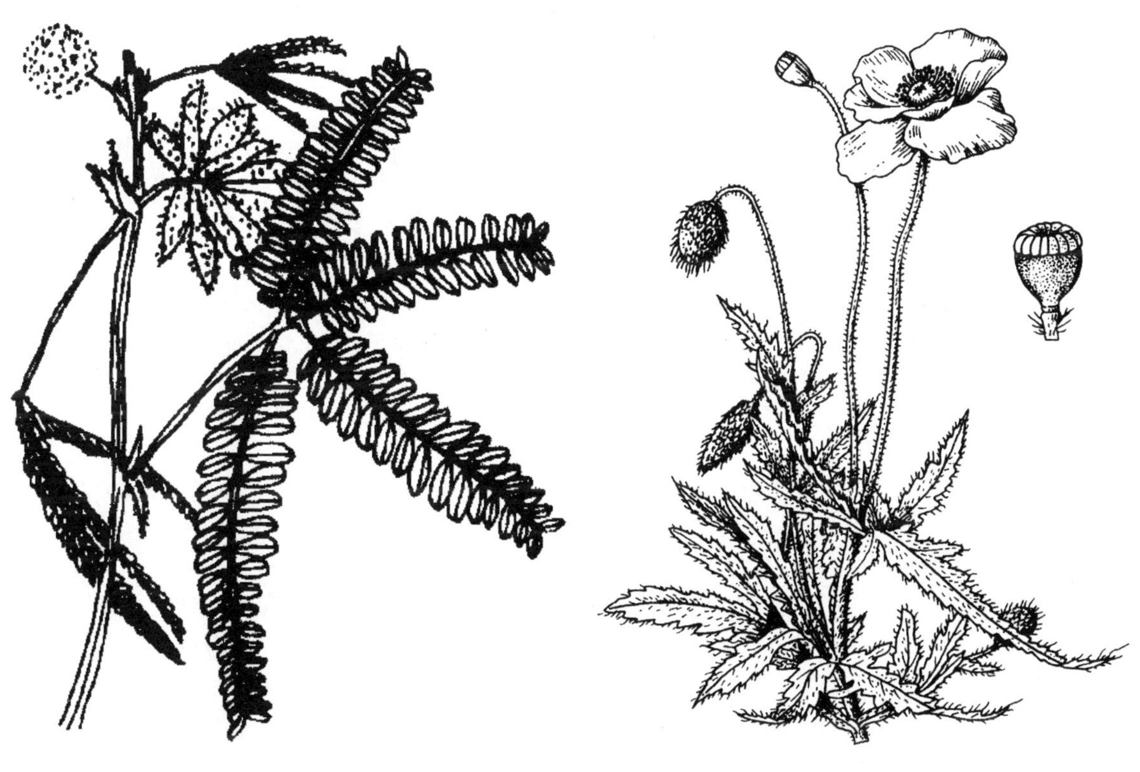

附图 2-23　含羞草　　附图 2-24　虞美人

虞美人（丽春花）（罂粟科罂粟属）（附图 2-24）

形态　茎直立，全株有糙毛、有乳汁、株高 60～70cm。单叶互生、羽状深裂、裂片披针形、有粗锯齿。花单生枝顶、有长梗，未开放时花蕾下垂、开时挺直，单瓣或重瓣、近圆形、质薄有光泽，花色丰富有红、大红、白、紫、粉黄、粉红等色。花期 4～5 月。蒴果呈截顶球形，6～7 月果熟。**同属不同种：花菱草**（附图 2-25），茎铺散状，全株灰绿色、具白粉，株高 30～60cm。单叶互生、多回三出羽状分裂、裂片线形。花单生枝顶、具长梗，花蕾直立，花瓣

4 枚、纸质，花色有黄、红、白色。蒴果细条形。在同属几种中耐寒性最弱。

繁殖与栽培 宜直播不宜移植。虞美人种子 7500 粒/g，发芽适温 18～24℃，生育温度 5～20℃，发芽需 7～14 天，好光性种子。喜光，耐寒。苗期，肥水充足易引起枝叶徒长、茎基倾卧，应及时剪去残花。

应用 虞美人为是春夏之交花坛、花境的优良材料。宜篱旁、路边片植。

附图 2-25 花菱草

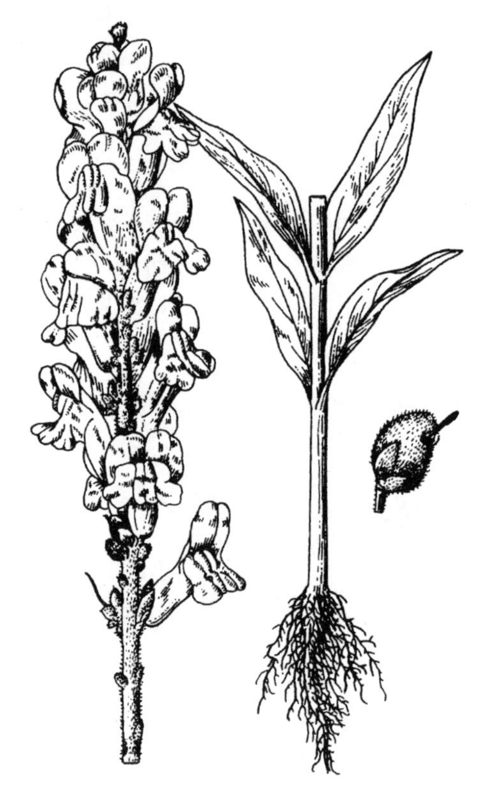

附图 2-26 金鱼草

金鱼草（龙头花）（玄参科金鱼草属）（附图 2-26）

形态 茎直立、节不明显，颜色深浅与花色有关，株高 30～90cm。基生叶对生、卵形，上部叶也有互生或近对生、卵状披针形、全缘。顶生总状花序，唇形花冠、花冠筒膨大、上唇 2 裂、下唇 3 裂、喉部突起异色。花色有粉红、红、黄、橙黄、橙红、白色及混色。花期 5～6 月。蒴果 6～7 月成熟。新品种有矮型，株高约 15～20cm，且在短日照下提早开花。亦有适合长日照条件开花的品种。

繁殖与栽培 金鱼草种子 6300 粒/g，发芽适温 15～20℃，生育温度 10～25℃，发芽需 7～14 天，好光性种子，无须摘心。10cm 花盆，约 13～15 周。一般秋初播种于露地苗床。播种地要防止积水，寒地需覆盖。幼苗初期生长缓慢，11 月上旬定植，生长期应及时追施水肥；及时剪去残花，促再次开花。

应用 金鱼草是花坛、花境优良的材料，亦可盆栽和切花观赏。

荷包花（蒲包花）（玄参科蒲包花属）（附图 2-27）

形态 全株具绒毛，株高 30～60cm。单叶对生，卵形或卵状椭圆形、全缘。顶生或腋生伞形花序，花冠唇形、上唇小前伸、下唇膨胀呈荷包状向下弯曲，花色以黄色为多，亦有淡黄、白、赤红等色，还具有异色斑点。花期2～5月。新品种有矮生种，株高15～20cm，花径约4～5cm，花色艳丽。

繁殖与栽培 荷包花种子46000粒/g，发芽适温15～20℃，生育温度15～20℃，发芽需10～15天，好光性种子，无须摘心。10cm花盆，约15～18周。室内秋播，种子不覆盖，盆上覆玻璃以保湿。苗期盆土忌过干过湿，5～6片叶时可上盆。生长期应保持湿度不低于80%，施水肥时忌撒到叶面上，否则易腐烂，光照过强需遮阴。

应用 荷包花是人们喜爱的早春盆栽花卉。

附图2-27 荷包花

附图2-28 报春花

报春花（小种樱草、七重楼）（报春花科报春花属）（附图2-28）

形态 全株被白粉，叶全部基生，卵圆形或椭圆形、质地较薄、缘有锯齿，叶柄较长。轮伞花序2～6层、每轮花4～6朵、有香味，花深红、粉红、淡紫、白及雪青色，花冠高脚碟状、径2cm、单瓣重瓣、花箭20～30cm。冬春开花。

繁殖与栽培 报春花种子8000粒/g，发芽适温16～18℃，生育温度5～20℃，发芽需8～14天，好光性种子，无须摘心。10cm花盆，约5～6个月。一般秋季播种。喜冷凉湿润环境、光照充足，不耐寒，花芽形成前室温不宜高于12℃，越冬温度5～6℃。

应用 报春花类为室内重要的盆栽花卉，在温暖地区亦可布置春季花坛用。

毛地黄（洋地黄、指顶花、吊钟花）（玄参科毛地黄属）（附图2-29）

形态 二年生花卉。茎直立，少分枝（有主茎开花优势，不能通过摘心增加开花量），全株被灰白色短柔毛和腺毛。株高60～120cm。叶片卵圆形或卵状披针形，叶粗糙、皱缩、叶基生呈莲座状，叶缘有圆锯齿，叶柄具狭翅，叶形由下至上渐小。顶生总状花序长50～80cm，花冠钟状长约7.5cm，花冠蜡紫红色，内面有浅白斑点。蒴果。花期6～8月，果熟期8～10月。品种丰富，有白、粉和深红色，重瓣等。

繁殖与栽培 春、夏播种于疏松肥沃的土壤中，幼苗长至10cm左右移植露地。夏季育苗应尽量创造通风、湿润、凉爽的环境。播种苗在第二年开花，而7月后播种第二年常不能开花。秋凉后生长快，冬季适当保温，6～8月开花，至夏秋多因湿热枯死。如环境适宜其有多年生习性，冬季防寒越冬后可再度开花。老株可早春分株繁殖。

应用 毛地黄适于盆栽，若在温室中促成栽培，可早春开花。因其高大、花序花形优美，可在花境、花坛、岩石园中作自然式布置。

附图2-29 毛地黄

通泉草（玄参科通泉草属）

总状花序生于茎、枝顶端，常在近基部即生花，伸长或上部成束状，通常3～20朵，花稀疏；花萼钟状；花冠白色、紫色或蓝色。蒴果球形；种子小而多数，黄色。花果期4～10月。几近遍布全国。

蓝钟花（桔梗科蓝钟花属）

茎通常数条丛生，有短分枝。叶片菱形、互生，基部宽楔形，突变狭成叶柄，边缘有少数钝齿，有时全缘。花下数枚叶常聚集呈总苞状。花小，单生枝顶；花冠紫蓝色，筒状，花柱伸达花冠喉部以上。蒴果。花期8～9月。

五色草（五色苋）（苋科莲子草属）

多年生，常作一二年生栽培。株高10～20cm。叶色有红、黄、紫色。适用于毛毡花坛、立体花坛等。

紫茉莉（紫茉莉科紫茉莉属）

多年生，常作一年生栽培。花数朵聚生枝顶，总苞内仅一花，萼片花瓣状、喇叭形，花色有白、粉红、紫红、黄色、红色、红黄相间等。花朵下午4时开放。自播性强。用于夜游园、纳凉场所布置，以及夏秋花坛、花境布置和林缘绿化。

霞草（满天星）（石竹科丝石竹属）

株高40～50cm，被白粉。聚伞花序顶生，花瓣5枚，花小而多，一株达千朵以上。花白、粉红或玫红色。极佳的插花衬材，亦可成片布置花坛、花境。

矮雪轮（石竹科蝇子草属）

株高30cm，茎多分枝，铺散状，具白色柔毛。花单生叶腋，花萼筒状膨大，上有9～10条长于花梗的红色棱线。花瓣5枚、先端2裂，花色白或粉红色。有仅10cm的矮生种和花叶种。

为春节良好的花坛材料。

木犀草（木犀草科木犀草属）

总状花序顶生，边开边伸长。花小橙黄或橘黄色，聚集在花序轴上，有浓厚的似桂花的香味。适布置花坛。

飞燕草（千鸟草）（毛茛科飞燕草属）

二年生。叶三出掌状全裂或深裂顶生。总状花序较长，着生20～30朵顶生小花，小花两侧对称，背部1枚萼片基部延展成长矩而基部上举。花瓣2枚、联合。花紫、红、白、粉红等。适于春夏之交花坛、花境材料。全株有毒，故须提防。

醉蝶花（白花菜科醉蝶花属）

植株被有黏质腺毛，枝叶具气味。掌状复叶，小叶5～7枚。总状花序顶生，边开边伸长。花瓣4枚、淡紫色，具长爪，花丝较长、蓝紫色。能自播。适于布置夏秋花坛、花境，或作蜜源植物栽培。

桂竹香（黄紫罗兰）（十字花科桂竹香属）

总状花序顶生，十字形花冠，花瓣4枚、基部有爪。花橙黄、褐黄、黄至玫红色。宜早春花坛、花境。

蓝亚麻（亚麻科亚麻属）

花单生或腋生，花梗细长，花下垂。花冠5枚、呈线盘状，花蓝色。有红亚麻和黄亚麻品种。适春夏之交花坛、花境布置。

黄秋葵（锦葵科秋葵属）

株高2m，疏生长硬毛。叶掌状5～9深裂。花淡黄色至白色。适园林中背景布置，篱边、墙角、零星空隙地栽植。

夜落金钱（午时花）（梧桐科午时花属）

花1～2朵腋生，茎约3cm，花瓣5枚、红色，开时俯垂，中午开放，翌日晨前花瓣脱落，花冠状如金钱。适夏季花镜、隙地绿化。

月见草（七点半花）（柳叶菜科月见草属）

花常2朵着生茎上部叶腋，花瓣4枚、黄色，傍晚开放，略有香气。适夏秋季花境以及夜游园。

长春花（夹竹桃科长春花属）

多年生，半灌木，常作一二年生栽培。株高30～60cm。有矮生种仅25cm。聚伞花序，花冠深玫红色，花期春到深秋。适春夏花坛布置。

牵牛花（旋花科牵牛花属）

缠绕茎，长达3m。花冠漏斗状。花色多样，有花、紫、蓝、白色。早上4～5时开花，中午闭合，亦有夜间开花品种。同属不同种以及变种品种很多。

茑萝（旋花科茑萝属）

缠绕茎。叶羽状深裂、裂片线形。聚伞花序腋生，花小、高脚碟状，深红色、似五角星。**同属其他种：圆叶茑萝、槭叶茑萝。**

福禄考（花葱科福禄考属）

全株被腺毛，下部叶对生，上部叶互生。聚伞花序顶生，花冠高脚碟状、5裂，玫红、桃红、大红、白以及间色等。花瓣有圆瓣、星瓣、须瓣等变种。适花坛或岩石园点缀。

美女樱（美女樱科美女樱属）

茎4棱，多分枝，匍匐状，全株被糙毛。顶生穗状花序呈伞房状排列，花冠高脚碟状，有红、紫、蓝等色。是良好的夏秋花坛材料。

观赏辣椒（茄科辣椒属）

灌木，常作一年生栽培。花单生叶腋，白色，浆果。**变种与品种：五色椒、朝天椒、佛手椒等**。可于夏秋布置花坛、花境。

冬珊瑚（茄科茄属）

常绿亚灌木，多作一二年生栽培。花单生或数朵簇生叶腋。花小、白色，浆果橙红色或黄色，久留枝上不落。为冬季良好的观果植物。

蛾蝶花（茄科蛾蝶花属）

植株疏生微黏腺毛。叶 1～2 回，羽状复叶全裂。圆锥花序顶生，花色浓淡及形状多变，有红、白、紫、黄等色。适宜布置春季花坛。

金鱼草（玄参科金鱼草属）

多年生，常作一二年生栽培。总状花序顶生，唇形花冠，花冠筒膨大呈囊状，上唇 2 裂，下唇 3 裂、喉部突起。花色有红、粉红、黄、橙黄、橙红色、白等色。有 15～22cm 的矮茎类。可用其高低茎创造出美丽的花坛或花境。

毛蕊花（玄参科毛蕊花属）

全株密被灰黄色星状毛。穗状花序圆锥形顶生，长达 30cm，花冠 5 裂、黄色。适宜花境材料，亦可群植于林缘隙地。亦是芳香植物。

夏堇（玄参科夏堇属）

株高 20～30cm。花在茎上部着生，唇形花冠、蓝色。宜作花坛、花境布置。

柳穿鱼（玄参科柳穿鱼属）

二年生。总状花序顶生，唇形花冠，花冠基部延伸为距，花色有红、黄、白、雪青、青紫等色。可作花坛、花境边缘材料。

轮峰菊（川续断科山萝卜属）

二年生，茎上疏有长白毛。圆头状花序顶生，花冠 4～5 裂，有黑紫、蓝紫、淡红、白等色，芳香。宜作春季花坛、花境材料。

风铃草（桔梗科风铃草属）

二年生，茎有糙硬毛。总状花序顶生，花冠筒状似铃，有白、蓝紫、淡红等色。宜作花坛、花境背景材料及林缘植物。

雏菊（菊科雏菊属）

多年生，常作二年生栽培。株高 15～30cm。头状花序从叶丛中抽生，花色有黄、白、红等色。宜布置早春花坛、花境。

矢车菊（菊科矢车菊属）

二年生，全株被白色绵毛。头状花序单生枝顶，花有蓝、粉红、桃红等色。宜布置春夏花坛、花境。

蛇目菊（菊科金鸡菊属）

头状花序呈松散的聚伞状排列。花序梗纤细，舌状花一轮、8 枚，舌片上部黄色、基部红褐色，先端具 3 齿；筒状花暗紫色。**同属不同种：金鸡菊、大花金鸡菊。**宜作花坛、花境材料或隙地绿化。

波斯菊（菊科波斯菊属）

头状花序顶生或腋生，有长总梗，总苞片 2 层，内层边缘膜质，缘花舌状长一轮 8 枚。

花有粉红或紫红色，中心花筒状、黄色。**同属不同种：硫黄菊。**为良好的花境、花坛背景材料。

翠菊（菊科翠菊属）

头状花序单生枝顶，苞片纸质，花型变化多，花有紫、蓝、红、粉红、白等色，少有黄色。有单瓣型、半重瓣型和重瓣型。适宜布置夏秋花坛、花境。

向日葵（菊科向日葵属）

全株被粗硬刚毛。头状花序单生枝顶，大型，茎达35cm，舌状花一轮，筒状花多轮，花黄色、亦有红色种。常布置夏秋树坛、花境或林缘、隙地绿化。

天人菊（菊科天人菊属）

头状花序单生枝顶，有长梗。花蕾外具多层苞片，舌状花单或多轮，先端有缺刻，花为黄色、红色，另有黄色具红色环。自播较强。是夏秋花坛、花境良好的材料。

幌菊（玄参科幌菊属）

二年生，植株半肉质，枝一般3杈。花单生于叶腋，合瓣花，先端5裂，呈线盘状，花底部为亮蓝色，中央白色，或底白色，中央黑色或蓝色，上部有紫色腺纹等。花瓣先端有一滴紫色。适丛植于花境中。

香豌豆（豆科山黧豆属）

缠绕性，全株疏生柔毛。茎有翼。羽状复叶，先端3小叶退化成卷须，再分叉。总花梗腋生，蝶形花较大，芳香。花色丰富，有红、紫、白、蓝等色。亦可布置花境。

红甜菜（藜科甜菜属）

二年生。叶暗紫红色。适于布置花坛，以及花坛、花境镶边。耐寒，为冬季观叶地被植物。

青葙（苋科青葙属）

茎分枝，绿色或红色，具明显条纹。叶矩圆状披针形至披针形，绿色常带红色。穗状花序长3～10cm；苞片、小苞片和花被片干膜质，光亮，淡红色。胞果。分布几遍全国。

古代稀（柳叶菜科山字草属）

多分枝。单叶互生。花芽直立，在花开放后屈向一边；穗状花序，花瓣4枚，或白瓣红心，或紫瓣白边，粉瓣红斑等极富变化。花期春末夏初，蒴果。盛开时，如同铺满地毯，宜初夏花坛、花境的优良材料，或作各类花坛的背景。

洛神葵（玫瑰茄）（锦葵科木槿属）

一年生，高达2m，茎淡紫色，叶异型，下部的叶卵形，不分裂，上部的叶掌状3深裂，裂片披针形，花单生于叶腋，近无梗，花萼杯状，淡紫色，花黄色，内面基部深红色，蒴果卵球形，果爿5，花期夏秋。玫瑰茄属热带、亚热带短日照作物。

曼陀罗（茄科曼陀罗属）

木本、半木本，在温带为一年生草本。单叶互生，花两性，花冠为喇叭状、5裂，亦有重瓣品种，花单生于枝杈间或叶腋。花萼筒状、5棱，棱间稍内陷，基部稍膨大。花冠漏斗状、下半部带绿色，上部白色或淡紫色。蒴果。全株有毒。

二、多年生花卉

菊花（秋菊）（菊科菊属）（附图2-30）

形态 茎直立多分枝、被灰色柔毛，株高60～150cm。单叶互生，缘有缺刻粗锯齿，有菊叶香味，叶形变化大，常为识别品种的依据。头状花序单个或多个聚生茎顶，花序径 2～30cm，花序边缘为舌状花，俗称“花瓣”，多为不孕花，中心有筒状花，花色丰富，有白、黄、红、紫、绿等色和各种混色。花期全年皆有，多数为 10～12 月。瘦果小褐色。**新品种，北京夏菊，**目前品种已达近千个，是野化育种、抗性强、自然成形、夏季开花的菊花新品种种群。

繁殖与栽培　常用方法是扦插、嫁接、分株、压条、组培以及种子繁殖（用于培育新品种）。扦插繁殖，一般 4～6 月，取老植株基部的萌芽，进行嫩枝扦插。插穗具 3～4 个节、长约 7～10cm、留顶部 1～2 片叶，下部 1/3 插入培养基质中，保持湿润，适当遮阴，约 3 周生根。菊花为短日照花卉。可在植株生长到一定程度时，通过短日照促其开花。菊花培育，有标本菊、造型菊（大立菊、悬崖菊等）。

应用　菊花是我国十大传统名花之一，在我国有悠久的园艺栽培史，有多种园林用途，地栽、盆栽、地被皆可，切花、花束、花篮皆宜。目前在国际花卉市场上以切花为其主要用途。

附图 2-30　菊花　　附图 2-31　非洲菊

非洲菊（扶郎花、菠菜菊）（菊科大丁草属）（附图 2-31）

形态　全株具毛，株高 25～30cm。叶基生、丛生，近匙形、缘波浪状、羽状浅裂或深裂，叶柄较长。花梗从叶丛中生出、较长。头状花序单生，有 1～2 轮或多轮外轮的舌状花，内为筒状花，花色丰富，有红、粉红、淡黄、白、混合色等色，花期较长，温室内全年开花、其中以 4～5 月和 9～10 月为盛。瘦果。**品种：宴会系列，**极早生，从上盆至开花约需 8～12 周。株型紧密、整齐，株高 25～30cm，花序径大、约 9～11cm，可同时开 4～6 支花。

繁殖与栽培 非洲菊种子发芽适温 20～25℃，生育温度 15～25℃，发芽需 10 天，好光性种子，无须摘心。10cm 花盆，约 18～21 周。种子成熟后即可进行盆播。亦可分株或组培繁殖。分株多在 4～5 月的花后进行。新分出的小株应带芽及根，否则不易成活。定植时需施足基肥并每半月追肥一次。要注意外层过多的老叶，特别是黄叶、烂叶应及时摘除，以利于新叶生长和植株通风透光和成花。

应用 非洲菊是重要的切花花卉，亦可盆栽观赏，在适生地可布置花坛。

芍药（将离、没骨花）（毛茛科芍药属）（附图 2-32）

形态 茎丛生，根粗壮、肉质，株高 60～80cm。初生茎叶褐红色，茎下部叶二回三出复叶互生、上部渐变为单叶，小叶卵状披针形、全缘。单花顶生或腋生、花梗较长，单瓣或重瓣，花色丰富有紫红、粉红、白、黄色等色。花期 4～5 月。蓇葖果开裂，7～8 月成熟。品种丰富，花型、花色以及花期早晚变化很大。

繁殖与栽培 分株繁殖，可保持其优良性状，以秋分前后为宜，切忌春季分根。将老根丛分成数份，每份需带新芽 3～4 个及长约 15～20cm 粗根，伤口涂以硫黄粉。一般花坛栽植芍药可 3～5 年分株一次。芍药的粗根很脆容易折断、新叶易碰伤，因此栽培时一定要小心。芍药喜光、亦耐疏阴，春季发芽早，不久现蕾，花后即停止生长，9 月芽饱满，经冬季休眠，翌年惊蛰后，混合芽即开始萌发。

应用 芍药在园林中常布置为专类园、配置花坛或花境，亦可盆栽和切花观赏。

附图 2-32 芍药

附图 2-33 春兰

兰花（芝兰、幽兰、山兰）（兰科兰属）（附图 2-33～附图 2-37）

形态 地生兰，丛生须根，肉质，无根毛，有菌根共生。根茎为地下部分，节间短，在根叶相接处常有假球茎，花芽和叶芽都长在假球茎上。花茎生出地上，着生花及苞叶。兰叶由假球茎抽生，带形或线形、全缘或具细锯齿，平行脉、革质，常簇生成束，俗称“一筒”，春兰每筒 6～7 片，蕙兰最多为 11 片。在花茎上着生的是变态叶，退化成膜质鳞片状、基部鞘形，称苞叶（俗称“壳”）。苞叶颜色及花纹不一，常为品种鉴别的依据。花单生或多数成总状花序。花被 2 轮 6 片，外轮 3 枚为萼；内轮 3 枚为花瓣，上侧两瓣同形、平行直立，俗称“棒”或“心”，下方一瓣较大，称“唇瓣”或“舌”上有红紫色斑点的称“晕（彩）瓣”，而白、纯绿或微黄而无斑点的称“素瓣”，较珍贵。两棒中间有柱状物，是雌雄合生而成的合蕊柱，称“鼻”，是蕴藏香气的部分。花期，春兰 2～3 月，蕙兰 4～5 月，建兰 7～10 月，寒兰、墨兰 11 月至翌年 1 月。蒴果。**常见栽培种：春兰，**叶狭线形，长 20～25cm，3 月中下旬生出花茎，花顶生 1 或 2，香气浓郁；**蕙兰，**叶直立而粗长，约 25～30cm，花序 6～10 朵，淡黄色，香气稍逊于春兰，花期 4～5 月；**建兰，**叶宽而光亮，直立性强，花序 6～10 朵，淡黄或白色，香气甚浓，花期 7～9 月；**寒兰，**叶狭而直立，花序 5～7 朵，花小瓣狭，有黄、白、青、红、紫等色，清香，花期 10～1 月；**墨兰，**叶宽而长，花序 5～10 朵，花瓣多具紫褐色条纹，盛开时花瓣反卷，清香，花期 12～翌年 1 月。

附图 2-34 蕙兰　　附图 2-35 建兰

繁殖与栽培 分株繁殖为主。春兰、蕙兰于 9～10 月间进行，建兰宜在春季新芽未抽出前进行。兰花，喜阴、需日照时间短，喜温暖湿润，冬季保持 3～7℃、夏季 25～28℃为宜，喜土壤深厚、疏松肥沃、透水良好的微酸性土。栽培宜瓦盆栽植，通常挖取林地腐殖土或腐叶土掺入沙质壤土为盆土。盆底应多垫瓦片、填以粗砂，覆以粗泥，以利排水。之后把分好的兰花植入盆内，将根分布均匀埋好，再用细泥填入盆的四周至盆口 2～3cm 处，并将植株稍向上提，以舒展根系。栽植深度以“假球茎”上端齐土面为宜，以盆中央稍拱起为好，压紧填实。土面最好铺一层碎石或翠云草，可免于泥土溅于叶片。栽植后最初数日置于阴处，逐渐接受阳光。俗话说“干兰湿菊”，以略干且空气湿度高一些为宜。从春末到秋初应置于荫棚下，但不宜过分荫庇。生长期间施以腐熟有机稀释液肥。雨季应注意防雨，否则易烂心烂叶。冬季应注意防寒。

应用 兰花原产我国，历史悠久，为我国十大传统名花之一，盆栽观赏，幽香四溢，是厅堂布置佳品。

附图 2-36 寒兰　　附图 2-37 墨兰

石斛（金钗石斛、吊兰花）（兰科石斛属）（附图 2-38）

形态 多年生落叶，茎丛生、直立、黄绿色、具槽纹。单叶互生、矩圆形、近革质。总状花序，花大、白色，顶端淡黄色，落叶期开花。栽培品种很多，花色丰富而艳丽。

繁殖与栽培 以分株繁殖为主，将一丛分为 2～3 丛，每丛要有 3～4 根老枝条，以利开花。石斛喜温暖，忌阳光直射，宜在明亮的半阴处、排水良好、空气湿度大（相对湿度 70%）以及清洁与通风的环境生长良好。栽培有盆栽与吊挂两种方式。盆栽介质应疏松、透气、排水良好，常用粗泥炭、松树皮、碎砖渣、珍珠岩与木炭等配制而成。盆底要多垫大瓦片。吊挂的，将石斛钉在木板上用水苔、蕨根或棕皮，包裹石斛根并紧贴在木板上，悬挂在栽培室中。栽培室，夜间温度应保持 13～15℃，白天宜 18～24℃。幼苗期宜施稀薄而氮肥较高的肥料、每周 1 次。

秋季花芽分化前需一个干燥、低温（约10℃）过程，以利于花芽分化、翌年花多。

应用 石斛是观赏价值较高的花卉，宜作盆栽或吊挂，亦作切花。

附图 2-38 石斛　　附图 2-39 吉祥草

吉祥草（小叶万年青、松寿兰）（百合科吉祥草属）（附图 2-39）

形态 常绿，根茎匍匐于地面。单叶3～8簇生于节上，条形至披针形、深绿色、基部渐狭成柄、全缘。花葶短于叶，穗状花序，花小而多、粉红色、芳香、裂片长圆形。浆果球形，熟时鲜红色，经久不落。花期8～9月，9～11月果熟。

繁殖与栽培 分株或播种繁殖。早春3～4月将大株丛切割成3～4块小株，分开栽植即可。喜温暖湿润，畏烈日，宜在半阴处不太郁闭的树丛下生长，在较温暖地可露地越冬。

应用 吉祥草在适生地作常绿地被栽培，或盆栽观赏。

文竹（云片竹）（百合科天门冬属）（附图 2-40）

形态 常绿，茎直立、细柔蔓性，伸长成攀缘状，丛生多分枝，根系稍肉质。整个叶状枝平展成纤细羽片状，叶小型鳞片状、主茎上的鳞片叶多成刺状、互生。花小、白色，有香气；花期秋季。浆果球形，成熟时紫黑色。**同属不同种：武竹（结婚草、悦景山草）**，枝条具悬垂性，叶状枝扁平线形，果鲜红色。

繁殖与栽培 文竹种子约20粒/g，发芽适温20～25℃，生育温度20～35℃，发芽需21～24天，嫌光性种子。可分株繁殖。种子成熟后应立即盆播，苗高5～10cm，分栽定植。栽培应避强光、忌低温，盆土以疏松肥沃腐殖质土为佳，并保持湿润，且排水良好，适当追施薄肥，利于生长。

应用 文竹常盆栽观赏，或作盆花陪衬及切花陪衬材料。

一叶兰（蜘蛛抱蛋）（百合科蜘蛛抱蛋属）（附图 2-41）

形态 常绿，地下有匍匐的根状茎。叶单生呈丛生状，叶片宽大、长达 70cm，矩圆状披针形，质硬、柄长。总花梗短，花被钟状、外面紫色内面深紫色，顶端 8 深裂。花期 4～5 月。

附图 2-40 文竹

附图 2-41 一叶兰

繁殖与栽培 分株繁殖，翻盆时，剪去部分老根、摘去枯叶，以 5～6 片叶为一丛，分栽即可。常以直径 25cm 以上的大盆栽植。盆土为疏松肥沃土壤生长季要经常浇水，冬季需入通风温室防寒、耐阴性极强，适当追肥，以使叶面翠绿美观。

应用 一叶兰为观叶花卉宜盆栽，在适生地可散植庭院树荫下，叶片为切花陪衬材料。

玉簪（白萼花、白鹤花、玉春棒）（百合科玉簪属）（附图 2-42）

形态 根状茎粗壮、须根多数。叶茎基丛生、具长柄，心状卵圆形，弧形叶脉。花茎从叶丛中生出、高出叶，着花 9～15 朵、成总状花序；花长 10～14cm、漏斗状、白色有香味，具细长的花被筒、先端 6 裂。花期 7～9 月，蒴果成熟时 3 裂。**品种非常多，常见有：大花玉簪；重瓣玉簪；日本玉簪**，植株较纤细，还有蓝灰色、墨绿色、黄色的观叶品种。

繁殖与栽培 以分株繁殖为主，春季 4～5 月或秋季 10～11 月皆可。每 3～5 年可分株一次。将根状茎分割成段（有 3～4 个芽眼），分栽，栽后浇水过多易烂根。亦可播种繁殖，实生苗需 2～3 年后方可开花。玉簪属典型的阴性植物、喜阴湿环境，受强光照射生长不良、叶片变黄。定植一定要在庇荫或疏散林荫下，施足够的腐熟有机肥。花后应及时剪去残花。

应用 玉簪是我国古典庭院重要的花卉之一。在现代庭院多配置于林下草地、岩石园或建筑物背面，亦是很好的园林地被植物。玉簪夜间开花，是夜花园不可缺的花卉。

大花萱草（萱草、忘忧草）（百合科萱草属）（附图 2-43）

形态　根状茎纺锤形、肉质，有发达的根群。叶成丛基生、排成二列。叶带状披针形、细长、拱形下垂，中脉明显。花箭粗壮、高 1m 左右，聚伞花序圆锥状顶生、着花 6～12 朵，花冠漏斗形、花被 2 轮每轮 3 片，花瓣略翻卷，花色橘红色至橘黄色，早晨开放、晚上凋谢。花期 6～7 月，蒴果。**品种很多，有千叶萱草、长筒萱草、玫瑰红萱草、大花萱草、黄花萱草（金娃娃）**等。近年来的新品种，花色更加丰富，株型高矮不等，花瓣重瓣，花径可达 19cm，花期早中晚皆有。

附图 2-42　玉簪　　　　附图 2-43　大花萱草

繁殖与栽培　常以分株繁殖为主，亦可扦插或播种繁殖。秋季落叶后或春季萌芽前，将老株挖起分栽，分开后的每丛应有 2～3 个芽，一般 3～6 年分株一次。分株苗当年即可开花。喜阳光，也耐半阴，宿根在东北寒冷地区可埋土防寒，在华北大部地区可露地越冬。

应用　大花萱草最宜于布置花境、路旁或成片栽植园林隙地和林下，或作背景材料，以及切花观赏。

万年青（铁扁担、冬不凋草）（百合科万年青属）（附图 2-44）

形态　常绿，根状茎粗短，株高 40～60cm。叶基生，阔披针形、长圆形或阔带形，叶缘波状、中脉在背面凸起。花葶单一、短于叶，穗状花序，小花密集无柄、白色至淡绿色。浆果球形，熟时红色。花期 5～6 月，9～10 月果熟。

繁殖与栽培　分株繁殖，于早春分割萌蘖苗，连须根一起种植，易成活。喜温暖湿润及半阴环境，宜疏松肥沃微酸性沙壤土。在江南可露地越冬，北方置低温温室越冬。栽培时，忌积水和烈日曝晒，每年翻盆一次，一般不需施肥。

应用 万年青为观叶类花卉，宜盆栽观赏，观果。

附图 2-44 万年青　　附图 2-45 天竺葵

天竺葵（洋绣球、石蜡红）（牻牛儿苗科天竺葵属）（附图 2-45）

形态 基部茎稍木质，茎肥厚略肉质多汁，植株全体密生绒毛。单叶对生或近对生，心形、边缘钝锯齿或浅裂，具特殊气味。伞形花序圆球形，腋生或顶生，花梗较长、花蕾下垂。花色有红、白、橙黄等色以及双色。全年开花，盛花期 4～5 月。新品种，株高 25～30cm，株型紧凑，花大色艳。

繁殖与栽培 扦插繁殖为主，以 5～6 月扦插为最好。插穗选用有顶梢的枝条，晾干片刻进行扦插。置于半阴处并通风良好环境，保持室温 13～18℃，约 10 天生根，半月后上盆。天竺葵种子 200 粒/g，发芽适温 21～25℃，生育温度 5～25℃，发芽需 7～10 天，嫌光性种子，无须摘心。10cm 花盆，约 13～15 周。

天竺葵喜温暖、阳光充足的环境，夏季半休眠状态，忌炎热，怕积水。如果冬季给予较高温度、管理得当，则自 10 月至翌年 6 月可一直开花。盆栽需施足基肥，生长期追肥，进行摘心，促使多产生侧枝、利于开花。浇水不宜过多，花谢后及时剪去残花。6～7 月将地上部分留 10cm，其余全部剪去，置于半阴处，使其自然休眠。盆栽 3～4 年需进行更新。用矮壮素或赤霉素矮化处理，使株型圆整且提前开花。

应用 天竺葵为重要的盆栽花卉，有些种类可在春夏季布置花坛用。

蜀葵（一丈红、端午锦）（锦葵科蜀葵属）（附图 2-46）

形态 常作为二年生栽培，茎直立、少分枝（不能通过摘心增加开花量），茎枝有密刚毛，株高达 3m。单叶互生、近圆形、掌状 5～7 浅裂或波状。花腋生、单生或近簇生，花瓣 5 枚，重瓣种除外轮为平瓣外、内部有许多皱瓣，有副萼。花大、径约 6～10cm，花色有紫红、粉红、红、白、黄、黑紫等色。花期 5～6 月，在冷凉环境 7～9 月也能开花。蒴果，常分裂为分果，分果爿多数。6～9 月果熟。

繁殖与栽培 春、秋播均可进行。南方习用秋播，北方习用春播。有自播习性。蜀葵种子 105 粒/g，发芽适温 15～25℃，生育温度 15～30℃，发芽需 15～17 天，嫌光性种子。秋播苗，11 月定植。喜冷凉气候，耐半阴、耐寒，生长强健，管理粗放。

应用 蜀葵是花坛、花境的背景材料，亦在墙下、篱边种植。

附图 2-46 蜀葵　　　　附图 2-47 薄荷

薄荷（水薄荷、苏薄荷）（唇形科薄荷属）（附图 2-47）

形态 茎直立，根状茎细长，株高 30～60cm。单叶对生，矩圆状披针形至披针状椭圆形、长 3～7cm、具清凉浓香。腋生轮伞花序、球形，花小淡紫色。小坚果。

应用 薄荷可作潮湿低洼地地被材料，覆盖地面快，亦可盆栽观赏。

随意草（假龙头、芝麻花）（唇形科随意草属）

形态 常作一二年生栽培。株高 40～80cm，具根茎，地上部分茎丛生少分枝，稍 4 棱。单叶互生，椭圆形至披针形，缘有锯齿。顶生穗状花序，单一或分枝，每轮着 2 花，唇形花冠筒长、唇瓣短，红色紫红、红、粉红色亦有白色、大花及斑叶变种品种。花期 7～9 月。

应用 随意草最宜于布置花境或盆栽观赏，可作切花。

君子兰（大花君子兰）（石蒜科君子兰属）（附图 2-48）

形态 常绿，地下为假鳞茎，肉质根粗壮、白色、不分枝或少分枝，株高约 45cm。叶基生，宽剑形、深绿色、有光泽，两侧对称、排列整齐、革质、全缘。花茎从叶丛中生出、直立，伞形花序，花序梗粗壮、长约 30～50cm，花蕾外有膜质苞片，每苞有数朵花至数十朵，小花漏斗状、有花梗，花色有橙红、橙黄等色。花期 3～5 月为主。蒴果球形绿色，成熟时为绛红色。

繁殖与栽培　当种子成熟后剥去外皮取出种子，即可盆播，要保持 25℃的室温，约 25 天发芽。待小苗有 2 片真叶时分栽上盆，一般需 4～5 年开花。栽培时，一般春季换盆、翻盘，应施足基肥、及时追肥。保持湿润，但夏季要注意遮阴、通风，控水控肥而只适当叶面喷水，以免烂叶。其肉质根耐干旱，水分过多，易烂根。冬季在不低于 5℃室内栽培，盆土适当干燥与低温利于休眠。

应用　君子兰为重要的盆栽观花、观叶温室花卉。

附图 2-48　君子兰　　附图 2-49　四季海棠

四季海棠（四季秋海棠、玻璃翠）（秋海棠科秋海棠属）（附图 2-49）

形态　属须根秋海棠类。茎直立、多分枝，肉质，株高 30～60cm。单叶互生，卵圆形，缘有锯齿、有的叶缘具毛，叶色有绿、淡红、紫红和深褐色等色。聚伞花序腋生，多花，单瓣或重瓣，花色有深红、粉红、白以及混色等。花期周年，但夏季较少。栽培品种甚多。

繁殖与栽培　扦插、播种、分株、组培等繁殖。春秋两季均可播种繁殖。宜用当年采收成熟种子播种，隔年显著降低发芽率。播种用土应高温消毒，将种子均匀撒入盆土稍微压平，从盆底浸水，上盖玻璃。当 2 片真叶时，及时间苗，4 片真叶时上小盆。春播，冬季开花，秋播，翌年 3～4 月开花。四季海棠种子 85000 粒/g，发芽适温 20～25℃，生育温度 10～30℃，发芽需 7～15 天，好光性种子，无须摘心、高性品种系列可稍微摘心。10cm 花盆，约 17～18 周。扦插以春秋两季为好。健壮顶端嫩枝为插穗，长约 10cm、沿节的下端剪取，插于沙床，约 2 周生根，再约 2 周后上盆。四季海棠喜温暖湿润，忌积水和干燥，特别适合湿度较大的小环境，夏季忌阳光暴晒和雨淋，冬季喜阳光充足。幼苗期应及时追肥数次，生长期需水量较多且需经常喷雾，花后应打顶、控水，以促分枝、促多开花。四季海棠生长植株矮小、叶片变红色是缺肥的症状，应视情况加以处理。

应用 四季海棠为花坛、花墙布置用花，室内小型盆栽花卉。

倒挂金钟（吊钟海棠、吊钟花）（柳叶菜科倒挂金钟属）（附图 2-50）

形态 灌木状草本，茎直立，枝细长、晕粉红或紫红色，株高 30～150cm。单叶对生或轮生，卵形或长卵形、缘具疏齿。1～3 朵花生于枝端叶腋、具长梗而下垂，花萼筒状、深红色、裂片 4；花瓣 4、自萼筒伸出，常抱合状或略开展，有半重瓣或带皱褶的，花色有粉红、橘黄、白、玫瑰紫及茄紫等色。品种极多。

繁殖与栽培 扦插繁殖为主，于冬春 1～2 月或秋季凉爽后 10 月，剪取 5～8cm、生长充实的顶梢作插穗。扦插环境温度 15～20℃，约 20 天生根，30 天左右分栽上盆。亦可播种繁殖，倒挂金钟发芽适温 21～24℃，生育温度 25℃，发芽需 8～10 天，无须摘心。10cm 花盆，约 16～18 周。栽培要点，需 13 小时以上的日照方可开花。生长季节若日照不足，则需人工照明以补充光线。必要时，可于播种后 8 周起进行人工照明，以促进花芽分化。夏季喜凉爽、忌酷暑闷热，要注意通风、降温，置于荫棚下，防止日晒雨淋，保持盆土高燥，30℃以上生长不良。冬季喜温暖湿润、日光充足、空气流通的环境，室温最低 10℃，5℃受冻害。

应用 倒挂金钟主要观赏部位是筒状花萼，盆栽观赏，暖地亦可地栽布置花坛。

附图 2-50 倒挂金钟

附图 2-51 康乃馨

康乃馨（香石竹、麝香石竹）（石竹科石竹属）（附图 2-51）

形态 茎基部半木质化、直立、节膨大，多分蘖，茎与叶均有白粉，株高 70～100cm。单叶对生，线状披针形、全缘、基部抱茎，灰绿色。花冠石竹形，多数为单生枝顶或 2～5 朵聚伞状排列，花萼长筒状，花瓣多数、扇形、具爪，花瓣内瓣多呈皱缩状。花色丰富有紫红、粉红、白、浅黄、洒金、玛瑙及镶边等色，有香气。花期 5～7 月，温室地栽 1～2 月可开花，至 5～6 月。栽培品种甚多。

繁殖与栽培 常用扦插繁殖，或种子繁殖、组培。春季扦插，约 15～20 天生根，以节间短、无病虫害的健壮嫩枝长约 4～10cm 为插条，扦插深度为插条的 1/3，扦插时要不伤插条的基部。插后要以土质干湿情况以及插条软硬而浇水，视光照强弱而遮阴，管理得当成活率达 80%以上。康乃馨种子 500 粒/g，发芽适温 15～20℃，生育温度 5～20℃，发芽需 6～8 天，好光性种子，矮性品种无须摘心。10cm 花盆，约 17～19 周。

栽培移植床应施足基肥，移植成活一月后施追肥且每周一次。定植后，植株 20cm 时，要及时剥掉过多的侧芽，以提高保留花芽的质量。剥芽时还要考虑第二次的开花量。温室地栽，为防止倒伏应用麻绳拉成网格，一般 64 株/m^2，每株一格。花后应施肥、浇水，随植株的生长，要加高网格。待花朵含苞吐色时即可采摘。

应用 康乃馨是重要的切花种类，为世界四大切花之一，是制作插花、花篮、花环、花束的极好材料，矮型种盆栽观赏。

冰岛罂粟（冰岛虞美人）（罂粟科罂粟属）

形态 丛生型，株高 40cm。花由叶丛中抽生，花茎强韧，花色丰富鲜艳，有黄至橙色、粉红至绯红色系以及白色或混色，夏季开花。原产北极，耐寒。

繁殖与栽培 冰岛罂粟种子 3500～5000 粒/g，发芽适温 18～20℃，生育温度 5～15℃，发芽需 7～12 天，好光性种子。在寒冷地区，5 月以前播种，当年秋季可开花；6～7 月播种则次年开花。5 月以前播种可越冬，于次年 5～6 月间再次开花。

应用 冰岛罂粟是春夏之交花坛、花境的优良材料，亦可盆栽观赏。

东方丽春花（大花虞美人）（罂粟科罂粟属）

形态 全株被毛，株高 60～90cm。单叶基生，三角状卵形、羽状深裂。花较大、单生，花色暗橙红色、但变种花色丰富，花瓣基部黑色，花瓣中间形成壶状果实。花期初夏，果实干燥后可冬季观赏。

繁殖与栽培 东方丽春花种子 3500～4500 粒/g，发芽适温 18～24℃，生育温度 5～20℃，发芽需 7～14 天，好光性种子。强阳性，耐寒、不耐热，生长期要求冷凉，苗期要求 10℃低温，直根系、移植成活率低，忌连作。

应用 东方丽春花是春夏之交花坛、花境的优良材料，亦可盆栽观赏。

蕨类（粉蕨、拳头蕨、蕨菜）（蕨科蕨属）（附图 2-52）

形态 根状茎长而横走、黑色、具锈黄色茸毛，株高 1m 以上。叶疏生，阔三角形或矩圆状三角形、长 30～50cm，三回羽状复叶，羽片约 10 对，基部一对最大，末回小羽片矩圆形、全缘或下部的 1～3 对浅裂片呈波状圆齿。叶柄粗壮。孢子囊群生于小脉顶端的连接脉上，沿边缘着生。

繁殖与栽培 利用孢子进行自身繁殖，但栽培中，宜用营养体分株繁殖。晚春挖取根状茎 20～25cm，按原来生长深度埋于土中，充分浇水即可。亦可孢子繁殖。喜阴、耐旱、耐寒，对土壤要求不严，是森林砍伐后的一种先驱群落植物。

应用 蕨类植物已被用作观赏植物，且有不少花叶的园艺品种，是目前应用最多的一类高等植物。

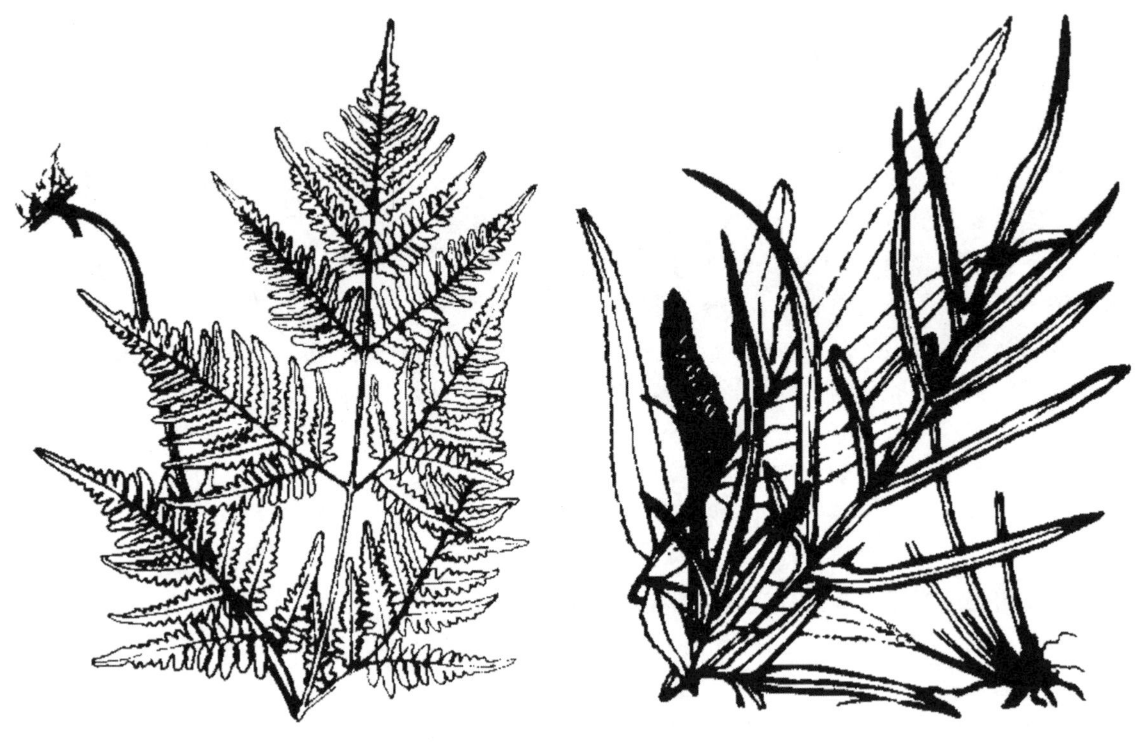

附图 2-52 蕨类　　附图 2-53 井边栏草

井边栏草（凤尾草、井兰草）（凤尾蕨科凤尾蕨属）（附图 2-53）

形态 蕨类植物，因常在井口边自生而得名。根状茎短而直立，株高 20～50cm。叶二型：孢子叶片长卵形，羽状复叶，上部羽片基部下延、在中轴两侧形成狭翅，下部羽片往往 2～3 叉。孢子囊群线形、沿叶缘连续分布。营养叶羽片或小羽片较宽、边缘有不整齐的尖锯齿。

繁殖与栽培 分株繁殖，或从山野挖取自生苗株培育，亦可用孢子繁殖。井边栏草喜温暖湿润、半阴环境，为钙质土指示植物。栽培的关键是，荫蔽、空气湿润、土壤透水良好。冬季在不低于 5℃的环境越冬。

应用 井边栏草是室内垂吊盆栽观叶佳品，在园林适生地可为蕨类地被植物。

石菖蒲（山菖蒲）（天南星科菖蒲属）（附图 2-54）

形态 地下有根状茎横走、多分枝。叶箭状条形，两列密集互生，有光泽、具香味、全缘。花挺扁三棱形，肉穗花序圆柱形，佛焰苞较短，花黄绿色、小而密生。浆果肉质。花期 4～5 月。

繁殖与栽培 分株繁殖。石菖蒲原野生于山间溪水边石缝等处，耐阴、忌干旱，较耐寒。华北地区冬季地上部分枯萎，但根系完好。

应用 石菖蒲耐湿、耐阴，在适生地为常绿地被植物。

绿萝（黄金葛）（天南星科绿萝属）

形态 以攀缘茎附于他物生长、有气生根。单叶互生，卵形或阔卵形、有光泽，有的镶嵌金黄色不规则斑点或条纹。

繁殖与栽培 压条或扦插繁殖。在清水中亦能生长。冬季温室越冬。绿萝喜温暖湿润和间接光照或人工光照、光照不足叶面异色斑纹会消失，生长适温夜间 14～18℃、白天 21～27℃，对肥料要求不高。

应用 绿萝为室内观叶植物，常作水培、亦可盆栽，需设立支柱，使其攀缘，或使其悬垂生长。

附图 2-54 石菖蒲　　　　附图 2-55 龟背竹

龟背竹（电信兰、电线兰、蓬莱蕉）（天南星科龟背竹属）（附图 2-55）

形态 攀缘状藤本，茎生出多数深褐色气生根、下垂，株高 7～8m。单叶二列状互生，幼叶心脏形、无孔、全缘，老叶广卵形、羽状深裂，内有长椭圆形或圆形孔洞。叶片较厚、革质、暗绿色，叶柄长，1/2 左右呈叶鞘状。肉穗状花序、先端紫色具黄白色佛焰苞。花期 11 月。

繁殖与栽培 常用扦插繁殖。扦插在 4～5 月进行，从茎节的先端剪取插条进行扦插；亦可在夏秋季劈下整段带有气生根的侧枝栽植。龟背竹种子 2500 粒/kg，发芽适温 23℃，生育温度 20～30℃，育苗期约 4 周。栽培时，忌阳光曝晒和干燥，冬季应通风且室温不得低于 5℃，尽量在明亮处以多见阳光。生长期，每半月施一次稀薄追肥，冬季控制浇水。

应用 龟背竹盆栽观赏，适于室内、展览大厅摆设。南方庭院可散植于溪沟、池旁。

花叶万年青（天南星科花叶万年青属）（附图 2-56）

形态 茎干少分枝、粗壮、基部匍匐状。叶片大型、着生在茎的上端，长椭圆形、全缘，两面暗绿色、光亮，有多数白色或淡黄色不规则的斑块。佛焰苞宿存，很少开花。

繁殖与栽培 扦插繁殖。春夏皆可，取10～15cm的嫩枝，插入珍珠岩介质中，在20℃环境下约一个月生根。花叶万年青喜高温、多湿耐半阴，忌日光过分强烈，冬季宜在12℃以上环境栽培。栽培时，夏季要遮阴，培养地应经常洒水，每月追肥一次；冬季应置于高温温室中培育。

应用 花叶万年青为观叶类花卉，宜盆栽室内观赏。

附图 2-56 花叶万年青　　附图 2-57 广东万年青

广东万年青（亮丝草、万年青、粤万年青）（天南星科亮丝草属）（附图 2-57）

形态 茎直立粗壮、不分枝、节明显，株高60～70cm。单叶互生，长卵形。肉穗花序有柄。

繁殖与栽培 扦插繁殖，春夏两季皆可，取长约15～20cm的粗壮嫩枝条为插条，晾干浆汁，插入插床中，要保持较高的湿度，25℃环境约3周可生根。广东万年青生长适温15～27℃，冬季需10℃以上；极耐阴，畏日光直射，喜空气湿度大，土壤宜微酸性。栽培时，宜每日早晚喷水，每半月追肥一次、以氮肥为主。冬季减少浇水，以免烂根。

应用 广东万年青为观叶类花卉，极适盆栽观赏，亦可为切花陪衬材料。

桔梗（铃铛花）（桔梗科桔梗属）

形态 植株有白色乳汁，根呈胡萝卜形，茎直立，株高20～120cm。叶3枚轮生、对生或互生，卵形至披针形，叶背面白粉色，缘有细锯齿。花单生、偶数朵聚生茎顶，花冠宽钟状、5裂，现蕾时膨胀呈气球状，单瓣重瓣，通常蓝、紫，亦有白色、浅雪青色。花期6～9月。蒴果成熟时顶端5瓣裂，8～10月果熟。

繁殖与栽培　分株或播种繁殖。分株在秋季（暖地）或春季（寒地）进行。播种苗细弱，需仔细管理。喜光照，最适壤土，耐寒，栽培管理粗放。

应用　桔梗可用于花境，或丛植，亦可作切花。

紫万年青（紫锦兰、蚌花、紫背万年青）（鸭跖草科紫背万年青属）（附图 2-58）

形态　茎短，株高 20～37cm。叶密生成束抱茎，叶剑形、重叠，叶面青绿色、背面紫色。花白色，生于两片河蚌般的紫色萼片内。花期 8～10 月。**栽培品种：斑叶紫背万年青。**

繁殖与栽培　分株或播种繁殖。分株，一年四季皆可进行，从母株旁切取带根的蘖苗栽植即可。播种，3～4 月在室内盆播，发芽适温 20℃，苗高 10cm 可上盆，当年秋季定苗供观赏。喜温暖湿润及间接光照，生长适温白天 20～22℃、夜间 10～13℃，冬季不低于 5℃。栽培时，要保持盆土湿润，忌阳光直射、宜半阴处，每 3 个月追肥一次，新上盆植株半年内不宜施肥。冬季置于向阳通风处、控制浇水，一般 3 年更新。

应用　紫万年青为观叶类花卉，宜室内盆栽观赏。

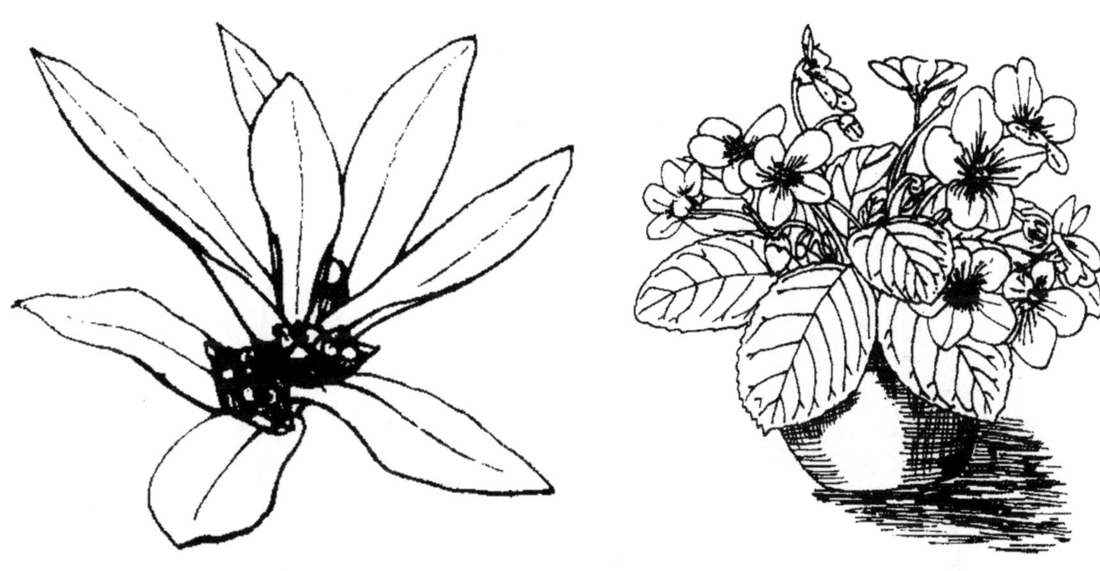

附图 2-58　紫万年青　　附图 2-59　非洲紫罗兰

非洲紫罗兰（非洲堇、非洲紫苣苔）（苦苣苔科非洲紫罗兰属）（附图 2-59）

形态　植株矮小，全株被毛，有短茎和长的匍匐茎。叶从茎的先端生出，单叶丛生状，卵形或长圆状心脏形、两面密生短粗毛，全缘或具齿，叶柄粗大略带肉质、其腹面有沟槽。花茎从叶丛中生出，总状花序、着花 3～8 朵，花冠蝶形，花色有紫、桃红、红、白色及混合色。花期为春、秋季节。蒴果。

繁殖与栽培　以扦插为主，亦可分株、播种、组培。扦插以叶插为主，以 3～5 月和 7～8 月为宜，花后健壮叶片、带 2cm 长叶柄，稍晾干即可扦插，并保持较高的空气湿度，温度以 18～24℃为宜，约 3 周即可生根；约 4～6 个月可开花。播种发芽需 20～25℃，好光性种子，播后约 20 天发芽，6～8 个月开花。栽培中，生长适温 16～18℃，且浇水非常重要，应视植株生长状况、季节、盆土、温度等情况决定浇水量，夏季高温干旱季节，应充足浇水，并保持一定的空气湿度，尽量不将叶片弄湿，否则易腐烂。每半月追施稀薄氮肥，肥料过浓，会使花蕾缩小，甚至不能开花。盛夏怕高温，应适当遮阴并应通风良好。

非洲紫罗兰原产非洲东南部。性喜温暖湿润、通风良好的环境，夏季怕强光和高温，冬季要求阳光充足，温度不得低于10℃，不耐寒，生长适温为16～18℃。

应用 非洲紫罗兰为重要的温室盆栽花卉。

果子蔓（红杯凤梨、姑氏凤梨）（凤梨科果子蔓属）（附图2-60）

形态 附生常绿，茎高30cm。叶长舌形、基部较宽、外弯，基部丛生。伞房花序，由多数大形、阔披针形外苞片包围。小花白色，外苞片鲜红色或桃红色。

繁殖与栽培 以基出芽作分株繁殖，温室栽培，冬季夜间最低温度8～10℃，适温16～18℃，全年要求盆栽介质湿润。果子蔓喜半阴和温热、空气湿润环境，排水良好，介质要富含腐殖质和粗纤维。

应用 果子蔓为花叶皆美且观赏期很长的温室盆栽花卉，亦可作切花。

附图2-60 果子蔓　　附图2-61 白三叶

白三叶（白车轴草）（豆科车轴草属）（附图2-61）

形态 匍匐茎，根有根瘤菌。掌状3片小叶复叶、具细柄，自根颈或匍匐茎节长出，小叶几无柄、缘具细锯齿。总状花序，由20～40朵小花聚集成头状。花白色或带粉红色。花期4～6月。荚果。**同属不同种：红三叶。**

繁殖与栽培 可于春季3月中旬或秋季10月中旬前条播或撒播，播后稍加覆盖即可。亦可用匍匐茎扦插繁殖。喜温暖向阳、排水良好、沙壤土，耐寒、耐旱、耐热、耐霜、耐践踏，不耐阴，不耐盐碱。栽培时，应注意夏季管理，以防植株枯黄。夏季前若刈割，加强灌溉，可保持植株绿色。

应用 白三叶是极好的地被植物，亦是营养丰富的绿肥作物。

马蹄金（美国马蹄金）（旋花科马蹄金属）（附图 2-62）

形态　须根发达，具匍匐茎且着地生根，株高 5～15cm。叶肾形、外形大小不等，基生于根部，叶柄细长，叶宽 1～3cm。夏秋开花。**变种与品种：银叶马蹄金，**银绿色，枝条悬垂，长约 90～120cm，可达 180cm。

繁殖与栽培　用匍匐茎繁殖，春秋两季皆可，把马蹄金草皮块撕成 5cm×5cm 大小的小块贴在地面上，稍覆土压紧、浇水即可。银叶马蹄金种子 200～220 粒/g，发芽适温 22～24℃，生育温度 15～25℃，发芽需 4～7 天，嫌光性种子，无须摘心。10cm 花盆，约 11～12 周。马蹄金喜光及温暖湿润气候，耐一定低温、耐一定炎热高温、耐干旱、耐践踏，在湿润条件下，生长迅速，侵占能力很强，在杭州地区全年绿色期约 300 天。

应用　马蹄金是长江流域及以南良好的地被植物。有的把马蹄金列入暖季型草坪类。

附图 2-62　马蹄金

附图 2-63　垂盆草

垂盆草（景天科景天属）（附图 2-63）

肉质草本，不育枝匍匐生根，结实枝直立、长 10～20cm。叶小，倒披针形至长圆形，3 片轮生，全缘。疏松聚伞花序，常 3～5 分枝；花淡黄色，花瓣 5 枚。种子细小，表面有乳头突起。花期 5～6 月，果期 7～8 月。**同属不同种：佛甲草。**用分株、扦插繁殖。粗放管理、不用修剪，最好适当追肥，保持水分。喜光，耐干旱、耐低温亦耐高温，绿期又长，一般 3 月底返青，11 月底枯黄。草姿美，色绿如翡翠，颇为整齐壮观；色金黄色鲜艳，观赏价值高。不耐践踏。垂盆草极适于环境条件相对较为恶劣且粗放型管理的屋顶绿化，是优良的地被植物。

紫花地丁（堇菜科堇菜属）（附图 2-64）

根状茎细小，株高 5～10cm。根出叶、互生，卵状心形或长椭圆形、基部下延成柄，具规则圆齿。花从叶丛中生出、高出叶面，花淡紫色、具长梗，花梗中部具 2 枚条形苞片。花期 3～4 月。分株繁殖或自播繁衍。我国华北地区可露地越冬。紫花地丁宜作早春观花地被。

附图 2-64 紫花地丁

附图 2-65 莎草

莎草（香附子、碎米莎草）（莎草科莎草属）（附图 2-65）

匍匐根状茎，有多数长圆形、黑褐色块茎。茎高 15～95cm、锐三棱形，基部呈块茎状。叶窄线形，短于秆，宽 2～5mm；鞘棕色，常裂成纤维状。叶状苞片 2～3 枚，常长于花序；长侧枝聚伞花序简单或复出，辐射枝 3～10 条；穗状花序有小穗 3～10 个，具花 10～36 朵。小坚果。花果期 5～11 月。

莎草是田边湿地常见的先锋植物，农田的重要杂草。

蓝雪花（蓝花丹、蓝雪丹、蓝花矶松、蓝茉莉）（白花丹科蓝雪花属）

每年由地下茎上端生出数条更新枝成为细弱的地上茎。单叶互生。花序生于枝端，含 15～30 枚或更多的花，花冠筒部紫红色，裂片蓝色、倒三角形、顶缘浅凹而沿中脉伸出一窄三角形的短尖。蒴果椭圆状卵形，淡黄褐色。花期 7～9 月，果期 8～10 月。亦可扦插、分株繁殖。性喜温暖，耐热，不耐寒冷，喜光照，稍耐阴，不宜在烈日下暴晒，要求湿润环境，干燥对其生长不利。秋后适当修剪对于来年盛花非常重要。

美丽日中花（番杏科松叶菊属）

茎丛生，基部木质。单叶对生，肉质，三棱形，基部抱茎。花单生枝端，苞片叶状，对生。

花紫红色至白色，基部稍连合。蒴果肉质。花期春季或夏秋，通常在晴朗的白天开放，傍晚闭合，单朵花可开 5～7 天。若遇阴雨天则不能开放。扦插或播种繁殖。喜温暖干燥和阳光充足的环境，不耐寒，怕水涝，耐干旱，不耐高温暴晒。土壤以肥沃疏松和排水良好的沙质壤土为宜。

匍匐百里香（唇形科百里香属）

常绿半灌木芳香植物。茎匍匐或上升；叶为卵圆形，具 2～4 枚叶。头状花序，唇形花冠紫红、紫或淡紫、粉红、白色，花期 7～8 月。性喜温暖，喜光和干燥的环境，对土壤的要求不高，但在排水良好的石灰质土壤中生长良好，耐热、耐干旱。适作地被。

龙血景天（小球玫瑰）（景天科景天属）

匍匐状。茎叶通常在秋冬季或阳光充足、温差大的环境下呈紫红色。茎光滑无毛，表面偶有疣状突起的小点。单叶对生，竹片状至倒卵形或圆形，缘呈圆锯齿状，无叶柄或有短柄。稠密的伞状花序，通常分 3～5 枝，每次开 15～30 朵花。苞片呈倒披针形或椭圆形，有疣状突起。花 5 瓣，几乎无柄，纯白至深红色。

龙血景天是特别容易养护的多肉植物，且匍匐生长，很适合抑制杂草生长，喜阳光充足的环境，能生长在贫瘠的土壤上，适疏松排水好的沙质土栽培，怕积水。

金叶过路黄（报春花科珍珠菜属）

茎蔓性匍匐生长，常绿，株高约 5cm，枝条可达 60cm。单叶对生，早春至秋季金黄色，冬季霜后略带暗红色；6～7 月开花，单花，黄色尖端向上翻成杯形，亮黄色，花径约 2cm，花色与叶色相近。喜光耐阴，耐水湿，耐寒性强，能耐－15℃的低温。原产欧洲、美国等地，现中国广泛栽培，为良好的彩叶地被。

荷包牡丹（罂粟科荷包牡丹属）

具地下根状茎。三出羽状复叶对生，总状花序顶生，总梗呈拱形，小花具短梗、向一侧下垂，每序着花约 10 朵，花被 4 片，分内外 2 层。外层 2 片，基部连合、呈荷包状、先端外卷、粉红至鲜红色。内层 2 片瘦长外伸，白至粉红色。宜布置疏阴下花境及树坛内。**同属常见种：大花荷包牡丹、美丽荷包牡丹。**

耧斗菜（毛茛科耧斗菜属）

全株具细柔毛。二回三出复叶。一茎多花、花梗细弱、花朵下垂，花萼 5 枚、似花瓣，花紫色，亦有蓝白色。同属其他种及变种很多，有黄色种。适于布置花坛、花境和岩石园。

荷兰菊（菊科紫菀属）

头状花序伞房状排列，花蓝紫色，亦有白及桃红色品种。适于布置花坛、花境。

钓钟柳（玄参科钓钟柳属）

全株被绒毛。花单生或 3～4 朵着生于叶腋总梗之上，呈不规则的总状花序，花有白、紫红、淡紫、玫红等色，并间有白色条纹。亦是花境、花坛的良好材料。

西洋滨菊（菊科茼蒿属）

头状花序单生，花白色。供花坛、花境栽植，亦可点缀岩石园、树群及草地边缘。

白芨（兰科白芨属）

假鳞茎呈扁球形。总状花序，3～7 朵，花被片 6 枚、不整齐，花淡紫红色。常丛植于疏林下或林缘隙地。

羽扇豆（豆科羽扇豆属）

掌状复叶，小叶 3～16 枚。轮生掌状花序顶生，排列紧密，长达 60cm。蝶形花、蓝紫色，亦有白、红、青等色，以及杂交大花种。适于布置花坛、花境。

千叶蓍（菊科蓍草属）

全株密被白色柔毛，叶二、三回羽状全裂。顶生头状花序呈伞房状排列。花白色具香气，有红、粉红变种。宜布置花坛、花境或坡地片植。

落新妇（虎耳草科落新妇属）

地下有粗壮根状茎，茎与叶柄散生褐色长毛。基生叶为二、三回复叶。圆锥状花序长30cm。花密集，萼片5枚，花有粉红、红、白及洋红色。可植于林下半阴处观赏。

白头翁（毛莨科银莲花属）

全株密被白色长柔毛。叶片宽卵形、三全裂，花单生直立、茎约8cm，萼片花瓣状、6片呈2轮、蓝紫色、长圆状卵形、外被紫色柔毛。适于野生花卉园自然式栽植。

石碱花（肥皂草）（石竹科肥皂草属）

根茎横生，全株绿色光滑，茎部稍铺散。聚伞状花序，淡红或白色，有重瓣、单瓣。适作花境背景或野生花卉园。

黑心菊（菊科金光菊属）

全株被硬毛，头状花序，茎约10～20cm，舌状花单轮、金黄色，筒状花深褐色、半球状。亦是花境、花带、树缘或隙地极好的绿化材料。**同属不同种：二色金光菊、金光菊、毛叶金光菊。**

松果菊（菊科松果菊属）

全株具粗毛。头状花序单生枝顶，茎约10cm。舌状花紫红色，筒状花橙黄色、突出呈球形。适于野生花卉园自然式栽植。

大花剪秋萝（菊科一枝黄花属）

全株具粗毛。头状花序呈偏向一侧的复总状，再与下部叶腋的花序集成为顶生的圆锥状花序，花黄色。适于园林中自然式布置或丛植或作背景材料。

翠雀花（毛莨科翠雀花属）

全株被柔毛。叶掌状深裂，总状花序腋生，萼片5枚、花瓣状，上萼片与之上花瓣有距、蓝紫色；下花瓣无距、白色。适于夏季凉爽地区布置花坛、花境。

火炬花（百合科火炬花属）

总状花序着生数百朵小花，小花圆筒状，呈火炬形，红、橙至黄色。自下而上逐渐开放。园林中供花坛种植，亦可群植为花境背景。

飞蓬（菊科菊属）

头状花序伞房状簇生，花色有蓝、桃红和白色等。亦可布置花境、花坛或丛植篱旁、山石前。

龙胆花（龙胆科龙胆属）

花单生茎顶，广漏斗形、深蓝色。耐寒。适在林缘、坡地栽植。

牛舌草（紫草科牛舌草属）

蝎尾状聚伞花序，花冠黄色。耐寒，适在花坛布置。

槭葵（锦葵科木槿属）

叶掌状5～7深裂。花单生上部叶腋，花瓣5枚、深红色。适宜丛植坡地、草坪、花境。

旱金莲（金莲花科旱金莲属）

半蔓生或倾卧植物。叶片五角形，三全裂，二回裂片有少数小裂片和锐齿。花单生或2～3

朵成聚伞花序，花瓣5枚，花色有紫红、橘红、乳黄等，萼片黄色，花瓣与萼片等长。北方常作一二年生栽培。在适宜的情况下，全年均可开花。

鸡屎藤（茜草科鸡屎藤属）

藤本。叶对生，圆锥花序，分枝为蝎尾状的聚伞花序；花白紫色，花冠钟状。分布于山东、安徽、江苏以南至两广等地。

芭蕉（芭蕉科芭蕉属）

大型常绿，茎高达3～4m，不分枝，丛生。叶大，长达3m，宽约40cm，呈长椭圆形，有粗大的主脉，两侧具有平行脉。入夏，叶丛中抽出淡黄色大型花。结一次果或多次。

草芙蓉（锦葵科木槿属）（芙蓉葵）

株高1～2m，落叶、灌木状。叶大、广卵形，叶柄、叶背密生灰色星状毛。花大，单生于叶腋，花径可达20cm，有白、粉、红、紫等色。入冬地上部分枯萎，翌年春季萌发新枝，当年开花。草芙蓉原产北美。花期6～8月。耐寒能力强，在北京室外安全过冬。

瞿麦（石竹科石竹属植物）

株高50～60cm。茎丛生，上部分枝。叶片线状披针形，基部合生成鞘状。花萼筒状，苞片长约为萼筒的1/4；花瓣通常淡红色或带紫色，稀白色，先端深裂成丝状。花期6～9月。

猩猩草（大戟科大戟属）

常绿或半常绿。叶边缘常琴状分裂。花小，有蜜腺，排列成密集的伞房花序。总苞形似叶片，也叫顶叶，基部大红色，也有半边红色半边绿色的。上面簇生出红色的苞片，向四周放射而出，苞片和叶片相似，是主要观赏部位。无花被。蒴果扁圆形。

长寿花（景天科伽蓝菜属）

常绿肉质。单叶对生，缘具钝齿，肉质。圆锥状聚伞花序长7～10cm。每株有花序5～7个，着花60～250朵。花小，高脚碟状，花瓣4枚，花朵色彩丰富，花色有绯红、桃红、橙红、黄、橙黄和白等色。花冠长管状，基部稍膨大，为国际花卉市场中发展最快的盆花之一。

连钱草（旋花科旋花属）

蔓生，平卧延伸。叶对生，稍肉质，透光可见密布的透明腺条。花单生叶腋，花冠黄色，辐状钟形。蒴果。花期5～7月，果期7～10月。

金线蒲（天南星科菖蒲属）

具地下匍匐茎、芳香，根肉质。叶线形，禾草状，叶缘及叶心有金黄色线条。肉穗花序圆柱状、黄绿色，花白色。

红蓖麻（大戟科蓖麻属）

株型美观，花果奇特，观赏期长。株高4m以上。蓖麻属中稀有的观赏品种，从出苗至开花只需45天，成株高1.5m左右，茎如红竹，红叶形同鹅掌，果穗长35～50cm，似红色宝塔。

茼蒿菊（蓬蒿菊）（菊科茼蒿属）

株高60～100cm，多分枝，茎基部呈木质化。单叶互生，为不规则的二回羽状深裂，裂片线形，头状花序着生于上部叶腋中，花梗较长，舌状花1～3轮，白色、淡黄色或粉红色，筒状花黄色。花期周年，盛花期4～6月。

缠枝牡丹（旋花科打碗花属）

茎左旋缠绕，单叶互生，莲花形花座，花形似牡丹，花粉色，重瓣（40～50个花瓣）撕裂状，花瓣裂片向内变狭，无雌雄蕊，6月中旬始花，直至上冻时仍有许多花蕾。缠枝牡丹在高寒－45℃的地区不加保护可安全越冬，早春照常萌芽生长。在高温 38℃的中原干旱炎热地区，不影响生长开花，生命力顽强。原产我国。

姬岩垂草（马鞭草科过江藤属）

多年生，为良好的观花地被植物，植株低矮整齐，花期长，生长速度块，可代替草坪使用，合期几乎免维修。

三、球根花卉（绝大多数为多年生）

红花酢浆草（酢浆草科酢浆草属）

形态　地下块状根茎纺锤形。叶丛生状，具长柄、掌状复叶，小叶 3 枚、倒心脏形、顶端凹陷、两面被毛，叶缘有黄色斑点。花茎自基部生出，伞形花序着生 12～14 朵花，花冠 5 枚、淡红或深桃红色。蒴果。花期 4～11 月。**变种与品种：紫叶酢浆草。**

繁殖与栽培　球根繁殖。喜荫蔽、湿润环境，盛夏生长缓慢或休眠。栽培管理粗放。

应用　红花酢浆草是优良的观花地被植物，尤其适合在疏林或林缘使用。

大丽花（地瓜花、大丽菊）（菊科大丽花属）（附图 2-66）

形态　地下有肥大纺锤形肉质块根，茎直立、中空，株高 50～100cm。叶对生、一至三回羽状分裂、裂片卵形、缘粗钝锯齿，叶上面深绿色、背面灰绿色，总叶柄微带翅状。头状花序、有长梗，外围舌状花色彩丰富而艳丽，紫、红、黄、粉红、洒金、白、金黄等色俱全，中心管状花黄色。花期长，5～7 月初夏和 9～10 月秋后两季，以秋花较为繁茂。单朵花期 10～20 天。瘦果。变种与品种极为丰富。

附图 2-66　大丽花

附图 2-67　美人蕉

繁殖与栽培　通常以分根繁殖为主，亦可扦插、播种和块根嫁接繁殖。大丽花仅在块根的根颈有芽，通常于2～3月分根前将块根预先在温床内催芽。将发芽的块根分割，分割后的每一块根要有1～2个芽，在切口处涂抹草木灰防腐烂，后分栽。扦插法，一般是春季截取块根上萌发的新梢进行扦插。大丽花矮性品种，株高约30～35cm，其种子150粒/g，发芽适温25～29℃，生育温度10～25℃，发芽需5～10天，嫌光性种子，无须摘心。10cm花盆，约12～13周。

大丽花为不耐寒的春植球根花卉，喜凉爽气候，不耐严寒与酷暑，忌积水又不耐干旱，喜光，但花期宜避阳光过强。当苗高15cm时即可摘心，使植株矮壮。应及时剪去残花。生长期每10天追肥一次，要及时设立支柱，以防风倒、夏季植株处于半休眠状态，要防晒防涝，停施水肥。霜后剪去上部枯枝，挖起块根、晾1～2天，沙藏于5℃左右的冷室休眠越冬。

应用　大丽花品种类型繁多，可据需要分别用于花坛、花境、花丛或盆栽，或作切花。

美人蕉（美人蕉科美人蕉属）（附图2-67）

形态　具横卧肥大的根状茎，地上茎肉质。单叶互生，叶片宽大、全缘、广椭圆形、绿或红褐色。顶生总状花序，每花序有花十余朵，花萼3枚、苞片状，瓣化雄蕊5枚，是主要的观赏部分。其中3枚呈卵状披针形，一枚翻卷为唇瓣形，另一枚具单室的花药，雄蕊柱扁平亦呈花瓣状，瓣化雄蕊颜色有鲜红、橘黄或橙黄斑点。花期6～11月。蒴果。美人蕉栽培品种丰富，按叶色分，有绿叶、紫叶和花叶三大类，亦有水生种。**同属不同种：大花美人蕉。**

繁殖与栽培　用块茎繁殖。春季切割块茎每块要有2～3个芽眼，栽植深度8～10cm。亦可分株或种子繁殖。美人蕉种子4粒/g，发芽适温20～25℃，生育温度10～30℃，发芽需8～10天，无须摘心。10cm花盆，约14～17周。美人蕉喜温暖湿润向阳环境，不耐寒、早霜地上部分即枯萎，畏强风、耐湿但忌积水，生长强健，适应性强，管理粗放。3～4月，露地挖穴栽植、内施腐熟基肥、适当追肥，及时剪去残花，利于再次开花。北方入冬前应将根状茎挖起、稍加晾晒，即沙藏于冷室或埋于向阳高燥结冰层以下。

应用　美人蕉是园林绿化优良的材料，宜丛植、群植，或植于花坛、花境或植花篱，亦可盆栽。

郁金香（洋荷花、草麝香）（百合科郁金香属）（附图2-68）

形态　全株被白粉，地下鳞茎卵圆形、棕褐色皮膜、高3～4cm、径3～6cm，株高20～80cm。单叶互生、基部着生、通常3～5枚，披针形或卵状披针形、波缘。花茎顶生1朵花、稀有2朵，单瓣，花被片6枚、抱合呈杯形或碗形或百合花形，花瓣有全缘、锯齿、皱边等，花色黄、白、紫、橙或复色有条纹，基部常黑紫色。花期3～5月，单花可开10～15天。蒴果。园艺品种繁多，常按花型、花色、高矮、花期分类。

繁殖与栽培　分球繁殖。母球为一年生，花后干枯，分生出若干新球茎，9～10月分栽，来年即可开花。在新茎球下面还有许多需培育3～4年方可开花的小子球。新球与子球的膨大生长在花后一个月的时间完成。

郁金香属长日照、秋植花卉，喜阳光充足、通风良好的环境，耐寒性强、忌酷暑，夏休眠，秋冬生根并萌发不出土新芽，经冬季低温后翌春生长成茎叶，然后开花。亦可地栽或盆栽，以9月下旬至10月上旬为宜，栽前深耕园地施足基肥，覆土3～4cm，栽后浇水。冬前长出叶丛，覆盖越冬。翌春除去覆盖物同时浇水，并追肥2～3次，花后应及时剪掉残花，以保证地下鳞茎充分发育。入夏前茎叶变黄时挖出鳞茎，置于通风阴凉干燥的室内贮藏度夏休眠。

应用　郁金香是春季园林中的重要球根花卉，宜作花坛群植或花境丛植。常盆栽或促成栽培或作切花。

附图 2-68 郁金香

附图 2-69 百合

百合（百合蒜、摩罗）（百合科百合属）（附图 2-69）

形态 地下鳞茎阔卵状球形或扁球形，由多数肥厚肉质鳞片抱合而成，地上茎直立、不分枝，株高 50～120cm。单叶互生或轮生，线形或披针形、具平行脉，叶越往上越明显变小。有些种类的叶腋处易生珠芽。花单生、簇生或成总状花序，花大，漏斗形、喇叭形或杯形，下垂、平伸或斜上着生，花被片 6 枚、2 轮，花柱极长。花色丰富有白粉、红、紫、橙、淡绿等色或有斑点，芳香。花期 8～10 月。蒴果。

繁殖与栽培 分球繁殖或分珠芽、扦插鳞片、播种繁殖。百合喜冷凉湿润气候和半阴环境，耐寒性较强。栽培时，宜选疏林下、土层深厚疏松肥沃排水良好的微酸性土壤进行栽植，忌连作。栽植鳞茎以秋季为宜，忌春季移栽种植。栽植深度约为鳞茎球直径的 3 倍，茎根长出后，适当追施液肥，利生长。

应用 百合可用于花境或林下及草坪边缘，亦可作切花。

麦冬（书带草、麦门冬）（百合科沿阶草属）（附图 2-70）

形态 多年生常绿，须根顶部或中部膨大成纺锤形肉质小块根，地下匍匐茎细长。叶基生成丛，线形。顶生总状花序，常俯垂，小花白色或淡紫色。浆果蓝黑色。花期 5～8 月，8～9 月果熟。

繁殖与栽培 分株繁殖，于 3～4 月挖出老株、切开成若干丛分栽。亦可播种繁殖。宜在土壤湿润、通风良好的半阴环境生长，除施足基肥外，适当追施液肥。耐寒性强，在山东能露地越冬。

应用 麦冬为良好的常绿地被植物，亦可盆栽。

附图 2-70 麦冬　　附图 2-71 风信子

风信子（五色水仙、洋水仙）（百合科风信子属）（附图 2-71）

形态 鳞茎球皮膜具光泽，其色常与花色有关。单叶基生、4～8 片，带状披针形、肉质。总花序梗中空，从叶丛中生出、圆柱形、长 15～40cm、略高于叶。总状花序密生小花、成长圆柱状；小花钟状、斜下或下垂，花被基部膨大，上部 4 裂反卷。花色丰富有蓝、紫、浅红、淡黄纯白、深黄等色，芳香。花期 3～4 月。蒴果。品种很多，往往以花色分类，亦有重瓣品种。

繁殖与栽培 分球繁殖，6 月下旬当风信子的叶枯萎时，挖起母球，将大球和子球分开，贮藏于通风环境，大球秋植后第二年春季可开花，子球约需培育 3 年才能开花。风信子喜阳光充足和较温暖湿润环境，较耐寒，我国长江流域冬季无须防寒保护。6 月地上部分枯萎休眠。休眠期约 1 个月进行花芽分化。在花芽伸长前约需 2 个月气温不超过 13℃的低温环境，花芽方可萌发。宜土层深厚、排水良好的沙质壤土，9～10 月间栽种球茎，先挖 20cm 深的穴，内施腐熟有机肥，上面覆盖一层土再栽种球茎，其上覆土，在冬季严寒地区上面要覆草防冻。春季萌发后，施追肥 1～2 次。花后将花径剪除，以利于养球。

应用 风信子为著名秋植早春开花花卉，宜布置早春花坛、花境，或盆栽。

葡萄风信子（葡萄百合、蓝壶花）（百合科蓝壶花属）（附图 2-72）

形态 地下具卵圆形鳞茎，径 1～3cm，皮膜白色。基生叶，线状披针形，长 10～20cm，边缘常向内卷。总状花序密生于花序梗上部，着稍下垂碧蓝色小花，有白、肉红、淡蓝色等品种。花期 3～5 月。蒴果。

繁殖与栽培 分球繁殖或种子繁殖。葡萄风信子耐寒、在华北地区可露地栽培越冬，亦耐半阴，适应性较强。花后 6 月挖起鳞茎，分级贮藏，秋季 9～10 月地栽。种子成熟后，即采种秋播，3～4 年后可开花。

应用 葡萄风信子多作林下地被，或于草坪边缘、花境，亦可盆栽。

附图 2-72 葡萄风信子　　附图 2-73 仙客来

仙客来（兔子花、一品冠、萝卜海棠）（报春花科仙客来属）（附图 2-73）

形态 肉质块茎扁球形，球底有许多纤细根，株高 20～30cm。单叶簇生在块茎顶端的中心部位，叶心状卵圆形、缘牙状齿，表面深绿色多数有灰白色或浅绿色斑块、背面紫红色。叶柄红褐色、细长肉质。花由块茎顶端单生出，花蕾时下垂，开花时向上翻卷扭曲、似兔耳。花色有紫红、粉红、橙红、洋红、红、白等色。花期 12 月至翌年 5 月，以 2～3 月为盛。蒴果，4～6 月果熟。园艺变种有很多。

繁殖与栽培 仙客来种子 87 粒/g，发芽适温 15～20℃，生育温度 5～25℃，发芽需 30～40 天，嫌光性种子，无须摘心。15cm 花盆，约 9～11 个月。播种期秋季，可冷水浸种 2～3 天或温水浸种 24 小时，撒播或点播于浅盆中，覆土 0.5～0.8cm，盖好玻璃，保持盆土湿润。发芽后去掉玻璃并增加光照。仙客来喜阳光充足、温暖湿润的环境和排水良好、富含腐殖质的沙壤土，夏季喜阴凉，主要生长季为秋冬和春季，不耐寒。栽植时，宜使 1/2 块茎球露出土面，忌浓肥、忌积水，施肥后要喷水冲洗叶面，以防腐烂。仙客来夏季处于半休眠状态，要控水、控肥，应保持土壤干燥，置于阴凉通风的地方并注意防雨。两年以上的老球，抗性弱，入夏即落叶休眠。仙客来栽培的难度主要是如何选择优良品种，克服夏季高温。仙客来属中日照植物，影响花芽分化的主要因子是适温 15～18℃，可通过调节播种期、温度以及化学药剂控制花期。

应用 仙客来为世界著名的球根盆栽花卉。

唐菖蒲（菖兰、剑兰、什样锦）（鸢尾科唐菖蒲属）（附图 2-74）

形态　球茎扁圆形，外皮为褐色膜质。基生叶互生，排成 2 列，剑形，草绿色。花茎自叶丛中生出，顶生穗状花序，每穗有花 8～20 朵，花色丰富，有粉红、红、黄、紫、白、橙、蓝等色，深浅不一，或具复色及条纹、斑点。花朵大，质薄如绢似稠，花瓣边缘有波状或皱褶等变化。园艺品种繁多，从栽种至开花，因时间不同可分为早花种（从栽种至开花约需 60～65 天）、中花种和晚花种。

繁殖与栽培　分球或播种繁殖（用于培育新品种）。分球，秋季有 1/3 的叶片发黄时，将球茎挖出，按大小分级，充分晾干贮藏于 5～10℃，通风干燥处，至翌春种植。小球需培育 1～2 年方开花。栽种前应施足基肥，以及适量的骨粉肥、草木灰。种植深度按球茎大小及土质而定，一般是球茎越大、种植越深，土质黏重时种植要浅；通常覆土为球茎高的 2 倍为宜。生长期要适时浇水并多次追肥，但氮肥不可过多，以免引起徒长倒伏。唐菖蒲为不耐寒春植球根花卉，喜光性长日照植物、畏寒冷，不耐涝，喜肥沃排水良好的微酸性沙质壤土；夏季喜凉爽气候不耐炎热。栽培中，最适宜的温度是 20～25℃。长日照下促进花芽分化，分化后短日照能提早开花。促成栽培可常年开花。唐菖蒲对氟化氢敏感，可作为检测大气污染的指示植物。

应用　唐菖蒲是常见的庭院球根花卉，布置花境、花坛，或作切花。

附图 2-74　唐菖蒲

附图 2-75　香雪兰

香雪兰（小菖兰、小苍兰）（鸢尾科香雪兰属）（附图 2-75）

形态　地下球茎长卵圆形或椭圆形，外被纤维质棕褐色薄膜。地上茎细弱、有分枝，株高 30cm。基生叶成 2 列叠生，带状披针形、全缘。穗状花序顶生，花序上部弯曲呈水平状，小花侧生一边、6～7 朵直立向上，花色有粉红、白、紫红、淡黄、雪青等色，具浓郁芳香，花冠狭漏斗状。花期 3～4 月。

繁殖与栽培 分球繁殖，秋季将母球和分生新球分开栽植，大球次春开花，小球隔年才开花。香雪兰为不耐寒的秋植低温温室球根花卉，喜凉爽湿润、光照充足，具春开花、夏休眠习性。9～10 月，将消毒后的种球分级栽植，每盆大球 3～5 个或 5～7 个，覆土 2～3cm，用细喷壶浇透水，置于温室阳光充足处，约 10 天发芽。生长期每 1～2 周追肥一次。香雪兰对烟尘敏感，应加强通风。花期易倒伏，应立支柱扎缚，至 5～6 月茎叶枯黄后，剪去地上茎叶，置于阴凉干燥处度夏，或挖出球根晾干贮藏于通风干燥处。香雪兰常用改变栽植期、调节温度和日照长短等措施控制花期。

应用 香雪兰是低温温室盆栽球根花卉，亦可作切花。

鸢尾（蓝蝴蝶、扁竹花）（鸢尾科鸢尾属）（附图 2-76）

形态 根状茎粗壮。叶多基生，剑形，基部重叠互抱成 2 列，长 30～50cm、宽 3～4cm，革质。花茎从叶丛中生出，单一或二分枝，高与叶等长，每花茎顶生 1～4 朵花，花萼和花瓣 6 枚，外轮 3 枚“垂瓣”较大、弯或下垂、内有突起的白色须毛，内轮 3 枚“旗瓣”较小、直立，花柱瓣状、覆盖着雄蕊，花蓝紫色。花期 5 月。蒴果长圆形，具 6 棱。**同属常见种：马蔺，**植株基部有红褐色枯死纤维状叶鞘残留物，花小、淡蓝色、瓣窄；**黄菖蒲，**又名玉蝉花，花大、径 15cm，花色丰富。**变种与品种：红籽鸢尾，**抗寒，在我国长江中下游地区可四季常绿，是一种优良的冬季庭园绿化、城市街道、绿化带等绿化植被。

附图 2-76 鸢尾

附图 2-77 石蒜

繁殖与栽培 通常以分栽根茎繁殖为主，每 2～3 年进行一次，于春、秋两季或花后进行。将根状茎切成段（有芽 2～3 个），平放栽于阳光充足圃地或盆内，原来颜色浅的一面仍然向下，深度不超过 5cm，最好以原来深度为准，覆土浇水即可。栽前要施足基肥，应保持土壤湿润。

石蒜（红花石蒜、龙爪花）（石蒜科石蒜属）（附图 2-77）

形态 鳞茎宽椭圆形或近球形，外皮紫褐色。叶细带状、深绿色。伞形花序，有花 4～6 朵、鲜红色或具白色边缘。花期夏秋季。

繁殖与栽培 分球繁殖，叶或花茎刚枯萎时，挖出鳞茎球，分级栽种。石蒜喜半阴亦耐曝晒，喜湿润也耐干旱，较耐寒，在华北地区需保护越冬。

应用 石蒜为林下地被材料，可布置花境、假山、岩石园或作切花。

水仙花（凌波仙子）（石蒜科水仙花属）（附图 2-78）

形态 地下鳞茎卵球形、径 5～8cm，由鳞茎盘和肥厚的肉质鳞片组成，鳞茎球外被褐色干膜质薄皮，鳞茎盘上着生芽，下面着生白色细长须根。每芽有 4～9 片叶，叶扁平带状。每球生花 1～7 支或更多，伞形花序着花 7～11 朵，花序梗扁筒形、高约 20～30cm，花被基部联合为筒、裂片 6 枚、白色，中心部位有副花冠、浅杯形、鲜黄色、芳香浓郁。花期 1～3 月。**常见品种：金盏银台；玉玲珑**，由副花冠及雌蕊瓣化而来，花瓣皱褶。

附图 2-78 水仙花　　附图 2-79 朱顶红

繁殖与栽培 水仙花为三倍体植物，高度不孕，靠分栽鳞茎球繁殖。霜降前后，将母球两侧分生的小鳞茎球分开为种球，栽种，一般约需 3～4 年长成能够开花的大鳞茎球。

水仙花是夏季落叶休眠的秋植球根花卉，冬季生长，早春开花，6 月上中旬地上部分陆续枯萎休眠，鳞茎球春天膨大。水仙花要求冬无严寒、夏无酷暑、春秋多雨的地区。喜阳光充足，也耐半阴。我国福建漳州是水仙花主要的生产基地，其他地区则将能够开花的大鳞茎球进行水养，室内观赏。水养，多于11月起，视需要开花的时间，而陆续进行。选大而饱满的鳞茎清洁后，用清水浸泡1～2天，然后用小石子固定于浅盆中，置阳光充足、室温10～18℃环境中，1～2天换水一次，无须施肥，约5～6周即可开花。开花后将其移至冷凉处，花期可月余。如水养期间光照不足或室温过高，则植株纤弱、花期短暂或只长叶不开花。水仙花鳞茎球经雕刻后，造型生动，可提早开花，大大提高观赏价值。

应用 水仙花是我国传统十大名花之一，是冬季室内水养花卉。在适生地可露地栽植布置绿地。

朱顶红（并蒂莲、孤挺花）（石蒜科孤挺花属）（附图2-79）

形态 地下具肥大球形鳞茎。叶生于鳞茎顶端、4～8片2列叠生、厚带状，叶、花苞同发，或叶发数日后即抽生粗壮、直立、中空的花葶，花葶高出叶丛。近伞形花序，每花葶有花2～6朵、径约14cm，漏斗状，红色或具白色条纹或白色具红、紫色条纹。花期4～6月。

繁殖与栽培 一般分球繁殖，亦可播种繁殖。朱顶红是春植花卉，冬季休眠要求冷凉干燥、适温5～10℃，在长江流域以南可露地越冬、以北则在温室栽培。喜光、温暖，适温18～25℃，喜肥、畏涝。于3～4月将种球盆栽或地栽、栽植不宜过深，以鳞茎顶部稍露出土面为宜，约6～8周即可开花。秋凉后，宜控制水分、减少氮肥增施磷钾肥，以促进鳞茎肥大。霜期来临，地上部枯死，可将鳞茎保留在盆内，置于室内暖气片附近、不浇水，促其花芽分化，来春不长叶即可生出花箭开花。

应用 朱顶红常作盆栽观赏或作切花，在适生地可露地布置花坛、花境。

韭兰（红花葱兰）（石蒜科葱兰属）（附图2-80）

形态 鳞茎卵形，有淡褐色外皮，颈短。叶多枚基生、扁线形、浓绿色。花茎从叶丛中生出，顶生一花、粉红色。花期6～9月。**同属不同种：葱兰，**花白色。葱兰和韭兰合称风雨兰，常在雨后突然繁花盛开。

繁殖与栽培 分球繁殖，一般在秋季老株枯萎后，挖起小鳞茎，妥善保存。翌年春季栽种，每穴2～3个、深度以鳞茎顶稍微露土为宜，一次分球后可2～3年后再分球。盆栽需充分的阳光和肥水。当一批花凋谢后，应50～60天停止浇水，而后再恢复浇水，如此干湿间隔，一年可开花2～3次。盆栽2～3年后，挖出鳞茎地栽1～2年，培养鳞茎使其复壮。

应用 风雨兰适宜地被、草地镶边栽植，可布置花坛、花境，以及缀花草地。

晚香玉（夜来香）（石蒜科晚香玉）（附图2-81）

形态 地下具长圆形鳞茎状块茎，其上半部呈鳞茎状。基生叶簇生、长条带状，茎生叶互生、越往上越小呈苞片状。穗状花序顶生、着花12～20朵、两两成对，自下而上陆续开放，花冠漏斗状、长约4～6cm、浓香，花被片6枚、乳白色，花被筒细长、略弯曲。8～9月为盛花期。

繁殖与栽培 分球繁殖，多在春季4月露地栽种，大球可当年开花，小球需培育2～3年方可开花。晚香玉喜温暖湿润、阳光充足、通风良好的环境，不耐寒。栽种时，鳞茎球越大越要浅栽而小球却相反，即所谓的“深长球、浅抽葶”。在生育期需高温、喜肥水。花葶生出后，要经常浇水，且每10天追肥一次，后几次应以磷肥为主，到现蕾为止。花后剪去花葶继续施水肥，可连续不断开花。秋后11月下旬至12月上旬地上部分枯萎，将球根挖起、晾干，置于温暖干燥的室内越冬、贮藏。在高温温室可促成栽培，10月上旬挖出球根晾干后，11月栽植，保持25℃室温，适当施肥，春节前可开花。

附图 2-80 韭兰　　附图 2-81 晚香玉

应用 晚香玉宜布置夜花园观赏闻香或夏季花坛、花境，或作切花。

石菖蒲（山菖蒲）（天南星科菖蒲属）

形态 常绿，具香气，根状茎于地下匍匐横走，株高 30～40cm。叶基生，剑状条形，无柄，全缘，质韧，有光泽。花茎叶状、扁三棱形，肉穗花序，佛焰苞叶状侧生。密生花两性，黄绿色。花期 4～5 月，浆果。

繁殖与栽培 分株繁殖，秋季 9～10 月间进行，或从产地采挖草丛栽植。石菖蒲喜阴湿，稍耐寒，上海地区可露地越冬。适应性强，生长强健，养护管理简便，切忌干旱。

应用 石菖蒲园林中常作地被植物用，亦可盆栽或作花坛、径旁的镶边材料。

马蹄莲（慈姑花、水芋）（天南星科马蹄莲属）

形态 地下具肉质块茎，株高 50～90cm。单叶基生，具粗长柄——上部具棱、下部鞘状抱茎，叶片剑形、全缘、绿色有光泽。肉穗花序圆柱形、黄色、藏于佛焰苞内，佛焰苞白色、形大、似马蹄状，花序梗粗壮、高出叶丛，花序上部为雄花、下部为雌花。温室栽培花期 12 月至翌年 5 月，2～4 月为盛花期。浆果。**同属不同种：红花马蹄莲、黄花马蹄莲。**

繁殖与栽培 以分球繁殖为主或播种繁殖。分球于 9 月进行，把块茎周围萌发的芽球取下分栽，经一年培育，第二年即可开花。马蹄莲为不耐寒秋植球根花卉，喜温暖湿润、喜光亦能耐阴，花期需阳光充足，如花期光照不足，可使主要观赏部位的白色苞片变绿。喜水肥，不耐干旱，生长适温 15～25℃，耐 4℃低温，冬季如室温低则延迟开花。温室盆栽或地栽，一般立秋后上盆，天凉后移入温室养护，生长期应充分浇水，叶面、地面应经常喷水，以提高空气湿度。花后移出温室，随气温升高，叶片逐渐枯黄休眠，此时应控制水肥，保持盆土干燥，置于阴凉通风处，度过夏季休眠期，也可取出块茎于冷凉通风干燥处贮藏。

应用 马蹄莲盆栽或切花观赏，暖地可布置于花坛、花境。

大岩桐（落雪泥）（苦苣苔科苦苣苔属）（附图 2-82）

形态 全株密被白色绒毛，地下具块茎、地上茎极短，株高 15～25cm。单叶对生，卵圆形或长椭圆形，大而肥厚，缘有锯齿。花顶生或腋生，花冠钟状、5～6 浅裂，花径达 8cm，花色有红、粉红、白、紫蓝、混色等。花期 4～11 月，夏季盛花。蒴果。

繁殖与栽培 大岩桐种子 25000 粒/g，发芽适温 20～30℃，生育温度 20～30℃，发芽需 15 天，好光性种子，宜摘心（第一朵花及顶芽附近的叶片宜于开花前摘除）。13cm 花盆，约 5～6 个月。播种 8～9 月为佳，种子极小，故播种不可过密，难以移植。可盆播，用细土拌匀撒播，不再覆土，浸盆法浸水，上盖玻璃。亦可扦插或分球繁殖。球茎栽种时间可据需要开花时间而定，一般在 12 月至翌年 3 月栽种，从栽种到开花约 5～6 个月。

大岩桐喜温暖潮湿，忌阳光直射，生长要求高温、湿润及半阴环境，有一定的抗炎热能力，但夏季宜保持凉爽，23℃利于开花。冬季落叶休眠，块茎在 5℃左右环境中可安全越冬。培育时，根据苗的大小上盆、多次换盆，追肥时切忌污染叶片和花蕾，除浇水外，应适当喷水以增加空气湿度。

应用 大岩桐为温室盆栽夏季观花花卉。

附图 2-82 大岩桐

球根秋海棠（球根海棠、茶花海棠）（秋海棠科秋海棠属）

形态 株高约 30cm，块茎呈不规则扁球形。叶为不规则心形，先端锐尖，基部偏斜，绿色，叶缘有粗齿及纤毛。腋生聚伞花序，花大而美丽。品种丰富极多，有单瓣、半重瓣、重瓣、花瓣皱边等；花色有红、白、粉红、复色等。花期春季。

繁殖与栽培 常扦插和分割块茎法繁殖，也可播种繁殖。喜温暖、湿润的半阴环境。不耐高温，超过32℃，茎叶枯萎脱落，甚至块茎死亡。生长适温16～21℃，相对湿度为70%～80%。不耐寒。

应用 球根秋海棠姿态优美，花色艳丽，是世界重要盆栽花卉之一。

卷丹（虎皮百合）（百合科百合属）

鳞茎近宽球形，鳞片白色。茎有紫色条纹。叶散生，花3～6朵或更多；花下垂，花被片反卷，橙红色，有紫黑色斑点。花期7～8月，果期9～10月。**变种与品种：大卷丹、毛卷丹。**日本发现有野生三倍体植株，花大而美丽。该种也是百合类花卉的育种材料，与川百合等近缘植物杂交形成许多园艺品种。

喇叭水仙（黄水仙、喇叭水仙）（石蒜科水仙属）

叶扁平呈带形，花大，直径约5cm；花被淡黄，副花冠橘黄色，花筒向外挺伸似喇叭，因此得名。**变种与品种多：大花喇叭水仙、重瓣喇叭水仙。**

五彩芋（彩叶芋、两色芋）（天南星科五彩芋属）

地下具膨大块茎，扁球形，有毒，误食后喉舌麻痹。基生叶盾状箭形或心形，色泽美丽。佛焰苞绿色，上部绿白色，呈壳状；肉穗花序。不耐低温。变种极多。

番红花（藏红花、西红花）（鸢尾科番红花属）

球茎扁圆球形，直径约3cm。叶基生，边缘反卷；叶丛基部包有4～5片膜质的鞘状叶。花茎甚短，不伸出地面；花1～2朵，淡蓝色、红紫色或白色，有香味，花柱橙红色。香料植物。

雪滴花（石蒜科雪滴花属）

叶丛生，线状带形，绿色被白粉，花葶直立，扁圆形；花顶部单生，下垂；花梗短；花被片椭圆形，无筒部，呈广钟形，白色，每裂片端具一绿点。

蛇鞭菊（菊科蛇鞭菊属）

茎基部膨大呈扁球形。因多数小头状花序聚集成密长穗状花序，花红紫色，小花由上而下次第开放，呈鞭形而得名。宜作花坛、花境和庭院绿化。

六出花（智利百合、秘鲁百合）（石蒜科六出花属）

根肉质呈块状茎。单叶互生，呈螺旋状排列。伞形花序，花小而多，10～30朵，喇叭形，花橙黄色、水红色等，内轮具红褐色条纹斑点。花期6～8月。**品种与变种：金黄六出花、纯黄六出花。同属不同种：智利六出花、深红六出花、粉花六出花、紫斑六出花、美丽六出花、多色六出花。**

大花葱（硕葱、吉安花）（百合科葱属）

根鳞茎肉质，具葱味。叶灰绿色，长达60cm。伞形花序，径约15cm，有小花2000～3000朵，红色或紫红色。花期5～7月。同属植物中观赏价值最高。主要分布在我国北方地区。

贝母花（百合科贝母属）

鳞茎圆锥形。茎直立，叶宽线形，有时呈藤蔓状缠绕。花单生茎顶钟状下垂，淡黄色。

石蒜（石蒜科石蒜属）

鳞茎近球形。叶狭带状，花茎高约30cm，伞形花序有花4～7朵；花鲜红色；花被裂片强度皱缩和反卷；花被筒绿色；雄蕊显著伸出于花被外，比花被长1倍左右。花期8～9月。

四、水生花卉（均为多年生）

荷花（莲花、芙蕖）（睡莲科莲属）（附图 2-83）

形态 藕为荷花的地下根状茎、横生于淤泥中，节处生根且生出叶片。单叶大、盾状圆形、有白色蜡粉。每年从种藕上先萌发的小荷叶，称为“钱叶”。种藕顶芽生出地下走茎，走茎先长出浮在水面的叶，称“浮叶”，在节的下方生须根，到一定长度后，节上陆续长出浮出水面的叶，称“立叶”（附图 2-84）。花梗多生于立叶旁。花叶具清香味，花两性，单生、径约 7～30cm，花色丰富有红、白、粉红以及混合色，单瓣或重瓣。花期 7～9 月，每朵花上午开放、下午闭合，次晨复开。单瓣品种可开 3～4 天，半重瓣品种可开 5～6 天，重瓣品种可开 10～13 天。雄蕊 200～400 枚，心皮多数、分离散生在海绵质的花托内。花后结实称为“莲蓬”，每个心皮为一个椭圆形坚果，称为“莲子”。8～9 月果熟。荷花品种丰富，从栽培上分为藕莲、子莲和花莲；从花型上分单瓣（16 枚左右）、半重瓣（100 枚左右）和重瓣（200～2000 枚，是观赏珍品）。还有一梗两花的“并蒂莲”，一梗四花的“四面莲”，一年数次开花的“四季莲”，花叶皆小的“碗莲”等。

附图 2-83 荷花

繁殖与栽培 主要采用分株法，即分栽地下茎繁殖。4、5 月间取 2～3 节粗壮、顶梢带芽、尾部带节的藕作为种藕，栽于大量施基肥的泥塘浅层中，种藕顶芽稍向上翘，种植深度以种藕直径的 2～3 倍即可。为了培育新品种亦可播种繁殖。荷花种子寿命极长，有千年出土种子，仍有生命力。亦可池塘栽培、缸栽和盆栽碗栽（多用于小花种碗莲种或荷花播种苗）。

应用 荷花为我国传统十大名花之一。是常见水生花卉，宜在浅水池塘，或缸栽。

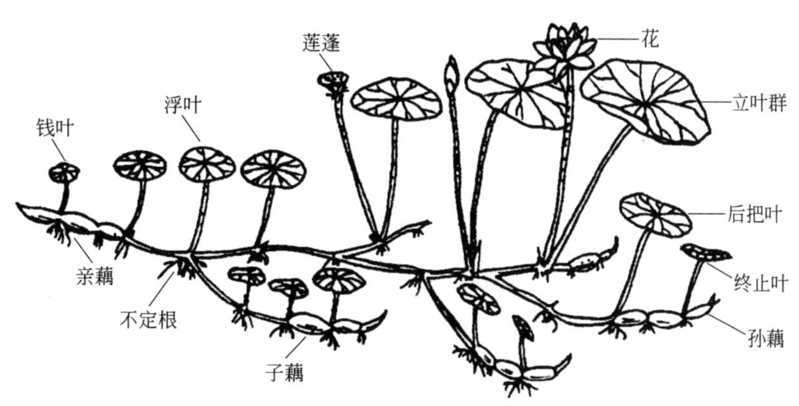

附图 2-84　荷花的生长发育示意

睡莲（子午莲）（睡莲科睡莲属）（附图 2-85）

根状茎横生于淤泥中。叶丛生、卵圆形、基部近戟形、全缘，叶直径 6～11cm，叶正面浓绿有光泽、背面暗紫色，有长而柔软的叶柄，叶浮于水面。花单生于细长的花柄顶端，浮于水面或略高于水面，花直径 3～6cm，花色有红、粉红、黄、白等色，花期 7～9 月，每花开 2～5 天，白天开放、夜晚闭合。聚合果球形，内含多数小坚果，7～10 月果熟。多分株繁殖，同荷花。睡莲为优良的水生花卉，可池栽点缀、可缸栽布置庭院，或切花观赏。

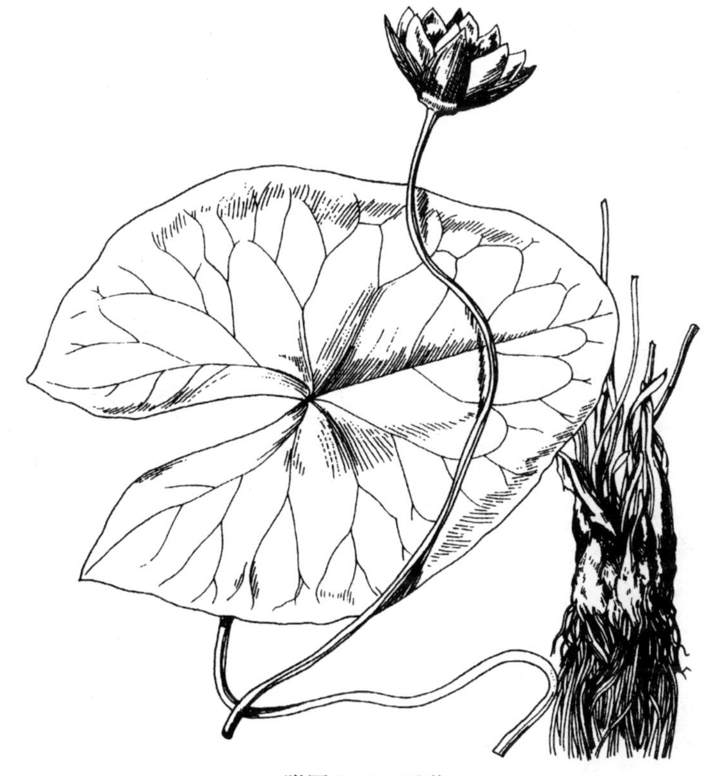
附图 2-85　睡莲

王莲（亚马逊王莲）（睡莲科王莲属）

形态　根状茎短而直立、有刺，根系发达、无主根。发芽后 1～4 片叶小、锥形，第五片起叶子由戟形逐渐变为椭圆形至圆形，第十片起叶缘向上翻卷成箩筛状、对着叶柄的两端有缺口；成熟叶片巨大，直径为1.6～2.5m，翻卷直立的边缘4～6cm，此时叶片可负重20～25kg。花径25～30cm、芳香、两性，花色由白变为粉红、深红色。花期夏秋季，通常下午傍晚开放，第二天早上逐渐关闭、下午傍晚重新开放，第三天早上闭合沉入水中。浆果状。

繁殖与栽培 多采用播种繁殖。王莲喜高温高湿、阳光充足和肥沃土壤。在适宜的环境下，王莲的叶片和根系生长很快。当植株3～4片叶、气温稳定在25℃时，可将王莲移植于露地水池中。水池中可设置内装肥沃塘泥和有机肥的种植槽，移植王莲后最初水面约高于种植槽土面10cm，以后随王莲的生长逐渐加深水位。水池内可养殖观赏鱼，用以消灭水中微生物。一株王莲需水池面积30～40m^2、池深80～100cm。王莲开花后约两个半月种子在水中成熟。部分种子浮在水面，易于收集；部分种子落入水底，至晚秋（气温下降至20℃停止生长，冬季休眠）清理水池时加以收集，装入内盛清水并洗净的瓶中以备播种用，否则将会失去发芽力。若要保存王莲宿根越冬应在高温温室的水池内进行。

应用 王莲为著名的大型水生观赏花卉。

水菖蒲（菖蒲、菖蒲根）（天南星科菖蒲属）（附图2-86）

根茎直径1～2.5cm，粗大、横生。叶剑形，自根茎顶端丛生、长50～150cm。肉穗花序、黄绿色，佛焰苞叶状、长20～40cm。浆果。花期6～7月，8月果熟。种子繁殖或将根茎切断分栽，易成活。水菖蒲是园林中水体绿化材料，也可在较湿润的陆地作地被。栽培管理粗放。

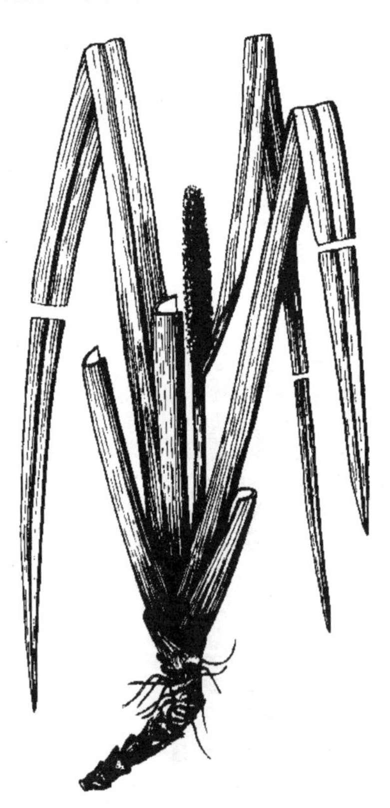

附图2-86 水菖蒲

附图2-87 千屈菜

千屈菜（水柳、对叶莲）（千屈菜科千屈菜属）（附图 2-87）

形态 茎直立、四棱、多分枝，株高 80～100cm。单叶对生或三叶轮生，披针形、无柄。穗状花序小花密集，苞片卵状三角形、萼筒管状宿存，花瓣 6 枚、花冠约 2cm，花紫、深紫或淡红色等。花期 7～9 月。蒴果卵形，8～10 月成熟。

繁殖与栽培 分株、扦插繁殖为主，或播种繁殖。春季分株。扦插多在 6～7 月进行。播种宜在春季进行，发芽适温 15～20℃，10 天左右可发芽。千屈菜适栽于光照充足的池边或浅水滩，管理粗放，秋后剪取枯枝，任其自然越冬；亦可露地旱栽土壤潮湿处，或栽于低洼地及盆栽，要施足基肥、多浇水，花开之前使栽植地逐渐积水，可使花繁穗长。

应用 千屈菜宜栽植池沼一隅或低洼地，亦可布置花境背景，或盆栽。

香蒲草（香蒲科香蒲草属）

挺水型单子叶植物。茎极短不明显。叶始为青绿色，长达 100cm 以上。花单性，雌雄同株，肉穗状花序顶生似蜡烛，黄绿色，雄花序在上方，雌花序在下方，雌花序较之雄花序长许多；雌雄花序紧紧相连，其间有大型的苞片参差。花粉鲜黄色。花期 6～7 月，果期 7～8 月。

雨久花（雨久花科雨久花属）

水生或沼泽生。叶出水、浮水或沉水。花两性，辐射对称或两侧对称，顶生总状花序或圆锥花序，生于佛焰苞状叶鞘的腋部；花被花瓣状、蓝色，分离或下部联合成筒；蒴果或小坚果。

水葱（莎草科藨草属）

匍匐根状茎粗壮。叶片线形，苞片 1 枚，为秆的延长，直立，常短于花序；长侧枝聚伞花序；小穗单生或 2～3 个簇生于辐射枝顶端，具多数花，鳞片椭圆形，棕色或紫褐色。坚果小。花果期 6～9 月。

萍蓬莲（睡莲科萍蓬草属）

根茎粗壮。叶伸出或浮出水面，叶宽卵形，叶背紫红色，密被柔毛。花单生，伸出水面，径 2～3cm，萼片花瓣状，花黄色，花心红色，花期 5～7 月。

慈姑（泽泻科慈姑属）

根状茎横走，挺水。叶箭形，叶片长短、宽窄变异很大。花葶直立、粗壮、挺水，高 20～70cm。总状或圆锥状花序，具花多轮，每轮 2～3 花，花单性，内轮花被片白色或淡黄色，花药黄色，瘦果。花期 5～10 月。

五、草坪禾草（禾本科禾亚科）

（一）暖地型草坪草

结缕草（禾亚科结缕草属）

喜光，耐高温，耐旱能力强，不耐阴，耐践踏，具有一定的弹性和韧性。因种子繁殖需对种子进行催芽处理，故常用分株或铺草块方法进行繁殖。结缕草是我国栽培最早、应用最广的草坪植物。可应用于各种开放性的草坪，如运动场、足球场、儿童活动场地等处，还是良好的固土护坡植物。华北地区绿色期 170～185 天。**同属不同种：细叶结缕草**，草丛茂密，叶纤细，色泽嫩绿，稠密似毯，故又名**天鹅绒**，但需精细养护，如不及时修剪、养护，草丛易出现馒头状的突起，导致外观起伏不平，降低草皮质量，为此，往往把细叶结缕草用于封闭式观赏草坪；**中华结缕草（老虎皮草）**，在华东地区绿色期约 270 天。

马尼拉（马尼拉结缕草）（禾亚科结缕草属）

马尼拉在结缕草属中属半细叶类型，叶的宽度约 2mm，介于结缕草与细叶结缕草之间。分株繁殖，即分栽匍匐枝草段，一般5月至9月初都可进行，亦可铺带土草坪块建植。马尼拉比细叶结缕草略能耐寒，较抗旱，且耐瘠薄，分蘖能力强，有较强的蔓延侵占与竞争能力，杂草危害相对较少，观赏价值高。在山东青岛绿色期达270多天。

野牛草（禾亚科野牛草属）

地上具细长匍匐枝。喜阳光，亦耐半阴、耐干旱瘠薄，耐寒性较强，耐践踏。在北京绿色期180～190天。寿命较长，达20年，但每5～7年应更新一次。分株繁殖，即分栽匍匐枝及根系，于雨季进行，成坪快。是我国北方主要的草种。

百慕大（拌根草、爬根草、百慕大草、铁钱草）（禾亚科绊根草属）

匍匐生长，节间着地生根。喜光，稍耐阴，耐寒、耐旱。草质柔软，耐频繁的刈割、耐践踏。须根分布浅，干旱时易出现匍匐茎嫩尖或叶片干枯。喜排水良好的肥沃土壤，耐盐碱性强。华东地区绿色期245天。常与黑麦草混播。矮生种广泛用于高尔夫球场、足球场和公共绿地中。**同属不同种：狗牙根（爬根草），**叶质地较细，耐践踏，耐旱差。

假俭草（蜈蚣草）（禾亚科蜈蚣草属）

具有发达的匍匐茎，叶子较粗糙，形成的草坪相对稠密。适于温暖潮湿地区，耐寒性差、抗旱性也差，且不耐践踏，适合重修剪。加强养护管理，是使假俭草坪十几年至几十年不衰的重要措施，重点是修剪，全年应10次以上，适当追肥、滚压等。多用草块铺设建植草坪。在江南地区绿色期达250～260天。

狗牙根（禾亚科狗牙根属）

具有根状茎或细长的匍匐茎枝，茎节着地生根。喜光，稍耐阴，喜湿润土壤，不耐旱，能稍耐盐碱，耐践踏，再生力强。常用营养繁殖铺草块法进行繁殖。一般广泛用于游戏草坪、运动场草坪以及护坡草坪等。

地毯草（禾亚科地毯草属）

匍匐枝蔓延迅速。叶鞘松弛，压扁，叶片扁平，质地柔薄。总状花序，呈指状排列在主轴上；花柱基分离，柱头羽状，白色。生于荒野、路旁较潮湿处。

（二）冷地型草

草地早熟禾（禾亚科早熟禾属）

喜光，亦能耐阴、耐寒，耐旱与耐热性稍差，适宜在气候冷凉而湿度较大的地域生长，在我国北部−27℃的寒冷地域均能安全过冬。在华东沿海地区基本常绿。播种量约为15g/m^2。可与紫羊茅和多年生黑麦草混播，增加草坪抗性。**同属不同种：早熟禾，**种子易发芽，播种量约为15～20g/m^2，约70天即可成坪。

多年生黑麦草（禾亚科黑麦草属）

喜光，亦耐半阴，耐寒、怕暑热，盛夏则有短期休眠，喜冬季凉爽、夏季温暖的冷凉地域生长，上海、昆明可全年保持常绿。播种量约为25～35g/m^2，为混合草坪的常用成分。在各种小型绿地上，常将其作为“先锋草种”应用，亦可迅速成坪，亦可与其他草种混合种植。

高羊茅（禾亚科羊茅属）

喜光，耐寒、耐旱、耐热、耐践踏，根系深、适应性强，是冷地型禾草中最耐热的一种，耐粗放养护。常用种子繁殖直播成坪，种子发芽率高，但苗期生长缓慢，一般播种量约为15～25g/m^2。广泛用于混合草坪。

匍匐剪股颖（禾亚科剪股颖属）

茎秆匍匐地面生长，着地生根，再生能力强。质地细软，生长稠密、状如地毯，极其美观，其质量超过其他任何北方草坪草，但也是冷地型草种中最需精心养护的一种草。不耐践踏。华北地区绿色期达250～260天。可作纯一草坪，也可作混合草坪。**同属不同种：小糠草，**播种量约为20g/m^2，亦可营养繁殖。一般用于各种游憩草坪，可混播，但其比例不可过大，一般不超过10%，因为它具有很强的侵占能力，比例过大会大大降低混播草坪的质量。

六、观赏草（绝大多数为多年生且喜光）

细叶芒（禾本科芒属）

丛生，株高约1.75m，冠幅60～80cm，叶片绿色，纤细，顶端呈拱形。顶生圆锥花序，花期9～10月，花色可由最初的粉红色渐变为红色，秋季转为银白色。最佳观赏期5～11月。喜光，耐水湿。四季均适于移栽。可作背景、镶边材料。

斑叶芒（禾本科芒属）

丛株高约1.7m，冠幅60～80cm，叶片有斑马状黄白色横纹。顶生圆锥花序，花期9～10月，花色由粉红色渐变为红色，秋季转为银白色。最佳观赏期5～11月。可作背景、镶边材料。

花叶芒（禾本科芒属）

丛生，植株生长强劲，株高1.2～1.8m，冠幅1～1.5m。叶片浅绿色，有奶白色条纹，条纹与叶片等长。圆锥花序，花色由最初的粉红色渐变为红色，秋季转为银白色。花期9～10月。喜光，对土壤要求不高，耐水湿。可成片种植。

蒲苇（禾本科蒲苇属）

常绿、丛生，圆锥花序大，羽毛状，银白色。9月至次年1月挂穗。喜光，耐寒，要求土壤排水良好。耐盐碱，湿旱地皆可生长，可耐短期淹水。四季均适移栽。

矮蒲苇（禾本科蒲苇属）

常绿、丛生。圆锥花序大，雌花穗银白色、具光泽，小穗轴节处密生绢丝状毛，小穗由2～3花组成。花期9～10月。适于花境观赏草专类园内使用，也可用作干花。

花叶蒲苇（禾本科蒲苇属）

常绿、丛生，叶绿色带白色条纹。圆锥花序大，花期9月至翌年1月。对土壤要求不严，耐盐碱，湿旱地均可生长，可以短期淹水，耐寒至－15℃。

晨光芒（禾本科芒属）

叶直立、纤细，有花色条纹，呈弓形，顶生圆锥花序，花期9～10月，花由最初的粉红色渐变为红色，秋季转为银白色。对土壤要求不高，耐水湿。

矢羽芒（禾本科芒属）

叶直立、丛生、叶宽，顶生箭羽状花穗。花期9～10月，深秋叶色变红。对土壤要求不高，耐水湿。

银穗芒（禾本科芒属）

叶极细、飘逸。花期9～10月，顶生耀眼的银色花穗，高达2～2.5m。对土壤要求不高，耐水湿。

墨西哥羽毛草（细茎针茅）（禾本科针茅属）

常绿，叶绿色、纤细、弧形下垂，直立紧密丛生；夏季末叶色转金黄，生羽毛状花穗。对土壤以疏松为佳，不耐水湿。

血草（日本血草）（禾本科白茅属）

叶鲜红、玫红色。株高30～50cm。圆锥花序，小穗银白色。湿生或旱生，抗性强，耐热，春夏秋为观赏期，优良的彩叶观赏草。

粉黛乱子草（禾本科乱子草属）

株高可达 30～90cm，宽可达 60～90cm。秆直立或基部倾斜、横卧。绿色叶覆盖下层，粉红色的花朵长出叶子。圆锥花序。花期 9～11 月，花穗云雾状。

白穗狼尾草（禾本科狼尾草属）

叶嫩绿色，线形，圆锥花序直立，形似狼尾状，呈白色，花期 8～10 月。株高 80～140cm。耐半阴，对土壤要求不高，耐寒。

紫穗狼尾草（禾本科狼尾草属）

圆柱花序，呈淡紫色。花期 9～11 月。

白美人狼尾草（禾本科狼尾草属）

叶嫩绿色，丝形。花序细腻，银白色，形似兔尾，短而粗。

画眉草（禾本科画眉草属）

叶嫩绿色，线形，雾状花序，有淡红色及白色。花期 9～11 月。对土壤要求不高，耐寒。

观赏谷子（禾本科高粱属）

一年生，株高达 3m。叶宽条形，基部几呈心形，叶暗绿色并带紫色。圆锥花序紧密呈柱状，主轴硬直，密被绒毛，小穗倒卵形，每小穗有 2 小花，第一花雄性，第二花两性。

席草（灯芯草科灯芯草属）

半常绿，茎直立、单生细柱形，无节、纤细。叶片退化。水陆两生。

拂子茅（禾本科拂子茅属）

株高 80～150cm，具根状茎。条形叶片粗糙。圆锥花序密而狭，初花期淡粉色，后变为淡紫色。夏季开花。

金碗苔草（莎草科苔草属）

常绿，叶金黄色，下垂。对土壤要求不高。

棕色苔草（莎草科苔草属）

常绿，叶棕色，下垂。对土壤要求不高，耐盐碱，耐寒至－15℃。

橘红苔草（莎草科苔草属）

常绿，叶棕色，直立。对土壤要求不高，耐盐碱，耐寒至－15℃。

纸莎草（莎草科莎草属）

茎直立，叶绿色，聚生于茎顶，成伞状。喜温暖水湿环境，耐阴，适于浅水中生长。

附录三 从“平头修剪”以及“比苗圃还苗圃”的密植模式说起

一、关于“平头修剪”

今春，在街头绿地我见到新栽植的小乔木，大都进行了“平头修剪”（附图 3-1）。对于栽植后的这种修剪法，我做了广泛的调查：为什么要进行这种“平头修剪”？这种修剪是否合适？大约有全省各地的几十位业内人士提供反馈意见。

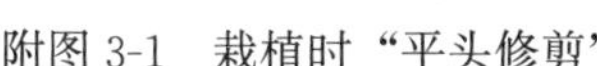

附图 3-1　栽植时“平头修剪”

附图 3-2　小区里的“砍头树”
失去了生态效益和景观效益

栽植树木，首先促其成活是重中之重。大部分人认为，这种“平头修剪”有利于栽植成活，并表示这种“平头修剪”到处都有（附图 3-2），很普遍；也有少数人认为，这种修剪不合适，有问题。对这一现象的看法看来是有严重分歧的。我们还是先简单回顾一下，关于园林树木修剪的一些知识吧。

无论是休眠期修剪还是生长期修剪，不外乎疏剪和短截这两种方法。

疏剪就是将枝条自基部分生处剪去的修剪方法，又叫疏枝。疏剪可以调节枝条分布均匀，适当加大空间，改善树冠内的通风透光条件，有利于花芽分化。而疏剪首先是剪去病虫枝、内膛密生枝、干枯枝、并生枝、伤残枝、交叉枝、衰弱的下垂枝等。疏剪按强度不同分为：轻疏、中疏和重疏。疏剪的强度应根据树种、生长势、树龄、环境等而定。疏剪后的表现，是树冠枝条减少。

短截则是从一年生枝条上选留一个合适的侧芽，将这侧芽上面的枝条剪去，使这一枝条的长度缩短，以刺激这个侧芽（剪口芽）萌发的修剪方法。就是说，短截是要考虑剪口芽的生长方向、是否健壮等。短截还能刺激剪口芽以下的几个芽萌发，以便抽生新枝条，增加枝条的数量，使其多长叶。短截因减去枝条的长短不同，可分为轻短截、中短截、重短截和极重短截几种。也就是说，短截后的反应会出现多种情况，但总之是萌芽多、枝条数量增加。

我们知道，苗木修剪的重要目的是提高栽植成活率，推迟物候期（增强生长势），减少伤害和对树冠进行整形，以迅速形成景观效果。

栽植树木时，因起苗，根系受到损伤，为保持树体地上部分与地下部分的生理平衡，栽植前对苗木的根部和树冠进行适当修剪，可促进生长，提高栽植成活率。那么，在栽植时进行“平头修剪”能不能达到这一要求呢？这样修剪是否合适呢？答案是否定的，不合适。

“平头修剪”，采用的是短截修剪，而短截一个枝条，其剪口下可刺激萌发 3～5 个芽萌发，进一步形成 3～5 个长短不一的枝条。在新栽植苗木的根系还没有完全恢复吸收功能时，这些新萌发的枝条是由苗木本身贮存的养分供其生长的。此时萌芽越多需要的养分也就越多。这就要消耗掉苗木体内大量的营养物质，不利于苗木成活。如果苗木质量一般或较差，或处于临界状态，由于萌芽较多，消耗的养分也较多，而此时新栽植苗木具有吸收功能的新的根毛还没有长出来，也就是说根系还没有恢复吸收水分和养分功能时，此时苗木体内贮存的养分已经消耗完，新萌发的芽就会因养分中断而发生枯萎，甚至造成苗木干枯死亡，因此这样是不利于苗木成活的。也就是说，这种“平头修剪”是不会提高苗木栽植成活率的。如果苗木质量好的话，虽然消耗了不少养分，成活可能还是不成问题的，虽然成活了，但枝条生长很乱，其树形遭到了破坏，还需要多年下功夫进行调整。而疏剪则不然，合理的疏剪可使枝条减少，集中养分促进新萌发的枝条生长，因而有利于苗木成活。在相同条件下，这种“平头修剪”，是不利于苗木成活的。

由住房和城乡建设部批准，于 2013 年 5 月 1 日实施的《园林绿化工程施工及验收规范》CJJ 82—2012 中规定：苗木栽植前的修剪应根据各地自然条件，推广以抗蒸腾剂为主体的免修剪栽植技术或采取以疏枝为主，适度轻剪，保持树体地上地下部位生长平衡。该规范不仅对苗木修剪总体上进行了规定，还对各类树木，包括落叶乔木、常绿乔木以及灌木、藤本类不同树种如何进行修剪分别做了规定。由此，进一步看出，对栽植前的苗木修剪应以疏剪为主，适度修剪。

另外，这种“平头修剪”除了不能提高苗木的成活率以外，即便是苗木成活了，其树形也遭到了破坏，需要有修剪技术的人员连续多年进一步调整树形，因而这种“平头修剪”又走了弯路，可能工程验收也要遇到麻烦。这种“平头修剪”，每个枝条至少剪去 30cm。本来总体高度可达到 2m 高的苗木，“平头修剪”后，就只能按 17m 使用，降低了苗木规格，提高了苗木成本，经济效益大大降低，因此也是不划算的。

在问卷调查时，有人说，这种“平头修剪”是偷懒的修剪、图省事，是没有技术含量的修剪，是不科学的“乱”修剪、“瞎”修剪，树木的高度被剪低了，苗木本来可以达到的规格要求达不到了，以致影响最后的验收，因而是得不偿失的！

栽植修剪，应该如何进行呢？应该以疏剪为主，短截为辅。而疏剪应首先剪去病虫枝、内膛密生枝、干枯枝、并生枝、伤残枝、交叉枝、衰弱的下垂枝等，而后根据不同的树种、不同的生长状况、不同的树形等对其他枝条进行疏剪。疏剪，可使枝条相对减少，以利于苗木集中养分保证成活。对于苗木的各级骨干枝的延长枝，应适当进行短截，而短截则要根据具体情况注意剪口芽的方向和健壮情况。经过这样修剪的苗木成活后进入良性生长，很快形成良好的树形，有利于尽快体现景观效果。

什么情况下可以采取“平头修剪”呢？现实中只有少量树种在规则式造型中可以采用“平头修剪”，如规则式绿篱、球形造型等。

下面简单介绍一种叫作“内膛掏穿”的栽植修剪方法。这种修剪方法保留树木最大冠幅是其重要的原则，以疏剪为主，并适当重疏剪。具体做法是，首先确定可以保留的苗木最大冠幅的骨干枝，做好标记，保留好各级骨干枝。而后疏除冠内生长的其他一些枝条，包括病枝、弱枝、枯枝，反向枝、下垂枝等。根据具体情况，选择性地处理好同向枝、交叉枝、叠生枝、轮生枝等，并处理好徒长枝、直立枝，有生长空间的可适当短截，无生长空间的可疏除。再对树木的各级骨干枝的延长枝进行短截修剪，凡是进行短截修剪的，都要注意剪口芽的方向和饱满状况。

这种修剪的意义，一是提高栽植苗木的成活率，由于冠内通风透光，一旦成活就可进入旺盛生长期，并形成好的树形，迅速形成景观；二是保证了苗木的最大冠幅和高度，发挥苗木的最大经济效益，保证了竣工验收质量，发挥最大的经济效益。

这种栽植修剪有这么多的好处，何乐而不为呢！但这需要一定的技术力量作支撑，是不能够“乱”修剪、“瞎”修剪的。

为什么会出现这种不符合要求的“平头修剪”呢？我以为，这是不尊重技术规范，不尊重知识，不尊重客观规律造成的。这些年，不仅仅有这种“平头修剪”的现象出现，还有一些其他的不良现象出现：如单纯为了追求苗木成活，而不注重树形盲目修剪过重，以形成“砍头树”“电线杆子树”，违背了树木生长规律，从而失去了生态效益；如对树木起吊，或因有侥幸心理，造成树皮严重损伤；如对撕裂根不进行伤口修剪、消毒；如对有土传病菌的土壤不进行消毒；如一再地在气温高于26℃的白天进行苗木运输、栽植；如带土球栽植，不分青红皂白地一律不解土球包扎物直接栽植；如栽植时，树木根颈覆土过深，造成难以成活；如为了增强观赏性，栽植后立即在树穴内种花或摆放盆花，影响树木的成活；如对新栽植树木，过勤、过多地进行根部浇水；如对新栽植的树木，不加以区别地留芽，过多地留下芽，易形成“鸟巢树”，造成上部枝条枯死等。所有这些，都应加以改变更正。

二、由“比苗圃还苗圃”的密植模式带来的思考

近来，一个《“比苗圃还苗圃”的密植模式给城市绿化带来的是灾难》的文章，在微信中被转发。这个帖子指出了近年来我国城市园林绿化中存在的一个现实问题并指出了这种“比苗圃还苗圃”的密植模式的危害。确实这种现象是普遍存在的。如山东某市领导在城市园林绿化中提出了树木栽植要“高、大、密、实、厚”的指导思想，把城市园林绿地搞得比“苗圃还苗圃”，结果是不仅没有搞好生态，反而造成生态危机。

城市园林绿地中的重要角色就是树木花草，不同于建筑等硬质景观，它有自己的生命周期。不仅一年四季呈现不同的景观特色，还要经历从小到大的生长过程，这是客观规律。这是植物造景的魅力，但也注定了维护良好的植物景观需要根据其生长阶段来不断调整。只有将过密过繁的部分加以适当和适时地修剪，才能保证留存植株保持完美形态和合理的营养环境。

园林树木种植的密度是否合适，直接影响绿化功能的发挥，因此要注意合理的种植结构。如何确定种植的合理密度？从长远考虑，平面上种植点的确定，一般应根据成年树木的冠幅大小来确定，但也要注意近期效果和远期效果相结合。如想在短期内就取得好的绿化效果，就应适当加大密度。一般用速生树和慢生树适当配置的办法来解决近期与远期的过渡问题。在造价限制的情况下或大树、大苗供不应求时，适当加大主栽树种的密度或采用增添“填充树种”的办法来解决当前树种较稀的问题，但同时也要考虑到若干年甚至十多年以后的生长问题，预先确定安排好分批处理哪些树种。在不影响主栽树种生长时，让“填充树种”起到填充的作用；之后当主栽树种受到压抑或抑制时，应及时地调整种植结构，将影响主景树生长的“填充树种”或已没有生长空间的“填充树种”进行控制性修剪或坚决地移植出去。另外，绿地上出现阔叶

树的生长影响附近的常绿树生长时，往往造成常绿树偏冠或者枯梢等现象或压抑常绿树的生长破坏其树形，应及时地调整绿地的种植结构，对阔叶树进行控制性修剪或移植出去，使园林绿地呈现出最佳的景观效益。对“填充树种”进行限制性修剪或移出，为主栽树种创造良好的生长环境与种间关系，以充分发挥其各项功能。就是说在以后的日常养护中，要及时地调整种植结构。这样才能更好地发挥园林绿地的生态功能。

北京2008年建设的奥林匹克森林公园经过几年的生长，至2016年其绿化覆盖率已达95.6%：远望甚是喜人，但近看树冠以下却是干枯的景象。因为树木是有生命的，在不断地生长，而生长是要有一定空间的。没有了生长空间，树木就没法生长了。园林绿地内密度过大，就会造成长势差且景观也差，甚至造成生态问题。因此必须要进行疏密“瘦身”，及时调整种植结构，为绿地内的树木提供合理的生长空间，使其茁壮生长，可持续发展。

前面提到的文章虽然也分析了造成“比苗圃还苗圃”密植模式现象的原因，但是造成这种现象的根本原因却没有明确提出来。我以为，造成这种现象的根本原因是观念问题。第一，城市的主管领导以城市园林绿化作为政绩，希望在任期内出效果，甚至栽植当年就要见成效，急于求成。其实，这可能是劳民伤财的政绩工程、形象工程。我以为，这是最主要的，根本性的。要扭转这一状况，首先要改变这种急功近利的政绩观。第二，现实中无论地产项目还是市政工程都在强调即时成景。为了满足这个要求，设计中密植成为常态，甚至从适度密植演化到高度密植。这也是浮躁心态的一种表现。这个完全可以利用“填充树种”的办法来解决。第三，这一切当然是与利益分不开的，无论搞设计的、搞施工的，以及卖苗木的，都涉及利益，都想极力提高单位面积的造价，就大量地堆积苗木，而且是只顾当前的利益，力图促成这种不符合客观规律、不遵守游戏规则的“当年栽树，当年乘凉”怪现象。不符合客观规律、不遵守游戏规则，是要付出代价的。出现这些问题，实际上是总的指导思想出了问题！怎么办？国家层面以及有关部门应下决心出面干预，进行指导以彻底解决这一问题。

城市园林绿化属于生态文明建设范畴，要纳入制度化、法治化的轨道，也要在资源利用方式上狠下功夫，以促进节约循环高效使用。国家、行业主管部门以及专业协会要建立一系列好的制度（不是说一个好的制度，能够使坏人变好人，而一个坏的制度能使好人变坏人吗），将权力关进制度的笼子里，技术问题由技术人员去处理。时代进步了，情况变化了，国家的有关法规也要及时调整、修订、补充跟进。从国家层面来说不仅要扭转急功近利的政绩观，还要及时修订《中华人民共和国森林法》《城市绿化条例》，还要严控掌权人手中的钱，特别是严控国家投资建设的园林绿化项目，以适应新形势下的可持续发展。

城市园林绿化，应该恢复原来“前人栽树，后人乘凉”的基本原则。我们现在手里有钱了，可以适当密植一点，哪怕是原来栽树后20年供后人乘凉，现在是栽树后10年供后人乘凉也行。但是“当年栽树就要当年乘凉”的观点是万万不可取的！手里有钱不能任性。钱是你的，但资源是社会的。

我国城市园林绿化大发展已经近20年了。原来是把园林绿化建立在园林艺术的素养之上的，甚至还有些神秘，特别是园林树木的配置，是有一定艺术要求的。而现在人们的印象中好似没有什么技术含量，只要手中有权、有钱，就可任意为之。现在到了这种现象应该刹车的时候了，否则可能就要把这个行业引入歧途，甚至毁掉这个行业。

以上观点，这些年我在各地讲课时都讲到了。我人微言轻，说了也白说，但是我还是要说。不是说要建立新常态吗？那就要打破旧常态，不打破旧常态，新常态就建立不起来，当然打破旧常态很不容易，不容易该打破的也要打破，该建立的就要建立，为建立新常态而努力奋斗！从某种意义上说，园林绿化行业也属于制造业，如何发扬"工匠精神"，制造出过硬的精品，为后代留下珍贵的精品，这是值得我们思考的重要问题。

（此文原载《山东园林》2017 年第 3 期、第 4 期，此次出版略有修订）

参考文献

[1] 陈有民．园林树木学［M］. 北京：中国林业出版社，1988.
[2] 王汝诚．园林规划设计［M］. 北京：中国建筑工业出版社，1999.
[3] 石宝铎. 园林树木栽培学［M］. 北京：中国建筑工业出版社，1999.
[4] 杭州市园林管理局．杭州园林植物配置专辑［M］. 北京：城乡建设杂志社，1981.
[5] 胡长龙．观赏花木整形修剪图说［M］. 上海：上海科学技术出版社，1996.
[6] 上海园林学校．园林植物保护学［M］. 北京：中国林业出版社，1990.
[7] 郑进，孙丹萍．园林植物病虫害防治［M］. 北京：中国科学技术出版社，2003.
[8] 赵美琦，孙彦，张青文．草坪养护技术［M］. 北京：中国林业出版社，2001.
[9] 赵建民．园林规划设计［M］. 北京：中国农业出版社，2001.
[10] 王世动．园林绿化［M］. 北京：中国建筑工业出版社，2000.
[11] 顾正平，沈瑞珍，刘毅．园林绿化机械与设备［M］. 北京：机械工业出版社，2002.
[12] 劳动和卫生保障部教材办公室．卫生、绿化维护［M］. 北京：中国劳动社会保障出版社，2000.
[13] 贝尔纳茨基．树木生态与维护［M］. 陈自新，许安慈译．北京：中国建筑工业出版社，1987.
[14] 王志儒．住宅小区物业管理［M］. 北京：中国建筑工业出版社，1998.
[15] 邵光远．物业服务规范［M］. 北京：中国经济出版社，2003.
[16] 胡长龙．现代庭园与室内绿化［M］. 上海：社会科学技术出版社，1997.
[17] 吕印谱，马奇祥．新编常用农药使用简明手册［M］. 北京：中国农业出版社，2004.
[18] 胡中华，刘师汉．草坪与地被植物［M］. 北京：中国林业出版社，1995.
[19] 山东省建设厅．山东省园林绿化工程消耗量定额［M］. 北京：中国建筑工业出版社，2005.
[20] 刘自学．草皮生产技术［M］. 北京：中国林业出版社，2001.
[21] 夏希纳，丁梦然．园林观赏树木病虫害无公害防治［M］. 北京：中国农业出版社，2004.
[22] 丁梦然，王昕，邓其胜．园林植物病虫害防治［M］. 北京：中国科学技术出版社，1996.
[23] 中国大百科全书总编辑委员会本卷编辑委员会，中国大百科全书出版社编辑部．中国大百科全书：建筑　园林　城市规划［M］. 北京：中国大百科全书出版社，1988.
[24] 陈俊愉，程绪珂．中国花经［M］. 上海：上海文化出版社，1990.
[25] 林伯年，罗英姿．果树、花木、蔬菜的扦插和嫁接新技术［M］. 上海：上海科学技术出版社，1995.
[26] 北京市质量技术监督局．屋顶绿化规范：DB11/T 281—2015［S］. 2005.
[27] 檀馨．怎样绘制园林图［M］. 北京：中国林业出版社，1984.
[28] 济南市园林管理局，济南市千佛山风景名胜区管理处．济南市城市生态绿化系统的研究与示范鉴定材料［Z］. 2006.
[29] 济南市园林管理局，济南市质量技术监督局．园林绿化技术标准汇编［Z］. 2006.
[30] 陈自新，苏雪痕，刘少宗，等．北京城市园林绿化生态效益的研究［J］. 中国园林，1998（1）-1998（6）.
[31] 李锦龄．北方古树复壮技术的研究［J］. 园林研究，1997（3）.
[32] 刘海崇，魏坤峰．盐碱土园林配套十项技术［J］. 园林科技，2003（2）.
[33] 易官美．介绍几种新颖优良的地被植物［J］. 园林，2002（1）.

[34] 李建国．树木移植关键谈［J］. 园林，2002（12）．
[35] 孙企农．海藻素可利用的空间［J］. 园林，2003（8）．
[36] 沈洪．小议路与园路［J］. 园林，2003（9）．
[37] 一文．家庭花园 DIY 小窍门［J］. 园林，2003（10）．
[38] 玉子．十种优秀的耐阴地被［J］. 园林，2004（8）．
[39] 卜复鸣．假山设计中的“三远”［J］. 园林，2005（3）．
[40] 李建国，周寒青．提高乔木成活率的种植方法［J］. 园林，2005（5）．
[41] 成海钟．促进移栽大树恢复树势的三项措施［J］. 园林，2005（6）．
[42] 顾燕飞．居住区绿化发展趋势［J］. 园林，2005（12）．
[43] 秦兴静．植物修剪新技艺——内膛掏穿［J］．园林，2013（5）．
[44] 中华人民共和国住房和城乡建设部．园林绿化工程施工及验收规范：CJJ 82—2012［S］．北京：中国建筑工业出版社，2013.
[45] 中华人民共和国住房和城乡建设部．城市绿地设计规范（2016 年版）：GB 50420—2007［S］．2016.
[46] 中华人民共和国住房和城乡建设部．园林绿化养护标准：CJJ/T 287—2018［S］．北京：中国建筑工业出版社，2019.
[47] 中华人民共和国住房和城乡建设部．城市古树名木养护和复壮工程技术规范：GB/T 51168—2016［S］．北京：中国建筑工业出版社，2017.
[48] 中华人民共和国住房和城乡建设部．园林绿化工程项目规范．GB/T 55014—2021［S］．北京：中国建筑工业出版社，2021.

彩图 1　济南市趵突泉公园特置龟石

彩图 3　人工生物漂浮岛

彩图 4　喷雾水景

彩图 2　跌水

彩图 5　具有时代气息的空间膜

彩图 6　亭桥

彩图 7　园林景墙之一——白粉墙

彩图 8　漏窗

彩图 9　济南泉城广场泉标雕塑

彩图 10　曲径通幽

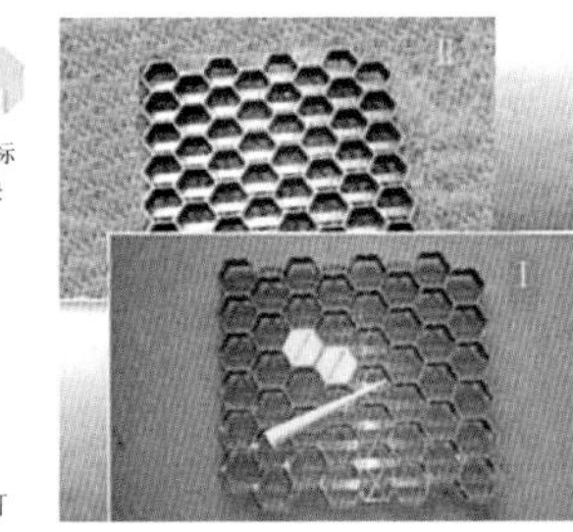

彩图 11　利用草坪格铺设生态路面

彩图 12　墙面垂直花坛

彩图 13　穴盘苗

彩图 14　穴盘苗移植时不伤根、不缓苗，生长旺盛

彩图 15　树根雕塑

彩图 16　大片草坪形成开敞空间

彩图 18　北京天安门广场大型临时花坛

彩图 17　乔灌木组成的观赏丛植

彩图 19　壮观的四季海棠花丛花坛

彩图 20　创意新颖的花坛造型

彩图 22　框景

彩图 21　创意新颖的花坛细部

彩图 23　趵突泉楹联

彩图 24　某居住区公园

彩图 25　某组团绿地

彩图 26　某宅间绿地

彩图 27　绿化万能工程车

彩图 28　辅助支撑

彩图 29　五色草立体花坛

彩图 30　制作中空内胆

彩图 31　五色草立体花坛的传统做法

彩图 32　简单式薄层屋顶绿化

彩图 34　软包装大树移植

彩图 33　大树移植吊运

彩图 35　双中心干二叉状树形易受伤害

彩图 36　树木裹干防寒

彩图 37　树木防寒棚

彩图 38　吹/吸风清洁机

彩图 39　水培花卉

彩图 40　彩色花晶——新颖的无土栽培

彩图 41　富贵竹造型

彩图 42　别致的蟹爪水仙

彩图 43　全自动智能草坪修剪机

彩图 44　车载打药机

彩图 45　喷药洒水车

彩图 46　十二色相环